AF568555

Wala/Haslehner/Hirsch

•

Kostenrechnung, Budgetierung und Kostenmanagement

Kostenrechnung, Budgetierung und Kostenmanagement

Eine Einführung mit zahlreichen Beispielen

von

Prof. (FH) Mag. Dr. Thomas Wala, MBA
Mag. Franz Haslehner LL.M.
Prof.[in] (FH) Dr.[in] Manuela Hirsch

3. Auflage

Zitiervorschlag: *Wala/Haslehner/Hirsch*, Kostenrechnung, Budgetierung und Kostenmanagement[3] (2022) Seite

Bibliografische Information der Deutschen Nationalbibliothek

Die Deutsche Nationalbibliothek verzeichnet diese Publikation in der Deutschen Nationalbibliografie; detaillierte bibliografische Daten sind im Internet über http://dnb.ddb.de abrufbar.

ISBN 978-3-7143-0311-7

1210 Wien, Scheydgasse 24, Tel.: 01/24 630
www.lindeverlag.at

Druck: Hans Jentzsch & Co. Ges. m. b. H., 1210 Wien, Scheydgasse 31
Dieses Buch wurde in Österreich hergestellt.

Vorwort zur 3. Auflage

Sehr geehrte Leser/innen, wir freuen uns, Ihnen das Werk „Kostenrechnung, Budgetierung und Kostenmanagement“ in 3. Auflage präsentieren zu dürfen.

In der 3. Auflage wurden die Auswahl der behandelten Themengebiete sowie die im Zuge der 2. Auflage überarbeitete Struktur des Lehrbuchs beibehalten. Die Neuauflage wurde jedoch zum Anlass genommen, um sprachliche Verbesserungen sowie punktuell erforderlich gewordene Aktualisierungen vorzunehmen.

Neben einem Powerpoint-Foliensatz können Vortragende bei den Autor/inn/en nunmehr auch einen Zugang zu zahlreichen Lehrvideos, in denen weite Teile der in diesem Buch enthaltenen Themen behandelt werden, anfordern.

Anregungen und Korrekturhinweise an die Autor/inn/en sind weiterhin jederzeit willkommen.

Wir danken dem Linde Verlag für die gewohnt hervorragende Zusammenarbeit.

Prof. (FH) Dr. Thomas Wala, MBA
Mag. Franz Haslehner, LL.M.
Prof.^{in} (FH) Dr.^{in} Manuela Hirsch

Vorwort zur 2. Auflage

Sehr geehrte Leser/innen, wir freuen uns, Ihnen die bewährte Einführung in Kostenrechnung, Budgetierung und Kostenmanagement nun in der 2. Auflage zu präsentieren.

Die Überarbeitung der Struktur des Lehrbuchs brachte eine Reduktion auf drei Teile mit jeweils nicht mehr als elf Hauptkapiteln, sodass trotz des gestiegenen Umfangs die Übersicht über die Vielfalt der behandelten Themen stets erhalten bleibt. Die Inhalte präsentieren sich nach wie vor aufeinander aufbauend. Zusätzlich ermöglicht nun ein durchgängiges Verweissystem dem/der Leser/in, sich auch bei einem gezielten Einstieg in ein spezielles Thema den Kontext zu erarbeiten.

Teil B Budgetierung wurde um die periodenbezogene integrierte Abweichungsanalyse ergänzt; anhand von zwei umfangreichen Beispielen wird die Systematik detailliert dargestellt. Teil C Kostenmanagement enthält ein gänzlich neues Kapitel zum Thema Projektcontrolling und ein umfangreiches Fallbeispiel zum Verrechnungspreismanagement.

Die Hinweise auf Bezüge zur Rechnungslegung nach IFRS wurden konsequent erweitert und ebenso wie zahlreiche weitere Konzepte neu positioniert. In bewährter Weise, allerdings mit neuen Ergebnissen aktueller Untersuchungen, wird der Umsetzungsstand von Kostenrechnung, Budgetierung und Kostenmanagement in der Praxis illustriert. Weiters haben wir die uns bekannt gewordenen Fehler aus der 1. Auflage behoben und weite Teile sprachlich überarbeitet.

Und schließlich haben wir uns mit diesem Lehrbuch entschieden, einen Anfang bei der – im Fachbereich bisher unüblichen – Verwendung gendergerechter Sprache zu setzen: Wann immer ein Begriff Personen bezeichnet, wird die weibliche Endung nach dem Schrägstrich hinzugefügt. Stehen bei einem Begriff nach Ansicht der Autor/inn/en Organisationen/Institutionen im Vordergrund wird, ebenso wie bei zusammengesetzten Begriffen, die grammatikalisch männliche Form verwendet.

Wir danken dem Linde-Verlag, insbesondere Herrn Mag. Roman Kriszt, für die erneut sehr gute Zusammenarbeit.

Prof. (FH) Dr. Thomas Wala, MBA
Mag. Franz Haslehner
Dr.[in] Manuela Hirsch

Vorwort zur 1. Auflage

In Zeiten steigender Wettbewerbsintensität und fortschreitenden Globalisierung hat sich das Controlling zu einer unverzichtbaren Servicefunktion für das strategische und operative Management entwickelt. Zu den wichtigsten Instrumenten des Controllings zählen zweifellos die Kosten- und Erlösrechnung, das Kostenmanagement sowie die Budgetierung. Das vorliegende Buch führt komprimiert in diese Themen ein.

Trotz der Vielzahl der behandelten Themen werden die theoretischen Ausführungen stets auch anhand von Rechenbeispielen verdeutlicht. Ein Übungsteil am Ende eines jeden Kapitels mit Kontrollfragen, Multiple Choice-Fragen sowie zusätzlichen Rechenbeispielen soll der Festigung des Erlernten dienen. Hinweise auf die betriebliche Praxis in Form von Experteninterviews und Ergebnissen empirischer Studien sowie ein Glossar am Ende des Buches runden das didaktische Konzept ab.

Das Lehrbuch, welches grundsätzlich auch für das Selbststudium geeignet ist, richtet sich in erster Linie an Studierende an Fachhochschulen und Universitäten, welchen ein kompakter und leicht verständlicher Einstieg in die Themen Kostenrechnung, Kostenmanagement und Budgetierung ermöglicht werden soll. Das Werk eignet sich aber auch als Nachschlagewerk für Führungskräfte und Mitarbeiter/innen im internen Rechnungswesen.

Ein Powerpoint-Foliensatz für Vortragende ist auf Anfrage bei den Autoren erhältlich.

Anregungen und Korrekturhinweise an die Autoren sind jederzeit willkommen. Bitte schicken Sie Ihre Hinweise an folgende E-Mail-Adresse: thomas.wala@fh-wien.ac.at.

Abschließend möchten wir uns noch beim Linde-Verlag für die sehr gute Zusammenarbeit bedanken.

Prof. (FH) Dr. Thomas Wala, MBA
Mag. Franz Haslehner

Inhaltsübersicht

Teil A: Kostenrechnung ... 21
1 Einordnung ... 21
2 Kosten ... 36
3 System der Kosten- und Leistungsrechnung ... 52
4 Kostenartenrechnung ... 64
5 Kostenstellenrechnung ... 102
6 Kostenträgerrechnung ... 122
7 Kostenträgererfolgsrechnung ... 140
8 Periodenerfolgsrechnung ... 146
9 Break-Even-Analyse ... 165
10 Entscheidungsrechnung ... 179
11 Repetitorium zu Teil A ... 215

Teil B: Budgetierung ... 241
12 Grundlagen ... 241
13 Strategische Budgetierung ... 258
14 Das operative Budgetsystem ... 281
15 Abweichungsanalyse ... 303
16 Reporting ... 342
17 Investitionsplanung und -kontrolle ... 347
18 Wertorientierte Unternehmenssteuerung ... 355
19 Repetitorium zu Teil B ... 375

Teil C: Kostenmanagement ... 387
20 Einordnung ... 387
21 Verrechnungspreismanagement ... 392
22 Projektcontrolling ... 433
23 Prozesskostenrechnung ... 448
24 Benchmarking ... 460
25 Target Costing ... 463
26 Produktlebenszyklusrechnung ... 477
27 Repetitorium zu Teil C ... 484

28 Wiederholungsbeispiele ... 496
29 Glossar ... 521
30 Literatur ... 535
31 Index ... 540

Inhaltsverzeichnis

Teil A: Kostenrechnung 21
1 Einordnung 21
1.1 Das betriebliche Rechnungswesen 21
1.1.1 Externes Rechnungswesen 22
1.1.2 Internes Rechnungswesen 23
1.1.3 Angleichung durch Internationale Rechnungslegung (IFRS) 25
1.2 Controlling 27
1.2.1 Controlling und Unternehmensführung 27
1.2.2 Strategisch vs. operativ 29
1.2.3 Organisation des Controllings 33
2 Kosten 36
2.1 Kostenbegriff 36
2.2 Gliederungsmöglichkeiten von Kosten 37
2.3 Kostenfunktion und Gewinnmaximierung 40
2.4 Kostenremanenz 44
2.5 Kostenauflösung 45
2.5.1 Grundlagen 45
2.5.2 Buchtechnische Kostenauflösung 46
2.5.3 Mathematische Kostenauflösung 46
2.5.4 Statistische Kostenauflösung 48
3 System der Kosten- und Leistungsrechnung 52
3.1 Elemente 52
3.2 Ausprägungen 57
4 Kostenartenrechnung 64
4.1 Grundlagen 64
4.2 Personalkosten 72
4.3 Materialkosten 75
4.4 Kalkulatorische Abschreibungen 80
4.5 Kalkulatorischer Unternehmerlohn 86
4.6 Kalkulatorische Zinsen und LÜCKE-Theorem 87
4.7 Kalkulatorische Wagnisse 92
4.8 Kalkulatorische Miete 95
4.9 Harmonisierung der Datengrundlage 97
5 Kostenstellenrechnung 102
5.1 Grundlagen 102
5.2 Bezugsgröße und Zuschlags-/Verrechnungssatz 104
5.3 Innerbetriebliche Leistungsverrechnung 107
5.3.1 Grundlagen 107
5.3.2 Blockumlageverfahren 109
5.3.3 Stufenleiterverfahren 110
5.3.4 Simultanansatz 113
5.4 Gemeinkostenmaterial 119

6 Kostenträgerrechnung ... 122
6.1 Grundlagen ... 122
6.2 Einstufige Divisionskalkulation ... 123
6.3 Mehrstufige Divisionskalkulation ... 124
6.4 Äquivalenzzahlenkalkulation ... 125
6.5 Summarische Zuschlagskalkulation ... 126
6.6 Differenzierende Zuschlagskalkulation ... 128
6.7 Kuppelproduktkalkulation ... 130
6.8 Herstellungskosten im externen Rechnungswesen ... 132
7 Kostenträgererfolgsrechnung ... 140
7.1 Grundlagen ... 140
7.2 Kostenträgererfolgsrechnung auf Vollkostenbasis ... 141
7.3 Kostenträgererfolgsrechnung auf Teilkostenbasis ... 143
8 Periodenerfolgsrechnung ... 146
8.1 Grundlagen ... 146
8.2 Gesamtkostenverfahren ... 147
8.3 Umsatzkostenverfahren ... 149
8.4 Erfolgsunterschiede zwischen Voll- und Teilkostenrechnung ... 151
8.5 Stufenweise Deckungsbeitragsrechnung ... 154
8.6 Mehrdimensionale Absatzsegmenterfolgsrechnung ... 158
8.7 Segmenterfolgsrechnungen im externen Rechnungswesen ... 161
9 Break-Even-Analyse ... 165
9.1 Break-Even-Analyse im Einproduktfall ... 165
9.2 Break-Even-Analyse im Mehrproduktfall ... 171
9.3 Stochastische Break-Even-Analyse ... 175
10 Entscheidungsrechnung ... 179
10.1 Programmplanung ... 179
10.2 Preisuntergrenzen ... 187
10.3 Make or Buy ... 191
10.4 Preisobergrenzen ... 193
10.5 Verfahrenswahl ... 195
10.6 Transportproblem ... 200
10.7 Optimale Bestellmenge ... 207
10.8 Stufenweise Grenzkostenrechnung ... 208
11 Repetitorium zu Teil A ... 215

Teil B: Budgetierung ... 241
12 Grundlagen ... 241
12.1 Budget und Budgetierung ... 241
12.2 Planungsgrundsätze ... 245
12.3 Operativer Budgetierungsprozess ... 248
12.4 Kostenplanung ... 253
13 Strategische Budgetierung ... 258
13.1 Strategische Planung und Kontrolle ... 258

13.1.1 Prozess ... 258
13.1.2 Umweltanalyse ... 259
13.1.3 Unternehmensanalyse ... 263
13.1.4 Entwicklung und Bewertung strategischer Optionen ... 264
13.1.5 Strategieauswahl, strategische Programme, strategische Kontrolle ... 266
13.2 Portfolioanalyse ... 267
13.3 Risikocontrolling ... 273
13.4 Balanced Scorecard ... 276
13.5 Mehrjahresplan ... 279
14 Das operative Budgetsystem ... 281
14.1 Bestandteile ... 281
14.2 Leistungsbudget und Plan-GuV ... 282
14.3 Plan-Kapitalflussrechnung ... 283
14.4 Plan-Bilanz ... 285
14.5 Fallbeispiel zur operativen Budgeterstellung ... 290
14.6 Kritische Würdigung und alternative Ansätze ... 298
15 Abweichungsanalyse ... 303
15.1 Abweichungsanalyse auf Kostenstellenebene ... 303
15.1.1 Abweichungen in der Grenzplankostenrechnung ... 304
15.1.2 Beschäftigungsabweichung ... 311
15.1.3 Kritische Würdigung ... 313
15.2 Erlösabweichungsanalyse ... 314
15.3 Periodenbezogene Abweichungsanalyse ... 320
15.4 Fallbeispiel zur Abweichungsanalyse ... 332
16 Reporting ... 342
16.1 Berichtswesen ... 342
16.2 Vorschaurechnung (Forecast) ... 345
17 Investitionsplanung und -kontrolle ... 347
17.1 Investitionsplanung ... 347
17.2 Investitionsentscheidung ... 351
17.3 Investitionskontrolle ... 354
18 Wertorientierte Unternehmenssteuerung ... 355
18.1 Zielsetzung ... 355
18.2 Methoden ... 358
18.2.1 Discounted Cashflow-Methoden (DCF) ... 358
18.2.2 Economic Value Added (EVA) ... 358
18.2.3 Fallbeispiel zu DCF und EVA ... 364
18.3 Wertorientierte Entlohnung ... 370
18.4 Wertorientierte Berichterstattung ... 374
19 Repetitorium zu Teil B ... 375

Teil C: Kostenmanagement ... 387
20 Einordnung ... 387

21 Verrechnungspreismanagement 392
21.1 Definition, Funktionen und Methoden 392
21.2 Marktpreisorientierte Verrechnungspreise 395
21.3 Kostenorientierte Verrechnungspreise 401
21.3.1 Grenzkosten als Verrechnungspreise 402
21.3.2 Knappheitsorientierte Verrechnungspreise 405
21.3.3 Vollkosten als Verrechnungspreise 407
21.3.4 Zweistufige Verrechnungspreise 409
21.3.5 Vollkosten plus Gewinnaufschlag 411
21.4 Verrechnungspreise als Verhandlungsergebnis 412
21.5 Duale Verrechnungspreise 413
21.6 Fallbeispiel zu Verrechnungspreisen 414
22 Projektcontrolling 433
22.1 Hintergrund 433
22.2 Zwecke 436
22.2.1 Teil des internen Informationssystems 436
22.2.2 Bewertungsgrundlage für das externe Rechnungswesen 436
22.3 Projektabweichungsanalyse 439
22.3.1 Balkendiagramm 439
22.3.2 Rechnerische Analyse der Abweichungen 441
22.3.3 Grafische Analyse der Abweichungen 446
22.3.4 Konsequenzen und korrektive Maßnahmen 447
23 Prozesskostenrechnung 448
23.1 Hintergrund 448
23.2 Vorgehensweise 450
23.3 Kritische Würdigung 455
24 Benchmarking 460
25 Target Costing 463
25.1 Hintergrund 463
25.2 Vorgehensweise 465
25.3 Kritische Würdigung 475
26 Produktlebenszyklusrechnung 477
26.1 Hintergrund 477
26.2 Vorgehensweise 479
26.3 Kritische Würdigung 482
27 Repetitorium zu Teil C 484

28 Wiederholungsbeispiele 496
29 Glossar 521
30 Literatur 535
31 Index 540

Abkürzungsverzeichnis

A	1) Anschaffungszahlung 2) Aufträge
AB	1) Abschreibungsbasis 2) Anfangsbestand
abg.	abgesetzt
Abs.	Absatz
Abw.	Abweichung
AfA	Abschreibung
AK	1) Abbaukosten 2) Anschaffungskosten
AktG	Aktiengesetz
AOG	Absatzobergrenze
ÄZ	Äquivalenzzahl
b	Faktorverbrauch
BA	Beschäftigungsabweichung
BAB	Betriebsabrechnungsbogen
BAO	Bundesabgabenordnung
BBRT	Beyond Budgeting Round Table
BE	Break-Even
BGA	Bezugsgrößenabweichung
BPK	Basisplankosten (Plankosten der Planbeschäftigung)
BSC	Balanced Scorecard
BÜB	Betriebsüberleitungsbogen
BW	Buchwert
BZG	Bezugsgröße
CAPM	Capital Asset Pricing Model
CF	Cashflow
CFROI	Cashflow Return On Investment
cm^2	Quadratzentimeter
c.p.	ceteris paribus (= unter der Voraussetzung, dass alle anderen Variablen gleich bleiben)
CVA	Cash Value Added
D	Durchschnitt
d	Degressionsbetrag
DB	Deckungsbeitrag
db	Deckungsbeitrag pro Stück
DBS	Deckungsbeitragsspanne
DC	Dezentrales Controlling
DCF	Discounted Cashflow
E	Erlös
EB	Endbestand

E(x)	Erlösfunktion
EBIT	Earnings Before Interest and Taxes
EDB	entscheidungsrelevanter Deckungsbeitrag
EK	Eigenkapital
EStG	Einkommensteuergesetz
EVA	Economic Value Added
F	1) Fertigungsstelle 2) bestellmengenfixe Kosten 3) fixer Produktionsfaktor 4) Verteilungsfunktion
FCF	Free Cashflow
FGK	Fertigungsgemeinkosten
Fifo	First in first out
FK	1) Fixkosten 2) Fremdkapital
FL	Fertigungslöhne
FM	Fertigungsmaterial
FTE	Flow To Equity
F&E	Forschung und Entwicklung
G	Gewinn
G(x)	Gewinnfunktion
GE	Geldeinheiten
gem.	gemäß
GK	1) Gesamtkosten 2) Gesamtkapital
GKV	Gesamtkostenverfahren
GoB	Grundsätze ordnungsmäßiger Buchführung
GuV	Gewinn- und Verlustrechnung
h	Stunde(n)
Hifo	Highest in first out
HK	Herstell(ungs)kosten
I	(kalkulatorische) Zinsen
i	1) (kalkulatorischer) Zinssatz 2) Abbaudauer
i.d.R.	in der Regel
IA	Intensitätsabweichung
IAS	International Accounting Standard
IASB	International Accounting Standards Board
IB	Istbeschäftigung
IFRS	International Financial Reporting Standards
ILV	innerbetriebliche Leistungsverrechnung
IM	Ist-Menge
IP	Ist-Preis

k	Eigenkapitalkosten
K	Kosten
K(x)	Kostenfunktion
KFZ	Koeffizientenmatrix
KG	Kommanditgesellschaft
kg	Kilogramm
KStG	Körperschaftsteuergesetz
kum.	kumuliert
kv	variable Kosten pro Stück
KW	Kapitalwert
kWh	Kilowattstunden
L	1) Lagrangefunktion 2) Liquidationserlös 3) Liquiditätspunkt
l	1) Liter 2) Lagerkostensatz
LCC	Life Cycle Costing
LE	Leistungseinheit(en)
Lifo	Last in first out
LM	liquide Mittel
lmi	leistungsmengeninduziert
lmn	leistungsmengenneutral
LuL	Lieferungen und Leistungen
M	1) Gesamtbedarf einer Periode 2) Maschine
m	Meter
m^2	Quadratmeter
m^3	Kubikmeter
Mat	Material(stelle)
Max	Maximum
MB	Maximalbeschäftigung
ME	Mengeneinheiten
MG	Mindestgewinn
MGK	Materialgemeinkosten
Mh	Maschinenstunde(n)
Min	Minimum
Min.	Minuten
Mio.	Million(en)
MVA	Market Value Added
MW	1) Mittelwert 2) Marktwert
N	Normalverteilung
n	1) Nutzungsdauer 2) Anzahl Bestellungen pro Jahr
NKAW	Nettokostenabbauwert
NOPLAT	Net Operating Profit Less Adjusted Taxes

OECD	Organisation für wirtschaftliche Zusammenarbeit und Entwicklung
OG	Offene Gesellschaft
OL	Operating Leverage
p	1) Preis, Nettoerlös 2) Zins(kosten)satz 3) Abschreibungsprozentsatz
PA	Preisabweichung
PB	Planbeschäftigung
PGK	primäre Gemeinkosten
PJ	Personenjahr(e)
PM	Plan-Menge
POG	Preisobergrenze
PP	Planpreis
prod.	produziert
PUG	Preisuntergrenze
q	1) Faktorpreis 2) Toleranzparameter
R	1) Verrechnungspreis 2) Reagibilitätsgrad
r	Korrelationskoeffizient
rel.	relativ
RG	Residualgewinn
RMA	Relativer Marktanteil
ROCE	Return on Capital Employed
ROI	Return On Investment
s	Kosten je Bestellmengeneinheit (abhängige Variable)
S	Sicherheitskoeffizient
SB	Sollbeschäftigung
SGE	Strategische Geschäftseinheit
SK	Selbstkosten
sog.	so genannt
Std.	Stunde(n)
Stk.	Stück
T	1) (Stilllegungs-)Zeitraum 2) (Betrachtungs-)Zeitraum 3) (Planungs-) Zeitraum
t	1) Tonne(n) 2) Zeitpunkt 3) durchschnittliche Lagerdauer
TK	Transportkosten
TP	Teilprozess
TPKS	Teilprozesskostensatz
U	Umsatz
u.a.	unter anderem
UA	Umsatzanteil

UGB Unternehmensgesetzbuch
UHK Umschlagshäufigkeit
UKV Umsatzkostenverfahren
US-GAAP United States Generally Accepted Accounting Principles
USt Umsatzsteuer
UV Umlaufvermögen

V 1) Verlust 2) Verfahren
v Faktoreinsatzmenge
VA Verbrauchsabweichung
VaR Value at Risk
var. variabel
VE Volumeneffekt
VK variable Kosten
VO Verordnung
VS Verrechnungssatz
VSA Verrechnungssatzabweichung
Vw&Vt Verwaltung und Vertrieb

w 1) Wahrscheinlichkeit 2) Einstandspreis je Einheit
WACC Weighted Average Cost of Capital
WK Wiederingangsetzungskosten
Wo. Wochen

X Zufallsvariable
x 1) Menge 2) Beschäftigung 3) Nutzenanteil

y Kostengrenze

Z Zufallsvariable
ZBB Zero Base Budgeting
ZR Zielrendite
ZS Zuschlagssatz

μ Mittelwert
Φ Standardnormalverteilung
σ Standardabweichung

Abbildungsverzeichnis

Abbildung 1: Bereiche des externen und internen Rechnungswesens 27
Abbildung 2: Prozess der Unternehmensführung 28
Abbildung 3: Controller-Leitbild der International Group of Controlling 29
Abbildung 4: Zusammenhang strategisch – operativ 30
Abbildung 5: Strategisches und operatives Controlling 30
Abbildung 6: Operatives Controlling zwischen Strategie und Rechnungswesen 33
Abbildung 7: Controlling-Organisation (Beispiel) 35
Abbildung 8: Kostenverläufe 39
Abbildung 9: Kostenrelationen 40
Abbildung 10: Mathematische Kostenauflösung 47
Abbildung 11: Statistische Kostenauflösung 49
Abbildung 12: Überblick Elemente im System der Kostenrechnung 55
Abbildung 13: Systeme der Kostenrechnung 58
Abbildung 14: System der Kostenrechnung (Vollkosten) 59
Abbildung 15: System der Kostenrechnung (Teilkosten) 60
Abbildung 16: Kostenartenplan 65
Abbildung 17: Ermittlung von Scheingewinnen 69
Abbildung 18: Überleitung von Aufwendungen in Kosten 70
Abbildung 19: Abgrenzung von Erträgen und Erlösen (Leistung) 71
Abbildung 20: Methoden zur Erfassung des Materialverbrauchs 76
Abbildung 21: Bilanzielle und kalkulatorische Abschreibung im Vergleich 82
Abbildung 22: Unternehmerische Wagnisse und deren Verrechnung 93
Abbildung 23: Überblick Kostenartenrechnung (Teilkostenrechnung) 95
Abbildung 24: Grundschema eines Betriebsabrechnungsbogens 103
Abbildung 25: Beispiele für direkte und indirekte Verteilungsgrundlagen 104
Abbildung 26: Indirekte Weiterverrechnung von Gemeinkosten 106
Abbildung 27: Kostenstellenrechnung und innerbetriebliche Leistungsverrechnung 108
Abbildung 28: Verfahren der innerbetrieblichen Leistungsverrechnung 109
Abbildung 29: Stufenleiterverfahren 110
Abbildung 30: Abrechnungsreihenfolge von Kostenstellen 114
Abbildung 31: Überblick Kostenstellenrechnung (Teilkostenrechnung) 121
Abbildung 32: Fertigungs- und Kalkulationsverfahren 123
Abbildung 33: Bestandteile der Herstellungskosten 135
Abbildung 34: Überblick Kostenträgerrechnung (Teilkostenrechnung) 139
Abbildung 35: Umsatz- und Gesamtkostenverfahren im Vergleich 151
Abbildung 36: Aufspaltung der Umsatzerlöse nach UGB (Beispiel) 162
Abbildung 37: Auszüge aus dem Segmentbericht (Beispiel) 163
Abbildung 38: Verwendung der Informationen des Kostenrechnungssystems (zu Teilkosten) 164
Abbildung 39: Break-Even-Analyse 167

Abbildung 40: Spannweite des Break-Even-Umsatzes 175
Abbildung 41: Optimales Produktionsprogramm 180
Abbildung 42: Verfahrensvergleich 196
Abbildung 43: Stufenweise Grenzkostenrechnung 210
Abbildung 44: Zusammenhang Kostenrechnung und operatives Budget 242
Abbildung 45: Instrumente der strategischen und operativen Budgetierung 243
Abbildung 46: Kostenrechnung, operatives Budget, wertorientierte Unternehmensführung 244
Abbildung 47: Planungskalender 247
Abbildung 48: Der operative Regelkreis 249
Abbildung 49: Bausteine der integrierten Planungsrechnung 251
Abbildung 50: Monatliche Budgetkontrolle des Betriebsergebnisses 252
Abbildung 51: Bezugsgrößenplanung 255
Abbildung 52: Phasen des strategischen Planungs- und Kontrollprozesses 258
Abbildung 53: Analysefelder der allgemeinen Umwelt 260
Abbildung 54: Szenarioanalyse 261
Abbildung 55: Fünf-Kräfte-Modell von PORTER 262
Abbildung 56: Geschäftsfeldprofil zur Potenzialanalyse 264
Abbildung 57: Strategischer Würfel 265
Abbildung 58: Marktanteils-Marktwachstums-Portfolio 269
Abbildung 59: Marktanteils-Marktwachstums-Portfolio (Beispiel) 272
Abbildung 60: Risk Map 274
Abbildung 61: Value at Risk 275
Abbildung 62: Balanced Scorecard 277
Abbildung 63: Messgrößen für die 4 Perspektiven (Beispiele) 277
Abbildung 64: Wirkungskette der BSC 278
Abbildung 65: Szenarioanalyse im Rahmen der Mehrjahresplanung 280
Abbildung 66: Budgetsystem 282
Abbildung 67: Zusammenhänge innerhalb des operativen Budgetsystems 287
Abbildung 68: Better Budgeting 300
Abbildung 69: Die 12 Prinzipien des Beyond Budgeting 301
Abbildung 70: Better Budgeting versus Beyond Budgeting 302
Abbildung 71: Ausprägungen der Plankostenrechnung 304
Abbildung 72: Gemischte Abweichung 306
Abbildung 73: Grenzplankostenrechnung 307
Abbildung 74: Nutz- und Leerkostenanalyse 311
Abbildung 75: Abweichungen in der flexiblen Plankostenrechnung 313
Abbildung 76: Integrierte Abweichungsanalyse 341
Abbildung 77: Year End Forecast 345
Abbildung 78: Rolling Forecasts 345
Abbildung 79: Investitionsarten 348
Abbildung 80: Centerformen 348
Abbildung 81: Du Pont-Schema 349
Abbildung 82: Strategie-Wertbeitrags-Matrix 350

Abbildung 83: Bilanzielle versus wertorientierte Erfolgsmessung 356
Abbildung 84: Economic Value Added (EVA) 359
Abbildung 85: Werttreiberbaum 360
Abbildung 86: Komponenten einer erfolgsorientierten Vergütung 371
Abbildung 87: Differenzierungs- und Kosten-/Preisführerschaftsstrategie 388
Abbildung 88: Gestaltungsbereiche des Kostenmanagements 390
Abbildung 89: Methoden der Verrechnungspreisbildung 394
Abbildung 90: Abgrenzung nach Projektumfang 434
Abbildung 91: Projektcontrolling (Beispiel) 435
Abbildung 92: Teilgewinnrealisierung gemäß IFRS 15 438
Abbildung 93: Balkendiagramm 440
Abbildung 94: Grafische Abweichungsanalyse 446
Abbildung 95: Prozessgedanke 449
Abbildung 96: Einsatzbereich der Prozesskostenrechnung 449
Abbildung 97: Prozesshierarchie 451
Abbildung 98: Komplexitätseffekt 456
Abbildung 99: Degressionseffekt 457
Abbildung 100: Vor- und Nachteile verschiedener Benchmarking-Arten.......... 461
Abbildung 101: Kostenbeeinflussung und Kostenfestlegung im Zeitablauf...... 463
Abbildung 102: Target Costing 466
Abbildung 103: Zielkostenkontrolldiagramm 472
Abbildung 104: Zielkostenkontrolldiagramm mit Zielzone 473
Abbildung 105: Produktlebenszyklus 478

Teil A: Kostenrechnung

1 Einordnung

Lernziele

Nach Durcharbeiten von Kapitel 1 sollten Sie u.a. in der Lage sein:

- die Teilbereiche des betrieblichen Rechnungswesens zu kennen und deren Funktionen zu erläutern
- das Wesen und die Ziele des Controllings zu beschreiben
- das operative Controlling vom strategischen Controlling zu unterscheiden
- Alternativen für die organisatorische Einbettung des Controllings zu erörtern

1.1 Das betriebliche Rechnungswesen

Die Aufgaben des betrieblichen **Rechnungswesens** bestehen vor allem in der Dokumentation des in einer Periode erzielten Erfolgs (Gewinn oder Verlust) sowie in der Bereitstellung von Informationen zur zielgerichteten Steuerung des Unternehmens.

Die Notwendigkeit, das betriebliche Geschehen zahlenmäßig zu **dokumentieren**, ergibt sich zunächst aufgrund gesetzlicher Vorschriften. Aufgrund unternehmens- und steuerrechtlicher Bestimmungen ist die Mehrzahl der Unternehmen zur Führung von Aufzeichnungen oder Büchern verpflichtet. Eines der Ziele, die damit verfolgt werden, ist, den an die Eigentümer/innen des Unternehmens ausschüttungsfähigen unternehmensrechtlichen Gewinn zu ermitteln (UGB, AktG etc.). Ein weiteres Ziel ist, den steuerrechtlichen Gewinn zu berechnen (EStG, KStG, BAO etc.), der als Bemessungsgrundlage für die Einkommen- bzw. Körperschaftsteuer dient (Externes Rechnungswesen).

Andererseits sollten die Manager/innen des Unternehmens vom betrieblichen Rechnungswesen stets mit solchen Informationen versorgt werden, die es ihnen erlauben, im betrieblichen Alltag möglichst richtige **Entscheidungen** treffen zu können (z.B. in Bezug auf die Wahl zwischen verschiedenen Investitionsalternativen, die Wahl zwischen Eigenfertigung und Fremdbezug, die Bestimmung des optimalen Produktionsprogramms etc.). Schließlich sind vom betrieblichen Rechnungswesen unter Berücksichtigung des zu Periodenbeginn vorhandenen Bestands an liquiden Mitteln die erwarteten Ein- und Auszahlungen zeitlich so aufeinander abzustimmen, dass das Unternehmen zu jedem Zeitpunkt alle fälligen **Zahlungsverpflichtungen** erfüllen kann (Internes Rechnungswesen).

1.1.1 Externes Rechnungswesen

Das **externe Rechnungswesen** soll Adressatengruppen des Unternehmens (Anteilseigner/innen, Kreditgeber, Lieferanten, Kund/inn/en, Arbeitnehmer/innen etc.) über die wirtschaftliche Entwicklung im abgelaufenen Geschäftsjahr informieren, damit diese in der Folge fundierte Entscheidungen über die Fortführung oder Beendigung ihrer finanziellen Beziehungen zum Unternehmen treffen können **(Dokumentation und Rechenschaftslegung)**. Darüber hinaus kommt dem Jahresabschluss in kontinentaleuropäischen Ländern wie Deutschland und Österreich auch die Aufgabe zu, die Höhe der an die Anteilseigner zu zahlenden Gewinnausschüttungen zu quantifizieren **(Ausschüttungsbemessung)** sowie die Basis für die ertragsteuerliche Bemessungsgrundlage bereitzustellen **(Steuerbemessung)**.

In Deutschland und Österreich spielen der Gedanke des **Gläubigerschutzes** und der daraus resultierende **Grundsatz der Vorsicht** eine große Rolle im externen Rechnungswesen. Die zur Anwendung kommenden Bilanzierungs- und Bewertungsvorschriften (z.B. Bewertung zu fortgeführten Anschaffungskosten, Bildung von Rückstellungen etc.) sollen sicherstellen, dass das den Gläubigern des Unternehmens im Krisenfall als Haftungsmasse dienende Eigenkapital möglichst erhalten bleibt. Ausflüsse des Gläubigerschutzes sind eine Verfälschung der Vermögenssituation aufgrund der Zulässigkeit **stiller Reserven** sowie eine aus dem **imparitätischen Realisationsprinzip** und aus **steuertaktischen Überlegungen** resultierende verzerrte Erfolgsermittlung. Gemildert wird diese Aussage zur konservativen Gewinnermittlung und Steuerzahlungsoptimierung allerdings durch die Tatsache, dass hiervon grundsätzlich nur der **Einzelabschluss**, nicht aber der **Konzernabschluss**, betroffen ist.

Die **Finanzbuchhaltung** ist innerhalb des externen Rechnungswesens die lückenlose Aufzeichnung aller nach außen gerichteten Geschäftsfälle einer Abrechnungsperiode in zeitlicher und sachlicher Ordnung. Aufgrund ihrer umfassenden Dokumentation des betrieblichen Geschehens ist sie ein wesentlicher Pfeiler aller anderen Rechenwerke des betrieblichen Rechnungswesens, welche häufig auf den Datenbestand der Finanzbuchhaltung zurückgreifen. Im Rahmen der **Bilanzierung** werden die Zahlen der Finanzbuchhaltung zum Jahresabschluss verdichtet. Dieser hat die Aufgabe, die Eigen- und Fremdkapitalgeber des Unternehmens in der **Bilanz** über die Vermögenslage und in der **Gewinn- und Verlustrechnung** über die Ertragslage bzw. den Erfolg (Gewinn oder Verlust) des Unternehmens zu informieren. Mit diesen Informationen sollen die Eigen- und Fremdkapitalgeber die Vorteilhaftigkeit ihres wirtschaftlichen Engagements in diesem Unternehmen beurteilen können. Man spricht in diesem Zusammenhang auch von der sog. **Informationsfunktion** des Jahresabschlusses.

Gleichzeitig soll durch die Ermittlung des erwirtschafteten Gewinns jener Überschuss ermittelt werden, der – ohne die Fortsetzung des Betriebsprozesses aufgrund eines übermäßigen Substanzverlustes zu gefährden – an die Eigenkapitalgeber ausgeschüttet werden kann. Damit ist die sog. **Ausschüttungsfunktion** des Jahresabschlusses angesprochen.

Die sog. **Steuerbemessungsfunktion** des Jahresabschlusses wird über das **Maßgeblichkeitsprinzip** hergestellt, demzufolge der unternehmensrechtliche Gewinn nach Vornahme einiger weniger Korrekturen aufgrund steuerrechtlicher Sondervorschriften **(Mehr-Weniger-Rechnung)** in die Bemessungsgrundlage für die Einkommen- bzw. Körperschaftsteuer übergeleitet werden kann.

1.1.2 Internes Rechnungswesen

Das grundsätzlich frei von gesetzlichen und sonstigen Vorschriften gestaltbare **interne Rechnungswesen** umfasst alle Rechensysteme, die für unternehmensinterne Adressaten (insbesondere Manager/innen als Entscheidungsverantwortliche im Unternehmen) konzipiert sind und diesen als ein an der betrieblichen Leistung orientiertes Planungs-, Kontroll- und Steuerungssystem dienen. Zum internen Rechnungswesen zählen insbesondere die Investitionsrechnung, die Finanzrechnung (auch Liquiditätsrechnung) sowie die Kosten- und Erlösrechnung.

Die **Investitionsrechnung** hat die Aufgabe, den Manager/inne/n des Unternehmens Informationsgrundlagen für Entscheidungen über die längerfristige Bindung von finanziellen Mitteln in Investitionsprojekten zur Verfügung zu stellen. Eine typische Fragestellung in diesem Zusammenhang könnte lauten: „Welche von mehreren in Frage kommenden Produktionsanlagen soll angeschafft werden?“ Zur Beantwortung solcher Fragen wurden in der Betriebswirtschaftslehre mehrere **Investitionsrechenverfahren** entwickelt, wie etwa die **Kapitalwertmethode** oder die **Methode des internen Zinssatzes**. Nach der Kapitalwertmethode ist jene Investitionsalternative auszuwählen, welche den höchsten positiven Kapitalwert aufweist. Der Kapitalwert ist definiert als die Differenz zwischen dem Barwert aller durch ein Investitionsprojekt ausgelösten Einzahlungsüberschüsse abzüglich der Anschaffungsauszahlung. Die Durchführung sowie die konkrete Ausgestaltung von Investitionskalkülen sind gesetzlich nicht vorgeschrieben und liegen damit im Ermessen der Unternehmensleitung.

Die **Finanzrechnung** soll die Liquidität eines Unternehmens gewährleisten. Dabei wird unter **Liquidität** die Fähigkeit eines Unternehmens verstanden, zu jeder Zeit alle fälligen Zahlungsverpflichtungen erfüllen zu können. Illiquidität führt zur Insolvenz und damit möglicherweise zum Ende des Unternehmens. Der gegenteilige Zustand einer Überliquidität ist in der Regel ebenfalls nicht optimal, da dies auf eine geringe Rentabilität von Investitionen innerhalb des Unternehmens hindeutet. In dem gesetzlich nicht vorgeschriebenen **Finanzplan** werden deshalb die erwarteten Ein- und Auszahlungen der Planperiode einander gegenübergestellt und so aufeinander abgestimmt, dass die zukünftige Zahlungsfähigkeit der Unternehmung zu jedem Zeitpunkt gewährleistet ist und gleichzeitig das Rentabilitätsziel bestmöglich berücksichtigt wird. Unternehmensrechtlich ist eine dem Finanzplan vergleichbare – jedoch das abgelaufene Geschäftsjahr betreffende – Kapitalflussrechnung nur im Konzernabschluss vorgeschrieben; die Erstellung einer solchen Rechnung für Zwecke der Liquiditätsplanung liegt daher auch hier im Ermessen der Unternehmensleitung.

Die **Kostenrechnung**[1] hat die Aufgabe, den Manager/inne/n des Unternehmens Grundlagen für primär **kurzfristige (operative) Entscheidungen** zur Verfügung

[1] Der Begriff „Kostenrechnung“ wird an mehreren Stellen aus Vereinfachungsgründen anstelle des Begriffs „Kosten- und Leistungsrechnung“ verwendet.

zu stellen, damit diese den laufenden Prozess der betrieblichen Leistungserstellung und -verwertung möglichst optimal gestalten können. Beispielsweise kann die Kostenrechnung eine Antwort auf die Frage liefern, welche Erzeugnisse besonders förderungswürdig – weil gewinnträchtig – sind und deshalb in der kommenden Periode auf den vorhandenen Maschinen gefertigt werden sollen (Frage nach dem optimalen Produktionsprogramm). Des weiteren können Informationen der Kostenrechnung etwa für Entscheidungen betreffend die temporäre Stilllegung von Produktionskapazitäten oder auch für Zwecke der Preisfestsetzung Verwendung finden.

Als Ergänzung zu einer **Plankostenrechnung**, die dazu dient, Entscheidungen rational vorzubereiten, bedarf es stets auch einer anschließenden **Kontrollrechnung**. Aus einer Analyse der Ursachen von Abweichungen zwischen den Plankosten, die eine effiziente Leistungserstellung und -verwertung unterstellen, einerseits und den dann tatsächlich angefallenen Istkosten andererseits, sollen **Unwirtschaftlichkeiten** lokalisiert sowie Möglichkeiten zu deren zukünftiger Vermeidung aufgezeigt werden. Bereits allein das Wissen um eine nachfolgende Kontrolle kann zu einer plangerechten Ausführung anregen. Schließlich bilden die Ergebnisse der Kontrollrechnungen wiederum wichtige Grundlagen für zukünftige entscheidungsvorbereitende Planungstätigkeiten.

Eine weitere Aufgabe der Kostenrechnung besteht darin, korrekte Bilanzansätze für die in der Unternehmens- und Steuerbilanz mit ihren vollen Herstellungskosten auszuweisenden **unfertigen und fertigen Erzeugnisse** zu ermitteln.

Empirische Ergebnisse

In einer empirischen Untersuchung von Wolfsgruber gaben international tätige österreichische Konzerne der Industrie an, ihrer **Kosten- und Leistungsrechnung** die folgenden **Aufgaben** als wichtigste, zweitwichtigste und drittwichtigste Aufgabe zu übertragen:[2]

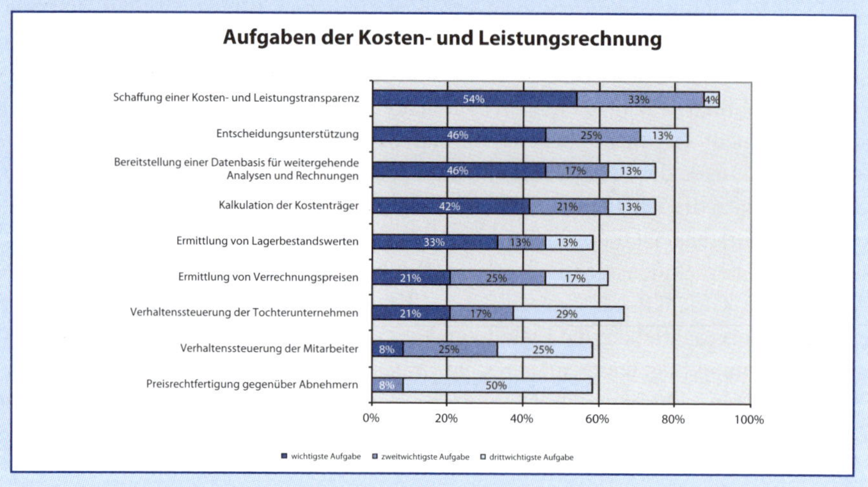

2 Vgl. Wolfsgruber (2010) S. 248.

Als wichtigste Aufgabe der Kosten- und Leistungsrechnung wird die Schaffung einer Kosten- und Leistungstransparenz gesehen, gefolgt von der Entscheidungsunterstützung und der Kalkulation. Bemerkenswert ist, dass die Preisrechtfertigung gegenüber Abnehmern zwar in keinem der befragten Unternehmen die wichtigste, jedoch in mehr als 50% eine der drei wichtigsten Aufgaben der Kostenrechnung ist.[3]

Aufbauend auf den bislang dargestellten Rechenwerken des betrieblichen Rechnungswesens können anlassbezogen auch **Sonderrechnungen** aufzustellen sein. Anlässe sind z.B. ein bevorstehender Börsengang, der Verkauf eines Unternehmensteilbereichs oder die Erstellung einer mehrperiodigen Erfolgs- und Liquiditätsplanungsrechnung („Business plan“) im Rahmen einer Kreditbeantragung. Datengrundlage hierfür können dann prinzipiell alle genannten Rechenwerke sein.

1.1.3 Angleichung durch Internationale Rechnungslegung (IFRS)

Das externe Rechnungswesen ist in Deutschland und Österreich stark auf eine vorsichtige Bemessung von Auszahlungen an Eigentümer/innen und Steuerbehörden ausgerichtet. Für die Befriedigung der Informationsbedürfnisse der internen Entscheidungsverantwortlichen ist das externe Rechnungswesen daher nur bedingt geeignet, was zur Etablierung eines eigenständigen **internen Rechnungswesens** geführt hat. Ausgehend von den Daten des externen Rechnungswesens werden im Rahmen der Betriebsüberleitung (BÜB) Korrekturen und Ergänzungen vorgenommen, um die Datengrundlage für das interne Rechnungswesen zu schaffen.

Im Vergleich dazu wird den Daten auf Basis internationaler Rechnungslegungsstandards **(IFRS)** in Literatur und Praxis eine deutlich höhere Eignung für Steuerungs- und Entscheidungszwecke zugeschrieben. Das wird damit begründet, dass die IFRS primär an den Informationsbedürfnissen der Investoren ausgerichtet sind und folglich die wirtschaftliche Situation des Unternehmens weniger verzerrt abbilden. Ziel ist der sog. **„true and fair view“** auf das Unternehmen. Kennzeichnend für die Bilanzierung nach IFRS sind beispielweise das Prinzip der wirtschaftlichen Betrachtungsweise, der stärkere Einfluss von Marktwerten, das Verhindern des Eindringens steuerlicher Regelungen im Wege der umgekehrten Maßgeblichkeit sowie der geringere Einfluss des Vorsichtsprinzips. Durch die (verpflichtende oder freiwillige) Umstellung auf internationale Rechnungslegungsstandards wird somit die Basis für eine Harmonisierung des internen und externen Rechnungswesens geschaffen.

---

3 Vgl. Wolfsgruber (2010) S. 248.

☞ IFRS

Die International Financial Reporting Standards (IFRS) werden vom International Accounting Standards Board (IASB) mit Sitz in London herausgegeben. Es hat zum Ziel, ein einheitliches Rechenwerk gleichwertiger, verständlicher, durchsetzbarer und weltweit anerkannter Rechnungslegungsstandards zu entwickeln. Die IFRS sind nach dem Zeitpunkt ihrer erstmaligen Verabschiedung durchnummeriert, die Zahl hat daher keine inhaltliche Bedeutung. Die Standards selbst lesen sich zum Teil wie Gesetzestexte zuzüglich Erläuterungen und Anwendungsbeispielen. Die Grundidee ist es, die Standards flexibel zu halten. Wenn sich ein wichtiges Rechnungslegungsproblem aufdrängt, wird in einem mehrstufigen Prozess und unter Einbeziehung der interessierten Öffentlichkeit ein neuer Standard erarbeitet bzw. ein bestehender Standard überarbeitet. Die IFRS haben konzeptionell viele Gemeinsamkeiten mit den US-amerikanischen US-GAAP (Generally Accepted Accounting Principles), vor allem in ihrer primär an den Informationsinteressen der Eigenkapitalgeber orientierten Grundausrichtung. Für die Konzernabschlüsse kapitalmarktorientierter Unternehmen mit Sitz in der Europäischen Union müssen die IFRS verpflichtend angewendet werden (VO 1606/2002/EG). Bereits davor hatten sich Unternehmen freiwillig für eine ergänzende Bilanzierung nach internationalen Vorschriften (IFRS oder auch US-GAAP) entschieden, um vor allem für institutionelle Investoren (z.B. Versicherungen, Pensionskassen etc.) „relevante und verständliche“ Informationen für deren Veranlagungsentscheidungen bereitzustellen.

Wegen der stärkeren Orientierung an der **ökonomischen Realität** und der strikten Ausrichtung auf entscheidungsorientierte Informationsbereitstellung eignet sich das externe Rechnungswesen auf IFRS-Basis somit besser für interne Steuerungszwecke, insbesondere auch für eine wertorientierte Unternehmensführung. Insofern ist es kaum überraschend, dass sich im angloamerikanischen Raum eine konsequente Trennung zwischen interner und externer Erfolgsermittlung gar nicht erst entwickeln konnte.

Auf inhaltliche Aspekte der internationalen Rechnungslegung wird an verschiedenen Stellen eingegangen, so etwa in Kap. 4.9 im Rahmen der Diskussion unterschiedlicher Ansätze für Aufwände im externen und Kosten im internen Rechnungswesen, in Kap. 6.8 im Zusammenhang mit der Berechnung von Herstellungskosten für Zwecke des externen Rechnungswesens, in Kap. 8.7 im Rahmen externer Anforderungen an die Berichterstattung von nach Segmenten aufgegliederten Unternehmenserfolgen sowie in Kap. 18.1 und 18.3 im Zusammenhang mit wertorientierter Unternehmenssteuerung.

Die bisher beschriebenen Zusammenhänge werden in Abbildung 1 zusammenfassend dargestellt.

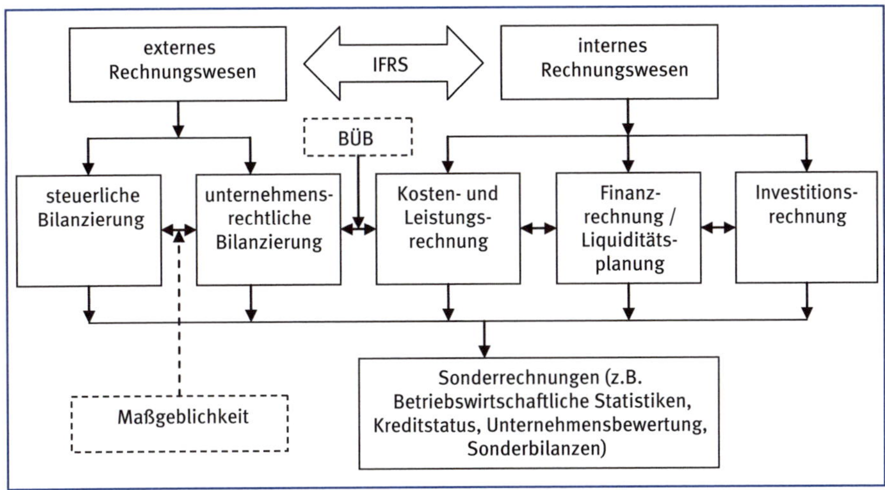

Abbildung 1: Bereiche des externen und internen Rechnungswesens

1.2 Controlling

1.2.1 Controlling und Unternehmensführung

Aufgabe der **Unternehmensführung** ist es, die im Unternehmen ablaufenden Leistungs- und Finanzprozesse so zu gestalten, dass die Unternehmensziele bestmöglich erfüllt werden. An oberster Stelle der Unternehmensziele stehen dabei die langfristige **Erhaltung und Weiterentwicklung** des Unternehmens. Nur wenn das Unternehmen in seinem Bestand gesichert ist und Möglichkeiten zur Weiterentwicklung besitzt, können die am Unternehmen interessierten Gruppen (Eigentümer/innen, Fremdkapitalgeber, Kund/inn/en, Lieferanten, Mitarbeiter/innen, Staat etc.) ihre Ziele und Absichten durchsetzen.[4]

Aus den langfristigen Zielsetzungen leiten sich eine Reihe von eher kurzfristigen Zielsetzungen ab. Ein wichtiges kurzfristig orientiertes Ziel besteht darin, **Gewinne** zu erzielen. Bei der Gewinnerzielung muss das Unternehmen stets auch darauf achten, seine **Liquidität** zu erhalten. Wenn es nämlich nicht mehr in der Lage ist, seinen Zahlungsverpflichtungen nachzukommen, muss ein die Existenz des Unternehmens massiv gefährdendes Insolvenzverfahren eröffnet werden. Die Erhaltung der Liquidität muss daher als strenge Nebenbedingung für die Gewinnerzielung interpretiert werden.

Das Erreichen der Unternehmensziele vollzieht sich in einem Führungsprozess, der aus den Phasen **Zielbildung, Planung einschließlich Entscheidung, Steuerung und Kontrolle** besteht (vgl. Abbildung 2). Planung ist stark vereinfacht die gedankliche Vorwegnahme zukünftigen Handelns. Die Steuerung umfasst die detaillierte Fest-

4 Vgl. Joos (2014) S. 3.

legung und die Durchsetzung der Planung in der Ausführung. Die Kontrolle schließlich ergänzt die Planung und umfasst im Kern den Vergleich von geplanten und in der Ausführung realisierten Größen. Von den Ergebnissen der Kontrolle gehen Impulse zu Steuerung (Einleitung korrigierender Maßnahmen), Planung (Planrevision) und Zielsetzung (Zielrevision) aus. Die Informationssysteme des Unternehmens bilden die Grundlage, die den gesamten Führungsprozess erst ermöglicht.[5]

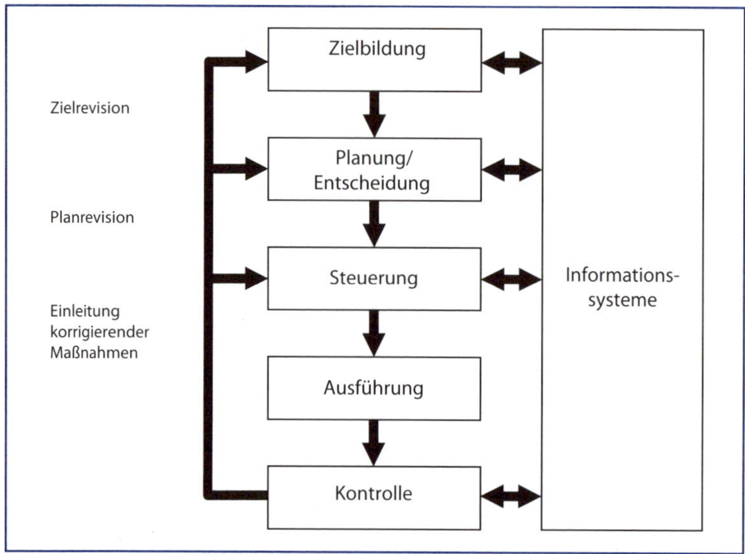

Abbildung 2: Prozess der Unternehmensführung[6]

Planung und Kontrolle als die zentralen Führungsaufgaben bedürfen wegen ihrer hohen und ständig steigenden Komplexität einer besonderen Unterstützung. Diese besteht erstens darin, ein leistungsfähiges **Planungs- und Kontrollsystem** zu schaffen und es zweitens mit den relevanten Informationen zu versorgen. Planung, Kontrolle und Informationsversorgung müssen folglich aufeinander abgestimmt werden. Diese Aufgabe übernimmt das Controlling als Servicefunktion für das Management.[7]

Controlling heißt daher nicht, das Unternehmen selbst zu steuern, also bildlich gesprochen, das Ruder selbst in die Hand zu nehmen. Controlling besteht vielmehr darin, zu navigieren, Orientierungshilfe zu leisten, damit das Unternehmen bei seiner Reise durch die Turbulenzen der Wirtschaft auf Kurs bleibt.

„Controlling“ wird bis heute in Theorie und Praxis mit unterschiedlichen Inhalten belegt. Es ist deshalb nicht verwunderlich, dass man in Österreich „Controller/innen“ als Sachbearbeiter/innen in der Finanzbuchhaltung genauso findet wie im Vorstand einer Aktiengesellschaft. Trotz der Vieldeutigkeit des Controllingbegriffs werden in der heutigen Unternehmenspraxis im Kern Planung, Berichtswesen, internes

[5] Vgl. Joos (2014) S. 4.
[6] Vgl. Joos (2014) S. 5.
[7] Vgl. Joos (2014) S. 5.

Rechnungswesen sowie betriebswirtschaftliche Sonderrechnungen zum Aufgabenfeld des Controllings gerechnet. Im angloamerikanischen Raum werden oftmals zusätzlich auch der Finanzbereich, die Unternehmensbesteuerung, die Informationstechnologie sowie die interne Revision dem Controlling zugeordnet.[8]

Nach dem Verständnis der International Group of Controlling (vgl. **Controller-Leitbild**, Abbildung 3) leistet das Controlling eine begleitende betriebswirtschaftliche Unterstützung für das Management zur zielorientierten Planung und Steuerung. Das Zusammenwirken von Manager/inne/n und Controller/inne/n erfolgt „auf Augenhöhe", denn Controller/innen tragen Mitverantwortung für die Erreichung der Unternehmensziele. Sie sollen als proaktive Partner/innen des Managements agieren und diese Rolle sowohl in den operativen Belangen des Tagesgeschäfts spielen als auch in der Implementierung von zentralen strategischen Grundhaltungen wie Wertorientierung und Nachhaltigkeit.

Controller leisten als Partner des Managements einen wesentlichen Beitrag zum nachhaltigen Erfolg der Organisation.
Controller ...

- *gestalten und begleiten den Management-Prozess der Zielfindung, Planung und Steuerung, sodass jeder Entscheidungsträger zielorientiert handelt.*
- *sorgen für die bewusste Beschäftigung mit der Zukunft und ermöglichen dadurch, Chancen wahrzunehmen und mit Risiken umzugehen.*
- *integrieren die Ziele und Pläne aller Beteiligten zu einem abgestimmten Ganzen.*
- *entwickeln und pflegen die Controlling-Systeme. Sie sichern die Datenqualität und sorgen für entscheidungsrelevante Informationen.*
- *sind als betriebswirtschaftliches Gewissen dem Wohl der Organisation als Ganzes verpflichtet.*

Abbildung 3: Controller-Leitbild der International Group of Controlling[9]

1.2.2 Strategisch vs. operativ

Die strategische Unternehmensführung beschäftigt sich mit der nachhaltigen Existenzsicherung des Unternehmens. Ihre Aufgabe besteht im Aufbau und in der Erhaltung **strategischer Erfolgspotenziale**, d.h. anhaltender und weit in die Zukunft gerichteter Erfolgsmöglichkeiten in Form von Märkten, Produkten und Kapazitäten. Plakativ formuliert geht es darum, „to do the right things". Die strategische Unternehmensführung ist eine „Vorsteuerung" für die operativen Zielgrößen Erfolg und Liquidität. Mit letzteren beiden Zielen beschäftigt sich die operative Unternehmensführung; oder in Kurzform: „to do the things right" (vgl. Abbildung 4).

[8] Vgl. Joos (2014) S. 1.
[9] Controllerverein (2013) online.

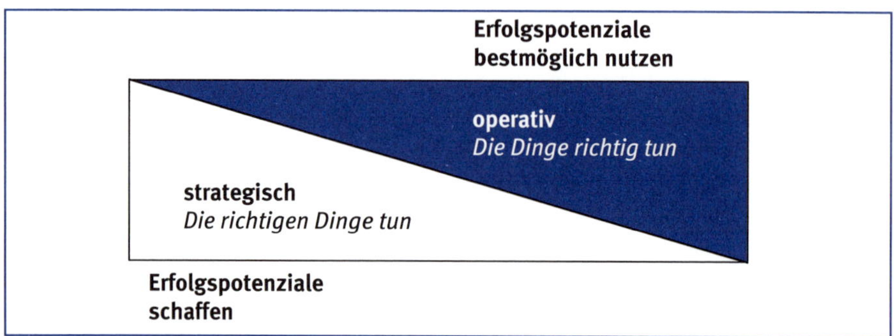

Abbildung 4: Zusammenhang strategisch – operativ[10]

Strategische und operative Unternehmensführung bedürfen der Unterstützung durch das Controlling. Die in den beiden Führungsbereichen anzutreffenden unterschiedlichen Problemstellungen haben zur Herausbildung spezialisierter Controllingteilbereiche, des strategischen und des operativen Controllings, geführt.

Das **strategische Controlling** bearbeitet langfristige Fragestellungen und hat dabei mit oft unstrukturierten Problemen, unsicheren Informationen und hoher Komplexität zu tun. Im Unterschied zum strategischen Controlling weist das **operative Controlling** einen kürzeren Zeithorizont auf und beschäftigt sich direkt mit den monetären Unternehmenszielen. Wesentliche Unterschiede zwischen strategischem und operativem Controlling können Abbildung 5 entnommen werden.

Kriterien	Strategisches Controlling	Operatives Controlling
Zielgrößen	Existenzsicherung, Erfolgspotenzial	Gewinn, Liquidität
Zeitbezug	nahe und ferne Zukunft	Gegenwart und nahe Zukunft
primäre Orientierung	unternehmensextern	unternehmensintern
verwendete Daten	quantitativ und qualitativ	quantitativ (v.a. Kosten/Erlöse)
Rahmenbedingungen	Komplexität, Dynamik und Diskontinuität des Umfeldes	stabiles Umfeld
Sicherheit der Informationen	Unsicherheit	weitgehend sichere Informationen
Freiheitsgrad	hoch	niedrig
Art der Aufgaben	innovative Aufgaben	Routineaufgaben
Integration des Top-Managements	laufend	fallweise

Abbildung 5: Strategisches und operatives Controlling[11]

[10] Vgl. Eisl et al (2015) S. 34.
[11] Vgl. Joos (2014) S. 6; Baum et al (2013) S. 9.

Aufgabe des strategischen Controllings ist es, die Unternehmensführung beim Entwurf von Unternehmens- und Geschäftsfeldstrategien zu unterstützen. Das strategische Controlling holt dazu **strategierelevante Informationen** aus Umwelt und Unternehmen ein, stellt Planungs- und Kontrollinstrumente bereit und koordiniert den Planungsvorgang. Wesentliche Teile des strategischen Controllings werden im Rahmen von Kap. 13 „Strategische Budgetierung“ und Kap. 18 „Wertorientierte Unternehmenssteuerung“ vorgestellt.

Die als Ergebnis der strategischen Planung verabschiedete Strategie bildet den Orientierungs- und Handlungsrahmen für das operative Controlling. Im Rahmen des **operativen Controllings** geht es um die Ausschöpfung der Erfolgspotenziale des Unternehmens. Ziel ist es, die Unternehmensaktivitäten auf kurz- bis mittelfristige Sicht so zu steuern, dass einerseits maximale Gewinne erwirtschaftet werden und andererseits die Liquidität des Unternehmens zu keinem Zeitpunkt gefährdet ist.

Im Mittelpunkt der Aktivitäten des operativen Controllings stehen insbesondere der Aufbau und die Durchführung der kurz- bis mittelfristigen Unternehmensplanung **(operatives Budget)**, die Kontrolle der Planerreichung in Form von kennzahlenbasierten **Soll-Ist-Vergleichen** sowie die laufende Informationsversorgung des Managements mit Hilfe des **Berichtswesens** (Standardberichte, Abweichungsberichte, Bedarfsberichte). Zur Durchführung seiner Aufgaben bedient sich das Controlling einer Fülle von Daten und Controlling-Werkzeugen. Ihren Ursprung haben die meisten vom Controlling verwendeten Daten und Controlling-Werkzeuge im **betrieblichen Rechnungswesen**. Die zentralen Inhalte des operativen Controllings im Rahmen der Budgetierung werden in Kap. 14 „Das operative Budgetsystem“, Kap. 15 „Abweichungsanalyse“ und Kap. 16 „Reporting“ behandelt.

Empirische Ergebnisse

Controller/innen sind betriebswirtschaftliche Generalist/inn/en, die ein breites Spektrum an Tätigkeiten wahrnehmen. Das Nebeneinander von Informations-, Planungs- und Kontrollaufgaben unterschiedlichster Ausprägung ist geradezu ein Charakteristikum des Controllingjobs. Die Ergebnisse des vom Controller-Institut durchgeführten Controlling-Panels 2014 zeigen folgende Ergebnisse betreffend die von **Controller/inne/n** in der Praxis übernommenen Aufgabenbereiche sowie die **Verteilung** ihrer **Arbeitszeit** auf diese Aufgaben.[12]

12 Vgl. Waniczek (2014) S. 48.

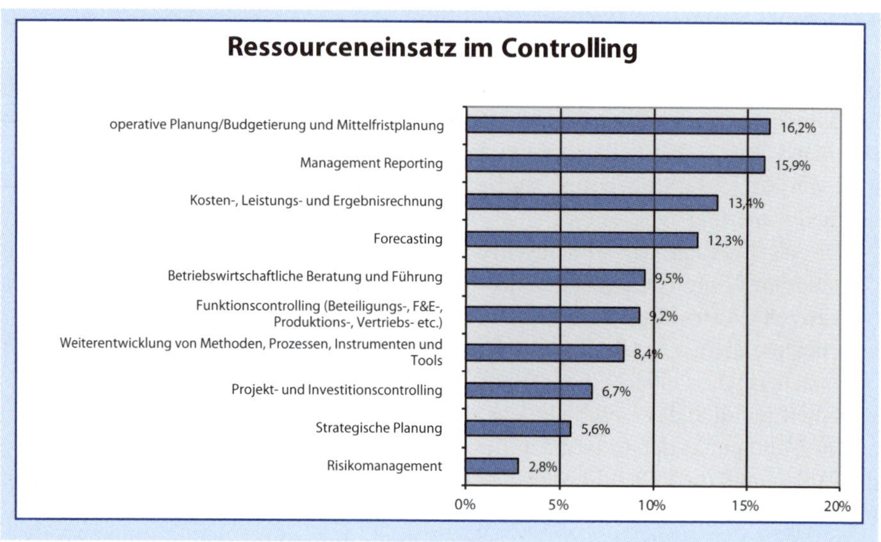

☞ Controlling

Trotz unterschiedlicher Auffassungen in Detailfragen in Wissenschaft und Praxis besteht weitestgehend Einigkeit darüber, dass die Kernaufgabe des Controllings darin besteht, die Unternehmensführung in betriebswirtschaftlichen Fragen optimal zu unterstützen – das heißt, einen betriebswirtschaftlichen Service zu liefern mit dem Ziel, die Erfolgswirkungen von Entscheidungen transparent zu machen und so die Entscheidungsqualität insgesamt zu erhöhen. In der Regel bezieht sich der betriebswirtschaftliche Service des Controllings auf folgende vier Aufgabenbereiche: 1) die Gestaltung des Planungs- und Kontrollsystems, 2) die Unterstützung und die Koordination von strategischen und operativen Planungen in den Linieneinheiten, 3) die eigenständige Durchführung monetärer Planungen und Kontrollen für das Gesamtunternehmen, 4) die allgemeine Informationsversorgung der Unternehmensführung im Wege des Berichtswesens.

Das vom operativen Controlling am häufigsten genutzte Teilgebiet des betrieblichen Rechnungswesens ist die **Kostenrechnung**. Sie stellt dem Controlling ein breites Repertoire an Methoden zur Verfügung und ist in der Summe dieser Methoden gewissermaßen das Standardinstrument des Controllings. Das erklärt sich einerseits daraus, dass die Kostenrechnung unmittelbar die Erfüllung von Gewinnzielen unterstützt. Zum anderen ist die Kostenrechnung jenes Instrument, das sich ein Unternehmen frei von unternehmens- und steuerrechtlichen Vorschriften nach seinen eigenen Bedürfnissen und Möglichkeiten „maßschneidern" kann.[13]

[13] Vgl. Troßmann/Baumeister (2015) S. 4 f.; Joos (2014) S. 93; Zunk et al (2014) S. 42 f.

Was den zeitlichen Horizont anbelangt, steht das operative Controlling zwischen der tendenziell langfristigen strategischen Planung und dem (vergangenheitsorientierten) Rechnungswesen (Finanzbuchhaltung und Istkostenrechnung) (vgl. Abbildung 6).

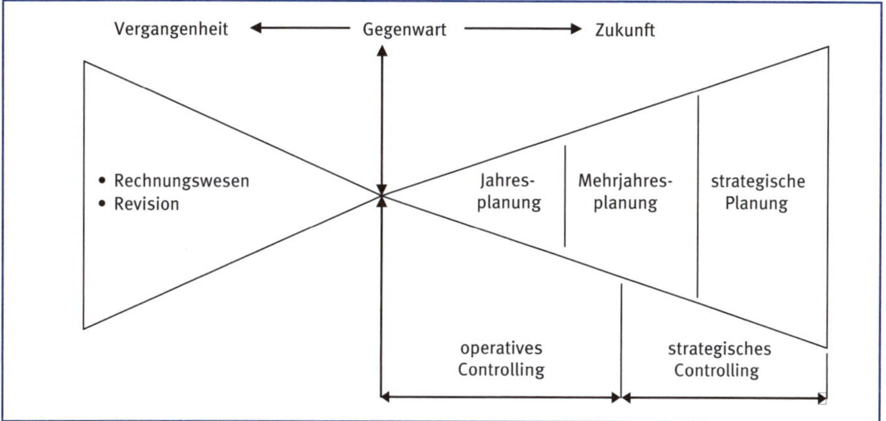

Abbildung 6: Operatives Controlling zwischen Strategie und Rechnungswesen[14]

> ☞ **Operatives Controlling**
>
> Mit den Aktivitäten des operativen Controllings gilt es, aus den strategischen Weichenstellungen konkrete und aufeinander abgestimmte kurz- bis mittelfristige Erfolgs- und Liquiditätsziele sowie entsprechende Maßnahmen abzuleiten, diese in Geldeinheiten zu quantifizieren (Budget) und in der Folge im Zuge von Plan-Ist-Vergleichen laufend zu überprüfen.

1.2.3 Organisation des Controllings

Controlling-Stellen bzw. -Abteilungen finden sich in größeren Unternehmen und Konzernen[15] üblicherweise in Form eines zentralen und eines dezentralen Controllings.

Das **zentrale Controlling** existiert auf zwei Ebenen: Zum einen in der Unternehmenszentrale bzw. Konzernzentrale (Holding) und zum anderen in den einzelnen Bereichen des Unternehmens bzw. Tochterunternehmen unterhalb der Holding. Auf beiden Ebenen ist das Controlling in der Regel hierarchisch hoch in der Nähe des (Finanz-)Vorstands bzw. der Geschäftsführung angesiedelt und soll diese Personen bei ihren Planungs-, Kontroll- und Steuerungsaufgaben unterstützen.[16]

---

[14] Vgl. Eisl et al (2015) S. 36.

[15] Ein Konzern besteht aus rechtlich selbständigen Unternehmen, die zu wirtschaftlichen Zwecken unter einheitlicher Leitung zusammengefasst sind. Vgl. Wolfsgruber (2010) S. 54.

[16] Vgl. Franz/Kajüter (2011) S. 474.

Das **zentrale Controlling auf der Holdingebene** wird häufig auch als Konzerncontrolling bezeichnet. Es ist zuständig für die Erarbeitung einer einheitlichen Controlling-Konzeption, -Terminologie und -Methodik für den gesamten Unternehmensverbund (Konzern). Daneben hat das zentrale Controlling – sowohl in der Holding als auch in den Tochterunternehmen – konzern- bzw. unternehmensweite Koordinationsaufgaben zu erfüllen. Dafür typische Beispiele sind die Abstimmung der zeitlich aufeinanderfolgenden Planungsschritte dezentraler Einheiten in einem Planungskalender und die Zusammenfassung der von verschiedenen Stellen zusammenlaufenden Pläne zu einem Gesamtplan für den Konzern.[17]

Stellen für das **dezentrale Controlling** sind vor allem in den operativen Einheiten zu finden, beispielsweise in den Werken (Produktion) und den einzelnen Funktionsbereichen wie Beschaffung, Vertrieb oder F&E. Die Aufgaben dezentraler Controller/innen bestehen im Wesentlichen in der methodischen Unterstützung der Planung, dem Bereitstellen informativer Berichte an das Management sowie der Beratung der Führungskräfte bei der Auswertung von Abweichungsinformationen und der Entwicklung von Maßnahmen zur Reaktion auf Abweichungen.[18]

Die Kompetenz des zentralen Controllings auf der Holdingebene beschränkt sich in der Regel auf die Richtlinienkompetenz gegenüber dem **zentralen Controlling in den Tochterunternehmen**. Auf diese Weise wird eine in formaler und methodischer Hinsicht einheitliche Gestaltung des Controllings im Konzern sichergestellt. Innerhalb der Tochterunternehmen bestehen verschiedene Möglichkeiten, um die Beziehung zwischen zentralem und dezentralem Controlling (DC) zu regeln. In der Praxis ist das dezentrale Controlling jedoch in der Regel disziplinarisch der Linie und fachlich dem zentralen Controlling im jeweiligen Tochterunternehmen unterstellt **(Dotted-line-Prinzip)**. Abbildung 7 soll der Verdeutlichung dienen.[19]

[17] Vgl. Franz/Kajüter (2011) S. 474.
[18] Vgl. Franz/Kajüter (2011) S. 474 f.
[19] Vgl. Franz/Kajüter (2011) S. 474.

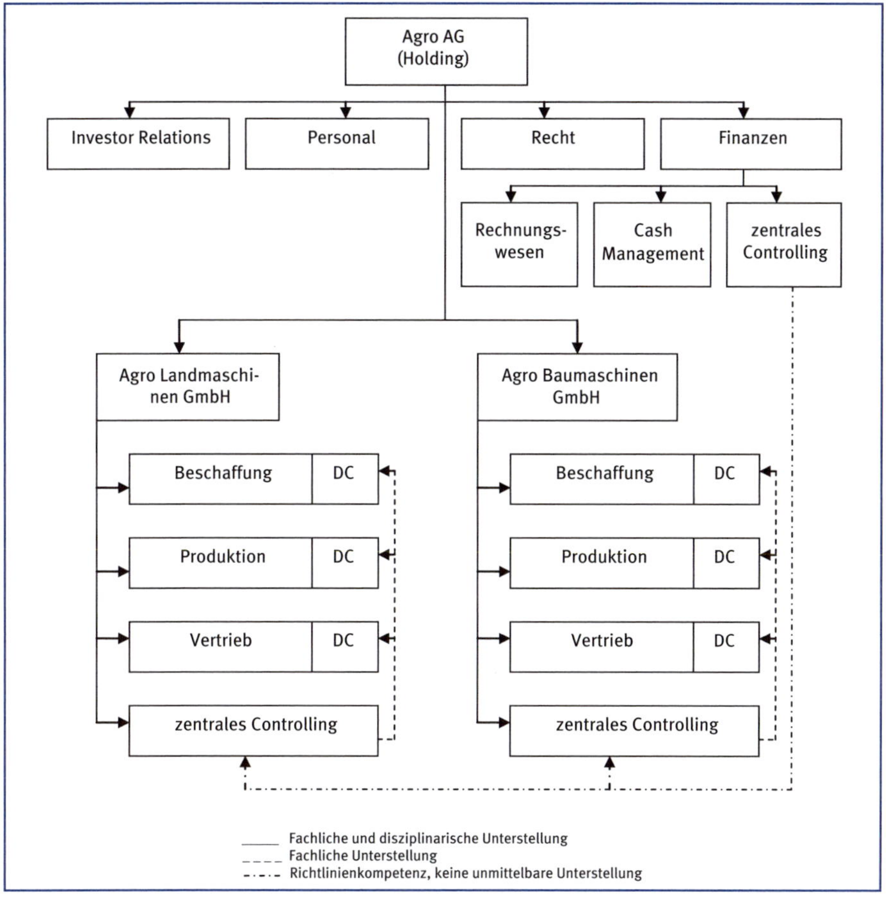

Abbildung 7: Controlling-Organisation (Beispiel)[20]

[20] Vgl. Franz/Kajüter (2011) S. 474.

2 Kosten

Lernziele

Nach Durcharbeiten von Kapitel 2 sollten Sie u.a. in der Lage sein:

- den Kosten- und Leistungsbegriff zu definieren
- verschiedene Möglichkeiten der Kostengliederung zu unterscheiden
- die Grundzüge der Kostentheorie und Gewinnmaximierung zu beschreiben
- die Phänomene der Kostenremanenz und -präkurrenz zu erklären
- die wesentlichen Methoden der Kostenauflösung anzuwenden

2.1 Kostenbegriff

Kosten sind der zentrale Begriff der Kostenrechnung und damit ein grundlegendes Konzept für das Controlling und das gesamte interne Rechnungswesen. Der Kostenbegriff bildet auch eine wichtige Schnittstelle zum externen Rechnungswesen, denn einerseits basieren Kosten zu einem großen Teil auf Daten aus der Finanzbuchhaltung und andererseits stellen sie selbst den Ausgangspunkt für die Bewertung von Fertigerzeugnissen im Rahmen der Bilanzierung dar.

Kosten werden definiert als der **sachzielbezogene, bewertete und normalisierte Verzehr** von Gütern und Dienstleistungen innerhalb einer Rechnungsperiode.[21]

Das **Sachziel** beschreibt, was das Unternehmen am Markt erreichen will. Sachziele eines Autoherstellers sind die Produktion und der Absatz von Autos, das Sachziel eines Reisebüros ist die Vermittlung von Reisen. Sachzielbezogenheit besagt, dass als Kosten lediglich solche Werte berücksichtigt werden dürfen, die dem Sachziel dienen, also insbesondere für die Herstellung von Gütern und Dienstleistungen sowie für die Aufrechterhaltung der dazu benötigten Kapazitäten eingesetzt werden. Nicht im Zusammenhang mit dem Sachziel stehen hingegen sog. **betriebsfremde Aufwendungen** wie z.B. Spenden an gemeinnützige Organisationen oder auch Verluste aus zu spekulativen Zwecken angeschafften Wertpapieren eines Industrieunternehmens.

Es wird zwischen dem pagatorischen und dem wertmäßigen Kostenbegriff unterschieden. Der **pagatorische Kostenbegriff** setzt eine Auszahlung voraus, die bereits getätigt ist oder erst in Zukunft anfällt, und orientiert den Wertansatz an den Anschaffungskosten. Dem **wertmäßigen Kostenbegriff** liegt im Gegensatz dazu die Zielsetzung zugrunde, in Abhängigkeit von den gewählten Zielvorstellungen den Gütereinsatz zu optimieren. Der anzusetzende Wert muss sich daher am Grenznutzen orientieren und beispielsweise auch den entgangenen Gewinn als **Opportunitätskosten** ein-

[21] Vgl. z.B. Fischbach (2013) S. 9; Kußmaul (2011) S. 257.

beziehen. Vorherrschend im internen Rechnungswesen ist der wertmäßige Kostenbegriff.[22]

Betreffend die **Normalisierung** lassen sich ein sachlicher und ein zeitlicher Gesichtspunkt unterscheiden: Sachliche Normalisierung bedeutet, dass die Effekte außergewöhnlicher Ereignisse (z.B. Maschinenbruch, Brand) auf einen längeren Zeitraum verteilt werden. Dazu werden außergewöhnliche Aufwendungen neutralisiert und durchschnittliche Kosten in Form kalkulatorischer Wagnisse angesetzt. Zeitliche Normalisierung liegt vor, wenn unzweckmäßig periodisierte Aufwendungen korrigiert werden. So werden beispielweise die Kosten des 13. und 14. Monatsgehalts gleichmäßig auf alle Monate eines Jahres verteilt.

☞ Kosten

Als Kosten wird allgemein der sachzielbezogene (für den Betriebszweck erfolgende) und normalisierte Verbrauch von Gütern und Dienstleistungen bezeichnet. Der Kostenbegriff umfasst vier wesentliche Merkmale: Güter- bzw. Dienstleistungsverbrauch, Leistungsbezogenheit, Bewertung und Normalisierung.

2.2 Gliederungsmöglichkeiten von Kosten

Eine **Gliederung von Kosten** ist nach verschiedenen Kriterien möglich:[23]

- Je nach Art des verbrauchten Produktionsfaktors werden beispielsweise **Materialkosten, Personalkosten, Dienstleistungskosten, Betriebsmittelkosten** sowie **öffentliche Abgaben** unterschieden (= Kostenarten).
- Nach der Bezugsgröße lassen sich **Stückkosten** und **Gesamtkosten** unterscheiden. Als Stückkosten werden die Kosten einer einzelnen Leistungseinheit bezeichnet. Gesamtkosten sind die Kosten einer Gesamtheit, z.B. eines Unternehmens, einer Abteilung oder einer Kostenstelle.[24]
- Nach ihrem Zeitbezug lassen sich insbesondere **Istkosten** (tatsächlich angefallene Kosten) und **Plankosten** (geplante, d.h. angestrebte Kosten) unterscheiden.
- Nach der Art der Verrechnung der Kosten auf die Kostenträger (gefertigte Erzeugnisse oder erstellte Dienstleistungen) unterscheidet man Einzelkosten und Gemeinkosten. **Einzelkosten** können einem Kostenträger direkt zugerechnet werden. Wichtige Einzelkosten sind Fertigungsmaterialien (z.B. Holz für einen Tisch) und leistungsmengenabhängige Fertigungslöhne (z.B. Akkordlöhne). Dagegen lassen sich **Gemeinkosten** nicht unmittelbar einem Kostenträger zurechnen. Sie

22 Vgl. Djanani/Schöb (1997) S. 17.

23 Vgl. auch Fischbach (2013) S. 16 f.; Jossé (2011) S. 24.

24 Eine Kostenstelle ist eine Organisationseinheit im Unternehmen, für die Kosten geplant, erfasst und kontrolliert werden. Sie ist ein Ort, an dem Güterverzehr und Leistungserstellung stattfinden. Siehe dazu im Detail Kap. 5.

fallen für mehrere Kalkulationsobjekte gemeinsam an. Beispiele für Gemeinkosten sind z.B. zeitabhängige Gehälter, Miete, Energiekosten, zeitabhängige Abschreibungen, Hilfslöhne.

Von diesen echten Gemeinkosten sind die sog. **unechten Gemeinkosten** abzugrenzen. Diese stellen Einzelkosten dar, die zwar theoretisch direkt verrechnet werden könnten, jedoch aus Wirtschaftlichkeitsgründen zusammen mit den echten Gemeinkosten den Kostenträgern indirekt über Zuschlags- bzw. Verrechnungssätze zugerechnet werden. Beispiel: Zur Herstellung von Stühlen wird der Hilfsstoff Leim benötigt. Eine gesonderte Erfassung der Leimmenge pro Stuhl wäre sehr aufwändig und würde in keinem Verhältnis zum Erkenntnisfortschritt stehen. Deshalb wird der Hilfsstoffverbrauch nicht als Einzelkosten, sondern als unechte Gemeinkosten zusammen mit den echten Gemeinkosten verrechnet.

- Nach dem Verhalten bei Schwankungen der Beschäftigung lassen sich **variable Kosten** (ändern sich unmittelbar bei einer Änderung der Beschäftigung) und **fixe Kosten** (entstehen unabhängig davon, ob eine gegebene Kapazität vollständig, teilweise oder gar nicht ausgenützt wird) unterscheiden.

  Variable Kosten können in vier Gruppen untergliedert werden: proportionale, progressive, degressive und regressive Kosten. Bei **proportionalen Kosten** (z.B. Rohstoffkosten) verändern sich die gesamten variablen Kosten einer Kostenart proportional zur Beschäftigung (z.B. Stückzahl). Die variablen Stückkosten bleiben dann unabhängig von der Ausbringungsmenge konstant. Bei **progressiven Kosten** steigen die gesamten variablen Kosten einer Kostenart bei zunehmendem Beschäftigungsgrad überproportional an. Die variablen Stückkosten wachsen dann bei steigender Beschäftigung. Bei rückläufigem Beschäftigungsgrad gilt die umgekehrte Beziehung. Ein progressiver Kostenverlauf kann dann auftreten, wenn Anlagen an der Leistungsgrenze gefahren werden und dadurch einen überdurchschnittlichen Energieverbrauch verursachen. **Degressive Kosten** liegen dann vor, wenn mit steigender Beschäftigung die gesamten variablen Kosten einer Kostenart prozentual in geringerem Maße als die Beschäftigung zunehmen – die variablen Stückkosten sinken in diesem Fall. Bei rückläufigem Beschäftigungsgrad gilt die umgekehrte Beziehung. Degressive Kosten können z.B. die Folge von Mengenrabatten oder Lerneffekten sein. **Regressive Kosten** sinken bei zunehmender Beschäftigung. Sowohl die gesamten variablen Kosten als auch die variablen Stückkosten nehmen ab. Bei rückläufigem Beschäftigungsgrad gilt die umgekehrte Beziehung: Variable Gesamtkosten und variable Stückkosten steigen. Regressive Kosten stellen einen theoretischen Grenzfall dar, der in der Praxis de facto nicht vorkommt. Als Beispiel sind allenfalls Heizkosten in einer Bäckerei denkbar, die bei zunehmender Ausbringungsmenge wegen der noch vorhandenen Restwärme zurückgehen.

  Sprungfixe Kosten stellen einen Spezialfall der fixen Kosten dar. Sie sind nur innerhalb bestimmter Beschäftigungsintervalle fix. Wird die Grenze überschritten, steigen die Kosten sprunghaft an. Wenn beispielsweise die Kapazität einer Maschine vollständig ausgelastet ist, muss bei einer weiteren Steigerung der Be-

schäftigung eine zweite Maschine beschafft werden, wodurch die fixen Kosten (Abschreibungen, Zinskosten) sprunghaft ansteigen.
Mathematisch kann der Zusammenhang zwischen Beschäftigung und Kosten in sog. **Kostenfunktionen** (siehe dazu ausführlich Kap. 2.3) ausgedrückt werden. Typische Kostenverläufe in Abhängigkeit von der Beschäftigung sind in Abbildung 8 grafisch veranschaulicht.

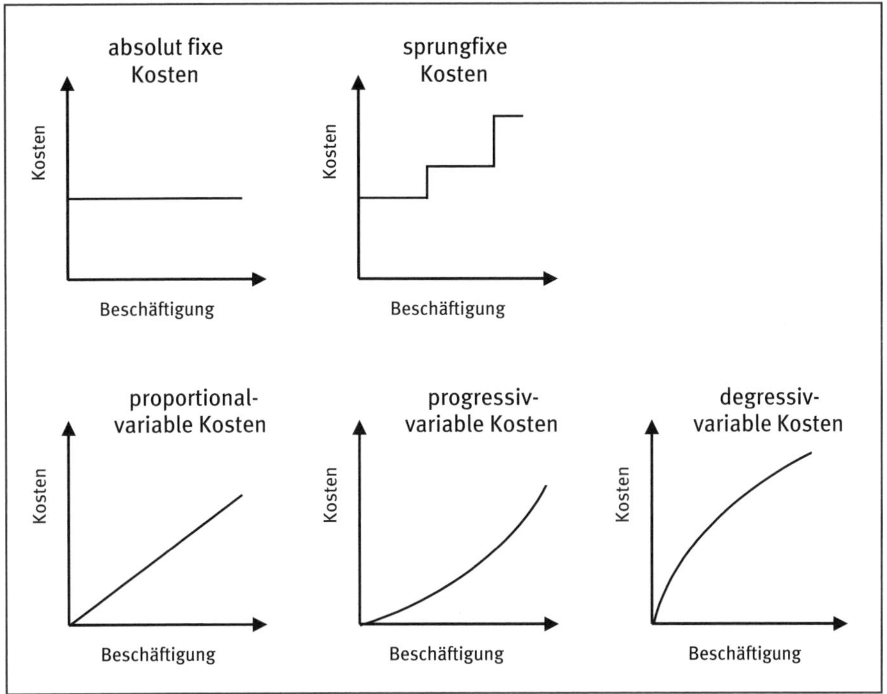

Abbildung 8: Kostenverläufe[25]

Aus diesen Kriterien zur Gliederung von Kosten geht hervor, dass Fixkosten und Gemeinkosten nicht identisch sind. Zwar sind Fixkosten stets Gemeinkosten und Einzelkosten stets variable Kosten, umgekehrt gelten diese Relationen aber nicht unbedingt. Es gelten die in Abbildung 9 aufgezeigten Beziehungen:[26]

25 Vgl. noch detaillierter Schmidt (2014) S. 26.

26 Die Abschreibung für ein Lagerregal beispielsweise stellt Fix- und Gemeinkosten dar, während Akkordlöhne variable Einzelkosten sind. Ein Beispiel für Gemeinkosten, die gleichzeitig variabel sind, wären unechte Gemeinkosten, wie z.B. Hilfsstoffverbrauch.

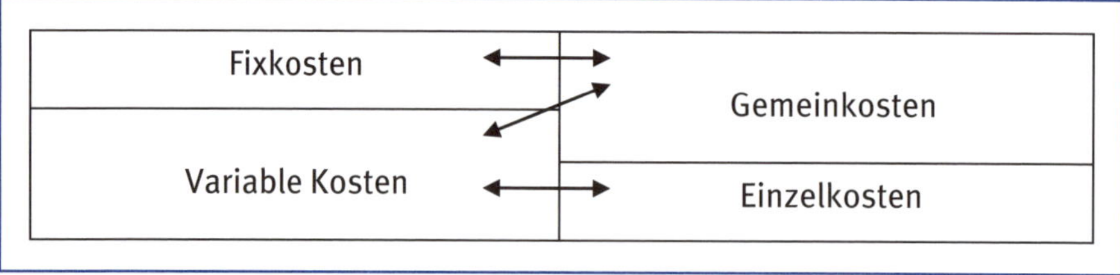

Abbildung 9: Kostenrelationen[27]

2.3 Kostenfunktion und Gewinnmaximierung

Eine **Kostenfunktion** charakterisiert die ökonomischen Bedingungen der Produktion in einem Unternehmen. Die technischen Bedingungen und Möglichkeiten eines Unternehmens wiederum können in einer Produktionsfunktion beschrieben werden, welche die Grundlage der Kostenfunktion bildet.

Die **Produktionsfunktion** ordnet möglichen Faktoreinsatzmengen v_1 bis v_n die jeweils maximale Produktionsmenge x zu. Für n Produktionsfaktoren lässt sich die Produktionsfunktion allgemein schreiben als:

$$x = x(v_1, v_2, \dots, v_n)$$

Der Einsatz **variabler Faktoren** kann kurzfristig an Produktionsschwankungen angepasst werden (z.B. kurzfristig kündbare Arbeitskräfte). **Fixe Faktoren** zeichnen sich hingegen dadurch aus, dass ihre Einsatzmenge von Schwankungen der Produktionsmenge innerhalb der Kapazität nicht beeinflusst wird (z.B. Verwaltungsgebäude). Deshalb müssen fixe Faktoren auch nicht explizit in die Produktionsfunktion einbezogen werden.

Grundsätzlich wird zwischen limitationalen und substitutionalen Produktionsfunktionen unterschieden:

Bei **limitationalen Produktionsfunktionen** kann es für jede Outputmenge nur eine einzige technisch effiziente Faktorkombination geben. Da technische Effizienz eine notwendige Voraussetzung ökonomischer Effizienz ist, gibt es auch jeweils nur eine ökonomisch effiziente Faktorkombination. Limitationale Produktionsfunktionen bewirken daher, dass die selektive Erhöhung der Faktormenge eines einzigen Inputfaktors zu keiner Erhöhung des Outputs führt. Diese produktionstechnische Annahme erweist sich in vielen Fällen als praxisrelevant. Beispielsweise kann die Hinzunahme eines weiteren Reifens bei der Herstellung von Autos zwar zu einem zweiten Ersatzreifen, aber zu keinem zweiten Auto führen.

Bei **substitutionalen Produktionsfunktionen** kann jeder Faktor zumindest teilweise durch andere ersetzt werden, so dass es für die Herstellung einer bestimmten Outputmenge nicht nur eine, sondern mehrere technisch effiziente Faktorkombinationen geben kann.

27 Vgl. Jossé (2011) S. 31; Kußmaul (2011) S. 260.

Die **Kostenfunktion** ordnet jedem beliebigen Produktionsniveau die jeweils minimalen Kosten zu. Lassen sich mehrere **substitutionale Produktionsfaktoren** variabel einsetzen, muss für die Ermittlung der Kostenfunktion zunächst bestimmt werden, welches Einsatzverhältnis der Produktionsfaktormengen am billigsten ist. Die in der kostenminimalen Faktormengenkombination **(Minimalkostenkombination)** enthaltenen Informationen werden dann in einem zweiten Schritt dazu verwendet, die minimalen Kosten für alle möglichen Produktionsmengen herzuleiten.

Die nachfolgenden Ausführungen beschränken sich auf zwei variable Faktoren v_1 und v_2 mit Faktorpreisen q_1 und q_2 sowie einen fixen Faktor F mit einem Faktorpreis q_F. Da der fixe Faktor nicht explizit in die weiteren Betrachtungen einbezogen wird, kann die Produktionsfunktion folgendermaßen formuliert werden:

$$x = x(v_1, v_2)$$

Zu minimieren sind die Produktionskosten als Zielfunktion unter der Nebenbedingung, dass ein bestimmtes Produktionsniveau realisiert wird. Die entsprechende Lagrangefunktion (L) hat folgendes Aussehen:

$$L = \underbrace{q_1 \cdot v_1 + q_2 \cdot v_2}_{\text{VK}} + \underbrace{q_F \cdot F}_{\text{FK}} + \mu \cdot [\bar{x} - x(v_1, v_2)]$$

Die notwendigen Bedingungen für ein Kostenminimum ergeben sich durch partielle Ableitung der Lagrangefunktion nach den endogenen Variablen und Nullsetzen:

$$\frac{\partial L}{\partial v_1} = q_1 - \mu \cdot \frac{\partial x}{\partial v_1} = 0$$

$$\frac{\partial L}{\partial v_2} = q_2 - \mu \cdot \frac{\partial x}{\partial v_2} = 0$$

$$\frac{\partial L}{\partial \mu} = \bar{x} - x(v_1, v_2) = 0$$

Indem man die beiden ersten Gleichungen zunächst nach μ auflöst und die entsprechenden Ausdrücke anschließend gleichsetzt, erhält man die **Bedingung für die Minimalkostenkombination**:

$$\frac{\partial x / \partial v_1}{\partial x / \partial v_2} = \frac{q_1}{q_2}$$

Das Verhältnis der Grenzproduktivitäten entspricht somit im Optimum dem Verhältnis der Faktorpreise. Die Menge aller Minimalkostenkombinationen wird als **Expansionspfad** bezeichnet. Bei **homogenen Produktionsfunktionen** ist das jeweils kostenminimale Faktoreinsatzverhältnis konstant. Für homogene Produktionsfunktionen gilt:

$$x(k \cdot v_1, k \cdot v_2) = k^r \cdot x(v_1, v_2)$$

Falls die Konstante k beispielsweise 2 beträgt, ist diese Gleichung folgendermaßen zu interpretieren: Eine Verdoppelung der Faktoreinsatzmengen führt zu mehr als einer Verdoppelung der Produktionsmenge, falls $r>1$, genau zu einer Verdoppelung der Produktionsmenge, falls $r=1$, und zu weniger als einer Verdoppelung der Produktionsmenge, falls $r<1$ ist. Der Exponent r wird Homogenitätsgrad genannt. Er ist bei homogenen Produktionsfunktionen konstant. Bei $r>1$ liegen steigende Skalenerträge vor, bei $r=1$ konstante Skalenerträge und bei $r<1$ fallende Skalenerträge. Man spricht auch von überlinear homogenen ($r>1$), linear homogenen ($r=1$) und unterlinear homogenen ($r<1$) Produktionsfunktionen.

Das nachfolgende **Beispiel** soll zeigen, wie die in der Minimalkostenkombination enthaltenen Informationen verwendet werden können, um die Kostenfunktion herzuleiten.

Beispiel 1[28]

Es gelte die linear homogene Produktionsfunktion:

$$x = v_1^{1/2} \cdot v_2^{1/2}$$

Für das Verhältnis der Grenzproduktivitäten gilt dann:

$$\frac{\partial x / \partial v_1}{\partial x / \partial v_2} = \frac{v_2}{v_1}$$

Dies wird dem Verhältnis der Faktorpreise (q_1, q_2) gleichgesetzt:

$$\frac{v_2}{v_1} = \frac{q_1}{q_2}$$

Auflösen nach v_1 ergibt die Bedingung für die Minimalkostenkombination:

$$v_1 = v_2 \cdot \frac{q_2}{q_1}$$

Das optimale Faktoreinsatzverhältnis wird nun in die Produktionsfunktion eingesetzt:

$$x = (\frac{q_2}{q_1})^{1/2} \cdot v_2$$

Aufgelöst nach v_2 resultiert die optimale Einsatzmenge des Faktors 2 in Abhängigkeit vom Output:

$$v_2 = (\frac{q_1}{q_2})^{1/2} \cdot x$$

Nun wird das optimale Faktorverhältnis nach v_2 aufgelöst und in die Produktionsfunktion eingesetzt:

28 Vgl. Wied-Nebbeling/Schott (1998) S. 141.

$v_2 = v_1 \cdot \frac{q_1}{q_2}$

$x = (\frac{q_1}{q_2})^{1/2} \cdot v_1$

Auflösen nach v_1 führt zu

$v_1 = (\frac{q_2}{q_1})^{1/2} \cdot x$

Die optimalen Faktoreinsatzmengen der Faktoren werden nun in die Kostengleichung

$K = q_1 \cdot v_1 + q_2 \cdot v_2 + FK$

eingesetzt und man erhält als Kostenfunktion nach einigen Umformungen

$K = 2 \cdot \sqrt{q_1 \cdot q_2} \cdot x + FK$

Dies ist die gesuchte Kostenfunktion. Da die Faktorpreise als konstant unterstellt wurden, ist sie linear. In dieser Kostenfunktion ist ersichtlich, dass die Gesamtkosten zum einen Teil aus variablen Kosten, die sich mit der Produktionsmenge (x) verändern, und zum anderen Teil aus beschäftigungsunabhängigen Fixkosten (FK) bestehen.

Wird für ein Unternehmen die Kostenfunktion um eine Erlösfunktion ergänzt, so lässt sich aus diesen Elementen eine Gewinnfunktion formen, die zur Maximierung des Periodengewinns eingesetzt werden kann. Kurzfristig seinen Periodengewinn zu maximieren, ist das Bestreben eines jeden Unternehmens, das am wirtschaftlichen Erfolg orientiert ist. Mathematisch lässt sich das **Gewinnmaximum** dadurch ermitteln, dass die erste Ableitung der Gewinnfunktion G(x) gleich null gesetzt und nach der Produktions- und Absatzmenge x aufgelöst wird.

Beispiel 2

Für das Produkt eines Monopolunternehmens gelte die Preis-Absatz-Funktion $p(x) = 10 - x$ sowie die lineare Kostenfunktion $K(x) = 20 + x$

Die Erlösfunktion E(x) lautet dann

$E(x) = p(x) \cdot x$

bzw.

$E(x) = 10 \cdot x - x^2$

Die Gewinnfunktion lautet

$G(x) = E(x) - K(x)$

bzw.

$G(x) = 9 \cdot x - x^2 - 20$

Die erste Ableitung der Gewinnfunktion ergibt sich zu

$G'(x) = 9 - 2 \cdot x$

Nullsetzen führt schließlich zu

$0 = 9 - 2 \cdot x$

und damit zur gewinnmaximalen Produktions- und Absatzmenge in Höhe von

$x = 4{,}5$

Setzt man die gewinnmaximale Produktions- und Absatzmenge in die Preis-Absatz-Funktion ein, erhält man den gewinnmaximalen Preis in Höhe von

$p(4{,}5) = 10 - 4{,}5 = 5{,}5$

Der maximale Gewinn beträgt

$G(4{,}5) = 9 \cdot 4{,}5 - 4{,}5^2 - 20 = 0{,}25$

Der Gewinn lässt sich auch in Form einer Periodenerfolgsrechnung aus der Differenz von Umsatz und Gesamtkosten ermitteln:

Umsatzerlöse	24,75
– variable Kosten	4,50
= Deckungsbeitrag	20,25
– Fixkosten	20,00
= Periodenerfolg	0,25

Damit ist gezeigt, dass **Fixkosten** beim Ableiten wegfallen und somit für kurzfristige Entscheidungen irrelevant sind. Dieses Ergebnis bestätigt die Überlegung, dass Fixkosten unabhängig von einer Entscheidung über die Produktions- und Absatzmenge jedenfalls anfallen, da jene Potenzialfaktoren, welche die Fixkosten verursachen, kurzfristig nicht abgebaut werden können.

2.4 Kostenremanenz

Es ist eine Erfahrung der Praxis, dass sich die Kosten nicht unmittelbar mit Beschäftigungsschwankungen verändern, sondern dass sie erst mit einer gewissen zeitlichen Verzögerung auf geänderte Beschäftigungslagen reagieren. Dieses Phänomen wird als **Kostenremanenz** bezeichnet.[29]

Bei **zunehmender Beschäftigung** steigt zunächst die Intensität, die Arbeitskräfte arbeiten rascher, überlegter, effizienter und schaffen somit bei zunächst gleich bleibenden Kosten eine größere Leistung. Dieser Zustand mag einige Zeit anhalten, bis dann durch Einstellung zusätzlichen Personals, Anschaffung neuer Betriebsmittel etc. ein Nachziehen der Kosten einsetzt. Das gleiche Bild zeigt sich in der Praxis – allerdings viel ausgeprägter – bei sinkender Auftragslage: Die Leistung passt sich der

[29] Vgl. Seicht (2001) S. 59.

Marktsituation an, und die Kostenhöhe bleibt bei vielen Kostenarten unverändert. Die Remanenz der Kosten erweist sich bei sinkender Beschäftigung als viel hartnäckiger als bei steigender. Remanenzen treten sowohl bei variablen wie auch bei sprungfixen Kosten auf.[30]

Als Hauptursachen der Kostenremanenz kann man folgende anführen:[31]

- rechtliche Ursachen (Kündigungsfristen, Abfertigungen);
- soziale Ursachen (Rücksichtnahme auf Belegschaft);
- Prestigeüberlegungen (Imagepflege geht vor Kostensenken);
- marktmäßige Ursachen (Freizusetzende Aggregate sind unverkäuflich);
- etc.

Das Gegenteil von Kostenremanenz ist die **Kostenpräkurrenz**. Bei der Kostenpräkurrenz reagieren die Kosten mit einem zeitlichen Vorlauf auf die Beschäftigung. Sie liegt etwa vor, wenn Mitarbeiter/innen aufgrund eines erwarteten Auftragsbooms eingestellt werden.[32]

2.5 Kostenauflösung

2.5.1 Grundlagen

Aufgabe der **Kostenrechnung** ist es, kurzfristige (operative) Entscheidungen im Rahmen vorgegebener betrieblicher Kapazitäten zu unterstützen.

Daher sollte die Kostenrechnung so ausgestaltet sein, dass sie Informationen darüber liefern kann, welche Kosten zusätzlich anfallen, wenn eine bestimmte **Handlungsalternative** (z.B. Annahme eines Kundenauftrages) realisiert wird. Aus dem Vergleich der zusätzlichen Erlöse (z.B. Nettoerlös des Kundenauftrages) mit den zusätzlichen Kosten (z.B. Selbstkosten des Kundenauftrages) soll die Vorteilhaftigkeit der Handlungsalternative beurteilt werden können.

Daraus folgt, dass für kurzfristige Entscheidungen nur solche Kosten zu berücksichtigen sind, die bei einer Änderung der Kostenstellenbeschäftigung entsprechend variieren **(variable Kosten)**. Jene Kosten hingegen, die unabhängig davon entstehen, ob sich die produzierte Menge ändert oder nicht bzw. welche von mehreren Handlungsalternativen realisiert wird, sollten bei kurzfristigen Entscheidungen unberücksichtigt bleiben (beschäftigungsunabhängige, **fixe Kosten**).

Gelingt eine Aufteilung der Gesamtkosten in fixe und variable Kosten, so kann in weiterer Folge eine Kostenfunktion (siehe Kap. 2.3) ermittelt und zur Entscheidungsfindung verwendet werden.

Während bestimmte Kostenarten relativ leicht den variablen (z.B. alle Einzelkosten wie Fertigungsmaterial und Fertigungslöhne) oder den fixen Kosten (z.B. Mieten

30 Vgl. Seicht (2001) S. 59.
31 Vgl. Seicht (2001) S. 60 f.
32 Vgl. Kümpel (2004a) S. 752.

und zeitabhängige Abschreibungen) zugerechnet werden können, existieren auch gemischte Kostenarten (sog. **semivariable Kosten)**, die einen fixen Sockelbetrag aufweisen und darüber hinaus mit der Kostenstellenbeschäftigung (z.B. Maschinenstunden, Stückzahl) variieren. Im Rahmen der **Kostenauflösung** werden diese gemischten Kosten in ihre variablen und fixen Bestandteile aufgeteilt.

Für die Kostenauflösung kommen verschiedene **Methoden** zur Anwendung, welche in der Folge kurz vorgestellt werden.

2.5.2 Buchtechnische Kostenauflösung

Bei der **buchtechnischen Kostenauflösung** werden die verschiedenen Kostenarten aufgrund von Schätzungen und Erfahrungswerten der Kostenstellenverantwortlichen in ihre fixen und variablen Teile aufgeteilt. Man überlegt, welche Kosten wie stark steigen bzw. sinken, wenn der Beschäftigungsgrad steigt bzw. sinkt. Hierbei können auch nicht-linear verlaufende variable Kosten, Kostensprünge und Kostenknicke berücksichtigt werden, soweit sie aus Erfahrung bekannt sind oder analytisch abgeleitet werden können.

2.5.3 Mathematische Kostenauflösung

Bei der **mathematischen Kostenauflösung** (Differenzen-Quotienten-Verfahren) erfolgt die Kostenaufspaltung durch einen Vergleich von zwei möglichst weit auseinanderliegenden Beschäftigungs-/Gesamtkostenwerten.[33]

Annahmegemäß gelten dabei folgende lineare Kostenfunktionen:

$$GK_1 = FK + kv \cdot x_1$$

$$GK_2 = FK + kv \cdot x_2$$

$$GK_2 - GK_1 = kv \cdot x_2 - kv \cdot x_1$$

$$kv = \frac{GK_2 - GK_1}{x_2 - x_1}$$

$$FK = GK_1 - kv \cdot x_1$$

$$FK = GK_2 - kv \cdot x_2$$

Der Quotient aus der Gesamtkostendifferenz ($GK_2 - GK_1$) und der Beschäftigungsdifferenz ($x_2 - x_1$) ergibt die durchschnittlichen variablen Kosten pro Beschäftigungseinheit (kv) und entspricht der Steigung der Kostengerade. Die Fixkosten einer Periode (FK) können errechnet werden, indem von den Gesamtkosten einer Periode die variablen Kosten abgezogen werden, die insgesamt in dieser Periode anfallen. Grafisch entsprechen die Fixkosten dem Abstand der Kostengerade auf der Y-Achse zum Ursprung (vgl. Abbildung 10).[34]

---

[33] Vgl. Röhrenbacher (2002) S. 10.

[34] Vgl. Djanani/Schöb (1997) S. 197 f.

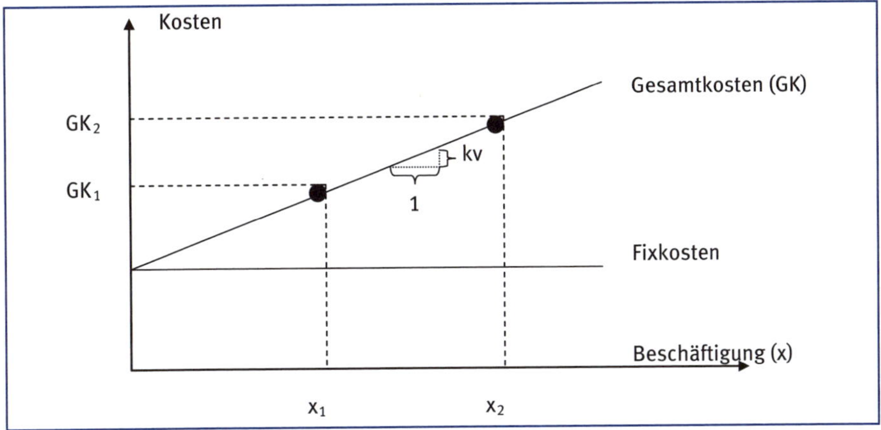

Abbildung 10: Mathematische Kostenauflösung[35]

Beispiel 3

Eine Großbäckerei erzeugt in einer eigenen Betriebsstätte ausschließlich Krapfen. Im 4. Quartal wurde bei Vollauslastung der Maschinen der Betriebsstätte bei einer Produktionsmenge (= Absatzmenge) von 155.000 Stück und einem Nettoerlös von 7 pro Stück ein Periodengewinn von 100.000 erwirtschaftet.
Im 1. Quartal des nächsten Jahres wurden nur 110.000 Stück produziert (und abgesetzt). Bei unverändertem Verkaufspreis musste ein Verlust von 80.000 hingenommen werden.

Aufgabenstellung:

Berechnen Sie die Fixkosten und die variablen Kosten pro Stück und stellen Sie die lineare Kostenfunktion auf.

Lösung:

4. Quartal:

Erlös	1.085.000
– Gewinn	100.000
= Gesamtkosten	985.000

1. Quartal:

Erlös	770.000
+ Verlust	80.000
= Gesamtkosten	850.000

Variable Kosten pro Krapfen = (850.000 – 985.000) / (110.000 – 155.000) = 3
Fixkosten = 850.000 – 3 • 110.000 = 520.000
Die Gesamtkostenfunktion lautet daher GK(x) = 3 • x + 520.000

35 Vgl. Jossé (2011) S. 118.

Als großer Vorteil der mathematischen Kostenauflösung gilt der relativ geringe Aufwand. **Kritisch anzumerken** an der mathematischen Kostenauflösung sind jedoch folgende Punkte:[36]

- Die mathematische Kostenauflösung wird auf Basis von **nur zwei Wertepaaren** durchgeführt. Beide Wertepaare müssen daher für den Kostenverlauf repräsentativ sein, d.h. kein Wertepaar darf Ergebnis einer außerordentlichen Situation (z.B. „Ausreißer" aufgrund von Produktionsproblemen) sein.
- Die Kostenstruktur der **Vergangenheit** muss berechtigte Rückschlüsse auf zukünftige Entwicklungen erlauben. Demnach ist die dargestellte Methode nur dann sinnvoll, wenn es zu keinen großen Änderungen in der betrachteten Kostenstelle gekommen ist. Die Anschaffung von neuen Betriebsmitteln würde beispielsweise eine völlig neue Kostenstruktur hervorrufen und somit den Einsatz vergangenheitsbezogener Verfahren zur Kostenauflösung unbrauchbar machen.
- Es wird ein **linearer Verlauf** der Gesamtkostenfunktion unterstellt, d.h., es ergeben sich Unschärfen bei nicht-linearem Verlauf der variablen Kosten (progressive Kosten, degressive Kosten), beim Auftreten von Kostensprüngen (sprungfixe Kosten) und bei Kostenremanenzen (siehe Kap. 2.4).

2.5.4 Statistische Kostenauflösung

Die **statistische Kostenauflösung** basiert auf einer ganzen Reihe von empirisch gewonnenen Wertepaaren. Der Vorteil gegenüber der mathematischen Kostenauflösung liegt darin, dass man sich dabei nicht auf lediglich zwei Wertepaare beschränkt und somit präzisere Rechenergebnisse erzielt.

Durch Anwendung der **Methode der kleinsten Quadrate** (Regressionsanalyse) wird jene Trendgerade berechnet, bei der die Summe der quadrierten Abweichungen der beobachteten Kostenpunkte (Wertepaare) von der Trendgerade minimal ist (vgl. Abbildung 11). Diese Trendgerade (Regressionsgerade) zeigt den Zusammenhang zwischen der unabhängigen Variable (= Beschäftigung) und der abhängigen Variable (= Gesamtkosten).[37]

Der Anstieg der **Trendgerade** entspricht den variablen Kosten pro Beschäftigungseinheit und errechnet sich aus dem Quotienten aus der Kovarianz und der Varianz der Beschäftigung. Die Kovarianz ist definiert als Mittelwert der Produkte der Abweichungen der abhängigen Variable von ihrem Mittelwert und der Abweichungen der unabhängigen Variable von ihrem Mittelwert. Die Varianz der Beschäftigung ist der Durchschnitt der quadrierten Abweichungen der unabhängigen Variable von ihrem Mittelwert.

[36] Vgl. auch Wolfsgruber (2005) S. 70 f.

[37] Für den Fall, dass die Kostenentwicklung von mehreren Einflussgrößen abhängt, muss auf eine lineare Mehrfachregression zur Kostenauflösung zurückgegriffen werden.

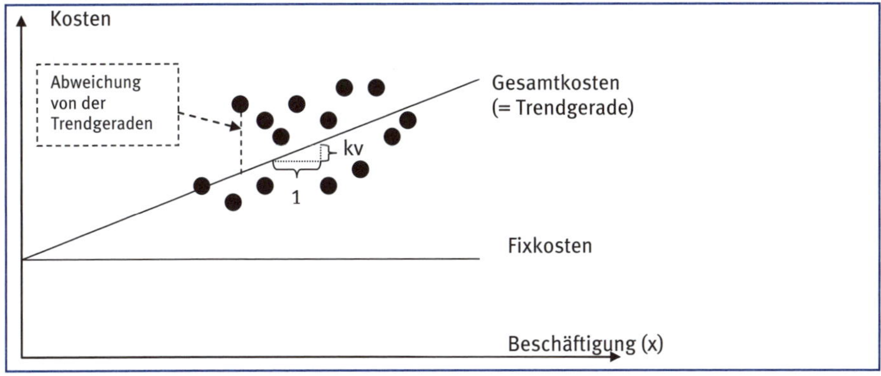

Abbildung 11: Statistische Kostenauflösung[38]

Die Fixkosten werden berechnet, indem von den durchschnittlichen Gesamtkosten die auf Basis der durchschnittlichen Beschäftigung ermittelten variablen Kosten abgezogen werden.

Ein Maß für die Repräsentativität der so ermittelten Kostenfunktion und damit für den linearen Zusammenhang der abhängigen und der unabhängigen Variablen ist der **Korrelationskoeffizient**. Er ist gleich dem Quotienten aus Kovarianz einerseits und dem Produkt der Standardabweichungen (= Produkt aus der Wurzel der Beschäftigungsvarianz und der Wurzel der Kostenvarianz) andererseits. Bei Annahme einer steigenden Kostenfunktion kann der Korrelationskoeffizient einen Wert von 0 bis 1 annehmen. Je näher er bei 1 liegt, desto stärker ist der funktionale Zusammenhang zwischen der Bezugsgröße (= Beschäftigung) und den Gesamtkosten.[39]

Beispiel 4

Der Betriebsabrechnungsbogen eines kleinen Fertigungsbetriebes zeigt für eine Fertigungsstelle in den letzten Monaten folgende Ergebnisse:

Monat	Beschäftigung (x_i)	Gesamtkosten (GK_i)
Januar	317 Mh	992.000
Februar	350 Mh	1.000.000
März	359 Mh	1.052.000
April	332 Mh	986.000
Mai	287 Mh	866.000

Anfang Februar wurde die Fertigungsstelle zur Gänze umorganisiert, sodass die Kosten des Monats Januar nicht sinnvoll mit den Kosten der Folgemonate verglichen werden können. Anfang März wurden durchschnittlich 10% Preissteigerungen in den Kosten wirksam. Weitere Preissteigerungen werden nicht erwartet.

38 Vgl. Jossé (2011) S. 120; Djanani/Schöb (1997) S. 199.
39 Vgl. Röhrenbacher (2002) S. 26 f.

Aufgabenstellung:
Ermitteln Sie die variablen Kosten pro Maschinenstunde (Mh) sowie die Fixkosten der Fertigungsstelle!

Lösung:
Die folgende Tabelle zeigt den Berechnungsweg auf:

Monat (i)	x_i	GK_i	$(x_i - MW)$	$(GK_i - MW)$	$(x_i - MW) \cdot (GK_i - MW)$
Februar	350	1.100.000	18	99.000	1.782.000
März	359	1.052.000	27	51.000	1.377.000
April	332	986.000	0	–15.000	0
Mai	287	866.000	–45	–135.000	6.075.000
SUMME	**1.328**	**4.004.000**	**0**	**0**	**9.234.000**
MW	**332**	**1.001.000**	**0**	**0**	**2.308.500**

Monat (i)	$(x_i - MW)^2$	$(GK_i - MW)^2$
Februar	324	9.801.000.000
März	729	2.601.000.000
April	0	225.000.000
Mai	2.025	18.225.000.000
SUMME	**3.078**	**30.852.000.000**
MW	**769,50**	**7.713.000.000**

wobei:

x_i	Beschäftigung der einzelnen Perioden (hier: Mh)
GK_i	Gesamtkosten der einzelnen Perioden
MW	Mittelwert
$(x_i - MW)$	Abweichungen Beschäftigung vom Mittelwert
$(GK_i - MW)$	Abweichungen Gesamtkosten vom Mittelwert
MW aus $(x_i - MW) \cdot (GK_i - MW)$	Kovarianz
MW aus $(x_i - MW)^2$	Beschäftigungsvarianz
MW aus $(GK_i - MW)^2$	Kostenvarianz

Anzumerken ist, dass die Gesamtkosten des Februars in Höhe von 1.000.000 mit dem Faktor 1,1 zu multiplizieren sind, um diese an das aktuelle Preisniveau anzupassen. Die Werte für den Monat Januar dürfen nicht berücksichtigt werden, da diese aufgrund der Reorganisation der Fertigungsstelle nicht mehr repräsentativ sind. Die variablen Kosten pro Maschinenstunde (kv) ermittelt man wie folgt:

$$kv = \frac{2.308.500}{769,50} = 3.000$$

Die fixen Kosten (FK) ermittelt man wie folgt:

$FK = 1.001.000 - 3.000 \cdot 332 = 5.000$

Die lineare Kostenfunktion (Trendgerade) lautet somit:

$GK = 3.000 \cdot x + 5.000$

Der Korrelationskoeffizient (r) liegt recht nahe bei 1 und deutet damit auf die hohe Repräsentativität der ermittelten Trendgerade für den tatsächlichen Kostenanfall hin.

$$r = \frac{2.308.500}{\sqrt{769{,}50} \cdot \sqrt{7.713.000.000}} = 0{,}948$$

Ebenso wie die mathematische Kostenauflösung beruht die statistische Kostenauflösung auf Vergangenheitswerten. Zudem unterstellt auch sie eine lineare Gesamtkostenfunktion und kann daher weder Kostensprünge bzw. Kostenknicke noch nicht-linear verlaufende variable Kosten (progressive Kosten, degressive Kosten) abbilden.

Abschließend sei darauf hingewiesen, dass in der Praxis bei allen vergangenheitsbezogenen Verfahren der Kostenauflösung (mathematische Kostenauflösung, statistische Kostenauflösung) darauf zu achten ist, dass sich die aufgezeichneten Daten über Beschäftigungsmaße und Kostenentwicklung nicht nur auf die Gesamtwerte einer Kostenstelle beziehen, sondern differenziert nach Kostenarten vorliegen.

☞ Kostenauflösung

Im Rahmen der Kostenauflösung erfolgt die Aufteilung der angefallenen Kosten in ihren variablen (beschäftigungsabhängigen) und ihren fixen (beschäftigungsunabhängigen) Teil. Bei Einzelkosten stellt sich die Auflösungsproblematik nicht, da diese definitionsgemäß stets als variabel eingestuft werden. Die Kostenauflösung kann mit statistischen oder analytischen Methoden vorgenommen werden. Im Idealfall erfolgt die Kostenauflösung gesondert für jede Kostenstelle, und zwar differenziert nach Kostenarten. Damit wird der von Kostenstelle zu Kostenstelle unterschiedlichen Beschäftigungsabhängigkeit gleicher Kostenarten am besten entsprochen (z.B. sind Energiekosten in den Fertigungsstellen zumindest teilweise variabel, in Verwaltungsstellen dagegen fix).

3 System der Kosten- und Leistungsrechnung

Lernziele

Nach Durcharbeiten von Kapitel 3 sollten Sie u.a. in der Lage sein:

- wesentliche Ziele und Aufgaben der Kosten- und Leistungsrechnung zu nennen
- das System einer Kosten- und Leistungsrechnung, seine Elemente und ihre Zusammenhänge darzulegen
- Ist- und Plankostenrechnung bzw. Voll- und Teilkostenrechnung unterscheiden zu können

3.1 Elemente

Von einem **System der Kosten- und Leistungsrechnung** spricht man dann, wenn eine Kostenartenrechnung, eine Kostenstellenrechnung, eine Kostenträgerrechnung, eine Kostenträgererfolgsrechnung und eine Periodenerfolgsrechnung durchgeführt werden.[40] Diese Elemente bauen aufeinander auf und werden daher auch als Stufen bezeichnet. Sie werden in den Kapiteln 4 bis 8 detailliert behandelt. In diesem Kapitel erfolgt ein Überblick über das System und seine Elemente sowie seine wichtigsten Ausprägungen.

Empirische Ergebnisse

In einer empirischen Untersuchung von Brandstätter/Fellner bei steirischen Industrieunternehmen konnte festgestellt werden, dass die **Kostenrechnung** selbst in Kleinunternehmen (10 bis 49 Mitarbeiter/innen und Bilanzsumme oder Umsatz geringer als 10 Mio. Euro) bereits weit verbreitet ist:[41]

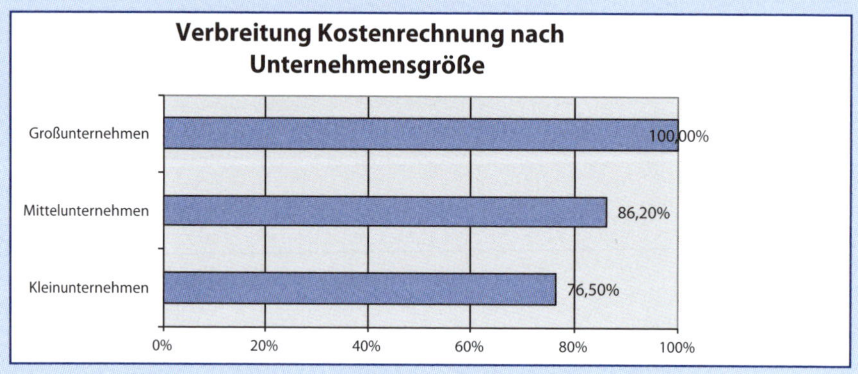

40 Vgl. Röhrenbacher (2002) S. 215; Seicht (2001) S. 66.

41 Vgl. Brandstätter/Fellner (2014) S. 36.

Kostenartenrechnung

In einem ersten Schritt erfolgt auf Basis der Aufzeichnungen der Finanzbuchhaltung eine vollständige Erfassung aller Aufwandsarten. Darauf folgt die Überleitung der Aufwendungen in Kosten **(Betriebsüberleitung)**. Betriebsfremde Aufwendungen (z.B. Spendenaufwand, Aufwendungen für Wohngebäude mit betriebsfremden Mieter/inne/n) verfügen über keine Sachzielzielbezogenheit, die jedoch für eine Aufnahme in die Kostenrechnung erforderlich ist, und werden ausgeschieden. Aufwendungen, die bei der Betriebsüberleitung ausgeschieden werden, heißen **neutrale Aufwendungen**. Andererseits dürfen für bestimmte sachzielbezogene Faktoreinsätze wiederum in der Buchführung keine Aufwendungen verrechnet werden. So etwa enthalten Aufwendungen keine Zinsen für das Eigenkapital und bei Personengesellschaften und Einzelunternehmen keine Gehälter für mitarbeitende Unternehmer/innen. In vielen Kostenrechnungen werden daher **kalkulatorische Kosten** in Form von kalkulatorischen Eigenkapitalzinsen und kalkulatorischen Unternehmerlöhnen zu den übergeleiteten Aufwendungen hinzugefügt.

Zusätzlich zur Überleitung der Kosten aus der Buchhaltung und ihrer Klassifikation in die einzelnen Kostenarten werden die Kosten nach ihrer Zurechenbarkeit zu den einzelnen Kostenträgern (Erzeugnisse, Dienstleistungen) systematisiert. Manche Kostenarten lassen sich eindeutig und ziemlich einfach einem einzelnen Kostenträger zurechnen, so z.B. das für ein Produkt aufgewendete Fertigungsmaterial bzw. der dafür aufgewendete Fertigungslohn. Solche einem Kostenträger direkt zurechenbare Kosten heißen **Einzelkosten**. Andere Kostenarten weisen hingegen keinen direkten Zusammenhang zu einem bestimmten Kostenträger auf. Wie will man z.B. feststellen, welcher Teil der Gebäudekosten oder des Gehalts eines Portiers für die Erstellung eines Tisches oder einer Rolle Draht eingesetzt wurde? Solche nicht direkt den Erzeugnissen bzw. Dienstleistungen zurechenbare Kosten nennt man **Gemeinkosten**.

Kostenstellenrechnung

Die Gemeinkosten werden im Rahmen der **Kostenstellenrechnung** zunächst auf diejenigen Abteilungen (z.B. Materialstelle, Schlosserei, Dreherei) verteilt, in denen sie entstehen. Kostenstellen werden grundsätzlich so gebildet, dass sie jeweils nur einen solchen Bereich umfassen, in dem gleichartige Leistungen erbracht werden. Für die variablen Kosten, die insgesamt in einer bestimmten Kostenstelle pro Rechnungsperiode anfallen, kann daher ein annähernd proportionales Verhältnis zur Leistung, die in dieser Kostenstelle pro Periode erbracht wird, unterstellt werden. Die **Leistung** einer Kostenstelle wird mit jenem Maßstab (z.B. Maschinenstunden in einer Fertigungsstelle) ausgedrückt, von dem angenommen wird, dass er sich proportional zu den in der Kostenstelle anfallenden Periodenkosten verhält. Dieser Maßstab heißt **Bezugsgröße**. Am häufigsten werden als Bezugsgröße Stunden oder Einzelkosten herangezogen.

Wird nun die Summe der Gemeinkosten, die in einer Rechnungsperiode (z.B. Monat, Quartal) in einer Kostenstelle anfallen, durch die Summe der erbrachten Leistungen (Bezugsgrößensumme) dividiert, so erhält man die Kosten pro Leistungseinheit der Kostenstelle. Diese Kosten pro Leistungseinheit einer Kostenstelle nennt man

Kostenverrechnungssatz bzw. Kostenzuschlagssatz. In weiterer Folge wird für jeden Kostenträger, der die Kostenstelle durchläuft, das Ausmaß erfasst, zu dem er die Leistung dieser Kostenstelle in Anspruch nimmt. So kann beispielsweise ermittelt werden, wie viele der in einer Kostenstelle erbrachten Stunden oder aufgezeichneten Einzelkosten dem jeweiligen Kostenträger zuzurechnen sind. Durch Multiplikation dieser verbrauchten Leistungseinheiten mit dem pro Leistungseinheit ermittelten Kostenverrechnungssatz bzw. Kostenzuschlagssatz werden die aufgrund der Bearbeitung des Kostenträgers in dieser Stelle anteilig angefallenen Gemeinkosten berechnet. Auf diese Weise wird eine mittelbare (indirekte) Zurechnung der Gemeinkosten auf die Kostenträger möglich.

Vor der Verrechnung der Gemeinkosten auf die Kostenträger müssen allerdings noch die **innerbetrieblichen Leistungen** von Hilfskostenstellen mit Hilfe von geeigneten Schlüsseln auf die diese Leistungen empfangenden Hauptkostenstellen umgelegt werden. Beispielsweise kann man die Kosten der Hilfskostenstelle Werksküche nach der Anzahl der Beschäftigten auf die Hauptkostenstellen umlegen. Während **Hilfskostenstellen** (z.B. Reparaturstelle, Werksküche) Verrichtungen für Hauptkostenstellen und andere Hilfskostenstellen durchführen, stehen **Hauptkostenstellen** mit den gefertigten Produkten zumeist in direkter Beziehung (z.B. Materialstelle, Fertigungsstelle), weshalb nur deren Kosten den Produkten bzw. Dienstleistungen sinnvoll zugeschlagen werden können.

Kostenträgerrechnung

Durch Addition der den Erzeugnissen direkt zurechenbaren Einzelkosten (insbesondere Fertigungsmaterial und Fertigungslöhne) und der über Zuschlags- bzw. Verrechnungssätze mittelbar zurechenbaren Gemeinkosten können im Rahmen der **Kostenträgerrechnung** (Kalkulation) die Stückkosten eines Erzeugnisses bzw. einer Dienstleistung ermittelt werden. Herstellkosten umfassen Materialeinzel- und -gemeinkosten sowie Fertigungseinzel- und -gemeinkosten. Addiert man zu den Herstellkosten anteilige Verwaltungs- und Vertriebsgemeinkosten, erhält man die Selbstkosten.

Kostenträgererfolgsrechnung

Im Rahmen der **Kostenträgererfolgsrechnung** wird anschließend der Erfolg eines Kostenträgers (Auftrages, Produktes, Projektes etc.) als Differenz zwischen dem Kostenträgernettoerlös (= Kostenträgerbruttoerlös abzüglich Erlösschmälerungen wie z.B. Skonti oder Rabatte) und den Kostenträgerkosten ermittelt. Sofern den Kostenträgern im Rahmen einer Vollkostenrechnung sämtliche Kosten (variable und anteilige fixe Kosten) zugerechnet werden, kann der so ermittelte Erfolg als Stückgewinn oder Stückverlust bezeichnet werden. Werden den Kostenträgern hingegen in einer Teilkostenrechnung nur variable Kosten zugerechnet, nennt man diese Differenz (Nettoerlös minus variable Stückkosten) Stückdeckungsbeitrag.

Periodenerfolgsrechnung

Im Rahmen der **Periodenerfolgsrechnung** erfolgt schließlich eine Gegenüberstellung der Erlöse und Kosten einer Periode zwecks Ermittlung des Gesamterfolges eines Unternehmens. Die Periodenerfolgsrechnung wird auch als kurzfristige Erfolgsrechnung bezeichnet, da die betrachteten Perioden meist kürzer als das Geschäftsjahr sind. Nur so können unterjährig Fehlentwicklungen frühzeitig erkannt und die erforderlichen Gegenmaßnahmen rasch in die Wege geleitet werden. Für die Durchführung der Periodenerfolgsrechnung stehen mit dem Gesamtkostenverfahren (GKV) und dem Umsatzkostenverfahren (UKV) zwei unterschiedliche Rechenschemata zur Verfügung, die jedoch – wenngleich auf unterschiedlichen Wegen – zum gleichen Periodenerfolg führen.

Die Elemente des geschlossenen Systems der Kostenrechnung und ihr Zusammenwirken sind in Abbildung 12 grafisch dargestellt.

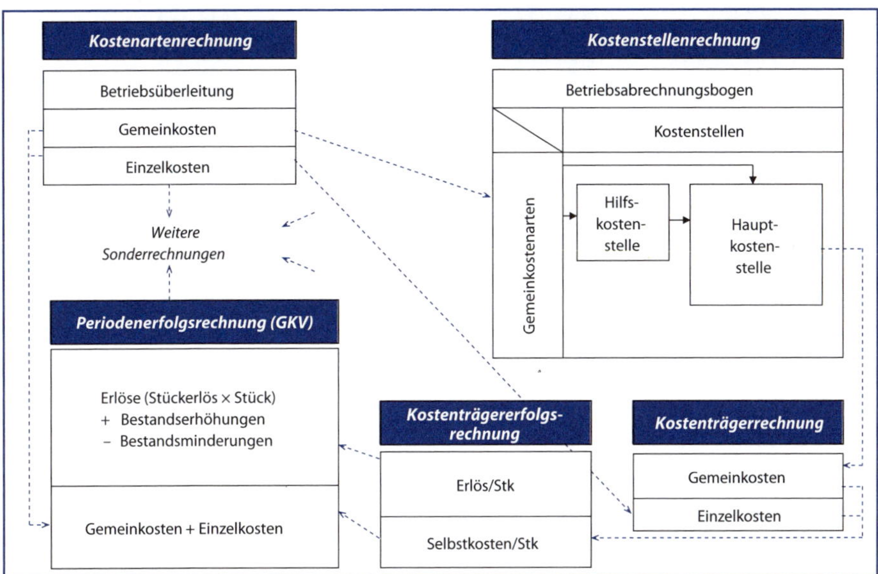

Abbildung 12: Systemelemente der Kostenrechnung

Empirische Ergebnisse

Eine empirischen Untersuchung von Brandstätter/Fellner bei steirischen Industrieunternehmen hat gezeigt, dass von den **Elementen der Kosten- und Leistungsrechnung** die Kostenstellenrechnung in allen Unternehmensgrößenklassen am weitesten verbreitet ist:[42]

[42] Vgl. Brandstätter/Fellner (2014) S. 37.

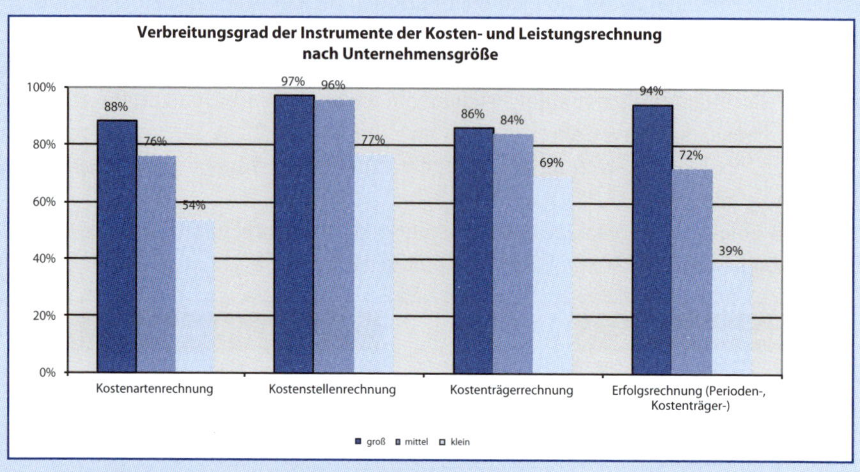

Dass v.a. in Kleinunternehmen nach wie vor großes Potenzial im Bereich der Anwendung und Umsetzung der Kostenrechnungssysteme besteht, zeigen die niedrigen Werte bei Kostenartenrechnung und Erfolgsrechnung.

☞ System der Kostenrechnung

Von einem geschlossenen System der Kosten- und Leistungsrechnung spricht man dann, wenn eine Kostenartenrechnung, eine Kostenstellenrechnung, eine Kostenträgerrechnung, eine Kostenträgererfolgsrechnung und eine Periodenerfolgsrechnung durchgeführt werden. In der Kostenartenrechnung werden die Kosten der Höhe nach erfasst, systematisiert und für die weitere Verrechnung im Rahmen der Kostenstellen- und Kostenträgerrechnung in Einzel- und Gemeinkosten aufgespaltet. In der Kostenstellenrechnung werden die Gemeinkosten den betrieblichen Teilbereichen (= Kostenstellen) zugeordnet, in denen sie angefallen sind. Anschließend werden in der Kostenstellenrechnung Kalkulationssätze für die indirekte Weiterverrechnung der Gemeinkosten auf die Kostenträger ermittelt. In der Kostenträgerrechnung erfolgt eine stückbezogene Zuordnung der angefallenen Einzel- und Gemeinkosten zu den im Unternehmen hergestellten Leistungen. Stellt man den vollen Stückkosten im Rahmen der Kostenträgererfolgsrechnung den Nettoverkaufspreis gegenüber, erhält man den Stückgewinn oder Stückverlust einer Leistung. Schließlich werden im Rahmen der Periodenerfolgsrechnung (Betriebsergebnisrechnung) den Periodenkosten die Periodenerlöse gegenübergestellt, um zum Periodenerfolg zu gelangen.

3.2 Ausprägungen

Das interne Rechnungswesen dient der Planung, Steuerung und Kontrolle des betrieblichen Geschehens. Zu diesem Zweck wurde das System der Kosten- und Leistungsrechnung in verschiedenen **Ausprägungen** entwickelt. Diese Ausprägungen lassen sich nach ihrem Zeitbezug und nach dem Umfang, in dem sie Kosten auf Kostenträger (gefertigte Erzeugnisse oder erstellte Dienstleistungen) verrechnen, unterscheiden.

Nach dem Zeitbezug der verrechneten Kosten lassen sich eine vergangenheitsorientierte Istkostenrechnung und eine zukunftsorientierte Plankostenrechnung unterscheiden. Die **Istkostenrechnung** verrechnet die tatsächlich angefallenen Kosten auf die erstellten Leistungen.[43] Die **Plankostenrechnung** betrachtet zukünftige Kosten. Dazu müssen die zu erwartenden Verbrauchsmengen und Preise geplant werden (siehe dazu ausführlich Kap. 12.4). Plankosten werden den jeweils Verantwortlichen im Unternehmen als Zielgröße vorgegeben. Ob die Plankosten erreicht wurden, kann nur durch Vergleich mit den Istkosten beurteilt werden. Eine Wirtschaftlichkeitskontrolle setzt somit stets einen gemeinsamen Einsatz von Ist- und Plankostenrechnungssystem voraus.

Nach dem Umfang der verrechneten Kosten werden in der Kostenrechnung die Systeme der Voll- und Teilkostenrechnung unterschieden. **Vollkostenrechnungen** berücksichtigen bei der Kalkulation von Kostenträgern sämtliche Kosten. Es werden sowohl die variablen als auch die fixen Kosten einer Periode auf die Leistungen derselben Periode verrechnet. Demgegenüber verrechnen **Teilkostenrechnungen** nur die variablen Teile der Kosten auf die Kostenträger. Die fixen Kosten werden im Rahmen einer Teilkostenrechnung in der Kostenarten- oder -stellenrechnung abgespalten und erst wieder in der Periodenerfolgsrechnung berücksichtigt.

Die in zeitlicher Hinsicht und nach dem Umfang der verrechneten Kosten zu unterscheidenden Ausprägungen des Systems der Kostenrechnung können miteinander kombiniert werden (vgl. Abbildung 13). Man spricht dann von einer Istkostenrechnung zu Vollkosten, einer Istkostenrechnung zu Teilkosten, einer Plankostenrechnung zu Vollkosten sowie einer Plankostenrechnung zu Teilkosten.

[43] **Normalkostenrechnungssysteme** sind weiterentwickelte Istkostenrechnungssysteme, die in besonderer Weise dem Aspekt der Normalisierung in der Definition von Kosten gerecht werden. Sie arbeiten zusätzlich zu den Istkosten mit einer zweiten Datenkategorie, den Normalkosten. Normalkosten sind durchschnittliche Istkosten vergangener Perioden. Sie „glätten" Schwankungen in den Istkosten, die sich z.B. als Folge schwankender Rohstoffpreise ergeben können. Für die Beurteilung der Angemessenheit der tatsächlich angefallenen Istkosten sind sie nur eingeschränkt tauglich. Sie nivellieren nämlich über die Durchschnittsbildung nur die in der Vergangenheit aufgetretenen Unwirtschaftlichkeiten, ohne einen verlässlichen Maßstab für die Wirtschaftlichkeit darzustellen. Auch zur Unterstützung unternehmerischer Entscheidungen sind sie wegen ihres Vergangenheitsbezuges nur eingeschränkt nutzbar.

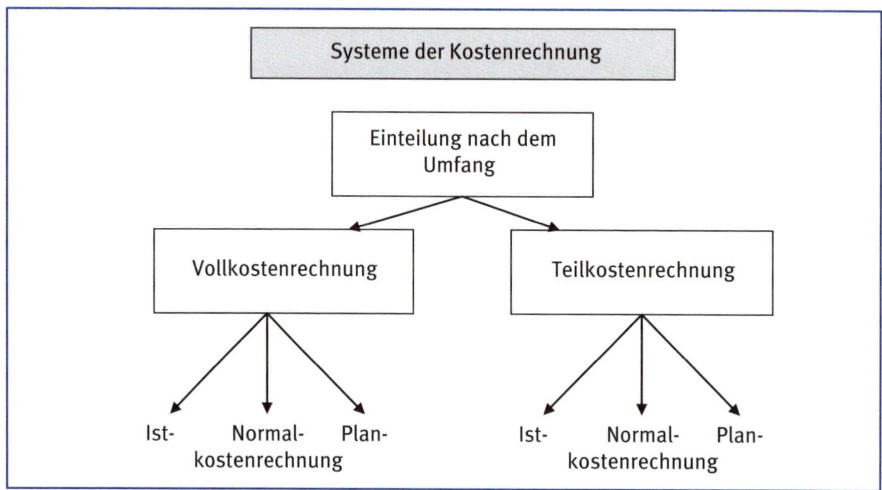

Abbildung 13: Systeme der Kostenrechnung

Eine Istkostenrechnung zu Vollkosten ist z.B. für eine korrekte **Bewertung der Halb- und Fertigerzeugnisse** in der Steuerbilanz erforderlich (siehe dazu ausführlich Kap. 6.8). Werden jedoch Informationen für **kurzfristige Entscheidungen** benötigt, so ist eine Plankostenrechnung zu Teilkosten (Grenzplankostenrechnung) zu verwenden, da die fixen Kosten kurzfristig unverändert bleiben und somit für die Entscheidung keine Rolle spielen. Durch die spätere Gegenüberstellung von Ist- und Plankosten wird eine effiziente Kontrolle ermöglicht. Damit können **Abweichungen** sichtbar gemacht werden, die aufzeigen, in welcher Höhe und aus welchen Gründen es zu Kostenüber- bzw. -unterschreitungen gekommen ist und wer hierfür die Verantwortung zu tragen hat.

Die in diesem Kapitel beschriebenen Stufen der Kosten- und Erlösrechnung sind in Abbildung 14 und Abbildung 15 zusammenfassend dargestellt, jeweils getrennt für die Vollkostenrechnung und die Teilkostenrechnung.

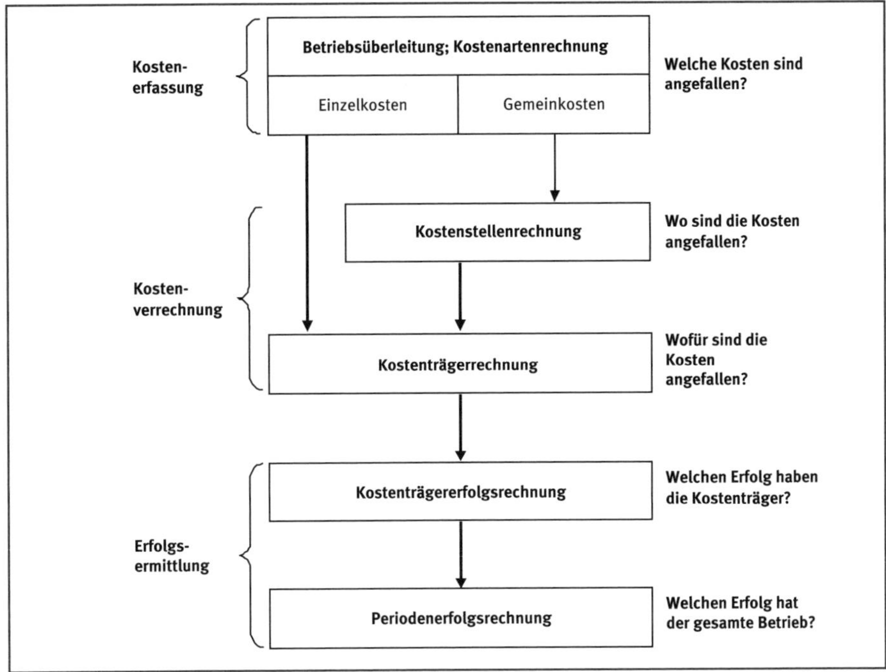

Abbildung 14: Vollkostenrechnungssystem[44]

[44] Vgl. Bogensberger et al (2014) S. 22.

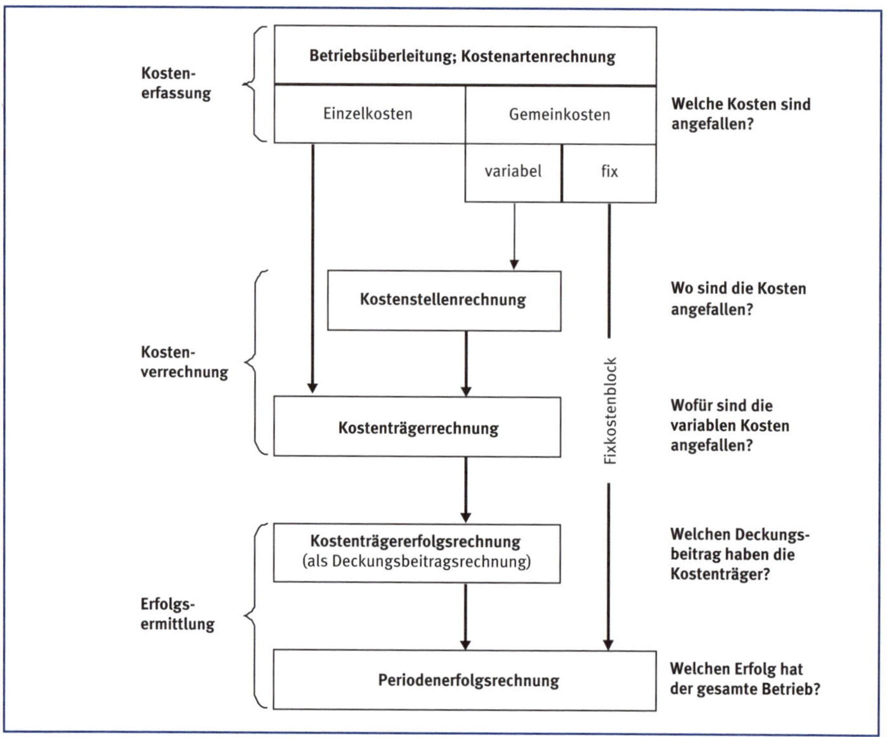

Abbildung 15: Teilkostenrechnungssystem[45]

Empirische Ergebnisse

Gemäß einer empirischen Studie von Becker et al ist die Istkostenrechnung auf Vollkostenbasis nach wie vor mit einem Anteil von 57,1% das am meisten verbreitete **Kostenrechnungssystem** in deutschen Industriebetrieben. Die Plankostenrechnung kommt demnach deutlich seltener zur Anwendung. Die Verbreitung der Prozesskostenrechnung ist im Vergleich zu den traditionellen Kostenrechnungsverfahren mit 17,9% eher gering.[46]

45 Vgl. Bogensberger et al (2014) S. 23.

46 Vgl. Becker et al (2015) S. 269.

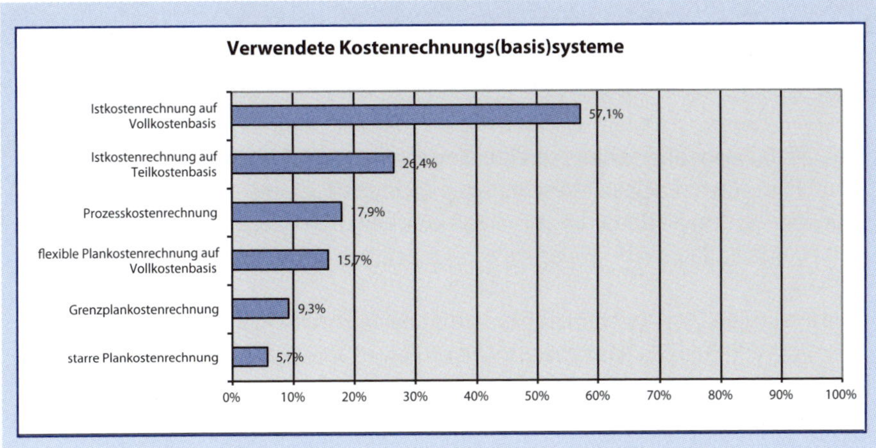

☞ Voll- und Teilkostenrechnung

Vollkostenrechnungssysteme verrechnen sämtliche Kosten, also sowohl fixe als auch variable Kosten, auf die Kostenträgereinheit. Im Unterschied dazu werden bei Teilkostenrechnungssystemen nur Teile der Kosten auf die Kostenträgereinheit verrechnet, während die übrigen Kosten unmittelbar in die Periodenerfolgsrechnung übernommen werden. Grundüberlegung ist, dem Erzeugnis nur die von ihm tatsächlich verursachten Kosten anzulasten. In den meisten praktisch relevanten Teilkostenrechnungssystemen werden die variablen Kosten auf die Kostenträgereinheit zugerechnet, während die fixen Kosten in unterschiedlicher Differenzierung in den Periodenerfolg eingehen (en bloc oder in Fixkostenschichten). Damit sollen Fehlentscheidungen als Folge einer Schlüsselung von Fixkosten verhindert werden. Da für eine Reihe kostenrechnerischer Aufgaben wie z.B. der Bestandsbewertung in Unternehmens- und Steuerbilanz auch Vollkosteninformationen benötigt werden, finden sich in der Praxis kaum „reine“ Teilkostenrechnungssysteme. Es dominieren parallele Voll- und Teilkostenrechnungssysteme. In jedem Fall sollte das Istkostenrechnungssystem durch eine entsprechende Plankostenrechnung ergänzt werden, um zukunftsgerichtete Entscheidungen vorbereiten und Wirtschaftlichkeitsvergleiche durchführen zu können.

Beispiel 5[47]

Die geschäftsführende Alleingesellschafterin einer kleinen Gesellschaft mit beschränkter Haftung, welche sich auf die Produktion von handgefertigten Gartenzwergen spezialisiert hat, erwartet für das nächste Jahr bei einem Umsatz von 8.000.000 einen unternehmensrechtlichen Jahresgewinn in der Höhe von 560.000. Neutralen Aufwendungen (Abschreibung nicht betriebsnotwendiger Gebäude, Abschreibungen von Forderungen etc.) von 340.000 stehen Zusatzkosten von 600.000 (kalkulatorische Wagnisse etc.) gegenüber. Die Umsätze entsprechen den Erlösen.

In der Fertigungsstelle werden das Fertigungsmaterial (Planwert für das nächste Jahr: 500.000) und die Fertigungslöhne (Planwert für das nächste Jahr: 2.000.000) direkt beim Kostenträger erfasst. In der Materialstelle werden die Fertigungsmaterialkosten als Bezugsgröße verwendet. In der Fertigungsstelle werden die Fertigungslöhne als Bezugsgröße verwendet.

Die Gemeinkosten sind zu 50% fix. 9% der variablen Gemeinkosten fallen in der Materialstelle an (Materialgemeinkosten). 85% der variablen Gemeinkosten fallen in der Fertigungsstelle an (Fertigungsgemeinkosten). In der Werksküche fallen die restlichen 6% der variablen Gemeinkosten an. In der Verwaltungs- und Vertriebskostenstelle fallen ausschließlich fixe Gemeinkosten an. Die Fixkosten (lineare Abschreibungen, Gehälter etc.) verteilen sich wie folgt auf die vier Kostenstellen: Materialstelle 600.000, Fertigungsstelle 1.000.000, Kantine 200.000, Verwaltung und Vertrieb 800.000.

Die variablen primären Gemeinkosten der Hilfskostenstelle „Werksküche" werden nach Köpfen auf die beiden Hauptkostenstellen verteilt. Von den insgesamt 40 Beschäftigten sind 6 in der Materialstelle, 30 in der Fertigungsstelle und 2 in der Werksküche beschäftigt. In der Verwaltungs- und Vertriebsstelle arbeiten nur die Geschäftsführerin selbst und deren Sohn. Allerdings essen diese beiden nie in der Firma. Dieser Umstand soll bei der innerbetrieblichen Leistungsverrechnung berücksichtigt werden. Vereinfachend ist weiters davon auszugehen, dass die von der Werksküche weiterverrechneten (= sekundären) variablen Gemeinkosten aus der Sicht der empfangenden Kostenstellen ebenfalls als variable Kosten einzustufen sind.

Bei den halbfertigen und fertigen Gartenzwergen sind keine Änderungen des Lagerbestands geplant.

Aufgabenstellung:

Führen Sie die Kostenarten-, Kostenstellen-, Kostenträger-, Kostenträgererfolgs- und Periodenerfolgsrechnung nach dem System der Teilkostenrechnung durch! Die Kostenträger- und Kostenträgererfolgsrechnung ist dabei anhand eines Auftrages, für den insgesamt ein Fertigungsmaterialeinsatz von 7.500 und ein Fertigungslohneinsatz von 30.000 geplant sind und der einen Nettoerlös von 85.000 bringen soll, zu demonstrieren!

[47] Vgl. auch Röhrenbacher (2002) S. 229 ff.

Lösung

Kostenartenrechnung:

Umsatz	8.000.000
– Gewinn	560.000
= Aufwand	7.440.000
– Neutraler Aufwand	340.000
+ Zusatzkosten	600.000
= Gesamte Kosten	7.700.000
– Einzelkosten	
Fertigungsmaterial	500.000
Fertigungslöhne	2.000.000
= Gemeinkosten	5.200.000
fixe Gemeinkosten (50% von 5.200.000)	2.600.000
variable Gemeinkosten (50% von 5.200.000)	2.600.000

Kostenstellenrechnung:

		Material-stelle	Fertigungs-stelle	Verwaltung und Vertrieb	Werksküche
	variable Gemeinkosten	234.000	2.210.000	0	156.000
+/–	Umlage Werksküche	26.000	130.000	0	-156.000
=	variable Gemeinkosten	260.000	2.340.000	0	0
/	Bezugsgröße	500.000	2.000.000		
=	Zuschlagssatz	52,00%	117,00%		

Kostenträgerrechnung:

Fertigungsmaterial	7.500
+ variable Materialgemeinkosten (52%)	3.900
+ Fertigungslöhne	30.000
+ variable Fertigungsgemeinkosten (117%)	35.100
= variable Herstellkosten (= variable Selbstkosten im Bsp.)	76.500

Kostenträgererfolgsrechnung:

Nettoerlös	85.000
– variable Selbstkosten	76.500
= Deckungsbeitrag	8.500

Periodenerfolgsrechnung:

Umsatz	8.000.000
– variable Kosten (Einzelkosten + variable Gemeinkosten)	5.100.000
= Periodendeckungsbeitrag	2.900.000
– fixe Gemeinkosten	2.600.000
= Periodenerfolg	300.000

4 Kostenartenrechnung

Lernziele

Nach Durcharbeiten von Kapitel 4 sollten Sie u.a. in der Lage sein:

- Aufwendungen in Kosten überzuleiten
- Personalkosten zu berechnen
- die Methoden der Materialkostenberechnung anzuwenden
- kalkulatorische Abschreibungen nach unterschiedlichen Methoden zu berechnen
- kalkulatorische Zinsen zu berechnen und das Lücke-Theorem zu erklären
- weitere kalkulatorische Kostenarten zu erläutern
- zur Harmonisierung der Datengrundlage kritisch Stellung zu nehmen

4.1 Grundlagen

Die erste Stufe im System der geschlossenen Kosten- und Leistungsrechnung besteht in der möglichst vollständigen Aufzeichnung der Kosten, gegliedert nach Kostenarten, wie Lohnkosten, Materialkosten, Energiekosten etc. Diese Darstellung der vertikalen Kostenstruktur des Unternehmens bezeichnet man als **Kostenartenrechnung**. Die zentrale Fragestellung im Rahmen der Kostenartenrechnung lautet somit: „Welche Kosten sind angefallen?“

Um eine möglichst vollständige, eindeutige und überschneidungsfreie Kostenerfassung zu gewährleisten, bietet es sich an, die Kosten mithilfe eines **Kostenartenplans** zu gruppieren (vgl. Abbildung 16). Der Kostenartenplan ermöglicht Kostenkontrollen, indem er die Kostenstruktur, d.h. die Zusammensetzung der gesamten Kosten einer Betrachtungsperiode, transparent macht und über ihre Veränderung im Zeitablauf informiert. Die Veränderung der Kostenstruktur kann in weiterer Folge auf Einflüsse außerbetrieblicher Ereignisse und innerbetrieblicher Maßnahmen untersucht werden.

Kostenartenplan	
40 Werkstoffkosten 401 Einsatzstoffe 402 Fertigungsstoffe 403 Hilfsstoffe 404 Fremdbauteile 408 Verpackungsstoffe 409 Handelswaren	46 Zwangsabgaben 460 Grundsteuer 461 andere Steuern 464 allg. Abgaben und Gebühren 465 Gebühren für Rechtsschutz 467 Prüfungsgebühren 468 Beiträge und Spenden 469 Versicherungsprämien
42 Brennstoffe und Energie 420 Brenn- und Treibstoffe 429 Energie	47 Mieten, Verkehrs-, Büro- und Werbekosten 471 Raummieten 472 Maschinenmieten 473 allg. Versandkosten 474 Reisekosten 475 Postkosten 476 Bürokosten 477 Werbekosten 478 Vertreterkosten 479 Finanzspesen
43 Personalkosten 431 Fertigungslöhne 432 Hilfslöhne 438 andere Löhne 439 Gehälter und Tantiemen	
44 Sozial- und andere Personalkosten 441 gesetzliche Sozialkosten 447 freiwillige Sozialleistungen 447 Personalkosten	
45 Instandhaltung, div. Leistungen 451 Instandhaltung an Grundstücken und Gebäuden 452 Instandhaltung an Maschinen und technischen Anlagen 453 Instandhaltung Fuhrpark, Werkzeug und Betriebs- und Geschäftsausstattung 455 allg. Instandhaltung 456 Entwicklungs-, Versuchs- und Konstruktionskosten 457 Ausschuss, Gewährleistungen	48 Kalkulatorische Kosten 480 Kalkulatorische Abschreibungen 481 Kalkulatorische Zinsen 482 Kalkulatorische Wagnisse 483 Kalkulatorischer Unternehmerlohn 484 Kalkulatorische Miete 485 sonstige kalkulatorische Kosten

Abbildung 16: Kostenartenplan (Beispiel)[48]

[48] Vgl. Jossé (2011) S. 42.

Empirische Ergebnisse

Gemäß einer im Rahmen des WHU-Controllerpanels bei deutschen, österreichischen und schweizerischen Unternehmen regelmäßig durchgeführten Studie beträgt die **Anzahl der Kostenarten** in 2012 im Durchschnitt aller untersuchten Unternehmen 213. Dabei werden anhand der Standardabweichung von 333 große Unterschiede zwischen den Unternehmen deutlich. Während ein Fünftel aller Unternehmen mit weniger als 20 Kostenarten auskommt, liegt der Spitzenwert um den Faktor 100 höher. Von 2008 auf 2012 ist die Anzahl der durchschnittlich verwendeten Kostenarten bei kleinen Unternehmen von 60 auf 55 gesunken, bei großen Unternehmen hingegen von 100 auf 125 gestiegen. Die Autoren der Studie konnten keine offensichtlichen Gründe für diese Entwicklung nennen.[49]

In der Kostenartenrechnung werden in einem ersten Schritt die Aufwendungen der Finanzbuchhaltung übernommen, diese jedoch im Rahmen der sog. **Betriebsüberleitung** einigen Transformationen unterzogen:[50]

- Die Kosten- und Leistungsrechnung soll Aussagen über die Wirtschaftlichkeit der betrieblichen Produktions- und Absatztätigkeit machen. Daher werden zunächst all jene Aufwendungen ausgeschieden, die mit der eigentlichen betrieblichen Leistungserstellung und -verwertung in keinem Zusammenhang stehen. Beispiele für solcherart **betriebsfremde Aufwendungen** sind Spenden für karitative Zwecke, Aufwendungen für Wohngebäude mit betriebsfremden Mieter/inne/n oder Abschreibungen von zu spekulativen Zwecken angeschafften Wertpapieren.
- Die Bestimmungen des UGB sehen vor, dass eine Reihe von Aufwendungen (Forschung und Entwicklung, selbst erstellte Patente und Software etc.) trotz der mit ihnen verbundenen Schaffung langfristiger (immaterieller) Vermögensgegenstände zur Gänze der aktuellen Periode angelastet werden muss. Die eigene Erzeugung solcher **immaterieller Vermögensgegenstände** führt somit im Vergleich zur externen Beschaffung dieser Güter zu einer Ergebnisverschlechterung in der Periode der Anschaffung. Für die entscheidungsbefugten Personen entstehen dadurch Anreize zu einem Verhalten, das aus langfristiger Perspektive für das Unternehmen möglicherweise nachteilig ist. Um derartigen Fehlsteuerungen entgegenzuwirken, könnten in der von gesetzlichen Zwängen freien Kostenrechnung die Aufwendungen für den Aufbau von neuen Marken oder die Entwicklung von Produkten etc. aktiviert und in der Folge abgeschrieben werden.
- Weiters sind **außergewöhnliche Aufwendungen** (z.B. Schaden durch ein Unwetter, Forderungsausfälle) auszuscheiden. Dahinter steht die Überlegung, als Kosten nur den „normalen" (durchschnittlichen, gewöhnlichen) Werteverzehr zu verrechnen. Ohne diese **Normalisierung** sind die Ergebnisse der Kostenrechnung durch Zufallsschwankungen verzerrt und damit als Grundlage rationaler Entscheidun-

[49] Vgl. Weber/Janke (2013) S. 56.
[50] Vgl. auch Fischbach (2001) S. 27 f.

gen nicht mehr verwendbar. Werden diese Zufallsschwankungen neutralisiert und durch durchschnittliche Werteverzehre ersetzt, so können Kosten verschiedener Perioden besser miteinander verglichen und die Entwicklung der Wirtschaftlichkeit der betrieblichen Produktions- und Absatztätigkeit im Zeitablauf besser kontrolliert werden. Diese durchschnittlichen Werteverzehre, die in der Kostenrechnung an Stelle der außergewöhnlichen Aufwendungen der Finanzbuchhaltung verrechnet werden, werden als **kalkulatorische Wagnisse** bezeichnet.

- Weiters sind bei der Transformation von Aufwendungen in Kosten auch **periodenfremde Aufwendungen** (z.B. Körperschaftsteuernachzahlung) auszuscheiden. Würde man etwa den aus einer unerwarteten Steuernachzahlung resultierenden Aufwand in die Kostenrechnung übernehmen, so würde das in der laufenden Periode die Kosten und damit auch den Periodenerfolg verfälschen. Da in der Kostenrechnung meist kürzere Perioden als das Geschäftsjahr betrachtet werden (z.B. Monate oder Quartale), ergeben sich periodenfremde Aufwendungen auch aus unregelmäßig anfallenden Kostenarten wie etwa Personalsonderzahlungen, die über die Perioden des Geschäftsjahres hinweg zu glätten sind. So darf z.B. das Weihnachtsgeld im Auszahlungsmonat nur mit 1/12 berücksichtigt werden, in den anderen Monaten muss 1/12 zusätzlich eingerechnet werden.
- Mitunter wird auch vorgeschlagen, zur Berechnung der Kosten nicht den historischen Anschaffungspreis, sondern den geschätzten Wiederbeschaffungspreis heranzuziehen. Mittels solcher **Umwertungen** lassen sich – insbesondere in Zeiten stark steigender Preise – jene Gewinne eliminieren, die nicht aufgrund einer erfolgreichen Leistungserstellung und -verwertung entstehen, sondern nur auf die zunehmende Geldwertverschlechterung zurückzuführen sind und dennoch in der Finanzbuchhaltung ausgewiesen werden müssen. Würden diese **Scheingewinne** (vgl. Abbildung 17) ausgeschüttet, wäre das Unternehmen aus eigener Kraft nicht mehr imstande, die verbrauchte Substanz nachzubeschaffen und müsste den Umfang seiner bisherigen geschäftlichen Tätigkeit entsprechend einschränken.

Mithilfe der beschriebenen Anpassungen können einige aus betriebswirtschaftlicher Sicht problematische Bilanzansätze nach österreichischem UGB korrigiert werden. Andererseits werden durch die Verwendung von kalkulatorischen Wertansätzen aber auch Gestaltungsspielräume geschaffen, die von Kostenstellenleiter/inne/n für **Manipulationen** (beispielsweise bei der Schätzung von Wiederbeschaffungspreisen) genutzt werden können. Letztlich sollten sich Adaptionen, die im Zuge einer Überleitung von Aufwendungen in Kosten durchgeführt werden, insgesamt in Grenzen halten. Nur so ist gewährleistet, dass die Kostenrechnung eine möglichst einfache und leicht überschaubare Rechnung bleibt, die nicht nur von Spezialist/inn/en verstanden wird.

Beispiel 6

Eine Unternehmerin kauft am Beginn eines Jahres 10.000 Stück einer Handelsware um 100 je Stück. Am Jahresende verkauft sie 8.000 Stück um je 130. Der Wiederbeschaffungswert am Jahresende beträgt 125.

Aufgabenstellung:

Ermitteln Sie den in der Kostenrechnung anzusetzenden Wareneinsatz sowie den Scheingewinn und begründen Sie Ihre Vorgangsweise!

Lösung:

In der Finanzbuchhaltung ermittelt man den Gewinn aufgrund des Anschaffungswertprinzips wie folgt:

	Verkaufspreis	130
–	Wareneinsatz	100
=	Stückerfolg	30
•	Absatzmenge	8.000
=	Periodenerfolg	240.000

In der von gesetzlichen Zwängen befreiten Kostenrechnung berechnet man den Wareneinsatz dagegen mitunter vom Wiederbeschaffungspreis und erhält somit einen kalkulatorischen Periodenerfolg in Höhe von (130 – 125) • 8.000 = 40.000. Die Differenz aus dem Periodenerfolg der Finanzbuchhaltung und dem kalkulatorischen Periodenerfolg ergibt den Scheingewinn in Höhe von 200.000.

Wenn nur der kalkulatorische Periodenerfolg in Höhe von 40.000 ausgeschüttet wird, verbleiben 1.000.000 (Barerlöse 1.040.000 – Ausschüttung 40.000), um die im abgelaufenen Jahr verbrauchte Menge von 8.000 Stück wiederzubeschaffen (8.000 • 125 = 1.000.000). Die Verrechnung des Wareneinsatzes in Höhe des Wiederbeschaffungspreises führt also zu einem geringeren Periodenerfolg, dessen Entnahme nicht bewirkt, dass das Unternehmen den Umfang seiner wirtschaftlichen Betätigung einschränken muss. Auch der Vergleich der Periodenerfolge mehrerer Jahre und damit die Wirtschaftlichkeitskontrolle sind aussagekräftiger, wenn die Erfolge einzelner Jahre nicht durch die Gegenüberstellung der inflationierten Erlöse mit den auf der Basis von historischen Anschaffungsausgaben berechneten Wareneinsätzen künstlich „aufgeblasen“ werden. Auf ähnliche Art und Weise wird auch die Ermittlung der kalkulatorischen Abschreibungen auf Basis aktueller oder zukünftiger Wiederbeschaffungswerte argumentiert (siehe dazu weiter unten).

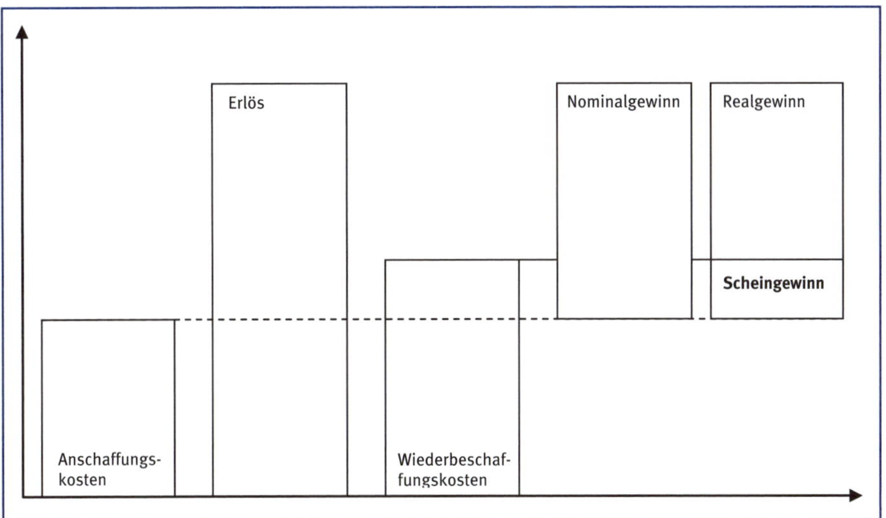

Abbildung 17: Ermittlung von Scheingewinnen[51]

All jene (betriebsfremden, periodenfremden oder außergewöhnlichen) Aufwendungen, die man bei der Ermittlung der Kosten ausscheidet, heißen **neutrale Aufwendungen**. An deren Stelle treten mitunter anders berechnete bzw. bewertete Kosten, die in der Kostenrechnung entsprechend als **Anderskosten** bezeichnet werden (z.B. kalkulatorische Abschreibung, kalkulatorische Wagnisse, kalkulatorische Fremdkapitalzinsen). Aufwendungen, die nicht betriebsfremd, periodenfremd oder außergewöhnlich sind, und demnach ohne Transformation in die Kostenrechnung übernommen werden, heißen **Zweckaufwand** (Aufwand, zugleich Kosten) bzw. **Grundkosten** (Kosten, zugleich Aufwand). In der Praxis ist dies der größte Teil der Aufwendungen bzw. Kosten. Daneben sind in der Kostenrechnung auch Werteverzehre zu berücksichtigen, denen im externen Rechnungswesen keine Aufwendungen gegenüberstehen. Diese den transformierten Aufwendungen hinzugefügten Kosten nennt man **Zusatzkosten** (z.B. kalkulatorischer Unternehmerlohn, kalkulatorische Eigenkapitalzinsen, kalkulatorische Miete). Abbildung 18 gibt einen Überblick über die beschriebenen Zusammenhänge.

☞ Kostenartenrechnung

Aufgabe der Kostenartenrechnung ist die lückenlose Erfassung und sinnvolle Untergliederung der in einer Periode angefallenen Kosten. Im Rahmen der Kostenartenrechnung werden die Aufwendungen der Buchhaltung einerseits um neutrale Aufwendungen reduziert (z.B. Spenden) und andererseits um kalkulatorische Kosten (z.B. kalkulatorischer Unternehmerlohn) ergänzt. Außerdem erfolgt eine

[51] Vgl. Brühl (2012) S. 62.

Einteilung der Gesamtkosten in Einzel- und Gemeinkosten. Während Einzelkosten (z.B. Fertigungsmaterial, Fertigungslöhne) den Kalkulationsobjekten direkt zuordenbar sind, ist dies bei den Gemeinkosten (z.B. Hilfslöhne, Energiekosten) nicht möglich.

<table>
<tr><td colspan="3">AUFWAND</td><td colspan="2"></td></tr>
<tr><td colspan="2">NEUTRALER AUFWAND
(Aufwand, nicht zugleich Kosten)</td><td rowspan="2">ZWECKAUFWAND
(Aufwand, zugleich Kosten)</td><td colspan="2"></td></tr>
<tr><td>Aufwand, dem keine Kosten gegenüberstehen, z.B. betriebsfremder Aufwand</td><td>Aufwand, dem Kosten in anderer Höhe gegenüberstehen, z.B. Abschreibungen</td><td colspan="2"></td></tr>
<tr><td colspan="2"></td><td colspan="3">KOSTEN</td></tr>
<tr><td colspan="2"></td><td rowspan="2">GRUND-KOSTEN
(Kosten, zugleich Aufwand)</td><td colspan="2">KALKULATORISCHE KOSTEN (Kosten, nicht zugleich Aufwand)</td></tr>
<tr><td colspan="2"></td><td>Anderskosten (Kosten, denen Aufwand in anderer Höhe gegenübersteht, z.B. Abschreibungen)</td><td>Zusatzkosten (Kosten, denen kein Aufwand gegenübersteht, z.B. Unternehmerlohn)</td></tr>
</table>

Abbildung 18: Überleitung von Aufwendungen in Kosten[52]

Das Gegenteil von Kosten sind **Erlöse** (Leistungen). Sie können als bewertete, sachzielbezogene Erstellungen von Gütern und Dienstleistungen innerhalb einer Rechnungsperiode definiert werden. Buchhalterische Erträge, deren gebuchte Werte weder sachlich noch der Höhe nach als Erlöse eingestuft werden können, werden als **neutrale Erträge** nicht in die Kostenrechnung übernommen (z.B. Erträge aus einem zu Spekulationszwecken angeschafften Wertpapierpaket).

Als Pendant zu Zusatzkosten können in der Kostenrechnung auch **Zusatzerlöse** angesetzt werden, also Erlöse, denen keine Erträge in der Finanzbuchhaltung gegenüberstehen (vgl. Abbildung 19).[53] Als Zusatzerlös könnte z.B. der Wert eines selbst entwickelten und im eigenen Unternehmen genutzten Patents einbezogen werden.

[52] Vgl. Swoboda (1997) S. 17; Djanani/Schöb (1997) S. 19.

[53] **Anderserlöse** entstehen beispielsweise dann, wenn Bestandserhöhungen von Halb- und Fertigerzeugnissen im externen Rechnungswesen mit ihren Herstellkosten bewertet werden, im Rahmen der Kostenrechnung hingegen die erwarteten Absatzpreise angesetzt werden.

Die Erstellung dieses Patents stellt eine Leistung dar, die im Zusammenhang mit dem Sachziel des Unternehmens steht. Eine Aktivierung mittels Ertragsbuchung ist nach österreichischem Unternehmensrecht nicht möglich, da das UGB die Aktivierung selbst erstellter immaterieller Vermögensgegenstände verbietet.[54] Daher entsteht kein Ertrag. Dem Grundsatz der kaufmännischen Vorsicht entsprechend wird jedoch auch in der an keine gesetzlichen Vorschriften gebundenen Kostenrechnung regelmäßig auf eine Berücksichtigung von Zusatzerlösen verzichtet.

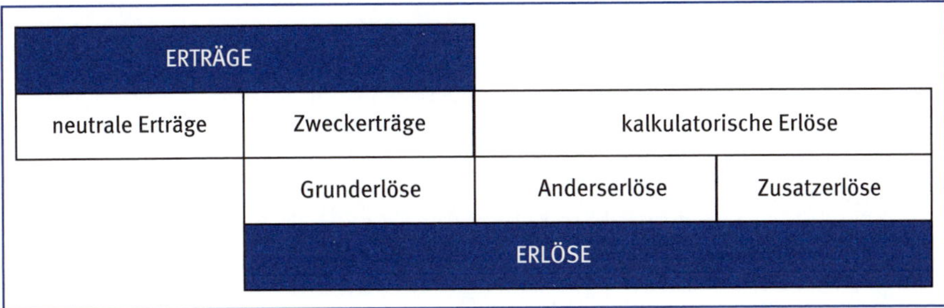

Abbildung 19: Abgrenzung von Erträgen und Erlösen (Leistung)[55]

Beispiel 7[56]

Die Anton GmbH produziert und verkauft Solaranlagen.

Aufgabenstellung:

Stufen Sie die nachfolgenden Sachverhalte in die Kategorien „neutraler Aufwand", „neutraler Ertrag", „Zweckaufwand / Grundkosten", „Zweckertrag / Grunderlös", „Kalkulatorische Kosten" bzw. „Kalkulatorische Erlöse" ein:

1. Einnahmen aus der Vermietung einer von der Anton GmbH nicht mehr genutzten Lagerhalle;
2. Zahlung von Löhnen an die Mitarbeiter/innen des Unternehmens;
3. Rechnung für den Austausch von Fenstern im Verwaltungsgebäude;
4. Kalkulatorische Zinsen auf das eingesetzte Eigenkapital in Höhe von 7%;
5. Beratungshonorar der NewIdeas Unternehmensberatung;
6. Beiträge an die Wirtschaftskammer;
7. Umsatzerlöse aus dem Verkauf der Erzeugnisse;
8. Verarbeitung zugekaufter Elektronikkomponenten;
9. Kauf eines Industrieroboters für die Fertigung;
10. Spende von zehn gebrauchten PCs an die örtliche Seniorenbegegnungsstätte (der Buchwert der PCs lag bei insgesamt 4.000);

[54] Nach IFRS (geregelt in IAS 38) jedoch müssen Entwicklungsausgaben bei Erfüllen bestimmter Kriterien aktiviert werden.

[55] Vgl. Djanani/Schöb (1997) S. 21; Brühl (2012) S. 59.

[56] Vgl. Joos (2014) S. 371.

11. Einahmen aus der Betriebskantine;
12. Abschreibungen auf einen Pharma-Aktienfonds, der als spekulative Finanzanlage gehalten wird.

Lösung:

1. Neutraler (betriebsfremder) Ertrag
2. Zweckaufwand / Grundkosten
3. Zweckaufwand / Grundkosten
4. Kalkulatorische (Zusatz-)Kosten
5. Zweckaufwand / Grundkosten
6. Zweckaufwand / Grundkosten
7. Zweckertrag / Grunderlöse
8. Zweckaufwand / Grundkosten
9. Nichts trifft zu (= „Ausgabe“)
10. Neutraler (betriebsfremder) Aufwand
11. Neutraler (betriebsfremder) Ertrag
12. Neutraler (außerordentlicher) Aufwand

4.2 Personalkosten

Die **Personalkosten** machen häufig einen hohen Anteil an den gesamten Unternehmenskosten aus und sind daher von besonderer Bedeutung. Dieser Bedeutung wird bereits in der Buchhaltung dadurch Rechnung getragen, dass die Lohn- und Gehaltsverrechnung häufig in einem eigenen Buchungskreis erfolgt, aus dem die Basisinformationen zur Ermittlung der Personalkosten stammen.

Personalkosten umfassen all jene Kosten, die durch den Einsatz der menschlichen Arbeitskraft im Betrieb entstehen. Sie setzen sich zusammen aus den **Personalbasiskosten** (Löhne und Gehälter) und den **Personalnebenkosten** (lohn- und gehaltsabhängige Sozialabgaben wie z.B. Beiträge zur Kranken-, Pensions- und Arbeitslosenversicherung oder Beiträge zu Abfertigungskassen, Sonderzahlungen wie Urlaubs- und Weihnachtsgeld, bezahlte Abwesenheitszeiten aufgrund von Urlaub, Krankheit und sonstigen Verhinderungszeiten, Kosten für die betriebliche Altersversorgung). Zu den Personalkosten im weiteren Sinne können auch freiwillige Sozialleistungen (z.B. Essensgutscheine) gezählt werden.

Löhne sind Zahlungen, die an manuelle Tätigkeiten verrichtende Arbeiter/innen geleistet werden. Hierbei wird weitergehend unterschieden in Fertigungslöhne und Hilfslöhne. **Fertigungslöhne** stehen in unmittelbarem Zusammenhang mit der Fertigung (z.B. Montage-, Lackierarbeiten, Tätigkeiten am Fließband) und sind den Kostenträgern (Aufträge über Erzeugnisse bzw. Dienstleistungen) direkt zurechenbar. **Hilfslöhne** werden für unterstützende Dienste in der Fertigung gezahlt (z.B. Lager-, Transport- und Reinigungsarbeiten) und können einzelnen Kostenträgern nicht direkt zugerechnet werden. Die übliche Lohnform ist der **Zeitlohn**, der zu einer monatlich konstanten Lohnhöhe führt. **Akkordlöhne**, die eine Lohnhöhe in Abhängigkeit von der gefertigten Stückzahl vorsehen, sind weniger gebräuchlich.

Gehälter sind zeitabhängige Zahlungen an Angestellte in Verwaltung und Vertrieb. Gehälter fallen damit analog zu Zeitlöhnen monatlich in derselben Höhe an. Darüber hinaus können auch **Prämien- oder Bonuszahlungen** vorgesehen sein, die durch das Erreichen vorgegebener Ziele (z.B. Umsatzziele, Qualitätsziele) ausgelöst werden und in unregelmäßigen Abständen zur Auszahlung gelangen.

Wenn Lohnauszahlungsperiode und Kostenrechnungsperiode nicht übereinstimmen, müssen die Lohnkosten abgegrenzt werden. Bei wöchentlicher Lohnzahlung und monatlicher Kostenrechnung müssen z.B. die Wochen, die zwei Monaten angehören, entsprechend aufgeteilt werden.

Für die Kalkulation ist es üblich, die Fertigungslöhne nach Kostenträgern zu erfassen und sie den Kostenstellen, in denen sie anfallen, zuzurechnen. Für Hilfslöhne, Gehälter sowie Personalnebenkosten genügt meist eine Erfassung nach Kostenstellen.

Beispiel 8[57]

Ein Arbeiter erhält einen Brutto-Stundenlohn von 80. Die Arbeitswoche zählt 40 Stunden (Fünftagewoche). Er hat jährlich Anspruch auf fünf Wochen Urlaub, vier Wochenlöhne Urlaubszuschuss und vier Wochenlöhne Weihnachtsremuneration. Im Durchschnitt fallen zwei Krankheitswochen an. Das Jahr zählt 8 bezahlte Feiertage und zwei sonstige bezahlte Nichtleistungstage. Der freiwillige Sozialaufwand beträgt 10.000.

Zunächst wird auf Basis der Leistungszeit der Leistungslohn ermittelt:[58]

	52 Wochen
–	5 Urlaubswochen
–	2 Krankheitswochen
–	2 Wochen Feiertage und sonstige bezahlte Nichtleistungstage
=	43 Arbeitswochen

Lohn für 43 Arbeitswochen: 43 Wo • 40 h / Wo • 80 / h = 137.600

Der Nichtleistungslohn errechnet sich wie folgt:

	5 Urlaubswochen
+	4 Wochenlöhne Urlaubszuschuss
+	4 Wochenlöhne Weihnachtsremuneration
+	2 Krankheitswochen
+	2 Wochenlöhne für Feiertage und sonstige bezahlte Nichtleistungstage
=	17 Wochenlöhne Nichtleistungslohn

Der Nichtleistungslohn wird wie folgt ermittelt: 17 Wo • 40 h / Wo • 80 / h = 54.400

57 Vgl. Swoboda (1997) S. 20 f.

58 Realistischerweise müssten auch noch „unproduktive" Stunden (z.B. Stehzeiten aufgrund von Reparaturen oder einer schlechten innerbetrieblichen Organisation) in Abzug gebracht werden, wodurch die ausgewiesenen Nichtleistungslöhne und damit auch die Lohnnebenkosten weiter ansteigen würden.

Den gesetzlichen Sozialaufwand und die lohnabhängigen Kosten von Leistungslohn und Nichtleistungslohn ermittelt man wie folgt:[59]

	Pensionsversicherung	12,55%
+	Unfallversicherung	1,30%
+	Krankenversicherung	3,78%
+	Arbeitslosenversicherung	3,00%
+	Wohnbauförderungsbeitrag	0,50%
+	Insolvenzentgeltsicherungs-Zuschlag	0,35%
+	Dienstgeber-Beitrag zum Familienlastenausgleichsfonds	4,50%
+	Zuschlag zum Dienstgeber-Beitrag	0,40%
+	Kommunalsteuer	3,00%
+	Beitrag zur betrieblichen Mitarbeitervorsorgekasse	1,53%
=	ges. Sozialaufwand und lohnabhängige Kosten	30,91%

Der gesetzliche Sozialaufwand und die lohnabhängigen Abgaben von Leistungs- und Nichtleistungslohn betragen 30,91% von 192.000 (137.600 + 54.400) = 59.347,20. In diesem Fall ist somit der Leistungslohn von 137.600 mit 54.400 Nichtleistungslohn, 59.347,20 gesetzlichem Sozialaufwand sowie 10.000 freiwilligem Sozialaufwand belastet. Die Gesamtbelastung des Leistungslohns mit Lohnnebenkosten beträgt somit 123.747,20 oder 89,93%. Bei einer genaueren Berechnung dieser Belastung tauchen zahlreiche Schwierigkeiten auf, wie etwa die unterschiedlichen Urlaubs- und Krankheitstage einzelner Arbeitnehmer/innen oder die Berücksichtigung von Höchstgrenzen der Sozialversicherung. Es genügt jedoch in der Regel, für das Personal einer Kostenstelle bzw. einer Gruppe von Kostenstellen durch die Gegenüberstellung von Leistungslöhnen zu Nichtleistungslöhnen und Sozialaufwendungen der vergangenen Jahre (unter Berücksichtigung zukünftiger Änderungen) einen durchschnittlichen Lohnnebenkostensatz zu ermitteln, der zur Verrechnung von durchschnittlichen Nichtleistungslöhnen und Sozialaufwendungen herangezogen werden kann. Ein solcher zeitlicher Ausgleich ist umso wichtiger, je unregelmäßiger Nichtleistungslöhne und Sozialaufwendungen anfallen. Damit wird erreicht, dass die Sozialaufwendungen im Rahmen der Kalkulation auf die Kostenträger in allen Perioden gleichmäßig verteilt werden.

Der ebenfalls den Personalkosten zuzurechnende **kalkulatorische Unternehmerlohn** kann angesetzt werden, wenn für mitarbeitende Unternehmungseigner/innen in der Finanzbuchhaltung kein Gehaltsaufwand verrechnet wird. Das ist regelmäßig nur bei Einzelunternehmungen und bei Personengesellschaften (OG, KG) der Fall. Die Höhe des Unternehmerlohns sollte dann den Bezügen einer gleichwertigen Führungskraft entsprechen oder dem Gehalt, das der/die mitarbeitende Unternehmenseigner/in in einem anderen Unternehmen erhalten könnte.[60]

---

[59] Die jeweils gültigten Beitragssätze sind den zugrunde liegenden Regelwerken zu entnehmen.

[60] Vgl. Swoboda (1997) S. 22.

4.3 Materialkosten

Materialkosten entstehen durch die Beschaffung, die Lagerung und den Verbrauch von Roh-, Hilfs- und Betriebsstoffen im Rahmen des Produktionsprozesses. Dementsprechend sind die Materialkosten vor allem in Produktionsunternehmen relevant.

Rohstoffe sind wesentliche Bestandteile eines Produkts (z.B. Holz für einen Stuhl, Papier für ein Buch). Die verbrauchten Rohstoffe werden den Kostenträgern in der Regel als Materialeinzelkosten direkt zugerechnet. **Hilfsstoffe** gehen als Nebenprodukte in das Produkt ein (z.B. Schrauben, Leim, Farbe, Lack) und wären ihm damit theoretisch ebenfalls direkt als Einzelkosten zurechenbar. Jedoch werden Hilfsstoffe aus Wirtschaftlichkeitsgründen meist als unechte Gemeinkosten über die Kostenstellenzuschlags- bzw. -verrechnungssätze auf die Kostenträger weiterverrechnet. **Betriebsstoffe** werden bei der Fertigung verbraucht, gehen aber nicht in das Produkt ein (z.B. Schmierstoffe, Reinigungsmittel, Büromaterial). Hilfs- und Betriebsstoffe werden den Kostenträgern indirekt zugerechnet.

Zu den Materialkosten im weiteren Sinn gehören auch die **Materialgemeinkosten**, also jene Gemeinkosten, die bei der Verwaltung der Materialien (Einkauf, Lagerung, Transport etc.) in der Materialstelle anfallen.

Im Rahmen der Kostenartenrechnung müssen zunächst die Verbrauchsmengen der Materialien ermittelt und anschließend in Geldeinheiten bewertet werden.

Zur Ermittlung der Verbrauchsmengen bieten sich verschiedene Verfahren an (vgl. Abbildung 20):[61]

- Die einfachste Methode ist die **Festwertmethode**, bei der unterstellt wird, dass die gesamte angelieferte Menge eines Stoffes unmittelbar in der gleichen Periode verbraucht wird. Es gilt:
  Verbrauchsmenge = Zugangsmenge
  Die unterstellte Annahme wird grundsätzlich bei nicht lagerfähigen Materialarten zutreffen. In diesem Fall ist die Festwertmethode besonders geeignet, sofern nicht regelmäßig zu große Mengen bestellt werden, von denen ein Teil aufgrund fehlenden Bedarfs unbrauchbar wird. Diese Methode sollte weiters lediglich für Stoffe von geringem Wert verwendet werden, bei denen die exakte Erfassung nur zu einer geringfügigen Verbesserung der Kalkulationsergebnisse führen würde.
- Die **Skontrationsmethode** (Fortschreibungsmethode) ist das genaueste Verfahren. Sie notiert jeden einzelnen Zugang und Abgang am Lager. Dabei wird jeder Zugang mittels Lieferschein und jeder Verbrauch mittels Warenentnahmeschein dokumentiert. Es gilt:
  Verbrauch = Summe der durch Materialentnahmescheine erfassten Abgänge
  Die Vorteile der Skontrationsmethode liegen darin, dass stets alle Lagerbestandsveränderungen erfasst und die verbrauchende Kostenstelle bzw. der Kostenträger im Moment der Lagerentnahme vermerkt werden kann. Als Nachteil ist der gegenüber anderen Methoden höhere Aufwand zu nennen.
  Unkontrollierte Abgänge (z.B. Verderb, Diebstahl) können im Rahmen einer mindestens einmal jährlich vorzunehmenden Inventur erfasst werden.

[61] Vgl. Djanani/Schöb (1997) S. 42 ff.; Fischbach (2013) S. 35 ff.

- Die **Inventurmethode** (Befundrechnung) erfasst ebenfalls jeden Lagerzugang, nicht aber jeden einzelnen Abgang. Deshalb muss am Ende einer Periode per Inventur der Endbestand ermittelt und mit dem Buchbestand (= Anfangsbestand + Zugänge) verglichen werden. Als Differenz daraus ergibt sich der Verbrauch:
  Verbrauch = Anfangsbestand + Zugänge – Endbestand
  Diese Methode ist für Zwecke der Kostenrechnung nicht zu empfehlen, da keine verbrauchenden Kostenstellen angegeben und außerdem Bestandsdifferenzen aufgrund von Diebstahl etc. nicht gesondert festgestellt werden können.
- Die **Rückrechnung** (Retrograde Methode) ermittelt den Materialverbrauch erst nach dem Produktionsprozess. Von der Anzahl der fertiggestellten Produkte wird mit Hilfe von Stücklisten oder Rezepturen auf den Soll-Verbrauch geschlossen:
  Verbrauch = Produktionsmenge • Soll-Verbrauch pro Stück
  Mit Hilfe der Rückrechnung kann der Verbrauch einzelnen Kostenstellen und Kostenträgern zugerechnet werden. Dennoch ist die Methode nicht für eine verursachungsgerechte Verbrauchsermittlung geeignet, da nur ein Soll-Verbrauch ermittelt wird. Der Soll-Verbrauch kann vom Ist-Verbrauch sogar dann abweichen, wenn die Stücklisten übliche Mehrverbräuche (unvermeidbarer Verschnitt, üblicher Ausschuss) durch prozentuale Aufschläge bereits berücksichtigen. Tatsächliche Verbräuche können nur durch zusätzliche Kontrollen ermittelt werden. Für Plan-Rechnungen ist diese Methode hingegen zweifelsohne geeignet.

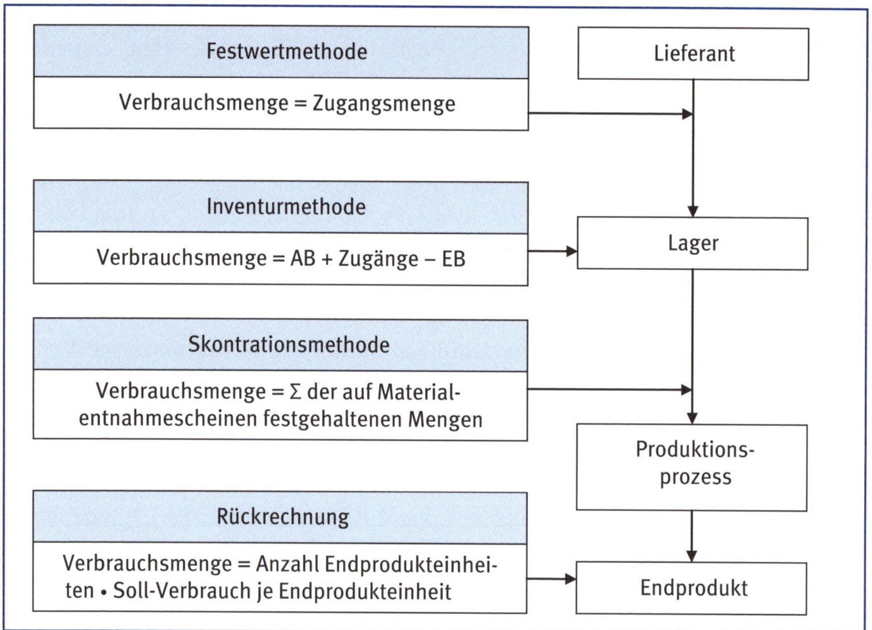

Abbildung 20: Methoden zur Erfassung des Materialverbrauchs[62]

[62] Vgl. auch Djanani/Schöb (1997) S. 44.

Die Bewertung des Materialverbrauchs kann entweder mit einem festen Verrechnungspreis, einem Wiederbeschaffungswert oder den Anschaffungskosten erfolgen:

- Sollen Preisschwankungen eliminiert werden, um die Wirtschaftlichkeitskontrolle zu vereinfachen, bietet sich der Ansatz von festen **Verrechnungspreisen** an. Diese werden vom Unternehmen auf der Basis von aktuellen oder erwarteten Durchschnittspreisen festgelegt.
- Der **Wiederbeschaffungspreis** entspricht jenem Wert, den ein Ersatzgut hätte. Durch die Bewertung des Materialverbrauchs mit Wiederbeschaffungspreisen sollen im Rahmen der Kalkulation Absatzpreise kalkuliert werden, die zu Rückflüssen führen, die den Neueinkauf der verbrauchten Materialarten und damit den Fortbestand des Unternehmens ermöglichen (dazu bereits weiter oben im Zusammenhang mit Scheingewinnen).
- Bei der Bewertung zu **Anschaffungskosten** gibt es wiederum mehrere Möglichkeiten:
  - Hier können erstens die **tatsächlichen Anschaffungskosten** der verbrauchten Materialien (zuzüglich Anschaffungsnebenkosten wie z.B. Fracht, Montage und abzüglich Anschaffungspreisminderungen wie z.B. Rabatte, Skonti) verwendet werden.
  - Neben einer derartigen Einzelbewertung kann zweitens auf **Sammelbewertungsverfahren** zurückgegriffen werden. Das bietet sich an, wenn die verbrauchten Materialien aus mehreren Lieferungen stammen und sich im Zuge der Lagerung sogar vermischen (z.B. Heizöl in einem Tank, Getreide in einem Silo). Dann können zur Bewertung **Durchschnittspreise** gebildet werden:
    - der periodische Durchschnittspreis als Mittelwert des gewogenen Preises des Anfangsbestandes und aller Zugänge einer Periode **(gewogenes Durchschnittspreisverfahren);**
    - der gleitende Durchschnittspreis als der nach jedem Zugang unter Berücksichtigung des gewogenen Bestands fortgeschriebene Wert **(gleitendes Durchschnittspreisverfahren)**.
  - Ebenso können drittens die bei der Bilanzierung verwendeten **Verbrauchsfolgeverfahren** zur Ermittlung fiktiver Anschaffungskosten herangezogen werden. Die Anschaffungskosten können dann ermittelt werden nach dem
    - **Lifo-Verfahren** (Last in first out) beginnend mit den zuletzt gekauften Materialien;
    - **Fifo-Verfahren** (First in first out) beginnend mit den zuerst gekauften Materialien;
    - **Hifo-Verfahren** (Highest in first out) beginnend mit den am teuersten gekauften Materialien.

Welches Bewertungsverfahren für die Kostenrechnung gewählt wird, hängt insbesondere von der tatsächlichen Verbrauchsreihenfolge, aber auch von preiskalkulatorischen Überlegungen ab. Bei Materialien mit begrenzter Haltbarkeit bietet sich das Fifo-Verfahren an. Bei einer Auftragsfertigung können die tatsächlichen Anschaffungskosten herangezogen werden. Wird jedoch auf Vorrat produziert, so könnten bei steigenden Beschaffungsmarktpreisen das Lifo-Verfahren oder das Hifo-Verfahren gewählt werden, um über den (entsprechend höher) kalkulierten Preis der Endprodukte die Unternehmenssubstanz zu erhalten.

Beispiel 9[63]

Sie sind beauftragt worden, für ein Produkt die im vergangenen Monat Juni angefallenen Materialkosten zu ermitteln. Für die Herstellung dieses Endprodukts wurde unter anderem der Rohstoff A verbraucht, der für kein anderes Produkt in Ihrem Betrieb verwendet wird. Aus der Lagerbuchhaltung liegen folgende Daten (Anfangs- und Endbestand werden mittels Inventur ermittelt) vor:

1.6.: Anfangsbestand	25 Stück	15,75 / Stück
2.6.: Zugang	750 Stück	15,20 / Stück
5.6.: Abgang	200 Stück	
12.6.: Abgang	250 Stück	
20.6.: Zugang	350 Stück	15,90 / Stück
23.6.: Abgang	150 Stück	
25.6.: Abgang	50 Stück	
30.6.: Endbestand	450 Stück	

Des Weiteren ist Ihnen bekannt, dass im Monat Juni 127 Einheiten des Endprodukts hergestellt worden sind und dass laut Stückliste für eine Einheit des Endprodukts 5 Stück des Rohstoffs A verwendet werden.

Aufgabenstellung:

a) Berechnen Sie die Verbrauchsmenge für den Rohstoff A nach der Inventurmethode, der Skontrationsmethode und der Rückrechnung!

b) Bestimmen Sie die Materialkosten, die im Monat Juni für den Rohstoff A angefallen sind. Gehen Sie bei Ihrer Berechnung von der Verbrauchsmenge aus, die sich bei der Skontrationsmethode ergeben hat. Verwenden Sie dabei das Fifo-, Lifo- und Hifo- bzw. das gewogene Durchschnittspreisverfahren!

Lösung:

a)

Inventurmethode:

Verbrauchsmenge = 25 + 750 + 350 – 450 = 675

Bei diesem Verfahren kann die genaue Erfassung der Entnahmemengen unterbleiben. Die Ermittlung der Anfangs- und Endbestände ist allerdings eine sehr zeitaufwändige Arbeit. Darüber hinaus kann bei dieser Methode der außerordentliche Verbrauch im Lager (Schwund, Diebstahl etc.) nicht festgestellt werden.

Skontrationsmethode:

Verbrauchsmenge = 200 + 250 + 150 + 50 = 650

63 Vgl. Djanani/Schöb (1997) S. 360 ff.

Mit Hilfe von Materialentnahmescheinen kann genau ermittelt werden, welche Mengen das Lager verlassen haben. Durch Kombination der Skontrationsmethode mit der Inventurmethode kann der außerordentliche Verbrauch (Schwund, Diebstahl etc.) im Lager bestimmt werden (25 Stück).

Rückrechnung:

Verbrauchsmenge = 5 • 127 = 635

Die Berechnung des Verbrauchs mit dieser Methode ergibt lediglich einen Soll-Verbrauch. Der tatsächliche Ist-Verbrauch wird nicht ermittelt, und damit ist es auch nicht möglich, Potenziale für Materialeinsparungen bzw. Unwirtschaftlichkeiten in der Produktion aufzudecken. In diesem Fall könnte die Differenz zwischen dem Soll-Verbrauch in Höhe von 635 und der Entnahmemenge von 650 Stück ein Anzeichen für eine erhöhte Ausschussproduktion sein, falls die fehlenden 15 Stück des Rohstoffs nicht unverbraucht im Fertigungsbereich herumliegen.

b)

Fifo-Verfahren: Materialkosten = 25 • 15,75 + 625 • 15,20 = 9.893,75

Lifo-Verfahren: Materialkosten = 350 • 15,90 + 300 • 15,20 = 10.125,00

Hifo-Verfahren: Materialkosten = 350 • 15,90 + 25 • 15,75 + 275 • 15,20 = 10.138,75

Gewogenes Durchschnittspreisverfahren:

$$\text{Durchschnittspreis} = \frac{25 \cdot 15{,}75 + 750 \cdot 15{,}20 + 350 \cdot 15{,}90}{(25 + 750 + 350)} = 15{,}43$$

Materialkosten = 650 • 15,43 = 10.029,50

Empirische Ergebnisse

Gemäß einer empirischen Studie von Horsch bei deutschen Industrieunternehmen stellen die Materialkosten einschließlich Betriebsstoffe 50% aller **Kostenarten** dar. Auch die Personalkosten sind von überdurchschnittlicher Bedeutung:[64]

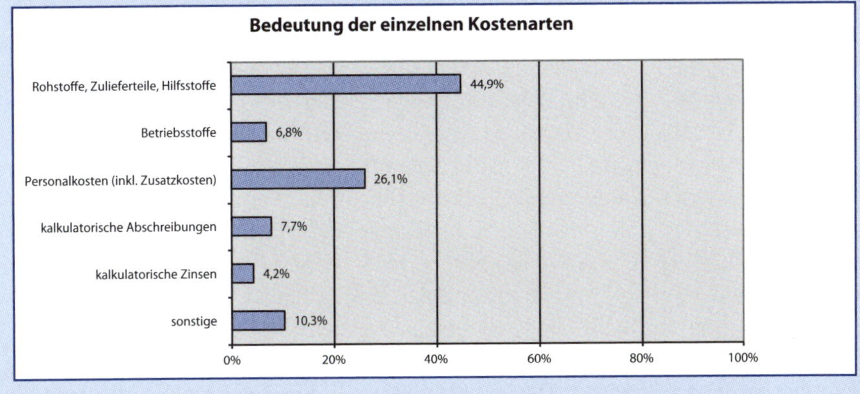

[64] Vgl. Horsch (2015) S. 46.

4.4 Kalkulatorische Abschreibungen

Die **kalkulatorischen Abschreibungen** einer Periode sollen die Wertminderung der Gegenstände des Anlagevermögens während dieses Zeitraums erfassen. Bei den kalkulatorischen Abschreibungen handelt es sich um Anderskosten, da Abschreibungen auch in der Finanzbuchhaltung vorkommen, in dieser jedoch anders abgeschrieben wird. So ist die kalkulatorische Abschreibung nicht an das unternehmens- und steuerrechtliche Anschaffungswertprinzip gebunden, vielmehr können die betriebsnotwendigen Anlagen auch vom **Wiederbeschaffungswert** zum zukünftigen Ersatzzeitpunkt abgeschrieben werden. Damit wird wiederum erreicht, dass bei steigendem Preisniveau von den inflationierten Erlösen auch inflationierte Abschreibungen abgezogen werden und im Periodenerfolg somit keine nur auf Geldwertverschlechterungen basierenden **Scheingewinne** zum Ausweis gelangen. Weiters zeigen die von künftigen Wiederbeschaffungswerten ermittelten kalkulatorischen Jahresabschreibungen an, welche Mittel für eine Wiederbeschaffung der Betriebsmittel (Anlagen) bis zum Ersatzzeitpunkt mindestens reserviert werden müssen, wenn der Umfang der wirtschaftlichen Tätigkeit des Unternehmens nicht eingeschränkt werden soll **(Erhaltung der Betriebssubstanz)**. Gegen die Verwendung von Wiederbeschaffungswerten als Abschreibungsbasis spricht allerdings, dass es häufig relativ schwierig ist, weit in der Zukunft liegende Wiederbeschaffungswerte zu prognostizieren.

Während die **Nutzungsdauer** (n) im externen Rechnungswesen aus Steuerminimierungsgründen oftmals möglichst kurz angesetzt wird, kann bei der Ermittlung der kalkulatorischen Abschreibung die tatsächliche Nutzungsdauer zu Grunde gelegt werden. Diese entspricht der Zeit, in der ein Gegenstand für den Betrieb wirtschaftlich nutzbar ist.

Sofern ein **Liquidationserlös** am Ende der Nutzungsdauer zu erwarten ist, mindert dieser den in der Kostenrechnung insgesamt abzuschreibenden Betrag.

Ein weiterer Unterschied besteht in der Behandlung von **Fehleinschätzungen der Nutzungsdauer**. Kann ein Betriebsmittel länger als ursprünglich vorgesehen genutzt werden, ist im externen Rechnungswesen keine weitere Abschreibung mehr möglich, falls bereits die gesamten Anschaffungsausgaben abgeschrieben wurden. In der Kostenrechnung spielen die in der Vergangenheit angesetzten Abschreibungen hingegen keine Rolle, denn es geht um die Erfassung des Wertverlusts eines Betriebsmittels in der betrachteten Periode. Wird dieses weiterhin genutzt, obwohl es bereits voll abgeschrieben ist, wurden in der Vergangenheit falsche Werte angesetzt. Diese Fehler sollten aber nicht durch weitere Fehler in der Zukunft verstärkt werden. Bei Bekanntwerden einer geänderten Nutzungsdauer wird vielmehr der Abschreibungsbetrag ermittelt, der für diese Dauer von Anfang an hätte angesetzt werden müssen, wenn die Information rechtzeitig vorhanden gewesen wäre. So wird zwar über die gesamte Nutzungsdauer hinweg ein größerer Betrag als der Anschaffungswert abgeschrieben **(Abschreibung unter null)**, in der Kostenrechnung stellt das kein Problem dar, weil nicht die Abschreibungssumme im Vordergrund steht, sondern die Abschreibungsbeträge der einzelnen Perioden. Der gegenteilige Fall einer ursprünglich zu lang geschätzten Nutzungsdauer führt umgekehrt dazu, dass nicht die gesamten Anschaffungsausgaben in der Kostenrechnung abgeschrieben werden.

Auch in Bezug auf die **Abschreibungsmethode** kann es zu Differenzen zwischen Buchhaltung und Kostenrechnung kommen. Zwar wird die kalkulatorische Abschreibung zur Vermeidung von Kostenschwankungen oft wie in der Buchhaltung als **lineare Abschreibung** vorgenommen. Allerdings kennt die Kostenrechnung auch andere Abschreibungsvarianten, die den betriebsbedingten Verzehr an begrenzt nutzbaren Anlagegegenständen eventuell besser abbilden können (z.B. degressive Abschreibung, leistungsabhängige Abschreibung). Diese Methoden werden in der Buchhaltung nach UGB jedoch aufgrund des Maßgeblichkeitsprinzips und der steuerlich zwingend linearen Abschreibung sehr selten genutzt, um eine Mehr-Weniger-Rechnung zu vermeiden.

Degressive Abschreibungen, bei denen die Abschreibungsbeträge im Laufe der Nutzung immer kleiner werden, werden in der Kostenrechnung gelegentlich zur Kompensation von voraussichtlich steigenden Reparatur- und Instandhaltungskosten verrechnet. Man unterscheidet die **geometrisch-degressive** Abschreibung und die **arithmetisch-degressive** Abschreibung.

Bei der geometrisch-degressiven Abschreibung wird der auf den jeweiligen kalkulatorischen Restwert anzuwendende Abschreibungsprozentsatz (p) unter Berücksichtigung der Abschreibungsbasis (AB, das ist der Wert des Vermögensgegenstandes am Beginn der Nutzungsdauer) und eines voraussichtlichen Liquidationserlöses (L) wie folgt berechnet:

$$p = 1 - \sqrt[n]{\frac{L}{AB}}$$

Durch Multiplikation des Prozentsatzes mit der Abschreibungsbasis bzw. in den Folgeperioden mit dem Buchwert zu Periodenbeginn wird der jährliche Abschreibungsbetrag berechnet.

Bei der arithmetisch-degressiven Abschreibung (digitale Abschreibung) lässt sich der jährlich konstante Degressionsbetrag (d), welcher zugleich dem letzten Abschreibungsbetrag entspricht, wie folgt ermitteln:

$$d = \frac{AB - L}{1 + 2 + ... + n}$$

Im ersten Jahr entspricht die Abschreibung $n \cdot d$, im zweiten Jahr $(n-1) \cdot d$, usw. Im letzten Jahr wird genau d abgeschrieben.

Zeitabhängige Abschreibungen werden in der Regel zu den fixen Kosten gezählt. Jener Anteil des Wertverlustes, der auf die abgegebene Leistung des Anlagegutes zurückzuführen ist, entspricht hingegen einer variablen Abschreibung. Die Formel für die **leistungsabhängige Abschreibungsmethode** lautet wie folgt:

$$\text{Abschreibung} = \frac{AB - L}{\text{Leistungsvorrat}} \cdot \text{Periodenleistung}$$

Auch Kombinationen zeitabhängiger und leistungsabhängiger Abschreibungsmethoden sind möglich.

Abbildung 21 fasst die wichtigsten (potenziellen) Unterschiede zwischen bilanzieller und kalkulatorischer Abschreibung zusammen.

	bilanzielle Abschreibung	kalkulatorische Abschreibung
abzuschreibender Betrag	Anschaffungs- bzw. Herstellungskosten	Anschaffungs- bzw. Herstellungskosten oder Wiederbeschaffungswert
Rest-/Schrottwert	ist nicht zu berücksichtigen	ist zu berücksichtigen
Abschreibungsmethode	i.d.R. lineare Abschreibung gemäß § 7 Abs. 1 EStG	verschiedene Verfahren (linear, leistungsabhängig, degressiv etc.)
Abschreibungsdauer	orientiert sich i.d.R. an der steuerlich maximal zulässigen Nutzungsdauer	tatsächliche (wirtschaftliche) Nutzungsdauer
Abschreibungen über bzw. unter Null	nicht möglich	möglich

Abbildung 21: Bilanzielle und kalkulatorische Abschreibung im Vergleich[65]

Beispiel 10[66]

Für eine Produktionsanlage liegen folgende Angaben vor:

- Anschaffungswert: 180.000
- Liquidationserlös: 30.000
- Nutzungsdauer: 4 Jahre
- Produktionsleistung 1. Jahr: 11.000 Stück
- Produktionsleistung 2. Jahr: 13.000 Stück
- Produktionsleistung 3. Jahr: 17.000 Stück
- Produktionsleistung 4. Jahr: 9.000 Stück

Aufgabenstellung:

a) Erstellen Sie für diese Anlage einen Abschreibungsplan für die gesamte Nutzungsdauer. Verwenden Sie dabei folgende Abschreibungsmethoden: Lineare Abschreibung, geometrisch-degressive Abschreibung, arithmetisch-degressive Abschreibung und leistungsabhängige Abschreibung.

b) In der Folge wird für die Produktionsanlage ein 60%iger Gebrauchsverschleiß und ein 40%iger Zeitverschleiß unterstellt. Erstellen Sie für diese Konstellation einen Abschreibungsplan (der Zeitverschleiß soll durch das lineare Abschreibungsverfahren erfasst werden).

c) Zu Beginn des dritten Jahres wird festgestellt, dass die tatsächliche Nutzungsdauer der Anlage 3 bzw. 5 Jahre betragen wird (die Höhe des Liquidationserlöses bleibt davon unberührt). Bisher wurden jährlich 37.500 linear abgeschrieben. Wie hoch wird der lineare Abschreibungsbetrag im dritten Jahr bzw. in den kommenden drei Jahren ausfallen?

---

65 Vgl. auch Djanani/Schöb (1997) S. 67; Fischbach (2013) S. 51.

66 Vgl. Djanani/Schöb (1997) S. 363 ff.

Lösung:

a)

Lineare Abschreibung: Der jährliche Abschreibungsbetrag berechnet sich aus (Anschaffungswert – Liquidationserlös) / Nutzungsdauer.

Jahr	Wert zu Beginn des Jahres	Abschreibungs-betrag	Restwert am Ende des Jahres
1	180.000	37.500	142.500
2	142.500	37.500	105.000
3	105.000	37.500	67.500
4	67.500	37.500	30.000

Geometrisch-degressive Abschreibung: Der auf den Wert der Anlage zu Jahresbeginn anzuwendende Abschreibungsprozentsatz (p) wird wie folgt berechnet:

$$p = 1 - \sqrt[4]{\frac{30.000}{180.000}} = 36{,}10569\%$$

Jahr	Wert zu Beginn des Jahres	Abschreibungs-betrag	Restwert am Ende des Jahres
1	180.000,00	64.990,24	115.009,76
2	115.009,76	41.525,07	73.484,69
3	73.484,69	26.532,15	46.952,54
4	46.952,54	16.952,54	30.000,00

Arithmetisch-degressive Abschreibung: Der jährliche Degressionsbetrag, der zugleich dem Abschreibungsbetrag der letzten Periode entspricht, berechnet sich folgendermaßen: (180.000 – 30.000) / (1 + 2 + 3 + 4) = 15.000.

Jahr	Wert zu Beginn des Jahres	Abschreibungs-betrag	Restwert am Ende des Jahres
1	180.000	60.000	120.000
2	120.000	45.000	75.000
3	75.000	30.000	45.000
4	45.000	15.000	30.000

Leistungsabhängige Abschreibung: Die Abschreibung pro Stück wird wie folgt ermittelt: (180.000 – 30.000) / (11.000 + 13.000 + 17.000 + 9.000) = 3.

Jahr	Wert zu Beginn des Jahres	Abschreibungs-betrag	Restwert am Ende des Jahres
1	180.000	33.000	147.000
2	147.000	39.000	108.000
3	108.000	51.000	57.000
4	57.000	27.000	30.000

b)

Leistungsabhängiger Teil der Abschreibung (60%):

Jahr	Wert zu Beginn des Jahres	Abschreibungs-betrag	Restwert am Ende des Jahres
1	(60%) 108.000	19.800	88.200
2	88.200	23.400	64.800
3	64.800	30.600	34.200
4	34.200	16.200	(60%) 18.000

Nutzungsdauerabhängiger Teil der Abschreibung (40%):

Jahr	Wert zu Beginn des Jahres	Abschreibungs-betrag	Restwert am Ende des Jahres
1	(40%) 72.000	15.000	57.000
2	57.000	15.000	42.000
3	42.000	15.000	27.000
4	27.000	15.000	(40%) 12.000

Gesamtabschreibung (100%):

Jahr	Wert zu Beginn des Jahres	Abschreibungs-betrag	Restwert am Ende des Jahres
1	(100%) 180.000	34.800	145.200
2	145.200	38.400	106.800
3	106.800	45.600	61.200
4	61.200	31.200	(100%) 30.000

c)

1. Fall: Nutzungsdauer 3 Jahre:

Zu Beginn von Jahr 3 beträgt der Buchwert 180.000 – 2 • 37.500 = 105.000. In diesem Fall würde man vielleicht spontan dazu neigen, für das dritte Jahr 75.000 als Abschreibung anzusetzen, um zu gewährleisten, dass nach diesen drei Jahren 150.000 abgeschrieben sind und der Restwert von 30.000 erreicht ist. Diese Vorgangsweise entspricht aber nicht der Zielsetzung, die mit der Berechnung von kalkulatorischen Abschreibungen im Rahmen der Kostenrechnung verfolgt wird. Ziel ist es, die Verringerung des Nutzungspotenzials einer Anlage während einer bestimmten Periode zu erfassen. In diesem Fall stellt man nach zwei Jahren fest, dass das gesamte ursprüngliche Nutzungspotenzial nur für drei Jahre reicht. Das bedeutet eine jährliche Reduktion um 50.000, sodass der Wert der Anlage zu Beginn des 3. Jahres nur noch 80.000 (= 180.000 – 50.000 – 50.000) beträgt und somit bei einem geschätzten Liquidationserlös von 30.000 im dritten Jahr nur 50.000 abgeschrieben werden. Das Risiko eines Berechnungsfehlers aufgrund einer ursprünglich zu lang angesetzten Nutzungsdauer wird im Rahmen der Wagniskosten erfasst, denn die Verkürzung der Nutzungsdauer kann als Anlagenausfall aufgefasst werden.

2. Fall: Nutzungsdauer 5 Jahre:

Auch in diesem Fall geht es darum, ausgehend von der neuen Informationslage, den tatsächlichen Wert der Anlage zu Beginn des dritten Jahres zu bestimmen. Eine erwartete Nutzungsdauer von 5 Jahren bedeutet einen Wertverlust bzw. Abschreibungsbetrag von 30.000 pro Jahr. Der Wert der Anlage zu Beginn des dritten Jahres wird daher mit 120.000 (= 180.000 – 30.000 – 30.000) angesetzt. In den verbleibenden drei Jahren wird bei einem geschätzten Liquidationserlös von 30.000 die jährliche Abschreibung in Höhe von 30.000 angesetzt.

Empirische Ergebnisse

Eine empirische Studie von Horsch bei deutschen Industrieunternehmen zeigt, dass knapp 90% der befragten Unternehmen die lineare **Abschreibung** verwenden. In weitaus geringerem Ausmaß werden degressive und leistungsabhängige Abschreibungen herangezogen:[67]

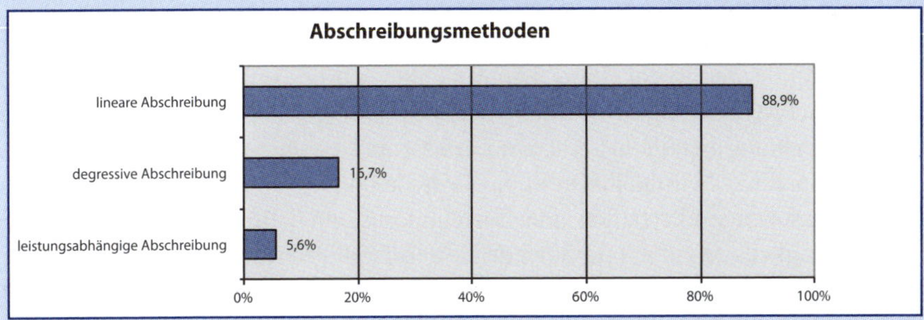

Bei knapp 30% der befragten Unternehmen ist die kostenrechnerische **Nutzungsdauer** länger als die unternehmensrechtliche und bei knapp 10% kürzer:[68]

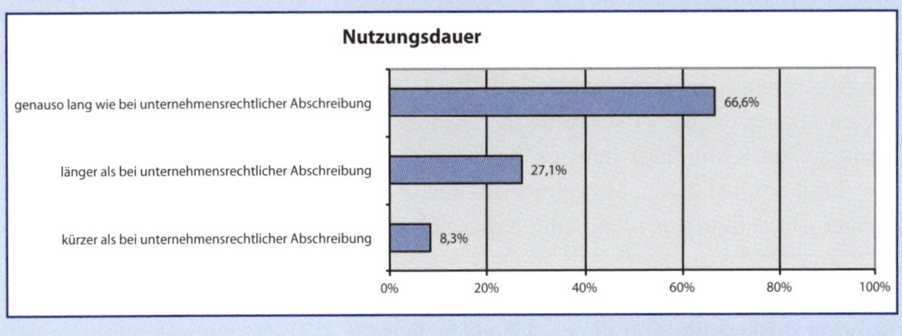

[67] Vgl. Horsch (2015) S. 46. Teilweise sind mehrere Verfahren im Einsatz, sodass keine 100%-Verteilung entsteht.

[68] Vgl. Horsch (2015) S. 46 f. Es existieren teilweise Mischsysteme, sodass keine 100%-Verteilung entsteht.

Eine Abschreibung auf **Basis** von Wiederbeschaffungswerten ist bei der Mehrheit der befragten Unternehmen nicht verbreitet:[69]

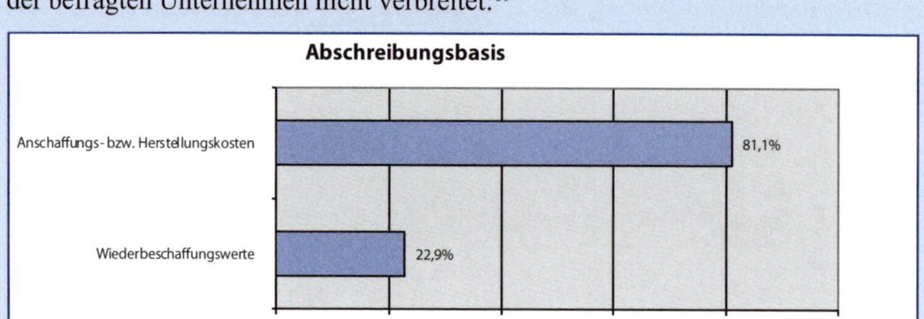

4.5 Kalkulatorischer Unternehmerlohn

Unter dem **kalkulatorischen Unternehmerlohn** versteht man jenes Entgelt für die Leitungstätigkeit eines/einer Unternehmers/Unternehmerin, das nicht bereits in Form eines Gehalts in der Buchhaltung berücksichtigt wurde. Bei Kapitalgesellschaften wie z.B. einer AG oder GmbH werden Vorstands- bzw. Geschäftsführergehälter in der Finanzbuchhaltung bereits als Aufwand erfasst und können daher in der Regel als Zweckaufwand bzw. Grundkosten in die Kostenrechnung übernommen werden. Anders bei Personengesellschaften und Einzelunternehmen: Bei diesen Rechtsformen wird die Tätigkeitsvergütung für leitende Gesellschafter/innen steuerlich nicht als Betriebsausgabe anerkannt und dementsprechend in der Finanzbuchhaltung nicht aufwandswirksam berücksichtigt. Würde die Kostenrechnung dieser finanzbuchhalterischen Behandlung folgen, so wäre die Datengrundlage für die Kalkulation von Kostenträgern unvollständig, da die Leitungstätigkeit auch in Personenunternehmen einen Werteeinsatz darstellt. Folglich würden die Selbstkosten der Kostenträger zu niedrig kalkuliert werden. Abhilfe schafft die Verrechnung eines kalkulatorischen Unternehmerlohns, der den Bezügen eines/einer gleichwertigen Managers/Managerin bzw. dem Gehalt eines/einer Gesellschafters/Gesellschafterin entspricht, das diese/r erzielen könnte, würde er/sie seine/ihre Arbeitskraft anderweitig verwerten werden. Solche auf der Grundlage der bestmöglichen alternativen Verwendungsmöglichkeit eines Produktionsfaktors bestimmte Kosten werden als **Opportunitätskosten** bezeichnet. Der kalkulatorische Unternehmerlohn zählt zu den Fixkosten.

☞ Opportunitätskosten

Opportunitätskosten sind die entgehenden Vorteile (z.B. Deckungsbeiträge) einer nicht gewählten Handlungsalternative, d.h. die Kosten eines „Nicht-nutzen-Könnens“ aufgrund knapper betrieblicher Ressourcen.

[69] Vgl. Horsch (2015) S. 46 f. Auch hier existieren Mischsysteme, sodass keine 100%-Verteilung entsteht.

4.6 Kalkulatorische Zinsen und Lücke-Theorem

Das betriebliche Vermögen wird durch Eigen- und Fremdkapital finanziert, in der Finanzbuchhaltung werden aber nur Zinsen für Fremdkapitalbestandteile als Aufwand verbucht. Zinsen auf das Eigenkapital hingegen bleiben unberücksichtigt. In der Kostenrechnung ist es sinnvoll, sowohl für das Fremd- als auch für das Eigenkapital Zinsen anzusetzen. Neben den **Fremdkapitalzinsen** auch **Eigenkapitalzinsen** in die Kostenrechnung aufzunehmen, entspricht der Überlegung, dass die Eigentümer/innen ihr Kapital auch anderweitig zinsbringend anlegen könnten und somit wiederum dem **Opportunitätskostengedanken**. Auch können bei Verrechnung von Eigenkapitalzinsen die Kosten von Unternehmen mit unterschiedlichen Kapitalstrukturen leichter miteinander verglichen werden.

Die Berechnung der gesamten Zinskosten kann dabei auf zwei Arten erfolgen:

- Es können die Fremdkapitalzinsen der Buchhaltung unverändert als Grundkosten in die Kostenrechnung übernommen und lediglich um Zinsen auf das **betriebsnotwendige Eigenkapital** (Zusatzkosten) ergänzt werden.
- Es können die Fremdkapitalzinsen der Buchhaltung als neutraler Aufwand ausgeschieden und die gesamten Zinskosten auf das **betriebsnotwendige Gesamtkapital** neu berechnet werden (Anders- und Zusatzkosten).

In beiden Fällen ist darauf zu achten, dass **nicht betriebsnotwendiges Vermögen** (z.B. vermietete Anlagen, zu spekulativen Zwecken angeschaffte Wertpapiere) aus der Berechnungsbasis für die Zinsen ausgeschieden wird. Umgekehrt sind die aufgrund von Bilanzierungswahlrechten bzw. Bilanzierungsverboten nicht in der Bilanz aufscheinenden **betriebsnotwendigen Vermögensgegenstände** (z.B. in der Unternehmensbilanz nicht aktivierte geringwertige Wirtschaftsgüter, selbst erstellte immaterielle Vermögensgegenstände) sehr wohl bei der Ermittlung der Verzinsungsbasis zu berücksichtigen. Aufgrund von Substanzerhaltungsüberlegungen können die so ermittelten betriebsnotwendigen Vermögensgegenstände mit ihren **Wiederbeschaffungspreisen** angesetzt, also umgewertet werden (Aufdeckung stiller Reserven).

Werden nicht nur Eigenkapitalzinsen, sondern Zinsen auf das betriebsnotwendige Gesamtkapital berechnet, sind in weiterer Folge noch „zinslos" zur Verfügung gestellte Fremdkapitalbestandteile (z.B. Kundenanzahlungen, Lieferantenkredite) als sog. **Abzugskapital** zu subtrahieren.

Somit ergeben sich folgende Schemata für die Ermittlung der jeweiligen Verzinsungsbasis:

Berechnung des betriebsnotwendigen Gesamtkapitals:

	buchhalterisches Gesamtkapital bzw. -vermögen (Bilanzsumme)
–	nicht betriebsnotwendiges Vermögen, soweit aktiviert
+	betriebsnotwendiges Vermögen, soweit nicht aktiviert
=	betriebsnotwendiges Vermögen zu Anschaffungsrestwerten
+/–	Umwertungen (stille Reserven, stille Lasten)
=	betriebsnotwendiges Vermögen zu Tagesrestwerten

–	Abzugskapital
=	betriebsnotwendiges Gesamtkapital

Berechnung des betriebsnotwendigen Eigenkapitals:

	buchhalterisches Eigenkapital
–	nicht betriebsnotwendiges Vermögen, soweit aktiviert
+	betriebsnotwendiges Vermögen, soweit nicht aktiviert
=	betriebsnotwendiges Eigenkapital zu Anschaffungsrestwerten
+/–	Umwertungen (stille Reserven, stille Lasten)
=	betriebsnotwendiges Eigenkapital zu Tagesrestwerten

Bei der Festlegung des **kalkulatorischen Zinssatzes**, mit dem die so errechnete Basis verzinst wird, ist zu beachten, dass bei einem Ansatz von Zeitwerten die Verwendung eines Nominalzinssatzes zu einem doppelten Inflationsausgleich führen würde. Unter Substanzerhaltungsgesichtspunkten ist deshalb die Verwendung eines **Realzinssatzes** in Verbindung mit **Zeitwerten** des betriebsnotwendigen Kapitals zu empfehlen. Alternativ könnte man auch einen **Nominalzinssatz** auf das mit historischen **Anschaffungs-/Herstellungskosten** bewertete betriebsnotwendige Kapital anwenden. Kalkulatorische Zinsen haben Fixkostencharakter.

Beispiel 11

Die Bilanz eines Unternehmens weist per Jahresende[70] folgende Daten in vereinfachter Darstellung auf:

Aktiva		Passiva	
Anlagevermögen	240.000	Eigenkapital	150.000
Vorräte	30.000	Bankdarlehen	120.000
Forderungen	40.000	erhaltene Anzahlungen	20.000
Kassa und Bank	50.000	Lieferantenverbindlichkeiten	70.000
Summe	360.000	Summe	360.000

Im Anlagevermögen sind aufgrund von Unterbewertungen stille Reserven in Höhe von 15.000 enthalten. Ein Fahrzeug mit einem Buchwert von 20.000 wird zu 50% privat genutzt.

Aufgabenstellung:

Berechnen Sie die kalkulatorischen Zinsen auf Basis des betriebsnotwendigen Gesamtkapitals bei einem inflationsbereinigten (realen) Zinssatz von 7%!

---

[70] Da die Zinsen für die gesamte Jahresperiode angesetzt werden, wäre eine Berechnung auf Basis von **Jahresdurchschnittswerten** anstelle von Jahresendwerten noch exakter.

Lösung:

	buchhalterisches Gesamtkapital bzw. -vermögen (Bilanzsumme)	360.000
–	nicht betriebsnotwendiges Vermögen, soweit aktiviert (PKW-Privat)	10.000
+	betriebsnotwendiges Vermögen, soweit nicht aktiviert	0
=	betriebsnotwendiges Vermögen zu Anschaffungsrestwerten	350.000
+	Umwertungen (stille Reserven)	15.000
=	betriebsnotwendiges Vermögen zu Tagesrestwerten	365.000
–	Abzugskapital (erhaltene Anzahlungen, Lieferverbindlichkeiten)	90.000
=	betriebsnotwendiges Gesamtkapital	275.000

Kalkulatorische Zinsen = 275.000 • 7% = 19.250

Die in der Finanzbuchhaltung berücksichtigten Fremdkapitalzinsen werden in diesem Fall als neutraler Aufwand ausgeschieden. Die stattdessen verrechneten 19.250 an kalkulatorischen Zinsen enthalten sowohl Anderskosten (für die Fremdkapitalbestandteile) als auch Zusatzkosten (für die Eigenkapitalbestandteile).

Empirische Ergebnisse

In einer empirischen Studie von Horsch bei deutschen Industrieunternehmen konnte festgestellt werden, dass knapp zwei Drittel der befragten Unternehmen **kalkulatorische Zinsen** ansetzen. Zur Bestimmung der Bezugsbasis ermitteln die meisten der befragten Unternehmen ein betriebsnotwendiges Kapital. Etwas mehr als 30% der Unternehmen verwenden als Basis Wiederbeschaffungswerte, in einigen Unternehmen existieren kombinierte Ansätze. Nur sehr selten wird das gesamte bilanzielle Vermögen zugrunde gelegt:[71]

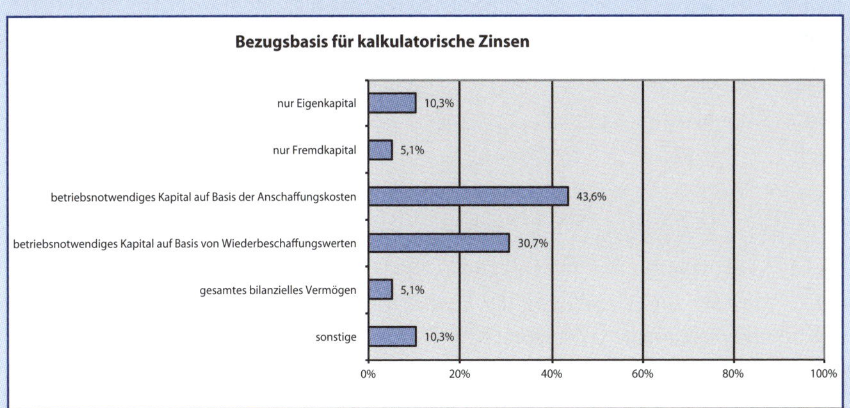

Unabhängig von der Bezugsbasis liegt der Mittelwert der kalkulatorischen Verzinsung bei den befragten Unternehmen bei 9,2%.[72]

[71] Vgl. Horsch (2015) S. 80.
[72] Vgl. Horsch (2015) S. 80.

Die zentrale von der Kostenrechnung verfolgte Zielsetzung ist die kurzfristige Gewinnmaximierung. Werden von diesem Gewinn Zinsen auf das gebundene Eigenkapital abgezogen, verbleibt ein **Residualgewinn**, welcher Aussagen über den realisierten „Übergewinn“ ermöglicht. Ist der Residualgewinn positiv, wurde mehr als nur eine Mindestverzinsung auf das gebundene Eigenkapital erwirtschaftet. Die gleiche Aussage lässt sich auf Basis eines positiven Gewinns einer Periode, ohne Gegenüberstellung mit den Verzinsungsansprüchen, nicht treffen.

Aufgabe der Investitionsrechnung (siehe bereits Kap. 1.1.2) ist hingegen, bei Entscheidungen über längerfristige Investitionsprojekte zu unterstützen. Der **Kapitalwert** einer Investition drückt die Vermehrung (oder Verminderung) des heutigen Geldvermögens aus, die durch dieses Investitionsprojekt verursacht wird, wobei eine angenommene Alternativverzinsung (= Kalkulationszinssatz) zu berücksichtigen ist. Das bedeutet, dass in der Zukunft liegende Ein- und Auszahlungen mit dem Kalkulationszinssatz auf den Betrachtungszeitpunkt (heute) abgezinst werden. Werden die Residualgewinne zukünftiger Perioden mit demselben Kalkulationszinssatz ebenfalls auf den aktuellen Zeitpunkt abgezinst, so ergibt auch deren Summe den Kapitalwert. Damit werden einerseits Kostenrechnung und Investitionsrechnung miteinander verzahnt. Andererseits ist damit ein Weg eröffnet, wie die (kurzfristige) Gewinnermittlung auch in einer langfristigen Betrachtung verwendet werden kann. Diese investitionstheoretische Fundierung der in der Kostenrechnung verfolgten Zielsetzung der Gewinnmaximierung wurde im deutschsprachigen Raum erstmals von LÜCKE thematisiert **(LÜCKE-Theorem)**.

Das LÜCKE-Theorem besagt, dass der Kapitalwert (KW_0) eines Investitionsobjekts mit einer Anschaffungszahlung (A_0) und einem Betrachtungszeitraum (T) auch ermittelt werden kann, wenn anstelle von Einzahlungsüberschüssen (CF_t) Residualgewinne (RG_t) jeweils mit demselben Zinssatz (i) diskontiert werden. Residualgewinne sind Periodengewinne (G_t) abzüglich der kalkulatorischen Zinsen auf das zu Beginn der Periode gebundene Eigenkapital (EK_{t-1}).[73]

$$KW_0 = -A_0 + \sum_{t=1}^{T} \frac{CF_t}{(1+i_{EK})^t} = \sum_{t=1}^{T} \frac{G_t - i_{EK} \cdot EK_{t-1}}{(1+i_{EK})^t}$$

$$KW_0 = RG_1 / (1 + i_{EK})^1 + RG_2 / (1 + i_{EK})^2 + RG_3 / (1 + i_{EK})^3 + ... + RG_T / (1 + i_{EK})^T$$

Das LÜCKE-Theorem gilt unter folgenden zwei **Voraussetzungen**:

- Der Zinssatz zur Berechnung der kalkulatorischen Eigenkapitalzinsen muss dem Kalkulationszinssatz (i) entsprechen.
- Die Summe der Gewinne vor Abzug von Eigenkapitalzinsen muss der Summe der durch das Projekt ausgelösten Einzahlungsüberschüsse entsprechen (Kongruenzprinzip). Unterschiede zwischen Gewinn und Cashflow ergeben sich beispielsweise durch Aktivierung und zeitverzögerte Abschreibung von Anlagevermögen, durch Lagerbewegungen bei Fertigerzeugnissen oder durch Zielein- und -verkäufe. Diese spiegeln sich im gebundenen Kapital wider.

[73] Vgl. auch Brühl (2012) S. 78 f.

Daraus folgt, dass auch Strategien, die kurzfristig zum Ausweis negativer Residualgewinne in der Kostenrechnung führen, einen positiven Kapitalwert aufweisen und somit zu einer langfristigen Steigerung des Marktwerts des Eigenkapitals **(Shareholder Value)** beitragen können.

Beispiel 12

Die Anschaffungskosten einer zur Gänze eigenfinanzierten Spezialmaschine betragen 120. Die Nutzungsdauer der Maschine beträgt 4 Jahre. Die Maschine wird in der Kostenrechnung linear abgeschrieben. Der kalkulatorische (Eigenkapital-) Zinssatz wird mit 10% angenommen. Die aus dem Betrieb der Maschine während der Nutzungsdauer erwarteten Überschüsse der Einzahlungen (= Erlöse) über die Auszahlungen (= Kosten) können der folgenden Tabelle entnommen werden:

Zeitpunkt	1	2	3	4
Einzahlungsüberschuss	40,00	20,00	40,00	50,00

Außer der Abschreibung gibt es keine weiteren Unterschiede zwischen Cashflow und Gewinn.

Aufgabenstellung:

Ermitteln Sie den Barwert der Gewinne, den Barwert der Residualgewinne und den Kapitalwert des Investitionsobjekts. Entscheiden Sie anhand eines geeigneten Kriteriums über die Vorteilhaftigkeit des Investitionsobjekts und prüfen Sie die Gültigkeit des Lücke-Theorems!

Lösung:

Ausgehend vom Einzahlungsüberschuss kann durch Abzug der Abschreibung der Gewinn ermittelt werden. Werden vom Gewinn die Zinsen auf das zu Beginn der jeweiligen Periode gebundene Eigenkapital abgezogen, so ergibt sich der Residualgewinn. Zu Beginn der Periode 1 beträgt das gebundene Eigenkapital 120 (= Anschaffungskosten der zur Gänze eigenfinanzierten Spezialmaschine), daher sind für Periode 1 Eigenkapitalzinsen von 12 zu berücksichtigen. Da die Spezialmaschine linear über 4 Jahre abgeschrieben wird, reduziert sich das gebundene Kapital pro Periode um 30.

Zeitpunkt	1	2	3	4
Einzahlungsüberschuss	40,00	20,00	40,00	50,00
– Abschreibung	30,00	30,00	30,00	30,00
= Gewinn	10,00	–10,00	10,00	20,00
– Eigenkapitalzinsen	12,00	9,00	6,00	3,00
= Residualgewinn	–2,00	–19,00	4,00	17,00

Diskontiert man die Gewinne mit dem kalkulatorischen Zinssatz von 10% auf den Zeitpunkt t_0, so erhält man einen Barwert in Höhe von 22,00:

$$BW_{Gewinne,0} = 10{,}00 / 1{,}1^1 - 10{,}00 / 1{,}1^2 + 10{,}00 / 1{,}1^3 + 20{,}00 / 1{,}1^4 = 22{,}00$$

Diskontiert man hingegen die Residualgewinne mit demselben kalkulatorischen Zinssatz von 10% auf den Zeitpunkt t_0, so erhält man einen Barwert in Höhe von –2,90:

$$BW_{Residualgewinne,0} = -2{,}00 / 1{,}1^1 - 19{,}00 / 1{,}1^2 + 4{,}00 / 1{,}1^3 + 17{,}00 / 1{,}1^4 = -2{,}90$$

Diskontiert man nun die Einzahlungsüberschüsse ebenfalls mit dem kalkulatorischen Zinssatz von 10% auf den Zeitpunkt t_0, so erhält man (abzüglich der Anschaffungsauszahlung im Zeitpunkt t_0) einen Kapitalwert von –2,90:

$$KW_0 = -\,120{,}00 + 40{,}00 / 1{,}1^1 + 20{,}00 / 1{,}1^2 + 40{,}00 / 1{,}1^3 + 50{,}00 / 1{,}1^4 = -2{,}90$$

Das Investitionsobjekt ist nicht vorteilhaft und sollte nicht durchgeführt werden. Der Kapitalwert entspricht dem Barwert der Residualgewinne, wodurch das LÜCKE-Theorem bestätigt ist. Das Kongruenzprinzip ist erfüllt, da die Summe aller Cashflows (30) gleich der Summe aller Gewinne (30) ist. Eine Diskontierung der Gewinne würde zu einem anderen Ergebnis führen und stellt daher keine geeignete Entscheidungsgrundlage dar.

4.7 Kalkulatorische Wagnisse

Außergewöhnliche Aufwendungen der Buchhaltung werden, wie bereits erläutert, in der Kostenrechnung als neutrale Aufwendungen ausgeschieden. Dadurch wird vermieden, dass die Ergebnisse der Kostenrechnung durch Zufallsschwankungen verzerrt werden und deshalb als Grundlage rationaler Entscheidungen nicht mehr verwendbar sind. Zudem wird die Kontrolle der Wirtschaftlichkeit im Zeitvergleich erleichtert, da die von Zufallsschwankungen befreiten Kosten verschiedener Perioden besser miteinander vergleichbar sind.

Die meisten außergewöhnlichen Aufwendungen ergeben sich aus den verschiedenen Risiken (Wagnissen), die mit der unternehmerischen Tätigkeit verbunden sind, wobei zwischen dem allgemeinen Unternehmenswagnis und Einzelwagnissen zu unterscheiden ist. Das **allgemeine Unternehmenswagnis**, wonach dem Unternehmen in seiner Tätigkeit Verluste entstehen können (z.B. durch Nachfragerückgang oder Fehlinvestitionen), wird in der Kostenrechnung nicht explizit berücksichtigt, da es durch den Gewinn abzudecken ist. Für **Einzelwagnisse** gilt – sofern sie **versichert** sind –, dass die bezahlten Versicherungsprämien als aufwandsgleiche Grundkosten verrechnet werden. Nur für jene versicherbaren Wagnisse, die **nicht versichert** sind **bzw. für nicht versicherbare Einzelrisiken** werden **kalkulatorische Wagniskosten** angesetzt. Diese sollen langfristig die tatsächlichen Verluste ausgleichen und haben den Charakter interner Versicherungsprämien (Selbstversicherung).[74] Abbildung 22 dient der Verdeutlichung.

[74] Sofern aus Einzelwagnissen eine Verpflichtung gegenüber Dritten resultieren könnte, besteht laut Unternehmensrecht eine Passivierungspflicht, wodurch Wagnisse im unternehmensrechtlichen Jahresabschluss ohnehin in Form von **Rückstellungen** berücksichtigt werden. Falls keine Verpflichtung gegenüber Dritten entsteht, besteht zumindest ein unter-

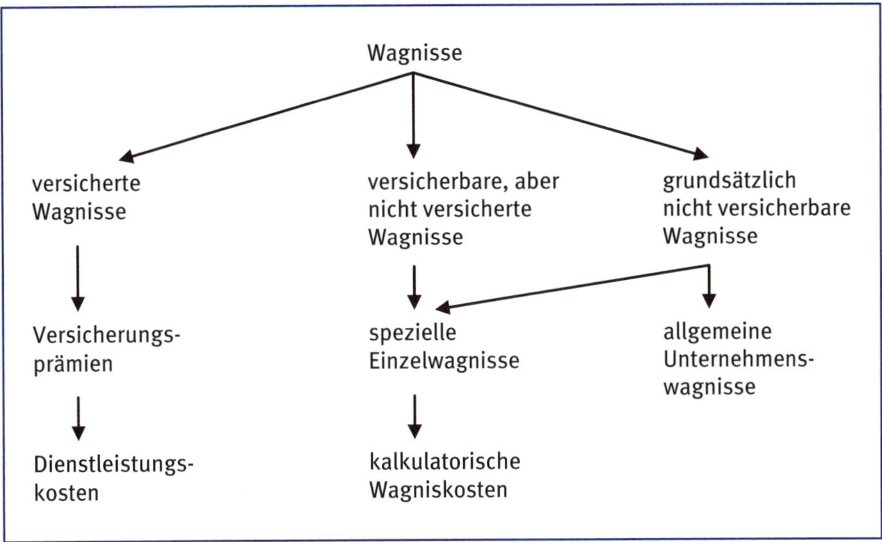

Abbildung 22: Unternehmerische Wagnisse und deren Verrechnung[75]

Als Beispiele solcher **Wagnisarten** können genannt werden:[76]

- Beständewagnis: Wertminderungen der Vorräte durch Diebstahl, Verderb etc.
- Gewährleistungswagnis: Kosten für Gewährleistungen aufgrund von Garantieansprüchen für ausgelieferte Erzeugnisse, etwa durch Nachbesserung, Ersatz etc.
- Anlagenwagnis: Verluste aus außergewöhnlichen Beschädigungen der Anlagegüter wie z.B. durch Unwetter, Brand.
- Vertriebswagnis: Verluste durch Forderungsausfälle, Kulanz, Währungsverluste etc.

Zur Berechnung der kalkulatorischen Wagniskosten werden Bezugsgrößen für die Einzelwagnisse benötigt, die mit dem Risiko in Zusammenhang stehen und einfach bestimmbar sind. So kann beispielsweise ein Zusammenhang zwischen dem Umsatz und den Forderungsausfällen einer Periode festgestellt werden. Für jedes Wagnis wird so auf Basis von Erfahrungen, Statistiken und Erwartungen ein Wagnissatz ermittelt. Kalkulatorische Wagnisse können sowohl Fixkosten als auch variable Kosten sein.

nehmensrechtliches Bildungswahlrecht für Aufwandsrückstellungen, falls ein eindeutiger Zusammenhang zwischen dem Faktorverzehr und dem späteren Aufwand hergestellt werden kann (z.B. Großreparaturen); vgl. Wolfsgruber (2015) S. 19 f.

75 Vgl. Fischbach (2013) S. 58.

76 Vgl. Fischbach (2013) S. 59 f.

Beispiel 13[77]

In den letzten vier Perioden wurden Vorräte für 2.800.000 beschafft. Insgesamt sind in dieser Zeit Vorräte im Wert von 56.000 verdorben. In der nächsten Periode sollen Vorräte im Wert von 700.000 beschafft werden.

Aufgabenstellung:

Wie ist dieser Sachverhalt in der Kostenrechnung zu berücksichtigen?

Lösung:

Es errechnet sich ein Beständewagnis für die Vorräte von 56.000 / 2.800.000 • 100 = 2%.

Dementsprechend sind in der nächsten Periode Wagniskosten für das Beständewagnis in Höhe von 700.000 • 2% = 14.000 zu berücksichtigen.

Tritt in der nächsten Periode tatsächlich ein Schadensfall ein, so werden die hierdurch verursachten Aufwendungen in der Finanzbuchhaltung erfasst. In der Kostenrechnung werden diese Aufwendungen im Rahmen der Betriebsüberleitung ausgeschieden und es werden weiterhin – wie auch in Perioden ohne Schadensfall – die durchschnittlichen kalkulatorischen Wagnisse verrechnet.

Empirische Ergebnisse

Gemäß einer empirischen Studie von Horsch bei deutschen Industrieunternehmen werden **kalkulatorische Wagnisse** von 50% der Unternehmen angesetzt. Teilweise werden mehrere Wagnisarten berücksichtigt, die mitunter sehr unternehmensspezifisch sind (31% sonstige Wagnisse):[78]

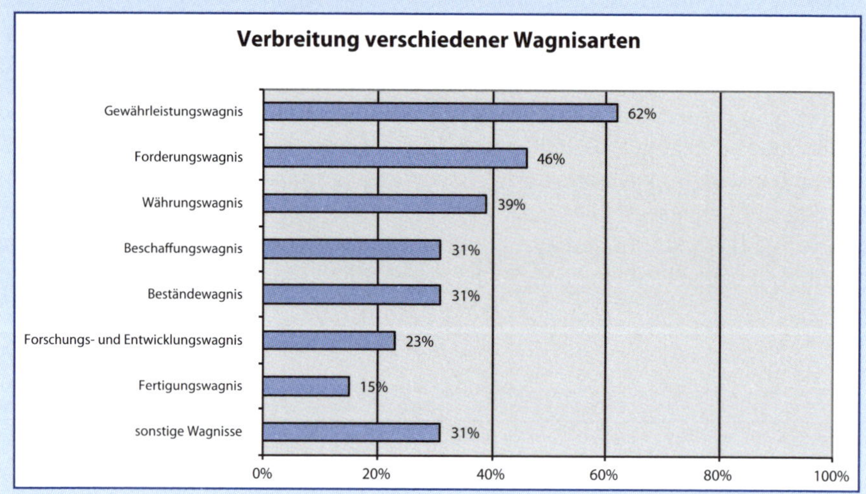

77 Vgl. Fischbach (2013) S. 59.
78 Vgl. Horsch (2015) S. 80.

4.8 Kalkulatorische Miete

Kalkulatorische Mieten werden angesetzt, wenn dem Unternehmen unentgeltlich private Grundstücke oder Räume durch Einzelunternehmer/innen oder Gesellschafter/innen einer Personengesellschaft zur Verfügung gestellt werden. Wie beim kalkulatorischen Unternehmerlohn erfolgt kein Ansatz in der Finanzbuchhaltung, aufgrund des **Opportunitätskostengedankens** jedoch sehr wohl in der Kostenrechnung. Als Zusatzkosten werden dabei in der Regel die ortsüblichen Mieten angesetzt. Werden für die privaten, aber betrieblich genutzten Räume allerdings kalkulatorische Abschreibung, kalkulatorische Zinsen, Erhaltungsaufwand, Gebäudeversicherungen und Grundsteuer verrechnet, muss auf den zusätzlichen Ansatz einer kalkulatorischen Miete verzichtet werden. Kalkulatorische Mieten haben Fixkostencharakter.

> ☞ **Kalkulatorische Kosten**
>
> Kalkulatorische Kosten sind Kosten, die eigens für die Kostenrechnung berechnet werden. Sie ersetzen als Anderskosten abweichende Wertansätze in der Finanzbuchhaltung (z.B. kalkulatorische Abschreibungen) oder haben dort als Zusatzkosten überhaupt kein Äquivalent (z.B. kalkulatorischer Unternehmerlohn).

Abbildung 23 gibt einen zusammenfassenden Überblick über die Aufgaben der Kostenartenrechnung im Rahmen des geschlossenen Systems der Kostenrechnung.

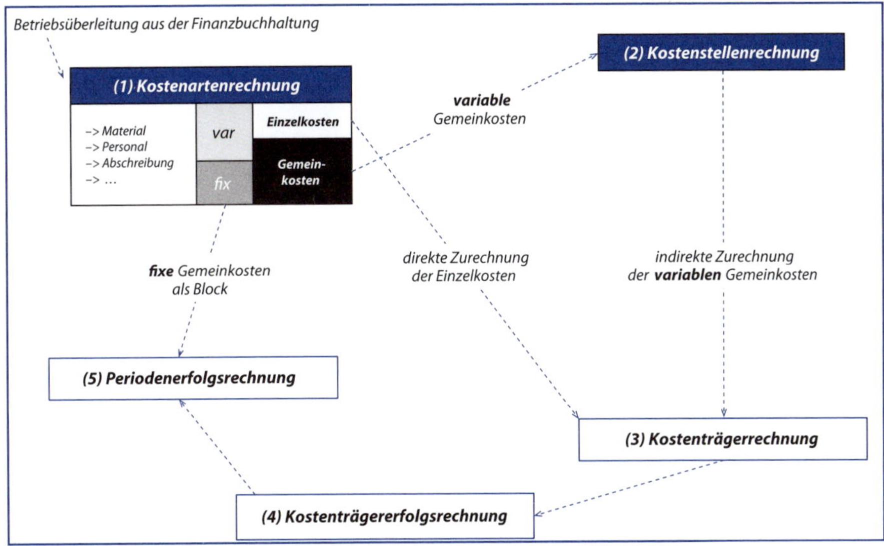

Abbildung 23: Überblick Kostenartenrechnung (Teilkostenrechnung)

Beispiel 14[79]

Die folgenden Aufwendungen einer Finanzbuchhaltung sollen in Kosten übergeleitet werden:

Aufwandsart	Aufwand
Materialaufwand	
Fertigungsmaterial	700.000
Hilfsmaterial	300.000
Personalaufwand	
Löhne und Gehälter	1.400.000
Sonstiger Aufwand	
Abschreibungen	250.000
Fremdkapitalzinsen	80.000
Geringwertige Wirtschaftsgüter	20.000
Schadensfälle	100.000
Energieaufwand	30.000
SUMME	2.880.000

Diese Beträge werden in den Betriebsüberleitungsbogen übernommen und unter Beachtung der folgenden Angaben in Kosten übergeleitet:

- Das Fertigungsmaterial wurde zu Anschaffungspreisen bewertet. Zwischenzeitlich sind marktbedingt Preissteigerungen von 20% eingetreten.
- In der Kostenrechnung ist noch ein zusätzlicher Hilfsmaterialverbrauch in Höhe von 10.000 zu berücksichtigen.
- Für zwei Gesellschafter wird ein kalkulatorischer Unternehmerlohn von insgesamt 70.000 angesetzt.
- In den Abschreibungen ist ein Betrag von 150.000 enthalten, welcher aufgrund einer aus steuerlichen Gründen sehr kurz bemessenen Nutzungsdauer in der Kostenrechnung auszuscheiden ist.
- Das betriebsnotwendige Gesamtkapital beträgt 1.500.000 und soll mit 10% pro Jahr verzinst werden.
- Es werden erstmals geringwertige Wirtschaftsgüter (Werkzeuge) angeschafft. Deren Lebensdauer beträgt zwei Jahre.
- Die Schadensfälle stammen aus Forderungsverlusten. Das kalkulatorische Wagnis bei Forderungen wird seit Jahren mit einem Durchschnittswert von 120.000 angesetzt.

Aufgabenstellung:
Führen Sie die Überleitung der Aufwendungen in Kosten durch!

[79] Vgl. Mayr (2015) S. 53 f.

Lösung:

Aufwandsart	Aufwand	+	–	Kosten
Materialaufwand				
Fertigungsmaterial	700.000	140.000		840.000
Hilfsmaterial	300.000	10.000		310.000
Personalaufwand				
Löhne und Gehälter	1.400.000	70.000		1.470.000
Sonstiger Aufwand				
Abschreibungen	250.000		–150.000	100.000
Fremdkapitalzinsen	80.000	150.000	–80.000	150.000
Geringwertige Wirtschaftsgüter	20.000		–10.000	10.000
Schadensfälle	100.000	120.000	–100.000	120.000
Energieaufwand	30.000			30.000
SUMME	2.880.000	490.000	–340.000	3.030.000

4.9 Harmonisierung der Datengrundlage

Die bisherigen Ausführungen haben gezeigt, dass es notwendig sein kann, die Rechengrößen der Kostenrechnung von denen der Buchhaltung zu trennen. Es darf jedoch nicht übersehen werden, dass eine solcherart **getrennte Datenbasis** zu zahlreichen **Schwierigkeiten** führen kann. So wird etwa das Ergebniscontrolling erschwert, wenn internes und externes Rechnungswesen aufgrund unterschiedlicher Daten divergierende Ergebnisse berechnen, die nur mittels zahlreicher Überleitungsbrücken ineinander überführt werden können. Auch kann es zu Fehlkommunikation, Doppelgleisigkeiten und daraus resultierenden Unwirtschaftlichkeiten kommen.

Aufgrund dieser Schwierigkeiten kann eine Annäherung der Datenbasis zwischen Finanzbuchhaltung und Kostenrechnung im Zuge einer Harmonisierung des externen und internen Rechnungswesens sinnvoll sein. Je relevanter die angewendeten Bilanzierungs- und Bewertungsvorschriften auch für Entscheidungen interner Adressaten sind, desto eher können Erträge bzw. Aufwendungen als externe Rechengrößen auch als Erlöse bzw. Kosten im internen Rechnungswesen angesetzt werden. Eine solche Harmonisierung der Daten ist auf Basis der internationalen Rechnungslegungsnormen **(IFRS)** wesentlich leichter möglich als auf Basis des UGB.

Wie bereits einleitend in Kap. 1.1.3 festgestellt, wird der interne Informationsgehalt eines nach **UGB** erstellten Jahresabschlusses durch steueroptimierende Bilanzierungspraktiken aufgrund des in Österreich geltenden **Maßgeblichkeitsprinzips** sowie durch die Bildung von stillen Reserven infolge einer Überbetonung des unternehmensrechtlichen **Vorsichtsprinzips** mitunter erheblich herabgesetzt. Demgegenüber sind die IFRS stärker betriebswirtschaftlich ausgerichtet, insbesondere um den Informationsbedürfnissen der Investoren gerecht zu werden. Zahlreiche österreichische kapitalmarktorientierte Unternehmen, die ihren Konzernabschluss auf Basis der IFRS erstellen müssen, profitierten von dieser Umstellung auf internationale Bilanzierungsstandards, indem sie auf dieser Grundlage interne und externe Erfolgsrechnung harmonisieren und sich auf diese Weise umfangreichere Überleitungen ersparen.

In der Folge soll daher nochmals auf die **Betriebsüberleitung** (Ausscheiden neutraler Aufwendungen, Ansatz kalkulatorischer Zusatz- und Anderskosten) – diesmal aus **IFRS-Perspektive** – eingegangen werden.

- Da in der internen Ergebnisrechnung nur der von außergewöhnlichen Entwicklungen bereinigte Kernbereich der Leistungserstellung und -verwertung des Unternehmens analysiert werden soll, müssen Aufwendungen (und Erträge), die entweder außergewöhnlichen Charakter aufweisen oder außerhalb des Kernbereichs (betriebsfremd) entstehen, als sog. **neutrale Aufwendungen** ausgeschieden werden. Als Kernbereich wird im Allgemeinen die auf das Sachziel des Unternehmens bezogene Tätigkeit definiert. Eine sachliche Abgrenzung ist allerdings nicht auf das interne Rechnungswesen beschränkt. Auch im externen Rechnungswesen nach UGB muss ein Betriebserfolg, d.h. ein operatives Ergebnis aus der betrieblichen Tätigkeit, in der Gewinn- und Verlustrechnung gesondert ausgewiesen werden.[80] Gemäß § 237 Abs. 1 Ziffer 4 UGB müssen zusätzliche Angaben im Anhang zu Höhe und Art einzelner Ertrags- oder Aufwandsposten von außerordentlicher Größenordnung oder von außerordentlicher Bedeutung gemacht werden. Nach IFRS darf ein außerordentliches Ergebnis weder in der Gesamtergebnisrechnung noch im Anhang getrennt ausgewiesen werden (IAS 1.87). Dieses Verbot ist weder für den externen noch für den internen Bilanzadressaten besonders hilfreich, da außerordentliche Ergebnisbestandteile in der Regel nicht wiederkehrend sind und folglich die Prognose künftiger Ergebnisse erschwert wird.[81]
- Da im Rahmen einer integrierten Erfolgsrechnung die Anzahl an Überleitungspositionen nicht überhand nehmen darf, sollten die in der Kosten- und Leistungsrechnung gewählten Abschreibungsverfahren und Nutzungsdauern jenen des externen Rechnungswesens entsprechen. Auf eine Berechnung der **kalkulatorischen Abschreibungen** auf Basis aktueller Wiederbeschaffungswerte, um dadurch **Scheingewinne** zu eliminieren, die nur auf Geldwertverschlechterungen basieren, muss ohnehin verzichtet werden, wenn die kalkulatorischen Zinsen auf Basis eines Nominalzinssatzes (inkl. Inflationstangente) berechnet werden. Die Verzinsung eines mit Zeitwerten bewerteten betriebsnotwendigen Reinvermögens würde bei Verwendung eines Nominalzinssatzes zu einem doppelten Inflationsausgleich führen. Insofern sollten sich interne Abschreibungen mit den nach internationalen Rechnungslegungsstandards möglichen Abschreibungen ohne größere

80 Siehe dazu § 231 Abs. 2 Z 9 UGB bei Anwendung des Gesamtkostenverfahrens bzw. § 231 Abs. 3 Z 8 UGB bei Anwendung des Umsatzkostenverfahrens.

81 IAS 1.86 sieht dafür nur vor, dass ungewöhnliche Aufwendungen und Erträge, die wesentlich sind (z.B. außerplanmäßige Abschreibungen von Sachanlagen und Vorräten sowie Wertaufholungen solcher außerplanmäßigen Abschreibungen, Abgang von Sachanlagen, Zuschüsse) gesondert ausgewiesen werden müssen – dies kann entweder in der Gewinn- und Verlustrechnung oder im Anhang erfolgen.

Probleme harmonisieren lassen, da nach IFRS bei der Festlegung der Nutzungsdauer keine Einflüsse des Steuerrechts wirksam werden, sondern die voraussichtliche Nutzbarkeit des Vermögenswerts im Vordergrund steht. Die Nutzungsdauer wird daher unternehmensindividuell auf Basis von Erfahrungswerten und in Verbindung mit der Investitionspolitik des Unternehmens festgelegt.[82]

- Gegen einen eigenständigen Ansatz **kalkulatorischer Wagnisse** für interne Zwecke spricht die in diesem Zusammenhang unvermeidliche Notwendigkeit, auf Schätzungen zurückzugreifen. Dadurch wird der Aussagegehalt der nicht von einem unabhängigen Wirtschaftsprüfungsunternehmen testierten internen Ergebnisrechnung mehr oder weniger stark beeinträchtigt. Schließlich kann im Kontext mit der Delegation von Entscheidungen das Problem des moral hazard auftreten, wenn Profit Center mit vorgegebenen Wagniskosten belastet werden, sie jedoch die Schadenswahrscheinlichkeit und -höhe zumindest teilweise auch selbst beeinflussen können.
- Auch wenn im angloamerikanischen Raum der direkte Ansatz von **kalkulatorischen Eigenkapitalzinsen** in der Kosten- und Leistungsrechnung nicht üblich ist, werden auch dort im Rahmen des **Value Management** sehr wohl risikoadäquate Zinsen auf das betriebsnotwendige Eigenkapital berücksichtigt, um jenen über die Kapitalkosten hinausgehenden **Residualgewinn** (Economic Value Added) zu ermitteln, der den in der betreffenden Periode tatsächlich geschaffenen Mehrwert für die Anteilseigner des Unternehmens widerspiegelt. Da der Ansatz von Zinsen auf das betriebsnotwendige Eigenkapital nach IFRS nicht erlaubt ist, sollten diese in einem integrierten Rechnungswesen nicht als Kostenkategorie, sondern vielmehr als separat auszuweisender **Mindestgewinn** berücksichtigt werden, um der Datenharmonisierung nicht im Wege zu stehen.

Überlegungen bezüglich des Umfangs der Harmonisierung des internen und externen Rechnungswesens bleiben zumeist auf die Ebene des ausschließlich Informationszwecken dienenden **Konzernabschlusses** beschränkt. Eine auf die Konzernebene (d.h. Gesamtunternehmensebene) beschränkte Integration der Daten stellt die Kommunikationsfähigkeit gegenüber dem Kapitalmarkt und die Fähigkeit zur Entwicklung kapitalmarktorientierter Ziele und Maßnahmen auf den oberen Hierarchieebenen sicher, sodass ein klarer Bezug zwischen der IFRS-Finanzberichterstattung und den aggregierten internen Ergebnisgrößen möglich wird. Der Einzelabschluss, mit den für den deutschen und österreichischen Wirtschaftsraum dominierenden Funktionen der Ausschüttungs- und Steuerbemessung, ist hingegen zumindest mittelfristig für weitergehende Harmonisierungsbestrebungen auszuscheiden.

Zusammenfassend sprechen für eine Harmonisierung von internem und externem Rechnungswesen vor allem die folgenden **Vorteile**:

[82] In den IFRS werden beispielsweise für Sachanlagen (IAS 16.62) und für immaterielle Vermögenswerte (IAS 38.98) neben der linearen Abschreibung auch degressive und leistungsabhängige Berechnungsmethoden als Möglichkeiten genannt.

- Die in der deutschsprachigen Forschung und Praxis etablierte Trennung in externe und interne Ergebnisrechnung führt beim Management zunehmend zu Interpretationsschwierigkeiten bzw. zu Zielkonflikten zwischen dem den Finanzmärkten kommunizierten externen und dem nach kalkulatorischen Grundsätzen erstellten internen Ergebnis. Die Steuerung des Unternehmens auf Basis der IFRS gewährleistet hingegen, dass sich im Unternehmen alle Entscheidungsverantwortlichen hinsichtlich wirtschaftlicher Sachverhalte einer einheitlichen und somit **unmissverständlichen Sprache** bedienen.
- Weiters wird durch eine Zusammenführung auch eine **erhöhte Wirtschaftlichkeit** erwartet, da durch eine Vereinheitlichung des Rechnungswesens die Komplexität reduziert werden kann und Vorgänge, die bisher doppelt vorgenommen werden mussten (z.B. Ermittlung von Abschreibungen), vereinfacht werden können. Weitere Einsparpotenziale ergeben sich auch auf Seiten der Informationstechnologie durch die Einführung einer zentralen Datenhaltung und -analyse.
- Eine einheitliche Grundrechnung für interne und externe Auswertungsrechnungen steigert außerdem die **Objektivität der Datengrundlage** unternehmensinterner Führungsentscheidungen, da das zugrunde liegende Zahlengerüst auch rechtlichen Anforderungen genügen muss und, abhängig von der Rechtsform und Unternehmensgröße, Gegenstand einer externen Kontrolle in Form der Abschlussprüfung ist.

Andererseits weist eine Orientierung an den IFRS für Zwecke einer integrierten Ergebnisrechnung folgende **Nachteile** auf:

- Controllinginstrumente unterlagen in der Vergangenheit keinen Einschränkungen regulativer Natur, sondern wurden von den Unternehmen unter Berücksichtigung einer Kosten-Nutzen-Abwägung implementiert und verwendet. In einem harmonisierten Rechnungswesen werden die controllingrelevanten Steuerungsinstrumente jedoch auch durch Festlegungen des IASB beeinflusst, dessen **Zielsetzungen** sich primär an der Außensicht der Kapitalmärkte und nicht an den Steuerungserfordernissen von Unternehmen orientieren. Geht man davon aus, dass das Controlling vor der Angleichung optimal ausgestaltet war, so muss eine Modifikation von Controllinginstrumenten auf Basis der internationalen Rechnungslegung deren Nutzen vermindern oder kann bestenfalls gleich gut sein.[83]
- Ein weiterer Nachteil aus Sicht der Rechnungslegung besteht in der schlechteren Vergleichbarkeit der offengelegten Informationen, da verschiedene Unternehmen i.d.R. unterschiedliche interne Führungsgrößen haben. Ein aus Controllingsicht wesentlicherer Nachteil besteht ferner darin, dass sich durch das Anknüpfen an intern berichteten Größen möglicherweise eine Rückwirkung auf das interne Reporting ergibt. So besteht die Gefahr, dass die Unternehmensleitung die internen

[83] Im Falle einer ursprünglich unzureichenden Ausgestaltung des Controllings könnten von einer Umstellung auf IFRS durch den Management Approach jedoch auch Impulse für die Implementierung neuer bzw. qualitativ verbesserter Controlling-Tools ausgehen.

Steuerungssysteme so ausgestaltet, dass die generierten Informationen am Kapitalmarkt zwar das gewünschte Bild des Unternehmens vermitteln, intern aber nicht unbedingt jene Entscheidungen herbeigeführt werden, die den Unternehmenswert maximieren **(Zirkularitätseffekt)**.

- Es ist zu befürchten, dass der Controllingbereich in starke Abhängigkeit von einer strikt IFRS-basierten integrierten Rechnungslegung gerät, wenn jede Änderung eines Standards sofort und vollständig in die für Controllingzwecke verwendete interne Ergebnisrechnung durchschlägt. Insbesondere Controller/innen mittelständischer Unternehmen, welche IFRS-basierte Daten für einen Konzernabschluss liefern müssen, könnten aufgrund von Ressourcenknappheit durch den Zwang zur laufenden Aneignung von IFRS-Spezialwissen überfordert werden.
- Auch die IFRS liefern nur eine von einer Vielzahl von **Ermessensentscheidungen** geprägte Sichtweise auf das Unternehmen und sind gegen Sachverhaltsgestaltungen nicht vollständig immun. Aus diesen Gründen können die IFRS trotz Dominanz des True-and-fair-view-Prinzips keine eindeutige und manipulationsfreie Abbildung des Unternehmensgeschehens garantieren.
- Seit 2005 sind IFRS für Konzernabschlüsse kapitalmarktorientierter Unternehmen innerhalb der Europäischen Union verbindlich. Die Erstellung eines ergänzenden Einzelabschlusses nach UGB bleibt hingegen für alle österreichischen Unternehmen Pflicht. Damit bleibt die **Maßgeblichkeit** der unternehmensrechtlichen Grundsätze ordnungsmäßiger Buchführung (GoB) für die steuerliche Gewinnermittlung (§ 5 Abs. 1 EStG) zunächst bestehen. Es ist jedoch zweifelhaft, ob sich eine Trennung zwischen den Bilanzierungsregeln für den Einzelabschluss und jenen für den internationalen Konzernabschluss auf Dauer aufrechterhalten lässt.

5 Kostenstellenrechnung

Lernziele

Nach Durcharbeiten von Kapitel 5 sollten Sie u.a. in der Lage sein:

- den Aufbau und die Aufgaben der Kostenstellenrechnung darzustellen
- die Funktionsweise von Zuschlags- und Verrechnungssätzen zu erläutern
- die Verfahren der innerbetriebliche Leistungsverrechnung zu beschreiben
- das Stufenleiterverfahren anzuwenden
- wechselseitige innerbetriebliche Leistungsbeziehungen aufzulösen

5.1 Grundlagen

Im System der Kosten- und Leistungsrechnung stellt nach der Kostenartenrechnung inklusive Kostenauflösung die Kostenstellenrechnung die nächste Stufe dar, meist in Verbindung mit einer innerbetrieblichen Verrechnung interner Leistungen.

Im Rahmen der **Kostenstellenrechnung** werden die Gemeinkosten (und zu Kontrollzwecken oft auch die Einzelkosten) auf jene Bereiche verteilt, in denen sie angefallen sind. Diese Bereiche (z.B. Materialstelle, Fertigungsstelle, Verwaltungsstelle, Werksküche) werden in der Kosten- und Leistungsrechnung als **Kostenstellen** bezeichnet. In der Kostenstellenrechnung geht es also um die zentrale Fragestellung, wo die Kosten angefallen sind.

☞ Kostenstelle

Eine Kostenstelle ist eine Organisationseinheit im Unternehmen, für die Kosten geplant, erfasst und kontrolliert werden.

Die Kostenstellenrechnung ermöglicht so die Durchführung von **Wirtschaftlichkeitskontrollen** einzelner Leistungs- bzw. Verantwortungsbereiche anhand des Vergleichs der tatsächlich entstandenen Periodenkosten mit den entsprechenden Planwerten (Abweichungsanalyse). Zudem werden in den Kostenstellen **Zuschlags- und Verrechnungssätze** bestimmt, die für die indirekte Zurechnung der echten und unechten Gemeinkosten (siehe dazu Kap. 2.2) auf Kostenträger erforderlich sind.

Der sog. **Betriebsabrechnungsbogen** (BAB) ist ein Hilfsmittel zur Durchführung der Kostenstellenrechnung in tabellarischer Form. Er ist eine matrixartige Zusammenstellung aller kostenstellenbezogenen Kostenarten (vertikal) und der in einem Betrieb unterschiedenen Kostenstellen (horizontal); Letztere sind üblicherweise entsprechend dem Güterstrom von links nach rechts geordnet (vgl. Abbildung 24).[84]

[84] Vgl. Jossé (2011) S. 70.

	Hilfskostenstellen		Hauptkostenstellen			
Kostenstellen	allgemeine Hilfskostenstellen	Fertigungshilfskostenstellen	Materialstellen	Fertigungsstellen	Verwaltungsstellen	Vertriebsstellen
Kostenarten						
Fertigungsmaterial Fertigungslöhne						
Hilfslöhne Gehälter Sozialkosten Betriebsstoffe Abschreibungen Zinsen						
primäre Gemeinkosten						
Stellenumlage 1 Stellenumlage 2						
gesamte Gemeinkosten						
Bezugsgröße						
Zuschlags-/ Verrechnungssatz						

Abbildung 24: Grundschema eines Betriebsabrechnungsbogens[85]

Den in einem **Kostenstellenplan** festgelegten Kostenstellen sind jedenfalls die primären Gemeinkosten zuzurechnen. Auch die Einzelkosten können zu Kontrollzwecken den Kostenstellen zugerechnet werden, jedoch werden diese dann gesondert gekennzeichnet. Bei den Gemeinkosten sind zwei Gruppen zu unterscheiden: Stelleneinzelkosten und Stellengemeinkosten. **Stelleneinzelkosten** sind jene Gemeinkosten, die direkt einer Stelle zurechenbar sind, wie z.B. Hilfsmaterialverbrauch, Hilfslohn, Stromgebühren (falls die Kostenstelle mit einem Zähler versehen ist), Abschreibungen für Maschinen der Kostenstelle. **Stellengemeinkosten** können dagegen nur mit Hilfe von Schlüsseln den Kostenstellen zugerechnet werden (z.B. Heizungskosten, Personalverrechnung). Es ist oft eine Frage der Wirtschaftlichkeit der Kostenrechnung, ob Stellengemeinkosten in Stelleneinzelkosten umgewandelt werden sollen (z.B. Energiekosten durch den Einbau von Messapparaturen).[86] Abbildung 25 können Verteilungsmöglichkeiten für eine Reihe von Kostenarten entnommen werden:

85 Vgl. Djanani/Schöb (1997) S. 91.
86 Vgl. Swoboda (1997) S. 33 ff.

Kostenart	Verteilungsmethode	Verteilungsgrundlage
Hilfslöhne	direkt	Stempelkarten
Gehälter	direkt	Gehaltslisten
freiwillige Sozialkosten	indirekt	Bruttolöhne und Gehälter
Betriebsstoffkosten	direkt	Entnahmescheine
Büromaterialkosten	direkt	Entnahmescheine
Fremdreparaturkosten	direkt	Rechnungen
Mieten	indirekt	m^2
Portokosten	direkt	Postausgangsbuch
Eigenreparaturen	indirekt	Reparaturstunden
innerbetriebl. Transportkosten	indirekt	Tonnenkilometer
kalk. Abschreibungen	direkt	Werte der Anlagenkonten
Kraftstrom	direkt	kWh laut Zähler der Kostenstellen
Lichtstrom	indirekt	Zahl der Lampen

Abbildung 25: Beispiele für direkte und indirekte Verteilungsgrundlagen[87]

Empirische Ergebnisse

Einer im Rahmen des WHU-Controllerpanels regelmäßig bei deutschen, österreichischen und schweizerischen Unternehmen durchgeführten Studie zufolge hatten in 2012 kleine Unternehmen ca. 10 Hilfs- oder Vorkostenstellen und 25 Haupt- oder Endkostenstellen, während es in Großunternehmen 100 Hilfskostenstellen und 230 Hauptkostenstellen waren. Im Durchschnitt aller Unternehmen ist die **Anzahl an Kostenstellen** gegenüber 2008 gesunken. Dies könnte darauf hindeuten, dass versucht wurde, Komplexität zu reduzieren.[88]

5.2 Bezugsgröße und Zuschlags-/Verrechnungssatz

Kostenstellen sollten grundsätzlich so gebildet werden, dass sie jeweils nur einen solchen Bereich umfassen, in dem gleichartige Leistungen erbracht werden. Unter dieser Voraussetzung kann – zumindest was den variablen Anteil der Gemeinkosten betrifft – ein annähernd proportionales Verhältnis zwischen der Kostensumme, die in der jeweiligen Kostenstelle pro Rechnungsperiode anfällt bzw. geplant ist, und der Periodenleistung, die in der betreffenden Stelle erbracht wird bzw. geplant ist, angenommen werden. Jene Kosteneinflussgröße, von der man unterstellt, dass sie die Höhe der in der Kostenstelle anfallenden Gemeinkosten bestimmt, nennt man **Bezugsgröße**.

87 Vgl. Djanani/Schöb (1997) S. 90.
88 Vgl. Weber/Janke (2013) S. 56 f.

Beispiele für Bezugsgrößen sind die geleisteten Maschinenstunden in den Fertigungsstellen, der Wert des Fertigungsmaterials in der Materialstelle, die Anzahl der ausgelieferten Aufträge in der Vertriebsstelle etc.

Bezugsgrößen sollten daher so gewählt sein, dass sie zum einen ein Maßstab für die Kostenstellenleistung sind, zum anderen in direkter Beziehung zu den Kostenträgern stehen, Letzteres zumindest im Falle von Hauptkostenstellen.[89] Je höher demnach die Beschäftigung (Auslastung) in den Kostenstellen ist, umso höher ist der Wert, den die Bezugsgröße annimmt, und umso höher sind die beschäftigungsabhängigen (variablen) Kosten der Kostenstelle. Durch Division der (variablen) Gemeinkosten einer Kostenstelle durch die Bezugsgrößensumme erhält man den (variablen) **Zuschlagssatz** (z.B. 30% Gemeinkosten auf die Materialeinzelkosten) bzw. den (variablen) **Verrechnungssatz** (z.B. 50 Euro pro Maschinenstunde) der Kostenstelle. Die Weiterverrechnung der Gemeinkosten auf die Kostenträger erfolgt dann entsprechend den in Anspruch genommenen Bezugsgrößeneinheiten. Wenn beispielsweise der Verrechnungssatz einer Fertigungsstelle 50 Euro pro Maschinenstunde (1. Beziehung) beträgt und ein Produkt in dieser Kostenstelle 30 Minuten lang bearbeitet wird (2. Beziehung), dann sind diesem Produkt in der Kalkulation insgesamt 25 Euro an (Fertigungs-)Gemeinkosten zuzurechnen (vgl. auch Abbildung 26).

Es sei noch darauf hingewiesen, dass häufig nicht nur eine, sondern mehrere Bezugsgrößen pro Kostenstelle ausgewählt werden **(Bezugsgrößendifferenzierung)**. Dies wird immer dann erforderlich, wenn sich nicht alle Kosten proportional zu einer Bezugsgröße verhalten **(heterogene Kostenverursachung)**. Beispiele sind Fertigungsstellen mit Serienproduktion, denn hier entsteht ein Teil der Kosten in Abhängigkeit von den Maschinenstunden und ein anderer Teil in Abhängigkeit von den Rüststunden. Ein anderes Beispiel sind Materiallager, deren Kosten zum Teil vom Gewicht, vom Volumen oder vom Wert der lagernden Werkstoffe abhängen können. Wenn beispielsweise die Gemeinkosten einer Fertigungsstelle in Höhe von 765.000 zu ¼ lohnabhängig und zu ¾ maschinenstundenabhängig sind, so ergeben sich bei insgesamt 10.000 angelaufenen Maschinenstunden und Fertigungslöhnen in Höhe von 450.000 einerseits ein Verrechnungssatz pro Maschinenstunde von 573.750 / 10.000 = 57,38 GE pro Stunde sowie andererseits ein Lohnzuschlag von 191.250 / 450.000 = 42,50%.[90]

[89] Neben diesen beiden Grundbedingungen ist bei der Bezugsgrößenwahl auch darauf zu achten, dass diese im Hinblick auf die Kostenplanung sowie die spätere Kostenkontrolle einfach, schnell und präzise ermittelt werden können.

[90] Vgl. Swoboda (1997) S. 42 f.

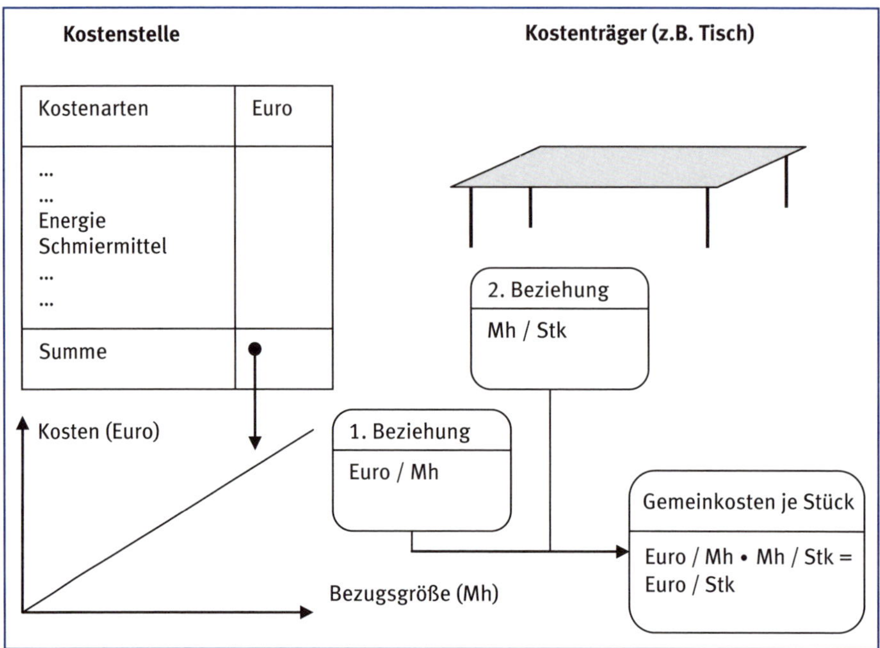

Abbildung 26: Indirekte Weiterverrechnung von Gemeinkosten[91]

☞ Kostenstellenrechnung

Die Kostenstellenrechnung fungiert als Bindeglied zwischen Kostenarten- und Kostenträgerrechnung. In dieser Eigenschaft erfüllt sie zwei zentrale Aufgaben: die Verrechnungs- und die Kontrollaufgabe. Die Verrechnungsaufgabe der Kostenstellenrechnung besteht darin, die indirekte Weiterverrechnung der in den verschiedenen Kostenstellen erfassten Gemeinkosten mittels Zuschlags- bzw. Verrechnungssätzen auf die Kostenträger vorzubereiten. Die Kontrollaufgabe der Kostenstellenrechnung besteht darin, Kosten am Ort ihrer Entstehung zu kontrollieren. Auf der Ebene der einzelnen Verantwortungsbereiche im Unternehmen sollen die erfassten Istkosten mit den entsprechenden Plankosten verglichen werden, um so eine Aussage über die Angemessenheit der Kostenhöhe zu ermöglichen.

[91] Vgl. Brühl (2012) S. 113.

5.3 Innerbetriebliche Leistungsverrechnung

5.3.1 Grundlagen

Vor der Ermittlung der Zuschlags- und Verrechnungssätze der Hauptkostenstellen müssen im Rahmen der Kostenstellenrechnung zunächst die sog. **innerbetrieblichen Leistungen** abgerechnet werden. Diese werden von leistenden Kostenstellen für andere (empfangende) Kostenstellen und somit nicht für den Markt erbracht (vgl. Abbildung 27).

Innerbetriebliche Leistungen werden überwiegend von **Hilfskostenstellen** (das sind Stellen, die nicht direkt an Endprodukten arbeiten, sondern Leistungen für die übrigen Kostenstellen erbringen, z.B. Werksküche, Reparaturstelle) erbracht und von **Hauptkostenstellen** (das sind Stellen, die mit den gefertigten Produkten i.d.R. in direkter Beziehung stehen und deren Kosten daher den Produkten mittels Zuschlags- und Verrechnungssätzen angelastet werden können, z.B. Materialstelle, Fertigungsstelle) in Anspruch genommen. Allerdings können auch die Hauptkostenstellen innerbetriebliche Leistungen erbringen und auch Hilfskostenstellen können innerbetriebliche Leistungen anderer Kostenstellen empfangen.

Ein in der Kostenstelle vorliegender **Eigenverbrauch** von Ressourcen (z.B. Mittagessen der Mitarbeiter/innen einer Werksküche) darf dabei nicht berücksichtigt werden. Die Basis sind immer die an andere Kostenstellen abgegebenen Leistungen, andernfalls würde die Hilfskostenstelle nicht vollständig entlastet werden.

Die für die abgegebenen innerbetrieblichen Leistungen weiterverrechneten Kosten stellen in den empfangenden Stellen **sekundäre Gemeinkosten** dar und werden zu den **primären Gemeinkosten** der empfangenden Kostenstellen hinzugerechnet. Die Kosten **aktivierbarer innerbetrieblicher Leistungen** (z.B. selbst erstellte Anlagen) werden aus den leistenden Stellen eliminiert, im Anlagevermögen aktiviert und in den nächsten Perioden in Form von Abschreibungs- und Zinskosten den empfangenden Stellen verrechnet. Im Unterschied dazu werden die Kosten **nicht aktivierbarer innerbetrieblicher Leistungen** (z.B. Transportleistungen, Reparaturdienste, EDV-Supportarbeiten) bereits in der gleichen Periode den empfangenden Stellen zur Gänze zugerechnet.[92]

> ☞ **Innerbetriebliche Leistungsverrechnung**
>
> In der innerbetrieblichen Leistungsverrechnung (ILV) werden Kosten, die für innerbetriebliche Leistungen anfallen, umgelegt. Dabei werden die leistenden Stellen kostenmäßig entlastet, während die empfangenden Stellen mit entsprechenden (sekundären) Gemeinkosten belastet werden. An der Summe der Gemeinkosten ändert sich dadurch nichts, lediglich ihre Zuordnung ändert sich.

92 Vgl. Swoboda (1997) S. 37.

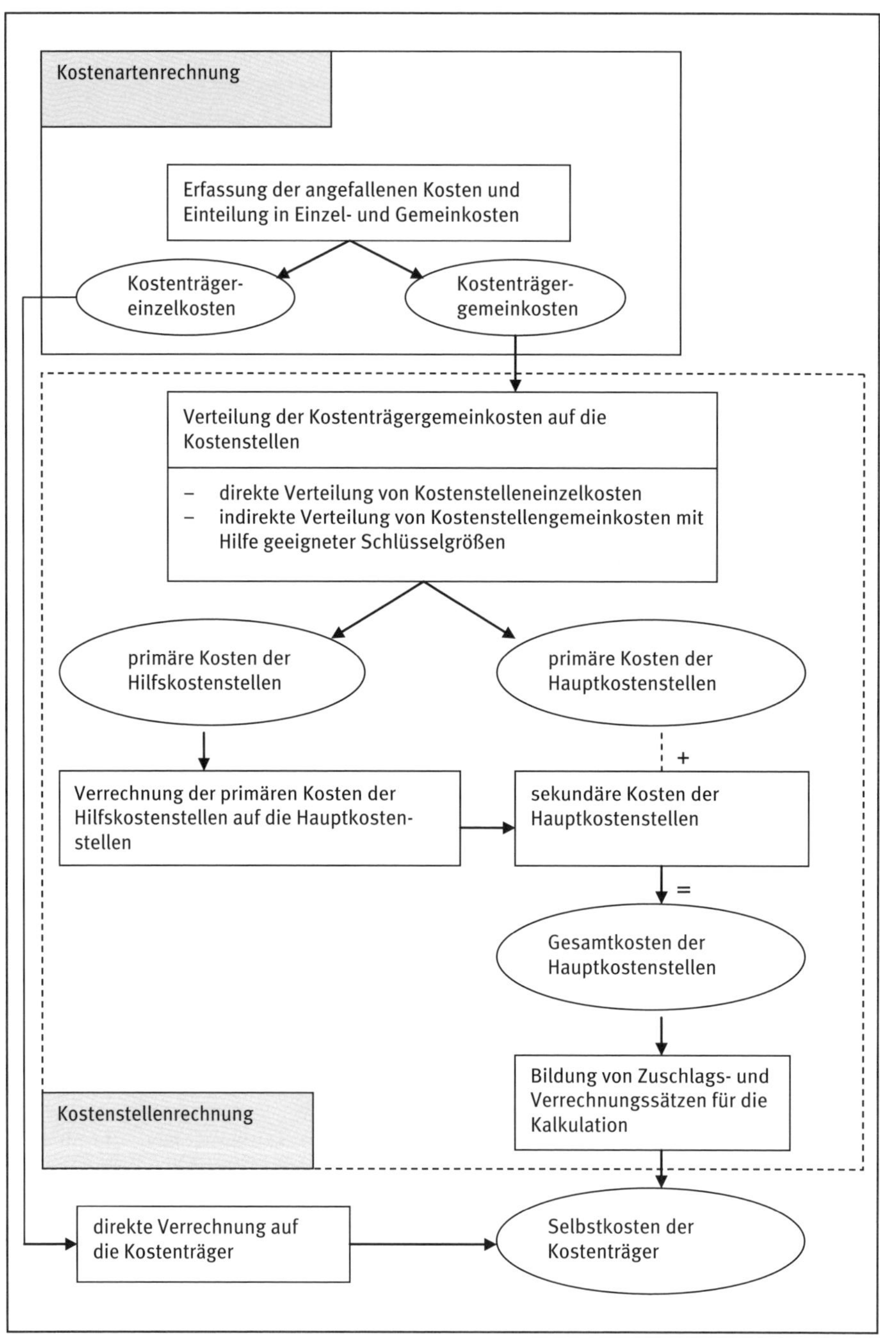

Abbildung 27: Kostenstellenrechnung und innerbetriebliche Leistungsverrechnung[93]

[93] Vgl. Djanani/Schöb (1997) S. 84.

In der Praxis existieren unterschiedliche **Verfahren** zur Weiterverrechnung innerbetrieblicher Leistungen, welche in der Folge kurz dargestellt werden sollen. Die verschiedenen Verfahren unterscheiden sich im Hinblick auf die Genauigkeit der Berücksichtigung gegenseitiger Leistungsverflechtungen zwischen den einzelnen Kostenstellen (vgl. Abbildung 28).

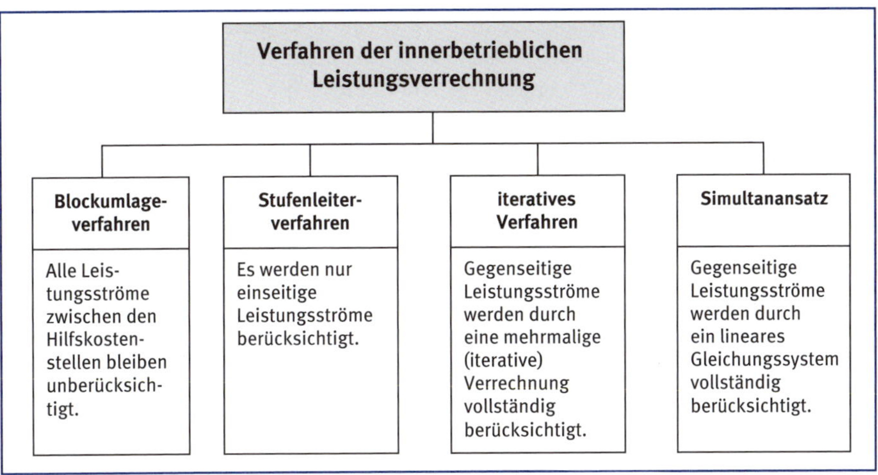

Abbildung 28: Verfahren der innerbetrieblichen Leistungsverrechnung[94]

5.3.2 Blockumlageverfahren

Die einfachste Möglichkeit zur Verrechnung der Kosten der Hilfskostenstellen ergibt sich, wenn gegenseitige Leistungsbeziehungen zwischen den Hilfskostenstellen bei der Verrechnung überhaupt nicht berücksichtigt werden, d.h., es werden einer Hilfskostenstelle keine Kosten für die von anderen Hilfskostenstellen bezogenen Leistungen angerechnet. Folglich sind im **Blockumlageverfahren** nur die primären Kosten der Hilfskostenstellen auf die Hauptkostenstellen umzulegen.

Die Berechnung gestaltet sich äußerst einfach. Zuerst wird mittels Division der gesamten primären Kosten der Hilfskostenstelle durch die Summe der an die Hauptkostenstellen abgegebenen Leistungen der Verrechnungssatz je Leistungseinheit bestimmt. Für jede Hauptkostenstelle multipliziert man anschließend die Anzahl der empfangenen Leistungseinheiten mit diesem Verrechnungssatz.

Der Vorteil des Blockumlageverfahrens liegt in seiner einfachen Handhabung. Nachteil des Verfahrens ist, dass es bei ausgeprägten Leistungsverflechtungen zwischen den Hilfskostenstellen sehr ungenau ist und zu erheblichen Verzerrungen der Kostenstruktur führen kann.[95]

94 Vgl. Djanani/Schöb (1997) S. 103.

95 Da der Einsatz dieses äußerst ungenauen Verfahrens im Zeitalter der EDV tatsächlich nicht mehr mit Vereinfachungsgründen gerechtfertigt werden kann, wird auf ein entsprechendes Beispiel verzichtet.

5.3.3 Stufenleiterverfahren

Werden von mehreren Hilfskostenstellen innerbetriebliche Leistungen an Hauptkostenstellen und andere Hilfskostenstellen erbracht, so besteht eine Möglichkeit der Verrechnung nach dem **Stufenleiterverfahren**. Dabei werden zunächst jene Hilfskostenstellen abgerechnet, die nur Leistungen an andere Stellen abgeben, selbst jedoch keine Leistungen empfangen. Danach können in der gleichen Weise die Kosten jener Hilfskostenstellen, in denen dann bereits sekundäre Anteile enthalten sind, auf die restlichen Stellen verteilt werden (vgl. Abbildung 29).

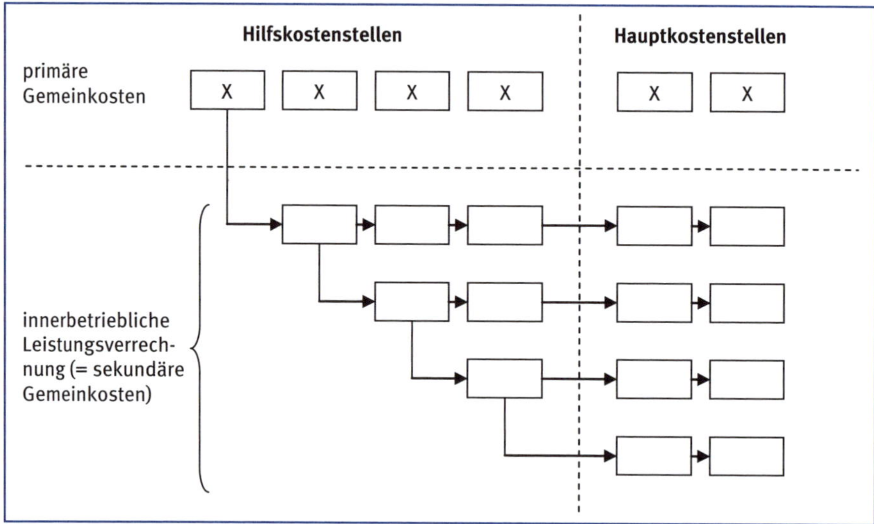

Abbildung 29: Stufenleiterverfahren[96]

Diese Methode führt aber nur bei **einseitigen Leistungsbeziehungen** zu einem exakten Ergebnis, bei wechselseitigen Leistungsbeziehungen liefert nur das weiter unten beschriebene Simultanverfahren (bzw. eine entsprechende iterative Vorgehensweise) genaue Ergebnisse.

Beispiel 15[97]

Ein mittelständisches steirisches Unternehmen der Metallbranche möchte aufgrund der schwierigen Absatzlage in Österreich seine Produkte „Styriastahl Typ A“ und „Styriastahl Typ B“, die beide einen mehrstufigen Fertigungsprozess durchlaufen, nun auch auf dem europäischen Markt anbieten. Wegen des zunehmenden Wettbewerbs auf diesem Markt ist es erforderlich, die Preispolitik im Unternehmen zu überprüfen.

96 Vgl. Jossé (2011) S. 84.
97 Vgl. Kußmaul (2011) S. 290 f.

Die Controllingabteilung wird daher um eine Produktkalkulation gebeten, wobei zunächst noch eine innerbetriebliche Leistungsverrechnung durchgeführt werden muss, ehe die Selbstkosten der beiden Produkte ermittelt werden können.
Die Kostenartenrechnung bringt folgende Einzelkostenstruktur zum Vorschein:

- Materialeinzelkosten 800.000
- Lohneinzelkosten Fertigung 1 350.000
- Lohneinzelkosten Fertigung 2 300.000
- Sondereinzelkosten des Vertriebs 130.000

Bezüglich der Gemeinkosten liegen folgende Informationen vor:

Kostenstelle	primäre Gemeinkosten	Stromverbrauch (kWh)	Wasserverbrauch (m^3)	Nutzung des Fuhrparks (h)
Elektrizität	54.000	–	–	–
Wasser	82.260	800	–	–
Fuhrpark	173.070	1.100	1.000	–
Technisches Büro	11.000	16.000	850	200
Material	240.000	8.000	150	40
Fertigung 1	150.000	49.200	4.300	700
Fertigung 2	130.000	44.100	4.100	650
Verwaltung	210.000	32.300	1.400	280
Vertrieb	115.000	28.500	700	130
SUMME	**1.165.330**	**180.000**	**12.500**	**2.000**

Bei der innerbetrieblichen Leistungsverrechnung soll das Stufenleiterverfahren zur Anwendung gelangen.
Als Bezugsgröße dienen in der Materialstelle die Materialeinzelkosten und in den Fertigungsstellen die in der jeweiligen Stelle anfallenden Lohneinzelkosten. In der Verwaltungs- und der Vertriebsstelle werden die Herstellkosten als Bezugsgröße verwendet.
Die in der Hilfskostenstelle „Technisches Büro" anfallenden Kosten sollen auf die „Fertigung 1" und auf die „Fertigung 2" im Verhältnis 3:2 verteilt werden.
Bei der Herstellung je einer Einheit der beiden Produkte fallen folgende Einzelkosten an:

	Styriastahl Typ A	Styriastahl Typ B
Materialeinzelkosten	1.000	500
Fertigungslöhne in Fertigung 1	800	1.000
Fertigungslöhne in Fertigung 2	500	800
Sondereinzelkosten des Vertriebs (Vertreterprovision)	200	200

Aufgabenstellung:

a) Führen Sie die innerbetriebliche Leitungsverrechnung durch und ermitteln Sie die Zuschlagssätze der fünf Hauptkostenstellen!

b) Ermitteln Sie die Selbstkosten je Einheit für die Produkte „Styriastahl Typ A" und „Styriastahl Typ B"!

Lösung:

a) Die Verrechnungssätze (VS) der Hilfskostenstellen für die innerbetrieblichen Leistungen werden durch Division der Summe der primären (im Falle der Kostenstelle Wasser: 82.260) und der aus den Umlagen der zuvor abgerechneten Hilfskostenstellen erhaltenen sekundären Gemeinkosten (im Falle der Kostenstelle Wasser: 800 • 0,30) durch den umzulegenden Leistungsvorrat (im Falle der Kostenstelle Wasser: 12.500 m³) ermittelt:

$$VS_{Elektrizität} = \frac{54.000}{180.000} = 0{,}30 \,/\, kWh$$

$$VS_{Wasser} = \frac{82.260 + 800 \cdot 0{,}30}{12.500} = 6{,}60 \,/\, m^3$$

$$VS_{Fuhrpark} = \frac{173.070 + 1.100 \cdot 0{,}30 + 1.000 \cdot 6{,}60}{2.000} = 90 \,/\, h$$

Die Umlage der Hilfskostenstellen auf die Hauptkostenstellen kann dem nachfolgenden BAB entnommen werden. Auf dieser Basis können anschließend die Zuschlagssätze der Hauptkostenstellen ermittelt werden. Die Summe der Gemeinkosten beträgt auch nach erfolgter innerbetrieblicher Leistungsverrechnung 1.165.330. Diese verteilen sich nun aber nur noch auf die fünf Hauptkostenstellen.

Kostenstelle	Elektrizität	Wasser	Fuhrpark	Techn. Büro	Material	Fertigung 1	Fertigung 2	Verwaltung	Vertrieb
primäre Gem.kost.	54.000	82.260	173.070	11.000	240.000	150.000	130.000	210.000	115.000
Umlage Elektrizität	-54.000	240	330	4.800	2.400	14.760	13.230	9.690	8.550
Umlage Wasser		-82.500	6.600	5.610	990	28.380	27.060	9.240	4.620
Umlage Fuhrpark			-180.000	18.000	3.600	63.000	58.500	25.200	11.700
Umlage Technisches Büro				-39.410		23.646	15.764		
Summe Gemeinkosten	0	0	0	0	246.990	279.786	244.554	254.130	139.870
Bezugsgröße					800.000	350.000	300.000	2.221.330	2.221.330
Verrechnungssatz					**30,87%**	**79,94%**	**81,52%**	**11,44%**	**6,30%**

Als Bezugsgröße für die Zuschlagssätze in Verwaltung und Vertrieb werden die gesamten Herstellkosten (= Summe aus Einzel- und Gemeinkosten der Kostenstellen Material, Fertigung 1 und Fertigung 2) herangezogen.

b) Die Kalkulation (Kostenträgerrechnung) der beiden Produkte nach der Zuschlagskalkulation gestaltet sich wie folgt:

	Styriastahl Typ A	Styriastahl Typ B
Fertigungsmaterial	1.000,00	500,00
+ Materialgemeinkosten (30,87%)	308,74	154,37
= Materialkosten	**1.308,74**	**654,37**
Fertigungslöhne 1	800,00	1.000,00
+ Fertigungsgemeinkosten 1 (79,94%)	639,51	799,39
+ Fertigungslöhne 2	500,00	800,00
+ Fertigungsgemeinkosten 2 (81,52%)	407,59	652,14
= Fertigungskosten	**2.347,10**	**3.251,53**
= Herstellkosten	**3.655,84**	**3.905,90**
+ Verwaltungsgemeinkosten (11,44%)	418,24	446,85
+ Vertriebsgemeinkosten (6,30%)	230,20	245,94
+ Sonderkosten des Vertriebs	200,00	200,00
= Selbstkosten	**4.504,28**	**4.798,70**

5.3.4 Simultanansatz

Bei verantwortungsvoller Durchführung der innerbetrieblichen Leistungsverrechnung darf eine Kostenstelle nur dann abgerechnet werden, wenn sie entweder von keiner Kostenstelle Leistungen empfängt oder wenn alle Leistungsflüsse zu dieser Kostenstelle schon bewertet und die sekundären Gemeinkosten schon zugerechnet worden sind.

Tauschen mehrere Kostenstellen untereinander gegenseitig Leistungen aus, so kann die innerbetriebliche Verrechnung dieser **wechselseitigen Leistungsbeziehungen** mit dem sog. **Simultanansatz** exakt gelöst werden. Dabei wird eine zwischen mehreren Kostenstellen bestehende Leistungsverflechtung in einem linearen Gleichungssystem abgebildet, das als Ergebnis die Gemeinkosten unter Berücksichtigung des Leistungsempfangs, jedoch vor Leistungsabgabe liefert:

  primäre Gemeinkosten der Kostenstelle A
+ Leistungen der Kostenstelle B an A • Verrechnungssatz Kostenstelle B
= gesamte Gemeinkosten der Kostenstelle A

  primäre Gemeinkosten der Kostenstelle B
+ Leistungen der Kostenstelle A an B • Verrechnungssatz Kostenstelle A
= gesamte Gemeinkosten der Kostenstelle B

Die Division durch die Bezugsgrößensummen (abzüglich allfälliger Eigenverbräuche an Bezugsgrößeneinheiten) führt anschließend zu den gesuchten Verrechnungssätzen, mit denen die innerbetrieblichen Leistungen zu bewerten und weiter zu verrechnen sind.

Abbildung 30 zeigt beispielhaft auf, in welcher Reihenfolge innerbetriebliche Leistungen abzurechnen sind, wenn mehrere Leistungsflüsse vorliegen.[98]

[98] Vgl. auch Röhrenbacher (2002) S. 120 ff.

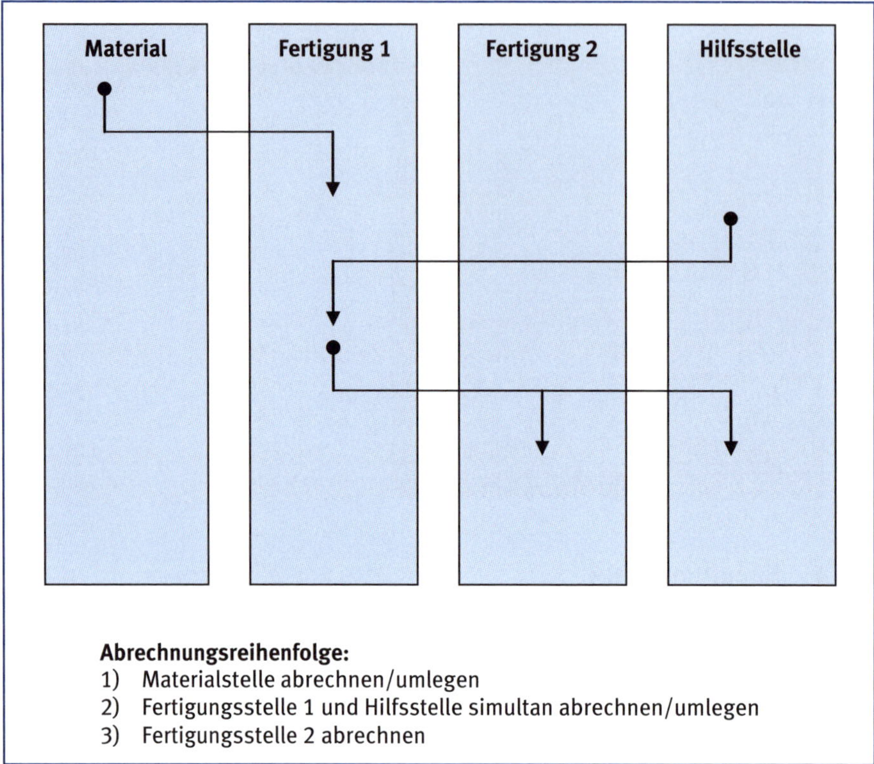

Abbildung 30: Abrechnungsreihenfolge von Kostenstellen

Beispiel 16[99]

Eine Unternehmung besteht aus zwei Hilfskostenstellen, der Reparaturwerkstatt und dem Kraftwerk, sowie den beiden Hauptkostenstellen Hosenfertigung und Jackenfertigung.

Die primären Gemeinkosten der vier Kostenstellen können dem folgenden vorläufigen Betriebsabrechnungsbogen entnommen werden:

	Reparatur	Kraftwerk	Hosenfertigung	Jackenfertigung
primäre Gemeinkosten	14.000	100.000	150.000	300.000

Von den beiden Hilfskostenstellen werden folgende innerbetriebliche Leistungen erbracht:

- Die Reparaturwerkstatt (R) erbringt 200 Stunden (h) an das Kraftwerk, 400 Stunden an die Jackenfertigung und 100 Stunden an die Hosenfertigung.

[99] Vgl. Swoboda (1997) S. 41.

- Das Kraftwerk (K) leistet 100.000 Kilowattstunden (kWh) an die Reparaturwerkstatt, 550.000 kWh an die Jackenfertigung und 350.000 kWh an die Hosenfertigung.

Aufgabenstellung:

Führen Sie mittels Simultanansatz die Umlage der beiden Hilfskostenstellen durch und ermitteln Sie die Summe aus primären und sekundären Gemeinkosten der beiden Hauptkostenstellen!

Lösung:

Für die Ermittlung der gesamten Kosten der beiden Hilfskostenstellen sind folgende Gleichungen aufzustellen:

$R = 14.000 + 100.000 \cdot (K / 1.000.000)$

$K = 100.000 + 200 \cdot (R / 700)$

Dabei bezeichnet R die in der Hilfskostenstelle Reparatur anfallenden Gemeinkosten einschließlich der Kosten der von der Kostenstelle Kraftwerk empfangenen Leistungen, jedoch vor Leistungsabgabe an andere Kostenstellen. K bezeichnet die gesamten Kosten der Hilfskostenstelle Kraftwerk nach Empfang von Reparaturleistungen, jedoch vor Leistungsabgabe an andere Kostenstellen.

Aus dem obigen Gleichungssystem folgt:

$R = 24.705,88$

$K = 107.058,82$

$VS_R = 35,29411765 / h$

$VS_K = 0,107058824 / kWh$

Der Betriebsabrechnungsbogen hat nach Abrechnung der innerbetrieblichen Leistungen folgendes Aussehen:

	Reparatur	Kraftwerk	Hosen	Jacken
primäre Gemeinkosten	14.000,00	100.000,00	150.000,00	300.00,00
+/- Umlage R	−24.705,88	+7.058,82	+3.529,41	+14.117,65
+/- Umlage K	+10.705,88	−107.058,82	+37.470,59	+58.882,35
= Summe Gemeinkosten	0,00	0,00	191.000,00	373.000,00

Die gesamten Gemeinkosten von 564.000 verteilen sich nach der innerbetrieblichen Leitungsverrechnung nur noch auf die beiden Hauptkostenstellen.

Zum Abschluss wird noch kurz anhand eines Beispiels gezeigt, wie der Simultanansatz mit Hilfe der Matrittzenrechnung und MS-Excel gelöst werden kann.

Beispiel 17[100]

Die primären variablen Gemeinkosten der Hilfskostenstelle EDV betragen 100, jene der Hausverwaltung 60. Die primären variablen Gemeinkosten der Hauptkostenstellen Material (Fertigung I, Fertigung II, Verwaltung, Vertrieb) betragen 240 (3.600, 6.400, 500, 300).

Die Hilfskostenstelle EDV erbrachte insgesamt 1.000 Stunden, die sich wie folgt verteilen: 200 Stunden für die Kostenstelle Hausverwaltung, 100 für die Kostenstelle Material, 300 für die Fertigung I, 100 für die Fertigung II, 200 für die Verwaltung und 100 Stunden für die Kostenstelle Vertrieb.

Die Hilfskostenstelle Hausverwaltung (HV) hat insgesamt 500 Stunden erbracht, die wie folgt in Anspruch genommen worden sind: 100 Stunden von der Kostenstelle EDV, 50 von der Kostenstelle Material, 150 von der Fertigung I, 120 von der Fertigung II, 50 von der Verwaltung und die restlichen 30 Stunden von der Kostenstelle Vertrieb.

Die nachfolgende Tabelle fasst die obigen Angaben zusammen:

	Summe	Hilfskostenstellen		Hauptkostenstellen				
		EDV	HV	Mat	F1	F2	Vw	Vt
Primärkosten	11.200	100	60	240	3.600	6.400	500	300
EDV (h)	1.000	0	200	100	300	100	200	100
Hausverwaltung (h)	500	100	0	50	150	120	50	30

Die wechselseitige Leistungsverflechtung zwischen den beiden Hilfskostenstellen ist in einem ersten Schritt mittels Simultanansatz zu lösen.

Es sind folgende Gleichungen aufzustellen:

$$EDV = 100 + 100 \cdot \frac{HV}{500}$$

$$HV = 60 + 200 \cdot \frac{EDV}{1.000}$$

Dieses Gleichungssystem kann nun wie folgt umgeformt werden:

$$EDV - 0{,}2 \cdot HV = 100$$
$$HV - 0{,}2 \cdot EDV = 60$$

bzw.

$$1 \cdot EDV - 0{,}2 \cdot HV = 100$$
$$-0{,}2 \cdot EDV + 1 \cdot HV = 160$$

Nun definiert man folgende Matrizen bzw. Vektoren:

[100] Vgl. Braun (2000) S. 686 ff.

$$KFZ = \begin{vmatrix} 1 & -0{,}2 \\ -0{,}2 & 1 \end{vmatrix}$$

$$PGK = \begin{vmatrix} 100 \\ 60 \end{vmatrix}$$

$$K = \begin{vmatrix} EDV \\ HV \end{vmatrix}$$

Damit lässt sich das obige Gleichungssystem wie folgt in Matrizenschreibweise darstellen:

$KFZ \bullet K = PGK$

Nach den Rechenregeln der Matrizenrechnung kann diese Gleichung wie folgt gelöst werden:

$KFZ^{-1} \bullet KFZ \bullet K = KFZ^{-1} \bullet PGK$

$E \bullet K = KFZ^{-1} \bullet PGK$

$K = KFZ^{-1} \bullet PGK$

Man erhält somit den Vektor der Gesamtkosten (K), indem man die Koeffizientenmatrix (KFZ) invertiert und mit dem Vektor der primären Gemeinkosten (PGK) multipliziert.

Die Inversion der Koeffizientenmatrix erfolgt mittels der Excel-Funktion Minv.

Die Koeffizientenmatrix wird wie folgt eingegeben (die grau hinterlegten Zellen stellen dabei die Zeilen- bzw. Spaltenköpfe von Excel dar):

	B	C
2	1,00	−0,20
3	−0,20	1,00

Für die Ausgabe der invertierten Koeffizientenmatrix (wiederum eine 2x2-Matrix) werden die Felder B7:C8 festgelegt:

	B	C
7		
8		

Der Ausgabebereich B7:C8 wird nun markiert und in das Feld B7 wird die Formel „=Minv(B2:C3)“ eingegeben. Die Eingabe ist abschließend mit der Tastenkombination Shift-Strg-Return zu beenden. Man erhält daraufhin die folgende invertierte Koeffizientenmatrix (auf 2 Kommastellen gerundet):

	B	C
7	1,04	0,21
8	0,21	1,04

Zur Berechnung der Gesamtkosten (K) ist die invertierte Matrix mit dem Vektor der Primärkosten (PGK, einzugeben in den Feldern D5:D6) zu multiplizieren. Hierzu wird die Excel-Funktion Mmult verwendet. Für die Ausgabe der Matrixmultiplikation werden die Felder D7:D8 festgelegt:

	B	C	D
5			100,00
6			60,00
7	1,04	0,21	
8	0,21	1,04	

Der Ausgabebereich D7:D8 wird nun markiert und in das Feld D7 wird die Formel „=Mmult(B7:C8;D5:D6)" eingegeben. Die Eingabe ist wieder mit der Tastenkombination Shift-Strg-Return zu beenden. Man erhält daraufhin im Ausgabebereich den folgenden Vektor der Gesamtkosten (auf 2 Kommastellen gerundet):

	B	C	D
5			100,00
6			60,00
7	1,04	0,21	116,67
8	0,21	1,04	83,33

Den Verrechnungssatz der Hilfskostenstelle EDV erhält man, indem man deren Gesamtkosten von 116,67 durch die Anzahl der abgegebenen Stunden von 1.000 dividiert. Eine EDV-Stunde kostet somit 0,12. Analog erhält man den Verrechnungssatz der Hilfskostenstelle Hausverwaltung, indem man deren Gesamtkosten von 83,33 durch die Anzahl der abgegebenen Stunden von 500 dividiert. Eine Stunde in der Hausverwaltung kostet somit 0,17 (jeweils auf 2 Kommastellen gerundet). Mit diesen Verrechnungssätzen kann man den Betriebsabrechnungsbogen wie folgt abschließen:

	Summe	EDV	HV	Mat	F1	F2	Vw	Vt
Primärkosten	11.200,00	100,00	60,00	240,00	3.600,00	6.400,00	500,00	300,00
+ Umlage EDV	116,67	0,00	23,33	11,67	35,00	11,67	23,33	11,67
+ Umlage HV	83,33	16,67	0,00	8,33	25,00	20,00	8,33	5,00
- Entlastung EDV, HV	-200,00	-116,67	-83,33					
= Gesamtkosten	11.200,00	0,00	0,00	260,00	3.660,00	6.431,67	531,67	316,67

5.4 Gemeinkostenmaterial

Bei den **Materialgemeinkosten** handelt es sich um die Gemeinkostensumme der Materialstelle. Diese Gemeinkosten fallen in der Materialstelle für die Beschaffung, Prüfung und Lagerung der diversen fremdbezogenen Materialien (Fertigungsmaterial, Hilfsmaterial, Betriebsstoffe etc.) an.

Wenn als Bezugsgröße der Materialstelle die gesamten Materialkosten herangezogen werden, dann unterstellt man einen proportionalen Zusammenhang zwischen dem Wert der von der Materialstelle beschafften, geprüften, eingelagerten etc. Materialien einerseits und den Materialgemeinkosten andererseits. In diesem Fall müssen folglich alle Materialien mit anteiligen Materialgemeinkosten belastet werden.

Der Verbrauch des **Einzelkostenmaterials** (insb. Fertigungsmaterial) wird direkt beim Auftrag erfasst. Die Belastung des Einzelkostenmaterials mit Materialgemeinkosten kann daher im Rahmen der Zuschlagskalkulation erfolgen. Der Verbrauch des **Gemeinkostenmaterials** (insb. das Hilfsmaterial und die Betriebsstoffe, ev. jedoch auch das Fertigungsmaterial) wird aus Wirtschaftlichkeitsgründen nur kostenstellenweise erfasst. Eine Belastung des Gemeinkostenmaterials mit Materialgemeinkosten im Rahmen der Kalkulation ist damit nicht möglich. Die Belastung des Gemeinkostenmaterials mit Materialgemeinkosten muss daher bereits in der Kostenstellenrechnung erfolgen und kann dann als innerbetriebliche Leistung der Materialstelle an die das Gemeinkostenmaterial einsetzende Stelle interpretiert werden. Eine Belastung des Gemeinkostenmaterials mit Materialgemeinkosten erfolgt nicht, wenn als Bezugsgröße der Materialstelle nur der Wert des beim Auftrag direkt erfassten Einzelkostenmaterials dient.

Beispiel 18

Ein mittelständischer Betrieb in der metallverarbeitenden Industrie hat für den kommenden Monat den folgenden Plan-Betriebsabrechnungsbogen (vor innerbetrieblicher Leistungsverrechnung) erstellt:

Kostenstelle	Material	Fertigung 1	Fertigung 2	Vertrieb
Fertigungsmaterial	0	200.000	(300.000)	0
Fertigungslöhne	0	100.000	(400.000)	0
sonstige Kosten (variabel)	40.000	80.000	280.000	28.000
sonstige Kosten (fix)	40.000	188.000	300.000	29.840
Bezugsgröße	Fertigungsmaterial	2.000 Maschinen-Stunden (Mh)	Fertigungslohnkosten in F2	140 Aufträge (A)

Das Fertigungsmaterial und die Fertigungslöhne sind sowohl in F1 als auch in F2 zu 100% variabel. In F2 besitzen diese beiden Kostenarten Einzelkostencharakter, in F1 hingegen Gemeinkostencharakter.

Das Unternehmen bemüht sich um einen Auftrag, der folgenden Verbrauch an Inputfaktoren erfordern würde:

- 20 Maschinenstunden in Fertigung 1,
- 2.000 an Fertigungsmaterial in Fertigung 2 sowie
- 5.000 an Fertigungslöhnen in Fertigung 2.

Der Nettoerlös für diesen Auftrag würde 20.000 betragen.

Aufgabenstellung:
Ermitteln Sie den Deckungsbeitrag (Nettoerlös – var. Selbstkosten) dieses Auftrages!

Lösung:
Kostenstellenrechnung mit ILV:

Kostenstelle	Material	F1	F2	Vertrieb
Fertigungsmaterial	0	200.000	(300.000)	
Fertigungslöhne	0	100.000	(400.000)	
sonstige Kosten	40.000	80.000	280.000	28.000
Zwischensumme	40.000	380.000	280.000	28.000
Belastung des Gemeinkostenmaterials	−16.000	+16.000		
Gemeinkostensumme	24.000	396.000	280.000	28.000
Bezugsgröße	300.000	2.000	400.000	140
Verrechnungssatz	8%	198 / Mh	70%	200 / A

Da als Bezugsgröße in der Materialstelle der Wert des gesamten Materials (200.000 Gemeinkostenmaterial + 300.000 Einzelkostenmaterial) verwendet wird, muss das Gemeinkostenmaterial bereits im Rahmen der Kostenstellenrechnung mit Materialgemeinkosten belastet werden. Der für diese Belastung benötigte variable Materialgemeinkostenverrechnungssatz ($MGK_{\%}$) wird wie folgt ermittelt:

$MGK_{\%} = 40.000 / (200.000 + 300.000) = 8\%$

Nach der Belastung der Kostenstelle F1 für das von ihr verwendete Gemeinkostenmaterial in Höhe von 200.000 • 8% = 16.000 (und einer entsprechenden Entlastung der Materialstelle) ist in der Folge noch das Einzelkostenmaterial in Höhe von 300.000 im Rahmen der Kalkulation mit Materialgemeinkosten zu belasten. Die in der Materialstelle verbleibenden Materialgemeinkosten in Höhe von 24.000 beziehen sich somit nur noch auf das zu belastende Einzelkostenmaterial. Eine erneute Ermittlung des Materialgemeinkostenverrechnungssatzes bestätigt das bereits oben erzielte Ergebnis:

$MGK_{\%} = 24.000 / 300.000 = 8\%$

Kostenträgerrechnung:

Fertigungsmaterial	2.000
+ Materialgemeinkosten (= 8% v. 2.000)	160
+ Fertigungsgemeinkosten F1 (= 20 • 198)	3.960
+ Fertigungslöhne F2	5.000
+ Fertigungsgemeinkosten F2 (= 70% v. 5.000)	3.500
= var. Herstellkosten	14.620
+ Vertriebsgemeinkosten	200
= var. Selbstkosten	14.820

Kostenträgererfolgsrechnung:

Nettoerlös	20.000
– var. Selbstkosten	14.820
= Deckungsbeitrag	5.180

Abbildung 31 gibt einen Überblick über die Aufgaben der Kostenstellenrechnung im Rahmen der Teilkostenrechnung.

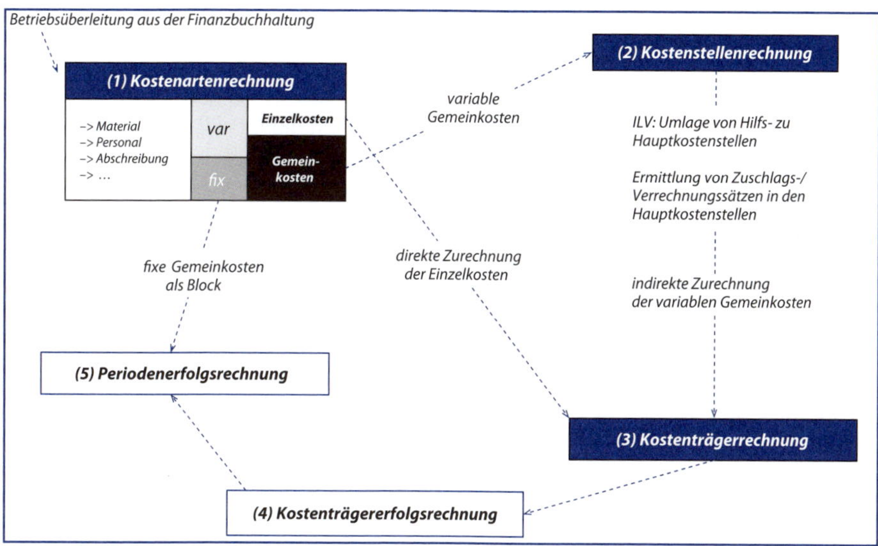

Abbildung 31: Überblick Kostenstellenrechnung (Teilkostenrechnung)

6 Kostenträgerrechnung

Lernziele

Nach Durcharbeiten von Kapitel 6 sollten Sie u.a. in der Lage sein:

- Herstellkosten und Selbstkosten eines Kostenträgers (z.B. Kundenauftrag) zu ermitteln
- die Eignung von Kalkulationsverfahren für bestimmte Fertigungsverfahren zu prüfen
- einstufige und mehrstufige Divisionskalkulationen durchzuführen
- die summarische und die differenzierende Zuschlagskalkulation anzuwenden
- Äquivalenzzahlen- und Kuppelproduktkalkulation zu erläutern
- Herstellungskosten für das externe Rechnungswesen herzuleiten

6.1 Grundlagen

Aufgabe der **Kostenträgerrechnung** (Kalkulation) ist die möglichst verursachungsgerechte Zurechnung der angefallenen Einzel- und Gemeinkosten auf die Kostenträger. In der Kostenträgerrechnung geht es demnach um die zentrale Fragestellung, für welche Kostenträger die angefallenen Kosten entstanden sind. Zu kalkulierende Kostenträger sind dabei insbesondere die abzusetzenden Güter und Dienstleistungen. Aber auch innerbetriebliche Leistungen und in der Unternehmensbilanz zu aktivierende fertige und unfertige Erzeugnisse sowie selbst erstellte Anlagen werden nach den in der Folge beschriebenen Prinzipien kalkuliert.

Die Kostenträgerrechnung kann nach dem Zeitpunkt, zu dem sie durchgeführt wird, in eine Vor-, eine Nach- und eine Zwischenkalkulation unterteilt werden. Die **Vorkalkulation** ist eine im Voraus durchgeführte Kalkulation, z.B. um über die Annahme eines bestimmten Auftrages zu entscheiden. Sie rechnet mit Plankosten. Die **Nachkalkulation** erfolgt im Nachhinein, d.h. die Istkosten für einen bestimmten Auftrag werden ermittelt und gegebenenfalls mit den Plankosten verglichen. Die **Zwischenkalkulation** kann bei längerfristigen Projekten erfolgen, d.h. bei Aufträgen, deren Produktionsdauer sich über mehrere Perioden erstreckt. Sie ist dann eine spezifische Nachkalkulation der bisher erstellten Leistungen. Sofern die restlichen, noch ausstehenden Leistungen nochmals neu kalkuliert werden, hat sie gleichzeitig den Charakter einer Vorkalkulation.[101]

[101] Vgl. Jossé (2011) S. 94 f.

Empirische Ergebnisse

In einer im Rahmen des WHU-Controllerpanels bei deutschen, österreichischen und schweizerischen Unternehmen regelmäßig durchgeführten Studie reichte die **Anzahl der Kostenträger** von 0 bis in den fünfstelligen Bereich. Mehr als ein Drittel der befragten Unternehmen fällt in die Gruppe von einem bis 25 gebildeten Kostenträgern. Die Größenabhängigkeit ist bei den Kostenträgern nicht so ausgeprägt wie bei den Kostenarten und Kostenstellen. Jeweils mehr als 40% der befragten Unternehmen gaben an, seit 2008 die Anzahl an Kostenträgern reduziert bzw. gesteigert zu haben.[102]

Während **Einzelkosten** per Definition den Kostenträgern direkt und damit verursachungsgerecht zurechenbar sind, werden **Gemeinkosten** als indirekte Kosten mittels Kalkulationsverfahren auf die einzelnen Kostenträger verrechnet. Die Hauptarten dieser Kalkulationsverfahren sind die Zuschlagskalkulation (summarisch oder differenzierend), die Divisionskalkulation (einstufig oder mehrstufig), die Äquivalenzzahlenkalkulation sowie die Kuppelproduktkalkulation. Nur in der Zuschlagskalkulation ist die Erfassung der Einzelkosten eine zwingende Voraussetzung für die Anwendung des Kalkulationsverfahrens. Bei den anderen Kalkulationsformen wird hingegen oft auf die Definition von Einzelkosten verzichtet, sodass mitunter die gesamten Periodenkosten als Gemeinkosten in das Kalkulationsverfahren eingehen. Die Entscheidung für eine dieser Methoden hängt insbesondere vom angewendeten **Fertigungsverfahren** ab, wie es Abbildung 32 verdeutlicht.

Fertigungsverfahren	Kalkulationsverfahren
Massenfertigung (einheitliches Produkt)	ein- und mehrstufige Divisionskalkulation
Sortenfertigung (mehrere artähnliche Produkte)	Äquivalenzzahlenkalkulation
Einzel- und Serienfertigung (mehrere verschiedenartige Produkte)	summarische und differenzierte Zuschlagskalkulation
Kuppelproduktion (mehrere in einem Produktionsprozess zwangsläufig gemeinsam anfallende Produkte)	Kuppelproduktkalkulation

Abbildung 32: Fertigungs- und Kalkulationsverfahren

6.2 Einstufige Divisionskalkulation

Die **einstufige Divisionskalkulation** ist das einfachste Kalkulationsverfahren. Sie kann jedoch nur wenig Komplexität abbilden und ist daher nur für die **Massenfertigung** sinnvoll einsetzbar. Die Selbstkosten je Leistungseinheit werden mittels Divi-

102 Vgl. Weber/Janke (2013) S. 57.

sion der Gesamtkosten einer Periode durch die in dieser Periode produzierte und abgesetzte Menge ermittelt:

$$\text{Selbstkosten pro Stück} = \frac{\text{gesamte Kosten}}{\text{produzierte und abgesetzte Menge}}$$

Eine wesentliche Voraussetzung für dieses Kalkulationsverfahren ist, dass nur eine homogene Produktart hergestellt wird, es also keine Wesensunterschiede zwischen den Erzeugnissen gibt. Weiters müssen einander bei der einstufigen Divisionskalkulation produzierte und abgesetzte Menge entsprechen, es dürfen also keine Veränderungen des Bestands an Halb- und Fertigfabrikaten entstehen.

Beispiel 19

Ein Kraftwerk produziert und verkauft in einer Periode 60.000 kWh Energie. Die gesamten in diesem Zeitraum angefallenen Kosten betragen 9.000.

Aufgabenstellung:

Ermitteln Sie die Selbstkosten pro Energieeinheit!

Lösung:

Selbstkosten pro Energieeinheit = 9.000 / 60.000 = 0,15 pro kWh

6.3 Mehrstufige Divisionskalkulation

Wie bei der einstufigen Divisionskalkulation ist auch bei der **mehrstufigen Divisionskalkulation** die **Massenproduktion** das typische Fertigungsverfahren. Entspricht die Absatzmenge jedoch nicht der Produktionsmenge, so kommt es zu Veränderungen des Lagerbestands bei den Fertigerzeugnissen. Durchlaufen die Erzeugnisse zudem mehrere Produktionsstufen, kann es gegebenenfalls auch zu Veränderungen der Lagerbestände bei den Halbfabrikaten kommen. In diesen Fällen ist die Divisionskalkulation in ihrer mehrstufigen Form anzuwenden, wobei für jede Produktionsstufe separat die dort entstandenen Kosten durch die jeweilige Ausbringungsmenge dividiert werden.

Beispiel 20

Die Materialkosten eines Produkts betragen 10 pro Stück. Die Produktion vollzieht sich in zwei Stufen, wobei aus jeweils einem Halbfabrikat genau ein Fertigfabrikat erzeugt wird: In der ersten Stufe werden 200 Halbfabrikate bei Fertigungskosten von 3.000 hergestellt, in der zweiten Stufe werden 300 Halbfabrikate bei Fertigungskosten von 900 zu Endprodukten verarbeitet. Die Absatzmenge beträgt 60 Stück. An Verwaltungs- und Vertriebskosten entstehen 1.500.

Aufgabenstellung:

Ermitteln Sie die Selbstkosten des Fertigfabrikats, die Herstellkosten des Fertigfabrikats, die Herstellkosten des Halbfabrikats sowie die zu Herstellkosten bewerteten Lagerveränderungen an Halbfabrikaten und Fertigfabrikaten!

Lösung:

$$\text{Selbstkosten} = 10 + \frac{3.000}{200} + \frac{900}{300} + \frac{1.500}{60} = 10 + 15 + 3 + 25 = 53$$

Selbstkosten des Fertigfabrikats:	53	(= 10 + 15 + 3 + 25)
Herstellkosten des Fertigfabrikats:	28	(= 10 + 15 + 3)
Herstellkosten des Halbfabrikats:	25	(= 10 + 15)
Lagerveränderung an Halbfabrikaten:	–2.500	(= –100 • 25)
Lagerveränderung an Fertigfabrikaten:	+6.720	(= 240 • 28)

6.4 Äquivalenzzahlenkalkulation

Die **Äquivalenzzahlenkalkulation** findet insbesondere bei der **Sortenfertigung** Anwendung. Sie beruht auf der Annahme, dass bei artähnlichen Produkten die Stückkosten der einzelnen Sorten in einem bestimmten Verhältnis zueinander stehen, da ihnen ein einheitlicher Produktionsprozess zugrunde liegt. Diese Stückkostenverhältnisse ergeben sich entweder direkt aus den produktionstechnischen Bedingungen (z.B. Materialmengen oder Bearbeitungszeiten) oder werden aufgrund von Erfahrungswerten geschätzt. Sie werden durch Äquivalenzzahlen ausgedrückt.

Dabei wird zunächst ein **Basiserzeugnis (= Einheitssorte)** definiert, dem die Äquivalenzzahl 1 zugeordnet wird. Die übrigen Sorten erhalten Äquivalenzzahlen, welche die Kostenhöhe der Varianten im Verhältnis zur Einheitssorte widerspiegeln. Eine Äquivalenzzahl von beispielsweise 1,3 drückt damit aus, dass die Stückkosten dieser Sorte um 30% höher sind als die Stückkosten der Einheitssorte. Umgekehrt drückt eine Äquivalenzzahl von 0,9 aus, dass die Stückkosten um 10% unter jenen der Einheitssorte liegen.

Die Äquivalenzzahlenkalkulation erfolgt in drei Schritten:

- Schritt 1: Durch Multiplikation der erzeugten Mengen der verschiedenen Sorten mit der jeweiligen Äquivalenzzahl werden diese Mengen in kostenäquivalente Mengen der Einheitssorte umgerechnet.
- Schritt 2: Die Division der Gesamtkosten durch die fiktive Gesamtmenge der Einheitssorte ergibt die Stückkosten der Einheitssorte.
- Schritt 3: Durch Multiplikation der Stückkosten der Einheitssorte mit den Äquivalenzzahlen der anderen Sorten erhält man die Stückkosten der anderen Sorten.

Beispiel 21[103]

Ein Unternehmen stellt polierte Marmorplatten her. Die Kostenhöhe wird vor allem durch die Größe der zu polierenden Oberfläche beeinflusst. Die gesamten Herstellkosten belaufen sich auf 693.000. Oberflächen und Produktionsmengen der drei Produkte im Abrechnungszeitraum sind in folgender Übersicht zusammengestellt:

[103] Vgl. Coenenberg (2003) S. 40 f.

Produkt	Oberfläche	Stückzahl
Fensterbänke	1.300 cm²	1.700
Treppenstufen	3.900 cm²	2.000
Tortenplatten	650 cm²	1.100

Aufgabenstellung:
Ermitteln Sie die Herstellkosten je Stück und Produktart mittels Äquivalenzzahlenkalkulation!

Lösung:
Die erforderlichen Rechenschritte sind der nachfolgenden Tabelle zu entnehmen. Die Fensterbänke stellen dabei die Einheitssorte dar.

			Fiktive Mengen der Einheitssorte	Stückkosten	Gesamtkosten
Produkt	**Äquivalenzzahl**	**Menge**	Äquivalenzzahl • Menge	Stückkosten der Einheitssorte • Äquivalenzzahl	Stückkosten • Menge
Fensterbänke	1	1.700	1.700	84	142.800
Treppenstufen	3	2.000	6.000	252	504.000
Tortenplatten	0,5	1.100	550	42	46.200
		Summe:	8.250		693.000

Als Basiserzeugnis wird die Fensterbank definiert. Treppenstufen haben eine Äquivalenzzahl von 3, d.h. ihre Oberfläche ist drei Mal so groß wie jene der Einheitssorte Fensterbank. Die Stückkosten der Einheitssorte (Fensterbänke) in Höhe von 84 erhält man mittels Division der gesamten Periodenkosten in Höhe von 693.000 durch die fiktive Gesamtmenge der Einheitssorte von 8.250.

6.5 Summarische Zuschlagskalkulation

Die beschriebenen Divisions- und Äquivalenzzahlenkalkulationen erfordern, dass die Kostenträger gleichartig oder zumindest artähnlich sind. Entsprechend sind sie für Betriebe mit heterogenen Produktpaletten ungeeignet. Werden mehrere verschiedenartige Produkte in **Einzel- oder Serienfertigung** hergestellt, ist daher die Zuschlagskalkulation das geeignete Rechenverfahren.

Die Zuschlagskalkulation unterstellt einen Zusammenhang zwischen den in einem Unternehmen innerhalb einer Periode angefallenen Gemeinkosten und den durch die Produkte des Unternehmens im selben Zeitraum verursachten Einzelkosten und bildet diesen Zusammenhang in einem prozentuellen Satz, dem **Zuschlagssatz**, ab:

$$\text{Zuschlagssatz} = \frac{\text{Gemeinkosten}}{\text{Einzelkosten}} \cdot 100$$

Die Zuschlagskalkulation basiert demnach auf der konsequenten Trennung der Gesamtkosten in Einzelkosten und Gemeinkosten. Die Einzelkosten werden in der Folge den Kostenträgern direkt zugerechnet, die Gemeinkosten werden mit Hilfe des Zuschlagssatzes auf die einzelnen Kostenträger verrechnet.

Die Berechnung der Stückkosten erfolgt, indem zu den Einzelkosten des Kostenträgers die Gemeinkosten in Form des Zuschlags addiert werden:

Stückkosten = Einzelkosten • (1 + Zuschlagssatz)

In der **summarischen Zuschlagskalkulation** wird lediglich **ein einziger Zuschlagssatz** ermittelt, der für die Kalkulation aller Produkte verwendet wird. Diese einfache Form kann daher nur in sehr kleinen Betrieben angewendet werden.

Beispiel 22[104]

Die Inhaberin eines Süßwarenladens kalkuliert die Selbstkosten ihrer Produkte mit Hilfe einer summarischen Zuschlagskalkulation, wobei sie als Basis für den Gemeinkostenzuschlag die Einkaufspreise (= Einzelkosten) der Süßwaren heranzieht. Den für das nächste Geschäftsjahr geplanten Gemeinkosten in Höhe von 66.300 stehen folgende Plan-Einkaufspreise und Plan-Mengen gegenüber:

Süßware	Einkaufspreis	Menge
Schokolade	0,40 je Tafel	20.000 Tafeln
Gummibären	0,55 je Packung	25.000 Packungen
Marzipan	0,60 je Barren	10.000 Barren
Lutscher	0,10 je Stück	50.000 Stück
Bonbons	0,30 je Packung	30.000 Packungen
Schokokekse	0,90 je Packung	15.000 Packungen

Aufgabenstellung:

Ermitteln Sie für die Süßwarenhändlerin den Zuschlagssatz sowie die Selbstkosten der einzelnen Süßwaren!

Lösung:

Summe der Einzelkosten = 55.250

$$\text{Zuschlagssatz} = \frac{66.300}{55.250} \cdot 100 = 120\%$$

Süßware	Einzelkosten	Selbstkosten
Schokolade	0,40 je Tafel	0,88 je Tafel
Gummibären	0,55 je Packung	1,21 je Packung
Marzipan	0,60 je Barren	1,32 je Barren
Lutscher	0,10 je Stück	0,22 je Stück
Bonbons	0,30 je Packung	0,66 je Packung
Schokokekse	0,90 je Packung	1,98 je Packung

104 Vgl. Bogensberger et al (2014) S. 113 f.

6.6 Differenzierende Zuschlagskalkulation

Die meisten in **Einzel- und Serienfertigung** produzierenden Betriebe sind zu komplex, als dass ihre Kostenstruktur in einem einzigen Zuschlagssatz abgebildet werden könnte. Daher bietet die differenzierende Zuschlagskalkulation die Möglichkeit, dass Kostenträger mit Gemeinkosten belastet werden, die sich aus **mehreren** unterschiedlichen, jeweils in einer Kostenstellenrechnung ermittelten, **Gemeinkostenzuschlagssätzen** ergeben. Dabei wird nach den im vorangegangenen Kapitel beschriebenen Grundprinzipien vorgegangen.

Bei der **differenzierenden Zuschlagskalkulation** werden für jede Kostenstelle separat gesonderte Bezugsgrößen und Zuschlagssätze (bzw. Verrechnungssätze)[105] ermittelt. So stellt in der Materialstelle meist das Fertigungsmaterial die Zuschlagsbasis dar, während in der Fertigungsstelle oft der Fertigungslohn dafür verwendet wird. Aber auch Einsatzzeiten der Maschinen können in der Fertigungsstelle als Bezugsgröße herangezogen werden, wodurch sich an Stelle eines Zuschlagssatzes ein Verrechnungssatz (Maschinenstundensatz) ergibt. Für die Verwaltungs- und Vertriebsstelle werden in der Regel die Herstellkosten (Summe aus Material- und Fertigungskosten) als Zuschlagsbasis herangezogen. Im Falle von Lagerbestandsveränderungen wird zudem zwischen Herstellkosten der Produktion und Herstellkosten des Absatzes unterschieden, wobei die Verwaltungsgemeinkosten i.d.R. auf Basis der Herstellkosten der Produktion verrechnet werden, die Vertriebsgemeinkosten hingegen auf Basis der Herstellkosten des Absatzes.

Folgendes **Kalkulationsschema** kommt daher i.d.R. zur Anwendung:[106]

	Materialeinzelkosten
+	Materialgemeinkosten in % der Materialeinzelkosten
+	Fertigungseinzelkosten
+	Fertigungsgemeinkosten in % der Fertigungseinzelkosten oder als Maschinenstundensatz
+	Sondereinzelkosten der Fertigung
=	Herstellkosten
+	Verwaltungsgemeinkosten in % der Herstellkosten
+	Vertriebsgemeinkosten in % der Herstellkosten
+	Sondereinzelkosten des Vertriebs
=	Selbstkosten

Die in obigem Schema enthaltenen **Sondereinzelkosten** lassen sich zwar nicht einem einzelnen Stück zurechnen, wohl aber einem bestimmten Auftrag, einer Serie oder einer Produktart. Unterschieden werden **Sondereinzelkosten der Fertigung** (z.B. Vorserienmodelle, Spezialwerkzeuge für einen Auftrag, Druckvorlage für ein Buch,

[105] Wenn die Kalkulationssätze auf der Basis von wertmäßigen Bezugsgrößen (z.B. Fertigungsmaterial, Fertigungslöhne) ermittelt werden, spricht man exakterweise von „Zuschlagssätzen". Wenn die Kalkulationssätze hingegen auf der Basis von mengenmäßigen Bezugsgrößen (z.B. Personenstunden, Maschinenstunden, Stück) berechnet werden, spricht man exakterweise von „Verrechnungssätzen". Vgl. Kap. 5.2.

[106] Vgl. Brühl (2012) S. 123.

Entwicklungskosten) und **Sondereinzelkosten des Vertriebs** (z.B. für Verpackung, Sonderfrachten, Verkaufsprovision, Werbekampagne für ein bestimmtes Produkt, Zölle).[107]

☞ Herstellkosten

Die vollen bzw. variablen Herstellkosten eines Kostenträgers errechnen sich als Summe aus Materialeinzelkosten, Materialgemeinkosten, Fertigungseinzelkosten, Fertigungsgemeinkosten sowie Sondereinzelkosten der Fertigung. Die Selbstkosten eines Kostenträgers sind die Summe aus Herstellkosten, Verwaltungsgemeinkosten, Vertriebsgemeinkosten und Sondereinzelkosten des Vertriebs. Die Ermittlung der Herstell- und Selbstkosten erfolgt üblicherweise im Rahmen einer differenzierenden Zuschlagskalkulation.

Beispiel 23

In der Kostenstellenrechnung eines Betriebes werden nach Verrechnung innerbetrieblicher Leistungen folgende Zuschlags-/Verrechnungssätze für die fünf Hauptkostenstellen ermittelt:

	Material	Fertigung A	Fertigung B	Verwaltung	Vertrieb
Gemeinkosten	90.000	765.000	1.065.000	176.000	211.200
Bezugsgröße	1.000.000	450.000	15.000 Mh	3.370.000	3.370.000
Zuschlagssatz / Verrechnungssatz	9%	170%	71 / Mh	5,22%	6,27%

Als Bezugsgröße dienen in der Materialstelle die Materialeinzelkosten in Höhe von 1.000.000, in der Fertigungsstelle A die in dieser Stelle angefallenen Fertigungslöhne (Einzelkosten) in Höhe von 450.000 und in der Fertigungsstelle B die geleisteten 15.000 Maschinenstunden. In der Verwaltungsstelle und in der Vertriebsstelle werden die Herstellkosten als Zuschlagsbasis für die Gemeinkosten verwendet, wobei es keine Lagerbestandsveränderungen gibt (Produktion = Absatz).

Aufgabenstellung:

Kalkulieren Sie die Selbstkosten eines Produkts mit folgenden Einzelkosten:

- Fertigungsmaterialverbrauch je Stück 300
- Fertigungslöhne in A je Stück 200
- Fertigungslöhne in B je Stück 50

Das Produkt beansprucht in der Fertigungsstelle B drei Maschinenstunden.

[107] Vgl. Kußmaul (2011) S. 259.

Lösung:

	Fertigungsmaterial	300,00	
+	Materialgemeinkosten	27,00	(= 9% von 300)
+	Fertigungslöhne in A	200,00	
+	Fertigungsgemeinkosten in A	340,00	(= 170% von 200)
+	Fertigungslöhne in B	50,00	
+	Fertigungsgemeinkosten in B	213,00	(= 3 Mh • 71 / Mh)
=	Herstellkosten	1.130,00	
+	Verwaltungsgemeinkosten	59,01	(= 5,22% von 1.130)
+	Vertriebsgemeinkosten	70,82	(= 6,27% von 1.130)
=	Selbstkosten	1.259,83	

6.7 Kuppelproduktkalkulation

Die bisher beschriebenen Kalkulationsverfahren gelten für Produktionsprozesse, in denen verschiedene Produkte unabhängig voneinander hergestellt werden (unverbundene Produktion). Fallen hingegen in Produktionsprozessen aus natürlichen oder technischen Gründen zwangsläufig verschiedene Produkte gemeinsam an, spricht man von einer **Kuppelproduktion** (verbundene Produktion). Klassische Beispiele sind die Erdölraffinerie (Benzin, Diesel, Methangas, Propan, Butan, Petroläther, Petrolkoks) oder Sägewerke (Bretter, Schwarten, Sägemehl). Nach ihrer Entstehung durchlaufen die verschiedenen Produkte meist getrennte Weiterverarbeitungsstufen.

Ziel der in diesen Fällen eingesetzten **Kuppelproduktkalkulation** ist es, die Gesamtkosten des Prozesses auf die einzelnen Kuppelprodukte zu verteilen. Eine streng verursachungsgerechte Kalkulation ist hierbei nicht möglich. Es lässt sich nämlich nicht bestimmen, welche Produkte welchen Anteil an den Gesamtkosten des Kuppelprozesses verursacht haben, da sie ja im Prozess zwangsläufig gemeinsam entstanden sind.

Um die Gemeinkosten dennoch sinnvoll zu verrechnen, bieten sich die Restwertmethode und die Verteilungsmethode an. Die **Restwertmethode** wird angewendet, wenn die verschiedenen Kuppelprodukte in ein Hauptprodukt und ein oder mehrere Nebenprodukte eingeteilt werden können. Das Verfahren besteht darin, die Erlöse der Nebenprodukte (abzüglich noch anfallender Weiterverarbeitungskosten und zuzüglich etwaiger Vernichtungskosten für nicht absetzbare Nebenprodukte) von den Gesamtkosten des Kuppelprozesses zu subtrahieren und die sich ergebenden Restkosten auf die Menge des Hauptproduktes zu verteilen. Die so ermittelten Herstellkosten des Hauptproduktes sind gegebenenfalls noch um die bei einer separaten Weiterverarbeitung zusätzlich anfallenden Material- und Fertigungskosten zu ergänzen.

Beispiel 24

Die Gesamtkosten eines Kuppelproduktionsprozesses betragen 80.700. Es werden 1.200 kg vom Hauptprodukt, 150 kg vom Nebenprodukt 1 und 250 kg vom Nebenprodukt 2 erzeugt. Nebenprodukt 1 wird für 28 pro kg auf dem Markt abgesetzt. Die davor noch anfallenden Aufbereitungskosten belaufen sich auf 8 pro kg. Das Nebenprodukt 2 muss vernichtet werden; die Vernichtungs- und Transportkosten betragen 6 pro kg.

Aufgabenstellung:

Ermitteln Sie die Herstellkosten pro kg des Hauptproduktes nach der Restwertmethode!

Lösung:

Gesamtkosten	80.700
– Erlöse Nebenprodukt 1 abzüglich Weiterverarbeitungskosten	3.000
+ Vernichtungskosten Nebenprodukt 2	1.500
= Restkosten	79.200

Die so ermittelten Restkosten ergeben bezogen auf die hergestellte Menge des Hauptprodukts Herstellkosten in Höhe von 66 pro kg. Um zu den Selbstkosten zu kommen, werden auf diese Herstellkosten anschließend mittels Zuschlagssätzen noch anteilige Verwaltungs- und Vertriebsgemeinkosten aufgeschlagen.

Die **Verteilungsmethode** wird im Gegensatz zur Restwertmethode dann angewendet, wenn die erzeugten Kuppelprodukte nicht eindeutig in Haupt- und Nebenprodukte unterschieden werden können. In diesem Fall wird die Verteilung der Kosten auf die Kuppelprodukte mit Hilfe von Verhältniszahlen vorgenommen, wobei das rechnerische Verfahren dem der Äquivalenzzahlenkalkulation entspricht (siehe dazu weiter oben). Zur Festlegung dieser Verhältniszahlen werden in erster Linie Marktpreise herangezogen. Das entspricht dem Tragfähigkeitsprinzip, dem zufolge Kosten auf die Produkte entsprechend dem Ausmaß ihrer Umsatzerzielung verteilt werden. Aber auch technische Faktoren wie Größen, Gewichte, Heizwerte etc. können zur Anwendung gelangen.

Betrachtet man die Aufgaben der Kostenrechnung, so zeigt sich, dass die Ergebnisse der Kuppelproduktkalkulation für Zwecke der (insbesondere preis- und absatzpolitischen) Entscheidungsunterstützung nur selten geeignet sind. Dazu wird man wohl eher den gesamten Kuppelproduktionsprozess so kalkulieren, dass die Summe der Deckungsbeiträge aller Kuppelprodukte (des sog. **Kuppelpaketes)** ihr Maximum erreicht. Die Kuppelproduktkalkulation wird daher nur zur Ermittlung der Herstellungskosten der verschiedenen Kuppelprodukte im Rahmen der bilanziellen Bestandsbewertung benötigt.

☞ Kostenträgerrechnung

Im Rahmen der Kostenträgerrechnung (Kalkulation) werden die vollen oder variablen Selbstkosten eines Kostenträgers (Auftrages, Produktes) ermittelt. Für die Kalkulation existieren eine Reihe unterschiedlicher Verfahren (z.B. Divisionskalkulation, Äquivalenzzahlenkalkulation, Zuschlagskalkulation), deren Einsatz vor allem von dem im Betrieb zur Anwendung kommenden Fertigungsverfahren (Massen-, Sorten-, Serien- und Einzelfertigung) abhängt.

Empirische Ergebnisse

Einer empirischen Studie von Horsch bei deutschen Industrieunternehmen zufolge nutzen zur **Produktkalkulation** 55% der Unternehmen Verrechnungssätze für Maschinenstunden in Kombination mit einer Zuschlagskalkulation. In der Hälfte der Unternehmen werden zwei Verfahren kombiniert angewendet. 42,5% der befragten Unternehmen verwenden die ein- oder mehrstufige Divisionskalkulation. Eine untergeordnete Rolle spielen Äquivalenzzahlen- und Kuppelproduktkalkulation:[108]

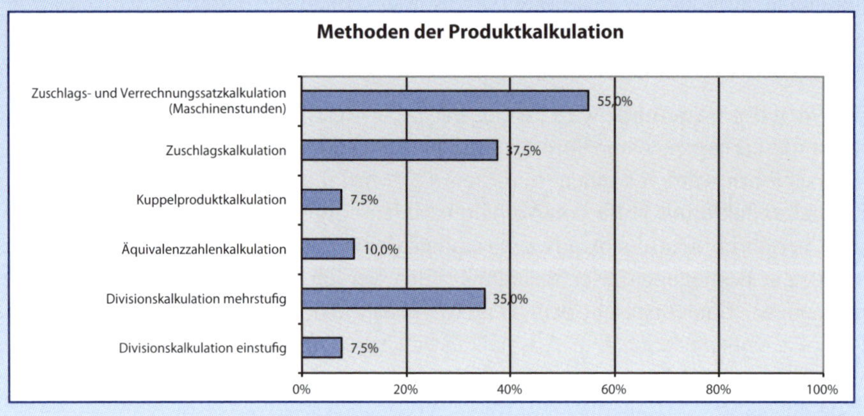

6.8 Herstellungskosten im externen Rechnungswesen

Werden Güter ganz oder teilweise selbst hergestellt, dann sind diese, sofern sie sich zum Abschlussstichtag (noch) im Unternehmen befinden, in der Unternehmensbilanz mit den **Herstellungskosten** anzusetzen. Dazu zählen fertige und unfertige Erzeugnisse (Zuordnung zur Position Vorräte im Umlaufvermögen), aber auch für den eigenen Betrieb erstelltes Anlagevermögen.

Zu den aktivierungspflichtigen unternehmensrechtlichen Herstellungskosten gehören gemäß § 203 Abs. 3 UGB all jene Aufwendungen, die durch die Herstellung

[108] Vgl. Horsch (2015) S. 115 f.

eines Vermögensgegenstandes, seine Erweiterung oder durch eine über seinen ursprünglichen Zustand hinausgehende wesentliche Verbesserung entstehen. In dieser bilanzrechtlichen Definition der Herstellungskosten wird einerseits von Aufwendungen und andererseits von Kosten gesprochen. Bei den Kosten ist davon auszugehen, dass es sich um den **pagatorischen Kostenbegriff** handelt. Damit sind Kosten gemeint, die zwar auch einen Verzehr von Sachgütern und Dienstleistungen zum Zwecke der Leistungserstellung beinhalten, die jedoch als weitere Bedingung auch zu tatsächlichen Auszahlungen und damit zu Aufwand führen.[109] Voraussetzung für die Zurechnung von Aufwendungen zu den Herstellungskosten ist somit, dass es sich um Aufwendungen der Abrechnungsperiode handelt, die auch Kostencharakter haben. Folglich scheiden die neutralen Aufwendungen (betriebsfremde Aufwendungen, periodenfremde Aufwendungen, außergewöhnliche Aufwendungen) ebenso wie die Zusatzkosten (z.B. kalkulatorischer Unternehmerlohn) aus.[110]

Auch nach **IFRS** (geregelt z.B. in IAS 2.12 ff.) umfassen die Herstellungskosten alle den Produktionseinheiten direkt zurechenbaren Kosten und darüber hinaus systematisch zugerechnete fixe und variable Produktionsgemeinkosten. Es erfolgt also ein Ansatz mit **fertigungsbezogenen Vollkosten**.

Um für die Ermittlung der Herstellungskosten die Zurechnung der Produktionsgemeinkosten zu ermöglichen, stehen die Kalkulationsverfahren der Kostenrechnung (Divisionskalkulation, Äquivalenzzahlenkalkulation, Kuppelproduktkalkulation und vor allem auch Zuschlagskalkulation) zur Verfügung. Datengrundlage sind die Informationen aus der Kostenarten- und der Kostenträgerrechnung, allerdings sind Modifikationen vorzunehmen, damit die Herstellungskosten für die Bilanzierung (und in Österreich auch steuerrechtlich) anerkannt werden.[111]

Kostenarten, für die es ein **generelles Aktivierungsverbot** gibt (z.B. Forschungsaufwendungen), sind aus der Berechnungsgrundlage ebenso auszuscheiden wie Zusatzkosten, denen in der Buchhaltung kein entsprechender Aufwandsposten gegenübersteht (z.B. kalkulatorische Zinsen auf das Eigenkapital). Die Anderskosten sind durch die entsprechenden Aufwandspositionen (Abschreibung, Fremdkapitalzinsen) der Finanzbuchhaltung zu ersetzen, sofern diese weder als betriebsfremd, periodenfremd noch als außergewöhnlich einzustufen sind.[112]

Weiters muss das Ausmaß an Gemeinkosten, das aktiviert werden soll, festgelegt werden. § 203 Abs. 3 UGB sieht vor, dass bei der Berechnung der Herstellungskosten neben den Material- und Fertigungseinzelkosten auch **angemessene Teile** der variablen und fixen Material- und Fertigungsgemeinkosten mit einzubeziehen sind. Als angemessen sind nur diejenigen Gemeinkosten zu betrachten, die durch die Fertigung veranlasst und dem hergestellten Produkt auch zurechenbar sind.

Sind die Gemeinkosten durch offenbare **Unterbeschäftigung** überhöht (d.h. die Unterbeschäftigung muss erkennbar und vom Ausmaß her wesentlich sein, beispiels-

[109] Vgl. Wagenhofer (2015) S. 86.
[110] Vgl. Bertl et al (2015) S. 356.
[111] Vgl. Frick (2007) S. 77.
[112] Vgl. Frick (2007) S. 79.

weise eine Kapazitätsauslastung von weniger als 80%), so dürfen nur die einer durchschnittlichen Beschäftigung entsprechenden Teile dieser Kosten für die Herstellungskostenberechnung berücksichtigt werden. Da sich die variablen Kosten dem Beschäftigungsgrad automatisch anpassen, sind von dieser Einschränkung eigentlich nur die Fixkosten betroffen. Im Rahmen einer Vollkostenrechnung müssten bei Unterbeschäftigung die Fixkosten auf eine geringere Outputmenge umgelegt werden. Dadurch würde der Fixkostenanteil je Stück ansteigen und in weiterer Folge würden die Herstellungskosten im Vergleich zu einer durchschnittlichen Beschäftigung unverhältnismäßig hoch sein. Die durch die Unterbeschäftigung verursachten Verluste einer Periode würden über die Herstellungskosten aktiviert und damit in die nächste Periode übertragen werden, anstatt in dieser Periode aufwandswirksam zu sein. Dies würde gegen das unternehmensrechtliche **Vorsichtsprinzip** verstoßen. Falls das Ausmaß der überhöhten Fixkosten bei Vorliegen einer Unterbeschäftigung nicht exakt ermittelt werden kann, sind für die Berechnung der Herstellkosten auch pauschale Abschläge möglich. Diese müssen aber nachvollziehbar dokumentiert werden.[113]

Neben der Aktivierungspflicht für die Material- und Fertigungseinzel- und -gemeinkosten sieht das Unternehmensrecht in § 203 Abs. 3 UGB noch ein **Aktivierungswahlrecht** hinsichtlich bestimmter Aufwendungen vor. So dürfen noch Aufwendungen für Sozialeinrichtungen des Betriebes, für freiwillige Sozialleistungen, für betriebliche Altersversorgung und für Abfertigungen aktiviert werden. Gemäß § 203 Abs. 4 UGB können auch Fremdkapitalzinsen, die bei der Finanzierung der Herstellung von Anlage- oder Umlaufvermögen anfallen, wahlweise aktiviert werden. Für Kosten der allgemeinen Verwaltung und des Vertriebes gilt ein **Aktivierungsverbot**.[114] Eine Ausnahme stellen davon nach IFRS Verwaltungsgemeinkosten der Produktion dar; diese sind als Teil der fertigungsbezogenen Vollkosten jedenfalls zu aktivieren.[115]

Schließlich sind die Mengengerüste, die in der Kostenrechnung angesetzt wurden, auf ihre Eignung für die Bilanzierung zu prüfen. Dies betrifft etwa Korrekturen zur Erfassung des Schwunds bei der Berechnung des Materialaufwands.

Obige Ausführungen lassen sich in folgendem **Schema** zusammenfassen:[116]

	Herstellkosten laut Kostenrechnung[117]
–	nicht aktivierbare Kosten (Aktivierungsverbote)
–	Zusatzkosten
+/–	Überleitung der Anderskosten in die entsprechenden Aufwandspositionen
–	Anpassungen bei unangemessenen Material- und Fertigungsgemeinkosten

---

113 Vgl. Frick (2007) S. 79 f.; Bertl et al (2015) S. 358.

114 Lediglich bei **langfristigen Fertigungsaufträgen**, deren Ausführung sich über mehr als ein Jahr erstreckt, dürfen gemäß § 206 Abs. 3 UGB unter bestimmten Umständen auch angemessene Teile der Verwaltungs- und Vertriebskosten für die Ermittlung der Herstellungskosten angesetzt werden.

115 Vgl. Grünberger (2015) S. 130 f.

116 Vgl. Frick (2007) S. 80.

117 Der Begriff Herstellkosten umfasst die direkten und indirekten Material- und Fertigungskosten.

+/– Aktivierungswahlrechte
+/– Mengendifferenzen zwischen Kostenrechnung und Buchhaltung
= unternehmensrechtliche Herstellungskosten

Der steuerrechtliche Herstellungskostenbegriff geht, ebenso wie der unternehmensrechtliche, von den Material- und Fertigungseinzel- und -gemeinkosten aus. Hinsichtlich der Aktivierung von freiwilligen Sozialaufwendungen und Fremdkapitalzinsen, die auf den Herstellungszeitraum entfallen, besteht im Unternehmens- und im Steuerrecht ein Wahlrecht, wobei der **Maßgeblichkeitsgrundsatz** zu beachten ist.[118] Daraus folgt, dass ein unternehmensrechtlich gewählter höherer Herstellungskostenansatz auch steuerrechtlich anzuwenden ist. Nach **IFRS** entfällt das Wahlrecht, sofern es sich um fertigungsbezogene Gemeinkosten handelt. Diese sind verpflichtend als Teil der Herstellungskosten zu aktivieren.

Zusammenfassend (vgl. Abbildung 33) bestehen damit für die Herstellungskosten (HK) grundsätzlich folgende Aktivierungspflichten, -verbote und -wahlrechte:[119]

Bestandteile der HK	unternehmens-rechtlich	steuer-rechtlich	IFRS
Materialeinzelkosten	Pflicht	Pflicht	Pflicht
+ Fertigungseinzelkosten	Pflicht	Pflicht	Pflicht
+ Sondereinzelkosten der Fertigung	Pflicht	Pflicht	Pflicht
+ angemessene Teile der Materialgemeinkosten	Pflicht	Pflicht	Pflicht
+ angemessene Teile der Fertigungsgemeinkosten	Pflicht	Pflicht	Pflicht
= unternehmens- und steuerrechtlicher Mindestansatz			
+ anteilige Fremdkapitalzinsen	Wahlrecht	folgt dem Jahresabschluss	Pflicht, wenn fertigungsbezogen
+ anteilige Sozialaufwendungen	Wahlrecht	folgt dem Jahresabschluss	Pflicht, wenn fertigungsbezogen
= unternehmens- und steuerrechtlicher Höchstansatz			
Verwaltungsgemeinkosten	Verbot*	Verbot*	Pflicht, wenn fertigungsbezogen
Vertriebsgemeinkosten	Verbot*	Verbot*	Verbot

* Mit Ausnahme bei langfristigen Fertigungsaufträgen

Abbildung 33: Bestandteile der Herstellungskosten

118 Vgl. Frick (2007) S. 80.
119 In Anlehnung an Wagenhofer (2015) S. 86 und Ruhnke/Simons (2012) S. 328.

Die Aktivierung zu Herstellungskosten stellt buchhalterisch in der Periode des Lageraufbaus einen Ertrag und damit eine Korrektur der durch die Herstellung verursachten Periodenaufwendungen dar. Jene Anteile für Halb- und Fertigerzeugnisse, die noch nicht verkauft wurden und denen daher noch keine Umsatzerlöse gegenüberstehen, werden **für die Gewinnermittlung neutralisiert**. Aus dem Wahlrecht über den Umfang der Herstellungskosten ergibt sich die Möglichkeit, den Gewinn in Perioden eines Lageraufbaus durch höhere Herstellungskosten zu steigern. Allerdings kehrt sich dieser Effekt zum späteren Zeitpunkt des Lagerabbaus wieder um.

Ebenso verhält es sich mit **selbsterstelltem Anlagevermögen**. In der Periode der Fertigstellung und Inbetriebnahme erfolgt eine Aktivierung (Ertragsbuchung zur Neutralisierung der zugeordneten Periodenaufwendungen) und über die Nutzungsdauer dann eine Abschreibung, d.h. es kommt zu einer zeitversetzten Erfassung im Periodenaufwand. Wurde zunächst der höhere Herstellungskostenansatz gewählt, ist der Aktivierungsbetrag höher und hat einen positiven Einfluss auf den Periodengewinn. In den Folgeperioden führt dies allerdings auch zu höheren Abschreibungsbeträgen und in der Folge zu geringeren Gewinnen. Über die Nutzungsdauer gleicht sich der Effekt aus.[120]

Beispiel 25[121]

Für die Ermittlung der Herstellungskosten von 10 Stück des Produktes X stehen folgende Daten aus der Kostenrechnung (BAB) zur Verfügung:

Kostenstelle	Material	Fertigung 1	Fertigung 2	Verwaltung	Vertrieb
Fertigungsmaterial		(400.000)	(100.000)		
Fertigungslöhne		(600.000)	(440.000)		
Gemeinkosten	50.000	712.000	224.000	237.000	355.500

Das Fertigungsmaterial und die Fertigungslöhne haben in beiden Fertigungsstellen Einzelkostencharakter. In beiden Fertigungsstellen werden die in der jeweiligen Stelle angefallenen Fertigungslöhne als Bezugsgröße verwendet. In der Materialstelle wird das Fertigungsmaterial als Bezugsgröße herangezogen.
Der Einsatz von Fertigungsmaterial beträgt in der Fertigung 10.000 kg. In der Fertigungsstelle 1 sind insgesamt 10.800 Lohnstunden angefallen.
Bei den Aufwendungen in der Buchhaltung werden dazu folgende Abweichungen festgestellt:

- Fertigungsmaterialverbrauch: In der Buchhaltung ist auch der Schwund von 1% des Materials (100 kg) im Rohstoffverbrauch von 484.800 enthalten.
- Fertigungslöhne: Für den anteiligen Unternehmerlohn in der Fertigungsstelle 1 wurden 100.000 kalkuliert, wobei die Unternehmerin 800 Stunden in der Abteilung tätig war.

[120] Vgl. Wagenhofer (2015) S. 87 f.
[121] Vgl. Frick (2003) S. 89 f.

Die oben angeführten Gemeinkosten gliedern sich folgendermaßen auf, wobei den Kosten die entsprechenden Aufwendungen gegenübergestellt sind:

	Material	Fertigung 1	Fertigung 2
Kostenrechnung:			
kalkulatorische Zinsen	10.000	15.000	5.000
kalk. Abschreibung	1.000	14.000	6.000
sonstige Gemeinkosten	39.000	683.000	213.000
SUMME	50.000	712.000	224.000
Buchhaltung:			
Zinsaufwand	3.000	7.000	3.000
Abschreibungsaufwand		16.000	4.000
davon außerplanmäßig		6.000	

Die sonstigen Gemeinkosten stimmen mit den sonstigen Aufwendungen überein.

Aufgabenstellung:

a) Ermitteln Sie die aktivierungsfähigen Herstellungskosten für das Produkt X, wenn für die Herstellung 90 kg Material und 100 Fertigungsstunden in der Fertigungsstelle 1 sowie Fertigungslöhne von 2.000 in der Fertigungsstelle 2 benötigt werden, wobei ein möglichst hoher Gewinn ausgewiesen werden soll!

b) Welcher Wert wäre bei einem möglichst geringen Gewinnausweis anzusetzen?

Lösung:

a)

Materialeinzelkosten für die unternehmensrechtliche Bewertung:

Materialmenge in der Kostenrechnung	10.000 kg
davon 1% Schwund	100 kg
daher Materialmenge in der Buchhaltung	10.100 kg
Rohstoffverbrauch in der Buchhaltung	484.800
aktivierungsfähige Kosten in der Buchhaltung je kg	48
aktivierungsfähige Kosten in der Buchhaltung gesamt	480.000

Materialgemeinkosten für die unternehmensrechtliche Bewertung:

Zinsaufwand	3.000
sonstige Aufwendungen	39.000
Materialgemeinkosten in der Buchhaltung	42.000
aktivierungsfähige Materialeinzelkosten in der Buchhaltung	480.000
Zuschlagssatz Materialgemeinkosten	8,75%

Fertigungseinzelkosten in Fertigung 1 (F1) für die unternehmensrechtliche Bewertung:

Fertigungslöhne in F1	600.000
abzüglich nicht aktivierbarer Unternehmerlohn	100.000
aktivierungsfähige Fertigungslöhne in F1	500.000
Lohnstunden (exkl. Unternehmerstunden)	10.000 Std.
aktivierungsfähige Fertigungslöhne in F1 je Lohnstunde	50

Fertigungsgemeinkosten in F1 für die unternehmensrechtliche Bewertung:

Zinsaufwand	7.000
Abschreibungsaufwand (ohne a.o. Abschreibung)	10.000
sonstige Aufwendungen	683.000
Fertigungsgemeinkosten in F1 in der Buchhaltung	700.000
Fertigungslöhne in F1	500.000
Zuschlagssatz Fertigungsgemeinkosten in F 1	140%

Fertigungsgemeinkosten in F2 für die unternehmensrechtliche Bewertung:

Zinsaufwand	3.000
Abschreibungsaufwand	4.000
sonstige Aufwendungen	213.000
Fertigungsgemeinkosten in F2 in der Buchhaltung	220.000
Fertigungslöhne in F2	440.000
Zuschlagssatz Fertigungsgemeinkosten in F2	50%

Berechnung der unternehmensrechtlichen HK bei hohem Gewinnausweis (unter Ausnutzung des Wahlrechts für die Zinsen):

Fertigungsmaterial (90 kg à 48)	4.320
+ Materialgemeinkosten (8,75%)	378
+ Fertigungslöhne in F1 (100 Stunden à 50)	5.000
+ Fertigungsgemeinkosten in F1 (140%)	7.000
+ Fertigungslöhne in F2	2.000
+ Fertigungsgemeinkosten in F2 (50%)	1.000
= aktivierungsfähige Herstellungskosten	19.698

Buchungssatz für die 10 Stück des Produktes X:
Fertige Erzeugnissse / Bestandsveränderung 196.980

b)

Berechnung der HK bei geringem Gewinnausweis:
Für den unternehmens- und steuerrechtlichen Mindestansatz sind die Zuschlagssätze für die Material- und Fertigungsgemeinkosten ohne die Zinsen (Wahlrecht!) neu zu berechnen:

Zuschlagssatz Materialgemeinkosten (= 39.000 / 480.000)	8,125%
Zuschlagssatz Fertigungsgemeinkosten in F1 (= 693.000 / 500.000)	138,60%
Zuschlagssatz Fertigungsgemeinkosten in F2 (= 217.000 / 440.000)	49,32%

	Fertigungsmaterial (90 kg à 48)	4.320
+	Materialgemeinkosten (8,125% von 4.320)	351
+	Fertigungslöhne in F1 (100 Stunden à 50)	5.000
+	Fertigungskosten in F1 (138,60% von 5.000)	6.930
+	Fertigungslöhne in F2	2.000
+	Fertigungsgemeinkosten in F2 (49,32% von 2.000)	986
=	unternehmens- und steuerrechtlicher Mindestansatz	19.587

Buchungssaatz für die 10 Stück des Produktes X:
Fertige Erzeugnisse / Bestandsveränderung 195.870

Abschließend stellt Abbildung 34 die Kostenträgerrechnung in den Zusammenhang des Kostenrechnungssystems zu Teilkosten.

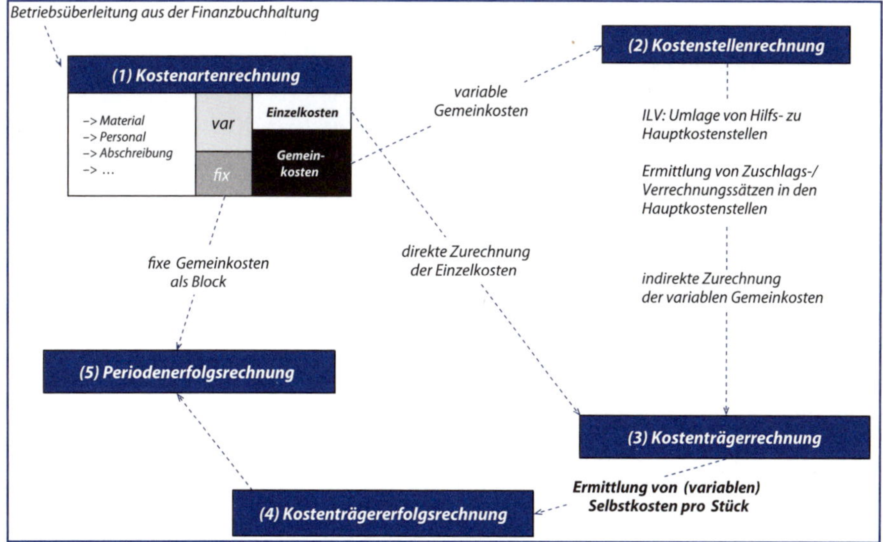

Abbildung 34: Überblick Kostenträgerrechnung (Teilkostenrechnung)

7 Kostenträgererfolgsrechnung

Lernziele

Nach Durcharbeiten von Kapitel 7 sollten Sie u.a. in der Lage sein:

- den Erfolg und den Deckungsbeitrag eines Kostenträgers zu ermitteln
- die Unterschiede zwischen einer Teilkostenrechnung und einer Vollkostenrechnung zu erläutern
- die Grenzen und Probleme eines Vollkostenrechnungssystems zu diskutieren

7.1 Grundlagen

Zur Bestimmung des Kostenträgererfolgs werden die in der Kostenträgerrechnung ermittelten Selbstkosten den Erlösen der Kostenträger gegenübergestellt:

Kostenträgererfolg = Erlös je Stück – Selbstkosten je Stück

Die Kostenträgererfolgsrechnung baut demnach direkt auf den Ergebnissen der Kostenträgerrechnung auf. Die Selbstkosten je Stück können dabei sowohl auf Basis voller Kosten **(Vollkostenrechnung)** als auch auf Basis variabler Kosten **(Teilkostenrechnung)** errechnet werden. Diese beiden Kalkulationen unterscheiden sich lediglich in der Höhe der verrechneten Kosten, nicht jedoch in ihrem grundsätzlichen Aufbau.

Je nachdem, ob den Erlösen die vollen oder nur die variablen Selbstkosten des Kostenträgers gegenüberstellt werden, fällt der Erfolg eines Kostenträgers unterschiedlich aus. In der Teilkostenrechnung bleiben die fixen Kosten in der Stufe der Kostenträgerrechnung und damit auch in der Kostenträgererfolgsrechnung unberücksichtigt und belasten das Stückergebnis somit nicht. Daher ist der **Kostenträgererfolg in der Teilkostenrechnung stets größer** als in der Vollkostenrechnung. Entsprechend unterschiedlich sind die Ergebnisse der Kostenträgererfolgsrechnung in den beiden Rechensystemen auch zu interpretieren.

☞ Kostenträgererfolgsrechnung

Im Rahmen der Kostenträgererfolgsrechnung wird der Erfolg eines Kostenträgers (Auftrages, Produktes) durch Gegenüberstellung des Kostenträgernettoerlöses mit den Kostenträgerkosten ermittelt. Die Kostenträgererfolgsrechnung kann sowohl auf Basis voller Kosten als auch auf Basis variabler Kosten durchgeführt werden. In letzterem Fall wird die Differenz zwischen Kostenträgernettoerlös und variablen Kostenträgerkosten als Deckungsbeitrag bezeichnet

7.2 Kostenträgererfolgsrechnung auf Vollkostenbasis

Die Kostenträgererfolgsrechnung hat in der Vollkostenrechnung folgende Form:

Kostenträgererfolg = Erlös je Stück – volle Selbstkosten je Stück

In der Vollkostenrechnung werden den Kostenträgern mittels Kalkulationsverfahren die vollen Kosten, d.h. fixe und variable Kosten, zugerechnet. Die so errechneten Selbstkosten enthalten neben Kostenbestandteilen, die mit der Produktionsmenge schwanken **(= variable Kosten)**, auch solche, die unabhängig von der Auslastung anfallen **(= fixe Kosten)**. Bei Auslastungsänderungen verteilen sich diese Fixkosten aber auf unterschiedliche Produktionsmengen. Dadurch unterliegen nicht nur die Stückkosten Schwankungen, sondern auch die Kostenträgererfolge, wodurch Planungen und Entscheidungen erschwert werden.

Der Kostenträgererfolg entspricht in der Vollkostenrechnung dem **Stückgewinn**, denn in ihm sind bereits alle Kosten berücksichtigt. Die **Summe aller Kostenträgererfolge** ergibt daher in weiterer Folge im Rahmen der Periodenerfolgsrechnung direkt das **Periodenergebnis**.

Für Zwecke der kurzfristigen Steuerung und Disposition eignet sich dieser Stückerfolg jedoch nicht. Durch die Vermischung der fixen und variablen Kosten spiegelt er nämlich nicht die direkte Auswirkung wider, welche die einzelnen Kostenträger auf den Gesamterfolg des Unternehmens haben.

Beispiel 26

Ein Teppichreinigungsunternehmen hat im Monat Juni gemäß Kostenartenrechnung folgende Kosten:

- Fixkosten für Personal, Abschreibung der Waschmaschinen etc. 14.000
- variable Kosten für Strom, Waschmittel, Wasser etc. 28.000

Der Erlös je Quadratmeter Teppichreinigung beträgt 3,50.
Im Monat Juni werden 14.000 m^2 Teppich gereinigt, für Juli bzw. August wird ein Auslastungsrückgang auf 10.000 m^2 bzw. 8.000 m^2 erwartet.

Aufgabenstellung:
Ermitteln Sie im Rahmen einer Vollkostenrechnung die vollen Selbstkosten je Quadratmeter Teppichreinigung sowie die entsprechenden Kostenträgererfolge für die Monate Juni, Juli und August! Bestimmen Sie zudem die Periodenerfolge der einzelnen Monate!

Lösung:
Für die Kalkulation mittels einfacher Divisionskalkulation sind zunächst die erwarteten Gesamtkosten der Monate Juli und August zu ermitteln. Dabei ist davon auszugehen, dass die Fixkosten trotz der erwarteten Auslastungsänderungen gleich bleiben, die variablen Kosten hingegen proportional mit der Auftragslage schwanken:

$$\text{erwartete Gesamtkosten Juli} = 14.000 + \frac{28.000}{14.000} \cdot 10.000 = 34.000$$

$$\text{erwartete Gesamtkosten August} = 14.000 + \frac{28.000}{14.000} \cdot 8.000 = 30.000$$

Die vollen Selbstkosten und die entsprechenden Erfolge je Quadratmeter Teppich in den einzelnen Monaten zeigt die nachfolgende Tabelle:

Monat	Juni	Juli	August
Menge in m^2	14.000	10.000	8.000
Gesamtkosten	42.000	34.000	30.000
volle Kosten je m^2	3,00	3,40	3,75
Erfolg je m^2	0,50	0,10	-0,25

Die Periodenerfolge der einzelnen Monate ergeben sich direkt durch Multiplikation der Kostenträgererfolge mit der gereinigten Menge Teppich:

Monat	Juni	Juli	August
Menge in m^2	14.000	10.000	8.000
• Erfolg je m^2	0,50	0,10	-0,25
= Periodenerfolg	7.000	1.000	-2.000

Es ist deutlich zu erkennen, dass durch die undifferenzierte Verrechnung fixer und variabler Kostenbestandteile im Zuge einer Vollkostenrechnung die vollen Selbstkosten und entsprechend die Kostenträgererfolge bei schwankender Auslastung variieren. Im obigen Falle des Auslastungsrückgangs zeigt sich dies in steigenden Kosten und sinkenden Erfolgen je Quadratmeter.

Als kurzfristige Entscheidungsgrundlage können Kostenträgererfolge auf Vollkostenbasis daher kaum sinnvoll eingesetzt werden. Im Gegenteil: Würden aufgrund sinkender Erfolge Produkte aus dem Produktionsprogramm genommen bzw. in ihrer Menge reduziert werden, würde sich das Unternehmensergebnis – sofern die Fixkosten nicht (sofort) abbaubar sind – sogar noch weiter verschlechtern.

Würde man beispielsweise das Teppichreinigungsunternehmen aufgrund der sinkenden Nachfrage im August schließen, um den Verlust je Quadratmeter von 0,25 zu vermeiden, könnte man wohl kaum so kurzfristig die Fixkosten des Unternehmens abbauen. Das Ergebnis des Monats August würde sich dadurch um weitere 12.000 verschlechtern:

Monat	August
Erlöse	0
– Gesamtkosten (nur Fixkosten)	14.000
= Periodenerfolg	-14.000

7.3 Kostenträgererfolgsrechnung auf Teilkostenbasis

In der Teilkostenrechnung folgt die Kostenträgererfolgsrechnung folgender Berechnung:

Kostenträgererfolg = Erlös je Stück – variable Selbstkosten je Stück

Da den Kostenträgern in der Teilkostenrechnung nur die **variablen Kosten** zugerechnet werden, enthalten die so errechneten Selbstkosten nur Kostenbestandteile, die mit der Produktionsmenge schwanken. Bei Auslastungsänderungen bleiben die Stückkosten (bei Annahme proportional-variabler Kosten) somit unverändert, wodurch auch die Kostenträgererfolge ihre Aussagekraft unabhängig von der Produktionsmenge beibehalten.

Der Kostenträgererfolg wird in der Teilkostenrechnung als **Stückdeckungsbeitrag** bezeichnet. Um ein positives Ergebnis zu erzielen, müssen durch die Deckungsbeiträge der einzelnen Kostenträger jedoch noch die bis dahin unberücksichtigten Fixkosten abgedeckt werden. Daher ergibt nicht bereits die **Summe der Deckungsbeiträge** das **Periodenergebnis**, sondern erst diese Summe **abzüglich der angefallenen Fixkosten**.

☞ Deckungsbeitrag

Der Deckungsbeitrag ist definiert als Differenz von Erlösen und variablen Kosten. Er kann stückbezogen oder erzeugnisbezogen betrachtet werden. Der Stückdeckungsbeitrag ergibt sich als Differenz zwischen dem Preis pro Stück und den variablen Stückkosten. Bezogen auf die Summe aller verkauften Erzeugnisse spricht man vom Erzeugnisdeckungsbeitrag. Der Erzeugnisdeckungsbeitrag ergibt sich als Produkt aus Deckungsbeitrag pro Stück und der Gesamtabsatzmenge eines Erzeugnisses. Die Summe aller Erzeugnisdeckungsbeiträge ergibt den Gesamtdeckungsbeitrag der betrachteten Periode.

Aufgrund seiner Robustheit gegenüber Auslastungsschwankungen eignet sich der Deckungsbeitrag sehr gut für **kurzfristige Entscheidungen**, denn er macht unmittelbar deutlich, wie sich Veränderungen bei einem einzelnen Kostenträger auf den Gesamterfolg des Unternehmens auswirken.

Beispiel 27

Die Ergebnisse für das Teppichreinigungsunternehmen aus obigem Beispiel sollen im Rahmen einer Teilkostenrechnung überprüft werden. Zur Erinnerung:

- Fixkosten 14.000
- variable Kosten im Juni 28.000
- Erlös je Quadratmeter 3,50
- Auslastung im Juni 14.000 m^2
- Auslastung im Juli 10.000 m^2
- Auslastung im August 8.000 m^2

Aufgabenstellung:
Ermitteln Sie im Rahmen einer Teilkostenrechnung die variablen Selbstkosten je Quadratmeter Teppichreinigung sowie die entsprechenden Kostenträgererfolge (Stückdeckungsbeiträge) für die Monate Juni, Juli und August! Bestimmen Sie zudem die Periodenerfolge der einzelnen Monate!

Lösung:
Die für die Monate Juli und August erwarteten Gesamtkosten liegen unverändert bei 34.000 bzw. 30.000.
Die variablen Selbstkosten und die entsprechenden Deckungsbeiträge je Quadratmeter Teppich in den einzelnen Monaten zeigt die nachfolgende Tabelle:

Monat	Juni	Juli	August
Menge in m^2	14.000	10.000	8.000
variable Kosten	28.000	20.000	16.000
variable Kosten je m^2	2,00	2,00	2,00
Deckungsbeitrag je m^2	1,50	1,50	1,50

Die Periodenerfolge der einzelnen Monate ergeben sich durch Multiplikation der Deckungsbeiträge je Quadratmeter mit der gereinigten Menge Teppich, abzüglich der fixen Kosten:

Monat	Juni	Juli	August
Menge in m^2	14.000	10.000	8.000
• Deckungsbeitrag je m^2	1,50	1,50	1,50
= Periodendeckungsbeitrag	21.000	15.000	12.000
– Fixkosten	14.000	14.000	14.000
= Periodenergebnis	7.000	1.000	–2.000

Die Berechnung mittels Teilkostenrechnung liefert dieselben Periodenergebnisse. Es ist jedoch deutlich zu erkennen, dass bei Verrechnung ausschließlich variabler Kostenbestandteile im Rahmen einer Teilkostenrechnung die Kostenträgererfolge in Form von Stückdeckungsbeiträgen höher sind als die entsprechenden Kostenträgererfolge in Form von Stückgewinnen, da die Fixkosten im Deckungsbeitrag noch nicht, im Stückerfolg hingegen sehr wohl berücksichtigt sind.
Es zeigt sich weiters, dass die variablen Selbstkosten und damit die Stückdeckungsbeiträge in ihrer Höhe unabhängig von der Auslastung sind. Der Kostenträgererfolg auf variabler Basis ist somit eine in Bezug auf die Beschäftigung „unsensible" Größe und eignet sich entsprechend als kurzfristige Entscheidungsgrundlage.
Auch der Monat August zeigt daher unabhängig vom Auslastungsrückgang einen positiven Deckungsbeitrag. In diesem spiegelt sich die Auswirkung des Kostenträgers auf das Unternehmensergebnis ohne Berücksichtigung der – kurzfristig ohnehin nicht beeinflussbaren – Fixkosten wider.

Bleibt das Teppichreinigungsunternehmen aufgrund des positiven Deckungsbeitrags im August trotz des Umsatzrückgangs geöffnet, könnte zumindest ein Teil der Fixkosten des Monats durch den Deckungsbeitrag abgedeckt werden. Der Verlust von 2.000 (siehe oben) bedeutet eine Verbesserung von 12.000 gegenüber dem Verlust von 14.000 im Falle der Schließung. Diese 12.000 entsprechen dem Deckungsbeitrag, der im August erzielt werden kann (1,50 • 8.000 = 12.000). Die Orientierung am Deckungsbeitrag liefert demnach für kurzfristige Überlegungen eine bessere Entscheidungsgrundlage als die Orientierung am Stückerfolg der Vollkostenrechnung.

8 Periodenerfolgsrechnung

Lernziele

Nach Durcharbeiten von Kapitel 8 sollten Sie u.a. in der Lage sein:

- die zwei wesentlichen Verfahren der Periodenerfolgsrechnung zu beschreiben
- Verfahren der differenzierten Ergebnisermittlung zu erklären und anzuwenden
- Segmenterfolgsrechnungen im externen Rechnungswesen zu diskutieren

8.1 Grundlagen

In der **Periodenerfolgsrechnung** werden einander die Erlöse und Kosten einer Periode gegenübergestellt, um auf diese Weise Einblick in die Erfolgssituation (Gewinn oder Verlust) des Unternehmens zu erhalten.

In ihrer Zielsetzung entspricht die Periodenerfolgsrechnung damit der Gewinn- und Verlustrechnung des Jahresabschlusses. Da die Kostenrechnung mitunter nicht auf denselben Daten basiert wie die Finanzbuchhaltung, können die Ergebnisse des externen und des internen Rechnungswesens voneinander abweichen. Zur Abstimmung können diese beiden Ergebnisse in einer **Überleitungsrechnung** nach folgendem Schema abgeglichen werden:

	kalkulatorisches Ergebnis der Periodenerfolgsrechnung
+	kalkulatorische Kosten
–	kalkulatorische Erlöse
–	neutrale Aufwendungen
+	neutrale Erträge
=	unternehmensrechtliches Ergebnis der Gewinn- und Verlustrechnung

Von der buchhalterischen Gewinn- und Verlustrechnung weicht die Periodenerfolgsrechnung weiters darin ab, dass sie meist in auch kürzeren Zeitabständen (z.B. **monatlich oder quartalsweise)** durchgeführt wird, um schnellstmöglich auf negative Entwicklungen reagieren zu können. Zudem ist die Periodenerfolgsrechnung in ihrer konkreten Ausgestaltung freier als die Gewinn- und Verlustrechnung und kann so beispielsweise in Form einer mehrstufigen Deckungsbeitragsrechnung für die Steuerung wichtige Teilergebnisse zu bestimmten Produkten, Sparten und Unternehmensbereichen liefern.

Die Periodenerfolgsrechnung kann nach dem **Gesamtkostenverfahren** (GKV) oder nach dem **Umsatzkostenverfahren** (UKV) aufgestellt werden. Beide Methoden führen auf unterschiedlichen Wegen stets zum gleichen Ergebnis, sie unterscheiden sich jedoch in der Darstellung der Kosten und Erlöse. Diese Unterschiede werden besonders in jenen Fällen deutlich, in denen produzierte und abgesetzte Leistung nicht übereinstimmen. Würde man den Erlösen der abgesetzten Leistung die gesamten für die produzierte Leistung angefallenen Kosten gegenüberstellen, ergäbe sich in Perioden mit einem Lageraufbau ein zu niedriges, in Perioden mit einem Lagerabbau hingegen ein zu hohes Ergebnis. Beide Methoden korrigieren diese Diskrepanz, wenngleich auf unterschiedliche Weisen.

8.2 Gesamtkostenverfahren

Beim **Gesamtkostenverfahren** werden den um die Erlösschmälerungen bereinigten Periodenerlösen die **gesamten Kosten**, die in der Periode angefallen sind, gegenübergestellt. Entspricht die produzierte Leistung nicht der abgesetzten Leistung, so führt dies zu einem Lagerauf- oder -abbau bei den Halb- und Fertigerzeugnissen. Um diese Bestandsveränderungen, bewertet zu Herstellkosten, sowie um aktivierte Eigenleistungen, sind die Periodenerlöse zu korrigieren.

Im Rahmen einer **Vollkostenrechnung** nach dem Gesamtkostenverfahren hat die Periodenerfolgsrechnung damit folgendes Aussehen:

	Periodenerlöse nach Erlösschmälerungen
+	Bestandserhöhungen (bewertet zu vollen Herstellkosten)
–	Bestandsverminderungen (bewertet zu vollen Herstellkosten)
+	aktivierte Eigenleistungen (bewertet zu vollen Herstellkosten)
–	volle Periodenkosten
=	Periodenerfolg

Geht man von einer **Teilkostenrechnung** nach dem Gesamtkostenverfahren aus, werden Bestandsveränderungen und aktivierte Eigenleistungen zu variablen Herstellkosten bewertet und es werden zunächst auch nur die variablen Periodenkosten abgezogen, um zum Periodendeckungsbeitrag zu kommen. Das Periodenergebnis ergibt sich durch Abzug der gesamten Periodenfixkosten von diesem Periodendeckungsbeitrag:

	Periodenerlöse nach Erlösschmälerungen
+	Bestandserhöhungen (bewertet zu variablen Herstellkosten)
–	Bestandsverminderungen (bewertet zu variablen Herstellkosten)
+	aktivierte Eigenleistungen (bewertet zu variablen Herstellkosten)
–	variable Periodenkosten
=	Periodendeckungsbeitrag
–	fixe Periodenkosten
=	Periodenerfolg

Die Ermittlung des unternehmensrechtlichen Ergebnisses nach dem Gesamtkostenverfahren ist für Kapitalgesellschaften in **§ 231 Abs. 2 UGB** geregelt. Auch für die Gestaltung der Periodenerfolgsrechnung im internen Rechnungswesen, die an keine rechtlichen Vorgaben gebunden ist, nehmen viele Unternehmen das im UGB definierte Schema als Ausgangspunkt. Das UGB sieht keine Trennung in fixe und variable Kosten vor, dafür aber eine detaillierte **Gliederung**:

1. Umsatzerlöse
2. Bestandsveränderungen
3. Aktivierte Eigenleistungen
4. Sonstige betriebliche Erträge

5. Materialaufwand und Aufwendungen für sonstige bezogene Leistungen
6. Personalaufwand
7. Abschreibungen (auf immaterielle Anlagen, Sachanlagen und auf Umlaufvermögen, soweit unüblich hoch)
8. Sonstige betriebliche Aufwendungen
9. **Zwischensumme aus den Ziffern 1 bis 8**
10. Erträge aus Beteiligungen
11. Erträge aus anderen Wertpapieren und Ausleihungen
12. Sonstige Zinsen und ähnliche Erträge
13. Erträge aus dem Abgang von/der Zuschreibung zu Finanzanlagen und Wertpapieren des Umlaufvermögens
14. Aufwendungen aus Finanzanlagen und aus Wertpapieren des Umlaufvermögens
15. Zinsen und ähnliche Aufwendungen
16. **Zwischensumme aus Ziffern 10 bis 15**
17. **Ergebnis vor Steuern (Summe aus Zwischensumme 9 und 16)**
18. Steuern vom Einkommen und vom Ertrag
19. **Ergebnis nach Steuern**
20. Sonstige Steuern, soweit nicht bereits in den Posten 1 bis 19 erfasst
21. **Jahresüberschuss/Jahresfehlbetrag**

22.–24. Rücklagenbewegungen

25. Gewinn- bzw. Verlustvortrag
26. **Bilanzgewinn bzw. Bilanzverlust**

Das Unternehmensgesetzbuch fordert in einzelnen Zeilen auch noch **detailliertere Angaben** (z.B. bei Erträgen/Aufwendungen im Zusammenhang mit verbundenen Unternehmen), sieht aber auch **Erleichterungen** für kleine Kapitalgesellschaften vor (etwa beim Ausweis der Löhne und Gehälter). Die **Zwischensummen** werden im Sinne einer Aufspaltung nach Erfolgsursachen oft als Betriebserfolg, **Betriebsergebnis** oder auch operatives Ergebnis (9. Zwischensumme aus den Ziffern 1–8) und Finanzerfolg bzw. **Finanzergebnis** (16. Zwischensumme aus den Ziffern 10–15) bezeichnet.[122]

Der Vorteil des Gesamtkostenverfahrens besteht darin, dass die bei diesem Verfahren üblicherweise verwendete Kostenartengliederung den Anteil einzelner Produktionsfaktoren an der gesamten Produktionsleistung deutlich macht und **Kostenstrukturanalysen** ermöglicht. Auch wird erkennbar, wie sich Änderungen bestimmter Parameter (z.B. Lohnsatzänderungen, Materialpreisänderungen) auf den Periodenerfolg auswirken. Ein gravierender Nachteil des Gesamtkostenverfahrens ist, dass lediglich ein Gesamtergebnis ermittelt wird. Ein nach Erzeugnissen oder Absatzsegmenten differenzierter Periodenerfolg kann nicht berechnet werden. Das Gesamtkostenverfahren erlaubt daher keine Analyse der Erfolgsquellen, sodass auch keine Erkenntnisse für die Sortimentsplanung und die Absatzsteuerung gewonnen werden können.[123]

[122] Vgl. Bertl et al (2015) S. 291 f.
[123] Vgl. Joos (2014) S. 213 f.

8.3 Umsatzkostenverfahren

Beim **Umsatzkostenverfahren** werden den um die Erlösschmälerungen bereinigten Periodenerlösen die **Kosten der abgesetzten Leistung** gegenübergestellt. Da der Leistungsumfang, der zu den ausgewiesenen Erlösen geführt hat (Absatzmenge), genau jenem Leistungsumfang entspricht, der zu den ausgewiesenen Kosten geführt hat (Absatzmenge), bedarf es keiner Korrektur des Ergebnisses um Bestandsveränderungen oder aktivierte Eigenleistungen (vgl. Abbildung 35). Ist die Absatzmenge größer (kleiner) als die Produktionsmenge, so sind die Kosten der abgesetzten Leistung i.d.R. höher (niedriger) als jene Gesamtkosten, die im Gesamtkostenverfahren ermittelt werden.

Im Umsatzkostenverfahren der **Finanzbuchhaltung** werden zunächst nur die **Herstellkosten** der abgesetzten Leistung berücksichtigt. **Verwaltungs- und Vertriebskosten** werden hingegen separat ausgewiesen und zur Gänze in Abzug gebracht. Die von gesetzlichen Zwängen befreite Kostenrechnung setzt im Unterschied dazu oftmals gleich die **Selbstkosten** der abgesetzten Leistung an. Bei Verrechnung der gesamten Verwaltungs- und Vertriebskosten der Periode auf die abgesetzte Leistung führen beide Vorgangsweisen zum gleichen Ergebnis.

Das Umsatzkostenverfahren auf **Vollkostenbasis** stellt den Erlösen nach Erlösschmälerungen somit nicht die Gesamtkosten der Periode gegenüber, sondern die vollen Selbstkosten der abgesetzten Leistungen:

	Periodenerlöse nach Erlösschmälerungen
–	volle Selbstkosten der abgesetzten Leistungen
=	Periodenerfolg

Beim Umsatzkostenverfahren auf **Teilkostenbasis** werden den Erlösen zunächst die variablen Selbstkosten der abgesetzten Leistungen gegenübergestellt, um zum Periodendeckungsbeitrag zu gelangen. Den Periodenerfolg erhält man durch Abzug der gesamten Periodenfixkosten von diesem Periodendeckungsbeitrag:

	Periodenerlöse nach Erlösschmälerungen
–	variable Selbstkosten der abgesetzten Leistungen
=	Periodendeckungsbeitrag
–	gesamte fixe Periodenkosten
=	Periodenerfolg

Nach § 231 Abs. 3 UGB müssen Kapitalgesellschaften bei Anwendung des Umsatzkostenverfahrens im Jahresabschluss folgender grundsätzlichen Gliederung folgen:

1. Umsatzerlöse
2. Herstellungskosten der zur Erzielung der Umsatzerlöse erbrachten Leistungen
3. **Bruttoergebnis vom Umsatz (Zwischensumme aus Ziffern 1 und 2)**
4. Vertriebskosten
5. Allgemeine Verwaltungskosten
6. Sonstige betriebliche Erträge
7. Sonstige betriebliche Aufwendungen
8. **Zwischensumme aus den Ziffern 1 bis 7**

9. Erträge aus Beteiligungen
10. Erträge aus anderen Wertpapieren und Ausleihungen
11. Sonstige Zinsen und ähnliche Erträge
12. Erträge aus dem Abgang von/der Zuschreibung zu Finanzanlagen und Wertpapieren des Umlaufvermögens
13. Aufwendungen aus Finanzanlagen und aus Wertpapieren des Umlaufvermögens
14. Zinsen und ähnliche Aufwendungen
15. Zwischensumme aus Ziffern 9 bis 14
16. Ergebnis vor Steuern (Summe aus Zwischensumme 8 und 15)
17. Steuern vom Einkommen und vom Ertrag
18. Ergebnis nach Steuern
19. Sonstige Steuern, soweit nicht bereits in den Posten 1 bis 18 erfasst
20. Jahresüberschuss/Jahresfehlbetrag
21.–23. Rücklagenbewegungen
24. Gewinn- bzw. Verlustvortrag
25. Bilanzgewinn bzw. Bilanzverlust

Analog zur Gliederung nach dem Gesamtkostenverfahren sieht das Unternehmensgesetz auch hier Zusatzangaben bzw. Erleichterungen vor. Da die Gliederung bis zum Betriebserfolg (8. Zwischensumme aus den Ziffern 1–7) **nach Kostenstellen** (Herstellung, Vertrieb, Verwaltung, Sonstiges) erfolgt, müssen im Anhang **Zusatzangaben zu einzelnen Kostenarten** gemacht werden (z.B. zu den Material- und Personalaufwendungen). Die weitere Gliederung ist bei beiden Verfahren identisch.[124]

Der große Vorteil des Umsatzkostenverfahrens liegt darin, dass es gegenüber dem Gesamtkostenverfahren eine nach Produktarten differenzierte Erfolgsanalyse ermöglicht. So kann im Rahmen einer auf dem Umsatzkostenverfahren basierenden **stufenweisen Deckungsbeitragsrechnung** z.B. der Erfolgsbeitrag eines einzelnen Produktes berechnet werden. Diese Informationen können in weiterer Folge in der Produktprogrammpolitik eines Unternehmens berücksichtigt werden.[125]

[124] Vgl. Bertl et al (2015) S. 294 f.
[125] Vgl. Joos (2014) S. 215.

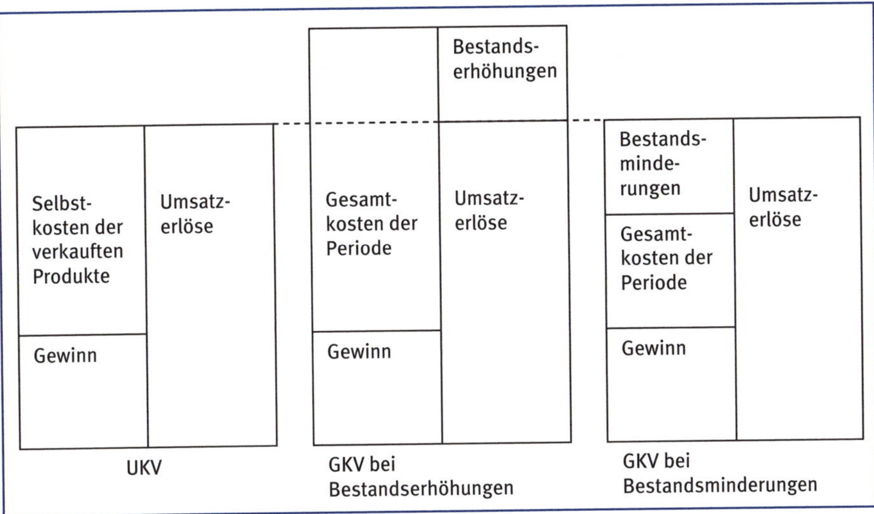

Abbildung 35: Umsatz- und Gesamtkostenverfahren im Vergleich[126]

Nach **IFRS** gibt es bei der Darstellung der Gewinn- und Verlustrechnung als Teil der umfassenderen Gesamtergebnisrechnung (geregelt in IAS 1) weniger strikte Vorgaben als nach UGB; es werden in IAS 1.81A ff. lediglich Mindestbestandteile genannt, welche vom Unternehmen durch zusätzliche Positionen ergänzt werden müssen, soweit dies für das Verständnis der Ertragslage relevant ist. Unternehmen können auch hier zwischen einer Gliederung nach der Art der Aufwendungen (GKV) oder nach deren Funktion innerhalb des Unternehmens (UKV) wählen. Gemäß IAS 1.99 müssen Unternehmen jenes Verfahren wählen, das verlässliche und relevantere Informationen bereitstellt. Für Produktions- und Handelsbetriebe wird diese Anforderung eher durch das Umsatzkostenverfahren, bei Banken und Finanzdienstleistern eher durch das Gesamtkostenverfahren erfüllt.[127]

8.4 Erfolgsunterschiede zwischen Voll- und Teilkostenrechnung

Problematisch bei der **Periodenerfolgsrechnung auf Vollkostenbasis** ist die Tatsache, dass bei Veränderungen im Bestand an fertigen und unfertigen Erzeugnissen fixe Kosten zwischen Perioden verschoben werden. Werden im **Gesamtkostenverfahren** Bestandsveränderungen zu vollen Herstellkosten bewertet, so werden im Falle einer Bestandserhöhung fixe Herstellkosten über das Lager in spätere Perioden verlagert. Im Falle einer Bestandsminderung werden umgekehrt Teile der fixen Herstellkosten von Vorperioden in der aktuellen Periode ergebniswirksam verrechnet. Auch das **Umsatzkostenverfahren** führt zur selben Problematik, denn es nimmt bei Bestandserhöhungen die vollen Selbstkosten der nicht abgesetzten Leistung (und damit auch Teile

[126] Vgl. Joos (2014) S. 216.
[127] Vgl. Grünberger (2015) S. 437 ff.

der Fixkosten) aus der Periodenerfolgsrechnung heraus und berücksichtigt diese erst in der Periode des Lagerabbaus.

Die **Periodenerfolgsrechnung auf Teilkostenbasis** berücksichtigt hingegen, dass fixe Kosten zeitabhängig sind und folglich in jener Periode ergebniswirksam berücksichtigt werden sollten, in der sie angefallen sind. Sie rechnet daher den Beständen an fertigen und unfertigen Produkten nur deren variable Kosten zu. Fixe Kosten werden solcherart stets in der Periode verrechnet, in der sie auch tatsächlich angefallen sind.

Bei Veränderungen des Lagerbestands an fertigen und unfertigen Erzeugnissen kommt es somit zu Ergebnisunterschieden zwischen der Periodenerfolgsrechnung auf Voll- und Teilkostenbasis. Dabei gilt:

- Das Ergebnis auf Vollkostenbasis ist bei Lagerbestandserhöhungen grundsätzlich höher als jenes der Teilkostenrechnung (da fixe Kosten aus der Ergebnisrechnung in den Lagerbestand transferiert werden).
- Das Ergebnis auf Vollkostenbasis ist bei Lagerbestandsminderungen grundsätzlich niedriger als jenes der Teilkostenrechnung (da fixe Kosten aus dem Lagerbestand in die Ergebnisrechnung zurücktransferiert werden).

Die Vorgehensweise der Periodenerfolgsrechnung auf Teilkostenbasis entspricht eher dem tatsächlichen Kostenanfall und eignet sich daher besser für die Kostensteuerung und Kostenkontrolle.

☞ Periodenerfolgsrechnung

Zweck der Periodenerfolgsrechnung (auch kurzfristige Betriebsergebnisrechnung) ist die Ermittlung des Gesamterfolgs, den ein Betrieb innerhalb einer Abrechnungsperiode (in der Regel ein Monat) erwirtschaftet hat. Die Betriebsergebnisrechnung kann nach dem Umsatzkostenverfahren oder nach dem Gesamtkostenverfahren gegliedert werden. Beim Umsatzkostenverfahren werden Bestandsveränderungen bei fertigen und unfertigen Erzeugnissen und Zugänge selbst erstellter aktivierungspflichtiger Vermögensgegenstände – wie im Gesamtkostenverfahren – zu Herstellkosten bewertet. Sie werden jedoch – anders als im Gesamtkostenverfahren – nicht explizit als Erlöskorrekturen ausgewiesen, sondern mit den Gesamtkosten der Periode saldiert. Ist die Periodenerfolgsrechnung als Teilkostenrechnung ausgestaltet, so kann noch weiter differenziert werden in eine einstufige Deckungsbeitragsrechnung und eine stufenweise Deckungsbeitragsrechnung.

Beispiel 28[128]

Für ein Unternehmen liegen für die Periode 01 folgende Zahlen vor:

- Produktionsmenge: 200 Stk.
- Absatzmenge: 150 Stk.
- variable Herstellkosten: 10.000 (= 50 je produziertem Stück)
- fixe Herstellkosten: 20.000
- variable Vertriebskosten: 3.000 (= 20 je abgesetztem Stück)
- fixe Vertriebskosten: 5.000

Der Verkaufspreis beträgt 220 je Stück. Das Fertigwarenlager ist am Anfang der Periode 01 leer. Zwischenlager für unfertige Erzeugnisse existieren zu diesem Zeitpunkt ebenfalls nicht.
In der Periode 02 steigen die fixen und die variablen Herstellkosten um jeweils 10%. Die Produktionsmenge beträgt wiederum 200, abgesetzt werden jedoch 240 Stück. Als Verbrauchsreihenfolge gilt das Fifo-Verfahren. Die sonstigen Daten bleiben im Vergleich zur Periode 01 unverändert.

Aufgabenstellung:

a) Ermitteln Sie die Ergebnisse der Perioden 01 und 02 nach dem Gesamtkostenverfahren auf Teilkostenbasis!
b) Ermitteln Sie die Ergebnisse der Perioden 01 und 02 nach dem Umsatzkostenverfahren auf Teilkostenbasis!

Lösung:

a)

Gesamtkostenverfahren auf Teilkostenbasis in Periode 01:

	Erlöse (= 150 Stk. • 220)	33.000
+	Bestandserhöhung zu variablen Kosten (= 50 Stk. • 50)	2.500
–	variable Herstellkosten (= 200 Stk. • 50)	10.000
–	variable Vertriebskosten (= 150 Stk. • 20)	3.000
=	Periodendeckungsbeitrag	22.500
–	fixe Herstellkosten	20.000
–	fixe Vertriebskosten	5.000
=	Periodenerfolg	–2.500

Gesamtkostenverfahren auf Teilkostenbasis in Periode 02:

	Erlöse (= 240 Stk. • 220)	52.800
–	Bestandsverminderung zu variablen Kosten (= 50 Stk. aus Periode 01 • 50)	2.500
+	Bestandserhöhung zu variablen Kosten (= 10 Stk. aus Periode 02 • 55)	550
–	variable Herstellkosten (= 200 Stk. • 55)	11.000
–	variable Vertriebskosten (= 240 Stk. • 20)	4.800
=	Periodendeckungsbeitrag	35.050

[128] Vgl. Fischbach (2013) S. 122 f.

– fixe Herstellkosten	22.000
– fixe Vertriebskosten	5.000
= Periodenerfolg	8.050

b)

Umsatzkostenverfahren auf Teilkostenbasis in der Periode 01:

Erlöse (= 150 Stk. • 220)	33.000
– variable Herstellkosten (= 150 Stk. • 50)	7.500
– variable Vertriebskosten (= 150 Stk. • 20)	3.000
= Periodendeckungsbeitrag	22.500
– fixe Herstellkosten	20.000
– fixe Vertriebskosten	5.000
= Periodenerfolg	-2.500

Umsatzkostenverfahren auf Teilkostenbasis in Periode 02:

Erlöse (= 240 Stk. • 220)	52.800
– variable Herstellkosten (= 50 Stk. aus Periode 01 • 50 + 190 Stk. aus Periode 02 • 55)	12.950
– variable Vertriebskosten (= 240 Stk. • 20)	4.800
= Periodendeckungsbeitrag	35.050
– fixe Herstellkosten	22.000
– fixe Vertriebskosten	5.000
= Periodenerfolg	8.050

8.5 Stufenweise Deckungsbeitragsrechnung

Eine spezielle Ausgestaltungsform der Periodenerfolgsrechnung nach dem **Umsatzkostenverfahren** ist die **stufenweise** (auch mehrstufige) **Deckungsbeitragsrechnung**. Auch bei dieser werden den Erlösen zunächst die variablen Selbstkosten der abgesetzten Leistung gegenübergestellt und vom so ermittelten Deckungsbeitrag anschließend die fixen Kosten subtrahiert. Die Fixkosten werden dann jedoch zusätzlich noch dahingehend untersucht, ob Teile von ihnen von **einzelnen Bereichen oder Stufen** verursacht werden. Ist dies der Fall, so können Informationen über Erfolgsbeiträge einzelner Produkte, Produktgruppen und Unternehmensbereiche gewonnen werden.

Zunächst erfolgt getrennt für die einzelnen Produkte eine Gegenüberstellung der Erlöse und variablen Selbstkosten. Vom so errechneten Produktdeckungsbeitrag **(Deckungsbeitrag I)** werden in einem nächsten Schritt nur jene Fixkosten in Abzug gebracht, die mit dem jeweiligen Produkt in direktem Zusammenhang stehen, d.h. von diesem verursacht werden. Beispiele dafür sind Werbekampagnen oder die Personalkosten eines Call-Centers, die jeweils nur ein Produkt betreffen. Der um diese Produktfixkosten verminderte Deckungsbeitrag **(Deckungsbeitrag II)** zeigt – wenn er positiv ist –, dass das Produkt die von ihm direkt verursachten Fixkosten abdecken und darüber hinaus noch zur Abdeckung weiterer – nicht direkt den einzelnen Produkten zurechenbarer – Fixkosten beitragen kann. Anschließend können die Deckungsbeiträge II von mehreren gemeinsam eine Produktgruppe bildenden Produkten zusammengenommen und jenen Fixkosten gegenübergestellt werden, die dieser Produktgruppe zugerechnet werden können (Produktgruppenfixkosten, beispielsweise ein Fuhrpark oder Kosten der Qualitätsprüfung). Auf diese Weise gelangt man zum **Deckungsbeitrag III** und in weiterer Folge durch Fortsetzung dieses Schemas bis zum Periodenergebnis. Je nach Produktpalette und Ausgestaltung der Rechnung weist die stufenweise Deckungsbeitragsrechnung unterschiedlich viele Stufen auf.

Die auf diese Weise gewonnenen Zwischenergebnisse in Form von Deckungsbeiträgen II, III etc. liefern eine Vielzahl an Informationen, die in der einstufigen Variante der Deckungsbeitragsrechnung **(Blockkostenrechnung)** nicht ersichtlich sind. So kann sich beispielsweise zeigen, dass sich der positive Deckungsbeitrag III einer Produktgruppe sowohl aus positiven als auch aus negativen Deckungsbeiträgen II einzelner Produkte zusammensetzt und somit eine „Quersubventionierung" zwischen diesen Produkten besteht.

Beispiel 29

Ein Betrieb erzeugt in der Produktgruppe A die Produkte 1 und 2 sowie in der Produktgruppe B die Produkte 3 und 4. Folgende Daten sind bekannt:

	Produktgruppe A		Produktgruppe B	
	Produkt 1	Produkt 2	Produkt 3	Produkt 4
Erlös je Stück	12,00	5,40	12,00	4,00
variable Selbstkosten je Stück	6,00	2,40	6,00	2,00
abgesetzte Menge in Stück	90	510	100	650
Fixkosten der Produkte	0	300	800	40
Fixkosten der Produktgruppe	600		330	
Fixkosten des Unternehmens	1.200			

Aufgabenstellung:

Ermitteln Sie mittels einstufiger und mehrstufiger Deckungsbeitragsrechnung das Betriebsergebnis und interpretieren Sie die Ergebnisse!

Lösung:

In der einstufigen Form hat die Deckungsbeitragsrechnung folgendes Aussehen:

	Produktgruppe A		Produktgruppe B	
	Produkt 1	Produkt 2	Produkt 3	Produkt 4
Erlös je Stück	12,00	5,40	12,00	4,00
– variable Selbstkosten je Stück	6,00	2,40	6,00	2,00
= Deckungsbeitrag je Stück	6,00	3,00	6,00	2,00
• abgesetzte Menge in Stück	90	510	100	650
= Deckungsbeitrag	540	1.530	600	1.300
= ∑ Deckungsbeitrag	3.970			
– ∑ Fixkosten	3.270			
= Periodenerfolg	700			

In der mehrstufigen Form zeigt die Deckungsbeitragsrechnung zwischen den Deckungsbeiträgen I der einzelnen Produkte und dem Periodenerfolg die Deckungsbeiträge II und III als wichtige Zusatzinformation:

	Produktgruppe A		Produktgruppe B	
	Produkt 1	Produkt 2	Produkt 3	Produkt 4
Erlös je Stück	12,00	5,40	12,00	4,00
– variable Selbstkosten je Stück	6,00	2,40	6,00	2,00
= Deckungsbeitrag je Stück	6,00	3,00	6,00	2,00
• abgesetzte Menge in Stück	90	510	100	650
= Deckungsbeitrag I	540	1.530	600	1.300
– Fixkosten der Produkte	0	300	800	40
= Deckungsbeitrag II	540	1.230	–200	1.260
= ∑ Deckungsbeitrag II	1.770		1.060	
– Fixkosten der Produktgruppe	600		330	
= Deckungsbeitrag III	1.170		730	
= ∑ Deckungsbeitrag III	1.900			
– Fixkosten des Unternehmens	1.200			
= Periodenerfolg	700			

Die Periodenerfolgsrechnungen in einstufiger und mehrstufiger Form zeigen das gleiche Periodenergebnis. Die stufenweise Rechnung liefert mit dem negativen Deckungsbeitrag II für Produkt 3 jedoch eine wichtige zusätzliche Information, die zeigt, dass in Produktgruppe B nur Produkt 4 positiv zum Erfolg beiträgt.

Diese Information kann zur besseren Steuerung der Produktgruppe verwendet werden. Je nachdem, wie die Produkte zusammenhängen, könnten mehrere Maßnahmen im konkreten Fall sinnvoll sein. So könnte man v.a. versuchen, mittels Kostenmanagement die Fixkosten des Produkts 3 zu senken. Eine Erhöhung des Deckungsbeitrags I des Produkts 3 wäre ebenfalls anzustreben (z.B. durch Senkung der variablen Stückkosten, Erhöhung der Stückerlöse und/oder Erhöhung der Menge bei gleichbleibenden Fixkosten), wird in der Praxis jedoch nicht ohne erhebliche Anstrengungen möglich sein. Das Produkt zur Gänze aufzulassen ist nur dann zielführend, wenn die Fixkosten des Produkts 3 auch tatsächlich abgebaut werden können und zwischen den Produkten 3 und 4 keine Verbundeffekte (z.B. Nachfrageverbund) bestehen.

Beispiel 30[129]

Ein Unternehmen erzeugt die Produkte A, B, C, D, E, F und G, die in drei Produktgruppen zusammengefasst werden. Für den kommenden Monat werden folgende Deckungsbeiträge erwartet:

[129] Vgl. Röhrenbacher (2002) S. 190 ff.

Produkt A	380.000
Produkt B	150.000
Produkt C	90.000
Produkt D	20.000
Produkt E	140.000
Produkt F	40.000
Produkt G	270.000

Die Produkte A, B und C bilden die Produktgruppe I, D und E die Produktgruppe II, und F und G die Produktgruppe III.
Die Fixkosten teilen sich wie folgt auf die verschiedenen Kostenstellen auf:

Einkauf	30.000
Konstruktionsbereich	50.000
Montagebereich	200.000
Nachbesserung	60.000
Entwicklung	90.000
Export	30.000
Fuhrpark	60.000
Werbung	100.000
Verpackung 1	60.000
Verpackung 2	40.000
Verkauf I	100.000
Verkauf II	80.000
Verkauf III	110.000
Verwaltung	90.000

Zu den einzelnen Produkten bzw. Kostenstellen ist anzumerken:

- Alle Materialien werden von der Abteilung „Einkauf“ beschafft und bei ihr gelagert.
- Alle Produkte durchlaufen die Bereiche „Konstruktion“ und „Montage“.
- Die Produkte der Produktgruppe III durchlaufen auch den Fertigungsbereich „Nachbesserung“.
- Ausschließlich das Produkt C wird exportiert.
- Nur die Produkte der Produktgruppe II werden mit dem werkseigenen Fuhrpark zugestellt.
- Die Werbung ist grundsätzlich unternehmens- und nicht produktorientiert. 50% der fixen Werbungskosten sind aufgrund einer produktbezogenen Einführungswerbung allerdings dem Produkt F zurechenbar.
- In der Abteilung „Verpackung 1“ erhalten alle Produkte eine Schutzverpackung.
- Die Produkte der Produktgruppen II und III erhalten in der Abteilung „Verpackung II“ darüber hinaus einen dekorativen Überkarton.

- Für jede Produktgruppe ist eine Abteilung „Verkauf" eingerichtet.
- Für die Produkte der Produktgruppe III ist eine Entwicklungsabteilung eingerichtet.

Aufgabenstellung:

Ermitteln Sie den Periodenerfolg mit einer stufenweisen Deckungsbeitragsrechnung!

Lösung:

Die aus obigen Angaben resultierende mehrstufige Deckungsbeitragsrechnung ist wie folgt aufzubauen:

	Produktgruppe I			Produktgruppe II		Produktgruppe III	
	A	B	C	D	E	F	G
Deckungsbeitrag I	380.000	150.000	90.000	20.000	140.000	40.000	270.000
- produktfixe Kosten			30.000			50.000	
= Deckungsbeitrag II	380.000	150.000	60.000	20.000	140.000	-10.000	270.000
= Summe DB II	590.000			160.000		260.000	
- produktgruppenfixe Kosten	100.000			140.000		260.000	
= Deckungsbeitrag III	490.000			20.000		0	
= Summe DB III	490.000			20.000			
- bereichsfixe Kosten				40.000			
= Deckungsbeitrag IV	490.000			-20.000			
= Summe DB IV	470.000						
- unternehmensfixe Kosten	480.000						
= Periodenerfolg	-10.000						

8.6 Mehrdimensionale Absatzsegmenterfolgsrechnung

Bei der **mehrdimensionalen Absatzsegmenterfolgsrechnung** werden Erlöse, Kosten und Deckungsbeiträge gleichzeitig nach mehreren Kriterien dargestellt. Bei gleichzeitiger Kunden- und Produktsegmentierung resultiert daraus eine zweidimensionale Rechnung: Die Ergebnisse jeder Kundengruppe werden zusätzlich nach den Produktgruppen aufgespalten (und umgekehrt).[130]

Die Ergebnisse der Absatzsegmenterfolgsrechnung sind die Basis für eine rational ausgestaltete selektive Absatzpolitik, wobei allerdings auch nicht kostenrechnerische Aspekte (Produktlebenszyklus, Verbundeffekte etc.) beachtet werden müssen.

[130] Vgl. Röhrenbacher (2002) S. 306.

Beispiel 31[131]

Ein Betrieb verkauft drei Produktgruppen (A, B, C) an zwei Kundengruppen (I, II): Die Deckungsbeitragsabrechnung brachte folgende Ergebnisse:

	Kundengruppe I:
Produktgruppe A	200.000
Produktgruppe B	500.000
Produktgruppe C	200.000
Summe	900.000
	Kundengruppe II:
Produktgruppe A	300.000
Produktgruppe B	100.000
Produktgruppe C	200.000
Summe	600.000

Die Periodenfixkosten betragen 1.407.000. Eine differenzierte Fixkostenanalyse ergab folgende (finale) Zurechenbarkeiten:

- Unternehmensfixe Kosten 30.000
- Teilabsatzsegmentfixe Kosten
  - Produktgruppe A 5.000
  - Produktgruppe B 29.000
  - Produktgruppe C 155.000
  - Kundengruppe I 48.000
  - Kundengruppe II 90.000
- Teilabsatzsegmentelementfixe Kosten
  - der Produktgruppe A der Kundengruppe I zurechenbar 160.000
  - der Produktgruppe A der Kundengruppe II zurechenbar 70.000
  - der Produktgruppe B der Kundengruppe I zurechenbar 490.000
  - der Produktgruppe B der Kundengruppe II zurechenbar 80.000
  - der Produktgruppe C der Kundengruppe I zurechenbar 210.000
  - der Produktgruppe C der Kundengruppe II zurechenbar 40.000

Aufgabenstellung:

a) Bestimmen Sie das Periodenergebnis mittels der Blockkostenrechnung!

b) Bestimmen Sie das Periodenergebnis mittels einer stufenweisen Deckungsbeitragsrechnung, wobei die Aggregation einmal über die Produktgruppen (Produktgruppenerfolgsrechnung) und einmal über die Kundengruppen (Kundengruppenerfolgsrechnung) erfolgen soll!

c) Bestimmen Sie das Periodenergebnis mittels einer zweidimensionalen Absatzsegmenterfolgsrechnung und interpretieren Sie das Ergebnis!

131 Vgl. Röhrenbacher (2002) S. 301 ff.

Lösung:

a)

Bei der **Blockkostenrechnung** wird der Periodenerfolg ermittelt, indem von der Periodendeckungsbeitragssumme die undifferenzierte Periodenfixkostensumme abgezogen wird. Verlustträchtige und daher eventuell zu schließende Teilbereiche können bei dieser Form der Periodenerfolgsrechnung nicht erkannt und daher auch nicht ausgeschieden werden.

	Deckungsbeitragssumme (= 900.000 + 600.000)	1.500.000
–	Fixkostensumme	1.407.000
=	Periodenerfolg	93.000

b)

Auch die mehrstufige Deckungsbeitragsrechnung in Form der **Produktgruppenerfolgsrechnung** führt zum Periodenerfolg von 93.000, zeigt aber zusätzlich die Ergiebigkeit der Produktgruppen-Teilabsatzsegmente auf.

	Produktgruppe A	Produktgruppe B	Produktgruppe C
DB I	500.000	600.000	400.000
– teilabsatzsegmentelementfixe Kosten	230.000	570.000	250.000
– teilabsatzsegmentfixe Kosten	5.000	29.000	155.000
= DB II	265.000	1.000	–5.000
= Summe DB II	261.000		
– nicht zurechenbare Fixkosten	168.000		
= Periodenerfolg	93.000		

Die Produktgruppe C ist mit ihren Deckungsbeiträgen nicht in der Lage, die ihr final zurechenbaren Fixkosten abzudecken. Ein Ausscheiden dieses Teilbereichs legt daher eine Verbesserung des Periodenergebnisses um 5.000 nahe, sofern die Fixkosten abgebaut werden können und keine Verbundeffekte bestehen.
Ergänzend kann eine Kundengruppenerfolgsrechnung aufgestellt werden. Die Kundengruppenerfolgsrechnung hat folgendes Aussehen:

	Kundengruppe I	Kundengruppe II
DB I	900.000	600.000
– teilabsatzsegmentelementfixe Kosten	860.000	190.000
– teilabsatzsegmentfixe Kosten	48.000	90.000
= DB II	–8.000	320.000
= Summe DB II	312.000	
– nicht zurechenbare Fixkosten	219.000	
= Periodenerfolg	93.000	

Die Kundengruppenerfolgsrechnung zeigt an, dass das Teilabsatzsegment „Kundengruppe I“ negativ abschließt. Bei einem Ausscheiden dieses Teilabsatzsegments scheint eine Verbesserung des Periodenerfolgs um 8.000 möglich.
Fasst man die Ergebnisse der mehrfach-parallelen Absatzsegmenterfolgsrechnung zusammen, sollte sowohl die Kundengruppe I als auch die Produktgruppe C ausgeschieden, d.h. nicht beliefert bzw. nicht erzeugt werden. Die Ergebnisverbesserung sollte dann 13.000 (= 8.000 + 5.000) betragen, sofern die Fixkosten abgebaut werden können und keine Verbundeffekte bestehen.

c)

Die zweidimensionale Rechnung hat folgendes Aussehen:

	Kundengruppe I	Kundengruppe II	DB II	segmentfixe Kosten	DB III	Summe DB III	unternehmensfixe Kosten	Periodenerfolg
Produktgruppe A	40.000	230.000	270.000	5.000	265.000			
Produktgruppe B	10.000	20.000	30.000	29.000	1.000	261.000	168.000	93.000
Produktgruppe C	–10.000	160.000	150.000	155.000	–5.000			
DB II	40.000	410.000						
segmentfixe Kosten	48.000	90.000						
DB III	–8.000	320.000						
Summe DB III	312.000							
unternehmensfixe Kosten	219.000							
Periodenerfolg	93.000							

Die mehrdimensionale Rechnung zeigt auf, dass bei einem Verzicht auf den Verkauf der Produktgruppe C an die Kundengruppe I das Periodenergebnis um 10.000 verbessert werden kann. Bei einem Ausscheiden nur dieses Bereichs (Teilabsatzsegmentelements) würden in der Folge die beiden Teilabsatzsegmente „Produktgruppe C“ sowie „Kundengruppe I“ positiv abschneiden, sofern die Fixkosten abgebaut werden können und keine Verbundeffekte bestehen.
Ein Ausscheiden der beiden in der Kundengruppenerfolgsrechnung bzw. Produktgruppenerfolgsrechnung negativ abschneidenden Teilabsatzsegmente würde das Periodenergebnis nicht um 13.000 verbessern, wie zunächst vermutet, sondern, wegen der Doppelzählung des Elements „Produktgruppe C / Kundengruppe I“ in Höhe von 10.000, lediglich eine Verbesserung von 3.000 herbeiführen.

8.7 Segmenterfolgsrechnungen im externen Rechnungswesen

Die Notwendigkeit nach einer detaillierteren Aufschlüsselung des Umsatzes findet sich auch, in unterschiedlichem Ausmaß, in der externen Rechnungslegung. Nach § 240 **UGB** müssen große Gesellschaften im Anhang zusätzlich eine Aufgliederung der Umsätze nach Tätigkeitsbereichen sowie nach geografischem Ursprung vornehmen, sofern sich diese untereinander erheblich unterscheiden. Damit soll den Bilanzadressaten eine tiefergehende Analyse der Umsatzgenerierung ermöglicht werden (vgl. Abbildung 36).

III. Erläuterungen zur Gewinn- und Verlustrechnung

Umsatzerlöse				
Umsatzerlöse	2014 T€	2013 T€	2012 T€	2011 T€
Österreich	77.218	77.742	76.317	73.532
EU	91.195	99.307	88.637	89.235
Drittländer	8.022	13.216	11.339	7.103
	176.435	190.265	176.293	169.870

Abbildung 36: Aufspaltung der Umsatzerlöse nach UGB (Beispiel)[132]

Nach **IFRS** müssen Unternehmen im Rahmen einer **Segmentberichterstattung** eine weit umfangreichere Aufgliederung nicht nur der Umsätze, sondern auch der Ergebnisse und des zugeordneten Vermögens pro „operativem Segment" vornehmen. IFRS 8 sieht vor, dass die Segmentabgrenzung unmittelbar der internen Organisationsstruktur des Unternehmens folgen muss. Neben der Segmentabgrenzung orientieren sich auch die Ausweisvorschriften weitgehend am internen Berichtswesen. Denn als Richtschnur für sämtliche im Rahmen der externen Segmentberichterstattung offenzulegende Daten gilt, dass diese auch unternehmensintern an die „zentrale Entscheidungsinstanz" berichtet werden, um Ressourcenallokationen vorzunehmen und um die Ertragskraft der Segmente zu bewerten (IFRS 8.5). Auch die dabei verwendeten Ansatz-, Bewertungs- und Ausweismaßstäbe werden nach außen offengelegt.[133]

Mithilfe des Segmentberichts können externe Bilanzadressaten Einblick in unternehmensindividuelle Datengrundlagen für Managemententscheidungen erhalten. Auf das Management selbst entsteht Druck, verlässliche und entscheidungsnützliche interne Informationssysteme zu entwickeln, weil diese Informationssysteme sich durch die zumindest teilweise Offenlegung der öffentlichen Kritik stellen. Die nach IFRS zu wählende unternehmensindividuelle Berichterstattung kann allerdings den unternehmensübergreifenden Vergleich erschweren (vgl. Abbildung 37).[134]

[132] Entnommen aus Manner AG Geschäftsbericht 2014 S. 27.

[133] Vgl. Engelen/Pelger (2014) S. 179.

[134] Vgl. für eine ausführliche Darstellung zur Segmentabgrenzung und zum Berichtsinhalt z.B. Grünberger (2015) S. 495 ff.

Mio. €	PKW	Nutzfahrzeuge	Power Engineering	Finanzdienstleistungen	Summe Segmente	Überleitung	Volkswagen Konzern
Umsatzerlöse mit externen Dritten	150.677	24.999	3.727	22.594	201.996	462	202.458
Umsatzerlöse mit anderen Segmenten	13.389	5.206	5	2.327	20.927	−20.927	–
Umsatzerlöse	164.065	30.205	3.732	24.920	222.922	−20.464	202.458
Planmäßige Abschreibungen	9.549	2.133	361	4.521	16.564	−125	16.439
Außerplanmäßige Abschreibungen	209	69	1	127	406	44	450
Zuschreibungen	27	1	–	4	31	–	31
Segmentergebnis (Operatives Ergebnis)	11.578	901	44	1.917	14.439	−1.742	12.697
Ergebnis aus nach der Equity-Methode bewerteten Beteiligungen	3.763	14	6	31	3.814	174	3.988
Zinsergebnis und übriges Finanzergebnis	−1.053	261	−8	17	−783	−1.107	−1.891
At Equity bewertete Anteile	7.186	399	22	433	8.039	1.835	9.874
Investitionen in Immaterielle Vermögenswerte, Sachanlagen und Als Finanzinvestition gehaltene Immobilien	14.039	1.851	166	517	16.574	39	16.613

NACH REGIONEN 2014

Mio. €	Deutschland	Europa und sonstige Regionen*	Nordamerika	Südamerika	Asien/Pazifik	Gesamt
Umsatzerlöse mit externen Dritten	39.372	83.485	27.619	13.868	38.113	202.458
Immaterielle Vermögenswerte, Sachanlagen, Vermietete Vermögenswerte und Als Finanzinvestition gehaltene Immobilien	78.147	32.665	17.489	3.324	2.548	134.174

* Ohne Deutschland.

Die Zurechnung der Umsatzerlöse zu den Regionen folgt dem Bestimmungslandprinzip.

Abbildung 37: Auszüge aus dem Segmentbericht (Beispiel)[135]

Am Beispiel der Segmentberichterstattung wird der in internationalen Rechnungslegungsstandards stark ausgeprägte **Management Approach** deutlich. Darunter versteht man in der Finanzberichterstattung nach IFRS generell die externe Verwendung von Informationen, die an sich für interne Planungs- und Berichtszwecke gegenüber dem Management erstellt wurden. Es soll damit den externen Bilanzadressaten zumindest teilweise ermöglicht werden, die „Sichtweise" des Managements einzunehmen und die Ressourcenallokationsentscheidung nachzuvollziehen.

Betreffend die einzuschlagende **Harmonisierungsrichtung** ist damit gezeigt, dass sich das interne Rechnungswesen keinesfalls immer an das aufgrund gesetzlicher Vorgaben „unverrückbare" externe Rechnungswesen anpassen müsste. Die Har-

[135] Entnommen aus Volkswagen AG Geschäftsbericht 2014 S. 211 und 212.

monisierungsrichtung wird in diesem wie in zahlreichen anderen Fällen umgekehrt und geht vom internen zum externen Rechnungswesen.

Abbildung 38 fasst die Aufgaben der Kostenträger- und der Periodenerfolgsrechnung innerhalb der Teilkostenrechnung zusammen und gibt einen **Ausblick**, für welche weiteren Systeme, die in weiterer Folge behandelt werden, die Ergebnisse der Kostenrechnung als Grundlage dienen.

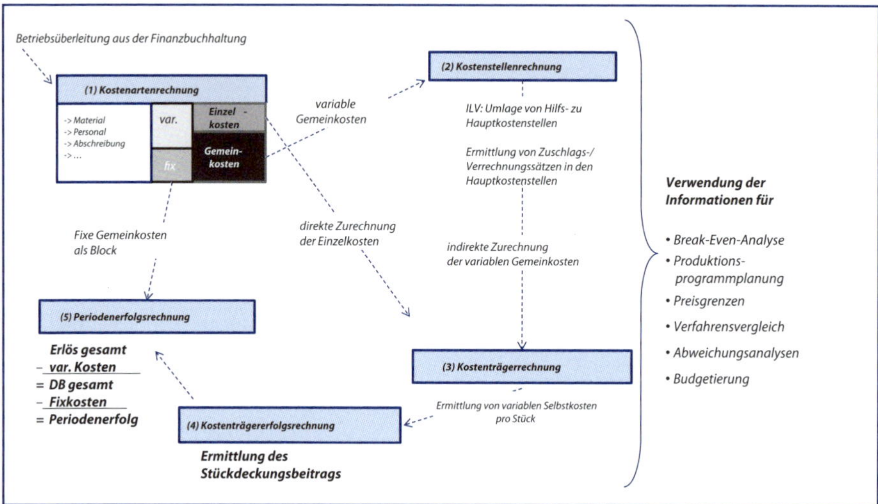

Abbildung 38: Verwendung der Informationen des Kostenrechnungssystems (zu Teilkosten)

9 Break-Even-Analyse

Lernziele

Nach Durcharbeiten von Kapitel 9 sollten Sie u.a. in der Lage sein:

- eine Break-Even-Analyse sowohl im Einprodukt- als auch im Mehrproduktunternehmen durchzuführen
- Sicherheitskoeffizienten und Operating Leverages zu ermitteln und zu diskutieren
- eine stochastische Break-Even-Analyse durchzuführen

Grundlegende Aufgabe der Break-Even-Analyse ist die Bestimmung der sog. Gewinnschwelle, bei der ein Ergebnis von genau null erzielt wird. Bei dieser **Gewinnschwelle** gelten folgende Relationen:[136]

- Erlöse (E) = Gesamtkosten (GK)
- Gewinn (G) = 0
- Periodendeckungsbeitrag (DB) = Fixkosten (FK)

Bei der Gewinnschwelle wird demnach weder ein Gewinn noch ein Verlust erzielt, d.h. die erzielten Erlöse decken in ihrer Höhe gerade die angefallenen Gesamtkosten der Periode ab. Die Gewinnschwelle lässt sich mengenmäßig als **Mindestabsatz in Stück** (Break-Even-Absatz bzw. Break-Even-Menge oder Break-Even-Punkt) oder wertmäßig als Mindestumsatz in Geldeinheiten (Break-Even-Umsatz) ausdrücken.

9.1 Break-Even-Analyse im Einproduktfall

Die Formel für die in Stück ausgedrückte Break-Even-Menge (x_{BE}) eines Unternehmens mit einem einzigen Produkt kann wie folgt hergeleitet werden:

$$E = x \cdot p$$

$$GK = FK + kv \cdot x$$

$$G = E - GK$$

$$G = x \cdot p - FK - kv \cdot x$$

$$G = db \cdot x - FK$$

$$G = 0$$

$$x_{BE} = \frac{FK}{db}$$

wobei:

[136] Vgl. auch Fischbach (2013) S. 132.

E	Erlös
x	Absatzmenge
p	Nettoerlös je Stück
GK	Gesamtkosten
FK	Fixkosten
kv	variable Stückkosten
db	Stückdeckungsbeitrag

Die Break-Even-Menge entspricht also dem Quotienten aus Fixkosten und Stückdeckungsbeitrag. Dieser Zusammenhang erscheint auch ohne Formel logisch, da die Periodenfixkosten Stück für Stück durch die Deckungsbeiträge der einzelnen Einheiten abzudecken sind.

Wird darüber hinaus ein **Mindestgewinn** (MG) gefordert, so kann die entsprechende Mindestabsatzmenge durch Formelerweiterung wie folgt ermittelt werden:

$$x_{MG} = \frac{FK + MG}{db}$$

Den wertmäßigen **Break-Even-Umsatz** (E_{BE}) erhält man durch Multiplikation der Break-Even-Menge mit dem Absatzpreis:

$$E_{BE} = x_{BE} \cdot p$$

Alternativ kann der Break-Even-Umsatz auch durch Division der Fixkosten durch die Deckungsbeitragsspanne (DBS) ermittelt werden:

$$E_{BE} = \frac{FK}{DBS}$$

Die **Deckungsbeitragsspanne** entspricht dabei dem Verhältnis zwischen dem Stückdeckungsbeitrag und dem Nettoerlös pro Stück:

$$DBS = \frac{db}{p}$$

☞ Break-Even-Punkt

Der Break-Even-Punkt bezeichnet im Modell der Break-Even-Analyse den kritischen Mindestabsatz. Er ist jener Absatz, bei dem ein Unternehmen kostendeckend wirtschaftet, d.h. die Deckungsbeitragssumme den Fixkosten entspricht bzw. die Gesamtkosten gleich den Gesamterlösen sind. Diese Gewinnschwelle errechnet sich mengenmäßig mittels Division der Fixkosten durch den Deckungsbeitrag je Stück bzw. wertmäßig mittels Division der Fixkosten durch den Deckungsbeitrag in Prozent des Umsatzes.

Grafisch lassen sich diese Zusammenhänge für ein Einproduktunternehmen wie in Abbildung 39 veranschaulichen:

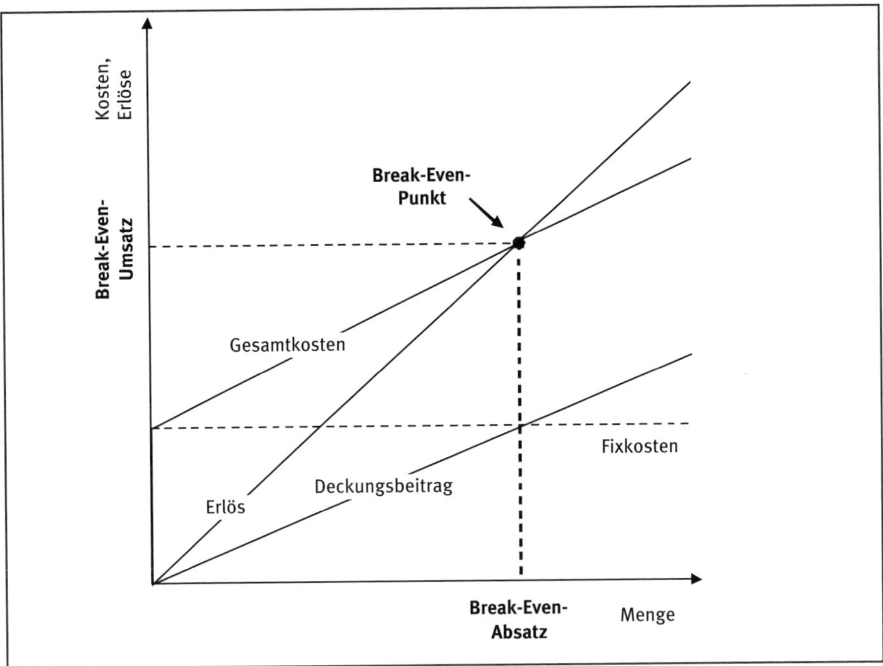

Abbildung 39: Break-Even-Analyse

Für jedes Unternehmen ist es wichtig, die Gewinnschwelle frühzeitig zu überschreiten und in weiterer Folge zudem einen ausreichenden Sicherheitsabstand zur Gewinnschwelle zu halten. Der **Sicherheitskoeffizient** (S) gibt an, um wie viel Prozent die geplante Absatzmenge bzw. der geplante Umsatz (bei konstanten Absatzpreisen) gegenüber der Ausgangssituation zurückgehen kann, ohne dass ein Verlust entsteht:

$$S = \frac{x - x_{BE}}{x} \quad \text{bzw.} \quad S = \frac{E - E_{BE}}{E}$$

Eng verwandt mit dem Sicherheitskoeffizienten ist das Konzept des **Operating Leverage**, der mathematisch die Elastizität des Gewinns in Bezug auf den Umsatz darstellt. Der Operating Leverage (OL) zeigt an, wie sensibel der Gewinn (G) auf eine Umsatzänderung reagiert:[137]

$$OL = \frac{\text{rel. Gewinnänderung}}{\text{rel. Umsatzänderung}}$$

$$OL = \frac{\frac{\Delta G}{G}}{\frac{\Delta E}{E}} = \frac{\frac{\Delta x \cdot db}{x \cdot db - FK}}{\frac{\Delta x \cdot p}{x \cdot p}} = \frac{x \cdot db}{x \cdot db - FK} = \frac{DB}{G}$$

[137] Vgl. Heimann et al (2013) S. 147.

Der Operating Leverage wird also durch das Verhältnis der Deckungsbeitragssumme (DB) zum Gewinn (G) bestimmt. Je höher daher der Fixkostenblock (FK) in Relation zur Deckungsbeitragssumme ist, desto stärker reagiert der Gewinn auf eine Änderung der Erlöse. Der Operating Leverage misst folglich das **leistungswirtschaftliche Risiko** des Unternehmens. Zwischen der Kostenstruktur und dem leistungswirtschaftlichen Risiko- bzw. Chancenprofil eines Unternehmens besteht somit folgender Zusammenhang: Je höher der Anteil der fixen Kosten an den Gesamtkosten ist, desto größer sind bei steigender Beschäftigung die Gewinnchancen; genauso sind aber bei sinkender Beschäftigung auch die Verlustrisiken größer.

Durch Umformung obiger Gleichung wird der Zusammenhang zwischen Operating Leverage, Break-Even-Punkt und Sicherheitskoeffizient deutlich:[138]

$$OL = \frac{x \cdot db}{x \cdot db - FK} = \frac{x}{x - \frac{FK}{db}} = \frac{x}{x - x_{BE}} = \frac{1}{S}$$

Der Operating Leverage entspricht somit dem Kehrwert des Sicherheitskoeffizienten. Mit zunehmendem Sicherheitskoeffizienten sinkt c.p. der Operating Leverage.

Darüber hinaus kann für die kurzfristige Liquiditätssicherung noch der sog. **Liquiditätspunkt** (L) von Interesse sein. Dieser zeigt an, wie hoch die (zahlungswirksame, d.h. bar abgesetzte) Absatzmenge sein müsste, um den zahlungswirksamen Anteil der Gesamtkosten zu erwirtschaften. Nicht zahlungswirksame Kosten wie insbesondere Abschreibungen oder Dotierungen von Rückstellungen werden dabei nicht berücksichtigt:

$$L = \frac{FK_{zahlungswirksam}}{db}$$

Schließlich kann das Instrument der Break-Even-Analyse im Rahmen von **Sensitivitätsanalysen** zur Simulation verschiedener Unternehmenssituationen eingesetzt werden. So kann etwa gezielt untersucht werden, wie sich Änderungen der Einflussgrößen Absatzpreis, variable Kosten oder Fixkosten auf die Gewinnschwelle auswirken bzw. wie diese Einflussgrößen verändert werden müssen, damit die Gewinnschwelle erreicht wird.

Beispiel 32

Die geschätzten Fixkosten für ein neues Produkt belaufen sich auf 100.000 und sind zu 20% zahlungsunwirksam. Der am Markt erzielbare Preis beträgt 600. Es fallen variable Stückkosten von 200 an. Die geplante Absatzmenge liegt bei 300 Stück.

Aufgabenstellung:

a) Ermitteln Sie den geplanten Periodenerfolg!

[138] Vgl. Heimann et al (2013) S. 147 f.

b) Ermitteln Sie die Break-Even-Menge, den Break-Even-Umsatz, den Sicherheitskoeffizienten sowie den Liquiditätspunkt für dieses Produkt!

c) Wie wirkt sich ein Verfehlen des Plan-Absatzes um 1% auf den geplanten Gewinn aus?

d) Es soll untersucht werden, welche Auswirkungen auf die Break-Even-Menge und den Break-Even-Umsatz sich durch eine Senkung des Verkaufspreises um 4% und eine Senkung der variablen Rohstoffkosten um 6% ergeben würden. Der Rohstoff verursacht in der derzeitigen Planung 60% der variablen Stückkosten. Die Fixkosten bleiben unverändert bei 100.000.

Lösung:

a)

Umsatzerlöse	180.000
– variable Kosten	60.000
= Deckungsbeitrag	120.000
– Fixkosten	100.000
= Periodenerfolg	20.000

b)

Die Break-Even-Menge wird wie folgt berechnet:

$$x_{BE} = \frac{100.000}{(600 - 200)} = 250 \text{ Stk.}$$

Der Break-Even-Umsatz beträgt folglich 150.000 (= 250 • 600).

Alternativ könnte der Break-Even-Umsatz auch über eine Division der Fixkosten durch die Deckungsbeitragsspanne (DBS = 400 / 600 = 66,67%) ermittelt werden:

$$E_{BE} = \frac{100.000}{66{,}67\%} = 150.000$$

Der Sicherheitskoeffizient berechnet sich wie folgt:

$$S = \frac{300 - 250}{300} = 16{,}67\%$$

Die geplante Absatzmenge (sowie bei gleichen Preisen auch der geplante Umsatz) kann somit um maximal 16,67% zurückgehen, ohne in die Verlustzone zu geraten.

Der Liquiditätspunkt berücksichtigt in der Berechnung nur die zahlungswirksamen Fixkosten:

$$L = \frac{100.000 \cdot 0{,}8}{(600 - 200)} = 200 \text{ Stk.}$$

c)

Der als Elastizität interpretierbare Operating Leverage gibt an, welche prozentuelle Gewinnänderung aus einer einprozentigen Erlösänderung resultiert.

Der Operating Leverage kann wie folgt ermittelt werden:

$$OL(300) = \frac{\frac{\Delta G}{G}}{\frac{\Delta E}{E}} = \frac{\frac{1.200}{20.000}}{\frac{1.800}{180.000}} = 6$$

bzw.

$$OL(300) = \frac{1}{0{,}167} = 6$$

Der geplante Umsatzerlös in Höhe von 180.000 ergibt sich aus einer Multiplikation von Absatzpreis (600) und geplanter Absatzmenge (300). Bei einer geplanten Absatzmenge von 300 Stück ermittelt man einen Gewinn in Höhe von 300 • (600 – 200) – 100.000 = 20.000. Einer Abweichung vom Plan-Umsatz um 1%, das sind 1.800, entspricht eine Absatzmengenänderung von 1.800 / 600 = 3 Stück. Ein Abweichen vom Plan-Erlös im Ausmaß von 1% hat daher eine absolute Gewinnänderung um 3 • 400 = 1.200, oder, relativ betrachtet, eine Gewinnänderung von 6% (= 1.200 / 20.000) zur Folge. Diesem Einfluss der Umsatzerlösänderung auf den geplanten Gewinn entspricht ein Operating Leverage von 6. Diesen kann man – wie oben gezeigt – auch ermitteln, indem man den Kehrwert des Sicherheitskoeffizienten ermittelt.

d)

Es gelten folgende Zusammenhänge:

neuer Stückerlös = 600 – 4% von 600 = 576

Rohstoffanteil in den variablen Kosten je Stück = 200 • 0,6 = 120

neue Rohstoffkosten je Stück = 120 – 6% von 120 = 112,8

neue variable Stückkosten = 80 + 112,8 = 192,8

$$x_{BE\,neu} = \frac{100.000}{(576 - 192{,}80)} \approx 261 \text{ Stk.}$$

Die kritische Absatzmenge würde demnach um ca. 11 Stück auf 261 Stück ansteigen. Der neue Break-Even-Umsatz würde 150.336 (= 261 • 576) betragen.

Beispiel 33

Bei einem Produkt XY beträgt der Deckungsbeitrag 15% vom Umsatz. Bei einem Umsatz von 900.000 betrug der Verlust (V) in der abgelaufenen Abrechnungsperiode 75.000.

Aufgabenstellung:

Wie hoch wäre der Break-Even-Umsatz in der abgelaufenen Abrechnungsperiode gewesen?

Lösung:

Zunächst hat man die Fixkosten aus den Daten der abgelaufenen Periode wie folgt zu ermitteln:

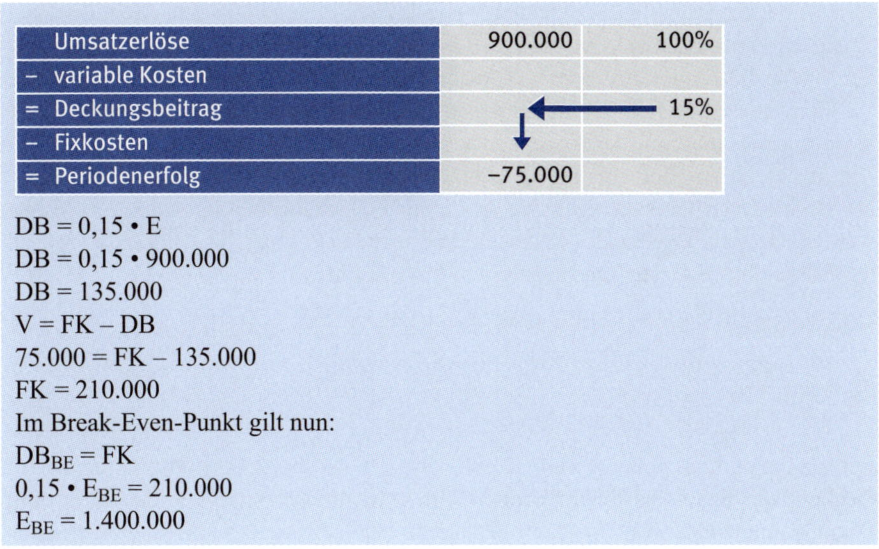

Umsatzerlöse	900.000	100%
– variable Kosten		
= Deckungsbeitrag	←	15%
– Fixkosten	↓	
= Periodenerfolg	–75.000	

$DB = 0{,}15 \cdot E$
$DB = 0{,}15 \cdot 900.000$
$DB = 135.000$
$V = FK - DB$
$75.000 = FK - 135.000$
$FK = 210.000$
Im Break-Even-Punkt gilt nun:
$DB_{BE} = FK$
$0{,}15 \cdot E_{BE} = 210.000$
$E_{BE} = 1.400.000$

Insbesondere in Krisenzeiten kann die Break-Even-Analyse auch bei Entscheidungen über die **temporäre Stilllegung** von nur schwach ausgelasteten Produktionskapazitäten zum Einsatz kommen. Bei solchen Entscheidungen werden zunächst die Fixkosten ermittelt, die im untersuchten Unternehmensbereich (z.B. Werk, Profit Center) durch gezielte Maßnahmen (z.B. Kurzarbeit, Tausch von größeren Maschinen gegen kleinere) abgebaut werden können. Diese abbaubaren Fixkosten werden in der Folge mit der Deckungsbeitragssumme verglichen, die bei Weiterbetrieb des Bereichs im selben Zeitraum erzielt werden kann. Nur dann, wenn die möglichen Fixkostenersparnisse – abzüglich der anfallenden Kosten für den Abbau (z.B. Abfertigungen, Konventionalstrafen für nicht eingehaltene Lieferverträge) und die spätere Wiederingangsetzung von Kapazitäten (z.B. Neueinschulung von qualifiziertem Personal, Probelauf) – höher sind als die bei Weiterbetrieb erzielbaren Deckungsbeiträge, stellt die temporäre Stilllegung die zumindest aus kostenrechnerischer Sicht optimale Entscheidungsalternative dar (siehe dazu im Detail Kap. 10.8).

9.2 Break-Even-Analyse im Mehrproduktfall

Im **Mehrproduktfall** tragen alle Produkte in ihrer Gesamtheit zur Deckung der insgesamt anfallenden Fixkosten (sowie eines geforderten Mindestgewinns) bei. Folglich kann die Gewinnschwelle durch mehrere Kombinationen von Absatzmengen einzelner Produkte erreicht werden.

Eine Möglichkeit zur Errechnung der Gewinnschwelle als **Break-Even-Absatz** in Stück besteht darin, einen bestimmten Produktmix anzunehmen, der angibt, mit welchen Prozentsätzen die einzelnen Produkte am Gesamtdeckungsbeitrag beteiligt sein sollen. Dazu werden zunächst für jedes Produkt separat die fiktiven Break-Even-Mengen errechnet, die erforderlich wären, wenn das jeweilige Produkt allein die Fixkosten abdecken müsste. Da jede dieser Break-Even-Mengen für sich allein die Erreichung der Gewinnschwelle sichert, müssen logischerweise nur jeweils die festgesetzten Anteile am Produktmix davon realisiert werden.

Eine andere Möglichkeit, die in der Praxis gerne angewendet wird, besteht darin, anstelle der Anteile an der Fixkostendeckung die aus Erfahrungswerten bekannten Umsatzanteile zur Berechnung heranzuziehen. So kann die Gewinnschwelle direkt als **Break-Even-Umsatz** über die gewichtete Deckungsbeitragsspanne berechnet werden, die sich aus den Deckungsbeitragsspannen der einzelnen Produkte, gewichtet mit den festgesetzten Umsatzanteilen (UA), ergibt:

$$DBS_{gewichtet} = DBS_1 \cdot UA_1 + DBS_2 \cdot UA_2 + \ldots + DBS_n \cdot UA_n$$

$$E_{BE} = \frac{FK}{DBS_{gewichtet}}$$

Letztendlich gibt es beliebig viele Kombinationen aus abgesetzten Produkten, die zur Deckung der Fixkosten führen können. Um unter Berücksichtigung des einer jeden Planung innewohnenden Unsicherheitsfaktors eine gewisse Orientierung zu erhalten, lässt sich in einer **Variantenrechnung** zumindest eine Bandbreite ermitteln, innerhalb derer der Break-Even-Umsatz jedenfalls liegen muss.

Zur Bestimmung dieser Bandbreite werden für jedes Produkt **Absatzobergrenzen** angenommen und die Produkte werden entsprechend ihren Deckungsbeitragsspannen gereiht. Bei der optimistischen Variante wird angenommen, dass der Break-Even-Umsatz durch die Produkte mit den höchsten Deckungsbeitragsspannen erwirtschaftet werden kann. Bei der pessimistischen Variante wird hingegen unterstellt, dass der Break-Even-Umsatz durch die Produkte mit den niedrigsten Deckungsbeitragsspannen erwirtschaftet werden muss. Der Break-Even-Umsatz der pessimistischen Variante stellt somit die obere Grenze, jener der optimistischen Variante die untere Grenze der Bandbreite des Break-Even-Umsatzes dar.

Beispiel 34[139]

Ein Unternehmen plant den Absatz der drei Produkte A, B und C auf Basis der folgenden Daten:

	A	B	C
Erlös / Stk.	30	100	400
variable Kosten / Stk.	20	60	300
Deckungsbeitrag / Stk.	10	40	100

Die Periodenfixkosten werden mit 500.000 veranschlagt.

Aufgabenstellung:

a) Ermitteln Sie die Break-Even-Mengen der Produkte A, B und C sowie den Break-Even-Umsatz, wenn die einzelnen Produkte im Verhältnis 2:3:5 zur Deckung der Fixkosten beitragen sollen!

[139] Vgl. Heimann et al (2013) S. 153 f.

b) Ermitteln Sie den Break-Even-Umsatz, wenn die einzelnen Produkte im Verhältnis 2:3:5 zur Erzielung des Umsatzes beitragen sollen!
c) Ermitteln Sie in einer Variantenrechnung die Bandbreite für den Break-Even-Umsatz, wenn für Produkt A (B, C) eine Absatzobergrenze von 20.000 (9.000, 4.000) Stück gilt.

Lösung:

a)

Für die Bestimmung der fiktiven Break-Even-Mengen wird unterstellt, dass jeweils mit einem Produkt allein die insgesamt abzudeckenden Fixkosten erwirtschaftet werden müssen:

$$x_{BE\,A,\,fiktiv} = \frac{500.000}{10} = 50.000$$

$$x_{BE\,B,\,fiktiv} = \frac{500.000}{40} = 12.500$$

$$x_{BE\,C,\,fiktiv} = \frac{500.000}{100} = 5.000$$

Diese fiktiven Break-Even-Mengen werden anschließend mit den geplanten Anteilen an der Fixkostendeckung multipliziert. Aus dem Verhältnis 2:3:5 ergibt sich für A ein Anteil von 0,2, für B 0,3 und für C 0,5:

$$x_{BE\,A} = 50.000 \cdot 0{,}2 = 10.000$$

$$x_{BE\,B} = 12.500 \cdot 0{,}3 = 3.750$$

$$x_{BE\,C} = 5.000 \cdot 0{,}5 = 2.500$$

Der Absatz dieser Mengen liefert einen Deckungsbeitrag von insgesamt 500.000 (= 10.000 • 10 + 3.750 • 40 + 2.500 • 100) und führt damit als eine mögliche Variante zur Gewinnschwelle.
Der mit diesen Mengen erreichte Umsatz von 1.675.000 (= 10.000 • 30 + 3.750 • • 100 + 2.500 • 400) stellt gleichzeitig einen möglichen Break-Even-Umsatz dar.

b)

Sind anstelle der Vorgaben zur Fixkostendeckung die erwarteten Umsatzanteile gegeben, kann der Break-Even-Umsatz über die gewichtete Deckungsbeitragsspanne errechnet werden:

	A	B	C
Erlös / Stk.	30	100	400
variable Kosten / Stk.	20	60	300
Deckungsbeitrag / Stk.	10	40	100
Deckungsbeitragsspanne	33,33%	40,00%	25,00%

$DBS_{gewichtet} = 33{,}33\,\% \cdot 0{,}20 + 40\,\% \cdot 0{,}30 + 25\,\% \cdot 0{,}50 = 31{,}17\,\%$

$$E_{BE} = \frac{500.000}{31{,}17\%} \approx 1.604.278{,}11$$

Es fällt auf, dass dieser Break-Even-Umsatz aufgrund der unterschiedlichen Vorgaben ein anderer ist. Er stellt jedoch genauso einen möglichen Break-Even-Umsatz dar. Der Gewinn ist bei diesem Umsatz ebenfalls null:

	A	B	C	Summe
Umsatz	320.855,62	481.283,43	802.139,05	1.604.278,11
variable Kosten = Umsatz • (1 – DBS)	213.903,76	288.770,06	601.604,29	1.104.278,11
			Periodendeckungsbeitrag	500.000,00
			– Periodenfixkosten	500.000,00
			= Periodenerfolg	0,00

c)

Entsprechend den Deckungsbeitragsspannen können folgende Rangfolgen ermittelt werden:

	A	B	C
DBS	33,33%	40,00%	25,00%
optimistische Rangfolge	2	1	3
pessimistische Rangfolge	2	3	1

Optimistische Variante: Bei Absatz von 9.000 B kann ein Deckungsbeitrag von 360.000 erzielt werden. Damit liegen noch 140.000 an ungedeckten Fixkosten vor. Diese können mit dem Absatz von 14.000 Stück A gedeckt werden. Der Break-Even-Umsatz liegt daher bei 1.320.000 (= 9.000 • 100 + 14.000 • 30).
Pessimistische Variante: Der Absatz von 4.000 Stück C bringt einen Deckungsbeitrag von 400.000. Die restlichen 100.000 an Fixkosten können durch den Absatz von 10.000 Stück A realisiert werden. Erst bei einem Umsatz von 1.900.000 (= 4.000 • 400 + 10.000 • 30) wird die Gewinnschwelle erreicht.
Die Bandbreite für den Break-Even-Umsatz reicht demnach von 1.320.000 bis 1.900.000. Die beiden oben ermittelten Umsätze liegen innerhalb dieser Bandbreite.
Grafisch lassen sich diese Zusammenhänge wie in Abbildung 40 gezeigt veranschaulichen.

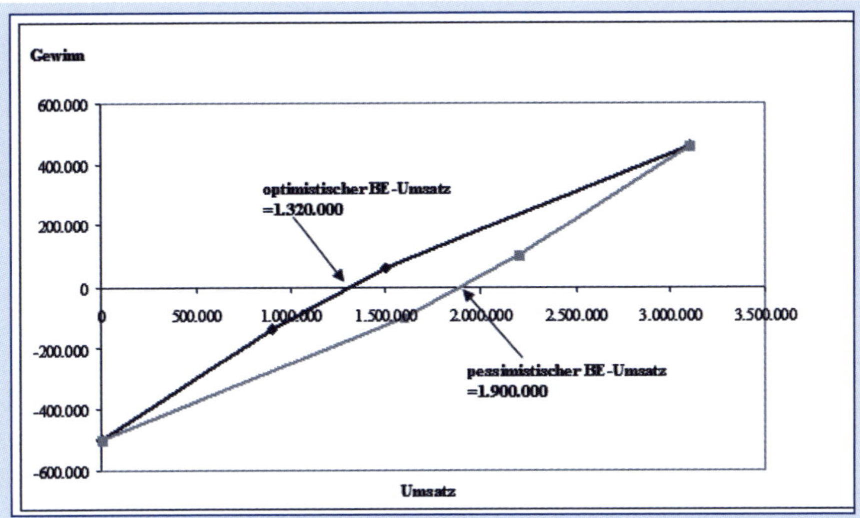

Abbildung 40: Spannweite des Break-Even-Umsatzes

Die beiden Linien schneiden sich im Endpunkt rechts oben. Dieser Punkt stellt jenen Gewinn dar, der unter Berücksichtigung der Kosten-Erlös-Situation und der Absatzobergrenzen maximal möglich ist. Er beträgt 460.000.

9.3 Stochastische Break-Even-Analyse

Der Unsicherheit der Planung wurde bislang mit Veränderungen der Modellparameter in Form von Sensitivitätsanalysen Rechnung getragen. Dabei blieb offen, wie **wahrscheinlich** eigentlich das Erreichen bzw. Nichterreichen der Gewinnzone eingeschätzt wird.

Ein elementarer Ansatz, diesem Problem zu begegnen, verwendet die Annahme, dass die Absatzmengen risikobehaftet sind und einer bestimmten Verteilung (z.B. Gleichverteilung, Normalverteilung) folgen, während Preise und Kosten unverändert deterministisch bestimmt bleiben.[140]

Die Verteilungsfunktion (F) gibt die Wahrscheinlichkeit (w) dafür an, dass die Zufallsvariable X höchstens den Wert x annimmt. Wird für die Absatzmenge eine **Gleichverteilung** innerhalb der Bandbreite $[x_u, x_o]$ angenommen, kann die Verteilungsfunktion F(X) der Absatzmenge wie folgt angeschrieben werden:[141]

$$W(X \le x) = F(x) = \frac{x - x_u}{x_o - x_u}$$

Aus 1–F(x) erhält man dann die Wahrscheinlichkeit, mit der die Absatzmenge x überschritten, also mindestens erreicht wird.

140 Vgl. Schirmeister (2000) S. 228.
141 Vgl. Heimann et al (2013) S. 180.

Geht man hingegen von einer **Normalverteilung** (N) der Absatzmenge aus, die durch die Verteilungsparameter Mittelwert (μ) und Standardabweichung (σ) gekennzeichnet ist, muss in einem ersten Schritt die Zufallsvariable X mittels Standardisierung in die Zufallsvariable Z überführt werden. Den konkreten Wert der standardisierten Zufallsvariable Z erhält man dabei wie folgt:[142]

$$z = \frac{x - \mu}{\sigma}$$

Die Werte der Verteilungsfunktion der N(μ, σ)-verteilten Zufallsvariable X erhält man schließlich aus der tabellierten Verteilungsfunktion der N(0,1)-verteilten **Standardnormalverteilung** (Φ):

$$W(X \leq x) = F(x) = \Phi(z)$$

Für die Ermittlung der Werte der Verteilungsfunktion der N(μ, σ)-verteilten Zufallsvariable X steht in MS-Excel die Funktion NORMVERT zur Verfügung. Zum gleichen Ergebnis gelangt man auch durch Einsetzen des z-Werts in die Funktion STANDNORMVERT.

Das nachfolgende Beispiel dient der Verdeutlichung der bisherigen Befunde.

Beispiel 35

Die XY-GmbH produziert Schi und Snowboards. Folgende Plan-Daten liegen für die nächste Planperiode vor:

Produkt	Schi	Snowboard
Nettoerlös pro Stk.	150	200
variable Kosten pro Stk.	90	160
DB pro Stück	60	40
produktfixe Kosten	7.200.000	1.200.00
Annahmen zur Verteilung der Absatzmenge	gleichverteilt	normalverteilt
	Obergrenze: 180.000	Mittelwert: 40.000
	Untergrenze: 80.000	Standardabweichung: 15.000

Aufgabenstellung:

a) Wie hoch ist die Wahrscheinlichkeit für die Überschreitung der Break-Even-Menge auf Basis der produktfixen Kosten für Schi?

b) Wie hoch ist die Wahrscheinlichkeit für die Überschreitung der Break-Even-Menge auf Basis der produktfixen Kosten für Snowboards?

c) Wie hoch ist die Wahrscheinlichkeit für die Überschreitung einer Umsatzrentabilität von 8% auf Basis des DB II für Schi?

---

[142] Vgl. Heimann et al (2013) S. 182.

Lösung:

a)

Die Break-Even-Menge auf Basis der produktfixen Kosten für Schi beträgt 7.200.000 / (150 – 90) = 120.000. Die Wahrscheinlichkeit für das Nichterreichen der Break-Even-Menge kann durch Einsetzen in die Verteilungsfunktion der Gleichverteilung ermittelt werden:

F(120.000) = (120.000 – 80.000) / (180.000 – 80.000) = 0,40

Mit der Gegenwahrscheinlichkeit 1 – 0,40 = 60% wird die Break-Even-Menge innerhalb der nächsten Planperiode überschritten.

b)

Die Break-Even-Menge auf Basis der produktfixen Kosten für Snowboards beträgt 1.200.000 / (200–160) = 30.000. Den entsprechenden Wert der standardisierten Zufallsvariable erhält man durch (30.000 – 40.000) / 15.000 ≈ –0,67. Aus der Tabelle für die Verteilungsfunktion der Standardnormalverteilung bzw. mittels MS-Excel (siehe oben) erhält man $\Phi(-0{,}67) \approx 0{,}25$. Mit der Gegenwahrscheinlichkeit 1 – 0,25 ≈ 75% wird die Break-Even-Menge somit innerhalb der nächsten Planperiode überschritten.

c)

Es gelten folgende Relationen:

DB II / E = 0,08

DB II = E • 0,08

60 • x – 7.200.000 = 150 • x • 0,08

x = 150.000

F(150.000) = (150.000 – 80.000) / (180.000 – 80.000) = 0,70

1 – F(150.000) = 0,30

Die gesuchte Wahrscheinlichkeit für die Überschreitung einer Umsatzrentabilität von 8% auf Basis des DB II für Schi beträgt somit 30%.

☞ Break-Even-Analysen

Break-Even-Analysen zeigen auf, welche **Konsequenzen variierende Eingangsgrößen auf die kritische Absatzmenge** haben. Sie geben jedoch keine konkreten Hinweise, welche Schlüsse hieraus zu ziehen und welche konkreten Maßnahmen (z.B. Anhebung der Verkaufspreise in Verbindung mit einer Verbesserung der Qualität der Erzeugnisse, Senkung der variablen Kosten durch Rationalisierungsmaßnahmen beim Rohstoff- und Energieverbrauch, Fixkostensenkung durch Verzicht auf Eigenfertigung und Übergang auf verstärkten Zukauf) zu ergreifen sind. Krisenbedingte Absatzrisiken werden folglich nicht ausgeräumt, aber aufgezeigt, mithin für den/die Entscheidungsverantwortliche/n kalkulierbarer. Letztlich gibt dessen/deren individuelle Risikoeinstellung den Ausschlag, ob die Planung unverändert oder mit Korrekturen versehen umgesetzt wird und welche Gegenmaßnahmen gegebenenfalls eingeleitet werden.[143]

---

[143] Vgl. Schirmeister (2000) S. 218.

10 Entscheidungsrechnung

Lernziele

Nach Durcharbeiten von Kapitel 10 sollten Sie u.a. in der Lage sein:

- Entscheidungen zu identifizieren, die mit dem Instrumentarium der Kostenrechnung gelöst werden können
- ein gewinnmaximales Produktions- und Absatzprogramm mit und ohne Engpässen zu ermitteln
- Preisunter- und -obergrenzen für verschiedene Anwendungssituationen zu errechnen
- Entscheidungen über Eigenfertigung oder Fremdbezug vorzubereiten
- kostenminimale Transportwege und -mengen zu ermitteln
- aus mehreren verfügbaren Produktionsverfahren das kostengünstigste auszuwählen
- die Vorteilhaftigkeit einer temporären Produktionsstilllegung zu beurteilen

In diesem Kapitel wird anhand einiger Kalküle aufgezeigt, wie die Daten aus dem Kostenrechnungssystem zur Vorbereitung operativer Entscheidungen herangezogen werden können.

10.1 Programmplanung

Ein **optimales Produktions- und Absatzprogramm** zeichnet sich durch einen maximalen Gesamtdeckungsbeitrag und damit gleichzeitig durch einen maximalen Periodenerfolg aus. Häufig müssen bei der Programmplanung Kapazitätsengpässe (z.B. beschränkte Produktionszeit, beschränkter Rohstoffvorrat) berücksichtigt werden, wobei drei Fälle zu unterscheiden sind (vgl. Abbildung 41).

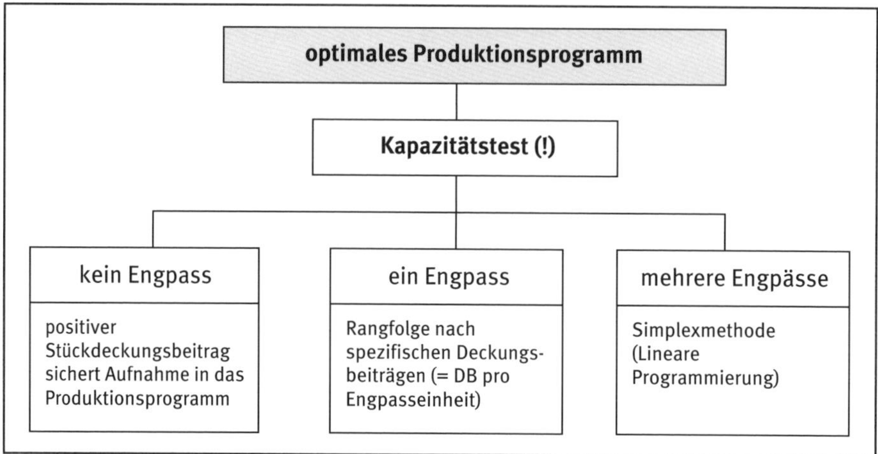

Abbildung 41: Optimales Produktionsprogramm

Programmplanung ohne Engpass

Bestehen im Unternehmen **keine Kapazitätsengpässe**, so sollten alle Produkte mit einem **positiven Stückdeckungsbeitrag** in ihren größtmöglichen Mengen hergestellt und abgesetzt werden, da mit jeder zusätzlich verkauften Einheit der Gewinn um den jeweiligen Deckungsbeitrag steigt bzw. der Verlust sinkt. Eine Begrenzung ergibt sich in diesem Fall nur aus der Marktkapazität (maximal absetzbare Einheiten, Absatzobergrenze, AOG). Produkte mit einem negativen Stückdeckungsbeitrag sollten hingegen nur dann in das Programm aufgenommen werden, wenn dies aus wichtigen sonstigen Gründen erforderlich ist (z.B. bestehende Lieferverträge, Sortimentsabrundung, Referenzauftrag).

Programmplanung bei einem Engpass

In der Praxis treten bei der Leistungserstellung häufig Kapazitätsengpässe auf. So konkurrieren verschiedene Produkte beispielsweise um dieselben Mitarbeiter/innen, Maschinen oder Materialien, die jedoch zumindest kurzfristig nur in begrenztem Ausmaß verfügbar sind. Liegt aufgrund dieser Beschränkungen **ein gemeinsamer Engpass** für mehrere Produkte vor und unterscheiden sich die Produkte in ihrer Engpassbeanspruchung, so ist der absolute Stückdeckungsbeitrag nicht mehr aussagekräftig. In diesem Fall ist jenes Produkt zu fördern, das den höchsten Deckungsbeitrag pro Einheit der beschränkten Kapazität liefert. Dieser modifizierte Deckungsbeitrag wird als **relativer Deckungsbeitrag** bezeichnet:

$$db_{rel} = \frac{\text{absoluter Stückdeckungsbeitrag}}{\text{Engpassbeanspruchung}}$$

Die Produkte werden somit nach ihren relativen Deckungsbeiträgen gereiht und entsprechend bis zur jeweiligen Absatzobergrenze ins Programm aufgenommen.

Beispiel 36[144]

Ein Unternehmen kann die Produkte A, B, C und D produzieren und absetzen. Folgende Plan-Daten für die kommende Abrechnungsperiode stehen zur Verfügung:

	A	B	C	D
Verkaufspreis je Stück	51	57	33	72
variable Kosten je Stück	18	33	15	36
Maschinenzeit je Stück	10 Min.	5 Min.	4 Min.	8 Min.
Arbeitszeit je Stück	20 Min.	8 Min.	8 Min.	10 Min.
Absatzobergrenze (in Stück)	1.400	2.000	1.600	4.000

In Summe stehen je 1.200 Stunden an Maschinenkapazität und Arbeitskapazität zur Verfügung.
Die Fixkosten der Periode betragen 50.000.

Aufgabenstellung:
Ermitteln Sie das optimale Produktionsprogramm für die kommende Abrechnungsperiode! Wie hoch ist der mit dem optimalen Programm erzielbare Periodenerfolg?

Lösung:
Zunächst kann festgestellt werden, dass alle Produkte einen positiven Stückdeckungsbeitrag erzielen. In der Folge ist ein **Kapazitätstest** durchzuführen, um alle wirksamen Engpässe zu ermitteln.

Produkt	Maschinen-zeit / Stk.	Arbeitszeit / Stk.	Absatzober-grenze in Stk.	Maschinen-zeitbedarf in Min.	Arbeitszeit-bedarf in Min.
A	10	20	1.400	14.000	28.000
B	5	8	2.000	10.000	16.000
C	4	8	1.600	6.400	12.800
D	8	10	4.000	32.000	40.000
		benötigte Kapazität:		62.400	96.800
		vorhandene Kapazität:		72.000	72.000
		Engpass:		Nein!	Ja!

Der Arbeitszeitbedarf übersteigt das Arbeitszeitangebot, es liegt somit genau ein gemeinsamer Engpass vor. Anhand der relativen Deckungsbeiträge pro Engpasseinheit, d.h. pro Minute Arbeitszeit, ist daher eine Prioritätenfolge aller Produkte zu erstellen:

	A	B	C	D
Verkaufspreis	51	57	33	72
– variable Stückkosten	18	33	15	36
= Deckungsbeitrag / Stk.	33	24	18	36
relativer Deckungsbeitrag / Min.	1,65	3,00	2,25	3,60
Prioritätenfolge	**4**	**2**	**3**	**1**

144 Vgl. Wenz (1992) S. 509.

Das bedeutet, dass zunächst Produkt D bis zu seiner AOG in das Produktionsprogramm aufgenommen wird. Für jedes weitere Produkt ist entsprechend seiner Priorität (B, C, A) zu prüfen, ob im Engpass noch Kapazität für seine Produktion vorhanden ist. Das optimale Produktionsprogramm ergibt sich daraus wie folgt:

Produkt	Stück	Arbeitszeit / Stk.	beanspruchte Kapazität	Restkapazität
				72.000
D	4.000	10	40.000	32.000
B	2.000	8	16.000	16.000
C	1.600	8	12.800	3.200
A	160	20	3.200	0

Die Engpasskapazität reicht aus, um die Produkte D, B und C im gesamten Ausmaß bis zur AOG zu produzieren. Danach verbleibt für die Produktion von A noch freie Kapazität im Ausmaß von 3.200 Arbeitsminuten. Mit diesen können zwar nicht alle 1.400 marktseitig möglichen Stück, aber immerhin noch 160 Stück (= 3.200 Min. / 20 Min. Arbeitszeit pro Stk.) des Produkts A erzeugt werden.
Der mit diesem Programm erzielbare Periodendeckungsbeitrag in Höhe von 226.080 errechnet sich wie folgt:

Produkt	Stück	Deckungsbeitrag / Stk.	Gesamtdeckungsbeitrag
D	4.000	36	144.000
B	2.000	24	48.000
C	1.600	18	28.800
A	160	33	5.280
			226.080

Zieht man von diesem Periodendeckungsbeitrag in Höhe von 226.080 die Fixkosten in Höhe von 50.000 ab, erhält man einen Periodenerfolg von 176.080. Kurzfristig ist kein höheres Ergebnis möglich. Jede andere mögliche Kombination führt zu einem geringeren Periodenerfolg.

Programmplanung bei mehreren Engpässen

Liegen **zwei oder mehrere gemeinsame Engpässe** vor, so stellen die relativen Deckungsbeiträge keine Lösungshilfe dar, da je nach Engpass unterschiedliche Prioritätenfolgen vorliegen können. Die deckungsbeitragsmaximalen Produktionsmengen können jedoch mit Hilfe der **linearen Programmierung** (Simplexmethode) bestimmt werden.

Die Simplexmethode beschreibt eine Problemstellung in Form eines aus einer Zielfunktion und mehreren Nebenbedingungen bestehenden (linearen) Gleichungssystems und bedient sich eines iterativen Verfahrens zur Ableitung der Optimumslösung.[145]

Die Vorgehensweise soll anhand eines Beispiels demonstriert werden.

[145] Vgl. Heimann et al (2013) S. 113.

Beispiel 37

Ein Unternehmen stellt auf einer Maschine die beiden Produkte A und B her, zu deren Herstellung ein bestimmtes Rohmaterial benötigt wird. Die Maschine weist eine Periodenkapazität von 3.600 Stunden auf. Weiters stehen insgesamt 4.800 kg des benötigten Rohmaterials zur Verfügung. Die Stückdeckungsbeiträge der beiden Produkte betragen jeweils 12.
Der nachfolgenden Aufstellung ist zu entnehmen, wie viele kg Material und wie viele Maschinenstunden (Mh) zur Herstellung eines Stücks von A bzw. B benötigt werden:

Produkt	A	B
Mh / Stk.	6	4
kg / Stk.	6	8

Von Produkt A können in der Abrechnungsperiode maximal 500 Stück abgesetzt werden. Die maximale Absatzmenge von Produkt B beträgt 400.

Aufgabenstellung:
Ermitteln Sie das den Deckungsbeitrag maximierende Produktionsprogramm mittels Simplexmethode.

Lösung:
Aus den Informationen der Angabe wird erkennbar, dass sowohl die Maschine (6 • 500 + 4 • 400 > 3.600) als auch das Rohmaterial (6 • 500 + 8 • 400 > 4.800) einen Engpass darstellen. Auch die Ermittlung der relativen Deckungsbeiträge bietet ein interessantes Bild: Bezogen auf die Maschine ist Produkt B (12 / 4 = 3) gegenüber Produkt A (12 / 6 = 2) zu bevorzugen. Bezogen auf das Rohmaterial ist Produkt A (12 / 6 = 2) höher zu priorisieren als Produkt B (12 / 8 = 1,5).
Die bei der Programmoptimierung zu beachtenden Nebenbedingungen lassen sich in Form von Ungleichungen darstellen:

Absatzobergrenze für A:	A			≤	500
Absatzobergrenze für B:			B	≤	400
Maschinenbedingte Beschränkung:	6 A	+	4 B	≤	3.600
Materialbedingte Beschränkung:	6 A	+	8 B	≤	4.800

Weiters ist zu beachten, dass nur positive Mengen von A und B hergestellt und abgesetzt werden können (Nichtnegativitätsbedingungen).
Diese Ungleichungen können durch Einführen von **Schlupfvariablen**, die Ausdruck der nicht genutzten Kapazitäten sind, in Gleichungen überführt werden. Das Gleichungssystem der Nebenbedingungen (Restriktionen) hat dann folgendes Aussehen:

					=	
AOG (A)	+	1 A			=	500
AOG (B)			+	1 B	=	400
MH	+	6 A	+	4 B	=	3.600
KG	+	6 A	+	8 B	=	4.800

Die Zielfunktion „Maximierung der Deckungsbeitragssumme" wird wie folgt abgebildet:

$$+ \; 12A \; + \; 12B \; = \; DB$$

bzw. nach einer Umformung:

$$DB \; - \; 12A \; - \; 12B \; = \; 0$$

Diese Gleichungen können nun in das **Ausgangstableau** eingetragen werden:

	A	B	rechte Seite
AOG (A)	1	0	500
AOG (B)	0	1	400
MH	6	4	3.600
KG	6	8	4.800
DB	–12	–12	0

Das Simplexverfahren läuft nun in folgenden **Schritten** ab:

1. Der am stärksten negative Wert in der untersten Zeile (Zielzeile) bestimmt die Pivotspalte.
2. In jeder Zeile werden die einzelnen Werte der rechten Seite durch den jeweiligen Wert der Pivotspalte geteilt. Der kleinste positive Quotient bestimmt die Pivotzeile.
3. An der Schnittstelle von Pivotzeile und Pivotspalte befindet sich das Pivotelement.
4. Man vertauscht die links vom Pivotelement stehende (Schlupf-)Variable mit der oberhalb des Pivotelements stehenden Variablen.
5. Durch folgende Pivotschritte gelangt man zum nächsten Simplextableau:
   a. Ersetzen des Pivotelements a durch 1 / a
   b. Ersetzen aller Elemente der Pivotzeile b durch b / a
   c. Ersetzen aller Elemente der Pivotspalte c durch –c / a
   d. Ersetzen aller übrigen Elemente d durch d – [(b • c) / a]

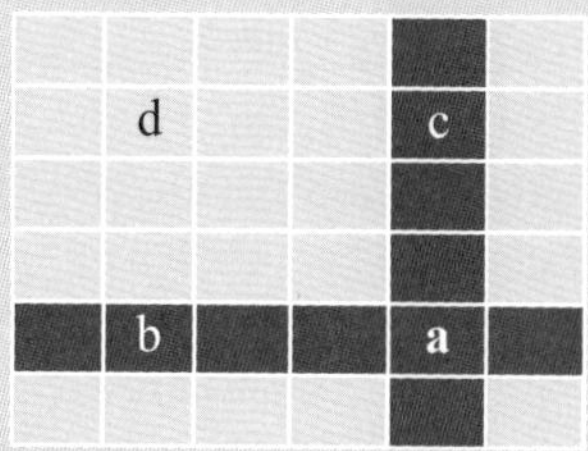

6. Ausgehend vom so erstellten neuen Tableau beginnt man wieder mit dem ersten Simplexschritt usw. Diese Vorgangsweise wird so lange wiederholt, bis in der Zielzeile kein negativer Wert mehr steht. Dann nämlich ist das Optimum erreicht.

Im obigen Beispiel ergibt sich folgendes Ausgangstableau (die Pivotspalte kann in diesem Beispiel frei gewählt werden):

Tableau 1	A	B	rechte Seite	Ouotient
AOG (A)	1	0	500	500
AOG (B)	0	1	400	
MH	6	4	3.600	600
KG	6	8	4.800	800
DB	-12	-12	0	

Die weiteren Tableaus gestalten sich wie folgt:[146]

Tableau 2	AOG (A)	B	rechte Seite	Ouotient
A	1	0	500	
AOG (B)	0	1	400	400
MH	-6	4	600	150
KG	-6	8	1.800	225
DB	12	-12	6.000	

Tableau 3	AOG (A)	MH	rechte Seite	Ouotient
A	1	0	500	500
AOG (B)	1,5	-0,25	250	166,67
B	-1,5	0,25	150	
KG	6	-2	600	100
DB	-6	3	7.800	

Tableau 4	KG	MH	rechte Seite
A	-0,17	0,33	400
AOG (B)	-0,25	0,25	100
B	0,25	-0,25	300
AOG (A)	0,17	-0,33	100
DB	1	1	8.400

Der Simplexalgorithmus kommt somit nach drei Iterationen zur **Optimallösung** in Tableau 4. Aus diesem **Endtableau** lässt sich das optimale Produktionsprogramm aus den Zeilen 1 und 3 mit 400 Stück A und 300 Stück B ablesen. Der damit erzielbare Deckungsbeitrag von 8.400 (= 400 • 12 + 300 • 12) ist im Endtableau rechts unten ersichtlich.

[146] **Beispiele:** Das Element in der 1. Spalte und 3. Zeile von Tableau Nr. 2 ermittelt man wie folgt: –6 / 1 = –6. Das Element in der 2. Spalte und 4. Zeile ermittelt man wie folgt: 8 – [(6 • 0) / 1] = 8. Das Element in der 3. Spalte und 1. Zeile ermittelt man wie folgt: 500 / 1 = 500. Das Element in der 3. Spalte und 3. Zeile ermittelt man wie folgt: 3.600 – [(6 • 500) / 1] = 600.

MS-Excel bietet die Möglichkeit, lineare Optimierungsprobleme unter Zuhilfenahme der Add-In Funktion „Solver“ zu lösen.

Die Vorgangsweise soll anhand des obigen Beispiels gezeigt werden.

Zunächst gibt man das Ausgangstableau in folgender Form ein (die grau hinterlegten Zellen stellen dabei die Zeilen- bzw. Spaltenköpfe von Excel dar):

	B	C	D	E	F
2		A	B	Verbrauch	Kapazität
3	AOG(A)	1	0	0	500
4	AOG(B)	0	1	0	400
5	MH	6	4	0	3.600
6	KG	6	8	0	4.800
7	DB	12	12	0	Zielwert
8					
9	Anzahl	0	0		

Die leeren Zellen C9 und D9 sowie E3 bis E7 werden als Ergebnis der Berechnungen durch Excel selbständig gefüllt.

In Zelle E3 ist folgende Formel einzufügen: = C3 • C9 + D3 • D9

In Zelle E4 ist folgende Formel einzufügen: = C4 • C9 + D4 • D9

In Zelle E5 ist folgende Formel einzufügen: = C5 • C9 + D5 • D9

In Zelle E6 ist folgende Formel einzufügen: = C6 • C9 + D6 • D9

In Zelle E7 ist folgende Formel einzufügen: = C7 • C9 + D7 • D9

Nun wählt man unter „Extras“ den Menüpunkt „Solver“. Als „Ziel festlegen“ wählt man jene Zelle, in welcher der maximale Deckungsbeitrag ausgewiesen werden soll, somit die Zelle E7.

Bei „Bis“ klickt man „Max“ an. Damit wird dem Programm angezeigt, dass es sich um eine Maximierungsaufgabe handelt.

Bei „Durch Ändern von Variablenzellen“ gibt man jene Zellen an, in denen später die optimalen Stückzahlen der Produkte A und B stehen sollen, somit den Bereich C9:D9. Als Ausgangslösung werden jeweils null Stück angenommen.

Für die Eingabe der Nebenbedingungen drückt man auf den Button „Hinzufügen“. Es sind folgende Nebenbedingungen einzugeben:

E3 ≤ F3

E4 ≤ F4

E5 ≤ F5

E6 ≤ F6

C9 ≥ 0 (Nichtnegativitätsbedingung für Produkt A)

D9 ≥ 0 (Nichtnegativitätsbedingung für Produkt B)

Abschließend kann durch Drücken des Buttons „Lösen“ der Algorithmus zur Berechnung des Maximums ausgelöst werden.

Man erhält wieder das folgende Optimaltableau:

	B	C	D	E	F
2		A	B	Verbrauch	Kapazität
3	AOG(A)	1	0	400	500
4	AOG(B)	0	1	300	400
5	MH	6	4	3.600	3.600
6	KG	6	8	4.800	4.800
7	DB	12	12	8.400	Zielwert
8					
9	Anzahl	400	300		

In Zelle E7 findet sich die Deckungsbeitragssumme (8.400).
In Zelle C9 findet sich die optimale Produktionsmenge für Produkt A (400).
In Zelle D9 findet sich die optimale Produktionsmenge für Produkt B (300).

10.2 Preisuntergrenzen

Preisuntergrenzen beziehen sich auf Absatzgüter. Preisuntergrenzen können allgemein als jene Preise definiert werden, bei deren Unterschreitung die betreffenden Produkte im Hinblick auf die Erreichung des Unternehmensziels nicht mehr verkauft werden sollten. Sie stellen, wie die Bezeichnung ausdrückt, lediglich Untergrenzen dar, jedoch keine Zielwerte. Es sollte demnach angestrebt werden, regelmäßig Verkaufspreise zu erzielen, die deutlich über der Preisuntergrenze liegen. Für kurzfristige Dispositionen (z.B. die Erstellung eines attraktiven Angebots zur Erlangung eines strategisch wichtigen Auftrags) ist es aber hilfreich, die „Schmerzgrenze" zu kennen, ab deren Unterbietung dem Unternehmen durch den Verkauf ein Verlust entsteht.

Abhängig vom zugrunde gelegten Betrachtungszeitraum der Entscheidungssituation lassen sich kurzfristige und langfristige Preisuntergrenzen unterscheiden. Langfristig betrachtet muss ein Unternehmen sämtliche durch die Herstellung und den Vertrieb der Produkte verursachten variablen und fixen Kosten abdecken, um das Überleben des Betriebs zu sichern. Dementsprechend stellen die **vollen Selbstkosten** eines Produkts dessen **langfristige Preisuntergrenze** dar. Für langfristige preispolitische Entscheidungen werden i.d.R. zusätzliche Einflussfaktoren wie beispielsweise die Nachfrage- und Konkurrenzsituation von Bedeutung sein. Deshalb ist die langfristige Preisuntergrenze im Rahmen der Kostenrechnung nur von geringer praktischer Relevanz. Darüber hinaus ist zu bedenken, dass langfristige Problemstellungen stets mit dem Instrumentarium der Investitionsrechnung und des strategischen Controllings gelöst werden sollten.

Die **kurzfristige Preisuntergrenze** spielt insbesondere bei Überlegungen über die Annahme von Zusatzaufträgen oder kurzfristigen Aktionen eine wichtige Rolle. Ein Auftrag, dessen Preis unterhalb der jeweils ermittelten kurzfristigen Preisuntergrenze liegt, sollte zumindest aus kostenrechnerischer Sicht abgelehnt werden.

Bei Festsetzung der kurzfristigen Preisuntergrenze wird angenommen, dass sämtliche Fixkosten kurzfristig unveränderlich und daher für die Entscheidung irrelevant sind. Somit werden nur die variablen Kosten in die Entscheidung einbezogen. Ein Auftrag sollte dementsprechend nur angenommen werden, wenn sein Preis die durch ihn verursachten variablen Kosten deckt. Die kurzfristige Preisuntergrenze (PUG) entspricht damit den **variablen Selbstkosten**:

$PUG_{kurzfristig}$ = variable Selbstkosten

Wird ein Produkt bzw. ein Auftrag zu dieser kurzfristigen Preisuntergrenze abgesetzt, so hat es bzw. er keinen Einfluss auf das Betriebsergebnis, da sein **Deckungsbeitrag null** ist. Dadurch wird auch ersichtlich, dass kurzfristige Preisuntergrenzen nicht auf den gesamten Absatz angewendet werden können, da in diesem Fall durch den fehlenden Deckungsbeitrag ein negatives Betriebsergebnis in Höhe der nicht gedeckten Fixkosten entstehen würde.

Diese einfache Berechnung der Preisuntergrenze ausschließlich auf Basis der variablen Kosten gilt nur im Fall **ausreichender Kapazitäten**. Bestehen hingegen **Engpässe** und müssen daher bei Annahme eines zusätzlichen Auftrags andere Produkte aus dem Programm genommen werden, so sind bei der Festsetzung der kurzfristigen Preisuntergrenze auch die dem Unternehmen entgehenden Deckungsbeiträge der verdrängten Produkte zu berücksichtigen. Diese gehen als **Opportunitätskosten** in die Preisüberlegungen ein. Die Preisuntergrenze enthält in diesem Fall neben den variablen Kosten des Auftrags auch die Opportunitätskosten, die durch Annahme dieses Auftrags entstehen. In diese Rechnung müssen je nach Situation auch noch andere Kosten wie etwa Pönalzahlungen (= Strafzahlungen für unterbliebene oder verspätete Lieferung) einbezogen werden:

$PUG_{kurzfristig/Engpass}$ = variable Selbstkosten + Opportunitätskosten + Pönale

Durch die Berechnung von kurzfristigen Preisuntergrenzen können Preise und Deckungsbeiträge innerhalb eines bestimmten Rahmens **flexibel gestaltet** werden. Anstatt wie bei einer Vollkostenbetrachtung von jedem Produkt denselben Beitrag zur Fixkostendeckung zu erwarten, können die kurzfristigen Preisuntergrenzen der jeweiligen Produkte als absolute Minimalpreise betrachtet werden, über die hinaus die verschiedenen Produkte in unterschiedlichem Ausmaß zur Deckung der Fixkosten beitragen.

In die Entscheidung über Produktionsprogramme sind neben den Kosten aber auch noch andere mögliche Auswirkungen wie beispielsweise Sortimentsbedingungen mit einzubeziehen.

☞ Preisuntergenze

Die Preisuntergrenze gibt im Allgemeinen jenen Preis an, bei dessen Unterschreitung die betreffenden Produkte im Hinblick auf die Erreichung des Unternehmensziels nicht mehr verkauft werden sollten. Dabei kann zwischen einer kurzfristigen und einer langfristigen Preisuntergrenze unterschieden werden. Auf kurze Sicht entspricht die Preisuntergrenze eines Auftrags im Fall ausreichender Kapazitäten dessen variablen Kosten, im Fall knapper Kapazitäten dessen variablen Kosten plus den entgangenen Deckungsbeiträgen der durch den Auftrag verdrängten anderen Aufträge. Langfristig stellen die vollen Kosten, also die Summe aus variablen und fixen Kosten, die relevante Preisuntergrenze dar.

Beispiel 38

Der Betriebsabrechnungsbogen zu variablen Kosten der vergangenen Abrechnungsperiode zeigt für die Hauptkostenstellen eines Unternehmens folgende variablen Zuschlags- bzw. Verrechnungssätze:

Kostenstelle	Material	Fertigung 1	Fertigung 2	Verwaltung	Vertrieb
Bezugsgröße	Material-einzelkosten	Fertigungs-lohneinzel-kosten	Maschinen-stunden	variable Herstell-kosten	variable Herstell-kosten
variabler Zuschlagssatz / Verrechnungs-satz	12%	70%	25 / Mh	5%	5%

Für ein neues Produkt liegen darüber hinaus folgende Daten vor:

- Materialeinzelkosten je Stück 30
- Fertigungslohneinzelkosten in Fertigung 1 je Stück 25
- benötigte Maschinenstunden in Fertigung 2 je Stück 0,5 Stunden

Aufgabenstellung:

a) Ermitteln Sie die kurzfristige Preisuntergrenze für einen Auftrag über 100 Stück des neuen Produkts, wenn für diesen Auftrag noch ausreichend Kapazitäten verfügbar sind.

b) Ermitteln Sie die kurzfristige Preisuntergrenze für einen Auftrag über 100 Stück des neuen Produkts, wenn in Summe 500 Maschinenstunden in der Kostenstelle 2 vorhanden sind und das optimale Produktionsprogramm bereits ohne das neue Produkt wie folgt geplant ist:

Produkt	geplante Menge	Mh / Stk.	Mh gesamt	Stückdeckungs-beitrag	Deckungsbei-trag gesamt
A	500	0,4	200	60	30.000
B	400	0,5	200	30	12.000
C	100	1,0	100	55	5.500
					47.500

Lösung:

a)

Ohne Engpass entspricht die kurzfristige Preisuntergrenze den variablen Selbstkosten. Diese werden auf Basis einer differenzierten Zuschlagskalkulation wie folgt ermittelt.

Fertigungsmaterial	30,00	
+ variable Materialgemeinkosten	3,60	(= 12% von 30)
+ Lohneinzelkosten in Fertigung 1	25,00	
+ variable Gemeinkosten in Fertigung 1	17,50	(= 70% von 25)
+ variable Gemeinkosten in Fertigung 2	12,50	(= 0,5 • 25)
= variable Herstellkosten	88,60	
+ variable Verwaltungsgemeinkosten	4,43	(= 5% von 88,60)
+ variable Vertriebsgemeinkosten	4,43	(= 5% von 88,60)
= variable Selbstkosten	97,46	

Die kurzfristige Preisuntergrenze für einen Auftrag über 100 Stück dieses Produkts liegt bei ausreichenden Kapazitäten demnach bei 9.746.

b)

Da das bisher geplante Produktionsprogramm bereits die gesamte verfügbare Maschinenkapazität beansprucht, müssen bei Herstellung von 100 Stück des neuen Produkts 50 Maschinenstunden freigemacht werden. Der dadurch je Maschinenstunde verlorengehende Deckungsbeitrag kann anhand des relativen Deckungsbeitrags der Produkte im bisherigen optimalen Produktionsprogramm ermittelt werden.

Produkt	Stückdeckungs-beitrag	Mh / Stk.	relativer Deckungsbeitrag
A	60	0,4	150
B	30	0,5	60
C	55	1,0	55

Es ist ersichtlich, dass das Produkt C den geringsten relativen Deckungsbeitrag liefert. Der relative Deckungsbeitrag je Maschinenstunde beträgt daher 55. Dies bedeutet, dass die Maschinenstunden idealerweise über Reduktion der geplanten Menge von C um 50 Stück freigemacht werden. Die dadurch entstehenden Opportunitätskosten betragen 2.750 (= 100 Stk. des neuen Produkts • 0,5 Mh pro Stk. des neuen Produkts • 55 rel. DB des verdrängten Produkts). Die kurzfristige Preisuntergrenze des Auftrags steigt demnach auf 12.496 (= 9.746 + 2.750).

Das neue Produktionsprogramm liefert bei Absatz zu dieser Preisuntergrenze denselben Deckungsbeitrag:

Produkt	geplante Menge	Mh / Stk.	Mh	Stückdeckungs-beitrag	Deckungs-beitrag
A	500	0,4	200	60,00	30.000
B	400	0,5	200	30,00	12.000
C	50	1,0	50	55,00	2.750
neues Produkt	100	0,5	50	27,50	2.750
					47.500

Selbstverständlich sind daneben noch andere, nicht in Kosten ausdrückbare Auswirkungen wie beispielsweise Sortimentsabrundungen in die Überlegung mit einzubeziehen.

10.3 Make or Buy

Für das optimale Absatz- und Produktionsprogramm ist das wichtigste Kriterium der Deckungsbeitrag. Für die Frage, ob ein Zwischenprodukt selbst gefertigt („make") oder fremd bezogen („buy") werden soll, sind hingegen die Kosten allein entscheidend, da von dieser Entscheidung keine Auswirkungen auf die Erlöse zu erwarten sind. Zielsetzung dieses Entscheidungstyps ist die Kostenminimierung: Gesucht wird jenes Produktionsprogramm, das die geringsten Kosten verursacht. Es wird davon ausgegangen, dass die Entscheidung über die Absatzmengen bereits getroffen ist. Gefragt wird nur noch, ob diese Mengen bzw. Vorprodukte selbst gefertigt werden oder fremd bezogen werden sollen **(Make-or-Buy-Entscheidung)**.

Liegen die variablen (Herstell-)Kosten bei Eigenfertigung eines Zwischenprodukts über dem Preis, der bei Fremdbezug bezahlt werden muss, sollte dieses Zwischenprodukt zumindest aus Kostenrechnungssicht stets zugekauft werden.[147]

Oft werden allerdings die variablen Kosten für die Fertigung unter den Fremdbezugspreisen liegen. Im Falle eines Engpasses können in diesem Fall jedoch nicht alle Zwischenprodukte selbst gefertigt werden und man ist gezwungen, einige davon fremd zu beziehen. Es ist dann für jedes Zwischenprodukt die Einsparung bei Eigenfertigung gegenüber dem Fremdbezug **(absolute Einsparung)** zu ermitteln und in der Folge durch die jeweilige Engpassbelastung zu dividieren **(relative Einsparung)**:[148]

$$\text{relative Einsparung} = \frac{\text{Einkaufspreis} - \text{variable Kosten}}{\text{Engpassbelastung}}$$

Je höher die Einsparung je Engpasseinheit, desto günstiger ist die Eigenfertigung.

[147] Vgl. Djanani/Schöb (1997) S. 281.
[148] Vgl. Brühl (2012) S. 182.

Beispiel 39[149]

Ein Maschinenbaubetrieb produziert bisher alle Teile (A, B, C, D und E) seiner Maschinen selbst. Nunmehr wurden für diese Teilaggregate Angebote für einen Fremdbezug eingeholt:

	A	B	C	D	E
benötigte Stk.	10	20	20	30	20
Beschaffungspreis / Stk.	2.000	2.600	3.000	1.800	1.200
variable Kosten / Stk.	1.200	1.500	1.800	800	1.500
Kapazitätsbeanspruchung (Std. / Stk.)	8	10	8	4	8
Gesamtkapazität	480 Std.				

Aufgabenstellung:

Prüfen Sie, ob und wenn ja welche Teile fremd bezogen werden sollen! Welche Gesamtkosten (Beschaffungs- und Fertigungskosten) ergeben sich für das Programm?

Lösung:

Ein Blick auf die Tabelle zeigt, dass das Teil E kostengünstiger zu beschaffen als zu fertigen ist, es wird daher fremd bezogen. Im nächsten Schritt wird geprüft, ob ein Engpass vorliegt:

Produkt	Stk.	Std./Stk.	(Rest-)Kapazität
A	10	8	80
B	20	10	200
C	20	8	160
D	30	4	120
	Kapazitätsnachfrage:		560
	Kapazitätsangebot:		480
	Engpass:		JA

Es liegt ein Engpass vor, sodass nicht alle Teile selbst gefertigt werden können. Mithilfe der relativen Einsparung wird eine Rangfolge der Teile aufgestellt:

	A	B	C	D
absolute Einsparung bei Eigenfertigung	800	1.100	1.200	1.000
relative Einsparung bei Eigenfertigung	100	110	150	250
Prioritätenfolge für Eigenfertigung	**4**	**3**	**2**	**1**

Nach der Rangfolge wird die knappe Kapazität auf die Teile D, C und B verteilt. A muss fremd bezogen werden.

[149] Vgl. Brühl (2012) S. 182 f.

Produkt	Stk.	Std./Stk.	Restkapazität
			480
D	30	4	360
C	20	8	200
B	20	10	0

Die Gesamtkosten für das Programm ergeben sich durch die Bewertung der Beschaffungs- und Fertigungsmengen mit den Preisen bzw. Kosten:

Produkt	Stück	Fertigungskosten	Beschaffungskosten
D	30	24.000	
C	20	36.000	
B	20	30.000	
A	10		20.000
E	20		24.000
		90.000	44.000
	Gesamtkosten	134.000	

Das berechnete Programm ist das kostenminimale Programm, d.h., es kann keine Kombination von Fertigungs- und Beschaffungskosten geben, die geringere Kosten verursacht.

Das Beispiel kann dahin gehend erweitert werden, dass mehrere Engpässe auftreten. Die optimale Lösung muss dann wieder mithilfe der linearen Programmierung gefunden werden.

Neben kostenrechnerischen Überlegungen als quantitatives Entscheidungskriterium spielen in der Praxis für die Make-or-Buy-Entscheidung auch **qualitative Entscheidungskriterien** eine wesentliche Rolle. So werden z.B. die Terminsicherheit und das Versorgungsrisiko, die Abhängigkeit von Zulieferern, die Qualität der Produkte, die Höhe der Kapitalbindung und die unternehmerische Flexibilität bei Bedarfsänderungen für die Make-or-Buy-Entscheidung herangezogen. Gerade der letzte Punkt hat dazu geführt, dass in der Industrie der Anteil des Fremdbezugs steigt **(Outsourcing)**.

10.4 Preisobergrenzen

Bei der Bestimmung von **Preisobergrenzen** geht es um die Frage, bis zu welchem Beschaffungspreis eines bestimmten Produktionsfaktors (z.B. Rohstoff, Halbfabrikat, Arbeitsstunden) die Fertigung des damit herzustellenden Endprodukts aufrechterhalten bzw. ausgeweitet werden sollte.

Bei Unterbeschäftigung und ohne Berücksichtigung des bei temporärer Stilllegung des Endprodukts erzielbaren Fixkostenabbaus ergibt sich die Preisobergrenze (POG) nach folgender Formel:

$$POG = q + \frac{p - kv}{b}$$

wobei:

POG Preisobergrenze
p Absatzpreis des Endprodukts
kv variable Stückkosten auf Basis des alten Faktorpreises
q bislang gültiger Faktorpreis
b Faktorverbrauch pro Einheit des Endprodukts

Um also mit dem Endprodukt keinen Verlust zu erwirtschaften, steht höchstens der Stückdeckungsbeitrag auf Basis des bislang gültigen Faktorpreises (p – kv) zur Disposition. Um diesen Stückdeckungsbeitrag, verteilt auf den Faktorverbrauch pro Einheit des Endprodukts, kann der Faktorpreis je Einheit demnach maximal steigen. Bei diesem maximalen Faktorpreis liegt der Stückdeckungsbeitrag bei null.

Beispiel 40

Ein Unternehmen erzeugt die Produkte A, B, C und D mit Nettoerlösen von 15, 18, 18 und 20 je Stück und variablen Kosten von 12, 10, 12 und 14 je Stück, wobei für jedes Produkt eine Absatzobergrenze von 1.000 besteht. Zur Erzeugung der Produkte wird ein Rohstoff benötigt, von dem je Periode bislang nur 10.400 kg beschafft werden können. Die Erzeugung eines Stücks A (B, C, D) erfordert 6 (4, 4, 6) kg dieses Rohstoffs.

Aufgabenstellung:

Ein kg des Rohstoffs kostet bis dato 2. Bis zu welchem Maximalpreis sollten zusätzliche 3.000 kg pro Periode gekauft werden, wenn das Unternehmen das Produktionsprogramm unter dem Gesichtspunkt der Deckungsbeitragsmaximierung festlegt?

Lösung:

Um die Preisobergrenze des Rohstoffs ermitteln zu können, muss zunächst bekannt sein, welchen Deckungsbeitrag die damit zusätzlich erzeugbaren Produkte auf Basis der derzeitigen Preise erwirtschaften würden.

Die Grundlage für die Preisüberlegung bietet demnach das deckungsbeitragsmaximale Produktionsprogramm:

	A	B	C	D
Stückerlös	15	18	18	20
– variable Stückkosten	12	10	12	14
= Stückdeckungsbeitrag	3	8	6	6
/ Rohstoffverbrauch je Stück	6	4	4	6
= relativer Deckungsbeitrag	0,50	2,00	1,50	1,00
Prioritätenfolge	**4**	**1**	**2**	**3**

Produkt	Menge	Rohstoffverbrauch / Stk.	Rohstoffverbrauch gesamt	verbleibender Rohstoff
				10.400
B	1.000	4	4.000	6.400
C	1.000	4	4.000	2.400
D	400	6	2.400	0
A	0	6	0	0

Die zusätzlich beschaffbaren 3.000 kg des Rohstoffs könnten demnach für die Produktion von weiteren 500 Stück D verwendet werden (3.000 kg dividiert durch 6 kg pro Stück D).
Je Stück D werden 6 kg des Rohstoffs benötigt. Der bisherige Stückdeckungsbeitrag von D in Höhe von 6 ergibt den maximalen Spielraum, der durch die Rohstoffpreiserhöhung je Stück des Endprodukts D verbraucht werden kann. Je kg des Rohstoffs ergibt sich demnach eine maximale Preissteigerung um 1:

$$POG = 2 + \frac{20 - 14}{6} = 3$$

Bei einem Einkaufspreis unter 3 je kg ist der weitere Zukauf des Rohstoffs demnach lohnenswert. Bei einem Einkaufspreis von exakt 3 ist das Produkt D mit einem Stückdeckungsbeitrag von null zumindest nicht verlustbringend:

	Stückerlös	20,00	
–	Rohstoffkosten je Stück	18,00	(= 6 kg • 3)
–	sonstige variable Stückkosten	2,00	(= 14 – 12)
=	Stückdeckungsbeitrag neu	0,00	

10.5 Verfahrenswahl

Unter **Verfahrenswahl** versteht man die Auswahl des kostengünstigsten Verfahrens aus einer Palette verfügbarer Möglichkeiten zur Herstellung von Erzeugnissen oder zur Erbringung von Dienstleistungen.

Erfolgt die Verfahrenswahl auf der Basis noch einzurichtender Kapazitäten, handelt es sich um eine Langfristentscheidung, für die mit dem Instrumentarium der Investitionsrechnung (z.B. Kapitalwertmethode, Methode des internen Zinssatzes) eine optimale Lösung ermittelt werden kann.

Erfolgt die Auswahl hingegen auf der Basis bereits vorhandener Kapazitäten, liegt eine Kurzfristentscheidung vor, die mit Mitteln der Kostenrechnung optimiert werden kann. In diesem Zusammenhang können unterschiedliche Fragestellungen zu beantworten sein.

Beispielsweise könnte man sich dafür interessieren, auf welcher von zwei oder mehreren bereits vorhandenen – jedoch derzeit nicht in Betrieb befindlichen – Maschinen eine bestimmte Periodenstückzahl eines Produkts kostenminimal hergestellt werden kann. Der in einem solchen Fall durchzuführende **kostenorientierte Verfahrensvergleich** beruht auf der Gegenüberstellung der Gesamtkosten der in Frage kommenden Maschinen bei unterschiedlichen Stückzahlen. Dabei sind aber nur die variablen Kosten und die auf Grund der Entscheidung zusätzlich anfallenden sprungfixen Kosten (z.B. Lohnkosten des bei Inbetriebnahme einer Maschine einzustellenden Bedienungspersonals) zu berücksichtigen, da nur sie entscheidungsrelevant sind (vgl. Abbildung 42). Unabhängig von der Entscheidung ohnehin anfallende Fixkosten (z.B. kalkulatorische Abschreibung, kalkulatorische Zinsen) dürfen nicht berücksichtigt werden.

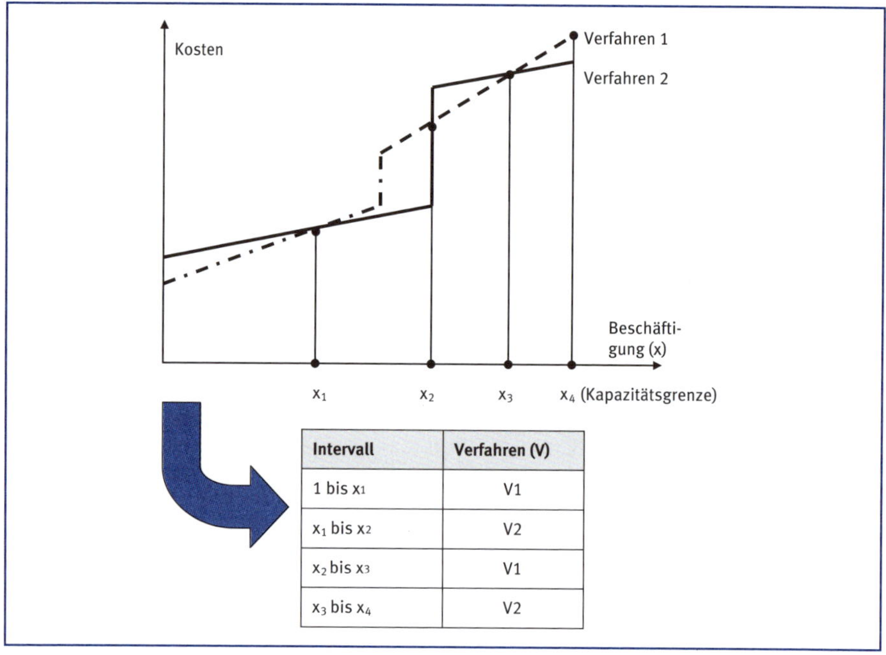

Intervall	Verfahren (V)
1 bis x_1	V1
x_1 bis x_2	V2
x_2 bis x_3	V1
x_3 bis x_4	V2

Abbildung 42: Verfahrensvergleich

Daraus wird erkennbar, dass nicht ein Verfahren einem anderen grundsätzlich überlegen ist, sondern die Vorteilhaftigkeit in Abhängigkeit vom Beschäftigungsausmaß wechselt.

Beispiel 41

Die SOLOPLAST GmbH kann die für die Erzeugung von Autozubehör (Eiskratzer, Schneebesen, Waschbürsten etc.) notwendigen Plastikkomponenten auf zwei unterschiedlichen Maschinen herstellen.

Maschine 1 verfügt im Einschichtbetrieb über eine Kapazität von 10.000 Stück pro Quartal. Die variablen Kosten pro Stück betragen bis zu einer Menge von 6.000 Stück 8, ab dem 6.001. sinken sie auf 5. Für den Fall einer Produktionsmenge von über 10.000 Stück könnte für Maschine 1 eine zweite Schicht mit einer Kapazität von 5.000 Stück eingerichtet werden. Die sprungfixen Kosten für die zweite Schicht betragen 12.000 pro Quartal. Die Gesamtkosten für 15.000 Stück betragen 112.500 pro Quartal, wobei die variablen Stückkosten der zweiten Schicht eine konstante Höhe aufweisen.

Maschine 2 hat eine Kapazität von 15.000 Stück pro Quartal. Die leistungsabhängige Abschreibung beträgt 2 pro Stück. Die sonstigen variablen Kosten betragen 5 pro Stück.

Für das Gießen der verschiedenen Plastikteile müssen maschinenindividuelle Formen angefertigt werden. Die für die Produktion benötigten Formen verursachen pro Quartal bei Maschine 1 sprungfixe Kosten von 5.000, bei Maschine 2 9.000. Aus produktionstechnischen Gründen kann entweder nur auf Maschine 1 oder nur auf Maschine 2 gefertigt werden.

Aufgabenstellung:

Geben Sie in übersichtlicher Form an, für welche Produktionsintervalle (1 Stück bis 15.000 Stück) welche Maschine die jeweils günstigere ist!

Lösung:

Zunächst sind die entscheidungsrelevanten Kosten (K) der beiden Maschinen für die verschiedenen Produktionsintervalle anzugeben:

Maschine 1:

[1 bis 6.000]	$K = 5.000 + 8 \cdot x$
[6.001 bis 10.000]	$K = 5.000 + 8 \cdot 6.000 + 5 \cdot (x - 6.000)$
	$K = 23.000 + 5 \cdot x$
[10.001 bis 15.000]	$112.500 = 23.000 + 5 \cdot 10.000 + 12.000 + kv \cdot (15.000 - 10.000)$
	$kv = 5{,}5$
	$K = 23.000 + 5 \cdot 10.000 + 12.000 + 5{,}5 \cdot (x - 10.000)$
	$K = 30.000 + 5{,}5 \cdot x$

Maschine 2:

[1 bis 15.000] $K = 9.000 + 7 \cdot x$

In einem zweiten Schritt werden jene Intervalle ermittelt, bei denen die Vorteilhaftigkeit von einer Maschine auf die andere Maschine wechselt. Dazu werden die Werte bei den Sprungstellen der beiden Kostenfunktionen untersucht.

Stück	Gesamtkosten M1	Gesamtkosten M2
1	**5.008,00**	9.007,00
6.000	53.000,00	**51.000,00**
10.000	**73.000,00**	79.000,00
10.001	85.005,50	**79.007,00**
15.000	**112.500,00**	114.000,00

Es zeigt sich, dass zunächst Maschine 1 günstiger ist, bei 6.000 Stück jedoch Maschine 2 die vorteilhaftere Produktionsvariante darstellt. Jene Stückzahl zwischen 1 und 6.000, bei der die Vorteilhaftigkeit von Maschine 1 auf Maschine 2 wechselt, kann durch Gleichsetzen der Kostenfunktionen ermittelt werden:

$5.000 + 8 \cdot x = 9.000 + 7 \cdot x$

$x = 4.000$

Bei 10.000 Stück ist wieder Maschine 1 günstiger. Jene Stückzahl zwischen 4.000 (bzw. 6.000) und 10.000, bei der die Vorteilhaftigkeit von Maschine 2 auf Maschine 1 wechselt, kann wie folgt ermittelt werden:

$23.000 + 5 \cdot x = 9.000 + 7 \cdot x$

$x = 7.000$

Beim 10.001 Stück wechselt die Vorteilhaftigkeit sprunghaft auf Maschine 2. Bei 15.000 Stück ist jedoch wieder der Einsatz von Maschine 1 vorteilhaft. Jene Stückzahl zwischen 10.001 und 15.000, bei der die Vorteilhaftigkeit von Maschine 2 auf Maschine 1 wechselt, wird wie folgt ermittelt:

$30.000 + 5{,}5 \cdot x = 9.000 + 7 \cdot x$

$x = 14.000$

Damit ergibt sich folgende Lösung:

Intervall	Maschine (M)
1 bis 4.000	M1
4.000 bis 7.000	M2
7.000 bis 10.000	M1
10.001 bis 14.000	M2
14.000 bis 15.000	M1

Abhängig von der geplanten Produktionsmenge kann damit das kostenminimale Verfahren abgelesen werden. Werden z.B. insgesamt 12.000 Plastikteile benötigt, sollte Maschine 2 zum Einsatz kommen.

In einer anderen Entscheidungssituation reicht zwar die Gesamtkapazität mehrerer verfügbarer Anlagen zur Produktion der gewünschten Mengen aus, allerdings können nicht alle Produkte auf der kostengünstigsten Anlage gefertigt werden, da deren Kapazität allein dafür nicht ausreicht. In dieser Situation geht es darum, diejenigen Produkte zu bestimmen, deren Zuweisung auf die andere Anlage mit dem **geringsten**

Kostenanstieg verbunden ist. Fallen aufgrund der Verfahrenswahl keine zusätzlichen (sprung-)fixen Kosten an, so lautet die Entscheidungsregel in diesem Fall wie folgt:[150]

Schritt 1: Belege für jedes Produkt das Verfahren, das zu den jeweils geringsten variablen Stückkosten führt.

Schritt 2: Wird dabei ein Verfahren zum Engpass, berechne die relativen Mehrkosten einer Umbelegung. Die relativen Mehrkosten entsprechen den Mehrkosten beim Übergang vom günstigsten Verfahren nach Schritt 1 auf die anderen Verfahren, bezogen auf die Engpassbelastung.

Schritt 3: Entlaste in der Reihenfolge zunehmender relativer Mehrkosten die Engpasskapazität, bis die Überbelegung des Engpasses abgebaut ist.

Beispiel 42[151]

Einem Unternehmen stehen zum Stanzen von Blechteilen der Typen A und B drei funktionsgleiche, aber kostenverschiedene Maschinen M1, M2 und M3 zur Verfügung. In einem Monat sollen von A und B jeweils 50.000 Blechteile gestanzt werden. Ferner sind bekannt:

Maschine	Kapazität	Fixkosten	kv / Min.	Bearbeitungszeit	
				A (Min. / Stk.)	B (Min. / Stk.)
M1	10.000	2.000	1,2	0,5	0,3
M2	10.000	3.000	1,2	0,3	0,4
M3	9.000	5.000	1,5	0,2	0,1

Aufgabenstellung:

Ermitteln Sie die optimale Maschinenbelegung!

Lösung:

Schritt 1: Zunächst erfolgt eine Belegung der Maschine M3, da auf dieser die variablen Stückkosten der beiden Produkte minimal sind. Allerdings wird Maschine 3 dadurch zum Engpass, sodass die Schritte 2 und 3 erforderlich sind.

Maschine	variable Stückkosten		Belegung		Bearbeitungszeit (Min.)	Kapazität (Min.)	Engpass
	A (GE / Stk.)	B (GE / Stk.)	A (Stk.)	B (Stk.)			
M1	0,60	0,36			0	10.000	nein
M2	0,36	0,48			0	10.000	nein
M3	0,30	0,15	50.000	50.000	15.000	9.000	JA

Schritt 2: Die relativen Mehrkosten / Min. werden ermittelt. Wird z.B. die Produktion des Produkts A von Maschine M3 auf Maschine M1 verlegt (Umbelegung), so berechnen sich die Mehrkosten pro Minute aus der Differenz bei den variablen Kosten pro Stück dividiert durch die Bearbeitungszeit auf Maschine M3.

150 Vgl. Schmidt (1998) S. 177.

151 Vgl. Schmidt (1998) S. 176 f.

Umbelegung	A	B
von M3 auf M1	(0,60 – 0,30) / 0,2 = 1,5	(0,36 – 0,15) / 0,1 = 2,1
von M3 auf M2	(0,36 – 0,30) / 0,2 = 0,3	(0,48 – 0,15) / 0,1 = 3,3

Schritt 3: Der Engpass M3 wird in der Reihenfolge zunehmender relativer Mehrkosten entlastet. In der Lösung zu Schritt 1 fehlen 15.000 – 9.000 = 6.000 Min. Fertigungskapazität auf M3. Deshalb wird Blech A in diesem zeitlichen Umfang auf M2 verlagert, und zwar mit 30.000 Stück (6.000 Minuten / 0,2 Minuten pro Stück). Damit lautet die zulässige und zugleich kostengünstigste Maschinenbelegung:

Maschine	variable Stückkosten		Belegung		Bearbeitungszeit (Min.)	Kapazität (Min.)	Engpass
	A (GE / Stk.)	B (GE / Stk.)	A (Stk.)	B (Stk.)			
M1	0,60	0,36			0	10.000	NEIN
M2	0,36	0,48	30.000		9.000	10.000	NEIN
M3	0,30	0,15	20.000	50.000	9.000	9.000	NEIN

Die Gesamtkosten (GK, inkl. Fixkosten) der Optimallösung belaufen sich nunmehr auf insgesamt:

GK = 10.000 + 20.000 • 0,3 + 30.000 • 0,36 + 50.000 • 0,15 = 34.300.

Würde zusätzlich zu M3 auch M2 zum Engpass, greift obige Entscheidungsregel nicht mehr. Tritt dieser Zustand ein, muss eine Entscheidung bei mehrfachem Engpass getroffen werden, wofür wiederum lineare Optimierungsmodelle herangezogen werden können.

10.6 Transportproblem

Das **Transportproblem** und ihm verwandte Problemstellungen treten in der Praxis in den verschiedensten Bereichen auf. Wird z.B. ein Produkt in mehreren, an verschiedenen Standorten errichteten Betrieben einer Unternehmung hergestellt und ist es an verschiedene absatzorientiert gelegene Lager- bzw. Verkaufsstätten zu verschicken, so ist die **Wahl der kostenminimalen Transportwege und -mengen** oft von entscheidender Bedeutung.[152]

Die Vorgangsweise zur Ermittlung kostenminimaler Transportwege und -mengen soll anhand eines Beispiels veranschaulicht werden.

Beispiel 43[153]

Eine Unternehmung hat drei Fertigungsstätten F1, F2 und F3 an verschiedenen Orten, die das gleiche Produkt herstellen. Die in Tonnen (t) gemessenen Produktionsmengen betragen in der bevorstehenden Planperiode (Monat)

[152] Vgl. Ellinger et al (2001) S. 75.
[153] Vgl. Ellinger et al (2001) S. 76 ff.

- 38 t in Fertigungsstätte F1
- 52 t in Fertigungsstätte F2
- 30 t in Fertigungsstätte F3

Diese Gesamtproduktion von 120 t soll in vier verschiedene Lagerhäuser L1, L2, L3 und L4 der Unternehmung transportiert werden, so dass die dort vorhandene Nachfrage gedeckt werden kann. Die Gesamtnachfrage nach 120 t gliedert sich wie folgt auf:

- 17 t in Lager L1
- 50 t in Lager L2
- 10 t in Lager L3
- 43 t in Lager L4

Die Transportkosten in Geldeinheiten je Tonne sind wegen der unterschiedlichen Entfernungen auf den einzelnen Wegen verschieden. Sie sind der folgenden Matrix zu entnehmen:

	L1	L2	L3	L4
F1	17	11	10	12
F2	18	20	19	30
F3	13	25	15	27

Aufgabenstellung:

Ermitteln Sie den zulässigen Versandplan, der die minimalen Transportkosten verursacht.

Lösung:

Zur Lösung eines solchen Transportproblems kann die sog. **Stepping-Stone-Methode** verwendet werden. Bei ihr bestimmt man zunächst eine möglichst gute Ausgangslösung, die dann schrittweise verbessert wird, bis die Optimallösung gefunden ist.

Ein Verfahren, das günstige Ausgangslösungen liefert, ist das **Matrixminimum-Verfahren.** Dabei wird das jeweils kostengünstigste Element der Matrix mit der darauf maximal zu verschickenden Gütermenge versehen. Den Ausgangspunkt bildet dabei das folgende Tableau 0.

Tableau 0	L1	L2	L3	L4	a_i
F1	17	11	10	12	38
F2	18	20	19	30	52
F3	13	25	15	27	30
b_j	17	50	10	43	120

Dabei bezeichnen

a_i = angebotene Menge in Fertigungsstätte i (i = 1,2, …, m)

b_j = nachgefragte Menge in Lager j (j = 1,2, …, n)

In den rechten unteren Ecken der Matrixfelder von Tableau 0 stehen die Transportkosten je t von F_i nach L_j (c_{ij}).

Bestimmung der 1. Transportmenge:

Die geringsten Transportkosten je t entfallen auf die Verbindung F1-L3 mit 10 Euro / t. Also wird L3 die maximal mögliche Liefermenge von F1 geliefert. Diese Menge ist bestimmt durch das Minimum der Lieferkapazität von F1 (38 t) und der Nachfrage von L3 (10 t), also 10 t. Dieser Wert wird in die linke obere Ecke des Feldes F1-L3 eingetragen.

In der Folge vermindert man jetzt a_1 und b_3 um eben diese 10 ME und erhält damit in der letzten Spalte und letzten Zeile jeweils die Restmenge (F1 kann noch 28 t liefern, L3 keine t mehr nachfragen).

Tableau 1	L1	L2	~~L3~~	L4	a_i
F1	17	11	**10** 10	12	28
F2	18	20	19	30	52
F3	13	25	15	27	30
b_j	17	50	0	43	120

Bestimmung der 2. Transportmenge:

Das kostengünstigste Element der Restmatrix ist F1-L2 mit 11 Euro / t. Diesem Feld wird wieder die maximal mögliche Liefermenge zugeordnet. Das sind 28 t, da F1 nur noch 28 t liefern kann.

Tableau 2	L1	L2	~~L3~~	L4	a_i
~~F1~~	17	**28** 11	**10** 10	12	0
F2	18	20	19	30	52
F3	13	25	15	27	30
b_j	17	22	0	43	120

Bestimmung der 3. Transportmenge: 17 t von F3 zu L1

Tableau 3	~~L1~~	L2	~~L3~~	L4	a_i
~~F1~~	17	**28** 11	**10** 10	12	0
F2	18	20	19	30	52
F3	**17** 13	25	15	27	13
b_j	0	22	0	43	120

Bestimmung der 4. Transportmenge: 22 t von F2 zu L2

Tableau 4	~~L1~~	~~L2~~	~~L3~~	L4	a_i
~~F1~~	17	**28** 11	**10** 10	12	0
F2	18	**22** 20	19	30	30
F3	**17** 13	25	15	27	13
b_j	0	0	0	43	120

Bestimmung der 5. Transportmenge: 13 t von F3 zu L4

Tableau 5	~~L1~~	~~L2~~	~~L3~~	L4	a_i
~~F1~~	17	**28** 11	**10** 10	12	0
F2	18	**22** 20	19	30	30
~~F3~~	**17** 13	25	15	**13** 27	0
b_j	0	0	0	30	120

Bestimmung der 6. Transportmenge: 30 t von F2 zu L4

Tableau 6	~~L1~~	~~L2~~	~~L3~~	~~L4~~	a_i
~~F1~~	17	**28** 11	**10** 10	12	0
~~F2~~	18	**22** 20	19	**30** 30	0
~~F3~~	**17** 13	25	15	**13** 27	0
b_j	0	0	0	0	120

Die gesamten Transportkosten (TK) betragen in dieser Ausgangslösung

TK = 28 • 11 + 10 • 10 + 22 • 20 + 30 • 30 + 17 • 13 + 13 • 27 = 2.320

Diese Ausgangslösung muss nun daraufhin überprüft werden, ob sie Verbesserungen zulässt. Dies geschieht dadurch, dass versucht wird, nacheinander jedes nicht belegte Feld mit einer Einheit zu belegen. Ergäben sich dadurch Einsparungen gegenüber der Ausgangslösung, wäre gezeigt, dass diese nicht optimal war, und es könnte als nächster Schritt die Verbesserung der Lösung vorgenommen werden.

Versucht man, im Beispiel 1 t von F1 nach L1 zu transportieren, so entstehen dadurch zusätzliche Kosten von 17 Euro. Da L1 aber nur einen Bedarf von 17 t hat, der in der Ausgangslösung schon gedeckt ist, muss diese zusätzlich von F1 nach L1 transportierte Menge von einer anderen Fertigungsstätte (F2 oder F3) abgezogen werden. Dies ist nur bei F3 möglich (bei F2 ergäbe sich sonst eine negative Transportmenge). Durch diese von F3 nach L1 weniger transportierte ME tritt eine Ersparnis von 13 Euro ein. Da aber in der Ausgangslösung auch das gesamte Angebot von F3 schon verteilt ist, muss diese von F3 nach L1 weniger transportierte Einheit an ein anderes Lager versandt werden. Dabei wählt man ein Lager, zu dem in der Ausgangslösung von F3 auch schon etwas transportiert wurde. Es kommt nur L4 in Frage. Durch diese zusätzlich von F3 nach L4 transportierte Einheit treten zusätzliche Kosten in Höhe von 27 auf. Führt man diese Überlegungen fort, so ergibt sich schließlich:

	Änderung in t	Änderung in Euro
von F1 nach L1	+1	+17
von F3 nach L1	−1	−13
von F3 nach L4	+1	+27
von F2 nach L4	−1	−30
von F2 nach L2	+1	+20
von F1 nach L2	−1	−11
SUMME	0	+10

Man hat also einen Zyklus von F1-L1 zurück nach F1-L1 gefunden, auf dem Transportmengenänderungen durchgeführt werden könnten (vgl. dazu das folgende Tableau).

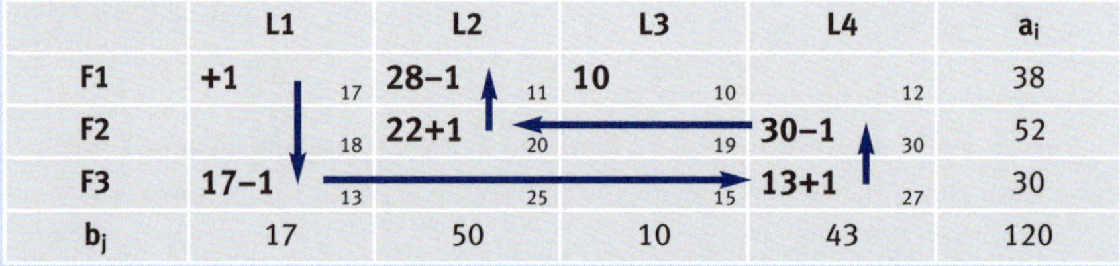

	L1	L2	L3	L4	a_i
F1	+1 17	28−1 11	10 10	12	38
F2	18	22+1 20	19	30−1 30	52
F3	17−1 13	25	15	13+1 27	30
b_j	17	50	10	43	120

Es ergibt sich, dass es sich nicht lohnt, die Ausgangslösung dahingehend zu ändern, dass Güter von F1 nach L1 transportiert werden, da sich dann Mehrkosten in Höhe von 10 Euro je von F1 nach L1 transportierter t ergäben.

Will man das Feld F1-L4 probeweise mit 1 t beschicken, so ergibt sich der (etwas kürzere) Zyklus:

	Änderung in t	Änderung in Euro
von F1 nach L4	+1	+12
von F1 nach L2	−1	−11
von F2 nach L2	+1	+20
von F2 nach L4	−1	−30
SUMME	0	−9

Durch den Transport einer t von F1 nach L4 würde man also (ausgehend von der Ausgangslösung) 9 Euro sparen.

Analog ergäbe die probeweise Belegung der übrigen freien Felder der Ausgangslösung Kostenveränderungen in folgender Höhe:

Belegung der Felder	Rechnung	Ersparnis in Euro
F2-L1	18 − 13 + 27 − 30 =	+2
F2-L3	19 − 10 + 11 − 20 =	0
F3-L2	25 − 27 + 30 − 20 =	+8
F3-L3	15 − 10 + 11 − 20 + 30 − 27 =	−1

Die Ausgangslösung hat sich als nicht optimal erwiesen, denn es können durch die Belegung des Feldes F1-L4 Ersparnisse in Höhe von 9 Euro / t und bei Belegung des Feldes F3-L3 Ersparnisse in Höhe von 1 Euro / t erzielt werden.
Im nächsten Schritt wird die Verbesserung der Ausgangslösung vorgenommen. Das Feld, das die größte Ersparnis je t angibt (hier F1-L4), wird mit der maximal möglichen Menge T1 beschickt und die entsprechende Umbelegung auf dem für dieses Feld ermittelten Zyklus vorgenommen.

Das folgende Tableau zeigt die Umbelegung:

	L1	L2	L3	L4	a_i
F1	17	28–T1 ← 11	10 10	+T1 ↑ 12	0
F2	18	22+T1 ↓ 20	→ 19	30–T1 30	0
F3	17 13	25	15	13 27	0
b_j	0	0	0	0	120

Da keine negativen Transportmengen erlaubt sind, darf T1 nicht größer gewählt werden als die kleinste Transportmenge x_{ij}, von der es subtrahiert wird. Im Beispiel wird somit T1 = Min(28, 30) = 28 gewählt.
Gegenüber der Ausgangslösung tritt damit eine Kostenveränderung in Höhe von

$$T1 \cdot (-9) = 28 \cdot (-9) = -252$$

ein.

Das folgende Tableau zeigt die verbesserte Lösung mit den gesamten Transportkosten in Höhe von TK = 2.068.

	L1	L2	L3	L4	a_i
F1	17	11	10 10	28 12	0
F2	18	50 20	19	2 30	0
F3	17 13	25	15	13 27	0
b_j	0	0	0	0	120

Diese Lösung ist wieder auf Optimalität zu untersuchen. Durch den fiktiven Transport einer t auf jedem der sechs unbenutzten Wege (Felder) werden die Mehr- oder Minderkosten, die durch einen solchen Transport entstünden, berechnet.

Belegung der Felder	Rechnung	Ersparnis in Euro
F1-L1	+ 17 – 13 + 27 – 12 =	+19
F1-L2	+ 11 – 20 + 30 – 12 =	+9
F2-L1	+ 18 – 13 + 27 – 30 =	+2
F2-L3	+ 19 – 10 + 12 – 30 =	-9
F3-L2	+ 25 – 20 + 30 – 27 =	+8
F3-L3	+ 15 – 10 + 12 – 27 =	–10

Die Lösung ist nicht optimal, da die Belegung des Feldes F3-L3 bei der entsprechenden Umbelegung eine Ersparnis von 10 Euro / t ergibt.
Zur Verbesserung der Lösung wird die Umbelegung im folgenden Tableau vorgenommen:

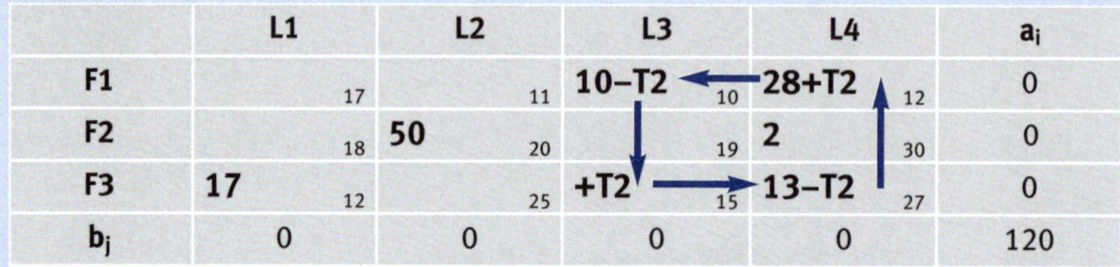

	L1	L2	L3	L4	a_i
F1	$_{17}$	$_{11}$	**10–T2** $_{10}$	**28+T2** $_{12}$	0
F2	$_{18}$	**50** $_{20}$	$_{19}$	**2** $_{30}$	0
F3	**17** $_{12}$	$_{25}$	**+T2** $_{15}$	**13–T2** $_{27}$	0
b_j	0	0	0	0	120

Die kleinste Liefermenge x_{ij}, von der T2 subtrahiert wird, ist Min(10,13) = 10. Damit wird T2 = 10 gewählt und man erhält die zweite verbesserte Lösung im folgenden Tableau:

	L1	L2	L3	L4	a_i
F1	$_{17}$	$_{11}$	$_{10}$	**38** $_{12}$	0
F2	$_{18}$	**50** $_{20}$	$_{19}$	**2** $_{30}$	0
F3	**17** $_{13}$	$_{25}$	**10** $_{15}$	**3** $_{27}$	0
b_j	0	0	0	0	120

Die zweite verbesserte Lösung führt zu einer Kostenveränderung in Höhe von
T2 • (–10) = 10 • (–10) = –100
gegenüber der vorhergehenden Lösung. Die Gesamtkosten dieses Transportplanes betragen daher TK = 1.968.
Die Überprüfung der Lösung durch die fiktive Belegung der freien Felder mit 1 t ergibt folgende Kostenveränderungswerte:

Belegung der Felder	Rechnung	Ersparnis in Euro
F1-L1	+ 17 – 13 + 27 – 12 =	+19
F1-L2	+ 11 – 20 + 30 – 12 =	+9
F1-L3	+ 10 – 15 + 27 – 30 =	+10
F2-L1	+ 18 – 13 + 27 – 30 =	+2
F2-L3	+ 19 – 15 + 27 – 30 =	+1
F3-L2	+ 25 – 20 + 30 – 27 =	+8

Diese Werte sind alle nicht negativ. Durch eine Umbelegung ist also keine Verbesserung mehr zu erreichen. Die errechnete Lösung hat sich damit als kostenminimal erwiesen.

10.7 Optimale Bestellmenge

In dem aus der Materialwirtschaft bekannten Problem der **optimalen Bestellmenge** ist diejenige zu bestellende Menge gesucht, bei welcher die auf eine Einheit der Bestellmenge entfallenden Kosten ein Minimum sind.[154]

Bei dieser Fragestellung wirken sich zwei Kostentypen auf die Höhe der Bestellmenge gegenläufig aus:

- Die **bestellmengenfixen Kosten** (für Angebotseinholung, Bestellung, Lieferüberwachung, Buchung Wareneingang, Rechnungsprüfung etc.) fallen pro Bestellung in konstanter Höhe an und nehmen deshalb pro Einheit mit zunehmender Bestellmenge ab.
- Die **Zins- und Lagerkosten** steigen mit zunehmender Bestellmenge, da eine höhere Bestellmenge zu einem höheren durchschnittlichen Lagerbestandswert führt und somit höhere Zins- und Lagerkosten anfallen.

Unterstellt man eine kontinuierliche Lagerentnahme – im Durchschnitt ist dann der halbe Lagerbestand vorrätig – und konstante Einstandspreise, so lässt sich, sofern keine sonstigen Besonderheiten (wie z.B. ein erforderlicher Mindestbestand oder beschränkte Lagerkapazitäten) bestehen, folgende Kostenfunktion aufstellen:

$$s(x) = w + \frac{F}{x} + \frac{x \cdot w \cdot p}{2 \cdot 100 \cdot M} + \frac{x \cdot w \cdot l}{2 \cdot 100 \cdot M}$$

wobei:

M Gesamtbedarf einer Periode
w Einstandspreis je Einheit
F bestellmengenfixe Kosten
p Zinskostensatz (in % p.a.)
l Lagerkostensatz (in % p.a.)
s Kosten je Bestellmengeneinheit (abhängige Variable)
x Bestellmenge

Dabei beziehen sich p und l jeweils auf den durchschnittlichen Lagerbestandswert.

Bildet man die erste Ableitung dieser Funktion, setzt diese gleich null und löst nach der Bestellmenge x auf, so erhält man folgende **Formel** für die optimale Bestellmenge:

$$x = \sqrt[2]{\frac{200 \cdot M \cdot F}{(l + p) \cdot w}}$$

[154] Grundsätzlich ist es gleichgültig, ob man die Kosten pro Zeiteinheit, z.B. die jährlichen Kosten, oder die Kosten pro Mengeneinheit, z.B. die Stückkosten, minimieren will, da sie über die unbeeinflussbare Menge des Jahresbedarfs miteinander gekoppelt sind. Die stückkostenminimale Bestellmenge wird somit gleich der periodenkostenminimalen Bestellmenge sein.

Beispiel 44

Gegeben sind ein Jahresbedarf von 48.000 Stück, ein Einstandspreis von 1,25, bestellmengenfixe Kosten von 150 sowie ein Zins- und Lagerkostensatz von insgesamt 18%.

Aufgabenstellung:

a) Ermitteln Sie die optimale Bestellmenge!
b) Wie groß ist die Anzahl an Bestellungen pro Jahr?
c) Wie groß ist die durchschnittliche Lagerdauer einer Bestellmenge?

Lösung:

a)

Die optimale Bestellmenge ergibt sich zu

$$x = \sqrt[2]{\frac{200 \cdot 48.000 \cdot 150}{18 \cdot 1{,}25}} = 8.000$$

b)

Die Anzahl der Bestellungen pro Jahr (n) ermittelt man wie folgt:

$$n = \frac{M}{x} = \frac{48.000}{8.000} = 6$$

c)

Schließlich kann die durchschnittliche Lagerdauer einer Bestellmenge (t) wie folgt ermittelt werden:

$$t = \frac{365}{n} = \frac{365}{6} \approx 61 \text{ Tage}$$

10.8 Stufenweise Grenzkostenrechnung

Die **stufenweise Grenzkostenrechnung**[155] stellt eine Weiterentwicklung der stufenweisen Deckungsbeitragsrechnung dar. Sie liefert geeignete Grundlagen für die Entscheidung zwischen der Fortführung einer Produktion und ihrer Stilllegung (bei anschließender Wiederherstellung der ursprünglichen Produktionskapazität) innerhalb eines bestimmten Planungszeitraums. Dazu werden in einer Stufenrechnung für die verschiedenen betrieblichen Teilbereiche (z.B. Produkte, Produktgruppen, Abteilungen) die bei Weiterbetrieb im Betrachtungszeitraum (T) erzielbaren Deckungsbeiträge (DB_T) mit den bei temporärer Produktionsstilllegung einsparbaren Fixkosten verglichen. Freilich dürfen die im Falle einer Stilllegung zusätzlich anfallenden **Kosten für den Abbau** (z.B. Abfertigungen, Konventionalstrafen für nicht eingehaltene Lieferverträge) **und die Wiederingangsetzung von stillgelegten Kapazitäten** (z.B. Neueinschulung von qualifiziertem Personal, Probelauf) im Kalkül nicht ignoriert

[155] Vgl. grundlegend Seicht (2001) S. 195 ff.

werden. Die im Falle einer temporären Stilllegung erwarteten Fixkostenersparnisse (abzüglich der Kosten für Abbau und Wiederingangsetzung) müssen somit in Summe mindestens so hoch sein wie die wegfallenden Deckungsbeitragssummen, damit die temporäre Stilllegung Sinn ergibt. Andernfalls stellt der Weiterbetrieb die kostenoptimale Entscheidungsalternative dar.

Die Differenz zwischen den abbaubaren Fixkosten und der Summe aus Abbau- und Wiederingangsetzungskosten wird als **Nettokostenabbauwert** (NKAW) bezeichnet. Zur Berechnung des Nettokostenabbauwertes eines betrieblichen Teilbereichs werden zunächst die Fixkosten, die diesem Teilbereich im Sinne einer Mittel-Zweck-Beziehung zugeordnet sind, nach ihrer Abbaudauer gegliedert. Die **Abbaudauer** (i) gibt an, wie lange es braucht, um die Kapazität, die diese Fixkosten auslöst, abzubauen. Nach Ablauf dieses Zeitraums fallen die Fixkosten für diese Kapazität weg. Eine Abbaudauer von zwei Monaten besagt also, dass die Fixkosten mit dieser Abbaudauer erst zu Beginn des dritten Monats nach der Stilllegungsentscheidung wegfallen.

Formal ermittelt man den Nettokostenabbauwert eines betrieblichen Teilbereichs (z.B. Produktgruppe) wie folgt:

$$NKAW_T = \sum_{i=1}^{T-1} [\frac{FK_i}{12} \bullet (T - i) - AK_i - WK_i]$$

wobei:

FK_i jener Teil der Jahresfixkosten eines betrieblichen Teilbereichs, der im Falle einer temporären Stilllegung erstmals nach einem Zeitraum von i Monaten nicht mehr anfallen würde

i Abbaudauer in Monaten

T potenzieller Stilllegungszeitraum in Monaten

AK_i Abbaukosten für Fixkosten mit Abbaudauer = i

WK_i Wiederingangsetzungskosten für Fixkosten mit Abbaudauer = i

In der Formel wird vereinfachend unterstellt, dass die Fixkosten innerhalb des (potenziellen) Stilllegungszeitraums zeitlich gleich verteilt anfallen.

Wenn für einen betrieblichen Teilbereich einzelne Summanden des Nettokostenabbauwertes negative Werte annehmen, weil für eine bestimmte Abbaudauer die wegfallenden Fixkosten geringer sind als die durch die Stilllegung zusätzlich verursachten Abbaufolgekosten (Abbaukosten plus Wiederingangsetzungskosten), dann werden die entsprechenden Abbaumaßnahmen auf keinen Fall vorgenommen und die zunächst negativen Summanden gleich 0 gesetzt. Durch den Ausweis negativer Summanden im Nettokostenabbauwert würde man nämlich unterstellen, dass im Falle einer temporären Stilllegung eines betrieblichen Teilbereiches auch unvorteilhafte Fixkostenabbaumaßnahmen durchgeführt werden. Werden hingegen trotz Stilllegung die entsprechenden Abbaumaßnahmen nicht durchgeführt, so führt dies zu **Leerkosten**, also nicht genutzten Fixkosten.

Auf jeder Stufe wird für die verschiedenen betrieblichen Teilbereiche die Differenz zwischen der **bei Weiterbetrieb** im Planungszeitraum T erzielbaren **Deckungs-**

beitragssumme und dem im Falle einer temporären **Stilllegung erreichbaren Nettokostenabbauwert** NKAW ermittelt. Diese Differenz stellt die für Abbauentscheidungen **entscheidungsrelevante Deckungsbeitragsgröße** (EDB_T) dar.

Wenn die Ungleichung

$$EDB_T < 0$$

gilt, dann stellt eine temporäre Produktionseinstellung die aus kostenrechnerischer Sicht optimale Entscheidungsalternative dar.

In der Stufenrechnung bleiben **Fehlbeträge** ($EDB_T < 0$) stillzulegender betrieblicher Teilbereiche aus der weiteren Betrachtung **ausgeklammert**. Der Grund dafür ist, dass auf jeder Stufe den netto einsparbaren Fixkosten nur die kumulierten Vorteile ($EDB_T > 0$) aus dem Weiterbetrieb der entsprechenden Vorstufen – und eben keine Nachteile aus deren Fortführung, weil diese aufgrund der Stilllegungen ja nicht eintreten werden – gegenübergestellt werden dürfen.

Es ergibt sich somit der in Abbildung 43 exemplarisch dargestellte Aufbau der stufenweisen Grenzkostenrechnung.

	Produktgruppe I		Produktgruppe II	
	A	B	C	D
DB I – Nettokostenabbauwert $_{A\text{-}D}$	DB_A – $NKAW_A$	DB_B – $NKAW_B$	DB_C – $NKAW_C$	DB_D – $NKAW_D$
= EDB II	+ EDB_A	– EDB_B	+ EDB_C	+ EDB_D
Summe EDB II – Nettokostenabbauwert $_{PG\ I\text{-}PG\ II}$	EDB_A – $NKAW_{PG\ I}$		$EDB_C + EDB_D$ – $NKAW_{PG\ II}$	
= EDB III	+ $EDB_{PG\ I}$		+ $EDB_{PG\ II}$	
Summe EDB III – Nettokostenabbauwert $_U$	$EDB_{PG\ I} + EDB_{PG\ II}$ – $NKAW_U$			
= EDB IV	+ EDB_U			

Abbildung 43: Stufenweise Grenzkostenrechnung

In obiger Tabelle wird angenommen, dass die beiden Produkte A und B die Produktgruppe I, die beiden Produkte C und D die Produktgruppe II bilden. Bei Produkt B übertreffen die bei Stilllegung netto einsparbaren Fixkosten $NKAW_B$ die im Betrachtungszeitraum erzielbaren Deckungsbeiträge (DB_B). Der somit negative entscheidungsrelevante Deckungsbeitrag des Produktes B (EDB_B) wird bei der Summierung der entscheidungsrelevanten Deckungsbeiträge II nicht mitgerechnet, weil die Entscheidung über die Stilllegung der Produktgruppe I nicht von der schon getroffenen Entscheidung bezüglich der Stilllegung des Produktes B beeinflusst werden darf.

Abschließend sei noch darauf hingewiesen, dass auf temporäre Absatzrückgänge zurückzuführende negative entscheidungsrelevante Deckungsbeiträge nicht zwangsläufig temporäre Stilllegungen zur Folge haben müssen, da in eine solche Entscheidung **nicht nur kostenrechnerische Aspekte** einfließen dürfen. So könnte ein Produkt trotz eines Überwiegens der netto einsparbaren Fixkosten über die im gleichen Zeitraum bei Weiterbetrieb erzielbaren Deckungsbeiträge weiterhin im Sortiment verbleiben, wenn

- aufgrund einer Ablehnung von Aufträgen innerhalb des Stilllegungsintervalls mittel- bis langfristig negative Auswirkungen auf den Absatz zu befürchten sind (z.B. Abwanderung von Kund/inn/en zur Konkurrenz, Imageverlust);
- es **komplementär** mit einem anderen Produkt verbunden ist (es wird stets ein weiteres Produkt mit einem stark positiven Deckungsbeitrag gekauft, z.B. wird neben dem Kauf eines Handys gleichzeitig ein lukrativer Dienstleistungsvertrag verkauft);
- es sich noch in der **Einführungsphase** befindet (es werden später noch steigende Erlöse und/oder sinkende Kosten etwa aufgrund von Lerneffekten erwartet);
- eine vertragliche **Verpflichtung** zur Produktion besteht (z.B. Ersatzteile).

☞ Stufenweise Grenzkostenrechnung

In der stufenweisen Grenzkostenrechnung werden in einer Stufenrechnung entscheidungsrelevante Deckungsbeiträge hinsichtlich der Produktionsfortführung bzw. der temporären Produktionsstilllegung durch Vergleich der in einer Periode erzielbaren Deckungsbeiträge mit den in dieser Periode netto einsparbaren Fixkosten errechnet, um damit die Entscheidung über Weiterführung oder temporäre Stilllegung zu unterstützen.[156]

Die vorangegangenen theoretischen Ausführungen sollen nun anhand eines Beispiels verdeutlicht werden.

Beispiel 45

Die Plankostenrechnung der Neptun AG weist für das nächste Quartal folgende Plan-Daten aus, wobei die Produkte A, B und C die Produktgruppe I und D, E und F die Produktgruppe II bilden:

	A	B	C	D	E	F
Deckungsbeitrag gesamt	2.000	260	2.400	1.200	800	1.600
produktfixe Kosten	1.200	1.600	2.000	1.400	900	1.800
gruppenfixe Kosten		300			600	
unternehmensfixe Kosten				800		

Es wird geschätzt, dass im Falle einer Produktionseinstellung 10% der Fixkosten sofort, 30% nach einem halben Quartal und der Rest erst nach einem Quartal abgebaut werden könnten. Die Kosten für Abbau und Wiederaufbau der Kapazitäten werden wie folgt angegeben:

[156] Vgl. Röhrenbacher (2002) S. 196.

	A	B	C	D	E	F
produktfixe Kosten:						
sofort	0	0	0	0	0	0
½ Quartal	90	120	360	240	60	300
1 Quartal	10	200	90	120	90	180
gruppenfixe Kosten:						
sofort	0			0		
½ Quartal	40			100		
1 Quartal	400			320		
unternehmensfixe Kosten:						
sofort	0					
½ Quartal	100					
1 Quartal	380					

Aufgabenstellung

a) Ermitteln Sie den Periodenerfolg bei Prooduktionsfortführung mit einer stufenweisen Deckungsbeitragsrechnung!

b) Auf Basis einer stufenweisen Grenzkostenrechnung ist zu entscheiden, welche Produkte bzw. Produktgruppen im nächsten Quartal temporär stillgelegt werden sollen! Welcher Periodenerfolg ist bei dieser Entscheidung zu erwarten?

c) Ein weiterer Auftrag für das Produkt B mit variablen Selbstkosten in Höhe von 100 könnte hereingenommen werden. Ermitteln Sie die kurzfristige Preisuntergrenze für diesen Auftrag!

d) Das Unternehmen hätte die Möglichkeit, im nächsten Quartal das Produkt F (Nettoerlös pro Tonne: 6, variable Selbstkosten pro Tonne bei Eigenfertigung: 4, Absatzmenge: 800 Tonnen) zuzukaufen. Ab welchem Einkaufspreis je Tonne kommt der Fremdbezug günstiger als die Eigenproduktion?

e) Welcher Periodenerfolg ist bei temporärer Produktionseinstellung aller Produkte zu erwarten?

f) Wie viele Tonnen von Produkt E (Nettoerlös pro Tonne: 10, variable Selbstkosten pro Tonne: 5, geschätzte Absatzmenge: 160 Tonnen) müssen im kommenden Quartal mindestens abgesetzt werden, wenn sich der Weiterverkauf dieses Produkts ex post nicht als Fehler erweisen soll?

Lösung:

a)

Im Rahmen der stufenweisen Deckungsbeitragsrechnung werden die fixen Kosten zerlegt und den einzelnen betrieblichen Teilbereichen stufenweise entsprechend ihrer Verursachung zugeordnet. Für den Beispielfall ergibt sich folgende Rechnung:

	A	B	C	D	E	F
DB I – produktfixe Kosten	2.000 1.200	260 1.600	2.400 2.000	1.200 1.400	800 900	1.600 1.800
= DB II	800	–1.340	400	–200	–100	–200
Summe DB II – gruppenfixe Kosten		–140 300			–500 600	
= DB III		–440			–1.100	
Summe DB III – unternehmensfixe Kosten			–1.540 800			
= Periodenerfolg			–2.340			

b)

Die Nettokostenabbauwerte (NKAW) der einzelnen Kapazitäten werden wie folgt ermittelt (30% werden mit 0,5 multipliziert, da dieser Anteil der Fixkosten nach einem halben Quartal abgebaut werden kann; negative Summanden werden gleich 0 gesetzt):

$NKAW_A = (1.200 \cdot 10\% - 0) + (1.200 \cdot 30\% \cdot 0{,}5 - 90) = 120 + 90 = 210$

$NKAW_B = (1.600 \cdot 10\% - 0) + (1.600 \cdot 30\% \cdot 0{,}5 - 120) = 160 + 120 = 280$

$NKAW_C = (2.000 \cdot 10\% - 0) + (2.000 \cdot 30\% \cdot 0{,}5 - 360) = 200 + 0 = 200$

$NKAW_D = (1.400 \cdot 10\% - 0) + (1.400 \cdot 30\% \cdot 0{,}5 - 240) = 140 + 0 = 140$

$NKAW_E = (900 \cdot 10\% - 0) + (900 \cdot 30\% \cdot 0{,}5 - 60) = 90 + 75 = 165$

$NKAW_F = (1.800 \cdot 10\% - 0) + (1.800 \cdot 30\% \cdot 0{,}5 - 300) = 180 + 0 = 180$

$NKAW_I = (300 \cdot 10\% - 0) + (300 \cdot 30\% \cdot 0{,}5 - 40) = 30 + 5 = 35$

$NKAW_{II} = (600 \cdot 10\% - 0) + (600 \cdot 30\% \cdot 0{,}5 - 100) = 60 + 0 = 60$

$NKAW_U = (800 \cdot 10\% - 0) + (800 \cdot 30\% \cdot 0{,}5 - 100) = 80 + 20 = 100$

Stellt man den ermittelten Nettokostenabbauwerten auf jeder Stufe die im gleichen Zeitraum erzielbaren Deckungsbeiträge gegenüber, so ergibt sich folgende stufenweise Grenzkostenrechnung:

	A	B	C	D	E	F
DB I – $NKAW_{A-F}$	2.000 –210	260 –280	2.400 –200	1.200 –140	800 –165	1.600 –180
= EDB II	1.790	**–20**	2.200	1.060	635	1.420
Summe EDB II – $NKAW_{I-II}$		3.990 –35			3.115 –60	
= EDB III		3.955			3.055	
Summe EDB III – $NKAW_U$			7.010 –100			
= EDB IV			6.910			

Der Periodenerfolg bei Fortführung wurde in Aufgabenstellung a) mit –2.340 ermittelt. Die stufenweise Grenzkostenrechnung legt nun nahe, im kommenden Quartal auf die Fertigung des Produktes B zu verzichten, da der im Falle einer temporären Stilllegung netto einsparbare Fixkostenblock in Höhe von 280 die im Falle des Weiterbetriebs erzielbare Deckungsbeitragssumme in Höhe von 260 um 20 übertrifft. Bei Stilllegung von B verbessert sich das Ergebnis somit um 20 auf –2.320.

c)

Der Auftrag muss mindestens einen zusätzlichen Deckungsbeitrag in Höhe von 20 erwirtschaften, da es ansonsten weiterhin vorteilhafter wäre, die gesamte Fertigung von B im kommenden Quartal stillzulegen. Die kurzfristige Preisuntergrenze umfasst somit neben den variablen Selbstkosten des Auftrages in Höhe von 100 auch noch **Opportunitätskosten** in Höhe von 20. Der Zusatzauftrag für B sollte folglich nur angenommen werden, wenn für diesen mindestens ein Preis in Höhe von 120 erzielt werden kann.

d)

Im Falle der Eigenfertigung von Produkt F beträgt dessen DB II im kommenden Quartal lt. Aufgabenstellung a) –200. Bei Zukauf von Produkt F könnte die Fertigung von F im kommenden Quartal temporär eingestellt werden und könnten insgesamt Fixkosten (abzgl. Kosten für Abbau und Wiederaufbau) in Höhe von 180 eingespart werden. Der maximale Einkaufspreis (P) lässt sich folglich durch Auflösen folgender Gleichung ermitteln: $-200 = (6 - P) \cdot 800 - 1.800 + 180$. Daraus folgt, dass der maximale Einkaufspreis je Tonne für F ca. 4,23 beträgt.

e)

Der Periodenerfolg bei vollständigem Weiterbetrieb wurde in Aufgabenstellung a) mit –2.340 ermittelt. Bei Produktionseinstellung aller Produkte fallen die gesamten Deckungsbeiträge in Höhe von 8.260 weg. Andererseits können die Fixkosten des Unternehmens um sämtliche Nettokostenabbauwerte in Höhe von 1.370 reduziert werden. In Summe ergibt sich somit ein Periodenerfolg bei vollständiger Produktionseinstellung von $-2.340 - 8.260 + 1.370 = -9.230$ (= nicht abgebaute Fixkosten).

f)

Die kritische Absatzmenge von 33 Tonnen des Produktes E lässt sich durch Division der netto einsparbaren Fixkosten in Höhe von 165 ($NKAW_E$) durch den Deckungsbeitrag je Tonne in Höhe von 5 ermitteln.

11 Repetitorium zu Teil A

Wichtige Begriffe

Betriebliches Rechnungswesen	Kalkulatorische Wagnisse
Controlling	Kostenstellenrechnung
Strategisches Controlling	Innerbetriebliche Leistungsverrechnung
Operatives Controlling	Kostenträgerrechnung
Kostenbegriff	Kostenträgererfolgsrechnung
Produktions- und Kostentheorie	Deckungsbeitrag
Gewinnmaximierung	Periodenerfolgsrechnung
Kostenremanenz	Stufenweise Deckungsbeitragsrechnung
Kostenauflösung	Mehrdimensionale Absatzsegmenterfolgsrechnung
System der Kosten- und Leistungsrechnung	Break-Even-Analyse
Kostenrechnungssysteme	Programmplanung
Voll- und Teilkostenrechnung	Engpass
Kostenartenrechnung	Relativer Deckungsbeitrag
Scheingewinne	Lineare Programmierung
Personalkosten	Preisuntergrenzen
Materialkosten	Make-or-Buy-Analyse
Kalkulatorische Abschreibungen	Preisobergrenzen
Kalkulatorischer Unternehmerlohn	Verfahrenswahl
Opportunitätskosten	Transportproblem
Kalkulatorische Zinsen	Optimale Bestellmenge
LÜCKE-Theorem	Stufenweise Grenzkostenrechnung
Kalkulatorische Miete	Nettokostenabbauwert

Übungsbeispiele

Übungsbeispiel A.1: System der Kosten- und Leistungsrechnung

In einem kleinen Gewerbebetrieb werden für die nächste Periode Aufwendungen in Höhe von 710.000 geplant. Neutralen Aufwendungen in Höhe von 150.000 stehen dabei kalkulatorische Zusatzkosten von 50.000 gegenüber. Die geschätzten Umsatzerträge in Höhe von 960.000 entsprechen den Erlösen (Leistungen) der kommenden Periode.

Die Fertigungsmaterialkosten haben Einzelkostencharakter und werden für die nächste Periode auf insgesamt 150.000 geschätzt. Die Fertigungslöhne haben ebenfalls Einzelkostencharakter und werden sich voraussichtlich auf 210.000 belaufen.

Die Gemeinkosten sind zu 60% fix. Die variablen Gemeinkosten verteilen sich im Verhältnis 30:60:10 auf die Materialstelle, die Fertigungsstelle sowie die Verwaltungs- und Vertriebsstelle.

Die Materialgemeinkosten werden in Abhängigkeit der Fertigungsmaterialkosten auf die einzelnen Kostenträger weiterverrechnet. Die Fertigungsgemeinkosten werden nach Maßgabe der von den Aufträgen in Anspruch genommenen Maschinenstunden auf diese weiterverrechnet. Es wird geschätzt, dass in der kommenden Periode insgesamt 200 Maschinenstunden anfallen werden. Als Bezugsgröße der Verwaltungs- und Vertriebsstelle werden die Periodenherstellkosten herangezogen.

Für die kommende Periode sind keine innerbetrieblichen Leistungen und keine Bestandsveränderungen geplant.

Aufgabenstellung:

Führen Sie die Kostenarten-, Kostenstellen-, Kostenträger-, Kostenträgererfolgs- und Periodenerfolgsrechnung nach dem System der Teilkostenrechnung durch! Die Kostenträger- und Kostenträgererfolgsrechnung ist dabei anhand eines Auftrages, für den insgesamt ein Fertigungsmaterialeinsatz von 5.000, ein Fertigungslohneinsatz von 15.000 sowie 40 Maschinenstunden geplant sind und der einen Nettoerlös von 47.000 bringen soll, darzustellen!

Lösung:

Kostenartenrechnung:

Aufwendungen	710.000
– neutrale Aufwendungen	150.000
+ Zusatzkosten	50.000
= Gesamtkosten	610.000
– Einzelkosten	
Fertigungsmaterial	150.000
Fertigungslöhne	210.000
= Gemeinkosten	250.000
fixe Gemeinkosten (= 60% von 250.000)	150.000
variable Gemeinkosten (40% von 250.000)	100.000

Kostenstellenrechnung:

	Material	Fertigung	Vw&Vt
variable Gemeinkosten	30.000	60.000	10.000
/ Bezugsgröße	150.000	200	450.000
= Verrechnungssatz	20%	300 / Mh	2,22%

Kostenträgerrechnung:

Fertigungsmaterial	5.000,00
+ Materialgemeinkosten (20%)	1.000,00
+ Fertigungslöhne	15.000,00
+ Fertigungsgemeinkosten (= 40 • 300)	12.000,00
= variable Herstellkosten	33.000,00
+ Verwaltungs- und Vertriebsgemeinkosten (2,22%)	733,33
= variable Selbstkosten	33.733,33

Kostenträgererfolgsrechnung:

Nettoerlös	47.000,00
– variable Selbstkosten	33.733,33
= Deckungsbeitrag	13.266,67

Periodenerfolgsrechnung:

Erlöse	960.000
– variable Kosten	
Einzelkosten	360.000
variable Gemeinkosten	100.000
= Periodendeckungsbeitrag	500.000
– Fixkosten	150.000
= Periodenerfolg	350.000

Übungsbeispiel A.2: Mathematische Kostenauflösung

Die Kosten eines im Vertriebsbereich verwendeten PKW betragen in der 1. Periode 112.160 und in der 2. Periode 98.160. Die Kilometerleistung betrug in der 1. Periode 30.000 und in der 2. Periode 20.000.

Aufgabenstellung:
Ermitteln Sie die variablen Kosten je Kilometer sowie die Fixkosten des PKW nach dem Verfahren der mathematischen Kostenauflösung!

Lösung:
variable Kosten je Kilometerleistung = (112.160 – 98.160) / (30.000 – 20.000) = 1,4
Fixkosten = 98.160 – 1,4 • 20.000 = 70.160

Übungsbeispiel A.3: Statistische Kostenauflösung

Die Kosten einer neu in Betrieb genommenen Abfallaufbereitungsanlage haben sich wie folgt entwickelt:

Periode	aufbereitete Abfallmenge (in Tonnen)	Kosten
1	30 t	80.000
2	60 t	100.000
3	90 t	120.000
4	100 t	150.000
5	130 t	160.000

In der Periode 6 wird die aufbereitete Abfallmenge voraussichtlich 150 t betragen.

Aufgabenstellung:
Welche Gesamtkosten werden in Periode 6 voraussichtlich anfallen, wenn das Preisgerüst für die Kosten unverändert bleibt?

Lösung:

Periode	x	GK	(x – MW)	(GK – MW)	(x – MW) • (GK – MW)	$(x – MW)^2$
1	30	80.000	-52	-42.000	2.184.000	2.704
2	60	100.000	-22	-22.000	484.000	484
3	90	120.000	8	-2.000	-16.000	64
4	100	150.000	18	28.000	504.000	324
5	130	160.000	48	38.000	1.824.000	2.304
SUMME	410	610.000	0	0	4.980.000	5.880
Schnitt (MW)	82	122.000	0	0	996.000	1.176

variable Kosten pro t = 996.000 / 1.176 = 846,94
fixe Kosten = 122.000 – 846,94 • 82 = 52.551,02
Gesamtkosten in der 6. Periode: = 52.551,02 + 150 • 846,94 = 179.591,84

Übungsbeispiel A.4: Gewinnmaximierung

Für ein Monopolunternehmen gelte die Erlösfunktion $E(x) = -0{,}05 \cdot x^2 + 800 \cdot x$. Die lineare Kostenfunktion des Unternehmens lautet $K(x) = 300 \cdot x + 450.000$.

Aufgabenstellung:

Ermitteln Sie die gewinnmaximale Menge und den gewinnmaximalen Preis des Monopolisten! Wie hoch ist der maximale Gewinn?

Lösung:

$G(x) = -0{,}05 \cdot x^2 + 500 \cdot x - 450.000$

$G'(x) = -0{,}1 \cdot x + 500$

$0 = -0{,}1 \cdot x + 500$

$x = 5.000$

$p = 550$

$G(5.000) = 5.000 \cdot 550 - 5.000 \cdot 300 - 450.000$

$G = 800.000$

Übungsbeispiel A.5: Innerbetriebliche Leistungsverrechnung

Die primären Kosten zweier Hauptkostenstellen (K1, K2) und zweier Hilfskostenstellen (H1, H2) sind wie folgt gegeben:

Kostenstelle	H1	H2	K1	K2
primäre Gemeinkosten	3.000	1.750	90.000	40.000

Die Hauptkostenstelle K1 erbringt insgesamt 250 Leistungseinheiten. Die Hauptkostenstelle K2 erbringt insgesamt 225 Leistungseinheiten.

Die Hilfsstelle H1 erbringt insgesamt 12 Leistungseinheiten (LE): 7 LE an K1, 3 LE an K2 und 2 LE an H2.

Die Hilfsstelle H2 erbringt insgesamt 8 Leistungseinheiten (LE): 5 LE an K2 und 3 LE an H1.

Aufgabenstellung:

Führen Sie die innerbetriebliche Leistungsverrechnung mit dem Simultanansatz durch und ermitteln Sie anschließend die Summe aus primären und sekundären Gemeinkosten in den beiden Hauptkostenstellen sowie deren Verrechnungssätze!

Lösung:

Für die Ermittlung der gesamten Kosten der beiden Hilfskostenstellen sind folgende Gleichungen aufzustellen:

$$H1 = 3.000 + 3 \cdot \frac{H2}{8} \quad \text{sowie} \quad H2 = 1.750 + 2 \cdot \frac{H1}{12}$$

Dabei bezeichnet H1 (H2) die in der Hilfskostenstelle 1 (Hilfskostenstelle 2) anfallenden Gemeinkosten unter Berücksichtigung des Leistungsempfangs, jedoch vor Leistungsabgabe an andere Kostenstellen.

Aus dem obigen Gleichungssystem folgt:
H1 = 3.900 und VS_{H1} = 3.900 / 12 = 325 / LE
H2 = 2.400 und VS_{H2} = 2.400 / 8 = 300 / LE
Der Betriebsabrechnungsbogen hat nach Abrechnung der innerbetrieblichen Leistungen folgendes Aussehen:

	H1	H2	K1	K2
primäre Gemeinkosten	3.000	1.750	90.000	40.000
+/– Umlage H1	–3.900	650	2.275	975
+/– Umlage H2	900	–2.400		1.500
= Gemeinkostensumme	0	0	92.275	42.475
/ Bezugsgröße (LE)			250	225
= Verrechnungssätze			369,10	188,78

Die gesamten Gemeinkosten von 134.750 verteilen sich nach der innerbetrieblichen Leitungsverrechnung nur noch auf die beiden Hauptkostenstellen.

Übungsbeispiel A.6: Innerbetriebliche Leistungsverrechnung[157]

Für die Umlage der Hilfskostenstellen Wasser, Energie, Reparatur und Meisterbüro nach dem Stufenleiterverfahren liegen folgende Informationen vor:

Kostenstelle	Wasser	Energie	Reparatur	Meisterbüro	Material	Fertigung 1	Fertigung 2	Verwaltung	Vertrieb
Primärkosten	3.000	6.000	2.000	4.000	6.200	15.800	20.000	8.000	4.000
Wasserverbrauch (m^3)		500	900		700	3.500	3.500	500	800
Energieverbrauch (kWh)			2.200	1.300	4.500	7.800	5.800	4.000	3.800
Reparaturzeit (h)					35	300		40	130
Umlage Meisterbüro						33,33%	66,67%		

Für die Hauptkostenstellen gelten folgende Bezugsgrößen:

- Materialstelle: 10.000 Einzelmaterialkosten
- Fertigung 1: 400 Maschinenstunden
- Fertigung 2: 322 Akkordstunden
- Die Verwaltungs- und Vertriebsgemeinkosten sind als einheitlicher Zuschlag auf die Herstellkosten in Höhe von 67.000 zu verteilen.

Aufgabenstellung:

Führen Sie die innerbetriebliche Leistungsverrechnung nach dem Stufenleiterverfahren durch und ermitteln Sie die Zuschlags- bzw. Verrechnungssätze!

[157] Vgl. Mayr (2015) S. 179 f.

Lösung:

Verrechnungssatz Wasser: 0,29 / m^3
Verrechnungssatz Energie: 0,21 / kWh
Verrechnungssatz Reparatur: 5,38 / h

Kostenstelle	Wasser	Energie	Reparatur	Meister-büro	Material	Ferti-gung 1	Ferti-gung 2	Verwal-tung	Vertrieb
Primärkosten	3.000,00	6.000,00	2.000,00	4.000,00	6.200,00	15.800,00	20.000,00	8.000,00	4.000,00
Umlage Wasser	-3.000,00	144,23	259,62	0,00	201,92	1.009,62	1.009,62	144,23	230,77
Umlage Energie		-6.144,23	459,77	271,68	940,44	1.630,10	1.212,13	835,95	794,15
Umlage Reparatur			-2.719,39		188,47	1.615,48	0,00	215,40	700,04
Umlage Meisterbüro				-4.271,68		1.423,89	2.847,79		
Gemeinkosten	0,00	0,00	0,00	0,00	7.530,84	21.479,09	25.069,53	9.195,58	5.724,96
Verrechnungs-sätze					75,31%	53,70	77,86	13,72%	8,54%
								22,27%	

Übungsbeispiel A.7: Break-Even-Analyse

Ein Einproduktunternehmen erzeugte 20X3 5.000 Stück des Produkts EXE. Bei einem Verkaufspreis von 80 pro Stück und variablen Stückkosten von 60 wurde 20X3 ein Gewinn von 50.000 erzielt.

Für 20X4 wird davon ausgegangen, dass die Fixkosten um 20% steigen und das Produkt EXE um 85 pro Stück verkauft werden kann. Die variablen Stückkosten werden sich voraussichtlich nicht ändern.

Aufgabenstellung:

Wie viele Stück müssen 20X4 produziert und abgesetzt werden, damit das Unternehmen 20X4 keinen Verlust macht (Break-Even-Menge)?

Lösung:

Gewinn = Erlös – variable Kosten – Fixkosten (20X3)
50.000 = 400.000 – 300.000 – Fixkosten (20X3)
Fixkosten (20X3) = 50.000
Fixkosten (20X4) = 50.000 • 1,2 = 60.000
Break-Even-Menge (20X4) = 60.000 / (85 – 60) = 2.400 Stück

Übungsbeispiel A.8: Äquivalenzzahlenkalkulation[158]

In einer kleinen Brauerei belaufen sich die gesamten Herstellkosten einer Periode auf insgesamt 40.000.

Die Brauerei stellt drei Biersorten her. Das Weizenbier ist in der Herstellung um ca. 10% günstiger als das Pils. Das Starkbier wiederum ist in der Herstellung um ca. 20% teurer als das Pils.

Die in der Periode hergestellten Mengen sind der nachfolgenden Tabelle zu entnehmen:

Sorte	Menge (in Litern)
Pils	41.000
Weizen	30.000
Starkbier	10.000

Aufgabenstellung:

Ermitteln Sie die Herstellkosten je Liter sowie die Periodenherstellkosten aller drei Sorten mit Hilfe einer Äquivalenzzahlenkalkulation! Weisen Sie dabei der Sorte Pils die Äquivalenzzahl (ÄZ) 1 zu!

Lösung:

	ÄZ	Menge / Periode	Fiktive Pilsmenge	HK / Liter	HK / Periode
Pils	1,0	41.000	41.000	0,50	20.500
Weizen	0,9	30.000	27.000	0,45	13.500
Starkbier	1,2	10.000	12.000	0,60	6.000
			80.000		40.000

[158] Vgl. Fischbach (2013) S. 89.

Übungsbeispiel A.9: Periodenerfolgsrechnung

Obwohl im nächsten Quartal nur ein Absatz von 4.000 Stück A und 2.000 Stück B erwartet wird, plant ein Betrieb die Produktion von 5.000 Stück A und 3.000 Stück B, um im darauf folgenden Quartal die erwartete hohe Nachfrage befriedigen zu können.

Auf der Basis des angestrebten Produktions- und Absatzprogramms wurde folgender Plan-Betriebsabrechnungsbogen für das nächste Quartal erstellt (Werte in 1.000):

	Material	Fertigung	Verwaltung	Vertrieb
Fertigungsmaterial	22.000			
Fertigungslöhne		25.500		
sonstige Gemeinkosten (var.)	1.100	30.600	2.344	8.790
sonstige Gemeinkosten (fix)	1.760	25.500	5.544	6.986
Bezugsgröße	FM	FL	HK der Absatzleistung	HK der Absatzleistung

Die Kostenplanung baute auf folgenden Einsatzwerten je Produkt auf:

	A	B
Fertigungsmaterial	2.000	4.000
Fertigungslöhne	3.000	3.500

Der Nettoerlös beträgt für ein Stück A 20.000 und für ein Stück B 19.000.

Aufgabenstellung:

a) Berechnen Sie den geplanten Periodenerfolg nach dem Umsatzkostenverfahren und nach dem Gesamtkostenverfahren zu variablen Kosten!

b) Berechnen Sie den geplanten Periodenerfolg nach dem Umsatzkostenverfahren und nach dem Gesamtkostenverfahren zu Vollkosten!

c) Worauf ist der Unterschied der Periodenergebnisse bei der Rechnung zu Vollkosten und zu variablen Kosten zurückzuführen?

Lösung:

a)

a1) Umsatzkostenverfahren zu variablen Kosten:

BAB:

	Material	Fertigung	Verwaltung	Vertrieb
Variable Gemeinkosten	1.100.000	30.600.000	2.344.000	8.790.000
/ Bezugsgröße	22.000.000	25.500.000	58.600.000	58.600.000
= Verrechnungssatz	5%	120%	4%	15%

Herstellkosten der abgesetzten Menge:

	A	B
Fertigungsmaterial	2.000	4.000
+ Materialgemeinkosten	100	200
+ Fertigungslöhne	3.000	3.500
+ Fertigungsgemeinkosten	3.600	4.200
= Herstellkosten / Stk.	8.700	11.900
• abgesetzte Menge	4.000	2.000
= Herstellkosten d. abg. Menge	34.800.000	23.800.000
= ∑ Herstellkosten d. abg. Menge	58.600.000	
Herstellkosten / Stk.	8.700	11.900
+ Verwaltungsgemeinkosten	348	476
+ Vertriebsgemeinkosten	1.305	1.785
= Selbstkosten / Stk.	10.353	14.161

Periodenerfolgsrechnung:

	A	B
Nettoerlös / Stk.	20.000	19.000
– Selbstkosten / Stk.	10.353	14.161
= DB / Stk.	9.647	4.839
• abgesetzte Menge	4.000	2.000
= Deckungsbeitrag	38.588.000	9.678.000

∑ Deckungsbeitrag	48.266.000
– Periodenfixkosten	39.790.000
= Periodenerfolg	**8.476.000**

a2) Gesamtkostenverfahren zu variablen Kosten:

Periodenerlöse	118.000.000
– var. Periodenkosten der erzeugten Menge	
Fertigungsmaterial	22.000.000
Materialgemeinkosten	1.100.000
Fertigungslöhne	25.500.000
Fertigungsgemeinkosten	30.600.000
Verwaltungsgemeinkosten	2.344.000
Vertriebsgemeinkosten	8.790.000
+ Bestandsveränderungen	20.600.000
= ∑ Deckungsbeitrag	48.266.000
– Periodenfixkosten	39.790.000
= Periodenerfolg	**8.476.000**

Bestandsveränderungen:

Produkt	Lageraufbau	var. HK / Stk.	Bestandsveränd.
A	1.000 Stk.	8.700	8.700.000
B	1.000 Stk.	11.900	11.900.000
			20.600.000

b)

b1) Umsatzkostenverfahren zu Vollkosten:

BAB:

	Material	Fertigung	Verwaltung	Vertrieb
volle Gemeinkosten	2.860.000	56.100.000	7.888.000	15.776.000
Bezugsgröße	22.000.000	25.500.000	78.880.000	78.880.000
Verrechnungssatz	13%	220%	10%	20%

Herstellkosten der abgesetzten Menge:

	A	B
Fertigungsmaterial	2.000	4.000
+ Materialgemeinkosten	260	520
+ Fertigungslöhne	3.000	3.500
+ Fertigungsgemeinkosten	6.600	7.700
= Herstellkosten / Stk.	11.860	15.720
• abgesetzte Menge	4.000	2.000
= Herstellkosten d. abg. Menge	47.440.000	31.440.000
= ∑ Herstellkosten d. abg. Menge	78.880.000	
Herstellkosten / Stk.	11.860	15.720
+ Verwaltungsgemeinkosten	1.186	1.572
+ Vertriebsgemeinkosten	2.372	3.144
= Selbstkosten / Stk.	15.418	20.436

Periodenerfolgsrechnung:

	A	B
Nettoerlös / Stk.	20.000	19.000
- Selbstkosten / Stk.	15.418	20.436
= Ergebnis / Stk.	4.582	−1.436
• abgesetzte Menge	4.000	2.000
= Periodenerfolg	18.328.000	−2.872.000
= ∑ Periodenerfolg	**15.456.000**	

b2) Gesamtkostenverfahren zu Vollkosten:

Periodenerlöse	118.000.000
– Periodenkosten der erzeugten Menge	
Fertigungsmaterial	22.000.000
Materialgemeinkosten	2.860.000
Fertigungslöhne	25.500.000
Fertigungsgemeinkosten	56.100.000
Verwaltungsgemeinkosten	7.888.000
Vertriebsgemeinkosten	15.776.000
+ Bestandsveränderungen	27.580.000
= Periodenerfolg	**15.456.000**

Bestandsveränderungen:

Produkt	Lageraufbau	volle HK / Stk.	Bestandsveränd.
A	1.000 Stk.	11.860	11.860.000
B	1.000 Stk.	15.720	15.720.000
			27.580.000

c)

Gesamtdifferenz:

Periodenerfolg bei Vollkostenrechnung	15.456.000
Periodenerfolg bei Teilkostenrechnung	8.476.000
Differenz	6.980.000

Erläuterung zu Punkt c):

Die Differenz der Periodenerfolge bei Teil- und Vollkostenrechnung entspricht somit der Differenz der aktivierten Vollkosten und der aktivierten variablen Kosten je Stück, multipliziert mit der mengenmäßigen Bestandsveränderung.

Produkt	Lageraufbau	Differenz HK / Stk.	Bestandsveränd.
A	1.000 Stk.	3.160	3.160.000
B	1.000 Stk.	3.820	3.820.000
			6.980.000

Allgemein gilt, dass bei einer wertmäßigen Bestandszunahme (Bestandsabnahme) das Periodenergebnis bei einer Rechnung zu Vollkosten höher (niedriger) ist als bei einer Rechnung zu variablen Kosten.

Übungsbeispiel A.10: Stufenweise Deckungsbeitragsrechnung[159]

Das Unternehmen Frucht AG setzt sich aus den beiden Unternehmensbereichen Säfte und Obst zusammen. Der Bereich Säfte umfasst die beiden Produkte Apfelsaft und Orangensaft, der Bereich Obst umfasst die Produktgruppen Stückobst und Mus. Die Produktgruppe Stückobst umfasst die Produkte Ananas und Pfirsich, die Produktgruppe Mus die Produkte Pflaumen und Apfel.
Für den letzten Monat ergab sich folgende Verkaufsstatistik:

	Apfelsaft	Orangen-saft	Ananas	Pfirsich	Pflau-menmus	Apfelmus
Preis / Stk.	2	2	2	3	4	3
Absatzmenge (Stk.)	60.000	70.000	60.000	20.000	10.000	35.000
Erlösschmälerungen	6.000	9.000	2.000	1.000	1.000	3.000

Weiters liegen die folgenden Kosteninformationen für die einzelnen Produkte vor:

	Apfelsaft	Orangen-saft	Ananas	Pfirsich	Pflau-menmus	Apfelmus
var. Kosten / Stk.	1,08	1,07	1,12	2,38	1,86	0,90
produktfixe Kosten	12.300	11.200	45.000	22.400	10.000	28.500

Daneben fallen für die Produktgruppen jeweils produktgruppenspezifische Fixkosten an. Bei Stückobst betragen diese 4.000 und bei Mus 7.400. Der Bereich Säfte verursacht 21.800 an (Bereichs-)Fixkosten, der Bereich Obst 24.000. Schließlich entstanden auf Unternehmensebene im letzten Monat noch (unternehmens-)fixe Kosten von 58.000.

Aufgabenstellung:

Stellen Sie eine stufenweise Deckungsbeitragsrechnung (Fixkostendeckungsrechnung) auf!

[159] Vgl. Coenenberg (2003) S. 95 ff.

Lösung:

	Säfte		Obst			
			Stückobst		Mus	
	Apfelsaft	Orangensaft	Ananas	Pfirsich	Pflaumenmus	Apfelmus
Nettoerlös	114.000	131.000	118.000	59.000	39.000	102.000
– variable Kosten	64.800	74.900	67.200	47.600	18.600	31.500
= DB I	49.200	56.100	50.800	11.400	20.400	70.500
– produktfixe Kosten	12.300	11.200	45.000	22.400	10.000	28.500
= DB II	36.900	44.900	5.800	–11.000	10.400	42.000
Summe DB II	81.800		–5.200		52.400	
– produktgruppenfixe Kosten	0		4.000		7.400	
= DB III	81.800		–9.200		45.000	
Summe DB III	81.800		35.800			
– bereichsfixe Kosten	21.800		24.000			
= DB IV	60.000		11.800			
Summe DB IV	71.800					
– unternehmensfixe Kosten	58.000					
= Periodenerfolg	13.800					

Übungsbeispiel A.11: Programmplanung bei einem Engpass

Ein Unternehmen erzeugt 4 Produkte (A, B, C, D). Aus der Kosten- und Leistungsrechnung des vergangenen Monats können folgende Daten entnommen werden, die auch für die kommende Periode Gültigkeit haben:

	A	B	C	D
Nettoerlös / Stk.	15	18	18	20
variable Kosten / Stk.	12	10	12	14
Mh / Stk.	6	4	4	6
Absatzobergrenze (Stk.)	1.000	1.000	1.000	1.000

Die verfügbare Fertigungskapazität beträgt 10.400 Maschinenstunden (Mh).

Aufgabenstellung:

a) Wie lautet das optimale Produktionsprogramm und wie hoch ist der mit diesem Programm erzielbare Gesamtdeckungsbeitrag?

b) Es langt unerwartet ein Auftrag über 200 Stück des Produktes E ein. Ein Stück E verursacht variable Kosten von 15 und benötigt 8 Maschinenstunden (Mh). Der erzielbare Nettoerlös für E beträgt 24 pro Stück. Um wie viel ändert sich der Gesamtdeckungsbeitrag, wenn dieser Auftrag angenommen wird?

Lösung:

a)

Kapazitätstest:

Kapazitätsangebot:	10.400
Kapazitätsnachfrage:	20.000

→ 1 Engpass!

Ermittlung der Rangfolge:

	A	B	C	D
DB	3	8	6	6
DB / Mh	0,5	2	1,5	1
Rang	**4**	**1**	**2**	**3**

DB-Ermittlung:

Produkt	Stück	Mh	Restkapazität	DB
			10.400	
B	1.000	4.000	6.400	8.000
C	1.000	4.000	2.400	6.000
D	400	2.400	0	2.400

Gesamter DB = 8.000 + 6.000 + 2.400 = 16.400

b)

DB-Steigerung = 9 • 200 = 1.800

DB-Verminderung = 200 Stk. • 8 Mh / Stk. • 1 DB / Mh (Produkt D) = 1.600

DB-Veränderung = 1.800 – 1.600 = + 200

Übungsbeispiel A.12: Programmplanung bei einem Engpass[160]

Die Sergeant Pepper GmbH stellt die Gewürzmischungen Hot, Extra Hot und Super Hot für die Nahrungsmittelindustrie her. Die Gewürzmischungen enthalten unterschiedliche Mengen an Kardamom und weisen verschiedene marktbedingte Mindest- und Höchstabsatzmengen pro Monat auf.

Für den kommenden Monat liegen folgende Plan-Daten vor:

Produkt	DB / Packung	Kardamomeinsatz (kg / Packung)	Mindestabsatz (Packungen / Monat)	Höchstabsatz (Packungen / Monat)
Hot	9	15	200	2.500
Extra Hot	5	10	400	6.000
Super Hot	3	3	800	9.000

Die angegebenen Mindestabsatzmengen müssen aus vertraglichen Gründen jedenfalls gefertigt werden.

[160] Vgl. Joos (2014) S. 243 f.

Als Folge politischer Unruhen im Haupterzeugerland Klongonien ist die verfügbare Menge an Kardamom für die nähere Zukunft auf 60.000 kg pro Monat begrenzt.
Die Fixkosten des nächsten Monats werden mit 30.000 geplant.

Aufgabenstellung:

a) Ermitteln Sie das gewinnmaximale Produktions- und Absatzprogramm!*

b) Wie hoch ist der mit dem gewinnmaximalen Programm erzielbare Periodenerfolg?*

* **Hinweis**: Runden Sie die Produktionsmengen bitte nicht auf volle Packungen!

Lösung:

a)

Produkt	Engpassbelastung durch Mindestabsatz
Hot	3.000
Extra Hot	4.000
Super Hot	2.400
SUMME	9.400

Restkapazität = 60.000 kg – 9.400 kg = 50.600 kg

Kapazitätstest:

Produkt	möglicher Zusatzabsatz	Engpass-belastung
Hot	2.300	34.500
Extra Hot	5.600	56.000
Super Hot	8.200	24.600
	SUMME	115.100

50.600 < 115.100 → 1 Engpass!

Rangfolgenermittlung:

Produkt	DB pro Packung	relativer DB	Rangfolge
Hot	9	0,6	2
Extra Hot	5	0,5	3
Super Hot	3	1	1

Programmplanung:

Produkt	zusätzliche Packungen	Engpass-belastung	Restkapazität
			50.600
Super Hot	8.200	24.600	26.000
Hot	1.733,33	26.000	0
Extra Hot	0	0	0

b)
Periodenerfolgsermittlung:

Produkt	Gesamtmenge	Deckungsbeitrag
Super Hot	9.000	27.000
Hot	1.933,33	17.400
Extra Hot	400	2.000

Periodendeckungsbeitrag = 27.000 + 17.400 + 2.000 = 46.400
Periodenerfolg = 46.400 - 30.000 = 16.400

Übungsbeispiel A.13: Stufenweise Grenzkostenrechnung

Eine Fertigungsstelle eines Industriebetriebs ist im nächsten Jahr voraussichtlich unterbeschäftigt. Die Kostenstelle F4 ist auf die Fertigung der Produktgruppe XY spezialisiert und stellt somit keine anderen Produkte her.
Für das kommende Jahr werden für die Produktgruppe XY monatliche Deckungsbeiträge in Höhe von 7.500 geplant.
Die Fixkosten der Kostenstelle F4 betragen jährlich 720.000. Es kann unterstellt werden, dass die Fixkosten gleichmäßig verteilt über das Jahr anfallen. In anderen Kostenstellen verursachen Produktion und Absatz der Produktgruppe XY keine Fixkosten. Die Fixkosten der Kostenstelle F4 wären im Falle einer temporären Stilllegung zu 10% sofort, zu 50% nach einem halben Jahr und zu weiteren 40% erst nach einem Jahr abbaubar. Die Abbaufolgekosten betragen pro Abbaufrist einheitlich jeweils 80.000.
Im übernächsten Jahr wird sich die Absatzsituation der Produktgruppe XY voraussichtlich wesentlich verbessern, weshalb eine völlige Aufgabe dieser Produktgruppe nicht in Erwägung gezogen wird.

Aufgabenstellung:
Soll die Produktgruppe XY im kommenden Jahr vorübergehend stillgelegt werden?

Lösung:

DB (= 12 • 7.500)	90.000
– NKAW [= Max (0; 0,1 • 720.000 / 12 • 12 – 80.000) + + Max (0; 0,5 • 720.000 / 12 • 6 – 80.000)]	100.000
= EDB	–10.000

Das Ergebnis würde sich bei Stilllegung um 10.000 verbessern!

Übungsbeispiel A.14: Verfahrensvergleich

Einer Unternehmung stehen zur Erzeugung des Produktes XY zwei derzeit nicht in Betrieb befindliche Produktionsmaschinen zur Verfügung. Beide Maschinen können auch im Zweischichtbetrieb eingesetzt werden.
Hinsichtlich der entscheidungsrelevanten Kosten liegen folgende Informationen vor:

Maschine A

verursacht im Falle einer Inbetriebnahme in der ersten Schicht, die eine Kapazität von 5.000 Stück aufweist, 20.000 an zusätzlichen fixen Kosten. In der zweiten Schicht, in der weitere 7.000 Stück erzeugt werden, fallen weitere 20.000 an fixen Kosten an.
In der ersten Schicht fallen bis zu einer Produktionsmenge von 3.500 Stück 10 an variablen Kosten je Stück an. Ab einer Produktionsmenge von 3.501 Stück verursacht in der ersten Schicht jede zusätzlich erzeugte Einheit nur mehr 5 an variablen Kosten. Die in der zweiten Schicht verursachten variablen Kosten je Kostenträger belaufen sich auf 12.

Maschine B

verursacht im Falle einer Inbetriebnahme in der ersten Schicht, deren Kapazität 7.000 Stück beträgt, 24.000 an zusätzlichen fixen Kosten. In der zweiten Schicht, die eine Kapazität von 8.000 Stück aufweist, fallen weitere 28.000 an sprungfixen Kosten an. Die variablen Kosten je Stück belaufen sich in der ersten Schicht auf 8 und in der zweiten Schicht auf 9 je Stück.
Es soll nur eine der beiden Maschinen in Betrieb genommen werden.

Aufgabenstellung:

Ermitteln Sie durch einen kostenorientierten Verfahrensvergleich, bei welcher Periodenstückzahl Maschine A bzw. Maschine B jeweils günstiger ist.

Lösung:

Maschine A:

Intervall	Kostenfunktion
1 bis 3.500	$K = 20.000 + 10 \cdot x$
3.501 bis 5.000	$K = 20.000 + 10 \cdot 3.500 + 5 \cdot (x - 3.500)$ $K = 37.500 + 5 \cdot x$
5.001 bis 12.000	$K = 37.500 + 5 \cdot 5.000 + 20.000 + 12 \cdot (x - 5.000)$ $K = 22.500 + 12 \cdot x$

Maschine B:

Intervall	Kostenfunktion
1 bis 7.000	$K = 24.000 + 8 \cdot x$
7.001 bis 15.000	$K = 24.000 + 8 \cdot 7.000 + 28.000 + 9 \cdot (x - 7.000)$ $K = 45.000 + 9 \cdot x$

Kritische Werte:

Stück	Kosten A	Kosten B
1	**20.010**	24.008
3.500	55.000	**52.000**
5.000	**62.500**	64.000
5.001	82.512	**64.008**
7.000	106.500	**80.000**
7.001	**106.512**	108.009
12.000	166.500	**153.000**
15.000	–	**180.000**

$20.000 + 10 \cdot x = 24.000 + 8 \cdot x$
$x = 2.000$

$37.500 + 5 \cdot x = 24.000 + 8 \cdot x$
$x = 4.500$

$22.500 + 12 \cdot x = 45.000 + 9 \cdot x$
$x = 7.500$

Intervall	Maschine
1 bis 2.000	A
2.001 bis 4.500	B
4.501 bis 5.000	A
5.001 bis 7.000	B
7.001 bis 7.500	A
7.500 bis 12.000	B
12.001 bis 15.000	B

Kontrollfragen

A.1. Aus welchen Teilgebieten setzt sich das betriebliche Rechnungswesen zusammen?

A.2. Grenzen Sie das operative Controlling vom strategischen Controlling ab! Nehmen Sie weiters zur Organisation des Controllings in Unternehmen Stellung!

A.3. Aus welchen Bestandteilen besteht das System der Kosten- und Erlösrechnung?

A.4. Was versteht man unter „Kostenremanenz" und welche Ursachen für dieses Phänomen kennen Sie?

A.5. Welche Methoden der Kostenauflösung kennen Sie? Beschreiben Sie jede dieser Methoden kurz!

A.6. Wie lassen sich die gewinnmaximale Menge und der gewinnmaximale Preis (eines Monopolisten) mathematisch ermitteln? Was lässt sich aus dieser Rechnung in Bezug auf die Fixkosten ableiten?

A.7. Wie ist bei der Überleitung von Aufwendungen in Kosten vorzugehen?

A.8. Was versteht man unter Scheingewinnen?

A.9. Wie lautet die zentrale Aussage des Lücke-Theorems?

A.10. Wie sind innerbetriebliche Leistungen im Rahmen der Kostenstellenrechnung zu behandeln?

A.11. Welche Kalkulationsverfahren kennen Sie und im Zuge welcher Fertigungsverfahren kommen diese zum Einsatz?

A.12. Wodurch unterscheidet sich das Umsatzkostenverfahren vom Gesamtkostenverfahren?

A.13. Was versteht man unter einer mehrdimensionalen Absatzsegmenterfolgsrechnung?

A.14. Was versteht man unter einer Break-Even-Analyse?

A.15. Nach welchem Kriterium erfolgt die Zusammenstellung des gewinnmaximalen Produktions- und Absatzprogramms bei einem Engpass?

A.16. Wie kann die Zusammenstellung des gewinnmaximalen Produktions- und Absatzprogramms bei Vorliegen mehrerer Engpässe durchgeführt werden?

A.17. Aus welchen Bestandteilen können sich kurzfristige Preisuntergrenzen zusammensetzen?

A.18. Welche Art von Entscheidungen können mit Hilfe einer stufenweisen Grenzkostenrechnung vorbereitet werden? Wie ist eine stufenweise Grenzkostenrechnung aufgebaut?

A.19. Ist es sinnvoll, Investitionsentscheidungen mit einem kostenorientierten Verfahrensvergleich vorzubereiten?

MC-Fragen

MC-Frage A.1: Kostenauflösung

R	F	
☐	☒	Unter Kostenauflösung versteht man die Trennung der Gesamtkosten in Einzelkosten und Gemeinkosten.
☒	☐	Die Gesamtkosten der Periode 1 (Periode 2) betragen 2.000 (3.000). In Periode 1 (Periode 2) wurden 500 (1.000) Stück produziert und abgesetzt. Mittels mathematischer Kostenauflösung erhält man folgende lineare Kostenfunktion: $K = 1.000 + 2 \cdot x$.
☒	☐	Unter Kostenremanenz versteht man das empirische Phänomen, dass sich die Kosten oft nicht unmittelbar mit Beschäftigungsänderungen verändern, sondern dass sie erst mit einer gewissen zeitlichen Verzögerung reagieren.
☒	☐	Die statistische Kostenauflösung basiert auf der Methode der kleinsten Quadrate (Regressionsanalyse).

MC-Frage A.2: Fixkosten

R	F	
☐	☒	Bei den Fixkosten kann es sich um Gemeinkosten oder Einzelkosten handeln.
☒	☐	Die Fixkosten pro Stück sinken mit zunehmender Beschäftigung (Fixkostendegression).
☒	☐	Sprungfixe Kosten sind nur innerhalb bestimmter Beschäftigungsintervalle fix. Wird diese Grenze überschritten, steigen die Kosten sprunghaft an. Beispiel: Durch eine steigende Beschäftigung wird die Kapazität einer Maschine vollständig ausgelastet. Es muss eine zweite beschafft werden, wodurch die fixen Kosten (Abschreibungen, Zinskosten) sprunghaft ansteigen.
☐	☒	Unechte Gemeinkosten haben immer Fixkostencharakter.

MC-Frage A.3: Aufgaben der Kostenrechnung

R	F	
☐	☒	Die Aufgaben der Kostenrechnung sind gesetzlich vorgeschrieben und genau geregelt.
☒	☐	Wichtige Aufgaben der Kostenrechnung sind z.B. die Vorbereitung operativer (kurzfristiger) Entscheidungen sowie die Wirtschaftlichkeitskontrolle.

R	F	
☒	☐	Auch wenn der Aufbau eines Kostenrechnungssystems vom Gesetz nicht vorgeschrieben ist, gibt es doch Vorgehensweisen, Methoden und Instrumente, die allgemein anerkannt sind.
☐	☒	Die Begriffe „Aufwendungen" und „Kosten" sind stets deckungsgleich.

MC-Frage A.4: Einzel- und Gemeinkosten

R	F	
☐	☒	Die Kostenarten „Fertigungsmaterial" und „Fertigungslöhne" haben in der Regel Gemeinkostencharakter.
☒	☐	Einzelkosten sind stets variable Kosten.
☐	☒	Einzelkosten sind stets fixe Kosten.
☐	☒	Gemeinkosten werden direkt beim Kostenträger erfasst.

MC-Frage A.5: Kostenauflösung

R	F	
☒	☐	Die mathematische Kostenauflösung kann bereits bei Vorliegen von zwei Kosten- und Beschäftigungspaaren durchgeführt werden.
☐	☒	Bei langfristigen Betrachtungen sinkt der Anteil der variablen Kosten.
☐	☒	Die mathematische Kostenauflösung ist genauer als die statistische Kostenauflösung.
☐	☒	Die Repräsentativität einer mittels statistischer Kostenauflösung ermittelten Kostenfunktion kann mit Hilfe des Korrelationskoeffizienten bestimmt werden; je näher dieser bei null liegt, desto besser bildet die lineare Kostenfunktion die Realität ab.

MC-Frage A.6: Äquivalenzzahlenkalkulation

R	F	
☐	☒	Die Äquivalenzzahlenkalkulation ist ein Verfahren zur Verrechnung innerbetrieblicher Leistungen, welches insbesondere in der Einzel- und Serienfertigung zur Anwendung kommt.
☒	☐	Die Äquivalenzzahlenkalkulation geht davon aus, dass die Stückkosten der verschiedenen produzierten Sorten in einem bestimmten Verhältnis zueinander stehen.
☒	☐	Bei der Äquivalenzzahlenkalkulation ergibt sich das Problem, geeignete Bezugsgrößen zu finden, zu denen sich die Kosten proportional verhalten. Denkbar wäre beispielsweise, dass sich in einem Betrieb die Kosten proportional zur Einsatzmenge eines Rohstoffes, zur Fertigungszeit oder zu Merkmalen der Produktabmessung verhalten.

☒ ☐ Klassische Betriebe, für die die Äquivalenzzahlenkalkulation in Frage kommt, sind z.B. Brauereien, Mineralwasserhersteller sowie Zigarettenfabriken.

MC-Frage A.7: Umsatzkostenverfahren

R F

☒ ☐ Beim Umsatzkostenverfahren werden den Erlösen für die abgesetzte Leistung nur die Kosten der abgesetzten Menge gegenübergestellt.

☐ ☒ Das Umsatzkostenverfahren weist in der Regel einen höheren Periodenerfolg aus als das Gesamtkostenverfahren.

☐ ☒ Die Anwendung des Umsatzkostenverfahrens in der Kostenrechnung ist an ein gesetzlich vorgegebenes Gliederungsschema gebunden.

☐ ☒ Das Umsatzkostenverfahren kann nur angewendet werden, wenn es während der Abrechnungsperiode keine Bestandsveränderungen gegeben hat.

MC-Frage A.8: Kuppelproduktkalkulation

R F

☒ ☐ Durch einen Kuppelprozess entstehen gleichzeitig mehrere Produkte in einem mehr oder weniger fest vorgegebenen Verhältnis.

☒ ☐ Die Restwertmethode ist ein Verfahren der Kuppelproduktion, bei dem die Kuppelprodukte in ein Hauptprodukt und mehrere Nebenprodukte eingeteilt werden.

☐ ☒ Bei der Restwertmethode wird unterstellt, dass für das Hauptprodukt nur Kostendeckung erzielt werden kann.

☒ ☐ Die Verteilungsmethode unterstellt, dass alle Produkte für den Betrieb gleichermaßen von Bedeutung sind. Sie verteilt die Kosten des Kuppelproduktionsprozesses nach einem Verteilungsschlüssel auf die Kostenträger, in der Regel in Anlehnung an die Preise bzw. Erlöse.

MC-Frage A.9: Kostenstellenrechnung und ILV

R F

☐ ☒ Nur Einzelkosten finden Eingang in die Kostenstellenrechnung.

☐ ☒ Nur die Hilfskostenstellen können innerbetriebliche Leistungen erbringen.

☒ ☐ Die Gemeinkosten der Hilfskostenstellen werden im Rahmen der innerbetrieblichen Leistungsverrechnung auf die diese Leistungen in Anspruch nehmenden Kostenstellen weiterverrechnet.

☐ ☒ Die im Zuge der innerbetrieblichen Leistungsverrechnung weiterverrechneten Gemeinkosten nennt man „primäre Gemeinkosten“.

MC-Frage A.10: Break-Even-Analyse

R F

☒ ☐ Der Break-Even-Punkt liegt im Schnittpunkt von Kosten- und Erlösfunktion.

☒ ☐ Der Break-Even-Punkt liegt im Schnittpunkt von Deckungsbeitrags- und Fixkostenfunktion.

☒ ☐ In einem Einproduktunternehmen errechnet sich der Break-Even-Punkt mittels Division der Fixkosten durch den Stückdeckungsbeitrag.

☐ ☒ Im Break-Even-Punkt entsprechen die variablen Kosten dem Deckungsbeitrag.

MC-Frage A.11: Programmplanung bei einem Engpass

R F

☒ ☐ Sofern kein Engpass besteht, sollten alle Aufträge mit einem positiven absoluten Deckungsbeitrag in das Produktionsprogramm aufgenommen werden.

☒ ☐ Sofern mehrere Engpässe vorliegen, kann das optimale Produktionsprogramm mittels linearer Programmierung (Simplexmethode) ermittelt werden.

☒ ☐ Sofern nur ein einziger Engpass vorliegt, kann das optimale Produktionsprogramm durch eine Reihung nach relativen Deckungsbeiträgen ermittelt werden.

☒ ☐ In die Entscheidungen über das optimale Produktionsprogramm sollten auch nicht kostenrechnerische Überlegungen einfließen.

MC-Frage A.12: Programmplanung bei mehrfachem Engpass

R F

☒ ☐ MS-Excel bietet die Möglichkeit, unter Zuhilfenahme der Funktion „Solver“ im Menü „Extras“ lineare Optimierungsprobleme zu lösen.

☐ ☒ Beim Simplexalgorithmus teilt man die einzelnen Werte der rechten Seite durch den jeweiligen Wert der Pivotspalte. Der größte positive Quotient bestimmt die Pivotzeile.

☒ ☐ Die Simplexmethode ist ein Rechenverfahren, bei dem ausgehend von einem Gleichungssystem, unter Beachtung der Zielfunktion, schrittweise die optimale Lösung ermittelt wird.

☐ ☒ Wenn in der Zielzeile des Simplextableaus kein Wert ungleich null mehr steht, wurde das Optimum erreicht.

MC-Frage A.13: Stufenweise Grenzkostenrechnung

R F

☐ ☒ Mit einer stufenweisen Grenzkostenrechnung können Entscheidungen über die endgültige Stilllegung von betrieblichen Teilbereichen vorbereitet werden.

☒ ☐ Eine temporäre Stillegung eines betrieblichen Teilbereichs ist aus kostenrechnerischer Sicht sinnvoll, wenn der bei Stilllegung erzielbare Nettokostenabbauwert höher ist als der bei Weiterbetrieb erzielbare Deckungsbeitrag.

☒ ☐ Die Differenz zwischen den abbaubaren Fixkosten und der Summe aus Abbau- und Wiederaufbaukosten wird als „Nettokostenabbauwert" bezeichnet.

☒ ☐ „Leerkosten" sind die Fixkosten der ungenutzten Kapazität. Unter „Nutzkosten" versteht man hingegen die Fixkosten der genutzten Kapazität.

MC-Frage A.14: Preisuntergrenzen

R F

☐ ☒ Die kurzfristige Preisuntergrenze enthält niemals Opportunitätskosten.

☒ ☐ Die kurzfristige Preisuntergrenze entspricht den variablen Selbstkosten plus eventueller Opportunitätskosten.

☐ ☒ Die kurzfristige Preisuntergrenze entspricht den vollen Stückkosten.

☐ ☒ Die kurzfristige Preisuntergrenze entspricht den direkt zuordenbaren Einzelkosten.

Teil B: Budgetierung

12 Grundlagen

Lernziele

Nach Durcharbeiten von Kapitel 12 sollten Sie u.a. in der Lage sein:

- die Instrumente der strategischen und operativen Budgetierung einzuordnen
- die verschiedenen Funktionen der Budgetierung zu diskutieren
- den operativen Budgetierungsprozess zu beschreiben
- wesentliche Instrumente der Kostenplanung anzuwenden

12.1 Budget und Budgetierung

Unter **Budget** wird ein primär am Erfolgsziel (z.B. angestrebter Gewinn, angestrebte Eigenkapitalrentabilität) ausgerichteter Plan verstanden, der einem Verantwortungsbereich im Unternehmen für eine bestimmte Zeitperiode vorgegeben wird und an den die jeweiligen Entscheidungsverantwortlichen gebunden sind. Ein Budget kann also als fixierter und weitestgehend in wertmäßigen Größen ausgedrückter Leistungsvertrag zwischen Unternehmensführung und ausführenden Manager/inne/n bezeichnet werden. Budgets sind insbesondere in Großunternehmen ein wichtiges Koordinations- und Steuerungsinstrument zur Integration der einzelnen Teilbereiche eines Unternehmens zu einem Gesamtplan.

Ein detailliertes Gesamtbudget wird in der Regel für ein Geschäftsjahr erstellt **(Jahresbudget)**, ein weniger detaillierter Plan wird für einen Zeitraum von bis zu fünf Jahren erstellt **(Mehrjahresplan)**. Im Gegensatz zu fixierten Planperioden wird in der Praxis häufig eine sog. **rollierende Planung** praktiziert, die sich z.B. auf die jeweils nächsten zwölf Monate bezieht. Sobald ein Monat verstrichen ist, werden die diesbezüglichen Zahlen eliminiert und am Ende die Zahlen des „neuen" zwölften Monats angefügt.

Ein integriertes Jahresbudget besteht aus einem Leistungsbudget (Plan-GuV), einer Plan-Bilanz und einer Plan-Kapitalflussrechnung **(operatives Budgetsystem**, siehe Kap. 14). Das Leistungsbudget ist inhaltlich der Anknüpfungspunkt der Budgetierung an das System der Kosten- und Leistungsrechnung. Das Leistungsbudget entspricht einerseits der Periodenerfolgsrechnung auf Jahresbasis und ist andererseits Ausgangspunkt für Plan-Bilanz und Plan-Kapitalflussrechnung sowie für Abweichungsanalysen bei Kosten, Erlösen und Periodenergebnissen (siehe Kap. 15). Abbildung 44 stellt diesen Zusammenhang grafisch dar.

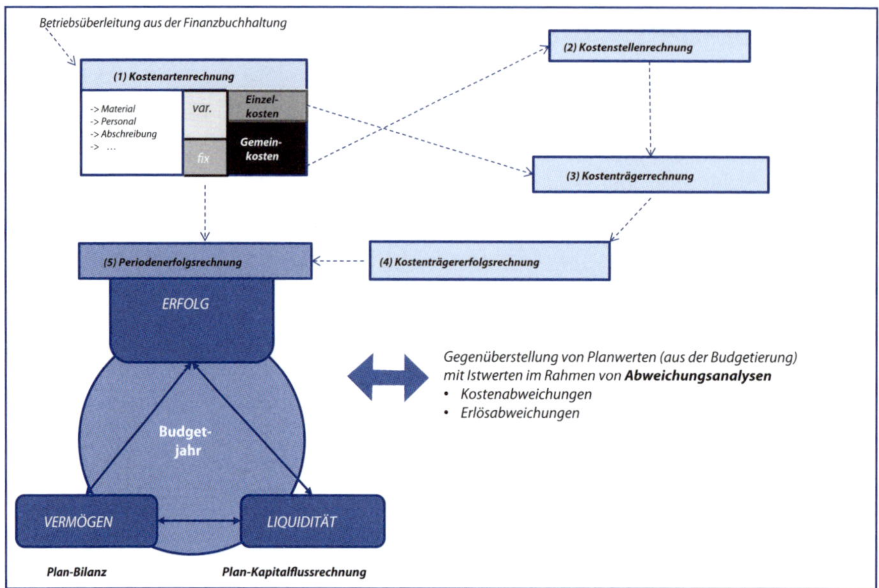

Abbildung 44: Zusammenhang Kostenrechnung und operatives Budget

Die **Budgetierung** inkludiert die Erstellung, Verabschiedung, Durchsetzung, Kontrolle und Anpassung von Budgets. Damit werden von der Budgetierung alle Schritte des Unternehmensführungsprozesses (siehe bereits Abbildung 2, Kap. 1.2.1) unterstützt. Sie ist ein wesentlicher Teil des Controllings. Im Budgetierungsprozess werden die finanziellen Auswirkungen der aus einer vorangegangenen Zielplanung abzuleitenden Maßnahmen für alle Unternehmensbereiche transparent gemacht.

Das Jahresbudget sowie der Mehrjahresplan (Mittelfristplanung) werden durch die **strategische Planung** (siehe Kap. 13.1) überlagert und bestimmt. Im Rahmen der strategischen Planung sind neue Erfolgspotenziale aufzubauen, um das primäre Unternehmensziel, nämlich die Steigerung des Unternehmenswerts für die Anteilseigner **(Shareholder Value)**, erreichen zu können. Erfolgspotenziale von Unternehmen lassen sich als Bündel nachhaltig wirksamer Wettbewerbsvorteile beschreiben, die im Kontext unternehmensexterner Chancen und Risiken sowie unternehmensinterner Stärken und Schwächen rechtzeitig aufgebaut und verteidigt werden müssen, um in nachfolgenden Perioden Erfolge erzielen zu können. Das Erfolgspotenzial ist daher Vorsteuergröße für den Erfolg und folglich indirekt auch für die Liquidität. Liquiditätsüberschüsse können den Eigentümern ausgeschüttet werden oder im Unternehmen verbleiben und zur Schaffung neuer Erfolgspotenziale reinvestiert werden.

Die strategische Planung ist um eine **strategische Kontrolle** (siehe Kap. 13.1) zu ergänzen. Die **Portfolioanalyse** (siehe Kap. 13.2) ist als Instrument zur strategischen Planung und Kontrolle für Unternehmen bzw. Konzerne geeignet, die aus mehreren (strategischen) Geschäftseinheiten bzw. Tochterunternehmen bestehen.

Unterstützt werden strategische Planung und Kontrolle von den Methoden der wertorientierten Unternehmenssteuerung und des Risikocontrollings. Die Methoden der **wertorientierten Unternehmenssteuerung** (siehe Kap.18) haben die Berechnung des Unternehmenswerts für Anteilseigner (Shareholder Value) zum Inhalt. Mit ihrer Anwendung können insbesondere Ziele quantifiziert (etwa das Erreichen eines bestimmten Unternehmenswertes bis zu einem bestimmten Zeitpunkt) und die Auswahl strategischer Optionen (nämlich jener Optionen, die den höchsten Zuwachs im Unternehmenswert versprechen) unterstützt werden. Mit den Instrumenten des **Risikocontrollings** (siehe Kap.13.3) werden strategische Programme mit der Risikobereitschaft des Unternehmens abgeglichen. An der Schnittstelle zur operativen Budgetierung werden die Ergebnisse der strategischen Planung in der **Investitionsplanung und -kontrolle** (siehe Kap. 17) in konkrete Investitionsprojekte übersetzt. Mit Performance-Measurement-Systemen wie der **Balanced Scorecard** (siehe Kap. 13.4) werden aus der strategischen Planung Zielvorgaben für das operative Budget abgeleitet. Zusammen bilden die genannten Instrumente die strategische Budgetierung.[161]

Abbildung 45 zeigt die Einordnung der Instrumente der strategischen und operativen Budgetierung in den Zusammenhang zwischen den Ziel- und Steuerungsebenen eines Unternehmens einerseits und dem Prozess der Unternehmensführung andererseits.

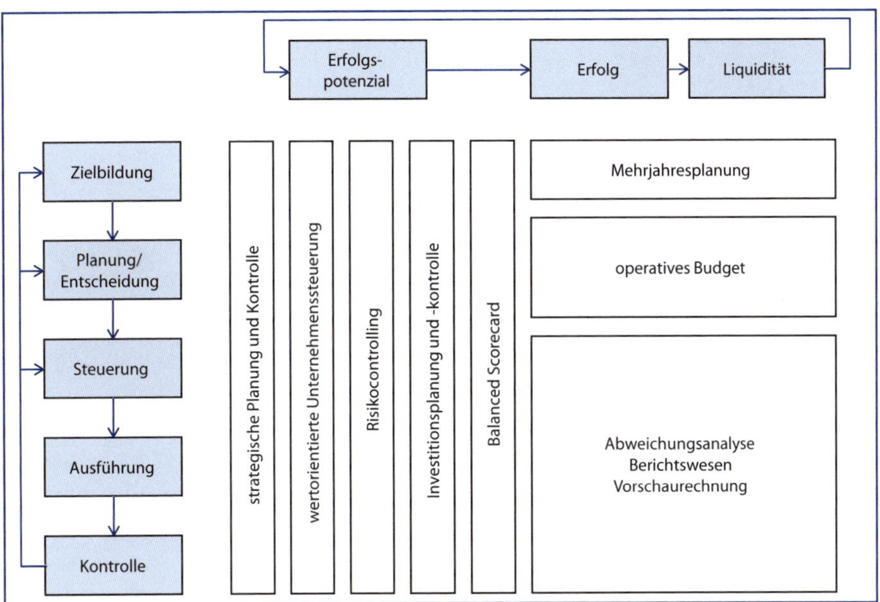

Abbildung 45: Instrumente der strategischen und operativen Budgetierung

161 Investitionsplanung und -kontrolle sowie wertorientierte Unternehmenssteuerung werden nicht mit den anderen Instrumenten der strategischen Budgetierung in Kap. 13, sondern, da sie inhaltlich auch auf den Ausführungen zum operativen Budgetsystem (Kap. 14) aufbauen, in Kap. 17 und Kap. 18 behandelt.

Die methodische Verknüpfung langfristiger (wertorientierter) und kurzfristiger (operativer) Instrumente gelingt über das Theorem von LÜCKE. Es besagt, dass der Kapitalwert eines Investitionsobjekts auch ermittelt werden kann, indem anstelle von Einzahlungsüberschüssen Residualgewinne diskontiert werden. Residualgewinne sind Periodengewinne abzüglich der kalkulatorischen Zinsen auf das zu Beginn der Periode gebundene Eigenkapital (siehe bereits Kap. 4.6). Abbildung 46 stellt den Zusammenhang zwischen Kostenrechnung, operativem Budget und langfristigen Instrumenten der wertorientierten Unternehmensführung überblicksmäßig dar.

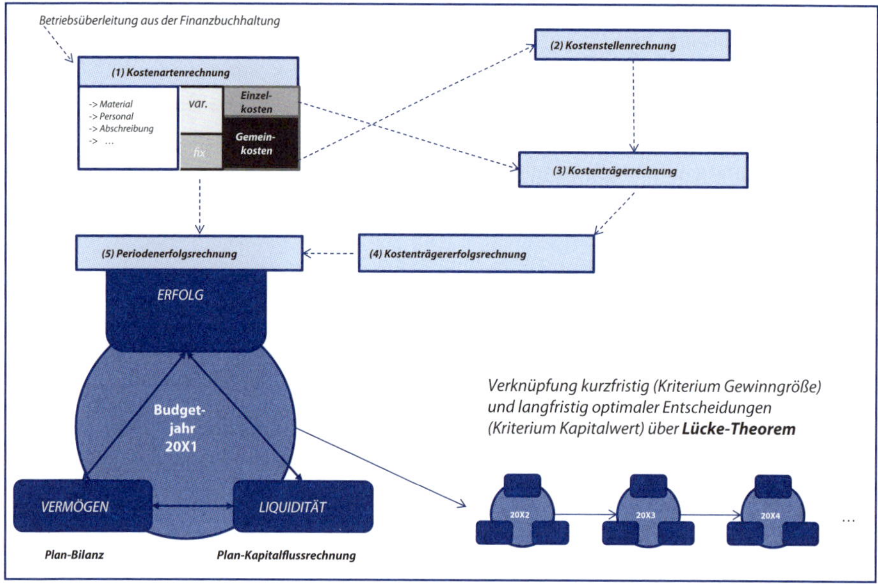

Abbildung 46: Kostenrechnung, operatives Budget, wertorientierte Unternehmensführung

Mit dem Instrument der Budgetierung werden zahlreiche **Funktionen** erfüllt, von denen die wesentlichen in der Folge kurz beschrieben werden:[162]

- Zunächst übernimmt die Budgetierung eine **Prognosefunktion**, indem zukünftige Entwicklungen innerhalb und außerhalb des Unternehmens abgeschätzt werden und entsprechende Grunddaten für künftige Entscheidungen zur Verfügung gestellt werden.
- Eine weitere wichtige Aufgabe der Budgetierung ist die **Kontrollfunktion**. Durch die Vorgabe von konkreten Planwerten (z.B. für Ein- und Auszahlungen, Kosten und Umsätze) für die kommende(n) Periode(n) setzen Budgets die Maßstäbe zur Leistungsmessung und ermöglichen einen Vergleich von Soll- und Ist-Resultaten. Eine Budgetabweichung kann somit zur Beurteilung der Leistung von Entschei-

[162] Vgl. auch Brühl (2012) S. 249 f.; Mikus (2001) S. 178 f.; Ewert/Wagenhofer (2014) S. 401.

dungsverantwortlichen herangezogen werden. Darüber hinaus werden Selbstkontrollen und Abweichungsanalysen ermöglicht und damit Anpassungsmaßnahmen zur besseren Zielerreichung unterstützt.

- Mit der Zuweisung von Budgets werden den Entscheidungsverantwortlichen Verfügungsrechte über die entsprechenden finanziellen Mittel eingeräumt, sie können diese Mittel zur Aufgabenerfüllung verwenden. Daher kann der Budgetierung auch eine **Bewilligungsfunktion** zugesprochen werden.
- Die Budgetierung übt eine **Motivationsfunktion** bei den Mitarbeiter/inne/n aus. Diese können über die Verwendung der bewilligten Mittel innerhalb bestimmter Grenzen selbst entscheiden. Dadurch ist eine Steigerung der Motivation und des Verantwortungsgefühls zu erwarten. Außerdem bedeutet es eine Herausforderung für Entscheidungsverantwortliche, die gesetzten Budgetziele zu erreichen. Die Motivationsfunktion dürfte vor allem dann erreicht werden, wenn die Budgetvorgaben partizipativ aufgestellt und als erreichbar und gerecht angesehen werden.
- Mit der **Koordinations- oder Integrationsfunktion** wird auf die Harmonisierung aller Unternehmensbereiche und der in ihnen geplanten Aktivitäten abgestellt, indem eine wechselseitige Abstimmung sämtlicher Budgets im Hinblick auf das Gesamtziel vorgenommen wird. Durch eine solche Koordination soll unter anderem verhindert werden, dass die Entscheidungsverantwortlichen in verschiedenen Unternehmensbereichen gegensätzliche Ziele anstreben. Darüber hinaus kommt es zu einer Integration unterschiedlicher Instrumente der Unternehmensführung, insbesondere der Erfolgs- und Finanzrechnung.

12.2 Planungsgrundsätze

In Bezug auf den Zentralisationsgrad der Budgetplanung kann zwischen drei Grundtypen unterschieden werden:[163]

- Die **Top-down-Planung** bricht die Vorstellungen der obersten Leitungsebene des Unternehmens sukzessiv auf die hierarchisch nachgelagerten Leitungsebenen herunter. Diese haben jeweils primär die Aufgabe, den Willen des Top-Managements in Zielsetzungen der eigenen Ebene zu übersetzen.
- Genau entgegengesetzt wird vorgegangen, wenn die Ziele dezentral bestimmt und dann **bottom-up** verdichtet werden. Die Rolle des Top-Managements besteht dann darin, die so ermittelten Ziele unmodifiziert oder mit Änderungsauflagen versehen zu genehmigen.
- Das **Gegenstromverfahren** kombiniert beide Vorgehensweisen. Hier werden zentral vorgegebene Erwartungen mit den Zielen der dezentralen Einheiten kontrastiert und mit Hilfe einer oder mehrerer Abstimmungsrunden miteinander kompatibel gemacht.

[163] Vgl. Weber (2007) S. 37.

Empirische Ergebnisse

Gemäß einer vom Controller-Institut im Rahmen des Controlling-Panels 2013 durchgeführten Studie bei österreichischen Unternehmen sind sowohl **Top-down-Planung** als auch **Bottom-up-Planung** in ihrer Reinform in der Praxis selten anzutreffen. In der Regel erfolgt eine mehr oder weniger qualitätsvolle Abstimmung zwischen den unterschiedlichen hierarchischen Ebenen (Gegenstromverfahren). Die Frage nach der überwiegenden Planungsrichtung ergab einen etwas größeren Verbreitungsgrad der Bottom-up-Orientierung:[164]

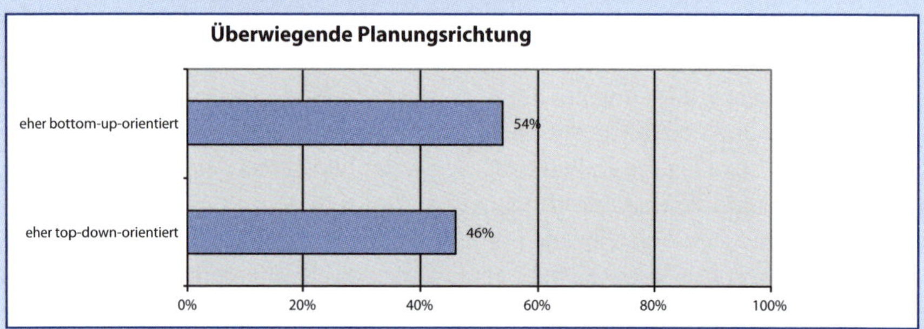

Im Rahmen der Studie wurde dieses Ergebnis aus folgenden Gründen als problematisch erachtet: Die Bottom-up-Planenden haben keine Orientierung, was letztendlich als Ergebnis akzeptiert wird. Der Einbau von Sicherheitspolstern durch defensive Erlös- und offensive Kostenplanung tritt verstärkt auf. Fortschreibungsaspekte werden, um den Erstentwurf der Planung einfach erstellen zu können, in zu starkem Ausmaß genutzt. Als Folge all dessen führt die Bottom-up-Planung zu im Extremfall inakzeptablen Ergebnissen, die aufgrund der großen Wertabweichungen mit hohem Aufwand überarbeitet werden müssen.[165]

Um alle im Zuge des Gegenstromverfahrens dezentral aufgestellten Bottom-up-Planungen zu einem integrierten Gesamtbudget zu vereinen, sind formale Aufgaben durch das **Controlling** zu erfüllen. Zunächst muss die zeitliche Reihenfolge, in der die verschiedenen Teilbereiche ihre Planzahlen abzuliefern haben, durch das zentrale Controlling in einem **Planungskalender** festgelegt werden (vgl. Abbildung 47). Um die formale Einheitlichkeit der Planung zu gewährleisten, sind **Planungsformulare** und gegebenenfalls eine spezielle **Planungssoftware** zur Verfügung zu stellen. Weiters muss die Stimmigkeit der einzelnen Pläne zueinander durch **Plausibilitätsprüfungen** gesichert werden. Schließlich sind die Budgets aller Unternehmensbereiche durch das zentrale Controlling zu einem Gesamtbudget zusammenzufügen **(Budgetkonsolidierung)**.

[164] Vgl. Waniczek (2013) S. 16 f.
[165] Vgl. Waniczek (2013) S. 18.

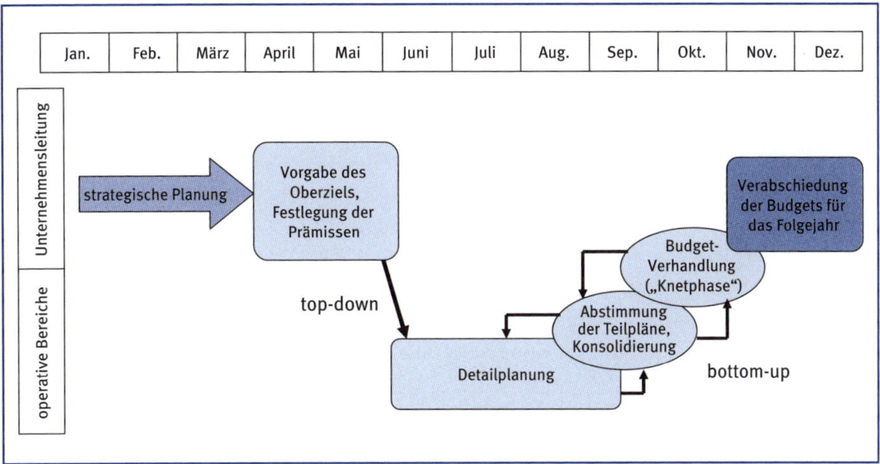

Abbildung 47: Planungskalender[166]

Neben dem Zentralisationsgrad der Planung sind auch der Anspannungsgrad der Planung und die Art der Ermittlung der Budgetwerte zu bedenken.

In Bezug auf den **Anspannungsgrad der Planung** bieten sich drei Alternativen an:[167]

- Man kann versuchen, möglichst realistische Werte anzusetzen. Sie versprechen sowohl eine hohe Akzeptanz bei den Mitarbeiter/inne/n als auch geringe Abweichungen bei ihrer Realisierung.
- Soll der Motivationsaspekt besonders unterstützt werden, kann man auch den Weg gehen, besonders ambitionierte Zielwerte vorzugeben. Sie können dafür sorgen, dass sich die verantwortlichen Manager/innen besonders anstrengen, was zu einer Steigerung des Ergebnisses des Unternehmens führt. Allerdings steigt damit der persönliche Druck und es wächst die Gefahr, dass es zu größeren Plan-Ist-Abweichungen kommt.
- Will man Abweichungen vermeiden, kann man umgekehrt „Luft“ in die Planung einbauen und damit versuchen, die Pläne auf jeden Fall zu erfüllen. Damit werden jedoch Leistungsanreize reduziert.

Zur **Ermittlung der Budgetwerte** stehen grundsätzlich zwei Wege zur Verfügung:[168]

- Auf der einen Seite kann sich die Ermittlung im Wesentlichen auf die Erfahrungen der Vergangenheit stützen. Diese **Fortschreibung** fällt leicht und liefert Werte, die eine hohe Glaubwürdigkeit besitzen. Allerdings ist sie mit der Gefahr verbunden, Veränderungen zu übersehen und das Management in scheinbarer Sicherheit zu wiegen („hat ja im letzten Jahr auch funktioniert“).

[166] Vgl. Franz/Kajüter (2011) S. 477.
[167] Vgl. Weber (2007) S. 36.
[168] Vgl. Weber (2007) S. 37.

- Auf der anderen Seite können die Werte auch durch eine weitgehende **Neuplanung** ermittelt werden. Dieses Vorgehen ermöglicht eine höhere Genauigkeit und Aktualität, ist aber sehr aufwändig und führt zu Werten, die genau auf ihre Konsistenz überprüft werden müssen: Wenn alle ihre Zahlen neu ermitteln, muss das nicht bedeuten, dass sie auch gut zusammenpassen.

Empirische Ergebnisse

Eine im Rahmen des WHU-Controllerpanels regelmäßig durchgeführte Studie bei deutschen, österreichischen und schweizerischen Unternehmen ergab, dass doch beinahe die Hälfte der befragten Unternehmen die **Fortschreibung** gegenüber der **Neuplanung** als Methode zur Budgeterstellung bevorzugt einsetzt:[169]

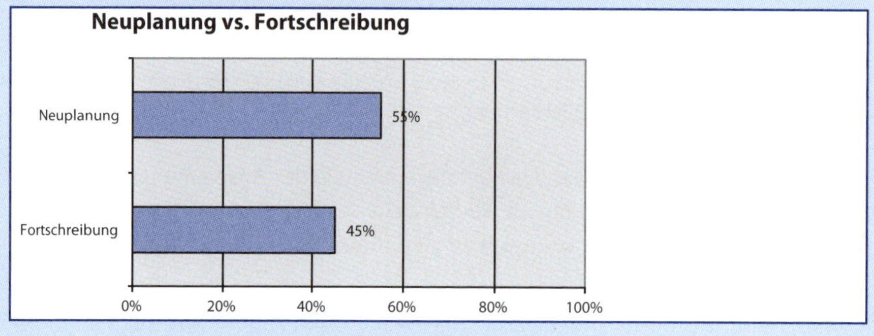

12.3 Operativer Budgetierungsprozess

Abbildung 48 zeigt die Bausteine des sog. operativen Regelkreises. Wie aus der Abbildung ersichtlich, setzt sich der operative Regelkreis zusammen aus

- der operativen Unternehmensplanung (Jahresbudget und Mehrjahresplanung),
- der Umsetzung sowie
- der operativen Kontrolle und Steuerung.[170]

[169] Vgl. Weber/Janke (2013) S. 41.
[170] Vgl. Eisl et al (2015) S. 39.

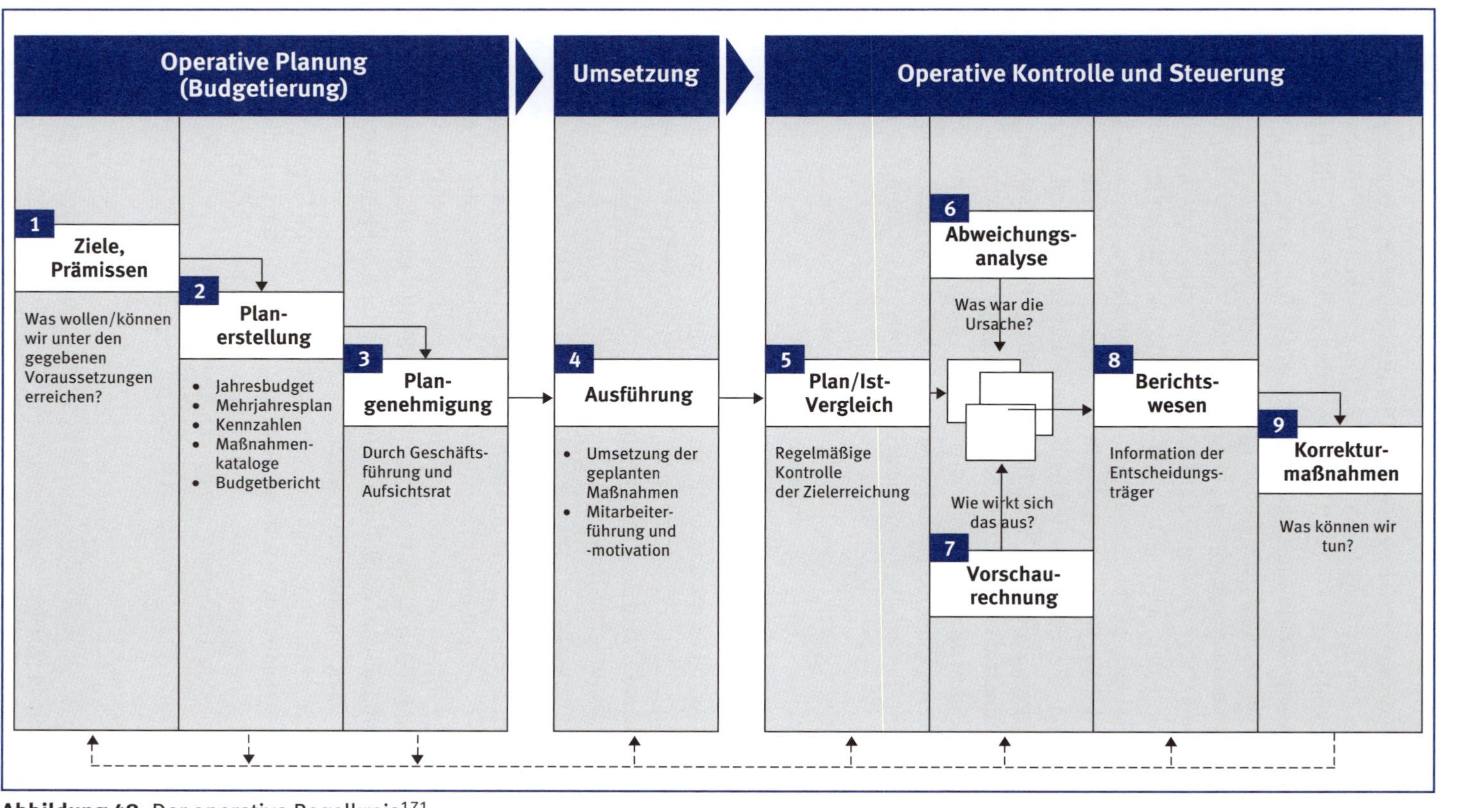

Abbildung 48: Der operative Regelkreis[171]

[171] Vgl. Eisl et al (2015) S. 39.

Ziele und Prämissen

Der jährliche Budgetierungsprozess beginnt bei dem in der Praxis üblichen **Gegenstromverfahren** mit der Vorgabe eines aus der langfristigen Unternehmensplanung abzuleitenden **Erfolgsziels** – in der Regel einer Kapitalrendite wie z.B. Return on Investment (ROI) oder Return on Capital Employed (ROCE, siehe Kapitel 18.2.2) – durch die Unternehmensleitung (top-down). Dies könnte z.B. im Zeitraum zwischen April und Mai eines Jahres geschehen, in dem die Planung für das Folgejahr entsteht. Für die Festlegung des konkreten Zielausmaßes ist bei einem wertorientiert geführten Unternehmen die Höhe des Kapitalkostensatzes die entscheidende Richtgröße. Er verkörpert den Mindestverzinsungsanspruch der Kapitalgeber. Das angestrebte Renditeziel liegt in der Regel darüber und sollte sich an der Rendite der besten Wettbewerber orientieren. Bei der Formulierung des angestrebten Oberziels wird die Unternehmensleitung vom zentralen Controlling unterstützt. Dieses beschafft Informationen über gesamtwirtschaftliche und branchenbezogene Entwicklungen (Inflation, Wechselkurs, Marktwachstum etc.), die Höhe der voraussichtlich für Käufe in der Branche verfügbaren Einkommen und sonstige für die Zielfindung bedeutsame Daten wie z.B. erwartete Tariferhöhungen. Diese Daten werden der Planung als **Prämissen** zugrunde gelegt.[172]

Das angestrebte Oberziel wird anschließend in Form einer Zielhierarchie in **Unterziele** aufgespalten. Damit die entstehenden Unterziele umgesetzt werden, ist es notwendig, sie an organisatorische Einheiten anzuknüpfen, sodass letztlich an jeder Stelle des Unternehmens eine Vorstellung darüber besteht, welchen Beitrag sie zur Erfüllung des Oberziels erbringen sollte. Im Rahmen eines ersten Rückkopplungsprozesses werden in der Folge Ziele bottom-up formuliert, die sich in aller Regel nicht so weit von den oberen Zielen entfernen wie die Ziele eines allein bottom-up ablaufenden Planungsprozesses. Die Bottom-up-Planung wird von den dezentralen Controller/inne/n unterstützt. Diese haben z.B. die Aufgabe, die Auswirkungen alternativer Maßnahmen auf die Zielerreichung des betreffenden Bereichs abzuschätzen. Nur in seltenen Zufällen werden sich die top-down formulierten Zielvorgaben der Unternehmensführung mit den bottom-up formulierten Zielvorstellungen der nachgelagerten Unternehmensbereiche sofort decken, so dass es letztlich zu einer Verhandlungsphase (siehe bereits Abbildung 47 in Kap. 12.2) mit mehreren Rückkopplungsprozessen kommt **(„Knetphase“)**, an deren Ende schließlich die für den Planungszeitraum gültigen monetären Ziele endgültig festzulegen sind.[173]

Kritisch anzumerken ist an einem solchermaßen praktizierten Gegenstromverfahren, dass diese, scheinbar demokratisch legitimierte, Kompromissvariante mit zahlreichen Kommunikationsprozessen und damit einer extremen Verlangsamung sowie Verteuerung des Budgetierungsprozesses erkauft wird.

[172] Vgl. Franz/Kajüter (2011) S. 476 f.
[173] Vgl. Franz/Kajüter (2011) S. 477.

Planerstellung

Im Zuge der Planerstellung werden die **Maßnahmen** festgelegt, mit denen die angestrebten Ziele erreicht werden sollen. Alle Maßnahmen, wie z.B. Investitionsprojekte, Werbekampagnen, Einstellung von Mitarbeiter/inne/n werden in Bezug auf ihre Erfolgs- und Liquiditätswirkung bewertet. Das Instrument hierzu ist die **integrierte Planungsrechnung** (integriertes Unternehmensbudget, operatives Budgetsystem), welche sich aus einer Erfolgsplanung (Plan-GuV), einer Finanzplanung (Plan-Kapitalflussrechnung) sowie einer Vermögens- und Kapitalplanung (Plan-Bilanz) zusammensetzt (vgl. Abbildung 49).[174] Im Rahmen der integrierten Planungsrechnung wirkt sich jede Veränderung eines Parameters (z.B. Absatzzahlen, Personalkosten, Lagerbestände) automatisch auf eine Reihe anderer Plan-Daten aus und hat damit auch eine entsprechende Adaptierung der Planungsrechnung zur Folge.

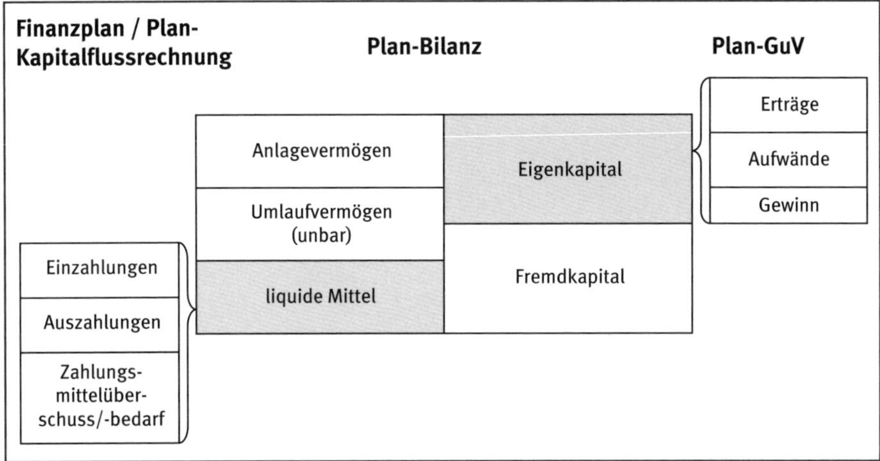

Abbildung 49: Bausteine der integrierten Planungsrechnung[175]

Die integrierte Planungsrechnung kommt sowohl im Zuge der Erstellung des Jahresbudgets als auch bei der sog. **Mehrjahresplanung** zur Anwendung. Die Mehrjahresplanung geht über den Zeitrahmen des Jahresbudgets hinaus und zeigt die mittelfristige Entwicklung des Unternehmens. Charakteristisch für die Mehrjahresplanung sind ein im Vergleich zum Jahresbudget wesentlich geringerer Planungsumfang und Detaillierungsgrad.[176]

Genehmigung und Ausführung

Die **Genehmigung** (Verabschiedung) des Unternehmensbudgets durch die Unternehmensleitung bildet den Abschluss der operativen Planung und gleichzeitig den Start-

[174] Vgl. Eisl et al (2015) S. 39.
[175] Vgl. Eisl et al (2015) S. 43.
[176] Vgl. Eisl et al (2015) S. 39 f.

punkt für die Umsetzung.[177] Die **Umsetzung** der geplanten Maßnahmen liegt in der Verantwortung des Managements.[178]

Plan-Ist-Vergleich und Abweichungsanalyse

In periodischen Abständen (i.d.R. monatlich) erfolgt eine **Kontrolle der Zielerreichung** durch Vergleich der geplanten Werte mit den Ist-Werten aus Finanzbuchhaltung bzw. (Ist-)Kostenrechnung.[179] In einem nächsten Schritt werden wesentliche Abweichungen zwischen Plan- und Istwerten auf ihre Ursachen hin näher untersucht **(Abweichungsanalyse)**. Abbildung 50 zeigt ein Beispiel für eine monatliche Budgetkontrolle des Betriebsergebnisses. Verglichen werden die geplanten Werte mit den Istwerten. Darauf aufbauend wird eine Vorschaurechnung erstellt, die zeigt, wie das Betriebsergebnis am Jahresende voraussichtlich aussehen wird.

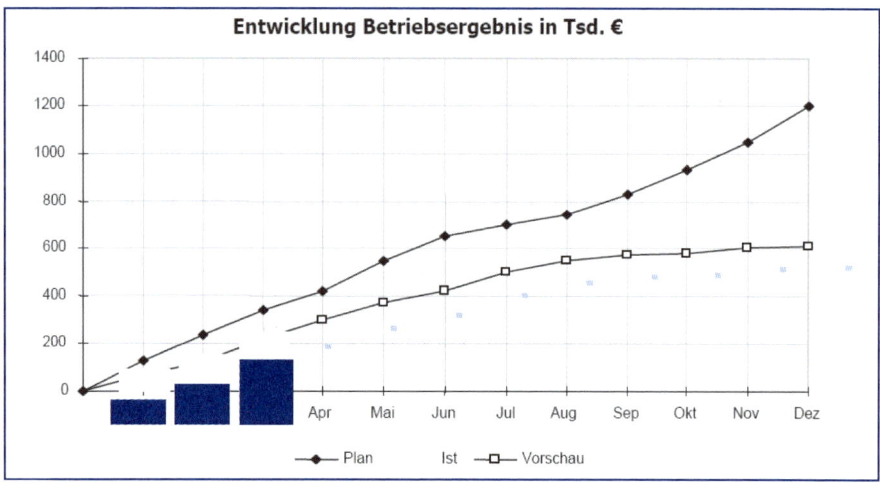

Abbildung 50: Monatliche Budgetkontrolle des Betriebsergebnisses[180]

Vorschaurechnung (Forecast)

Eine **Vorschaurechnung** (Erwartungsrechnung, Forecast) zeigt die Auswirkungen der festgestellten Abweichungen auf die zukünftige Entwicklung. Im Rahmen des **Year End Forecast** soll beispielsweise die Frage beantwortet werden, ob die angestrebte Gewinngröße trotz einer negativen Abweichung in den beiden ersten Quartalen noch erreicht werden kann. Die sog. **Rolling Forecasts** zielen mit ihrer Prognose nicht auf das Jahresende ab, sondern betrachten immer den gleichen Zeithorizont (z.B. rollierende Vorschau auf die kommenden vier Quartale).

177 Vgl. Eisl et al (2015) S. 40.
178 Vgl. Eisl et al (2015) S. 40.
179 Vgl. Eisl et al (2015) S. 40.
180 Vgl. Eisl et al (2015) S. 174.

Unter **Predictive Forecasting** versteht man moderne Instrumente zur Unternehmenssteuerung, mit denen auf der Grundlage großer Datenmengen (Big Data) sowie unter Anwendung komplexer stochastischer Modelle und maschinellem Lernen eine schnellere und gleichzeitig auch exaktere Abschätzung der zu erwartenden Zielerreichung erfolgen soll als durch traditionell erstellte Vorhersagen. Die verbesserten Prognosen ermöglichen es den Unternehmen in der Folge, bereits frühzeitig adäquate Steuerungsmaßnahmen einzuleiten und so die zukünftige Entwicklung positiv zu beeinflussen.[181]

Berichtswesen (Reporting) und Korrekturmaßnahmen

Die Kerninformationen aus dem Plan-Ist-Vergleich, der Abweichungsanalyse und der Vorschaurechnung werden in das standardisierte **Berichtswesen** übernommen und den Entscheidungsverantwortlichen präsentiert. Ein zeitnahes Berichtswesen ermöglicht den Entscheidungsverantwortlichen, im Falle negativer Entwicklungen rasch die erforderlichen Korrekturmaßnahmen einzuleiten.[182]

14.4 Kostenplanung

Um Kosten zu planen, müssen einerseits zukünftige Preise für Produktionsfaktoren und andererseits geplante Güterverzehre ermittelt werden. Werden beispielsweise die Energiekosten in der Fräserei eines Möbelherstellers geplant, muss bekannt sein, wie viel Energie die einzelnen Maschinen in der Fräserei verbrauchen. Dazu werden zwei Informationen benötigt:[183]

- der Energieverbrauch pro Maschinenstunde und
- die geplanten Maschinenstunden.

Die erste Information muss nur einmal ermittelt werden; sie behält so lange Gültigkeit, als der Produktionsablauf und die eingesetzten Maschinen gleich bleiben. Die zweite Information muss hingegen für jede Planungsperiode neu ermittelt werden, weil sie von der jeweiligen Planbeschäftigung der Kostenstelle abhängig ist.

Die folgenden Methoden der Kostenplanung finden sowohl bei Einzel- als auch bei Gemeinkosten Verwendung:[184]

- Planung auf Basis **technischer Studien** und Berechnungen aufgrund der Fertigungsunterlagen (z.B. Stücklisten): Der Vorteil dieser Methode ist, dass ohne Rückgriff auf Vergangenheitswerte geplant werden kann.
- Ermittlung aufgrund von **Schätzungen** der Meister/innen, Vorarbeiter/innen oder Abteilungsleiter/innen: Dabei handelt es sich um kein echtes Planungsverfahren, selbst wenn erfahrene Kostenplaner/innen in der Regel gut schätzen.
- Festlegung aufgrund von **Probeläufen und Musteranfertigungen**. Diese Methode liefert exakte Messungen, ist aber in der Regel sehr aufwändig.

[181] Vgl. z.B. Sailer (2021) S. 580 ff.
[182] Vgl. Eisl et al (2015) S. 40.
[183] Vgl. Brühl (2012) S. 262 f.
[184] Vgl. Brühl (2012) S. 263.

- Ableitung aus **statistischen Vergangenheitswerten**: Nachteilig ist, dass Plankosten, die aus Vergangenheitswerten gebildet werden, immer die Gefahr der Übernahme vergangener Unwirtschaftlichkeiten in sich bergen. Trotzdem ist diese Methode sehr verbreitet, sie ist insbesondere als Ergänzung zu den anderen Methoden geeignet. Voraussetzung für die Anwendung dieser Methode ist, dass die eingesetzten Ressourcen und die Abläufe in der Kostenstelle unverändert bleiben. Werden beispielsweise neue Maschinen angeschafft, so sind die auf Vergangenheitswerten beruhenden Kostendaten weitestgehend unbrauchbar, da sich dadurch der Ressourcenverbrauch in der Kostenstelle ändert.[185]
- Ableitung aus **externen Richtzahlen**: Diese Möglichkeit ist aufgrund betriebsindividueller Besonderheiten nur zur Überprüfung der eigenen Planungsansätze, nicht jedoch als alleinige Grundlage der Kostenplanung zu verwenden.

Einzelkosten (Materialeinzelkosten, Fertigungseinzelkosten) sind variabel und den Kostenträgern direkt zurechenbar. Plan-Einzelkosten pro Kostenträger werden durch Multiplikation der geplanten Faktorverbrauchsmengen mit den zugehörigen Plan-Preisen berechnet. Um die gesamten Einzelkosten, die für einen Kostenträger innerhalb der Planungsperiode anfallen, planen zu können, müssen die Plan-Einzelkosten pro Kostenträger mit der geplanten Produktionsmenge des Kostenträgers multipliziert werden.

Als **Materialeinzelkosten** gelten die von außen bezogenen Rohstoffe und fremd bezogene Fertigteile. Für die Berechnung der Plankosten der einzelnen Materialarten gilt folgendes Schema:[186]

	Geplanter Nettoverbrauch der Materialart pro Einheit des Produkts
+	Unvermeidbare Abfallmenge der Materialart pro Einheit des Produkts
=	Geplante Bruttoverbrauchsmenge der Materialart pro Einheit des Produkts
•	Plan-Preis
=	Geplante Materialeinzelkosten der Materialart pro Einheit des Produkts

Der geplante Nettoverbrauch ergibt sich aus der planmäßigen Produktgestaltung, die in Stücklisten oder Rezepturen dokumentiert ist. Dieser Nettoverbrauch muss in vielen Fällen um unvermeidbare Abfallmengen ergänzt werden. Multipliziert mit dem Plan-Preis für diese Materialkostenart (geplanter Einstandspreis zuzüglich Beschaffungsnebenkosten je Einheit für Transport, Versicherung etc.) ergeben sich die geplanten Materialeinzelkosten.

Bei den **Fertigungseinzelkosten** handelt es sich in der Regel um Fertigungslöhne (Einzellöhne), also Kosten für Arbeitsleistungen, die direkt bestimmten Kostenträgern (Produkt, Auftrag) zugerechnet werden können. Hierzu ist es notwendig, auf Basis der geplanten Produkte und der Arbeitsabläufe die Zeit zu messen, die bei einer Normalleistung notwendig ist, um den für die Erstellung des Kostenträgers erforderlichen Arbeitsgang zu bewältigen.

[185] Vgl. Brühl (2012) S. 263.
[186] Vgl. Djanani/Schöb (1997) S. 168 ff.

Für die Berechnung von Plankosten für Einzellöhne gilt folgendes Schema:

Geplante Arbeitszeit pro Einheit des Produkts
• Plan-Lohnsatz
= Geplante Fertigungslöhne pro Einheit des Produkts

Als Plan-Lohnsatz ist der im kommenden Jahr durchschnittlich erwartete Lohnsatz ohne Lohnnebenkosten (diese stellen Gemeinkosten dar) zu verwenden.

In der Grenzplankostenrechnung ist es allerdings durchaus üblich, die Fertigungslöhne über die Fertigungsstellen, in denen die Arbeitsgänge durchgeführt werden, auf die Produkte zu verrechnen, obwohl es aufgrund der direkten Beziehung grundsätzlich möglich wäre, diese Kosten als Einzelkosten zu behandeln. Die Verrechnung der Lohnnebenkosten erfolgt jedenfalls in den Kostenstellen, d.h. selbst bei einer Verrechnung der Fertigungslöhne als Einzelkosten werden die darauf anfallenden Lohnnebenkosten über den Zuschlags- bzw. Verrechnungssatz der jeweiligen Fertigungsstelle auf die Produkte verrechnet.

Ähnlich wie in der Einzelkostenplanung wird im Rahmen der Planung einer bestimmten Kostenstelle erhoben, wie hoch der Güterverzehr einer untersuchten **Gemeinkostenart** ist. Neben dem Güterverzehr pro Bezugsgrößeneinheit (z.B. Energieverbrauch je Maschinenstunde) wird für die Gemeinkostenplanung auch die Bezugsgrößensumme benötigt, denn die Höhe der Kosten wird bei variablen Kosten von der Beschäftigungshöhe bestimmt und diese wird mit der Bezugsgröße gemessen. Wenn diese Informationen vorliegen, können die Gemeinkosten in folgenden Schritten geplant werden:[187]

1) Ausgangspunkt ist die Beschäftigungsplanung. Es müssen die Leistungen der Kostenstelle festgelegt werden.
2) Für jede Kostenart werden auf Basis der optimalen Güterverzehre je Bezugsgrößeneinheit und der Preisplanung die Kosten für die Planbeschäftigung ermittelt.
3) In der flexiblen Plankostenrechnung (flexible Plankostenrechnung auf Vollkostenbasis und Grenzplankostenrechnung) ist es notwendig, die Gemeinkosten in ihre fixen und variablen Teile zu spalten.

Die Beschäftigungs- bzw. Bezugsgrößenplanung ist auf zwei Arten möglich. Zum einen kann die Bezugsgrößenplanung auf Basis der Kostenstellenkapazitäten (Kapazitätsplanung) losgelöst von der Absatzplanung vorgenommen werden, zum anderen gibt es die Möglichkeit, die Bezugsgrößenmenge am betrieblichen Engpass auszurichten (vgl. Abbildung 51).[188]

[187] Vgl. Brühl (2012) S. 265 f.
[188] Vgl. Wolfsgruber (2015) S. 99.

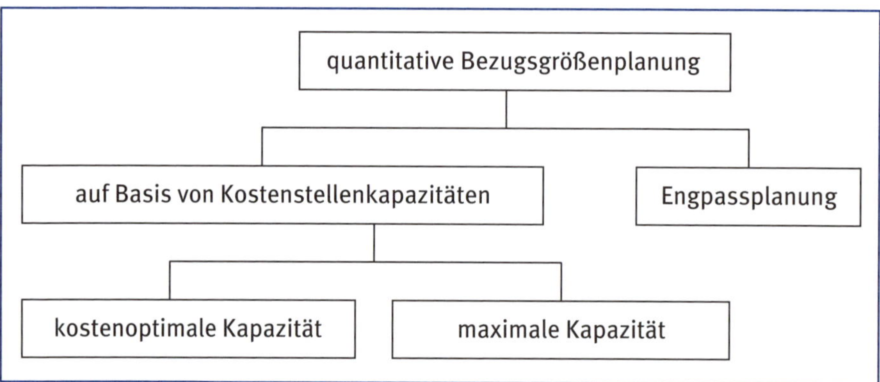

Abbildung 51: Bezugsgrößenplanung[189]

- Bei der **Kapazitätsplanung** ist zwischen kostenoptimaler und maximaler Kapazität zu unterscheiden. Die **kostenoptimale Kapazität** ist immer dann gegeben, wenn mit der günstigsten Auslastung produziert wird. In diesem Fall ist einerseits eine hervorragende Auslastung gegeben, die andererseits aber noch ohne Überstunden und ohne überproportionalen Verschleiß der Produktionsanlagen zu bewältigen ist. Die **Maximalkapazität** wäre im Unterschied dazu die unter Ausnutzung aller Handlungsspielräume größtmögliche Ausbringungsmenge. Ein Nachteil der Kapazitätsplanung ist allerdings, dass dann die Kostenplanung nicht mit der Absatzplanung abgestimmt ist und damit Abweichungen vorprogrammiert sind.[190]
- Bei der **Engpassmethode** wird hingegen die Ansicht vertreten, dass die Plankostenrechnung Teil einer umfassenden Planungsrechnung ist und daher in exakter Abstimmung mit der Gesamtplanung erfolgen sollte. Gemäß dieser These müssen alle Teilpläne einschließlich Beschäftigungsplan am „Minimumsektor der Planung“ ausgerichtet werden. Die aus dem Absatz- und Produktionsplan eines Geschäftsjahres abgeleitete Planbeschäftigung der Engpass-Kostenstelle bestimmt somit rechnerisch die Planbeschäftigungen aller übrigen Kostenstellen. In der Regel stellen der Markt und damit die Absatzmöglichkeiten den betrieblichen Engpass dar, weshalb es sich bei der Engpassmethode meistens um eine Planung auf Basis von Absatzplänen handelt. Weitere Engpässe sind im Produktions- und Finanzbereich denkbar.[191] Beispielsweise lässt sich die Beschäftigung für eine Fräserei in einem Möbelunternehmen aus den geplanten Produktmengen ableiten, indem die Produktmengen mit der Bezugsgrößenmenge je Produkteinheit multipliziert werden. Z.B. wird für die Produktion von 1.000 Tischen, für die 30 Minuten je Tisch veranschlagt werden, eine Bezugsgrößenmenge von 500 Maschinenstunden für die Gesamtmenge berechnet. Die Engpassplanung ergibt daher realisti-

[189] Vgl. Wolfsgruber (2015) S. 99.
[190] Vgl. Wolfsgruber (2015) S. 99.
[191] Vgl. Wolfsgruber (2015) S. 100.

schere Werte für die Planung der Gemeinkosten. Für die Planung der Güterverzehrsmengen ist es notwendig zu wissen, wie viele Einheiten des Gutes je Bezugsgrößeneinheit gebraucht werden. Wenn z.B. bekannt ist, dass eine Maschine eine installierte Leistung von 20 kW hat, lässt sich die benötigte Gesamtenergie von 10.000 kWh berechnen. Sind die Verzehrsmengen ermittelt, müssen sie mit ihren Plan-Preisen multipliziert werden, um die geplanten Kosten zu erhalten. Liegt der prognostizierte Preis für Strom bei 20 Cent je kWh, so ergeben sich Stromkosten in der Fräserei in Höhe von 2.000.[192]

In flexiblen Plankostenrechnungen müssen die Kosten in ihre fixen und variablen Teile zerlegt werden **(Kostenauflösung)**, um später an die Beschäftigung angepasste Sollkosten ermitteln zu können. Da die bereits vorgestellten Methoden der mathematischen und statistischen Kostenauflösung (siehe Kap. 2.5) auf Vergangenheitswerten beruhen, sind sie für eine Plankostenrechnung nur bedingt geeignet. Eine übliche Vorgehensweise zur Aufspaltung der Kosten besteht darin, die notwendigen Kosten zur Aufrechterhaltung der vollen Betriebsbereitschaft zu bestimmen. Es handelt sich um die rein hypothetische Frage, mit welchen Kosten zu rechnen wäre, wenn die Kostenstelle keine einzige Leistung erbringen würde, aber sofort zur Produktionsaufnahme in der Lage wäre. Die dafür notwendigen Kosten sind die Fixkosten bzw. genauer gesagt der fixe Anteil dieser einen Kostenart in der betrachteten Kostenstelle. Die Differenz zwischen den mit Hilfe von **analytischen Verfahren** (Messungen, Berechnungen, Verbrauchsstudien, Funktionsanalysen) und Plan-Preisen ermittelten Gesamtkosten bei Realisierung der Planbeschäftigung und den wie zuvor dargestellt ermittelten Fixkosten ergibt die variablen Kosten der Planbeschäftigung.[193]

Als Ergebnis einer Gemeinkostenplanung liegt für jede Kostenstelle ein Kostenplan vor, in dem tabellarisch sämtliche Kostenarten einer Kostenstelle mit ihren fixen und variablen Beträgen enthalten sind. In den letzten Zeilen des Kostenplans sind die Gemeinkostensummen sowie die Plan-Kalkulationssätze enthalten.

[192] Vgl. Brühl (2012) S. 266.
[193] Vgl. Djanani/Schöb (1997) S. 201; Brühl (2012) S. 267.

13 Strategische Budgetierung

Lernziele

Nach Durcharbeiten von Kapitel 13 sollten Sie u.a. in der Lage sein:

- den Prozess der strategischen Planung und Kontrolle zu beschreiben
- eine Portfolioanalyse durchzuführen
- Ziele und Instrumente des Risikocontrollings zu diskutieren
- das Konzept der Balanced Scorecard zu erläutern
- Wesen und Zweck einer Mehrjahresplanung zu beschreiben

13.1 Strategische Planung und Kontrolle

13.1.1 Prozess

Strategische Planung und Kontrolle vollziehen sich idealtypisch in mehreren Phasen (vgl. Abbildung 52).

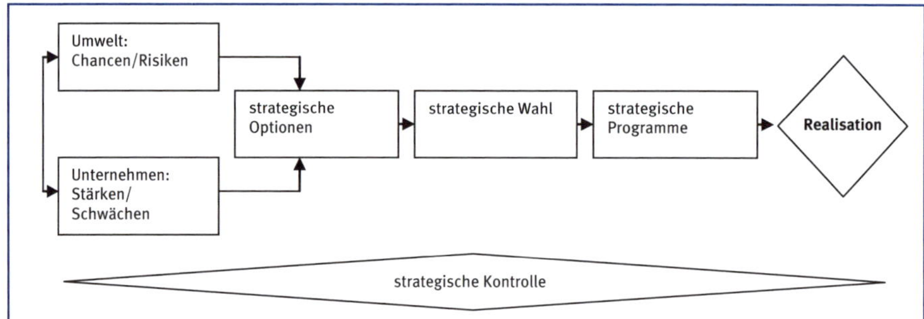

Abbildung 52: Phasen des strategischen Planungs- und Kontrollprozesses[194]

Der strategische Planungsprozess beginnt mit einer Analysephase. Sie besteht aus den beiden Kernelementen „Umweltanalyse" und „Unternehmensanalyse". Aufgabe der **Umweltanalyse** ist es, das Umfeld des Unternehmens danach zu erkunden, ob Risiken für das gegenwärtige Geschäft bestehen und/oder ob sich neue Chancen auftun. Parallel dazu beschäftigt sich die **Unternehmensanalyse** mit den Ressourcen, die im Unternehmen eingesetzt werden. Ihr Ziel ist herauszufinden, ob das Unternehmen im Vergleich zu seinen wichtigsten Konkurrenten Stärken oder Schwächen besitzt, die Wettbewerbsvorteile bzw. -nachteile verursachen.[195]

[194] Vgl. Joos (2014) S. 11.
[195] Vgl. Joos (2014) S. 10.

Aufbauend auf den Ergebnissen der Umwelt- und Unternehmensanalyse werden im Rahmen der strategischen Optionen **Strategiealternativen** entwickelt. Aus den aufgezeigten Alternativen ist schließlich eine Strategie auszuwählen. In einem Bewertungsprozess wird vor dem Hintergrund der eigenen Stärken und Schwächen sowie der zu erwartenden Umweltsituation jene Strategie ermittelt, die eine bestmögliche Erfüllung der langfristigen Unternehmensziele Erhaltung und Weiterentwicklung des Unternehmens verspricht **(strategische Wahl)**.[196]

Zum Abschluss des strategischen Planungsprozesses wird die praktische Umsetzung der gewählten Strategie vorbereitet. Dabei werden Maßnahmen konkretisiert, die für die Verwirklichung der Strategie besonders wichtig sind. Diese **strategischen Programme** bilden den Handlungsrahmen für die operative Planung und **Umsetzung**. Die Strategieumsetzung ist wegen ihrer Dauer und ihrer oftmals großen Tragweite von vielfältigen Unwägbarkeiten und Hindernissen begleitet. Eine erfolgreiche Umsetzung strategischer Programme setzt daher ein konsequentes Verfolgen und Überprüfen des Realisationsfortschritts – unterstützt durch die **strategische Kontrolle** – voraus.[197]

Strategische Planung und Kontrolle werden durch das **strategische Controlling** unterstützt. Zu den Aufgaben des strategischen Controllings gehört auch der Aufbau eines geeigneten Planungs- und Kontrollsystems. Zudem sichert das strategische Controlling die Versorgung des Managements mit steuerungsrelevanten Informationen in allen Phasen des Planungs- und Kontrollprozesses.[198]

13.1.2 Umweltanalyse

Ziel der **Umweltanalyse** ist es, relevante Umweltstrukturen darzustellen sowie sich abzeichnende Entwicklungslinien und daraus resultierende Chancen und Risiken zu beschreiben. Die zu analysierende Umwelt lässt sich in zwei Bereiche untergliedern: die allgemeine Umwelt und die Wettbewerbsumwelt.[199]

Bezüglich der **allgemeinen Umwelt** wird oft eine Einteilung in folgende fünf Felder vorgenommen: makroökonomische, technologische, politisch-rechtliche, soziokulturelle und natürliche (ökologische) Umwelt (vgl. Abbildung 53).

[196] Vgl. Joos (2014) S. 11.
[197] Vgl. Joos (2014) S. 11.
[198] Vgl. Joos (2014) S. 10.
[199] Vgl. Joos (2014) S. 12.

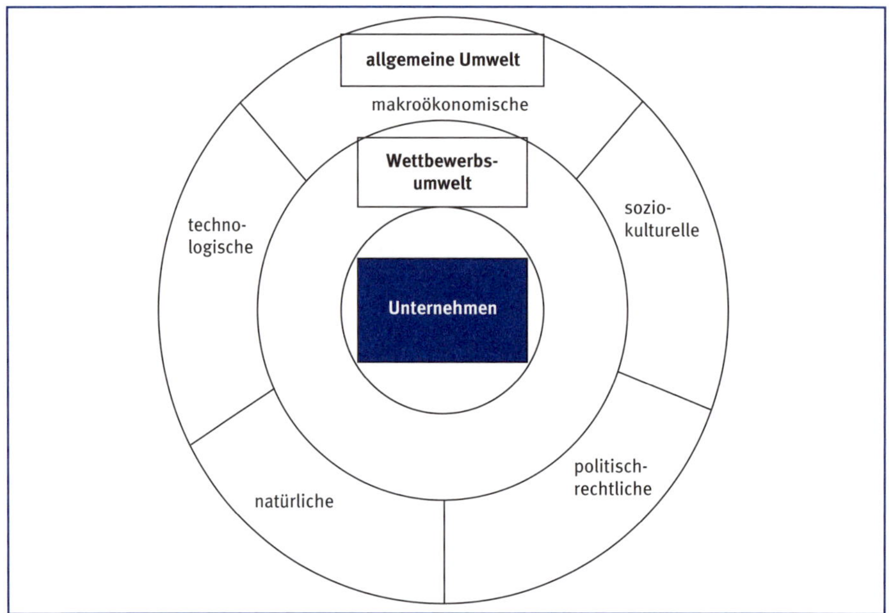

Abbildung 53: Analysefelder der allgemeinen Umwelt[200]

Die Analyse dieser Umweltsegmente kann z.B. unter Zuhilfenahme von **Checklisten** weiter systematisiert werden. Bei der Durchführung der Analyse wird zuerst die Ist-Situation dargestellt, in einem zweiten Schritt werden mögliche Trends und Muster gesucht und in einem dritten Schritt eventuelle Trendbrüche aufgespürt. Abschließend können die gesammelten Informationen gebündelt und daraus ein Zukunftsbild, ein sog. **Szenario**, entwickelt werden. Da die einzelnen Trends in der Regel nicht eindeutig sind, wird im Rahmen der **Szenario-Technik** dazu übergegangen, mehrere alternative Szenarien gleichzeitig darzustellen. Die Szenario-Technik wird häufig anhand eines Trichters dargestellt (vgl. Abbildung 54). Je weiter in die Zukunft der Betrachtungshorizont reicht, umso größer werden die Bandbreiten möglicher Zustände. So kann z.B. eine störungsfreie Entwicklung (Trendentwicklung) mit der horizontalen Linie gekennzeichnet werden. Bei Eintritt eines Störereignisses (Trendbruch, z.B. Energiekrise) kann die Entwicklung eine andere Richtung einschlagen (Extremszenarien 1 und 2).[201]

200 Vgl. Joos (2014) S. 13.
201 Vgl. Joos (2014) S. 13.

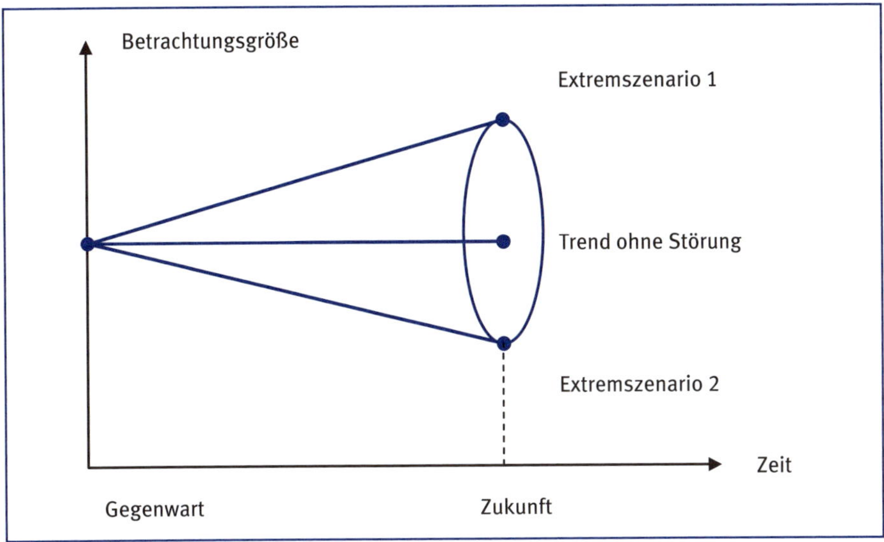

Abbildung 54: Szenarioanalyse[202]

Neben der Analyse der allgemeinen Umwelt ist die Analyse der **Wettbewerbsumwelt** des Unternehmens von besonderer Bedeutung. Analysiert werden die Geschäftsfelder, in denen das Unternehmen entweder bereits tätig ist oder tätig werden will. Geschäftsfelder sind die strategisch bedeutsamen Märkte eines Unternehmens, für die sich eine eigenständige Wettbewerbsstrategie entwickeln lässt. Dabei häufig verwendete Abgrenzungskriterien sind Produktmerkmale, Abnehmergruppen sowie Regionen.[203]

Ein bekanntes Modell zur Analyse der Wettbewerbsumwelt ist das **Fünf-Kräfte-Modell** von PORTER. Ziel dieser Analyse ist es, ausgehend von den strukturellen Merkmalen eines Geschäftsfeldes die Wettbewerbssituation und darauf aufbauend das Gewinnpotenzial einzuschätzen. Gemäß PORTER wirken auf jedem Markt fünf Wettbewerbskräfte zusammen und bestimmen dessen Attraktivität (vgl. Abbildung 55):[204]

- **Bedrohung durch neue Konkurrenten**: Neue Anbieter schaffen in aller Regel neue Kapazitäten, die einen Preisverfall auslösen können. Um diese Gefahr zu reduzieren, trachten die bestehenden Unternehmen danach, Markteintrittsbarrieren aufzubauen.
- **Bedrohung durch Ersatzprodukte und -dienste**: Substitutionsprodukte sind Produkte anderer Märkte, die im Prinzip dieselbe Funktion wie Produkte des eigenen Geschäftsbereichs erfüllen (z.B. PKW, Flugzeug oder Bahn für die Personenbeförderung).

202 Vgl. Joos (2014) S. 14.
203 Vgl. Joos (2014) S. 14.
204 Vgl. Joos (2014) S. 14 f.

- **Verhandlungsstärke der Abnehmer**: Verhandlungsstarke Abnehmer können niedrige Absatzpreise, höhere Qualität oder bessere Serviceleistungen durchsetzen, was sich negativ auf die Gewinnsituation eines Geschäftsfelds auswirken kann.
- **Verhandlungsstärke der Zulieferer**: Verhandlungsstarke Zulieferer können hohe Einstandspreise für benötigte Vorprodukte durchsetzen.
- **Rivalität unter den bestehenden Wettbewerbern**: Der Wettbewerb in einem Geschäftsfeld rührt vom Bestreben der auf einem Markt bereits tätigen Unternehmen her, ihre Position zu halten bzw. zu verbessern. Die daraus resultierende Rivalität hängt von einer Vielzahl von Einflussfaktoren ab, wie z.B. der Zahl der in einem Markt tätigen Unternehmen, der Höhe des Marktwachstums, der Homogenität der angebotenen Produkte, der Fixkostenintensität oder dem Bestehen von Marktaustrittsbarrieren.

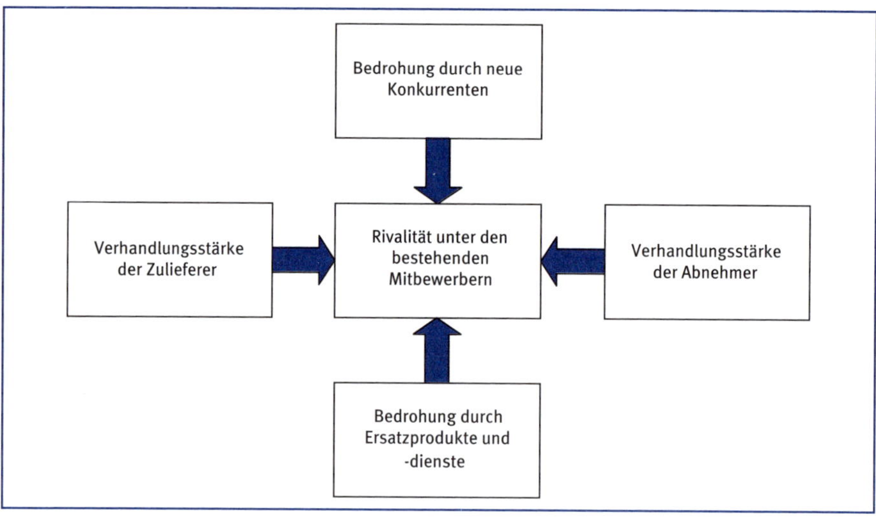

Abbildung 55: Fünf-Kräfte-Modell von PORTER[205]

Die Analyse des Wettbewerbsumfelds kann nicht bei der Erfassung der gegenwärtigen Attraktivität eines Geschäftsfeldes stehen bleiben. Mindestens ebenso wichtig sind Aussagen über die zukünftige Entwicklung des Geschäftsfeldes und seines Gewinnpotenzials.

Als Ergebnis der Umweltanalyse werden **Prämissen** festgelegt, die den weiteren Planungsprozess bestimmen. Solche Prämissen können sich etwa auf die Entwicklung der für das Unternehmen relevanten Marktpotenziale (z.B. PKW-Neuzulassungen in den kommenden zehn Jahren bei einem Automobilzulieferer) oder auf die künftigen Wechselkurse für die relevanten Währungszonen beziehen. Da die Festlegungen in aller Regel mit erheblichen Unsicherheiten verbunden sind, ist es zwingend erforderlich, die Gültigkeit dieser Prämissen fortlaufend zu überwachen.

[205] Vgl. Baum et al (2013) S. 81.

13.1.3 Unternehmensanalyse

Ziel der **Unternehmensanalyse** ist es, ein Bild über die Stärken und Schwächen des eigenen Unternehmens bzw. dessen Geschäftsfelder zu gewinnen. In Kombination mit den Ergebnissen der Umweltanalyse können dann geeignete Strategiealternativen formuliert werden. Als Instrumente im Rahmen der Unternehmensanalyse kommen z.B. die Gap-Analyse,[206] die Potenzialanalyse, die Wertschöpfungskettenanalyse oder Benchmarking (siehe Kap. 24) in Frage.

Im Rahmen der an dieser Stelle etwas näher vorgestellten **Potenzialanalyse** werden die im Unternehmen eingesetzten Ressourcen untersucht und mit der Ressourcenausstattung der stärksten Konkurrenten verglichen. Ansatzpunkte der Potenzialanalyse können entweder das Unternehmen in seiner Gesamtheit oder einzelne Geschäftsfelder sein. Letzteres erscheint sinnvoller, da so eine direkte Verbindung zur Analyse der Wettbewerbsumwelt hergestellt werden kann.[207]

Ziel der Potenzialanalyse ist es festzustellen, welche Ressourcen die spezifischen **Stärken und Schwächen** des Unternehmens ausmachen. Da eine Ressourcenanalyse schon aus Wirtschaftlichkeitsgründen nicht alle Ressourcen umfassen kann, müssen in einem ersten Schritt kritische Erfolgsfaktoren ermittelt werden, von denen der Erfolg des Unternehmens maßgeblich abhängt. Als Zweites muss die Ressourcenausstattung ermittelt werden. Drittens müssen „Noten“ oder „Punkte“ für die Ressourcenausstattung vergeben werden. Als Hilfsmittel der Potenzialanalyse werden wie bei der Umweltanalyse Checklisten verwendet. Diese Checklisten orientieren sich häufig an betrieblichen Funktionsbereichen (Beschaffung, Logistik, Produktion, Forschung und Entwicklung etc.). Die Ergebnisse der Potenzialanalyse können in verdichteter Form als „Geschäftsfeldprofil“ dargestellt und den Profilen der Wettbewerber gegenübergestellt werden (vgl. Abbildung 56).

[206] Die **Gap-Analyse** zählt zu den klassischen Instrumenten der strategischen Unternehmensanalyse. Für den strategischen Planungshorizont (z.B. zehn Jahre) wird der Zielwert einer Beobachtungsgröße (z.B. Gewinn) mit dem Prognosewert für dieselbe Beobachtungsgröße verglichen. Bei der Ermittlung des Prognosewerts wird unterstellt, dass keine Änderungen an der derzeitigen Strategie vorgenommen werden. Als Differenz aus Ziel- und Prognosewert ergibt sich die sog. **strategische Lücke**, die durch geeignete strategische Maßnahmen geschlossen werden muss. Die Gap-Analyse eignet sich als Einstieg in die Unternehmensanalyse. Allerdings handelt es sich nur um ein sehr grobes Instrument, welches keine Ursachenanalyse ermöglicht; vgl. Joos (2014) S. 17.

[207] Vgl. Joos (2014) S. 16.

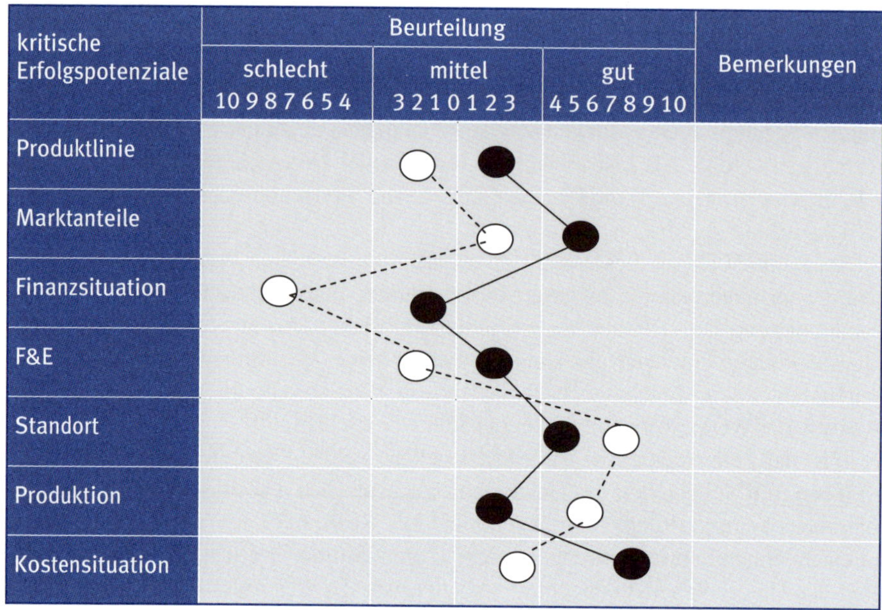

Abbildung 56: Geschäftsfeldprofil zur Potenzialanalyse[208]

13.1.4 Entwicklung und Bewertung strategischer Optionen

Aufbauend auf den Ergebnissen der Analysephase gilt es in einem zweiten Schritt, Strategien zu entwickeln, die den Ergebnissen der Umwelt- und Unternehmensanalyse gerecht werden.

Auch für die **Strategieentwicklung** steht eine Reihe von Hilfsmitteln zur Verfügung, deren Einsatz vom strategischen Controlling betreut und koordiniert wird. Dabei wird zwischen Instrumenten, die sich auf das Geschäftsfeld beziehen (z.B. strategischer Würfel), und Instrumenten, die sich auf das Gesamtunternehmen beziehen (z.B. Marktanteils-Marktwachstums-Porfolio, siehe Kap. 13.2), unterschieden.

Das Konzept des **strategischen Würfels** ist auf Geschäftsfeldebene anzusiedeln und unterstützt im Kern die Beantwortung dreier Grundfragen:[209]

- Wo soll angeboten werden? **(Ort des Wettbewerbs)**: Ein Unternehmen kann entweder auf dem Gesamtmarkt anbieten oder sich auf einen Teilmarkt (Nische) konzentrieren. Der Eintritt in den Gesamtmarkt ist mit höheren Kosten und größeren Risiken verbunden, verspricht jedoch potenziell höhere Umsätze und Gewinne.
- Nach welchen Regeln soll angeboten werden? **(Regeln des Wettbewerbs)**: Neben einer Anpassung an die vorhandenen Wettbewerbsregeln kann das Unternehmen auch nach einer aktiven Veränderung der geltenden Wettbewerbsregeln stre-

[208] Vgl. Joos (2014) S. 18.
[209] Vgl. Joos (2014) S. 26 f.

ben. Eine Veränderungsstrategie ist tendenziell mit höheren Risiken, aber im Gegenzug auch mit größeren Chancen verbunden.

- Mit welcher Stoßrichtung soll angeboten werden? **(Schwerpunkt des Wettbewerbs)**: Mit dem Schwerpunkt des Wettbewerbs soll die Frage beantwortet werden, ob ein Unternehmen im Wettbewerb primär über günstige Kosten oder über Leistungsdifferenzierung erfolgreich sein möchte. Im ersten Fall spricht man von einer **Strategie der Kostenführerschaft** (siehe dazu im Detail Kap. 20), im zweiten Fall von einer **Differenzierungsstrategie**.

Die auf die drei Grundfragen des Wettbewerbs gegebenen Antworten können zu acht Basisoptionen kombiniert werden, die in Gestalt eines Würfels mit acht Teilwürfeln dargestellt werden können (vgl. Abbildung 57). Jeder Teilwürfel stellt eine eigenständige Strategieoption dar.

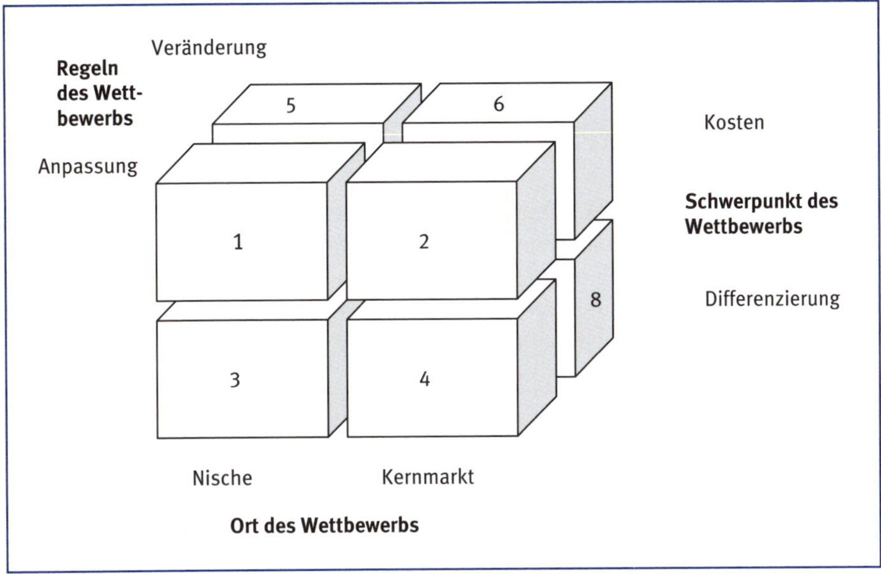

Abbildung 57: Strategischer Würfel[210]

Die irische Fluggesellschaft Ryanair beispielsweise verschaffte sich einen führenden Platz im europäischen Luftverkehrsmarkt, indem sie in den Kernmarkt mit neuen Regeln (z.B. Online-Buchung, keine gebührenfreie Bordverpflegung, Wahl von Regionalflughäfen) als Kostenführer eindrang (Teilwürfel 6).[211]

Die erarbeiteten strategischen Optionen müssen im nächsten Schritt einem **Bewertungsprozess** unterworfen werden. Dabei ist zunächst die grundsätzliche Realisierbarkeit der Alternativen zu prüfen. Es muss z.B. untersucht werden, ob die finan-

[210] Vgl. Joos (2014) S. 28.
[211] Vgl. Joos (2014) S. 29.

ziellen, personellen und technologischen Voraussetzungen vorliegen oder ob Konflikte mit gesetzlichen Vorschriften zu befürchten sind.[212]

Nach dieser ersten Filterung müssen die in die engere Wahl übernommenen strategischen Alternativen monetär bewertet werden. Das strategische Controlling nutzt dazu zunehmend die Ansätze der sog. **wertorientierten Unternehmenssteuerung** (siehe dazu im Detail Kap. 18). Ursprung dieser Ansätze ist das Konzept des **„Shareholder Value"**, das im Kern eine Maximierung des langfristigen Unternehmenswerts für die Anteilseigner vorsieht. Auf Basis der wertorientierten Unternehmenssteuerung ist also jene strategische Alternative auszuwählen, die den höchsten Shareholder Value verspricht. Der Shareholder Value ergibt sich, wenn vom Gesamtwert des Unternehmens der Wert des Fremdkapitals abgezogen wird. Der Unternehmenswert kann beispielsweise anhand der **Discounted-Cashflow-Methode** (DCF-Methode) mit Hilfe diskontierter Zahlungsströme berechnet werden. Andere, in der Praxis weit verbreitete Konzepte der wertorientierten Steuerung sind z.B. der Economic Value Added (EVA), der Cashflow Return on Investment (CFROI) oder der Return on Capital Employed (ROCE).

13.1.5 Strategieauswahl, strategische Programme, strategische Kontrolle

An die Entwicklung und Formulierung von Strategiealternativen schließt sich die Auswahl der am besten geeigneten Strategie an. Während die Strategieplanung durch das Controlling methodisch unterstützt und im Ablauf koordiniert wird, ist die **Strategieauswahl** selbst eine originäre Aufgabe der obersten Unternehmensführung. Dabei sollten die Ergebnisse der wertorientierten Unternehmenssteuerung als Entscheidungsgrundlage herangezogen werden.

Nachdem die Vor- und Nachteile der möglichen Strategien abgewogen wurden und die Entscheidung für eine Strategie gefallen ist, gilt es die ausgewählte Strategie umzusetzen. Dabei geht es zunächst um die Aufstellung **strategischer Programme**, welche die im Einzelnen einzuleitenden Schritte konkretisieren. Hat ein Unternehmen z.B. beschlossen, seine Erzeugnisse im Rahmen einer Markterweiterungsstrategie am chinesischen Markt einzuführen, müssen die strategischen Programme in diesem Sinne ausgestaltet werden: Es muss über die Form des Markteintritts entschieden werden (Aufbau einer Zweigniederlassung, Joint-Venture, Akquisition bestehender Unternehmen), es sind rechtliche Restriktionen für einen Markteintritt zu erkunden, es müssen Anpassungen der Produkte an lokale Präferenzen geprüft werden etc.[213]

Während die operative Kontrolle für gewöhnlich als Ex-post-Kontrolle verstanden wird, die erst nach Abschluss des Realisationsprozesses einsetzt, ist ein solches Kontrollverständnis für strategische Maßnahmen ungeeignet. Strategische Maßnahmen erstrecken sich über einen **langen Zeitraum**, sie sind sehr komplex und mit erheblichen Unsicherheiten behaftet. Eine Kontrolle, die die Wirkung strategischer Maßnahmen abwartete, wäre daher grob fahrlässig.

[212] Vgl. Joos (2014) S. 29.
[213] Vgl. Joos (2014) S. 39.

Strategische Kontrolle muss folglich immer als strategiebegleitender Prozess ausgestaltet werden, der sich in folgende drei Elemente zerlegen lässt:[214]

- **Strategische Prämissenkontrolle**: Während der Analysephase werden Aussagen zu Stand und Entwicklung der allgemeinen Umwelt und der Wettbewerbsumwelt der einzelnen Geschäftsfelder formuliert. Diese Annahmen bilden als Prämissen die Grundlage für die Gestaltung von Strategiealternativen. Das erste Element der strategischen Kontrolle überwacht diese strategischen Prämissen fortlaufend darauf, ob sie weiterhin Gültigkeit haben oder ob neue kritische Faktoren aufgetaucht sind, die gegebenenfalls eine Anpassung der verabschiedeten Strategien nach sich ziehen können.
- **Strategische Durchführungskontrolle**: Aufgabe der strategischen Durchführungskontrolle ist es festzustellen, ob die verabschiedeten Strategien planmäßig umgesetzt werden. Dabei orientiert sich die strategische Durchführungskontrolle an festgelegten Zwischenzielen **(milestones)**.
- **Strategische Überwachung**: Prämissenkontrolle und Durchführungskontrolle werden ergänzt um eine unspezifische und insofern „globale" strategische Überwachung als Auffangnetz. Zweck der strategischen Überwachung ist das Aufspüren von Ereignissen, die die gewählte Strategie aushöhlen bzw. wertlos werden lassen können. Strategische Überwachung ist nach diesem Verständnis eine Art Radar, das ohne bestimmte Zielrichtung nach Bedrohungen, aber auch bislang noch nicht erkannten Chancen fahndet. Im Unternehmen muss dazu ein **Früherkennungssystem** eingerichtet werden, das Krisensignale bereits in einem frühen Stadium einfängt, damit noch genügend Handlungsspielraum verbleibt. Besonders im Fokus stehen in diesem Zusammenhang die sog. **„schwachen Signale"**, die regelmäßig nur mit großer Schwierigkeit dahingehend differenziert werden können, ob und gegebenenfalls in welcher Intensität von ihnen Einfluss auf die Unternehmensstrategie ausgehen wird.

13.2 Portfolioanalyse

Die verschiedenen **Portfoliokonzepte** stellen ein in der Praxis weit verbreitetes Instrument zur Unterstützung strategischer Entscheidungen dar.

Portfoliokonzepte wurden für die Steuerung von Unternehmen mit mehreren Geschäftsfeldern entwickelt. Das „Portfolio" stellt in Analogie zu Wertpapier-Portefeuilles die Kombination der verschiedenen Geschäftseinheiten eines Gesamtunternehmens dar. Die Portfoliotechnik hat in der Praxis weite Verbreitung gefunden, weil sie einen anschaulichen Überblick über die verschiedenen Geschäftsfelder des Unternehmens liefert und für bestimmte Umwelt- und Unternehmenskonstellationen Handlungsempfehlungen, sog. **Normstrategien**, ausspricht.[215]

„Urahn" aller Portfoliokonzepte ist das **Marktanteils-Marktwachstums-Portfolio**, das von der Boston Consulting Group in den 1970er Jahren entwickelt wurde.

---

[214] Vgl. Joos (2014) S. 40 f.
[215] Vgl. Joos (2014) S. 32.

Das Marktanteils-Marktwachstums-Portfolio beschränkt sich auf eine Umwelt- und eine Unternehmensvariable. Umweltvariable ist das (reale) Marktwachstum. In ihr spiegeln sich alle umweltbezogenen Chancen und Risiken wider. Theoretische Grundlage für die Auswahl des Marktwachstums ist das Modell des **Produktlebenszyklus**. Dieses Modell geht davon aus, dass alle Produkte während ihrer Lebensdauer bestimmte Phasen durchmachen (Einführung, Wachstum, Reife, Sättigung und Degeneration). Jeder Phase entsprechen wiederum typische Entwicklungen der Größen Umsatz, Kapitalbedarf und Rentabilität. Wachsende Märkte stellen demnach Chancen dar und versprechen unternehmerischen Erfolg. Niedrige Wachstumsraten deuten auf unattraktive Märkte in den letzten Phasen des Lebenszyklus hin. Die Trennlinie zwischen hohem und niedrigem Wachstum kann z.B. bei 10% gezogen werden.

Unternehmensvariable ist der relative Marktanteil (RMA). Er ist wie folgt definiert:[216]

$$\text{RMA} = \frac{\text{eigener Marktanteil}}{\text{Marktanteil größter Konkurrent}}$$

Trennlinie zwischen hohem und niedrigem Marktanteil ist „1“, also bei gleich hohen Umsätzen des Geschäftsfelds und seinem stärksten Konkurrenten. Theoretisch fundiert wird die Verwendung des relativen Marktanteils durch den Erfahrungskurveneffekt (siehe detaillierter Kap. 20). Der Erfahrungskurveneffekt besagt, dass mit zunehmender kumulierter Produktionsmenge die (realen) Stückkosten sinken. Die Verknüpfung des **Erfahrungskurveneffektes** mit dem relativen Marktanteil beruht auf der vereinfachenden Annahme, dass das Unternehmen mit dem (gegenwärtig) höchsten relativen Marktanteil auch kumuliert die größte Stückzahl hergestellt hat und die damit verbundenen Chancen, die der Erfahrungskurveneffekt aufzeigt, auch tatsächlich genutzt hat.

Aus den Ausprägungen der Umwelt- und der Unternehmensvariablen resultiert eine Matrix mit vier Quadranten (vgl. Abbildung 58).

[216] Vgl. Joos (2014) S. 33 f.

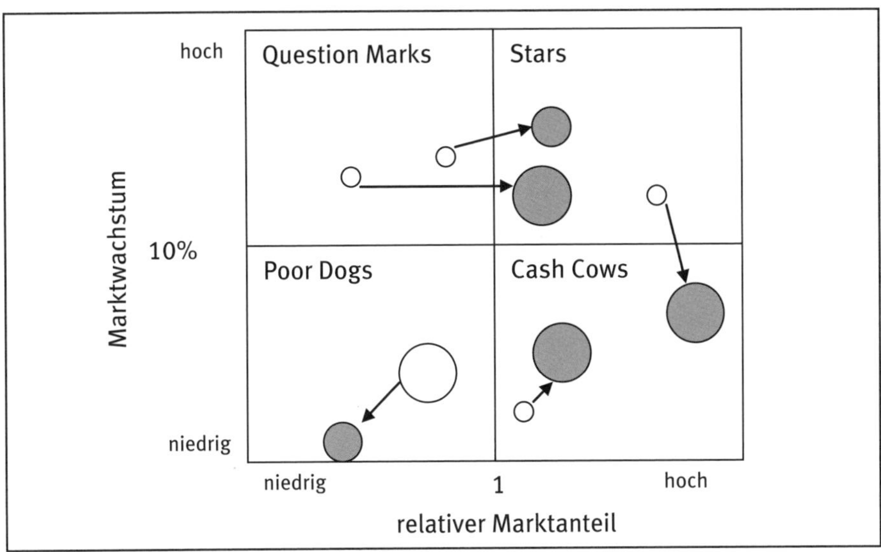

Abbildung 58: Marktanteils-Marktwachstums-Portfolio[217]

Anzumerken ist noch, dass der Durchmesser der Kreise die relative Bedeutung des Geschäftsfeldes für das Gesamtunternehmen andeuten soll, i.d.R. gemessen am Umsatzanteil. Die weißen Kreise zeigen die aktuellen Positionen der Geschäftsfelder an, die grauen Kreise hingegen die künftig angestrebten Positionen.

In Abhängigkeit von der Positionierung der Geschäftsfelder in den vier Feldern der Matrix ergeben sich folgende Normstrategien:[218]

- **Question Marks**: Im Feld „Question Marks" werden Nachwuchsprodukte positioniert. Sie befinden sich in der Einführungsphase des Lebenszyklus, haben ein hohes Wachstumspotenzial, jedoch einen geringen relativen Marktanteil. Der Mittelrückfluss der Nachwuchsprodukte ist noch zu gering, um die für Investitionen erforderlichen Mittel selbst aufzubringen. In Abhängigkeit davon, wie die Unternehmensführung die Zukunftschancen einschätzt, werden weitere Investitionen oder ein schneller Rückzug als Normstrategie empfohlen.
- **Stars**: Stars sind Geschäftsfelder mit einem hohen relativen Marktanteil auf schnell wachsenden Märkten. Die Produkte befinden sich in der Wachstumsphase des Lebenszyklus. Um den erreichten relativen Marktanteil absichern bzw. ausbauen zu können, muss das Unternehmen in erheblichem Umfang investieren. Obwohl in diesem Stadium bereits Gewinne erzielt werden, kann es sein, dass die für die Investitionen benötigten Mittel nicht allein aus den Umsätzen der Starprodukte aufgebracht werden können. In diesem Fall wird die Zuführung von Finanzmitteln empfohlen, damit die Starprodukte zu den Finanzquellen der Zukunft

[217] Vgl. Joos (2014) S. 33.
[218] Vgl. Joos (2014) S. 34 ff.

weiterentwickelt werden können. Normstrategie für Starprodukte ist also eine Investitionsstrategie.

- **Cash Cows**: Cash Cows finden sich in Geschäftsfeldern, die nur noch wenig wachsen, auf denen das Unternehmen aber einen hohen relativen Marktanteil aufweist. Die Produkte befinden sich in der Reifephase. Ziel des Unternehmens muss es sein, den hohen relativen Marktanteil zu halten, ohne größere Investitionen zu tätigen. Cash Cows setzen aus dem Absatz ihrer Erzeugnisse mehr Finanzmittel frei, als sie für Investitionen benötigen. Sie sind somit die Kapitalquelle für neue Geschäftsfelder. Normstrategie für Cash Cows ist folglich eine Abschöpfungsstrategie.
- **Poor Dogs**: Weisen strategische Geschäftsfelder sowohl geringe Marktwachstumsraten als auch niedrige relative Marktanteile auf, sind die zugehörigen Produkte als Poor Dogs einzustufen. Sie befinden sich i.d.R. in der Sättigungs- bzw. Degenerationsphase ihres Marktlebens. Poor Dogs erwirtschaften meist keine ausreichenden Gewinne mehr, möglicherweise führen sie sogar zu Verlusten. Der Auftrag an die Unternehmensführung lautet, die Investitionen auf ein Minimum zu reduzieren oder eine Portfoliobereinigung (= Verkauf oder Aufgabe des Geschäftsfelds) vorzunehmen. Als Normstrategie ist auf jeden Fall eine Desinvestitionsstrategie zu verfolgen.

Bei der Beurteilung des Gesamtportfolios ist darauf zu achten, dass eine **ausgewogene Mischung** von Geschäftsfeldern vorliegt. Ausgewogen bedeutet dabei, dass ein Gleichgewicht zwischen Finanzmittel erzeugenden Geschäftsfeldern (Cash Cows) und Finanzmittel absorbierenden Geschäftsfeldern (Question Marks, Stars) vorliegt.

Das Marktanteils-Marktwachstums-Portfolio ist einfach zu handhaben, anschaulich und gut zu kommunizieren. Kritisch anzumerken ist, dass die Variablen „relativer Marktanteil" und „Marktwachstum" die vielschichtige Unternehmens- und Umweltsituation sehr stark vereinfachend abbilden. Aus diesem Grund wurde die einfache Vierfelder-Matrix später von der General Electric Corporation in Zusammenarbeit mit der Beratungsgesellschaft McKinsey & Co in zwei Richtungen ausgebaut. Erstens erhöhte man den Detaillierungsgrad der Schlüsselvariablen von zwei auf drei Ausprägungen (hoch, mittel und gering). Zweitens wurde die Zahl der strategierelevanten Einflussfaktoren unter Berücksichtigung der Ergebnisse der **PIMS-Studie** (Profit Impact of Market Strategies)[219] erheblich erweitert, man beschränkte sich also nicht allein auf Marktanteil und Marktwachstum. Die resultierende Neun-Felder-Matrix wird als **Marktattraktivitäts-Wettbewerbs-Portfolio** bezeichnet.[220]

---

219 Ziel der in den 1960er Jahren gestarteten **PIMS-Studie** ist es, die Bedeutung bestimmter Einflussgrößen für den Unternehmenserfolg aufzuzeigen. Beteiligt sind ca. 500 Unternehmen mit über 3.000 Geschäftsfeldern. Durch das PIMS-Projekt konnte eine Reihe von Erfolgsfaktoren nachgewiesen werden, mit denen ein Großteil der Unterschiede in der Kapitalrentabilität der Projektteilnehmer statistisch erklärt werden konnte.

220 Vgl. Joos (2014) S. 36 f.

Beispiel 46[221]

Das Unternehmen XZ ist in fünf strategische Geschäftseinheiten (SGE) gegliedert, für die folgende Daten zur Verfügung stehen:

SGE	Markt-anteil XZ	Marktanteil des größten Wettbewerbers	nominales Markt-wachstum	Preissteigerung im Markt	Marktvolumen (in Mio. p.a.)
A	15%	10,00%	6%	3%	250
B	5%	12,50%	5%	6%	200
C	8%	12,00%	10%	4%	50
D	3%	6,00%	15%	4%	400
E	20%	10,00%	10%	3%	3

Das durchschnittliche nominale Marktwachstum wird in den nächsten Jahren voraussichtlich 10% p.a. betragen, wobei angesichts der Kostenentwicklung mit einer durchschnittlichen Preissteigerung von 5% gerechnet wird.

Aufgabenstellung:

Führen Sie eine Geschäftsfeldanalyse mit Hilfe des Marktanteils-Marktwachstums-Portfolios durch!

Lösung:

Für die Positionierung im Marktanteils-Marktwachstums-Portfolio sind zunächst jeweils der relative Marktanteil (RMA) und der Umsatz der fünf strategischen Geschäftseinheiten sowie das jeweilige zukünftige reale Marktwachstum anhand folgender Zusammenhänge zu bestimmen:

RMA = eigener Marktanteil / Marktanteil des größten Konkurrenten

Reales Marktwachstum = nominales Marktwachstum – Preissteigerungen

Umsatz der SGE = Marktvolumen • Marktanteil der SGE

Es ergeben sich folgende Werte:

SGE	Umsatz SGE (in Mio. p.a.)	RMA	reales Marktwachstum
A	37,50	1,50	3%
B	10,00	0,40	–1%
C	4,00	0,67	6%
D	12,00	0,50	11%
E	0,60	2,00	7%

Unter Berücksichtigung der Trennlinien von 1,0 beim relativen Marktanteil bzw. von 5% beim durchschnittlichen zukünftigen realen Marktwachstum stellt sich das Marktanteils-Marktwachstums-Portfolio wie in Abbildung 59 gezeigt dar (die Bedeutung der strategischen Geschäftseinheiten wird durch den jeweiligen Umsatz gemessen):

[221] Vgl. Baum et al (2013) S. 228 ff.

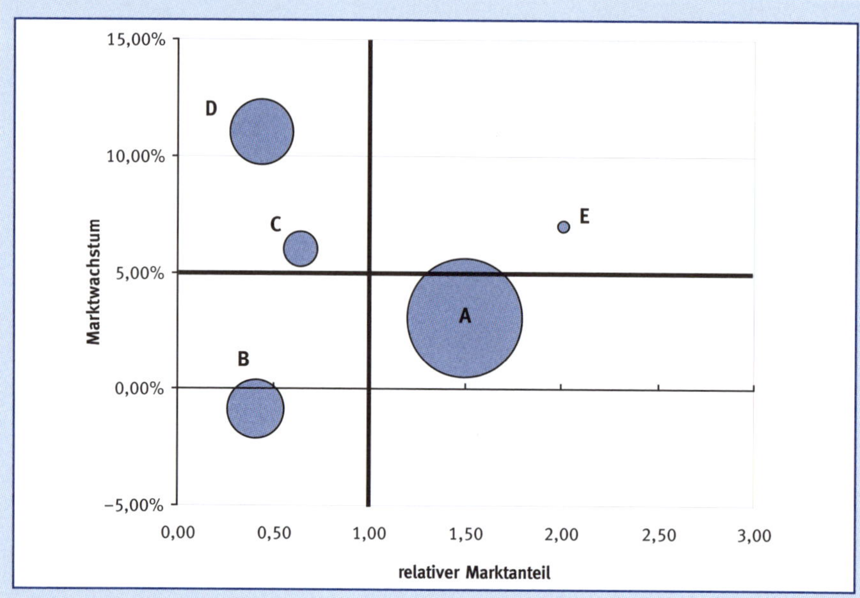

Abbildung 59: Marktanteils-Marktwachstums-Portfolio (Beispiel)

Das Produkt-Portfolio im Beispiel ist nicht ausgewogen, da bis auf die unbedeutende strategische Geschäftseinheit E kein Starprodukt vorhanden ist. Dies kann in Zukunft dazu führen, dass langfristig die Finanzierung von aussichtsreichen Produkt-Markt-Kombinationen aufgrund des Fehlens von heutigen Stars, d.h. zukünftigen Cash Cows, nicht gewährleistet ist. Die umsatzstarke strategische Geschäftseinheit A kann momentan als Cash Cow zur Finanzierung der Nachwuchsprodukte C und D beitragen. Die strategische Geschäftseinheit B zählt als Poor Dog und wird langfristig eliminiert werden. Die strategische Geschäftseinheit D ist aufgrund des überdurchschnittlichen Marktwachstums äußerst attraktiv und daher durch gezielte Investitionen zu fördern. Bei der strategischen Geschäftseinheit C ist abzuwägen, ob sich diese Produkt-Markt-Kombination in der Zukunft zum Starprodukt entwickelt oder entgegen dem Lebenszyklusansatz vorzeitig in den Poor-Dog-Bereich abfällt.

Es ist allerdings einschränkend darauf hinzuweisen, dass diese Aussagen einer idealtypischen und damit in gewisser Weise auch einer pauschalierenden Betrachtung entspringen. Die Einzelentscheidungen haben sich jedenfalls an die Besonderheiten des Einzelfalls anzupassen.

13.3 Risikocontrolling

Mit jeder unternehmerischen Tätigkeit sind zwangsläufig nicht nur Chancen, sondern auch Risiken verbunden. Unter **Risiken** werden allgemein zukünftige Entwicklungen oder Ereignisse verstanden, welche die Erreichung der Unternehmensziele (Erfolg, Liquidität, Erfolgspotenzial) negativ beeinflussen können. Im Extremfall können Risiken sogar den Fortbestand des Unternehmens gefährden (bestandsgefährdende Risiken). Es ist deshalb notwendig, die Risikosituation des Unternehmens zu kennen und die wesentlichen Risiken fortlaufend zu beobachten, um ihnen gegebenenfalls entgegenwirken und den potenziellen Schaden begrenzen zu können. Damit eine systematische Risikoanalyse und Risikosteuerung sichergestellt ist, bedarf es spezifischer organisatorischer Regeln und Maßnahmen, die in ihrer Gesamtheit das **Risikomanagementsystem** eines Unternehmens bilden. Während letztlich die Unternehmensleitung für die Schaffung der organisatorischen Rahmenbedingungen für das Risikomanagement verantwortlich ist, kommt dem Controlling hierbei eine zunehmend wichtige unterstützende Funktion zu. Dies lässt sich anhand der einzelnen Aufgaben des Risikomanagements verdeutlichen. Dazu zählen auf der Grundlage einer Risikostrategie die Analyse, Steuerung, Kontrolle und Kommunikation der Risiken.[222]

Risikostrategie

Die Risikostrategie beinhaltet grundsätzliche Aussagen zur Vorgehensweise beim Risikomanagement. Sie dient dazu, grobe Vorgaben zum Umgang mit den Risiken darzulegen und das Risikobewusstsein im Unternehmen zu fördern.[223]

Risikoanalyse

Die Risikoanalyse umfasst die Identifikation, Bewertung und Aggregation von Einzelrisiken. Sie stellt einen zentralen Aufgabenbereich des Controllings dar. Im Rahmen der **Risikoidentifikation** sind zunächst alle wesentlichen Einzelrisiken systematisch zu erfassen (Risikoinventur). Dies erfolgt in der Regel jährlich als Teil der operativen Planung, indem zum einen top-down Risikofelder (Beobachtungsbereiche) festgelegt werden und zum anderen bottom-up die einzelnen Geschäftseinheiten die Risiken in ihrem Bereich ermitteln. Der für die Erfassung zugrunde gelegte Zeithorizont entspricht gewöhnlich dem Budgetzeitraum. Als Instrumente gelangen neben dem Brainstorming vor allem Checklisten und Frühwarnindikatoren (z.B. Auftragseingang) zum Einsatz. Die ermittelten (externen und internen) Risiken sollten schließlich einer Risikokategorie (z.B. Markt-, Personal-, Investitions-, Finanzierungsrisiken) zugeordnet werden, um einen besseren Überblick über die Risikosituation zu erhalten.[224]

Ziel der anschließenden **Risikobewertung** ist es, die Bedeutung der einzelnen Risken zu bestimmen. Dazu sind zum einen die Eintrittswahrscheinlichkeiten und zum anderen deren potenzielle negative Auswirkungen zumindest grob abzuschätzen.

[222] Vgl. Franz/Kajüter (2011) S. 485.
[223] Vgl. Franz/Kajüter (2011) S. 486.
[224] Vgl. Franz/Kajüter (2011) S. 487.

Das Ergebnis einer solchen Risikobewertung lässt sich in einer **Risk Map** darstellen (vgl. Abbildung 60). Die dabei für die Schadenshöhe zugrunde gelegten Schwellenwerte sind stets unternehmensindividuell festzulegen. Eine Risk Map bietet einen Überblick über die Risikosituation des analysierten Geschäftsbereichs oder Unternehmens und ermöglicht die Einteilung der Einzelrisiken in verschiedene Klassen (z.B. A- und B-Risiken). Vor allem für A-Risiken (in Abbildung 60 die Risiken 1, 2 und 3) sind geeignete Maßnahmen zur Risikosteuerung zu erwägen.[225]

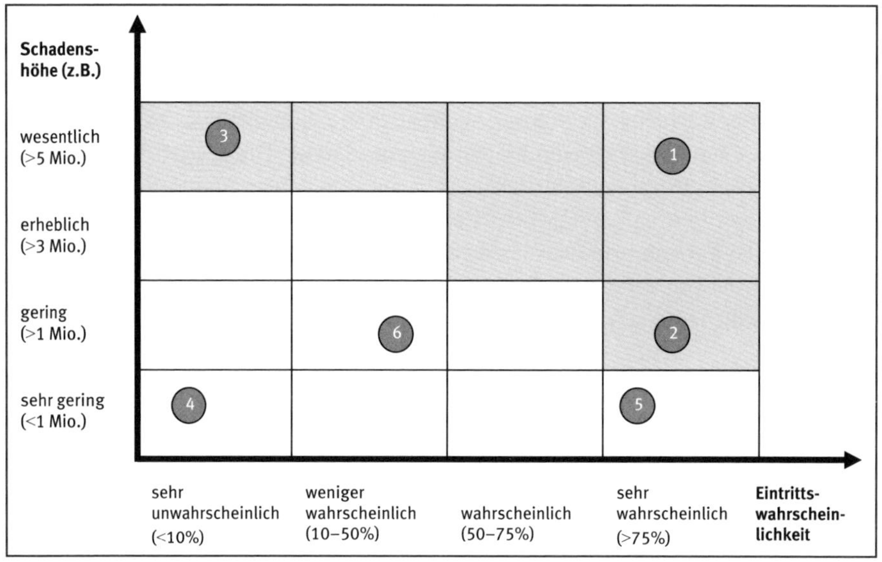

Abbildung 60: Risk Map[226]

Risikoaggregation

Um einen Gesamtüberblick über die Risikosituation eines Unternehmens zu gewinnen, müssen die in den einzelnen Geschäftsbereichen identifizierten und bewerteten Risiken zusammengefasst werden. Bei dieser Risikoaggregation sind Wechselwirkungen zwischen den Einzelrisiken zu berücksichtigen. Beispielsweise können sich die Währungsrisiken zwischen zwei Geschäftsbereichen gegenseitig kompensieren, wenn der eine Bereich eine Forderung in USD und der andere eine Verbindlichkeit in derselben Währung hat. Auch einander verstärkende Risiken sind denkbar (z.B. können Produktrisiken zusätzliche Absatzrisiken hervorrufen).[227]

Eine hoch aggregierte Kennzahl, die das (negative) Risiko eines Kapitalverlustes misst, ist der **Value at Risk** (VaR). Der Value at Risk bezeichnet jenen Verlust, der für eine bestimmte Periode (z.B. Geschäftsjahr) nur mit einer vorgegebenen Wahrschein-

[225] Vgl. Franz/Kajüter (2011) S. 487 f.
[226] Vgl. Franz/Kajüter (2011) S. 488.
[227] Vgl. Franz/Kajüter (2011) S. 488.

lichkeit (w), z.B. 1%, überschritten wird (vgl. Abbildung 61). Er lässt sich damit als dasjenige notwendige Eigenkapital interpretieren, das ausreicht, um die während der Periode möglichen Verluste abzudecken.[228]

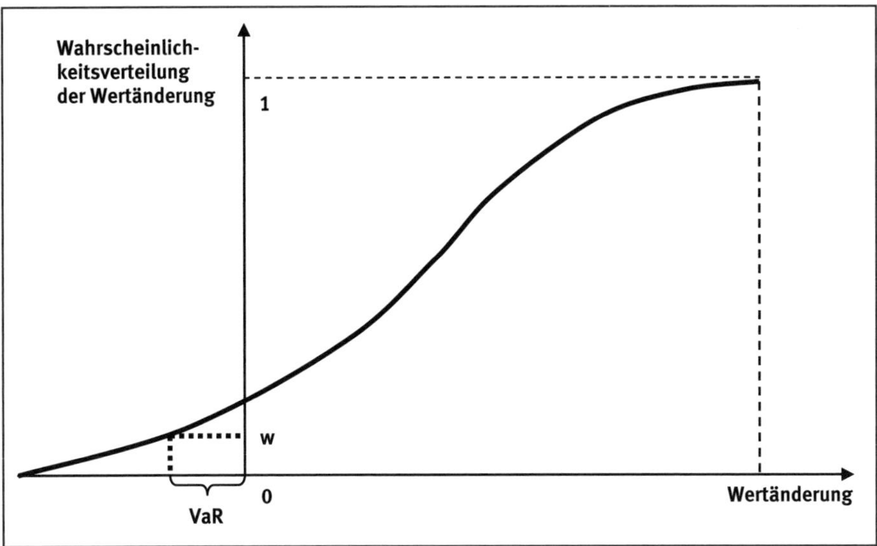

Abbildung 61: Value at Risk[229]

Risikosteuerung

Mit Maßnahmen der Risikosteuerung kann den Ursachen und den negativen Wirkungen der Risiken entweder aktiv oder passiv entgegengewirkt werden. Maßnahmen der aktiven Risikosteuerung sind die **Risikovermeidung** (z.B. Verzicht auf die Nutzung einer gefährlichen Technologie) und die **Risikoreduzierung** (z.B. Einrichtung von Firewalls, Schulung von Mitarbeiter/inne/n). Hierbei werden die Eintrittswahrscheinlichkeiten oder die negativen Auswirkungen der Risiken auf ein akzeptables Maß vermindert. Die **Risikoüberwälzung** ist dagegen eine Maßnahme der passiven Risikosteuerung: Gegen Zahlung einer Prämie wird der Schaden im Falle des Risikoeintritts von einem Vertragspartner (z.B. einer Versicherung) beglichen. Auch die Absicherung von Zins- und Währungsrisiken durch Derivate (Futures, Optionen etc.) beruht auf einer Risikoüberwälzung.[230]

Risikokontrolle und Risikoberichterstattung

Die Wirkung der ergriffenen Maßnahmen ist regelmäßig im Sinne eines Soll-Ist-Vergleichs zu kontrollieren. Grundlage für eine solche **Risikokontrolle** ist eine interne **Risikoberichterstattung**. Diese sollte Bestandteil des normalen Berichtwesens sein

[228] Vgl. Wagenhofer (2015) S. 234.
[229] Vgl. Wagenhofer (2015) S. 235.
[230] Vgl. Franz/Kajüter (2011) S. 488.

und bei einer akuten Veränderung der Risikolage um ad hoc erstellte Sonderberichte ergänzt werden.[231]

Die systematische Analyse der Risiken ist schließlich auch Voraussetzung für die Risikokommunikation gegenüber dem Kapitalmarkt. So müssen Unternehmen im Lagebericht Angaben über wesentliche Risiken und Ungewissheiten (Risikobericht) machen, börsennotierte Aktiengesellschaften müssen Angaben über interne Kontrollsysteme und Risikomanagementsysteme machen.[232]

13.4 Balanced Scorecard

Die Strategieverankerung im Rahmen der operativen Budgetierung stellt eine der schwierigsten Aufgaben des Managements dar. Gelingt sie nicht, so hat das oftmals zur Folge, dass die strategischen Planungen nicht systematisch in die operativen Planungen durchwirken und somit die ausgewählten kurzfristigen Maßnahmen im Gegensatz zu den strategischen Zielen des Unternehmens stehen können. Zur Unterstützung der Strategieübersetzung in die kurzfristige Unternehmensplanung liegt mit dem Konzept der **Balanced Scorecard** (BSC) ein geeigneter Ansatz vor.

Die BSC ist ein Instrument zur Umsetzung einer Vision bzw. einer Strategie in spezifische Ziele und Kennzahlen und zur Überwachung der Umsetzung in den folgenden Perioden. Da die in der Strategie formulierten Ziele eher mittel- bis langfristig, die abzuleitenden Maßnahmen jedoch operativer (= kurzfristiger) Natur sind, erfüllt die BSC eine **Mittlerfunktion zwischen strategischer und operativer Ebene**. Die BSC stellt ein Kennzahlensystem dar, das eine Balance zwischen extern orientierten Messgrößen für Eigentümer/innen und Kund/inn/en und internen Messgrößen für kritische Geschäftsprozesse anstrebt.

Die monetären und nicht-monetären Kennzahlen der BSC werden **vier Perspektiven** zugeordnet, die den finanziellen Erfolg des Unternehmens genauso widerspiegeln wie die ihn konstituierenden strategischen Erfolgsfaktoren. Es handelt sich dabei um die finanzielle Perspektive, die Kundenperspektive, die interne Prozessperspektive sowie die Potenzial- bzw. Lern- und Entwicklungsperspektive (vgl. Abbildung 62 und Abbildung 63.).

---

[231] Vgl. Franz/Kajüter (2011) S. 489.

[232] Vgl. Wagenhofer (2015) S. 186 u. 234.

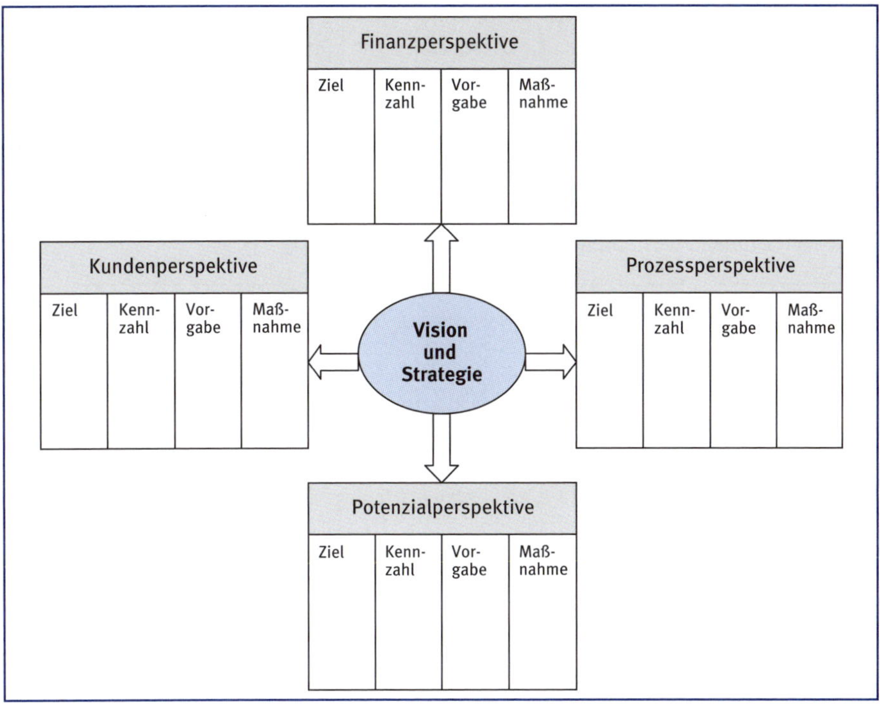

Abbildung 62: Balanced Scorecard

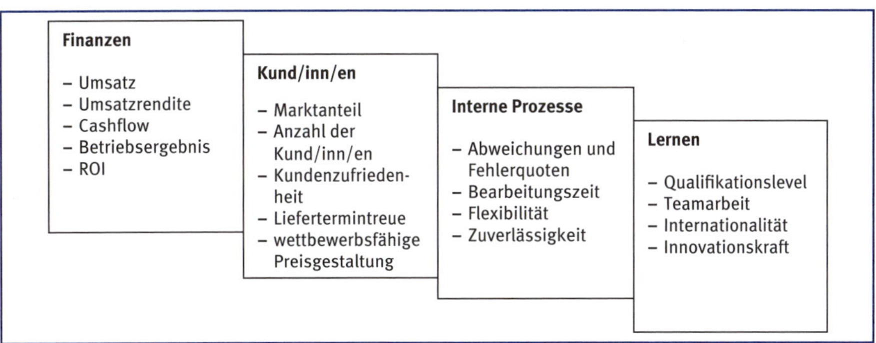

Abbildung 63: Messgrößen für die vier Perspektiven (Beispiele)

Die vier Perspektiven stehen in einer **Ursache-Wirkungsbeziehung** zueinander. Dabei ist die finanzielle Perspektive als oberste Ebene anzusehen. Im Rahmen der finanziellen Perspektive dient dabei oftmals der ROCE (Return on Capital Employed, siehe Kapitel 18.2.2) als zentrale Kennzahl. Er wird v.a. durch die Höhe des Umsatzes beeinflusst, der als eine direkte Funktion der Kundentreue aufgefasst werden kann. Die Kundentreue wird daher als Maßgröße der Kundenperspektive in die BSC aufgenommen. Zerlegt man die Ursache-Wirkungskette weiter, dann stellt sich die Frage, wie Kundentreue erzielt werden kann. Einen Ansatzpunkt stellt z.B. die pünktliche Lieferung der Leistungen dar, die wiederum von kürzeren Durchlaufzeiten in den operativen internen Prozessen des Unternehmens beeinflusst wird. Als letzter Schritt ist schließlich die Perspektive der Mitarbeiter/innen einzunehmen, indem gefragt wird, durch welche Maßnahmen kürzere Durchlaufzeiten und eine höhere Prozessqualität erzielt werden können. Damit verbunden ist die Ableitung von Lern- und Entwicklungsmaßnahmen wie z.B. Mitarbeiterqualifikationen, um das Fachwissen der Mitarbeiter/innen zu erhöhen (vgl. Abbildung 64).

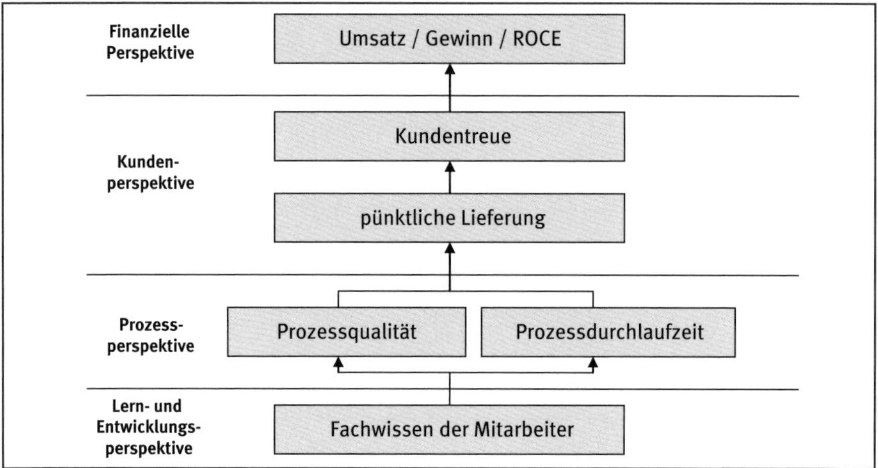

Abbildung 64: Wirkungskette der BSC[233]

Die im Rahmen der BSC vorgegebenen bzw. vereinbarten monetären und nicht-monetären Kennzahlenwerte müssen in weiterer Folge durch geeignete Maßnahmen erreicht werden. Derartige Maßnahmen stehen im Mittelpunkt der **operativen Funktionsbereichsplanungen**, welche letztlich im Rahmen der operativen Budgetierung wertmäßig zusammengefasst werden.

Kritisch angemerkt wird im Zusammenhang mit der BSC mitunter, dass statt strategischer Klarheit oft auch Verwirrung entstehen kann, weil mitunter die Formulierung von wie folgt formulierten Entschuldigungen erleichtert wird: „Zwar ist die Kundenzufriedenheit gesunken, dafür aber der Gewinn gestiegen und die Durchlaufzeit immerhin gleich geblieben."

[233] Vgl. Brühl (2012) S. 438.

☞ Balanced Scorecard

Bei der Balanced Scorecard (BSC) handelt es sich um ein Managementinstrument, das den Anspruch erhebt, die Strategie des Unternehmens in konkrete Maßnahmen umzusetzen und das Ausmaß der Zielerreichung zu messen („transferring strategy into action"). Im Zentrum der BSC stehen somit Vision und Strategie des Unternehmens. Die Strategie wird anhand von vier Perspektiven (Finanzperspektive, Kundenperspektive, Prozessperspektive, Lern- und Entwicklungsperspektive) konkretisiert, für die Ziele, Kennzahlen, Vorgaben und Maßnahmen zu formulieren sind. Kennzeichnend für die BSC ist, dass die strategischen Ziele und Kennzahlen über sog. Ursache-Wirkungsketten miteinander verknüpft sind. In stark vereinfachter Form kann dies z.B. wie folgt aussehen: Intensivere Mitarbeiterfortbildung → Gesteigerte Mitarbeiterkompetenz → Besserer Kundenservice → Höhere Kundenzufriedenheit → Steigerung des Umsatzes → Erreichung der Marktführerschaft.

13.5 Mehrjahresplan

Gemeinsam mit der Balanced Scorecard stellt die **Mehrjahresplanung** das wichtigste Bindeglied zwischen strategischer Planung und Jahresbudget dar. Die Mehrjahresplanung wird in der Praxis meist für einen Zeitraum von drei bis fünf Jahren erstellt, wobei das erste Planjahr aus Konsistenzgründen identisch mit dem Jahresbudget sein sollte. Der Detaillierungsgrad nimmt mit zunehmendem Planungshorizont ab: Während das Jahresbudget auf Monate heruntergebrochen wird, um einen unterjährigen Plan-Ist-Vergleich zu ermöglichen, wird das auf das Budgetjahr folgende Jahr zumeist nur noch in Quartalen geplant und werden für die darauf folgenden Jahre vielfach nur noch Jahreswerte ermittelt.[234]

Um den Aufwand für die Mehrjahresplanung in Grenzen zu halten, empfiehlt sich eine Konzentration auf die für das jeweilige Geschäft erfolgsentscheidenden Parameter **(„Ergebnistreiber")**. Diese können in einem integrierten Rechenmodell miteinander verknüpft und in eine integrierte Planungsrechnung (Plan-GuV, Plan-Kapitalflussrechnung, Plan-Bilanz, Plan-Kennzahlen, siehe Kap. 14) für die kommenden Jahre übergeleitet werden. Ein integriertes Rechenmodell für die Mehrjahresplanung ermöglicht in der Folge auch die Simulation von Veränderungen wichtiger Parameter (z.B. Absatzpreise, Absatzmengen, Zinsentwicklung). Dabei wird es auch zweckmäßig sein, neben der geplanten mittelfristigen Entwicklung ein Best-Case- und ein Worst-Case-Szenario zu entwickeln, um auch auf diese Fälle vorbereitet zu sein (vgl. Abbildung 65).[235]

[234] Vgl. Eisl et al (2015) S. 117.
[235] Vgl. Eisl et al (2015) S. 118 f.

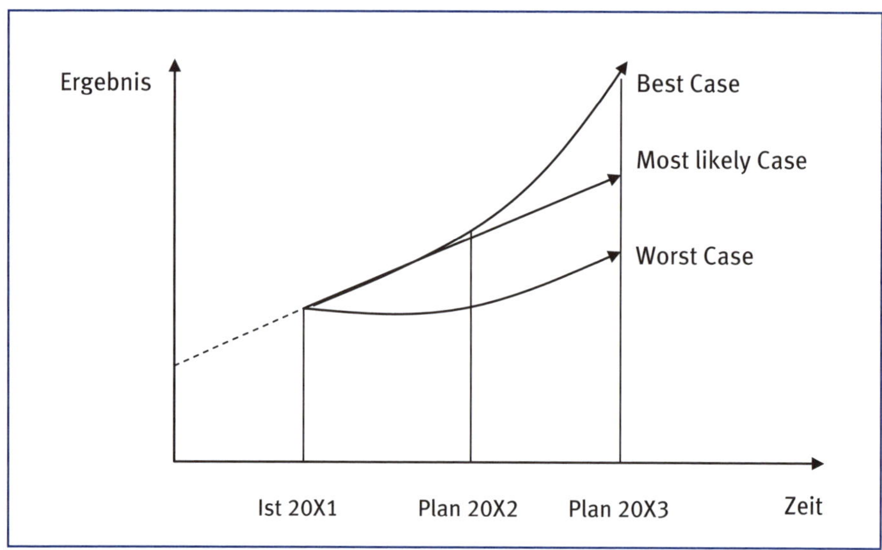

Abbildung 65: Szenarioanalyse im Rahmen der Mehrjahresplanung[236]

Empirische Ergebnisse

Einer vom Controller-Institut im Rahmen des Controlling-Panels 2013 durchgeführten Studie bei österreichischen Unternehmen zufolge wird bei 70% der Unternehmen eine **Mehrjahresplanung** durchgeführt. In der Mehrheit dieser Unternehmen findet die Mehrjahresplanung entweder vor oder gleichzeitig mit der Budgeterstellung statt:[237]

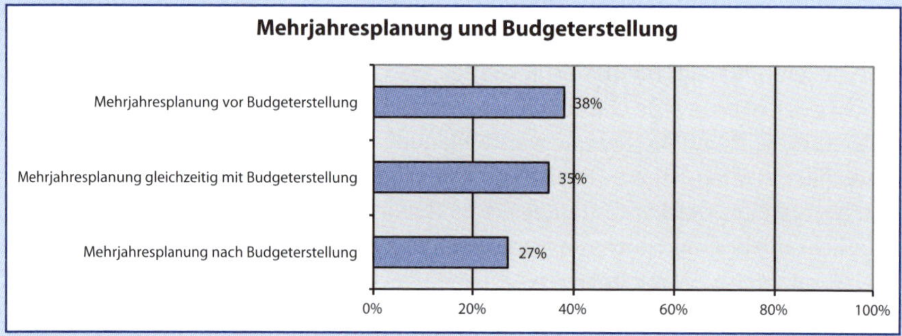

27% der befragten Unternehmen führen die Mehrjahresplanung nach der Erstellung – und damit letztendlich auf Grundlage – des Budgets durch, was auf einen immer noch hohen Anteil an Planung mittels Fortschreibung schließen lässt.[238]

[236] Vgl. Eisl et al (2015) S. 120.
[237] Vgl. Waniczek (2013) S. 22.
[238] Vgl. Waniczek (2013) S. 21.

14 Das operative Budgetsystem

Lernziele

Nach Durcharbeiten von Kapitel 14 sollten Sie u.a. in der Lage sein:

- die Zusammenhänge zwischen Leistungsbudget, Plan-Bilanz und Plan-Kapitalflussrechnung zu erkennen
- ein integriertes Unternehmensbudget aufzustellen
- Kritik an der klassischen Budgetierung und die Vor- und Nachteile alternativer Konzepte zu diskutieren

14.1 Bestandteile

Das **Gesamtbudget** eines Unternehmens (master budget) wird in der Regel für ein Jahr erstellt. Es ergibt sich aus der Zusammenfassung der **Teilbudgets** aller nachgeordneten Unternehmensbereiche. Da eine gleichzeitige Budgetierung aller Teilbereiche **(Simultanplanung)** aus Komplexitätsgründen nicht möglich ist, muss eine Reihenfolge festgelegt werden **(Sukzessivplanung)**, in der die verschiedenen Entscheidungsverantwortlichen ihre Planzahlen abliefern.

Ausgangspunkt bei der Erstellung des **integrierten Unternehmensbudgets** sind in der Regel Absatzprognosen, die in das Absatzbudget münden. Unter Berücksichtigung von geplanten Veränderungen im Lagerbestand wird aus diesem ein Produktionsbudget abgeleitet, das wiederum die Basis für die Materialkosten- und Materialbeschaffungsbudgets sowie für die Fertigungslohn- und Fertigungsgemeinkostenbudgets darstellt. Die so ermittelten Herstellkosten sind in der Folge um Budgets zu ergänzen, die mit der Absatz- bzw. Produktionsmenge der laufenden Periode nicht direkt in Zusammenhang stehen müssen, wie z.B. das Forschungs- und Entwicklungsbudget oder das Verwaltungskostenbudget. Alle diese Budgets münden schließlich in die **Plan-GuV**. Ein weiterer Bestandteil des Gesamtbudgets ist die **Plan-Kapitalflussrechnung**. Unter Berücksichtigung der dem Unternehmen zur Verfügung stehenden Finanzierungsquellen erfolgt in der Plan-Kapitalflussrechnung basierend auf den Daten der Plan-GuV sowie den im Investitionsbudget zusammengefassten Investitionsvorhaben eine vollständige Aufstellung der im Unternehmen anfallenden Ein- und Auszahlungen zwecks Ermittlung des Finanzmittelbedarfs der Periode. Schließlich können die Auswirkungen des Budgetierungsprozesses auf die zukünftige Vermögensposition in der **Plan-Bilanz** dargestellt werden. Aus den Planwerten des Gesamtbudgets lassen sich dann die geplante Kapitalrendite sowie weitere **Plan-Kennzahlen** errechnen (vgl. Abbildung 66).

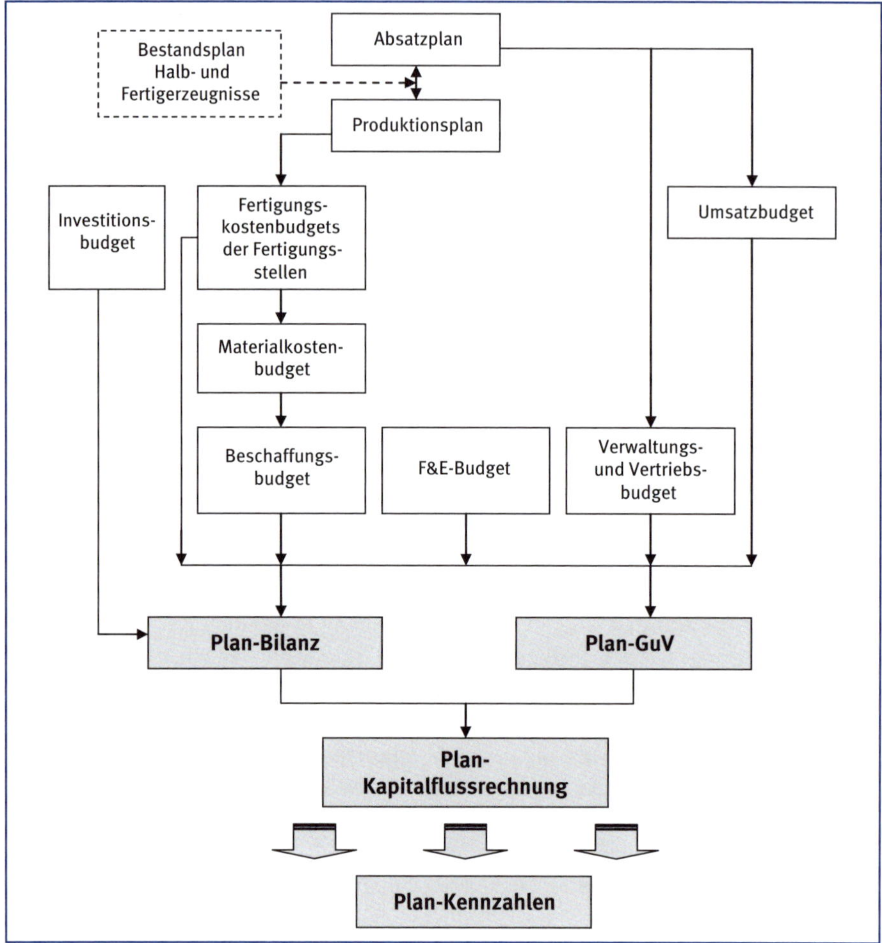

Abbildung 66: Budgetsystem[239]

14.2 Leistungsbudget und Plan-GuV

Das Leistungsbudget ist die auf Planungsgrundlagen und Vorgaben beruhende Gewinn- und Verlustrechnung für den Planungszeitraum (i.d.R. für 1 Jahr) und dient vor allem der Erfolgssicherung. Das Leistungsbudget ist weiters die Ausgangsbasis für die indirekte Ermittlung der Plan-Kapitalflussrechnung sowie für die geplante Veränderung des Eigenkapitals.

Analog zur Erfolgsrechnung im Ist (Finanzbuchhaltung und Istkostenrechnung) gibt es auch im Bereich der operativen Planung zwei Arten der Ergebnisermittlung:[240]

[239] Vgl. Franz/Kajüter (2011) S. 478.
[240] Vgl. Eisl et al (2015) S. 92.

- Die **Plan-GuV** stellt basierend auf den Vorschriften der externen Rechnungslegung geplante Erträge und geplante Aufwendungen gegenüber.
- Das **Leistungsbudget** ermittelt den geplanten Periodenerfolg auf Basis des betriebsspezifischen Kostenrechnungssystems.

Die Erfolgsplanung kann entweder nach dem Gesamtkostenverfahren oder nach dem Umsatzkostenverfahren durchgeführt werden. Beide Verfahren führen auf unterschiedlichen Wegen stets zum gleichen Ergebnis (siehe dazu im Detail bereits Kap. 8).

Zur Abstimmung von unternehmensrechtlichem (Plan-GuV) und kalkulatorischem (Leistungsbudget) Ergebnis ist eine **Überleitungsrechnung** zu erstellen. Hierbei gilt folgender Zusammenhang:

	kalkulatorisches Ergebnis der Periodenerfolgsrechnung
+	kalkulatorische Kosten
–	kalkulatorische Leistungen
–	neutrale Aufwendungen
+	neutrale Erträge
=	unternehmensrechtliches Ergebnis der Gewinn- und Verlustrechnung

In der Praxis wird jedoch immer häufiger in der Periodenerfolgsrechnung auf eine Verrechnung kalkulatorischer Zusatz- oder Anderskosten verzichtet, womit die Durchführung einer solchen Überleitungsrechnung entfällt.

14.3 Plan-Kapitalflussrechnung

In der **Plan-Kapitalflussrechnung** (Finanzplan) werden die Zahlungsströme eines Unternehmens für die Planperiode abgebildet und der Zahlungsmittelüberschuss bzw. -fehlbetrag der Planperiode ermittelt. Sie dient damit vor allem dem Ziel der Liquiditätssicherung und ist weiters Grundlage für die geplante Veränderung der liquiden Mittel in der Plan-Bilanz.

In der sämtliche Zahlungsmittelflüsse einer Periode umfassenden Plan-Kapitalflussrechnung wird der gesamte Zahlungsmittelfluss der Periode üblicherweise in die folgenden **drei Cashflows** gegliedert:[241]

- **Operativer Cashflow** (= Cashflow aus der laufenden Geschäftstätigkeit),
- **Cashflow aus der Investitionstätigkeit** (z.B. Zahlungen für Investitionen und Desinvestitionen von Sachanlagevermögen und von immateriellem Vermögen) und
- **Cashflow aus der Finanzierungstätigkeit** (z.B. Einzahlungen aus der Aufnahme von Krediten, Auszahlung von Dividenden).

Die Summe der drei Cashflows entspricht – bei korrekter Ermittlung – der Veränderung der liquiden Mittel in der Plan-Bilanz.

Unter dem **operativen Cashflow** wird der durch die laufende Geschäftstätigkeit erwirtschaftete Einzahlungsüberschuss eines Geschäftsjahres verstanden.[242] Er stellt

[241] Vgl. Wagenhofer (2015) S. 182.
[242] Vgl. Wagenhofer (2015) S. 227.

einen wichtigen **Indikator für die Finanzierung aus eigener Kraft** dar, da Außenfinanzierungsvorgänge (z.B. Kreditaufnahme, Einlagen) im operativen Cashflow unberücksichtigt bleiben. Diese im Laufe des zu planenden Geschäftsjahres erwirtschafteten liquiden Mittel erhöhen die Liquidität. Jedoch ist zu beachten, dass diese zum Großteil im selben Jahr wieder abfließen, da sie für Investitionen, Fremdkapitaltilgungen sowie Dividenden verwendet werden.

Der **operative Cashflow** kann **direkt** durch Gegenüberstellung der aus dem laufenden Umsatzprozess resultierenden Einzahlungen (z.B. Einzahlungen aus dem Verkauf von Erzeugnissen und Dienstleistungen) und Auszahlungen (z.B. Auszahlungen für beschaffte Güter und Dienstleistungen, für Arbeitnehmer/innen, Zahlungen an Versicherungsunternehmen, Steuerzahlungen, Zinszahlungen) errechnet werden. Die direkte Methode eignet sich besonders für unterjährige Berechnungen zur kurzfristigen Liquiditätsplanung.

Werden diese Informationen im Unternehmen nicht gesondert erhoben und gespeichert, kann der operative Cashflow auch **indirekt** über die Werte der Plan-GuV sowie der Plan-Bilanz berechnet werden. Die indirekte Methode geht vom Jahresüberschuss nach Steuern aus, der im Leistungsbudget ermittelt wurde. Im Leistungsbudget sind jedoch auch nicht auszahlungswirksame Kosten (z.B. Abschreibung, Dotierung von Rückstellungen) und nicht einzahlungswirksame Erlöse (z.B. Zielverkäufe) berücksichtigt. Um diese Beträge ist der Jahresüberschuss nach Steuern zu korrigieren, um den korrekten operativen Cashflow zu ermitteln **(Cashflow aus dem Ergebnis)**.

Im **Cashflow aus dem Working Capital** sind die erfolgsneutralen Änderungen jener Aktiva und Passiva erfasst, die weder der Investitionssphäre (z.B. Sachanlagevermögen) noch der Finanzierungssphäre (z.B. Verbindlichkeiten bei Kreditinstituten) zuzurechnen sind. Sinken beispielsweise die Vorräte, so steigen c.p. die liquiden Mittel, da weniger Kapital in den Vorräten gebunden ist; diese Logik ist auf alle Aktiva des Working Capital analog anwendbar. Sinken hingegen z.B. die Lieferverbindlichkeiten, so sinken auch die liquiden Mittel, weil diese für die Begleichung von Ausgangsrechnungen verwendet werden. Diese Überlegung kann analog auf alle Passiva des Working Capital angewendet werden.

Daraus ergibt sich für die Ermittlung des operativen Cashflow folgendes (vereinfachtes) **Schema**:

	Jahresüberschuss nach Steuern
+	Abschreibungen (– Zuschreibungen)
+	Verluste (– Gewinne) aus dem Abgang von Anlagevermögen
+	Erhöhung (– Verminderung) langfristiger Rückstellungen
=	Cashflow aus dem Ergebnis
–	Erhöhung (+ Verminderung) von Vorräten
–	Erhöhung (+ Verminderung) von Lieferforderungen
+	Erhöhung (– Verminderung) von Lieferverbindlichkeiten
+	Erhöhung (– Verminderung) von kurzfristigen Rückstellungen
–	Erhöhung (+ Verminderung) von aktiven Rechnungsabgrenzungsposten

+	Erhöhung (– Verminderung) von passiven Rechnungsabgrenzungsposten
=	Cashflow aus dem Working Capital

	Cashflow aus dem Ergebnis
+	Cashflow aus dem Working Capital
=	Cashflow aus der laufenden Geschäftstätigkeit (operativer Cashflow)

14.4 Plan-Bilanz

Die **Plan-Bilanz** stellt die Vermögens- und Kapitallage des Unternehmens am Ende der Planperiode dar und ergibt sich aus der erwarteten Schlussbilanz der laufenden Periode (= Anfangsbilanz der Planperiode), der Plan-GuV sowie der Plan-Kapitalflussrechnung. Die Plan-Bilanz hilft dem Unternehmen bei der Beobachtung der Vermögens- und Kapitalentwicklung. Sie sollte auf jeden Fall erstellt werden, damit das Management rechtzeitig handeln kann, wenn – auch bei einer positiven Entwicklung der Erfolgslage – unerwünschte Veränderungen in der Vermögens- und Kapitallage auftreten können.

Bei der Planung der einzelnen Bilanzpositionen können zwei generelle Gruppen unterschieden werden:[243]

- Gruppe der direkt geplanten Positionen;
- Gruppe der über Kennzahlen oder Pauschalbeträge geplanten Positionen.

Zur Gruppe der **direkt geplanten** Positionen gehört beispielsweise das Sachanlagevermögen. Der Endbetrag dieser Bilanzposition berechnet sich nach folgendem Schema:

	Anfangsbestand des Sachanlagevermögens gemäß Eröffnungsbilanz
–	planmäßige Abschreibungen
–	Buchwert geplanter Anlagenverkäufe
+	Investitionen
=	Endbestand des Sachanlagevermögens in der Plan-Bilanz

Auch Bankverbindlichkeiten und Bestände an Fertigerzeugnissen können direkt geplant werden.

Zur Gruppe der **über Kennzahlen geplanten** Positionen werden häufig die Lieferforderungen gezählt. Sie werden vielfach in Abhängigkeit des Umsatzes über die vorgegebene **Außenstandsdauer** der Forderungen oder im Verhältnis der Umsatzveränderung geplant:[244]

$$\text{Außenstandsdauer der Forderungen} = \frac{\text{Lieferforderungen}}{\text{Umsatz (+ USt) / 360}}$$

Die Außenstandsdauer entspricht dem durchschnittlichen Zahlungsziel. Das Gegenstück zur Außenstandsdauer ist die Umschlagshäufigkeit der Debitoren. Eine **Um-**

243 Vgl. Eisl et al (2015) S. 116.
244 Vgl. Eisl et al (2015) S. 116.

schlagshäufigkeit (UHK) ist allgemein formuliert der Kehrwert einer Umschlagsdauer und wird als Quotient einer Flussgröße und dem Durchschnitt einer Bestandsgröße ermittelt.

Es gilt:

$$\text{UHK allgemein} = \frac{\text{Flussgröße}}{\text{Ø Bestandsgröße}}$$

$$\text{Umschlagsdauer allgemein} = \frac{30}{\text{UHK in Tagen}} \text{ bzw. } \frac{12}{\text{UHK in Monaten}}$$

Eine Umschlagshäufigkeit besagt, wie oft sich eine bestimmte Vermögens- oder Kapitalposition innerhalb einer Periode erneuert. Sie gibt damit Auskunft über die **Bindungsdauer des Vermögens** und folglich über den Kapitalbedarf, der zur Finanzierung dieses Vermögens notwendig ist. Auch Umschlagshäufigkeiten können daher zur Ermittlung der Lieferforderungen und Lieferverbindlichkeiten sowie anderer Positionen in der Plan-Bilanz herangezogen werden. Es gilt:

$$\text{UHK der Debitoren} = \frac{\text{Umsatzerlöse (+ USt.)}}{\text{Ø Lieferforderungen}}$$

$$\text{UHK der Kreditoren} = \frac{\text{Materialeinkäufe (+ USt.)}}{\text{Ø Lieferverbindlichkeiten}}$$

$$\text{UHK des Rohstofflagers} = \frac{\text{Rohstoffverbrauch}}{\text{Ø Rohstofflager}}$$

Beispiel 47[245]

Ein Unternehmen plant einen Jahresumsatz von 20 Mio., der zur Gänze als Zielumsatz getätigt wird. Die Umsätze unterliegen einer Umsatzsteuer von 20%, die durchschnittliche Außenstandsdauer beträgt 30 Tage.

Aufgabenstellung:

Ermitteln Sie den geplanten Endbestand der Forderungen aus Lieferungen und Leistungen (LuL) zum Bilanzstichtag!

Lösung:

Forderungen LuL = 30 • 20 Mio. • 1,2 / 360 = 2 Mio.

In der Abbildung 67 wird der enge sachlogische Zusammenhang zwischen den Elementen des **operativen Budgetsystems** verdeutlicht.

[245] Vgl. Heimann et al (2013) S. 83.

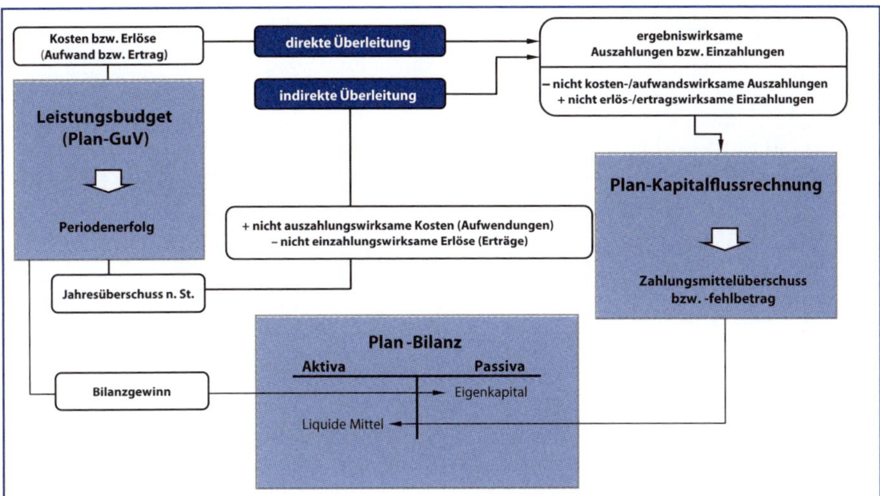

Abbildung 67: Zusammenhänge innerhalb des operativen Budgetsystems

☞ Budget

Unter einem Budget wird ein formalzielorientierter, in wertmäßigen Größen formulierter Plan, der einer Entscheidungseinheit für eine bestimmte Zeitperiode und mit einem bestimmten Verbindlichkeitsgrad vorgegeben wird, verstanden. Dabei können verschiedene Budgets, wie z.B. Beschaffungs-, Absatz-, Investitions-, Kosten- oder Verwaltungsbudgets unterschieden werden. Die gesamte kurzfristige Planung eines Unternehmens kann in einem integrierten Unternehmensbudget zusammengefasst werden, welches sich aus einer Plan-Bilanz, einer Plan-GuV sowie einer Plan-Kapitalflussrechnung zusammensetzt. Die Budgetierung umfasst den gesamten Prozess der Aufstellung, Vorgabe und Kontrolle von Budgets.

Anhand eines Beispiels soll nun der „technische" Zusammenhang zwischen Plan-Bilanz, Plan-GuV sowie Plan-Kapitalflussrechnung gezeigt werden. Das Fallbeispiel in Kap. 14.5 dient der weiteren Verdeutlichung.

Beispiel 48[246]

Ein Unternehmen steht vor der Erfolgs- und Finanzplanung des nächsten Geschäftsjahres. Die Eröffnungsbilanz ist wie folgt gegeben:

Eröffnungsbilanz			
Aktiva		Passiva	
Anlagevermögen	1.050.000	Grundkapital	200.000
Forderungen LuL	500.000	Bilanzgewinn	460.000
liquide Mittel	50.000	Rückstellungen	500.000
		Verbindlichkeiten LuL	400.000
		Bankverbindlichkeiten	40.000
Summe	**1.600.000**	**Summe**	**1.600.000**

Weiters geht das Unternehmen von folgenden Planungsprämissen aus:

- Die Absatzplanung zeigt, dass voraussichtlich 1.000 Produkte zu einem Preis von 3.000 pro Stück abgesetzt werden können. Das Unternehmen produziert just-in-time, d.h. die Produktionsmenge ist gleich der Absatzmenge.
- Die Materialkosten je Stück betragen 800.
- Die variablen Personalkosten betragen ebenfalls 800 je Stück.
- Die fixen Personalkosten werden für die Planperiode auf 800.000 geschätzt.
- In der ersten Jahreshälfte sind Investitionen von 200.000 mit einer Nutzungsdauer von 10 Jahren geplant (lineare Abschreibung). Die Abschreibung auf das bestehende Anlagevermögen wird mit 200.000 geplant.
- Sonstige Kosten werden auf 100.000 geschätzt.
- Bankverbindlichkeiten in Höhe von 10.000 sind am Jahresende zurückzuzahlen. Der Zinssatz beträgt 5%.
- Der Körperschaftsteuersatz beträgt 25%.
- Es wird eine Dividende in Höhe von 20% auf das Grundkapital ausgeschüttet.
- Bankguthaben bleiben unverzinst. Der Mindestbestand an liquiden Mitteln wird mit 20.000 festgelegt.
- Es wird geschätzt, dass sich die Lieferforderungen um 100.000 erhöhen und die Lieferverbindlichkeiten um 50.000 reduzieren.
- Die anderen Bilanzpositionen bleiben unverändert.
- Die Kosten (= Aufwand) und Steuern sind entsprechend zahlungswirksam.

Aufgabenstellung:

a) Erstellen Sie die Plan-GuV (Gesamtkostenverfahren)!
b) Erstellen Sie die Plan-Kapitalflussrechnung!
c) Erstellen Sie die Plan-Bilanz!

[246] Vgl. Losbichler (2015) S. 55 ff.

Lösung:

a)

Umsatz	3.000.000
+ Bestandsveränderungen	0
– Materialaufwand	800.000
– Personalaufwand	1.600.000
– Abschreibung	220.000
– sonstiger Aufwand	100.000
= EBIT	280.000
– Zinsaufwand (5% vom Fremdkapital lt. Eröffnungsbilanz)	2.000
= Ergebnis vor Steuern	278.000
– Steuern (25% vom Ergebnis vor Steuern)	69.500
= Jahresüberschuss nach Steuern	208.500
+ Gewinnvortrag (= Bilanzgewinn lt. Eröffnungsbilanz – Dividende (20% vom Grundkapital))	420.000
= Bilanzgewinn	628.500

b)

Plan-Kapitalflussrechnung:

Jahresüberschuss nach Steuern	208.500
+ Abschreibung	+220.000
– Zunahme Forderungen	–100.000
– Reduktion Verbindlichkeiten	–50.000
= Cashflow aus operativer Tätigkeit	278.500
Cashflow aus Investitionstätigkeit	–200.000
– Dividende	–40.000
– Kreditrückzahlung	–10.000
= Cashflow aus Finanzierungstätigkeit	–50.000
Veränderung der liquiden Mittel	28.500

c)

Plan-Bilanz:

Plan-Bilanz			
Aktiva		Passiva	
Anlagevermögen	1.030.000	Grundkapital	200.000
Forderungen LuL	600.000	Bilanzgewinn	628.500
liquide Mittel	78.500	Rückstellungen	500.000
		Verbindlichkeiten LuL	350.000
		Bankverbindlichkeiten	30.000
Summe	**1.708.500**	**Summe**	**1.708.500**

Empirische Ergebnisse

Eine vom Controller-Institut im Rahmen des Controlling-Panels 2013 durchgeführte Studie bei österreichischen Unternehmen zeigt, dass fast alle befragten Unternehmen eine Plan-GuV einsetzen. Eine vollständige Integration der **Kerninstrumente der Planung** (Plan-GuV, Plan-Kapitalflussrechnung, Plan-Bilanz) findet in etwas mehr als der Hälfte dieser Unternehmen statt:[247]

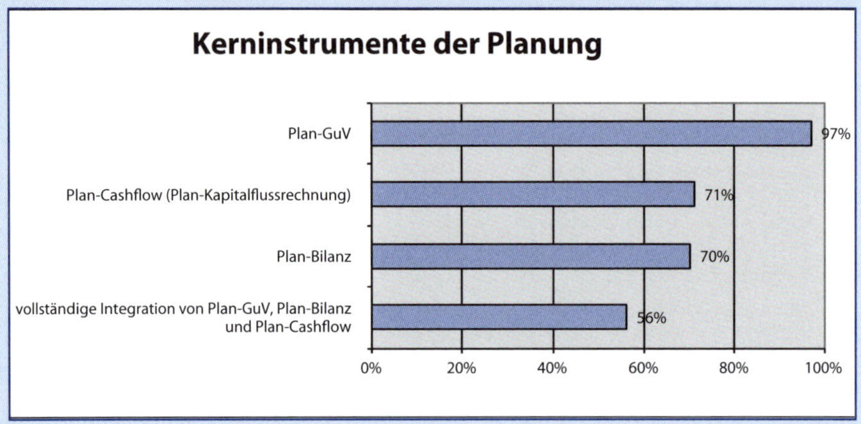

Es besteht demnach weiterhin ein Fokus auf die Erfolgsplanung. Die vollständig integrierte Planung kann noch nicht als Standard betrachtet werden.

14.5 Fallbeispiel zur operativen Budgeterstellung

Beispiel 49[248]

Bei einem mittelständischen Möbelhersteller soll eine Budgetierung für den nächsten Monat durchgeführt werden. Der Betrieb hat sich auf die Fertigung von Küchentischen spezialisiert. Diese werden in vier Varianten angeboten, die sich insbesondere hinsichtlich der Zusammensetzung, der Fertigungszeiten, der Kosten sowie der Absatzpreise und -mengen unterscheiden. Zur Herstellung der Küchentische sind vorrangig zwei Materialarten, Massivholz (M1) und Spanplatten (M2) erforderlich, die allein für die Budgetierung relevant sein sollen. Es werden insgesamt vier verschiedene Küchentisch-Varianten (A, B, C und D) gefertigt.
Die Küchentische werden in vier Fertigungsabteilungen, der Sägerei, der Zuschneiderei (in der die in der Sägerei aus Bäumen gewonnenen Holzstücke genau auf die Tischmaße angepasst werden), der Montage und der Lackiererei, produziert. Es liegen die in der folgenden Tabelle angegebenen Informationen hinsicht-

[247] Vgl. Waniczek (2013) S. 28.
[248] Vgl. Mikus (2001) S. 178 ff.

lich der Absatzmengen, der Absatzpreise sowie der Lageranfangs- und Soll-Endbestände der Küchentische vor. Diese Planwerte sind unter anderem das Ergebnis der Absatzplanung sowie von Analysen zu einem optimalen Lagerbestand und Servicegrad.
Nachstehend sind außerdem die für die Herstellung der Tische erforderlichen Rohstoffmengen (in m^3 gemessen) pro Tisch angegeben.

Produkt	Absatzmenge		Absatzpreis	Anfangsbestand (Stk.)	Soll-Endbestand (Stk.)	Materialbedarf (m^3 / Stk.)	
	Bezirk 1	Bezirk 2				M1	M2
A	1.500	2.500	200	300	400	0,15	0,00
B	3.000	2.000	150	600	500	0,06	0,09
C	4.000	2.000	150	650	600	0,12	0,00
D	3.000	2.500	110	500	550	0,06	0,06

Die Anfangs- und Soll-Endbestände der beiden relevanten Materialarten und die Materialpreise lauten:

Material	Anfangsbestand (m^3)	Soll-Endbestand (m^3)	Preis / m^3
M1	250	200	300
M2	300	400	100

Für die Fertigungsstellen wurden die folgenden Informationen ermittelt:

Fertigungsstelle	Fixkosten	Kapazität (Std.)	var. Stundensatz	Fertigungszeit (Min. / Stk.)			
				A	B	C	D
Sägerei	200.000	2.100	50	9	4	7	4
Zuschneiderei	220.000	3.000	45	10	8	8	6
Montage	160.000	3.000	45	12	12	6	6
Lackiererei	270.000	2.100	50	9	4	7	4

Die fixen Verwaltungskosten belaufen sich auf 215.000, davon sind direkt zurechenbar auf die Küchentische der Variante A (B, C, D) 55.000 (45.000, 45.000, 40.000). Die variablen Verwaltungskosten betragen 5% vom Umsatz.
Hinsichtlich der fixen Vertriebskosten wird von einem Betrag in Höhe von 115.000 ausgegangen, davon entfallen auf jede Tischart 20.000. Die variablen Vertriebskosten betragen ebenfalls jeweils 5% vom Umsatz.
Des Weiteren sind folgende Angaben zu beachten:

	Anfangsbestand	Investitionen	Abschreibung
Gebäude	1.250.000	260.000	135.000
Maschinen	550.000	170.000	70.000

	Anfangsbestand	Soll-Endbestand
Kassa	10.208,33	1 bis 10.000
Forderungen LuL	500.000,00	25% des Umsatzes
Eigenkapital	1.800.000,00	1.800.000,00
Darlehen	475.000,00	ist zu berechnen
Verbindl. LuL	250.000,00	180.000,00

Der Darlehensbestand zu Periodenbeginn ist mit 6% zu verzinsen. Am Periodenende soll ein etwaiger Zahlungsmittelbedarf durch Aufnahme von Krediten gedeckt, ein Überschuss zur Kredittilgung verwendet werden. Der Kreditveränderungsbetrag soll ein Vielfaches von 5.000 betragen und orientiert sich am Kassenendbestand der Periode. Dieser soll in jedem Fall positiv, jedoch nicht größer als 10.000 sein.
Die Anfangsbestände an Material bzw. Fertigprodukten werden zu aktuellen Preisen bzw. Herstellkosten (auf Teilkostenbasis) bewertet. Die Abschreibungen sind in den Fixkosten der Fertigungs-, Verwaltungs- und Vertriebsstellen enthalten.

Aufgabenstellung:

Erstellen Sie auf der Grundlage von Teilplänen für Absatz, Produktion sowie Beschaffung ein Budgetsystem auf Teilkostenbasis für die Periode, bestehend aus

- den Teilbudgets für Umsatz, Materialbeschaffung, Materialkosten, Fertigungskosten, Plan-Kalkulation der Stückherstellkosten, Verwaltungskosten, Vertriebskosten und Investition,
- dem Gesamtbudget in Form einer Plan-GuV, einer Plan-Kapitalflussrechnung und einer Plan-Bilanz!

Lösung:

Absatzaktionsplan und Produktionsaktionsplan:

Produkt	gesamter Absatz	Anfangs-bestand (Stk.)	Soll-End-bestand (Stk.)	Produktion
A	4.000	300	400	4.100
B	5.000	600	500	4.900
C	6.000	650	600	5.950
D	5.500	500	550	5.550

Die Produktionsmengen resultieren aus den Absatzmengen sowie den geplanten Bestandsveränderungen (Endbestand abzüglich Anfangsbestand).

Beschaffungsaktionsplan:

Material	A	B	C	D	Anfangs-bestand (m^3)	Soll-End-bestand (m^3)	Beschaf-fung
M1	615	294	714	333	250	200	1.906
M2	0	441	0	333	300	400	874

Die Materialbeschaffungskosten ergeben sich aus den Produktionsmengen der verschiedenen Küchentischvarianten, den Materialbedarfsmengen pro Tisch gemäß Stücklisten sowie den vorhandenen Anfangs- und den geplanten Endbeständen der Materialien.

Umsatzbudget:

Produkt	gesamter Absatz	Absatzpreis	Umsatz
A	4.000	200	800.000
B	5.000	150	750.000
C	6.000	150	900.000
D	5.500	110	605.000
Summe			3.055.000

Das Umsatzbudget lässt sich aus dem Absatzaktionsplan ableiten.

Materialbeschaffungsbudget:

	M1		M2	
	Menge (m^3)	Wert	Menge (m^3)	Wert
Beschaffung	1.906	571.800	874	87.400

Für das Materialbeschaffungsbudget sind die im Beschaffungsaktionsplan ermittelten Beschaffungsmengen maßgeblich, die dann mit den Einkaufspreisen bewertet werden.

Materialkostenbudget:

Produkt	M1		M2	
	Menge (m^3)	Wert	Menge (m^3)	Wert
A	615	184.500	0	0
B	294	88.200	441	44.100
C	714	214.200	0	0
D	333	99.900	333	33.300
Summe	1.956	586.800	774	77.400

Die Materialkosten der einzelnen Küchentische ergeben sich aus den für die Produktion benötigten Materialmengen (gemäß Beschaffungsaktionsplan) sowie den Einkaufspreisen.

Fertigungszeiten- und -kostenbudget (auf Teilkostenbasis):

	Sägerei		Zuschneiderei		Montage		Lackiererei	
	Fertigungszeit (Std.)	var. Fertigungskosten	Fertigungszeit (Std.)	var. Fertigungskosten	Fertigungszeit (Std.)	var. Fertigungskosten	Fertigungszeit (Std.)	var. Fertigungskosten
Kapazität	2.100,00		3.000,00		3.000,00		2.100,00	
Stundensatz		50,00		45,00		45,00		50,00
A	615,00	30.750,00	683,33	30.750,00	820,00	36.900,00	615,00	30.750,00
B	326,67	16.333,33	653,33	29.400,00	980,00	44.100,00	326,67	16.333,33
C	694,17	34.708,33	793,33	35.700,00	595,00	26.775,00	694,17	34.708,33
D	370,00	18.500,00	555,00	24.975,00	555,00	24.975,00	370,00	18.500,00
Summe	2.005,83	100.291,67	2.685,00	120.825,00	2.950,00	132.750,00	2.005,83	100.291,67

	Summe var. Fertigungskosten	var. Fertigungskosten / Stk.
A	129.150,00	31,50
B	106.166,67	21,67
C	131.891,67	22,17
D	86.950,00	15,67
Summe	454.158,33	

Das Budget der Fertigungszeiten und -kosten enthält Informationen zu den Fertigungszeiten der einzelnen Produktarten in den verschiedenen Fertigungsabteilungen sowie den daraus bei gegebenem Stundensatz jeweils resultierenden variablen Kosten je Fertigungsstelle und insgesamt.

Verwaltungskostenbudget:

	fix	variabel	Summe
A	55.000	40.000	95.000
B	45.000	37.500	82.500
C	45.000	45.000	90.000
D	40.000	30.250	70.250
nicht zurechenbar	30.000		30.000
Summe	215.000	152.750	367.750

Im Verwaltungskostenbudget sind die fixen und variablen Verwaltungskosten der einzelnen Produktarten und des Gesamtunternehmens erfasst.

Vertriebskostenbudget:

	fix	variabel	Summe
A	20.000	40.000	60.000
B	20.000	37.500	57.500
C	20.000	45.000	65.000
D	20.000	30.250	50.250
nicht zurechenbar	35.000		35.000
Summe	115.000	152.750	267.750

Das Vertriebskostenbudget ist analog zum Verwaltungskostenbudget aufgebaut.

Investitionsbudget:

	Investitionen	Abschreibung	Veränderung
Gebäude	260.000	135.000	125.000
Maschinen	170.000	70.000	100.000
Summe	430.000	205.000	225.000

Im Investitionsbudget sind die Anschaffungsauszahlungen für die Investitionsobjekte, die Abschreibungen sowie die daraus resultierenden Veränderungen des wertmäßigen Betriebsmittelbestandes erfasst.

Plan-Kalkulation der Stückherstellkosten (auf Teilkostenbasis):

	A	B	C	D
Materialkosten	45,00	27,00	36,00	24,00
+ Fertigungskosten	31,50	21,67	22,17	15,67
= Herstellkosten	76,50	48,67	58,17	39,67

Die Stückherstellkosten setzen sich aus den stückbezogenen Material- und Fertigungskosten zusammen; sie werden als Teilkosten bzw. variable Kosten berechnet und unter anderem für die Bewertung von Bestandsveränderungen benötigt.

Aus den obigen Teilbudgets lässt sich das folgende aus Plan-GuV, Plan-Kapitalflussrechnung und Plan-Bilanz bestehende Gesamtbudget entwickeln:

Budgetierte Erfolgsrechnung (Plan-GuV):

	A	B	C	D	Summe (GKV)	Summe (UKV)
Verkaufsmenge	4.000 Stk.	5.000 Stk.	6.000 Stk.	5.500 Stk.		
• Verkaufspreis	200,00	150,00	150,00	110,00		
= Umsatz	800.000,00	750.000,00	900.000,00	605.000,00	3.055.000,00	3.055.00,00
var. HK / Stk.	76,50	48,67	58,17	39,67		
produzierte Menge	4.100 Stk.	4.900 Stk.	5.950 Stk.	5.550 Stk.		
Bestandsveränd. (Stk.)	100 Stk.	–100 Stk.	–50 Stk.	50 Stk.		
+/– Bestandsveränd. (GE)	7.650,00	–4.866,67	–2.908,33	1.983,33	1.858,33	
– var. HK der Produktion	313.650,00	238.466,67	346.091,67	220.150,00	1.118.358,33	
– var. HK des Umsatzes	306.000,00	243.333,33	349.000,00	218.166,67		1.116.500,00
– var. Verwaltungskosten	40.000,00	37.500,00	45.000,00	30.250,00	152.750,00	152.750,00
– var. Vertriebskosten	40.000,00	37.500,00	45.000,00	30.250,00	152.750,00	152.750,00
– Summe var. Kosten	386.000,00	318.333,33	439.000,00	278.666,67		
= Deckungsbeitrag I	414.000,00	431.666,67	461.000,00	326.333,33	1.633.000,00	1.633.000,00
– fixe Verwaltungskosten	55.000,00	45.000,00	45.000,00	40.000,00	185.000,00	185.000,00
– fixe Vertriebskosten	20.000,00	20.000,00	20.000,00	20.000,00	80.000,00	80.000,00
= Deckungsbeitrag II	339.000,00	366.666,67	396.000,00	266.333,33	1.368.000,00	1.368.000,00
– fixe Fertigungskosten					850.000,00	850.000,00
– nicht verteilte fixe Verwaltungskosten					30.000,00	30.000,00
– nicht verteilte fixe Vertriebskosten					35.000,00	35.000,00
– Zinsen					28.500,00	28.500,00
= Periodenerfolg					424.500,00	424.500,00

Die budgetierte Erfolgsrechnung (nach GKV und UKV) enthält die Umsätze der einzelnen Produktarten und des Gesamtunternehmens sowie die auf der Basis der Produktions- und Absatzmengen sowie der kalkulierten Material- und Fertigungskosten berechneten Herstellkosten der Produktion, wertmäßigen Bestandsveränderungen und Herstellkosten des Umsatzes. Der DB I ergibt sich für die einzelnen Produktarten sowie das Unternehmen insgesamt, indem die Differenz zwischen dem Umsatz und den gesamten variablen Kosten gebildet wird. Durch Subtraktion der den Produktarten zuordenbaren fixen Verwaltungs- und Vertriebskosten vom DB I lässt sich ein DB II für die Produktarten und das Gesamtunternehmen berechnen. Der entsprechende Wert für das Gesamtunternehmen bildet den Ausgangspunkt für die Ermittlung des Periodenerfolgs, bei dem die fixen Fertigungskosten, die nicht zuordenbaren fixen Verwaltungs- und Vertriebskosten sowie die Zinsen (6% des Darlehensanfangsbestandes) zu berücksichtigen sind.

Plan-Kapitalflussrechnung:

	Anfangsbestand Kassa			10.208,33
+	Periodenerfolg	424.500,00		
+	Abschreibungen	205.000,00		
+/-	Veränd. Ford. LuL	-263.750,00		
+/-	Veränd. Verb. LuL	-70.000,00		
+/-	Veränd. Material	5.000,00		
+/-	Veränd. Fertigprodukte	-1.858,33		
=	CF aus operativer Tätigkeit		298.891,67	
+/-	CF aus Investitionen		-430.000,00	
+/-	CF aus Finanzierung		125.000,00	
=	**Veränderung LM**		-6.108,33	
=	**Endbestand Kassa**			4.100,00

Die Plan-Kapitalflussrechnung enthält den Kassenanfangsbestand sowie alle Einzahlungen und Auszahlungen, wobei der Cashflow aus der operativen Tätigkeit indirekt aus dem Periodenerfolg ermittelt wird. Die Kreditveränderung (Aufnahme eines Kredits) in Höhe von 125.000 ergibt sich aus den Vorgaben, dass zum einen der Kassenendbestand positiv, aber nicht größer als 10.000 sein soll, und zum anderen die Kreditveränderung ein Vielfaches von 5.000 betragen soll.

Plan-Bilanz:

Aktiva	AB	EB	Veränderung	Passiva	AB	EB	Veränderung
Gebäude	1.250.000,00	1.375.000,00	125.000,00	EK	1.800.000,00	1.800.000,00	0,00
Maschinen	550.000,00	650.000,00	100.000,00	Gewinn		424.500,00	424.500,00
Forderungen LuL	500.000,00	763.750,00	263.750,00	Darlehen	475.000,00	600.000,00	125.000,00
Material	105.000,00	100.000,00	-5.000,00	Verbindl. LuL	250.000,00	180.000,00	-70.000,00
Fertigprodukte	109.791,67	111.650,00	1.858,33				0,00
Kassa	10.208,33	4.100,00	-6.108,33				0,00
							0,00
SUMME	2.525.000,00	3.004.500,00	479.500,00	**SUMME**	2.525.000,00	3.004.500,00	479.500,00

In der Plan-Bilanz werden die geplanten Aktiv- und Passivposten des Unternehmens erfasst. Die Verbindung zur Plan-Kapitalflussrechnung erfolgt über die Position Kassa, die Verbindung zur Plan-GuV über die Position Gewinn.

14.6 Kritische Würdigung und alternative Ansätze

Während Budgets seit langem in den meisten größeren Unternehmungen zentrale Instrumente zur Prognose, Koordination und Motivation darstellen, so sind sie gleichwohl zunehmend in die **Kritik** geraten:

- Zunächst wird kritisiert, dass die Budgeterstellung sehr **zeitintensiv und teuer** ist. Sechs Monate und mehr an Zeitbedarf für die Erstellung der operativen Planung sind in Großunternehmen keine Seltenheit. Dies belastet die Aktualität der Daten und damit ihre Zuverlässigkeit.
- Eine Belohnung für die Übererfüllung von Planwerten stiftet die Mitarbeiter/innen dazu an, im Rahmen der Bottom-up-Planung Sicherheitspolster in die Budgets einzubauen **(budget slacks)**.[249]
- Dysfunktionale Verhaltensaspekte sind auch wahrscheinlich, wenn die Bewilligung neuer Mittel vom Verbrauch früherer Budgets abhängt. In diesem Fall werden bestehende Budgets spätestens gegen Jahresende („Dezemberfieber") um jeden Preis ausgeschöpft und damit Budgetmittel verschwendet **(budget wasting)**.
- Budgets fokussieren oft ausschließlich auf **monetäre Ziele** und vernachlässigen die immer wichtiger werdenden qualitativen Erfolgsfaktoren eines Unternehmens wie z.B. Qualitäts- und Servicegrad oder Kunden- und Mitarbeiterzufriedenheit. Diese für die strategische Planung bedeutsamen Kennzahlen eignen sich jedoch besser zur Messung der Strategieumsetzung als Finanzkennzahlen, weil sie oftmals Frühindikatoren des späteren Finanzerfolgs sind (vgl. dazu bereits die Ausführungen zur Balanced Scorecard in Kap. 13.4).
- Der Kampf um die Zuteilung knapper Budgetmittel auf die verschiedenen Unternehmensbereiche kann das **Ressortdenken** fördern, bei dem das Gesamtunternehmensziel aus dem Blickwinkel verschwindet und nur einzelne Bereichsinteressen optimiert werden.
- Die von Controller/inne/n im Rahmen der Budgetierung mitunter geschaffenen **„Zahlenfriedhöfe"** führen zu einer Komplexitätssteigerung und in der Folge manchmal sogar dazu, dass die entsprechenden Berichte von den Manager/inne/n nicht mehr gelesen werden.
- Absolute Budgetziele vernachlässigen die Entwicklung der **relativen Wettbewerbsposition** des Unternehmens.
- Starre Investitionsbudgets verhindern die Realisierung profitabler **Investitionsprojekte**, die erst nach Budgetverabschiedung auftauchen.

[249] Da die Unternehmensleitung nicht über vollständige Informationen verfügt, besteht für Bereichsmanager/innen die Möglichkeit, Informationen nicht wahrheitsgemäß weiterzugeben. So könnte ein/e Bereichsmanager/in versuchen, ein Kostenbudget überhöht anzugeben, um es umso leichter erreichen zu können oder allgemein: Er/Sie versucht, Reserven (budget slacks) in das Budget einzubauen, die ökonomisch überflüssig sind. Die **Principal-Agent-Theorie** beschäftigt sich u.a. mit der Frage, wie Anreizsysteme gestaltet sein müssen, um Bereichsmanager/innen zu veranlassen, wahrheitsgemäß zu berichten; vgl. Brühl (2012) S. 281.

- Schließlich wird vorgebracht, dass fixe Budgetziele im heutigen dynamischen Wirtschaftsumfeld sehr **rasch überholt** sind. So ist ein bestimmtes Umsatzwachstum in einer Boomphase leicht zu erreichen, in einer Rezession aber utopisch. Dies kann Motivation und Zielakzeptanz negativ beeinflussen, weshalb fixe Zielvorgaben insbesondere in einem dynamischen Unternehmensumfeld große Probleme bereiten.

Die meisten dieser Probleme lassen sich durch eine entsprechend differenzierte Ausgestaltung des Budgetsystems sowie durch die Ergänzung des traditionellen Instrumentariums um flankierende Controlling-Tools (z.B. Benchmarking, Balanced Scorecard, Wertorientiertes Management) relativ leicht lösen. Dennoch soll in der Folge kurz auf einige **alternative Budgetierungsansätze** eingegangen werden, die eine Lösung zumindest einiger der oben skizzierten Problemfelder versprechen.

Das **Zero Base Budgeting** ist eine Methode zur Planung der Gemeinkosten, d.h. zur Erstellung von Budgets für einzelne Unternehmensbereiche. Im Unterschied zu traditionellen Budgetierungsmethoden, bei denen der Budgetansatz für kommende Jahre auf den Ansätzen der Vergangenheit basiert (= Fortschreibung), sieht das Zero Base Budgeting vor, dass in jeder Planungsperiode alle Tätigkeiten eines Bereichs und die entsprechenden Budgetansätze mit Hilfe einer Kosten-Nutzen-Analyse neu zu begründen sind. Es wird also quasi von der „Basis null" ausgegangen. Damit wird versucht, eine Perpetuierung von einmal bewilligten Aktivitäten (und Kosten) zu verhindern und insgesamt die Gemeinkosten des Unternehmens zu senken.

Das **Better Budgeting** versucht die traditionellen Funktionen der Budgetierung (v.a. die ergebniszielorientierte Koordination) weiterhin zu nutzen und ihre Qualität durch verschiedene Reformmaßnahmen zu verbessern. Die unter dem Begriff Better Budgeting vorgestellten Konzepte weichen mehr oder weniger voneinander ab, es lassen sich aber folgende Gemeinsamkeiten feststellen:

- Da Better Budgeting nur auf eine **Reform** und keine Abschaffung der traditionellen Budgetierung abzielt, erfolgt die Koordination weiterhin über Budgets (Pläne).
- Durch stärkere **Dezentralisierung** soll der Budgetierungsprozess verkürzt und flexibler gestaltet werden. Die intensivere Nutzung des Know-hows der dezentralen Mitarbeiter/innen kann nicht nur die Zeitdauer des Budgetierungsprozesses senken, sondern auch die Qualität der Budgetierung verbessern.
- Better Budgeting weist im Vergleich zur klassischen Budgetierung einen **geringeren Detaillierungsgrad** auf. Es erfolgt eine Konzentration auf erfolgskritische Parameter und Prozesse, wobei bei diesen jedoch die in der Praxis häufig anzutreffende Fortschreibungsbudgetierung durch analytische Neuplanungen **(Zero Base Budgeting)** ersetzt wird (vgl. Abbildung 68).

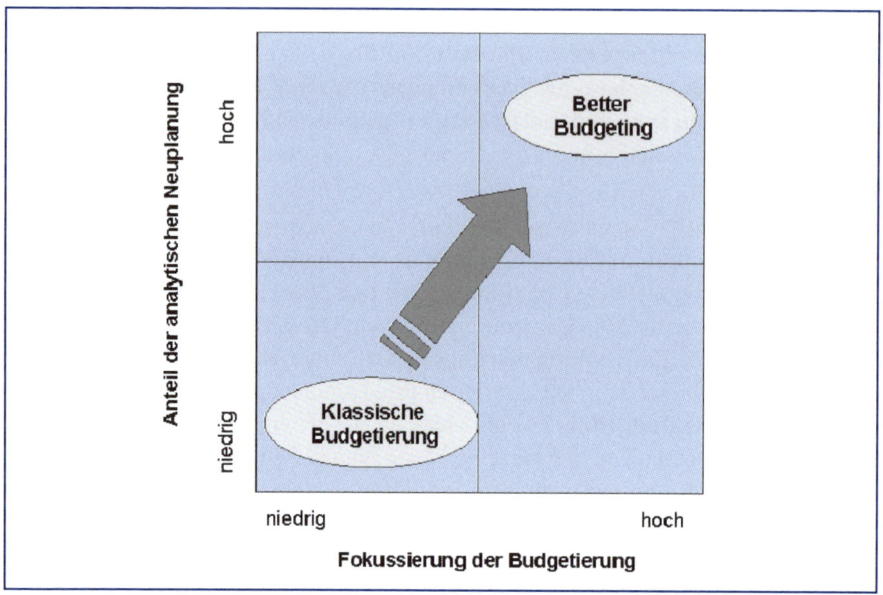

Abbildung 68: Better Budgeting

- Zur stärkeren Berücksichtigung der qualitativen Erfolgsfaktoren sowie zur Verknüpfung der Budgetierung mit der strategischen Planung soll jedenfalls eine **Balanced Scorecard** eingesetzt werden.
- Statt starrer Budgetziele werden **benchmarkorientierte Zielvorgaben** eingesetzt, welche insbesondere auch eine geeignetere Grundlage für objektive Leistungsbeurteilungen darstellen.
- Durch eine rollierende (monats- oder quartalsweise) Planung eines gleich bleibenden Zeithorizonts (üblicherweise 12 bis 18 Monate) lassen sich aktuelle Entwicklungen leichter berücksichtigen **(Rolling Forecasts)**.
- Durch den Einsatz spezifischer **Planungs- und Kontrollsoftware** soll der Planungsprozess beschleunigt und der Planungsaufwand weiter reduziert werden.

Auch wenn die Instrumente des Better Budgeting wie z.B. Balanced Scorecard, Zero Base Budgeting oder Rolling Forecast nicht grundsätzlich neu sind, bestätigen Studien doch, dass deren konsequenter und vernetzter Einsatz in Unternehmen die Effizienz und Effektivität der Budgetierung positiv beeinflussen kann.

Im Gegensatz zum Better-Budgeting-Modell geht der Ansatz des **Beyond Budgeting** von einer radikalen Abkehr von der klassischen Budgetierungspraxis aus. Ziel ist es, ein flexibles Planungs- und Kontrollkonzept bereitzustellen, das völlig ohne „klassische" Budgets auskommt. Insgesamt basiert Beyond Budgeting auf **12 Prinzipien** zur Gestaltung eines flexiblen Konzepts zur Prognose, Koordination und Motivation (vgl. Abbildung 69).

Führungsprinzipien	Performance-Management-Prinzipien
1. Schaffung eines „Performance Klimas", das Erfolg am Wettbewerb misst	7. Der Zielsetzungsprozess basiert auf der Vereinbarung von externen Benchmarks
2. Motivation durch Herausforderungen und Verantwortungsübernahme innerhalb eines Rahmens klarer Werte sowie durch teambasierte Incentives	8. Der Motivations- und Vergütungsprozess basiert auf dem Teamerfolg relativ zum Wettbewerb
3. Delegation von Leistungsverantwortung an das operative Management mit der Möglichkeit, selbständig zu entscheiden	9. Die Strategie- und Maßnahmen-Planung wird an das operative Management delegiert und erfolgt kontinuierlich
4. Empowerment des operativen Managements, indem man ihnen die Mittel an die Hand gibt, um selbständig zu agieren (Zugriff auf Ressourcen)	10. Der Ressourcennutzungsprozess basiert auf dem direkten lokalen Zugang zu Ressourcen (innerhalb vereinbarter Parameter)
5. Organisation auf Basis kundenorientiert agierender Teams, die für zufriedene und profitable Kund/inn/en verantwortlich sind	11. Der Koordinationsprozess koordiniert die Nutzung von Ressourcen auf Basis interner Märkte
6. Offene und transparente Informationssysteme schaffen, die helfen, eine einzige „Wahrheit" in der Organisation herzustellen	12. Der Mess- und Steuerungsprozess stellt schnelle und offene Performanceinformation für „Multilevel-Control" bereit

Abbildung 69: Die 12 Prinzipien des Beyond Budgeting

Zur Unterstützung von Beyond Budgeting werden wiederum Instrumente wie Balanced Scorecard, Prozesskostenrechnung, Value Based Management und Rolling Forecasts propagiert. Beim Better Budgeting werden diese Tools ebenfalls zur Überwindung der Schwachpunkte der traditionellen Budgetierung eingesetzt, gleichzeitig aber jene Prozesse und Systeme aufrechterhalten, die für diese Schwachpunkte ursächlich sind.

Better Budgeting und Beyond Budgeting ähneln sich im Hinblick darauf, dass beide eine verstärkte Dezentralisierung, Marktorientierung (u.a. durch Zielvorgaben relativ zum Wettbewerb anstelle „klassischer" absoluter und intern orientierter Ziele), einen kontinuierlichen Prognoseprozess mittels rollierender Forecasts anstelle von Hochrechnungen auf das Jahresende, Selbstkontrolle sowie verstärkt team- oder gesamtunternehmensbezogene Anreize fordern.

Deutliche **Unterschiede** zwischen beiden Ansätzen liegen insbesondere darin, dass das Beyond Budgeting im Gegensatz zum Better Budgeting (und zur klassischen

Budgetierung) nicht auf eine Koordination durch in Geldeinheiten formulierte Jahrespläne, sondern auf eine solche durch Selbstabstimmung (interne Märkte) setzt. Ferner unterscheiden sich Better Budgeting und Beyond Budgeting dadurch, dass Letzteres die klare Trennung von Prognose- und Motivationsfunktion fordert. Beim Better-Budgeting-Ansatz wird diese Trennung zur Reduktion dysfunktionaler Effekte (budget Slack oder Manipulationen) hingegen nur von einzelnen Autor/inn/en vorgeschlagen.

Die wesentlichen **Unterschiede** zwischen Better Budgeting und Beyond Budgeting sind in Abbildung 70 zusammengefasst.

	Better Budgeting	Beyond Budgeting
Kernziele	• Effizienzsteigerung • Verschlankung der Planung • Vereinfachung	• Effizienz- und Effektivitätssteigerung • Berücksichtigung strategischer Ziele • Vereinfachung • vollständiger Umbau des Managementsystems
Kerntools	• klassisches Budgetsystem, insbesondere auf Basis GuV, Bilanz, Kapitalflusssrechnung	• Balanced Scorecard • prozessorientiertes Performance Measurement • Benchmarking • rollierende Finanz- und Investitionsplanung
Umsetzung	• evolutionär • in kleinen Schritten • in Ergänzung zur traditionellen Planung/Budgetierung	• revolutionär • radikal • als Ersatz der traditionellen Planung/Budgetierung

Abbildung 70: Better Budgeting versus Beyond Budgeting[250]

[250] Vgl. Gleich et al (2003) S. 462.

15 Abweichungsanalyse

Lernziele

Nach Durcharbeiten von Kapitel 15 sollten Sie u.a. in der Lage sein:

- Abweichungen auf Kostenstellenebene zu ermitteln und zu interpretieren
- Erlösabweichungen zu ermitteln und zu diskutieren
- periodenbezogene (integrierte) Abweichungsanalysen durchzuführen
- die Zusammenhänge zwischen Abweichungen auf Periodenerfolgsebene, Kostenträgerebene und Kostenstellenebene zu erläutern

Im Verlauf eines Planjahres werden Werbemaßnahmen ergriffen, Kundenaufträge entgegengenommen, Produkte gefertigt und schließlich verkauft. Für das Management ist es wichtig zu wissen, ob durch diese Vielzahl an verschiedenen Maßnahmen das geplante Erfolgsziel voraussichtlich erreicht werden kann. Eine Überprüfung des Zielerreichungsgrades könnte am Ende des Planjahres erfolgen, indem das ursprünglich geplante Leistungsbudget und die tatsächlich realisierte Periodenerfolgsrechnung gegenübergestellt werden. Nachteilig ist dabei allerdings, dass eine frühzeitige Korrektur durch entsprechende Gegenmaßnahmen nicht mehr möglich ist. Aus diesem Grund wird in der Praxis der Planungszeitraum in kürzere Abschnitte (z.B. Quartale oder Monate) unterteilt. Dies ermöglicht, bereits unterjährig **Soll-Ist-Abweichungen** zu ermitteln und zu analysieren, um aus den Ergebnissen entsprechende Schlüsse zu ziehen. Die unterjährigen Abweichungen stellen Frühaufklärungsinformationen dar, die anzeigen sollen, ob das ursprünglich gesetzte Gesamtziel voraussichtlich erreicht, nicht erreicht oder übererfüllt wird.

Abweichungen können in allen Bereichen eines Unternehmens auftreten. Von besonderer Bedeutung in Bezug auf das Erfolgsziel (siehe Abbildung 45, S. 243) sind Abweichungen bei Kosten (siehe Kap. 15.1) und Erlösen (15.2). Auf deren Grundlage kann eine integrierte Abweichungsanalyse (siehe Kap. 15.3 und Kap. 15.4) durchgeführt werden.

15.1 Abweichungsanalyse auf Kostenstellenebene

Zur Feststellung und Analyse von Abweichungen auf Kostenstellenebene bedarf es einer **Plankostenrechnung**, die eine Gegenüberstellung von Ist- und Plankosten ermöglicht. Ausprägungen der Pankostenrechnung (Plankostenrechnungssysteme, siehe dazu bereits Kap. 3.2) bestehen in unterschiedlichen Varianten. Die älteste und heute nicht mehr gebräuchliche Form ist die starre Plankostenrechnung. Sie ermittelt die Plankosten nur für einen bestimmten Beschäftigungsgrad. Hieraus wurde später die flexible Plankostenrechnung entwickelt. Diese ermittelt die Plankosten für verschiedene Beschäftigungsgrade. In Abhängigkeit vom Umfang der berücksichtigten Kosten können hierbei die flexible Plankostenrechnung auf Vollkostenbasis und die flexible Plankostenrechnung auf Teilkostenbasis, die als Grenzplankostenrechnung bezeichnet wird, unterschieden werden (vgl. Abbildung 71).

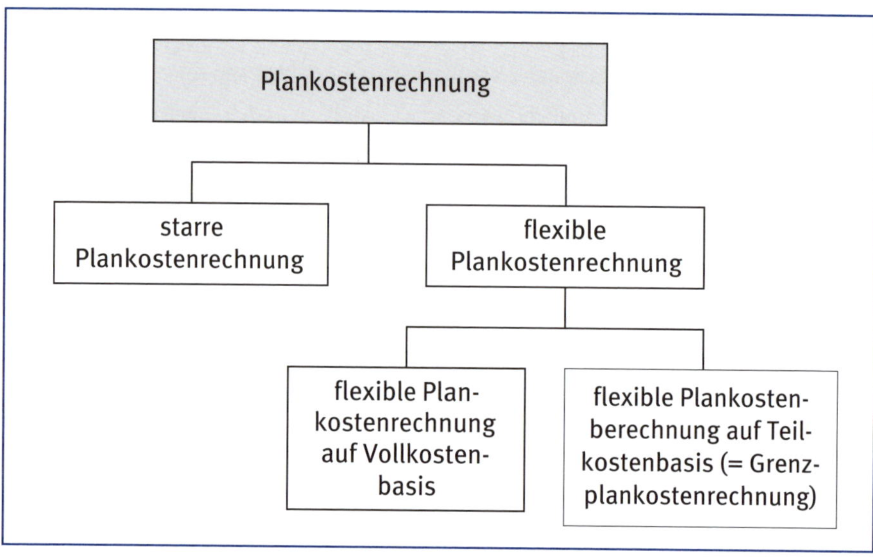

Abbildung 71: Ausprägungen der Plankostenrechnung[251]

Die folgenden Ausführungen zur Analyse der zwischen Plan- und Istkosten auftretenden Abweichungen basieren auf dem System der flexiblen Plankostenrechnung. Anhand der Abweichungsanalyse in der Grenzplankostenrechnung werden Preis-, Verbrauchs- und Intensitätsabweichung thematisiert. Die Beschäftigungsabweichung hingegen ist eine Besonderheit der flexiblen Plankostenrechnung auf Vollkostenbasis. Gegenüber dem Plan vorteilhafte (= positive) Abweichungen werden durch ein „+", gegenüber dem Plan nachteilige (= negative) Abweichungen werden durch ein „–" gekennzeichnet.

15.1.1 Abweichungen in der Grenzplankostenrechnung

Die **Grenzplankostenrechnung** ist eine flexible Plankostenrechnung auf Teilkostenbasis. In diesem System werden die Plankosten einer Kostenstelle in fixe und variable Bestandteile getrennt, wobei ausschließlich die variablen Kosten auf die Kostenträger weiterverrechnet werden. Die fixen Kosten werden nur periodenweise in der kurzfristigen Erfolgsrechnung abgerechnet. Die Plan-Verrechnungssätze der Grenzplankostenrechnung werden folglich einzig durch die Höhe der variablen Kosten bestimmt. Ihr Vorteil gegenüber der flexiblen Plankostenrechnung auf Vollkostenbasis liegt darin, dass in der Kostenträgerrechnung jegliche Proportionalisierung von Fixkosten unterbleibt. Sie ist damit für kurzfristige Planungsaufgaben (z.B. Produktionspro-

[251] Vgl. Jossé (2011) S. 154; Fischbach (2013) S. 149.

grammplanung, Entscheidungen über Eigenfertigung oder Fremdbezug) besser geeignet. Mit den Kostenträgern sind in der Planperiode Plan-Deckungsbeiträge zu erwirtschaften, welche in Summe die Höhe der geplanten fixen Kosten zuzüglich des geplanten Mindestgewinns erreichen müssen.

Die **Gesamtabweichung** zwischen variablen Istkosten und variablen **Sollkosten** (= variable Plankosten bei Istbeschäftigung) kann, entsprechend der Definition von Kosten als Produkt von Menge (M) und Wert (P), auf mengenmäßige Einflüsse (Verbrauchsabweichung) und auf wertmäßige Einflüsse (Preisabweichung) zurückgeführt werden (vgl. Abbildung 72):

- **Preisabweichungen** (PA) zeigen die Einflüsse von Preisänderungen auf die Istkosten. Sie ergeben sich aus der Differenz zwischen den Istkosten auf der Basis von Plan-Preisen (IM • PP) und den Istkosten auf Basis von Ist-Preisen (IM • IP). Eine so ermittelte Preisabweichung enthält neben der reinen Preisabweichung in Höhe von (PP – IP) • PM auch jene Abweichung, die auf Veränderungen beider Einflussgrößen (Menge bzw. Preis) zurückzuführen ist (sog. **gemischte Abweichung**, auch **Abweichung 2. Ordnung** oder **Sekundärabweichung**; vgl. Abbildung 72) in Höhe von (PP – IP) • (PM – IM).[252] Preisabweichungen fließen häufig nicht in die Beurteilung der Produktionskostenstellenleitung ein, da die Beschaffung der Produktionsfaktoren nicht in ihren Kompetenzbereich fällt. Dennoch sollte stets analysiert werden, ob Preisabweichungen nur auf externe Faktoren zurückzuführen sind oder aber auch im Einflussbereich unternehmerischer Entscheidungen (z.B. Lieferantenwechsel) liegen. Auch für den Fall, dass externe Faktoren für die Preisabweichungen verantwortlich sind, sollten diese nicht als unbeeinflussbar hingenommen werden. Stattdessen müssen gezielte Maßnahmen gesetzt werden, die beschaffungs- und lagerpolitische Aspekte ebenso umfassen wie den Einsatz von Instrumenten der Unternehmensfinanzierung zur Preis- oder Kurssicherung (z.B. Rohstoff- oder Währungstermingeschäfte).[253]

[252] Vgl. Djanani/Schöb (1997) S. 223; betreffend die Behandlung von Sekundärabweichungen werden verschiedene Methoden unterschieden. Die hier präsentierte Vorgehensweise entspricht der sog. **kumulativen Abweichungsverrechnung**, bei der die Sekundärabweichungen verstärkt jenen Primärabweichungen angelastet werden, denen die geringste Aussagekraft zukommt. Dabei bietet sich in der Regel eine Belastung der Preisabweichung an, da deren Höhe am geringsten von den Kostenstellenverantwortlichen beeinflusst werden kann. Besonderes Kennzeichen der **alternativen Abweichungsverrechnung** ist, dass man entweder auf jede primäre Abweichungsart die vollen Sekundärabweichungen verrechnet oder den umgekehrten Weg wählt und keine der primären Abweichungen mit Sekundärabweichungen belastet. Problematisch ist dabei, dass die Einzelabweichungen niemals den Gesamtabweichungen entsprechen können, da die Sekundärabweichungen entweder gar nicht oder mehrfach weiterverrechnet werden. Bei der **proportionalen Abweichungsverrechnung** werden die Sekundärabweichungen proportional zu den Primärabweichungen verrechnet, was dazu führt, dass die betragsmäßig größten Primärabweichungen ohne Vorhandensein einer plausiblen Begründung auch den größten Anteil der Sekundärabweichungen tragen müssen. Eine ähnlich willkürliche Vorgehensweise zeichnet die **symmetrische Abweichungsverrechnung** aus, bei der die Sekundärabweichungen zu exakt gleichen Teilen auf die Primärabweichungen verrechnet werden; vgl. Wolfsgruber (2015) S. 117 f.

[253] Vgl. Wolfsgruber (2015) S. 106.

- **Verbrauchsabweichungen** (VA) repräsentieren jene Kostendifferenz, die sich aus dem Mehr- oder Minderverbrauch der eingesetzten Produktionsfaktoren (z.B. Material, Arbeitszeit) ergibt. Ermittelt wird die Verbrauchsabweichung durch Subtraktion der preisbereinigten Istkosten (IM • PP) von den Sollkosten bzw. Plankosten der Istbeschäftigung (PM • PP). Negative Verbrauchsabweichungen sind grundsätzlich von den Kostenstellenverantwortlichen zu erklären und sollten diese zu einem sorgfältigeren Umgang mit den eingesetzten Produktionsfaktoren motivieren.

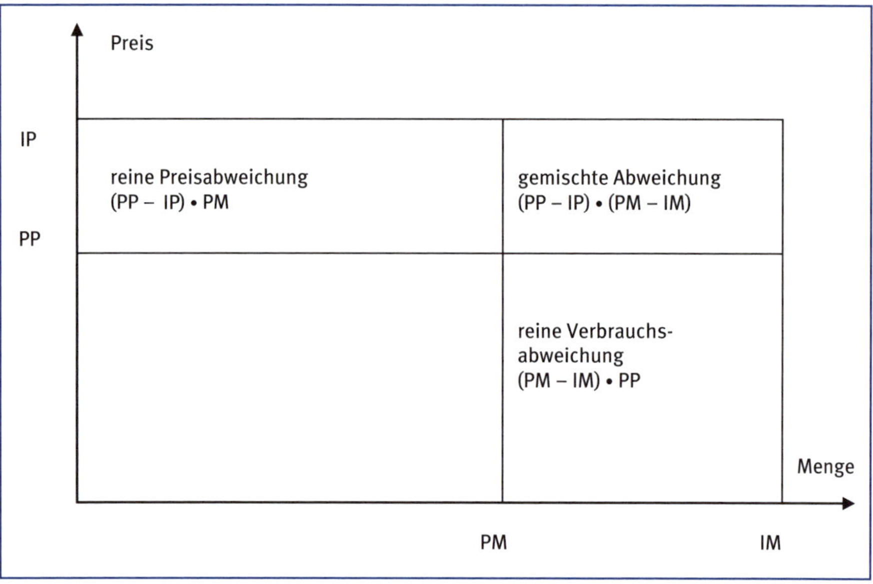

Abbildung 72: Gemischte Abweichung[254]

Weiters kann im Rahmen der Grenzplankostenrechnung eine **Intensitätsabweichung** (IA) ermittelt werden. Eine Intensitätsabweichung entsteht, wenn während der Istbeschäftigung weniger (oder mehr) als geplant geleistet wurde. Eine negative Intensitätsabweichung signalisiert eine hinter dem Plan zurückbleibende Betriebsgeschwindigkeit bzw. Arbeitsintensität und zeigt demzufolge die Notwendigkeit von Maßnahmen zur Produktivitätssteigerung an. Ermittelt wird die Intensitätsabweichung durch Subtraktion der Plankosten der Istbeschäftigung von den Plankosten der Sollbeschäftigung. Die Sollbeschäftigung gibt an, mit welchem Zeitaufwand die Ist-Stückzahl hätte erzeugt werden können, wenn die geplante Bearbeitungszeit pro Stück (Plan-Intensität) eingehalten worden wäre.

Die Verbrauchsabweichung und die Preisabweichung werden für jede Kostenart einer Kostenstelle gesondert, die Intensitätsabweichung hingegen nur kostenstellenweise ermittelt.

---

[254] Vgl. Wolfsgruber (2015) S. 116.

☞ Abweichungsanalyse

Neben der Istkostenerfassung ist es für Zwecke der Abweichungsanalyse notwendig, die Ist-Bezugsgrößen zu ermitteln, um für die einzelnen Kostenarten Sollkosten (Plankosten der Istbeschäftigung) festlegen zu können. Erst an ihnen können die tatsächlich eingetretenen Istkosten sinnvoll gemessen werden. Abweichungen zwischen Soll- und Istkosten müssen frühzeitig ermittelt und auf ihre Ursache hin analysiert werden, damit noch Zeit bleibt, um bei unvorteilhaften Entwicklungen gegensteuern zu können. Die Ursache für die bei einer Kostenart eingetretene negative Abweichung kann entweder in einem gegenüber dem Plan zu hohen mengenmäßigen Verbrauch (Verbrauchsabweichung) oder aber in einem gegenüber dem Plan überhöhten Preis (Preisabweichung) liegen. Als wichtige Voraussetzung für eine funktionierende Abweichungsanalyse gilt, dass die Abgrenzung und Erfassung der Istkosten exakt mit den Sollkosten konform gehen muss. Die Planung und Überwachung der Kosten sollte stets durch eine Planung und Überwachung der Erlöse ergänzt werden.

Abbildung 73 gibt den Zusammenhang zwischen den verschiedenen Kostenabweichungen im System der Grenzplankostenrechnung wieder.

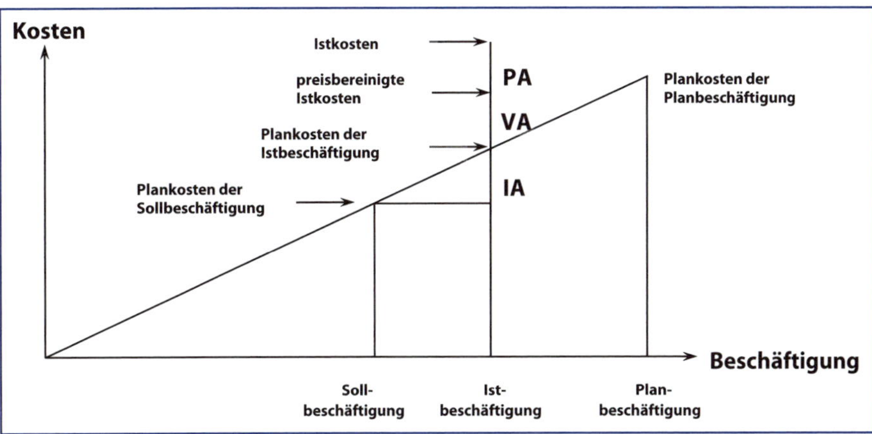

Abbildung 73: Grenzplankostenrechnung

Für **indirekte Leistungsbereiche** (z.B. Logistik, Vertrieb, F&E) ist die Durchführung einer Abweichungsanalyse auf Basis einer flexiblen Plankostenrechnung auf Vollkostenbasis bzw. einer Grenzplankostenrechnung nur eingeschränkt geeignet, da diese Unternehmensfelder meist durch Fixkosten geprägt sind. Eine laufende Kostenkontrolle beschränkt sich in den indirekten Leistungsbereichen daher häufig auf **Budget-Ist-Vergleiche**.

Beispiel 50

Die Fertigungsstelle eines kleinen Industriebetriebes weist für Dezember 20X7 folgende variablen Plan- bzw. Istkosten aus:

	variable Plankosten	variable Istkosten
Fertigungslöhne	500.000	436.800
lohnabhängige Kosten	450.000	401.856
Hilfsmaterial	50.000	35.625
kalkulatorische Abschreibung	100.000	88.000
Bezugsgröße	120 Mh	96 Mh

Geplant war eine Produktion von 1.600 Stück. Tatsächlich wurden nur 1.200 Stück produziert.
Im Ist wurden folgende Abweichungen gegenüber den Planwerten festgestellt:

- Die Fertigungslöhne wurden aufgrund von Kollektivvertragsverhandlungen mit Wirkung von 01.12.X7 unerwartet um 4% erhöht.
- Der Satz der lohnabhängigen Kosten erhöhte sich um 2 Prozentpunkte gegenüber dem Plan.
- Der Hilfsmaterialverbrauch konnte im Schnitt um 5% gegenüber dem Planwert reduziert werden.
- Der durchschnittliche Wiederbeschaffungswert der Anlagen stieg um 10% gegenüber dem Planwert.

Aufgabenstellung:

a) Berechnen Sie kostenartenweise die Preis- und Verbrauchsabweichung in der Fertigungsstelle!

b) Ermitteln Sie eine allfällige Intensitätsabweichung der Fertigungsstelle!

Lösung:

a)

Beschäftigungsgrad	80% (= 96 / 120)
Plan-Verrechnungssatz	9.166,67 / Mh (= 1.100.000 / 120)

Zunächst sind die variablen Plankosten (Basisplankosten) an den tatsächlichen Beschäftigungsgrad (80%) anzupassen (PM • PP = 880.000). Danach sind die Informationen je Kostenart jeweils daraufhin auszuwerten, ob es sich um eine Verbrauchsabweichung oder um eine Preisabweichung handelt. Die jeweils verbleibende Abweichung ist der anderen Abweichungsart zuzuweisen.

So ist beispielsweise die Reduktion des Hilfsmaterialverbrauchs eine positive Verbrauchsabweichung (40.000 • 5% = 2.000). Die Istkosten zu Plan-Preisen (IM • PP) betragen somit 38.000 (= 40.000 – 2000). Bei der zu den gegebenen Istkosten

noch verbleibenden Differenz kann es sich nur um eine ebenfalls positive Preisabweichung handeln (38.000 – 35.625 = 2.375).
Der Anstieg der durchschnittlichen Wiederbeschaffungswerte ist hingegen eine negative Preisabweichung (88.000 / (1 + 10%) – 88.000 = –8.000; da es sich um eine negative Abweichung handelt, ist sie mit einem negativen Vorzeichen zu versehen). Somit betragen die Istkosten zu Plan-Preisen (IM • PP) 80.000. Sie entsprechen den Plankosten (PM • PP), sodass keine Verbrauchsabweichung besteht.

Kosten	Basisplankosten	PM • PP	VA	IM • PP	PA	IM • IP
Fertigungslöhne	500.000	400.000	-20.000	420.000	-16.800	436.800
lohnabhängige Kosten	450.000	360.000	-33.120	393.120	-8.736	401.856
Hilfsmaterial	50.000	40.000	2.000	38.000	2.375	35.625
Abschreibung	100.000	80.000	0	80.000	-8.000	88.000
SUMME	**1.100.000**	**880.000**	**-51.120**	**931.120**	**-31.161**	**962.281**

Fertigungslöhne:
IP = PP • 1,04
IM • IP = IM • PP • 1,04
IM • IP / 1,04 = IM • PP = 420.000

Lohnabhängige Kosten:
IM = 436.800
PP = 450.000 / 500.000 = 0,90
IM • PP = 393.120

Hilfsmaterial:
IM = PM • 0,95
IM • PP = PM • PP • 0,95 = 38.000

Abschreibung:
IP = PP • 1,1
IM • IP = IM • PP • 1,1
IM • PP = IM • IP / 1,1 = 80.000

b)
Die Planintensität besagt, wie viele Mh für die Produktion eines Stücks gemäß Planung erforderlich sind (120 Mh / 1.600 Stk. = 0,075 Mh/Stk.). Da im Ist nur 1.200 Stück produziert wurden, hätten bei Einhaltung der Planintensität maximal 90 Mh (= 1.200 • 0,075) verbraucht werden dürfen (Sollbeschäftigung). Die Differenz zwischen Sollbeschäftigung und Istbeschäftigung (96) beträgt –6 Mh (= 90 – 96); werden diese 6 Mh mit dem Plan-Verrechnungssatz (9.166,67 / Mh, siehe oben) bewertet, erhält man eine Intensitätsabweichung von –55.000.

Ist-Stück	1.200
• Planintensität	0,075
= Sollbeschäftigung	90
IA = (90 – 96) • 9.166,67	-55.000

Preisabweichung und Verbrauchsabweichung können sowohl für variable Gemeinkosten (z.B. Hilfsmaterial, Instandhaltung) als auch für Einzelkosten (z.B. Fertigungsmaterial, Fertigungslöhne) ermittelt werden. Auch wenn die Planung der **Einzelkosten** unmittelbar für die einzelnen Kostenträger erfolgt, ist es zwingend erforderlich, sie ebenfalls in den Kostenstellen zu kontrollieren, um den Ort der Abweichungsverursachung lokalisieren zu können und diesen Entwicklungen in der Folge wirksam entgegenzutreten.[255]

Die fixen Kosten können in einer Grenzplankostenrechnung im Rahmen einer **Fixkostenanalyse** gesondert untersucht werden. Dabei wird die vereinfachende Annahme getroffen, dass die geplanten Fixkosten den realisierten Fixkosten entsprechen. Eine solchermaßen vereinfachte Analyse kann lediglich Aufschluss über die Auslastungssituation in einer Kostenstelle geben. Die Auslastung könnte auch als Prozentsatz („Die Auslastung der Fertigungsstelle 1 beträgt 80%.") angegeben werden, würde dann jedoch nichts darüber aussagen, welche Kostenauswirkungen mit dieser Auslastungssituation verbunden sind. Aufgabe der Fixkostenanalyse ist es, den Anteil der Fixkosten auszuweisen, der ungenutzt anfällt, da auf der Anlage weniger produziert wird, als aufgrund ihrer Kapazität möglich wäre. Dieser Anteil wird allgemein als **Leerkosten** bezeichnet. Das Gegenstück dazu sind **Nutzkosten**, die den genutzten Anteil der Kapazität betragsmäßig ausdrücken (vgl. Abbildung 74).

Die Berechnung der Nutz- und Leerkosten erfolgt mit folgenden Formeln:

$$K_{Nutz} = FK^P \cdot \frac{IB}{MB}$$

$$K_{Leer} = FK^P \cdot (1 - \frac{IB}{MB})$$

wobei:

K_{Nutz} Nutzkosten
K_{Leer} Leerkosten
FK^P geplante Fixkosten
IB Istbeschäftigung
MB Maximal-Beschäftigung (maximal mögliche Kapazität)

255 **Einzelkostenabweichungen** kommt vor allem im Bereich der industriellen Lowtech-Produktion eine große Bedeutung zu. Der industrielle Hightech-Bereich ist hingegen in zunehmendem Ausmaß von Gemeinkosten geprägt, wodurch auch die Gemeinkostenkontrolle verstärkt in den Mittelpunkt des Interesses rückt; vgl. Wolfsgruber (2015) S. 110.

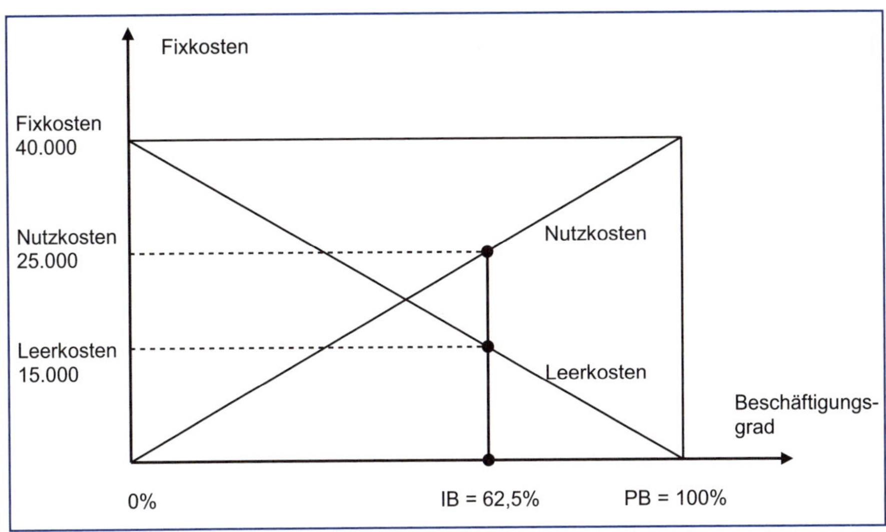

Abbildung 74: Nutz- und Leerkostenanalyse[256]

Die Ergebnisse der Berechnung der Nutz- und Leerkosten zeigen auf, in welchen Kostenstellen Korrekturmaßnahmen besonders dringend sind. Beispielsweise kann durchaus der Fall sein, dass von zwei Kostenstellen mit jeweils 80%iger Auslastung die eine Leerkosten von 2.000 und die andere Leerkosten in Höhe von 200.000 aufweist. Der Vergleich der Leerkosten zeigt unmittelbar an, **in welchem Bereich mit höherer Priorität** intensiv am Fixkostenabbau bzw. an der Verbesserung der Kapazitätsauslastung gearbeitet werden soll.

15.1.2 Beschäftigungsabweichung

In einer **flexiblen Plankostenrechnung auf Vollkostenbasis** entsprechen die Leerkosten jenem Teil der Fixkosten, der aufgrund der gegenüber dem Plan geringeren Istbeschäftigung nicht auf die Kostenträger weiter verrechnet werden konnte. Umgekehrt werden bei einer gegenüber dem Plan höheren Istbeschäftigung zu viele Fixkosten je Stück weiter verrechnet. Da diese Abweichung durch den unterschiedlichen Beschäftigungsgrad bedingt ist, nennt man sie in der flexiblen Plankostenrechnung auf Vollkostenbasis **Beschäftigungsabweichung**. Die Beschäftigungsabweichung kann entweder mit der oben angeführten Formel für die Leerkosten ermittelt werden, oder aber durch Subtraktion der verrechneten Plankosten (= voller Plankosten-Verrechnungssatz • Istbeschäftigung) von den Sollkosten (= fixe Plankosten + variabler Plankosten-Verrechnungssatz • Istbeschäftigung).

[256] Vgl. auch Fischbach (2013) S. 21.

Beispiel 51[257]

Für die soeben beendete Rechnungsperiode wurde in der Fertigungskostenstelle I im Rahmen einer flexiblen Plankostenrechnung auf Vollkostenbasis mit einer Planbeschäftigung von 8.000 Fertigungsminuten gerechnet. Auf der Grundlage dieser Planbeschäftigung und unter Berücksichtigung von Fixkosten in Höhe von 26.000 ergab sich ein Plankosten-Verrechnungssatz (Plan-Kalkulationssatz) in Höhe von 7 je Fertigungsminute.
Abweichend von diesen Planwerten konnte eine Istbeschäftigung von 12.000 Fertigungsminuten realisiert werden, wofür 80.000 an Istkosten angefallen sind.

Aufgabenstellung:
Ermitteln Sie anhand dieser Daten die Verbrauchs- und Beschäftigungsabweichung für diese Kostenstelle. Die Berechnung der Preisabweichung entfällt, da alle Verbrauchsmengen mit Plan-Preisen bewertet wurden.

Lösung:
Die Beschäftigungsabweichung (BA) kann wie folgt ermittelt werden:
BA = Fixkosten • (Beschäftigungsgrad – 1)
BA = 26.000 • (12.000 / 8.000 – 1) = 13.000
bzw.
Fixkostenanteil in vollem Plankostenverrechnungssatz = 26.000 / 8.000 = 3,25
variabler Plankosten-Verrechnungssatz = 7 – 3,25 = 3,75
BA = verrechnete Plankosten – Sollkosten
BA = 7 • 12.000 – (26.000 + 3,75 • 12.000)
BA = 84.000 – 71.000 = 13.000
Diese Beschäftigungsabweichung bringt zum Ausdruck, dass durch die Verwendung des ursprünglichen (vollen) Plan-Kalkulationssatzes in Höhe von 7 je Fertigungsminute bei der Kalkulation zu viel Kosten verrechnet wurden. Die Ursache dafür liegt in der fehlerhaften Fixkostenverrechnung bei einer flexiblen Plankostenrechnung auf Vollkostenbasis: In der Plan-Situation ist man davon ausgegangen, dass sich die Fixkosten in Höhe von 26.000 auf 8.000 Fertigungsminuten verteilen. In der Ist-Situation wird dieser Fixkostenblock hingegen auf 12.000 Fertigungsminuten aufgeteilt, wodurch es zu einem geringeren Kalkulationssatz kommen müsste. Die nachträgliche Kalkulation mit dem tatsächlichen Kalkulationssatz wäre jedoch zu aufwändig, da die Kalkulation aller Produkte neu durchgeführt werden müsste. Stattdessen wird der im Rahmen der kurzfristigen Ergebnisrechnung ausgewiesene Periodenerfolg um die Beschäftigungsabweichung korrigiert. Das bedeutet in diesem Fall eine Ergebnisverbesserung um 13.000.
Die Verbrauchsabweichung (VA) ergibt sich aus der Differenz zwischen den Sollkosten und den (preisbereinigten) Istkosten:
VA = 71.000 – 80.000 = –9.000

[257] Vgl. Djanani/Schöb (1997) S. 426 ff.

Die Verbrauchsabweichung führt zu einer Ergebnisverschlechterung gegenüber dem Plan in Höhe von 9.000. Sie ist ein Zeichen dafür, dass der tatsächliche Verbrauch in dieser Kostenstelle über dem Planwert liegt. Die Ursachen dafür können sowohl in Unwirtschaftlichkeiten als auch in einer anderen Auftragszusammensetzung, abweichenden Materialqualitäten etc. liegen.

Abbildung 75 zeigt zusammenfassend die im Rahmen einer flexiblen Plankostenrechnung unterschiedenen Abweichungsarten. Preis- und Verbrauchsabweichung werden mithilfe der Grenzplankostenrechnung ermittelt, die Berechnung der Beschäftigungsabweichung ist mithilfe der flexiblen Plankostenrechnung auf Vollkostenbasis möglich.

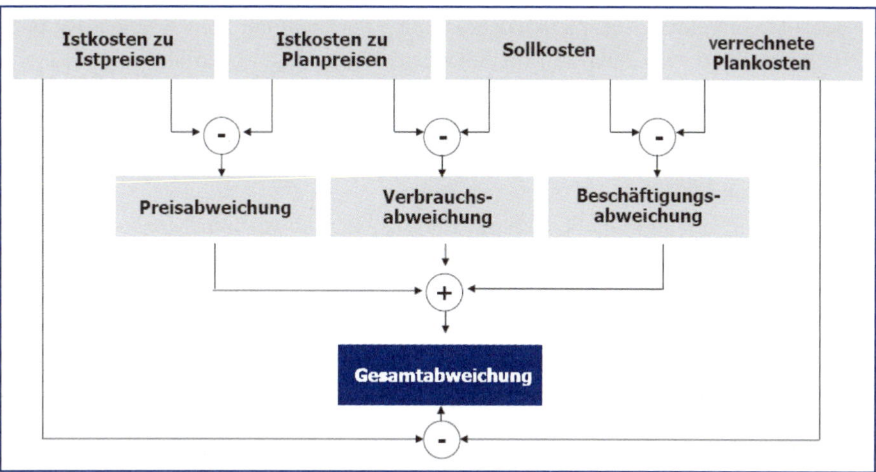

Abbildung 75: Abweichungen in der flexiblen Plankostenrechnung[258]

15.1.3 Kritische Würdigung

Durch eine genaue Abweichungsanalyse im Rahmen der flexiblen Plankostenrechnung werden Probleme auf sehr niedrig aggregierten Unternehmensebenen aufgedeckt und in Zukunft zu vermeiden versucht. Es ist allerdings auf einige **Problembereiche** hinzuwiesen, die mit einer detaillierten Abweichungsanalyse einhergehen können:

- Probleme können sich einerseits ergeben, wenn die Verbesserungsbemühungen der von negativen Abweichungen betroffenen Kostenstellenleiter/innen **losgelöst von übergeordneten** Zielen und somit ohne Rücksicht auf Auswirkungen auf andere Unternehmensbereiche erfolgen. Wird beispielsweise ein/e Einkaufsleiter/in für Preisabweichungen verantwortlich gemacht, so könnte er/sie versuchen, über die Beschaffung großer Mengen in den Genuss besserer Konditionen zu kommen,

[258] Vgl. Eisl et al (2015) S. 178.

um auf diese Weise die eigenen Ziele zu erreichen. Die Beschaffung größerer Mengen verursacht andererseits jedoch Nachteile wie etwa erhöhte Kapitalbindung, größeren Bedarf an Lagerraum, höhere Anforderungen an innerbetriebliche Logistikleistungen oder zunehmendes Risiko für Schadensfälle am Lagergut. All das führt zu steigenden Kosten. Eine weitere Möglichkeit, die Einkaufspreise zu senken, wäre die Beschaffung von qualitativ schlechteren Materialien, wodurch in diesem Fall die negativen Auswirkungen in erster Linie die Fertigungskostenstellen treffen würden.[259]

- Problematisch insbesondere an der Grenzplankostenrechnung ist, dass sich aufgrund einer zunehmenden Automatisierung des Produktionsprozesses und einer verstärkten Bedeutung von Produktentwicklungs- und Marketingleistungen die **Kostenstruktur** von den variablen Kosten hin zu den fixen Kosten verschiebt, weshalb mit einer Grenzplankostenrechnung nur mehr ein immer kleiner werdender Anteil der Gesamtkosten im Entscheidungsprozess abgebildet werden kann. Zur Lösung dieser Problematik bieten sich eine Erweiterung der Grenzplankostenrechnung um eine stufenweise Fixkostendeckungsrechnung sowie weiterführende Instrumente des Kostenmanagements (z.B. Prozesskostenrechnung, Target Costing) an.[260]
- Einen weiteren Problembereich im Rahmen der Abweichungsanalyse stellt die mitunter starre Fixierung auf eine Perfektionierung bestehender Abläufe dar. Während die Abweichungsanalyse sich hervorragend zur Steuerung der Wirtschaftlichkeit innerhalb festgelegter Unternehmensstrukturen eignet, bringt sie jedoch kaum einen Anreiz zum Hinterfragen der gegebenen Strukturen. Die heutigen Wettbewerbsbedingungen, die durch intensive Konkurrenz und tendenziell kürzer werdende Produktlebenszyklen gekennzeichnet sind, erfordern aber Instrumente, die **Innovation und eine marktgerechte Anpassung** der betrieblichen Ressourcen fördern. Vor diesem Hintergrund kann es sinnvoll sein, bei der flexiblen Plankostenrechnung bezüglich des Detaillierungsgrades der Abweichungsanalyse Abstriche zu machen und die dadurch frei werdenden Controlling-Kapazitäten für den Aufbau von zukunftsorientierten Instrumenten (Produktlebenszyklusrechnung und Target Costing) oder eine Verbesserung des Gemeinkostenmanagements (Prozesskostenrechnung) im Verwaltungs- und Vertriebsbereich zu verwenden.[261]

15.2 Erlösabweichungsanalyse

Die Planung und Überwachung der Kosten sollte durch eine Planung und Überwachung der Erlöse ergänzt werden. Da Verkaufspreis und Absatzmenge die Komponenten des Umsatzes sind, setzt sich die **Erlösabweichung** aus der **Preisabweichung** und der **Mengenabweichung** zusammen.[262]

[259] Vgl. Wolfsgruber (2015) S. 118.
[260] Vgl. Wolfsgruber (2015) S. 122.
[261] Vgl. Wolfsgruber (2015) S. 119 f.
[262] Vgl. Djanani/Schöb (1997) S. 311.

Der **Preiseffekt** ergibt sich durch Multiplikation der Preisänderung mit der geplanten Absatzmenge. Der **Mengeneffekt** ergibt sich durch Multiplikation der Mengenänderung mit dem geplanten Absatzpreis. Der **Preis-Mengeneffekt** (= Abweichung 2. Ordnung) ergibt sich durch Multiplikation der Mengenänderung mit der Preisänderung.[263]

Plan-Erlös:

$E^P = p^P \cdot x^P$

Ist-Erlös:

$E^I = p^I \cdot x^I$

Erlösabweichung:

$\Delta E = E^I - E^P$

Preiseffekt:

$\Delta E(p) = (p^I - p^P) \cdot x^P$

Mengeneffekt:

$\Delta E(x) = (x^I - x^P) \cdot p^P$

Preis-Mengeneffekt:

$\Delta E(x,p) = (p^I - p^P) \cdot (x^I - x^P)$

Eine Preisänderung wird nur in Ausnahmefällen ohne Auswirkung auf die Absatzmenge sein. Üblicherweise bewirkt eine Preissteigerung einen Rückgang der abgesetzten Menge, während eine Preisreduktion zu einer Steigerung der Absatzmenge führt. Um eine Erlösveränderung aufgrund einer Preisänderung richtig einschätzen zu können, muss zunächst jener Mengeneffekt berechnet werden, der sich schon allein aufgrund der zugrunde liegenden **Preis-Absatz-Funktion** ergibt: Durch Einsetzen in die Preis-Absatz-Funktion wird jene Menge ermittelt, die aufgrund des Ist-Preises abgesetzt hätte werden sollen (Soll-Menge x^S). Diese Soll-Menge wird bei einer Preissteigerung niedriger (bei einer Preisreduktion höher) als die geplante Menge sein; die Preiserhöhung bewirkt einen Mengenrückgang ($\Delta x_1 = x^S - x^P$). Um das Produkt aus dieser funktionsbedingten Mengenänderung und dem Plan-Preis ($\Delta x_1 \cdot p^P$, bei Preissteigerungen üblicherweise negativ!) ist der ursprüngliche Preiseffekt zu korrigieren.[264]

Soll-Menge (aufgrund Preis-Absatz-Funktion):

$x^S = a - b \cdot p^I$

Korrigierter Preiseffekt:

$\Delta E(p) = (p^I - p^P) \cdot x^P + (x^S - x^P) \cdot p^P$

Zur Berechnung des Mengeneffektes wird nun die Differenz zwischen Soll- und Ist-Menge ($\Delta x_2 = x^I - x^S$) als korrigierte Mengenänderung herangezogen. Diese ist mit dem Plan-Preis zu multiplizieren, um den korrigierten Mengeneffekt zu berechnen.[265]

Korrigierter Mengeneffekt:

$\Delta E(x) = (x^I - x^S) \cdot p^P$

---

[263] Vgl. Djanani/Schöb (1997) S. 311 ff.
[264] Vgl. Djanani/Schöb (1997) S. 312.
[265] Vgl. Djanani/Schöb (1997) S. 313.

Sind trotz Preiserhöhung der Preiseffekt und der Mengeneffekt positiv, bedeutet das, dass das Unternehmen eine gute Preis- und Marketingpolitik betrieben hat. Der gestiegene Preis hat nicht zu einem Rückgang des Absatzes geführt. Die Berücksichtigung der Auswirkungen des Preises auf die Absatzmenge führt also zu einer **Verschiebung zwischen Preis- und Mengeneffekt**. Die Auswirkungen auf den Preis-Mengeneffekt berücksichtigt man üblicherweise nicht.[266]

Beispiel 52[267]

Für ein Produkt liegen für die vergangene Periode folgende Daten vor:

	Planwerte	Istwerte
Absatzpreis des Unternehmens (p)	20,00	25,20
Absatzmenge des Unternehmens (x)	300	235

Darüber hinaus wurde für das Produkt folgende Preis-Absatz-Funktion ermittelt:
$x = 500 - 10 \cdot p$

Aufgabenstellung:

Bestimmen Sie anhand dieser Daten die Erlösabweichung und zerlegen Sie diese in die einzelnen Teilabweichungen, aus denen der Preis- und Mengeneffekt sichtbar wird!

Lösung:

$\Delta E = E^I - E^P = x^I \cdot p^I - x^P \cdot p^P = 235 \cdot 25{,}2 - 300 \cdot 20 = -78$

$x^S = 500 - 10 \cdot p^I = 500 - 10 \cdot 25{,}2 = 248$

$\Delta x_1 = x^S - x^P = 248 - 300 = -52$

$\Delta x_2 = x^I - x^S = 235 - 248 = -13$

Preiseffekt:

$\Delta E(p) = \Delta p \cdot x^P + \Delta x_1 \cdot p^P = (25{,}2 - 20) \cdot 300 + (248 - 300) \cdot 20 = +520$

Mengeneffekt:

$\Delta E(x) = \Delta x_2 \cdot p^P = (235 - 248) \cdot 20 = -260$

Preis-Mengen-Effekt:

$\Delta E(p,x) = (p^I - p^P) \cdot (x^I - x^P) = (25{,}20 - 20) \cdot (235 - 300) = -338$

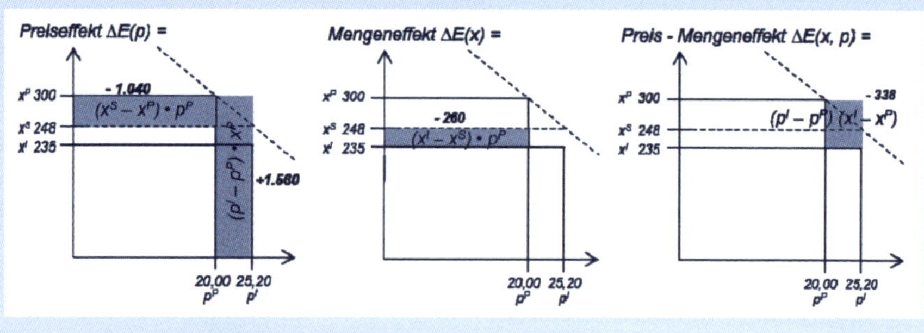

[266] Vgl. Djanani/Schöb (1997) S. 313.

[267] Vgl. Djanani/Schöb (1997) S. 471 ff.

Dieses Ergebnis ist nicht erfreulich. Die Preissteigerung führte zu noch stärkeren Absatzeinbußen als die Preis-Absatz-Funktion rechtfertigt. Offensichtlich ist es Marketing und Vertrieb nicht gelungen, das Produkt als höherwertig zu positionieren. Im Rahmen einer weiterführenden Analyse wäre allerdings noch zu untersuchen, inwiefern diese Entwicklung auch aufgrund ungünstiger externer Einflüsse zustande gekommen ist.

Üblicherweise stellt ein Unternehmen mehrere Produkte her. Daher müssen Abweichungsanalysen bei Verkaufspreisen und Absatzvolumina für jedes Produkt getrennt durchgeführt werden. Sonst könnten einander gegenläufige Trends bei den einzelnen Produkten kompensieren.

Darüber hinaus empfiehlt es sich, wenn mehrere Produkte gemeinsam analysiert werden, den Mengeneffekt noch zusätzlich in den Volumen- und den Produktmixeffekt zu unterteilen. Der **Volumeneffekt** (= **Absatzmengenabweichung**) berechnet sich durch Multiplikation der Mengenänderungen aller Produkte mit dem gewogenen Durchschnittspreis der geplanten Gesamtmenge. Der Volumeneffekt zeigt an, welche Umsatzänderung bei gleich bleibendem Verhältnis der Produktmengen untereinander zu realisieren gewesen wäre.[268]

$$VE = (x_1^I + \ldots x_n^I - (x_1^P + \ldots x_n^P)) \bullet \frac{\sum x_i^P \bullet p_i^P}{\sum x_i^P}$$

Der **Produktmixeffekt** (= Produktmixabweichung) besagt, welche Umsatzänderungen von der Änderung der Anteile der verschiedenen Produkte am Gesamtumsatz verursacht wurden. Der Produktmixeffekt wird nicht direkt berechnet, er ergibt sich als Saldo von Mengeneffekt und Volumeneffekt.[269]

Das nachfolgende Beispiel soll der Verdeutlichung dienen.

[268] Vgl. Djanani/Schöb (1997) S. 314.
[269] Vgl. Djanani/Schöb (1997) S. 314.

Beispiel 53[270]

Die drei Produkte A, B und C gehören zu einer Produktgruppe. In der vergangenen Periode konnten folgende Absatzmengen und -preise realisiert werden:

	Produkt A	Produkt B	Produkt C
geplante Absatzmenge	1.000	500	750
geplanter Absatzpreis	12	9	10
realisierte Absatzmenge	900	700	800
realisierter Absatzpreis	14	8	10

Aufgabenstellung:

a) Führen Sie für die Produkte A, B und C eine getrennte Erlösabweichungsanalyse durch!

b) Bestimmen Sie den Preis-, Mengen- und Preis-Mengen-Effekt für die Produktgruppe und spalten Sie den Mengeneffekt anschließend in einen Volumen- und Produktmixeffekt auf.

Lösung:

a)

Produkt A:

Erlösabweichung = 900 • 14 – 1.000 • 12 = +600

Preiseffekt = (14 – 12) • 1.000 = +2.000

Mengeneffekt = (900 – 1.000) • 12 = –1.200

Preis-Mengen-Effekt = (900 – 1.000) • (14 – 12) = –200

Produkt B:

Erlösabweichung = +1.100

Preiseffekt = –500

Mengeneffekt = +1.800

Preis-Mengen-Effekt = –200

Produkt C:

Erlösabweichung = +500

Preiseffekt = +/–0

Mengeneffekt = +500

Preis-Mengen-Effekt = +/–0

b)

Den Preis-, Mengen- und Preis-Mengen-Effekt der Produktgruppe erhält man durch Addition der unter Punkt a) ermittelten Werte.

Erlösabweichung = +2.200

Preiseffekt = +1.500

Mengeneffekt = +1.100

Preis-Mengen-Effekt = –400

Für die Aufspaltung des Mengeneffektes in den Volumen- und den Produktmixeffekt benötigt man den geplanten Durchschnittspreis.

[270] Vgl. Djanani/Schöb (1997) S. 465 ff.

$$\text{Geplanter Durchschnittspreis} = \frac{\sum x_i^P \cdot p_i^P}{\sum x_i^P} = \frac{1.000 \cdot 12 + 500 \cdot 9 + 750 \cdot 10}{1.000 + 500 + 750} = 10{,}67$$

Volumeneffekt = (900 + 700 + 800 – 1.000 – 500 – 750) • 10,67 = +1.600,50

Der Volumeneffekt drückt aus, dass allein aufgrund des erhöhten Absatzvolumens der Produktgruppe (Anstieg von 2.250 auf 2.400 Stück) eine Erlöserhöhung von 1.600,50 möglich gewesen wäre, wenn dieser Anstieg bei allen Produkten der Produktgruppe gleichermaßen stattgefunden hätte, d.h., wenn der Anteil jedes Produkts an der Gesamtmenge der Produktgruppe gleich geblieben wäre.
Aus der Tatsache, dass der Mengeneffekt der Produktgruppe lediglich 1.100 beträgt, kann geschlossen werden, dass sich die Anteile der Produkte verändert haben. Wertmäßiger Ausdruck dafür ist der Produktmixeffekt:

Produktmixeffekt = Mengeneffekt – Volumeneffekt = 1.100 – 1.600,50 = –500,50

Der negative Produktmixeffekt zeigt an, dass das mögliche Erlöswachstum durch eine Veränderung des Produktmix abgeschwächt wurde. Vor allem bei Produkten mit einem unterdurchschnittlichen Preis ist es zu einer Absatzmengensteigerung gekommen. Es kann allerdings sein, dass diese Produkte mit einem unterdurchschnittlichen Preis (Produkte B und C) aufgrund einer ebenfalls unterdurchschnittlichen Kostenverursachung einen überdurchschnittlichen Deckungsbeitrag erreichen. In diesem Fall wäre die eingetretene Entwicklung positiv zu beurteilen.

Die Analyse ausschließlich auf Absatzmenge und Verkaufspreis zu beschränken, wäre aber nur gerechtfertigt, wenn die Entwicklung des Umsatzes ausschließlich von diesen beiden Komponenten verursacht worden wäre. Das Unternehmen und seine Produkte stehen jedoch in Konkurrenz mit anderen Anbietern mit ähnlichen oder gleichen Produkten. Für die Kaufentscheidung sind üblicherweise die Preise von Konkurrenz- und Substitutionsprodukten mitentscheidend. Ändern sich deren Preise bzw. verändert sich das Verhältnis der Preise der Mitanbieter zum eigenen Preis, werden sich entsprechende Auswirkungen auf die eigene Absatzmenge ergeben. Neben den Preisverhältnissen ist auch das Marktvolumen von entscheidender Bedeutung. Ein Umsatzrückgang ist unterschiedlich zu beurteilen, je nachdem ob das Marktvolumen insgesamt ab- oder zugenommen hat. Es ist also auch wichtig, zwischen **externen und internen Einflussfaktoren** zu unterscheiden. Als wichtigste externe Größen sind Branchenpreis und Marktvolumen zu bezeichnen. Als wichtigste interne Größen können der Marktanteil sowie der relative Preis angesehen werden. Entsprechend kann die gesamte Erlösabweichung für jedes Produkt auch nach diesen externen (Branchenpreis und Marktvolumen) und internen Einflussgrößen (relativer Preis und Marktanteil) weiter aufgegliedert werden, worauf allerdings im Rahmen des vorliegenden Lehrbuches nicht näher eingegangen werden soll.[271]

[271] Vgl. weiterführend Djanani/Schöb (1997) S. 315 ff.

Die Analysen von Erlösabweichungen und Kostenabweichungen sollten gemeinsam erfolgen und einander ergänzen. Einen Rahmen dafür bietet die periodenbezogene (integrierte) Abweichungsanalyse.

15.3 Periodenbezogene Abweichungsanalyse

In Kap. 14.2 wurde die Erstellung des Leistungsbudgets erörtert, das nun als Ausgangspunkt für die Ermittlung und Analyse der Abweichungen dient, die im Laufe einer Periode eingetreten sind. Der im Leistungsbudget erfolgten Planung werden dabei in vergleichbarer Form die tatsächlich realisierten Erlös-, Kosten- und Ergebnisgrößen gegenübergestellt. Diese Gegenüberstellung weist die insgesamt auftretende Abweichung als Differenz des **Ist-Periodenerfolgs** zum **Plan-Periodenerfolg** auf **(Gesamtabweichung)**.

Damit die Ursachen für die Gesamtabweichung identifiziert werden können, wird im Rahmen der **periodenbezogenen Abweichungsanalyse** diese Gesamtabweichung Schritt für Schritt in immer präzisere Teilabweichungen aufgespalten. Dieser Aufspaltungsprozess kann einerseits in der Periodenerfolgsrechnung, andererseits bezogen auf Kostenträger und schließlich auf Kostenstellenebene dargestellt werden. Da die Abweichungen dieser drei Ebenen letztlich immer zur gleichen Gesamtabweichung führen, wird dieser Vorgang auch als **integrierte Abweichungsanalyse** bezeichnet.

Auf **Periodenerfolgsebene** werden die Auswirkungen bestimmter Ursachen auf den Erfolg der Periode sichtbar. Zur Feststellung dieser Ursachen bedarf es einer detaillierten Analyse auf **Kostenträgerebene**. Bestimmte Abweichungen lassen sich mit den Mitteln der Abweichungsanalyse auf **Kostenstellenebene** (siehe dazu bereits Kap. 15.1) noch weiter aufspalten. (Für einen grafischen Überblick über alle zu ermittelnden Abweichungen siehe Abbildung 76 auf S. 341).

In diesem Kapitel wird anhand des Beispiels 54 gezeigt, welche Abweichungen bei einer stufenweisen Zerlegung der Gesamtabweichung im Einzelnen ermittelt werden können. Zur Vertiefung enthält Kap. 15.4 eine Fallstudie zur integrierten Abweichungsanalyse.

Für die in der Folge ermittelten Abweichungen wird ebenso wie in Kap. 15.1.1 von einer Teilkostenrechnung mit variablen Einzel- und Gemeinkosten ausgegangen. Die fixen Gemeinkosten hingegen werden von den Kostenstellen direkt in die Periodenerfolgsrechnung übertragen (Grenzplankostenrechnung). Gegenüber dem Plan vorteilhafte (= positive) Abweichungen werden durch ein „+“, gegenüber dem Plan nachteilige (= negative) Abweichungen werden durch ein „–“ gekennzeichnet.

Beispiel 54[272]

Ein Unternehmen fertigt die zwei Produkte A und B. Für das abgelaufene Jahr liegen Ihnen für Ihre Analyse die folgenden Plan- und Istwerte bezüglich Mengen und Preisen vor:

	Plan		Ist	
	A	B	A	B
Nettoerlös / Stk.	2.000,00	1.800,00	2.025,21	1.889,70
var. Kosten / Stk.	600,00	500,00	678,15	491,14
Materialeinzelkosten / Stk.	200,00	300,00	189,00	252,00
var. Gemeinkosten / Stk.	400,00	200,00	489,15	239,14
DB / Stk.	1.400,00	1.300,00	1.347,06	1.398,56
Absatz Stk. (= Produktion Stk.)	150	200	120	150
Material kg / Stk.	20	30	21	28
Material Preis / kg	10,00		9,00	
Fertigung h / Stk.	4,0	2,0	4,5	2,2
Verrechnungssatz / h	100,00		108,70	

Die beiden Produkte A und B werden in der Fertigungskostenstelle F1 gefertigt. Die dort anfallenden variablen Gemeinkosten (Plan 100.000) wurden auf Basis der angefallenen Maschinenstunden (Planbeschäftigung 1.000 Mh = 100% der Kapazität) auf die beiden Produkte A und B verrechnet. Die variablen Istkosten der Kostenstelle F1 betrugen 94.569. Tatsächlich betrug die Istbeschäftigung 870 Mh. Die preisbereinigten variablen Ist-Gemeinkosten betrugen für die Kostenstelle F1 90.000. Die Fixkosten waren mit 200.000 geplant und betrugen im Ist 224.700.

Aufgabenstellung:

a) Ermitteln Sie den Plan-Periodenerfolg, den Ist-Periodenerfolg und die Gesamtabweichung!

b) Zerlegen Sie die Gesamtabweichung in die absatzbedingte Abweichung und in die sonstige Abweichung. Zerlegen Sie weiters die sonstige Abweichung in die Deckungsbeitragsabweichung und die Fixkostenabweichung!

c) Zerlegen Sie die Deckungsbeitragsabweichung in die Erlösabweichung und die Stückkostenabweichung!

d) Zerlegen Sie die Stückkostenabweichung auf Kostenträgerebene weiter in ihre einzelnen Bestandteile!

e) Stellen Sie einen Zusammenhang zwischen den Abweichungen auf Kostenträgerebene und den Abweichungen bei den variablen Fertigungsgemeinkosten auf Kostenstellenebene her, d.h. zwischen Bezugsgrößen- und Verrechnungssatzabweichung einerseits und Intensitäts-, Verbrauchs- und Preisabweichung andererseits.

[272] Vgl. Hirsch/Janschek (2008) S. 120 ff.

Hinweis:
Die Angabe ist redundant, denn die Aufgabenstellungen könnten auch gelöst werden, wenn folgende Daten nicht gegeben wären: variable Kosten / Stk. (können aus Materialeinzelkosten / Stk. und variablen Gemeinkosten / Stk. berechnet werden), Materialeinzelkosten / Stk. (Berechnung aus Materialverbrauch / Stk. und Materialpreis / kg), variable Gemeinkosten / Stk. (Berechnung aus Fertigungszeit / Stk. und Verrechnungssatz / Std.), variable Gemeinkosten der Kostenstelle (Berechnung aus variablen Gemeinkosten / Stk. und Absatz).
In einem ersten Schritt muss die Gesamtabweichung ermittelt werden. Dazu sind die Plan-Periodenerfolgsrechnung und die Ist-Periodenerfolgsrechnung auf- und gegenüberzustellen.

Lösung:
a)
Aus den angegebenen Daten können Plan-Periodenerfolg, Ist-Periodenerfolg und Gesamtabweichung wie folgt ermittelt werden.

	Periodenerfolgsrechnung		
	Plan	Ist	Abweichung
Nettoerlös	660.000,00	526.480,20	−133.519,80
– variable Kosten	190.000,00	155.049,00	34.951,00
= DB	470.000,00	371.431,20	−98.568,80
– Fixkosten	200.000,00	224.700,00	−24.700,00
= Periodenerfolg	270.000,00	146.731,20	−123.268,80

Die Gesamtabweichung beträgt –123.268,80.

Die Gesamtabweichung wird auf der ersten Ebene in die absatzbedingte Abweichung und in die sonstige Abweichung zerlegt. Die **absatzbedingte Abweichung** beruht auf Differenzen zwischen Plan-Absatzmengen und Ist-Absatzmengen bei den einzelnen Produkten, bewertet mit dem Plan-DB / Stück. Im Mehrproduktfall ist die Summe über alle Produkte zu bilden.[273] Es gilt:

	Ist-Absatzmenge • Plan-DB / Stück
–	Plan-Absatzmenge • Plan-DB / Stück
=	absatzbedingte Abweichung

bzw.:

	(Ist-Absatzmenge – Plan-Absatzmenge)
•	Plan-DB / Stück
=	absatzbedingte Abweichung

[273] Die absatzbedingte Abweichung kann weiter in eine Absatzmengenabweichung und eine Produktmixabweichung aufgespalten werden (siehe Kap. 15.2 und Fallstudie in Kap. 15.4).

Die sonstige Abweichung wird zunächst als Differenz aus Gesamtabweichung und absatzbedingter Abweichung ermittelt und in der Folge in die Deckungsbeitragsabweichung (DB-Abweichung) und in die Fixkostenabweichung zerlegt. Die DB-Abweichung ist ihrerseits die Summe aller Abweichungen bei den Stückdeckungsbeiträgen und kann auf Kostenträgerebene und auf Kostenstellenebene weiter analysiert werden. Für die **DB-Abweichung** gilt:

	Ist-Absatzmenge • Ist-DB / Stück
–	Ist-Absatzmenge • Plan-DB / Stück
=	DB-Abweichung

bzw.:

	(Ist-DB / Stück – Plan-DB / Stück)
•	Ist-Absatzmenge
=	DB-Abweichung

Die Abweichungen bei den **fixen Kosten** berühren im Rahmen einer Grenzplankostenrechnung nur die Periodenerfolgsrechnung und die Kostenstellen, in denen sie anfallen. Eine Detailanalyse ist in einer Grenzplankostenrechnung nicht notwendig.[274]

b)
Die in a) ermittelte Gesamtabweichung beträgt –123.268,80. Sie kann wie folgt aufgespalten werden:

Absatzbedingte Abweichung = (Ist-Absatzmenge – Plan-Absatzmenge) • Plan-DB / Stück

Produkt A: (120 – 150) • 1.400,00 = –42.000
Produkt B: (150 – 200) • 1.300,00 = –65.000

Die absatzbedingte Abweichung beträgt in Summe –107.000. Aus der Differenz zur Gesamtabweichung in Höhe von –123.268,80 ergibt sich die sonstige Abweichung mit –16.268,80.
Die sonstige Abweichung kann nun in die DB-Abweichung und in die Fixkostenabweichung zerlegt werden.

DB-Abweichung = (Ist-DB / Stück – Plan-DB / Stück) • Ist-Absatzmenge
Produkt A: (1.347,06 – 1.400,00) • 120 = –6.352,80
Produkt B: (1.398,56 – 1.300,00) • 150 = 14.784,00

Die DB-Abweichung beträgt in Summe 8.431,20. Die Fixkostenabweichung in Höhe von –24.700 kann direkt aus der Abweichung in der Periodenerfolgsrechnung unter a) abgelesen werden. Fixkostenabweichung, DB-Abweichung und absatzbedingte Abweichung ergeben in Summe wieder die Gesamtabweichung von –123.268,80.

[274] Zur unternehmensrechtlichen Bewertung von Halb- und Fertigprodukten in der Bilanz wird regelmäßig eine Vollkostenrechnung parallel geführt. Vgl. Hirsch/Janschek (2008) S. 119 f.

Auf Kostenträgerebene ergeben sich die DB-Abweichungen pro Stück bereits aus den Klammerausdrücken, die in den Berechnungen der DB-Abweichung verwendet wurden.

DB-Abweichung pro Produkt A: (1.347,06 – 1.400,00) = –52,94
DB-Abweichung pro Produkt B: (1.398,56 – 1.300,00) = 98,56

	Plan		Ist		Abweichung		
	A	B	A	B	A	B	gesamt
Kostenträger:							
DB / Stk.	1.400,00	1.300,00	1.347,06	1.398,56	–52,94	98,56	
Absatz Stk.	150	200	120	150	–30	–50	
Periodenerfolg:							
Gesamtabweichung							–123.268,80
Absatzabweichung = (Ist-Stk. – Plan-Stk.) • Plan-DB / Stk.					–42.000,00	–65.000,00	–107.000,00
Fixkostenabweichung							–24.700,00
DB-Abweichung = (Ist-DB / Stk. – Plan-DB / Stk.) • Ist-Stk.					–6.352,80	14.784,00	8.431,20

Der Deckungsbeitrag ist definiert als Erlös abzüglich variable Kosten. Die DB-Abweichung kann demzufolge nun weiter in eine Abweichung der (Stück-)Erlöse und in eine Abweichung der variablen (Stück-)Kosten zerlegt werden. Die **Stückerlösabweichung** ist somit ein Maß dafür, ob die Produkte des Unternehmens zu höheren oder niedrigeren Erlösen als geplant verkauft wurden. Es gilt:

	Ist-Erlöse / Stück • Ist-Absatzmenge
–	Plan-Erlöse / Stück • Ist-Absatzmenge
=	Stückerlösabweichung

bzw.:

	(Ist-Erlöse / Stück – Plan-Erlöse / Stück)
•	Ist-Absatzmenge
=	Stückerlösabweichung

Im Gegensatz dazu besagt die **Stückkostenabweichung**, ob die Produkte zu höheren oder niedrigeren Kosten als geplant produziert wurden. Es gilt:

	Plan-Kosten / Stück • Ist-Absatzmenge
–	Ist-Kosten / Stück • Ist-Absatzmenge
=	Stückkostenabweichung

bzw.:

	(Plan-Kosten / Stück – Ist-Kosten / Stück)
•	Ist-Absatzmenge
=	Stückkostenabweichung

c)
Die in b) ermittelte DB-Abweichung beträgt 8.431,20. Mithilfe der Daten aus der Angabe kann sie auf Periodenerfolgsebene wie folgt aufgespalten werden:

Stückerlösabweichung = (Ist-Erlöse / Stück – Plan-Erlöse / Stück) • Ist-Absatzmenge

Produkt A: (2.025,21 – 2.000,00) • 120 = 3.025,20
Produkt B: (1.889,70 – 1.800,00) • 150 = 13.455,00

Die Stückerlösabweichung beträgt somit in Summe 16.480,20.

Stückkostenabweichung = (Plan-Kosten / Stück – Ist-Kosten / Stück) • Ist-Absatzmenge

Produkt A: (600,00 – 678,15) • 120 = –9.378,00
Produkt B: (500,00 – 491,14) • 150 = 1.329,00

Die Stückkostenabweichung beträgt in Summe –8.049,00. Stückkostenabweichung und Stückerlösabweichung ergeben in Summe wieder die gesamte DB-Abweichung von 8.431,20.

Auf Kostenträgerebene ergeben sich die Abweichungen pro Stück bereits aus den Klammerausdrücken, die in den Berechnungen der Stückerlösabweichung und der Stückkostenabweichung verwendet wurden.

Stückerlösabweichung pro Produkt A: (2.025,21 – 2.000,00) = 25,21
Stückerlösabweichung pro Produkt B: (1.889,70 – 1.800,00) = 89,70
Stückkostenabweichung pro Produkt A: (600,00 – 678,15) = –78,15
Stückkostenabweichung pro Produkt B: (500,00 – 491,14) = 8,86

	Plan		Ist		Abweichung		
	A	B	A	B	A	B	gesamt
Kostenträger:							
Nettoerlös / Stk.	2.000,00	1.800,00	2.025,21	1.889,70	25,21	89,70	
var. Kosten / Stk.	600,00	500,00	678,15	491,14	−78,15	8,86	
DB / Stk.	1.400,00	1.300,00	1.347,06	1.398,56	−52,94	98,56	
Absatz Stk.	150	200	120	150	−30	−50	
Periodenerfolg:							
Gesamtabweichung							−123.268,80
Absatzabweichung = (Ist-Stk. – Plan-Stk.) • Plan-DB / Stk.					−42.000,00	−65.000,00	−107.000,00
Fixkostenabweichung							−24.700,00
DB-Abweichung = (Ist-DB / Stk. – Plan-DB / Stk.) • Ist-Stk.					−6.352,80	14.784,00	8.431,20
Stückerlösabw. = (Ist-Erlös / Stk. – Plan-Erlös / Stk.) • Ist-Stk.					3.025,20	13.455,00	16.480,20
Stückkostenabw. = (Plan-Kosten / Stk. – Ist-Kosten / Stk.) • Ist-Stk.					−9.378,00	1.329,00	−8.049,00

Die variable Stückkostenabweichung kann analog zur Kostenträgerrechnung (Produktkalkulation) in die **Einzelkostenabweichung** und die **Abweichung bei den variablen Gemeinkosten** aufgespalten werden.

d)

Die in c) ermittelte Stückkostenabweichung auf der Ebene des Periodenerfolgs beträgt –8.049,00. Auf Ebene der Kostenträger wurde eine Stückkostenabweichung pro Produkt A von –78,15 und pro Produkt B von 8,86 ermittelt.

Mithilfe der Daten aus der Angabe kann die Stückkostenabweichung sowohl auf Periodenerfolgsebene als auch auf Kostenträgerebene in eine Einzelkostenabweichung (Materialeinzelkosten) und eine Abweichung bei den variablen Gemeinkosten aufgespalten werden.

Einzelkostenabweichung auf Kostenträgerebene = Plan-Einzelkosten / Stück – Ist-Einzelkosten / Stück

Produkt A: 200,00 – 189,00 = 11,00
Produkt B: 300,00 – 252,00 = 48,00

Einzelkostenabweichung auf Periodenerfolgsebene = Einzelkostenabweichung auf Kostenträgerebene • Ist-Absatzmenge

Produkt A: 11,00 • 120 = 1.320,00
Produkt B: 48,00 • 150 = 7.200,00

In Summe beträgt die Einzelkostenabweichung auf Periodenerfolgsebene 8.520,00.

Abweichung der variablen Gemeinkosten auf Kostenträgerebene = variable Plan-Gemeinkosten / Stück – variable Ist-Gemeinkosten / Stück

Produkt A: 400,00 – 489,15 = –89,15
Produkt B: 200,00 – 239,14 = –39,14

Abweichung der variablen Gemeinkosten auf Periodenerfolgsebene = Abweichung der variablen Gemeinkosten auf Kostenträgerebene • Ist-Absatzmenge

Produkt A: –89,15 • 120 = –10.698,00
Produkt B: –39,14 • 150 = –5.871,00

In Summe beträgt die Abweichung der variablen Gemeinkosten auf Periodenerfolgsebene –16.569,00.

In Summe ergeben Einzelkostenabweichung und Abweichung der variablen Gemeinkosten auf Periodenerfolgsebene die bereits bekannte Stückkostenabweichung von –8.049,00.

	Plan		Ist		Abweichung		
	A	B	A	B	A	B	gesamt
Kostenträger:							
Nettoerlös / Stk.	2.000,00	1.800,00	2.025,21	1.889,70	25,21	89,70	
var. Kosten / Stk.	600,00	500,00	678,15	491,14	-78,15	8,86	
Einzelkosten / Stk.	200,00	300,00	189,00	252,00	11,00	48,00	
var. Gemeinkosten / Stk.	400,00	200,00	489,15	239,14	-89,15	-39,14	
DB / Stk.	1.400,00	1.300,00	1.347,06	1.398,56	-52,94	98,56	
Absatz Stk.	150	200	120	150	-30	-50	
Periodenerfolg:							
Gesamtabweichung							-123.268,80
Absatzabweichung = (Ist-Stk. – Plan-Stk.) • Plan-DB / Stk.					-42.000,00	-65.000,00	-107.000,00
Fixkostenabweichung							-24.700,00
DB-Abweichung = (Ist-DB / Stk. – Plan-DB / Stk.) • Ist-Stk.					-6.352,80	14.784,00	8.431,20
Stückerlösabw. = (Ist-Erlös / Stk. – Plan-Erlös / Stk.) • Ist-Stk.					3.025,20	13.455,00	16.480,20
Stückkostenabw. = (Plan-Kosten / Stk. – Ist-Kosten / Stk.) • Ist-Stk.					-9.378,00	1.329,00	-8.049,00
Einzelkostenabw. = Einzelkostenabw. / Stk. • Ist-Stk.					1.320,00	7.200,00	8.520,00
var. Gemeinkostenabw. = var. Gemeinkostenabw. / Stk. • Ist-Stk.					-10.698,00	-5.871,00	-16.569,00

Die **Einzelkostenabweichung** und die **Abweichung bei den variablen Gemeinkosten** können weiter aufgespalten werden. Diese Analyse startet auf **Kostenträgerebene** und die gegebenen Verbrauchsmengen sind als Menge pro Stück (im Beispiel Produkt A und Produkt B) zu verstehen.

Die **Einzelkostenabweichung** kann in eine Verbrauchs- und eine Preisabweichung aufgespalten werden. Das entspricht den beiden Grundkomponenten „Menge" und „Preis", die jeder Abweichung zugrunde liegen (siehe bereits Kap. 15.1.1.). Die **Preisabweichung** ist ein Maß dafür, ob das Material zu einem höheren oder niedrigeren Preis als geplant beschafft werden konnte. Es gilt:

  Plan-Preis / Einheit • Ist-Verbrauchsmenge
– Ist-Preis / Einheit • Ist-Verbrauchsmenge
= Preisabweichung

bzw.:

  (Plan-Preis / Einheit – Ist-Preis / Einheit)
• Ist-Verbrauchsmenge
= Preisabweichung

Die **Verbrauchsabweichung** trifft hingegen eine Aussage darüber, ob mehr oder weniger Material verbraucht wurde als verbraucht hätte werden sollen. Es gilt:

  Plan-Verbrauchsmenge • Plan-Preis / Einheit
– Ist-Verbrauchsmenge • Plan-Preis / Einheit
= Verbrauchsabweichung

bzw.:

(Plan-Verbrauchsmenge – Ist-Verbrauchsmenge)
• Plan-Preis / Einheit
= Verbrauchsabweichung

Die Abweichung 2. Ordnung wird somit, der kumulativen Methode entsprechend, der Preisabweichung zugerechnet.

Die Einzelkostenabweichung wird mithilfe der Daten aus der Angabe zunächst auf Kostenträgerebene in eine Preisabweichung und eine Verbrauchsabweichung aufgespalten:

Preisabweichung auf Kostenträgerebene = (Plan-Preis / kg – Ist-Preis / kg) • Ist-Verbrauchsmenge kg / Stk.

Produkt A: (10,00 – 9,00) • 21 = 21,00
Produkt B: (10,00 – 9,00) • 28 = 28,00

Verbrauchsabweichung auf Kostenträgerebene = (Plan-Verbrauchsmenge kg / Stk. – Ist-Verbrauchsmenge kg / Stk.) • Plan-Preis / kg

Produkt A: (20 – 21) • 10,00 = –10,00
Produkt B: (30 – 28) • 10,00 = 20,00

Die Einzelkostenabweichung pro Produkt A beträgt 11 (= Preisabweichung + Verbrauchsabweichung = 21 – 10). Die Einzelkostenabweichung pro Produkt B beträgt 48 (= Preisabweichung + Verbrauchsabweichung = 28 + 20). Durch Multiplikation mit den jeweiligen Ist-Absatzmengen (120 Stück A und 150 Stück B) ergeben sich auf Periodenerfolgsebene eine Preisabweichung von 6.720,00, eine Verbrauchsabweichung von 1.800,00 und somit in Summe die bereits bekannte Einzelkostenabweichung von 8.520,00.

Analog zur Zerlegung der Einzelkostenabweichung kann auch die **Abweichung bei den variablen Gemeinkosten** zerlegt werden. Die variablen Gemeinkosten ergeben sich als Produkt aus beanspruchten Bezugsgrößeneinheiten (im Beispiel: Fertigungsstunden / Stk.) und dem Zuschlags- bzw. Verrechnungssatz pro Bezugsgrößeneinheit (im Beispiel: pro Fertigungsstunde). Als Abweichungen treten daher analog zur Preisabweichung die Verrechnungssatzabweichung und analog zur Verbrauchsabweichung die Bezugsgrößenabweichung auf. Für die **Verrechnungssatzabweichung** gilt:

Plan-Verrechnungssatz • Ist-Bezugsgrößenmenge
– Ist-Verrechnungssatz • Ist-Bezugsgrößenmenge
= Verrechnungssatzabweichung

bzw.:

(Plan-Verrechnungssatz – Ist-Verrechnungssatz)
• Ist-Bezugsgrößenmenge
= Verrechnungssatzabweichung

Für die **Bezugsgrößenabweichung** gilt:

	Plan-Bezugsgrößenmenge • Plan-Verrechnungssatz
–	Ist-Bezugsgrößenmenge • Plan-Verrechnungssatz
=	Bezugsgrößenabweichung

bzw.:

	(Plan-Bezugsgrößenmenge – Ist-Bezugsgrößenmenge)
•	Plan-Verrechnungssatz
=	Bezugsgrößenabweichung

Die Abweichung 2. Ordnung wird wiederum, der kumulativen Methode entsprechend, der Verrechnungssatzabweichung zugerechnet.

Die Abweichung bei den variablen Gemeinkosten wird mithilfe der Daten aus der Angabe zunächst auf Kostenträgerebene in eine Verrechnungssatzabweichung (analog zur Preisabweichung bei den Einzelkosten) und eine Bezugsgrößenabweichung (analog zur Verbrauchsabweichung bei den Einzelkosten) aufgespalten:

Verrechnungssatzabweichung (VSA) = (Plan-Verrechnungssatz – Ist-Verrechnungssatz) • Ist-Fertigungsstunden / Stück

Produkt A: (100,00 – 108,70) • 4,50 = –39,15
Produkt B: (100,00 – 108,70) • 2,20 = –19,14

Bezugsgrößenabweichung (BGA) = (Plan-Fertigungsstunden / Stück – Ist-Fertigungsstunden / Stück) • Plan-Verrechnungssatz

Produkt A: (4,00 – 4,50) • 100,00 = –50,00
Produkt B: (2,00 – 2,20) • 100,00 = –20,00

Die Abweichung der variablen Gemeinkosten pro Produkt A beträgt –89,15 (= Verrechnungssatzabweichung + Bezugsgrößenabweichung = –39,15 – 50,00). Die Abweichung der variablen Gemeinkosten pro Produkt B beträgt –39,14 (= Verrechnungssatzabweichung + Bezugsgrößenabweichung = –19,14 – 20,00). Durch Multiplikation mit den jeweiligen Ist-Absatzmengen (120 A und 150 B) ergeben sich auf Periodenerfolgsebene eine Verrechnungssatzabweichung von –7.569,00, eine Bezugsgrößenabweichung von –9.000,00 und somit in Summe die bereits bekannte Abweichung der variablen Gemeinkosten von –16.569,00.

	Plan		Ist		Abweichung		
	A	B	A	B	A	B	gesamt
Kostenträger:							
Nettoerlös / Stk.	2.000,00	1.800,00	2.025,21	1.889,70	25,21	89,70	
var. Kosten / Stk.	600,00	500,00	678,15	491,14	−78,15	8,86	
Einzelkosten / Stk.	200,00	300,00	189,00	252,00	11,00	48,00	
Preisabw. = (Plan-Preis / kg − Ist-Preis / kg) • Ist-kg / Stk.					21,00	28,00	
Material Preis / kg	10,00		9,00		1,00		
Verbrauchsabw. = (Plan-kg / Stk. − Ist-kg / Stk.) • Plan-Preis / kg					−10,00	20,00	
Material kg / Stk.	20	30	21	28	−1	2	
var. Gemeinkosten / Stk.	400,00	200,00	489,15	239,14	−89,15	−39,14	
VSA = (Plan-VS − Ist-VS) • Ist-Fertigung h / Stk.					−39,15	−19,14	
Fertigung VS / h	100,00		108,70		−8,70		
BGA = (Plan-Fertigung h / Stk. − Ist-Fertigung h / Stk.) • Plan-VS					−50,00	−20,00	
Fertigung h / Stk.	4,0	2,0	4,5	2,2	−0,5	−0,2	
DB / Stk.	1.400,00	1.300,00	1.347,06	1.398,56	−52,94	98,56	
Absatz Stk.	150	200	120	150	−30	−50	
Periodenerfolg:							
Gesamtabweichung							−123.268,80
Absatzabweichung = (Ist-Stk. − Plan-Stk.) • Plan-DB / Stk.					−42.000,00	−65.000,00	−107.000,00
Fixkostenabweichung							−24.700,00
DB-Abweichung = (Ist-DB / Stk. − Plan-DB / Stk.) • Ist-Stk.					−6.352,80	14.784,00	8.431,20
Stückerlösabw. = (Ist-Erlös / Stk. − Plan-Erlös / Stk.) • Ist-Stk.					3.025,20	13.455,00	16.480,20
Stückkostenabw. = (Plan-Kosten / Stk. − Ist-Kosten / Stk.) • Ist-Stk.					−9.378,00	1.329,00	−8.049,00
Einzelkostenabw. = Einzelkostenabw. / Stk. • Ist-Stk.					1.320,00	7.200,00	8.520,00
Preisabw. = Preisabw. / Stk. • Ist-Stk.					2.520,00	4.200,00	6.720,00
Verbrauchsabw. = Verbrauchsabw. / Stk. • Ist-Stk.					−1.200,00	3.000,00	1.800,00
var. Gemeinkostenabw. = var. Gemeinkostenabw. / Stk. • Ist-Stk.					−10.698,00	−5.871,00	−16.569,00
VSA = VSA / Stk. • Ist-Stk.					−4.698,00	−2.871,00	−7.569,00
BGA = BGA / Stk. • Ist-Stk.					−6.000,00	−3.000,00	−9.000,00

Zwischen der Abweichungsanalyse auf Kostenträgerebene und der Abweichungsanalyse auf Kostenstellenebene (Grenzplankostenrechnung) bestehen folgende Zusammenhänge:

- Die Summe der auf Kostenträgerebene ermittelten **Bezugsgrößenabweichungen** einer Kostenstelle entspricht der **Intensitätsabweichung** dieser Kostenstelle.
- Die Summe der auf Kostenträgerebene ermittelten **Verrechnungssatzabweichungen** einer Kostenstelle kann auf die **Preis- und Verbrauchsabweichungen** dieser Kostenstelle zurückgeführt werden

Die **Intensitätsabweichung** wird durch Subtraktion der Plankosten der Ist-Beschäftigung von den Plankosten der Soll-Beschäftigung ermittelt. Die Soll-Beschäftigung gibt an, mit welchem Zeitaufwand die Ist-Stückzahl hätte erzeugt werden können, wenn die geplante Bearbeitungszeit pro Stück (Plan-Intensität) eingehalten worden wäre. Die Intensitätsabweichung (und damit die Bezugsgrößenabweichung auf Kostenträgerebene) trifft somit eine Aussage darüber, ob rascher oder weniger rasch als geplant produziert wurde. Die **Preisabweichung** sagt aus, wie sich die Faktorpreise entwickelt haben, die **Verbrauchsabweichung**, wie sich das Mengengerüst der Gemeinkosten verändert hat. Die Verbrauchsabweichung und die Preisabweichung werden für jede Kostenart einer Kostenstelle gesondert ermittelt. Die Intensitätsabweichung wird hingegen nur kostenstellenweise ermittelt (siehe dazu ausführlich Kap. 15.1.1).

e)
Die in d) ermittelte Abweichung bei den variablen Gemeinkosten entspricht in Summe den Abweichungen, die im Rahmen der Grenzplankostenrechnung auf Kostenstellenebene ermittelt werden können.

Aus der Angabe lässt sich zunächst die Intensitätsabweichung folgendermaßen berechnen:

Intensitätsabweichung: (Soll-Beschäftigung – Ist-Beschäftigung) • Plan-Verrechnungssatz

Ist-Beschäftigung: Ist-Menge • Ist-Fertigungszeit / Stück

Produkt A: 120 Stück • 4,5 Stunden / Stück = 540 Stunden
Produkt B: 150 Stück • 2,2 Stunden / Stück = 330 Stunden

Die Ist-Beschäftigung beträgt 870 Stunden.

Soll-Beschäftigung: Ist-Menge • Plan-Fertigungszeit / Stück

Produkt A: 120 Stück • 4 Stunden / Stück = 480 Stunden
Produkt B: 150 Stück • 2 Stunden / Stück = 300 Stunden

Die Soll-Beschäftigung beträgt 780 Stunden, die mengenmäßige Intensitätsabweichung beträgt –90 Stunden. Diese sind nun mit dem Plan-Verrechnungssatz von 100 / Stunde zu bewerten. Die Intensitätsabweichung beläuft sich somit auf –9.000,00 und entspricht der in d) ermittelten Bezugsgrößenabweichung.
Preis- und Verbrauchsabweichung lassen sich wie folgt ermitteln:

Kosten	Plankosten	PM • PP	VA	IM • PP	PA	IM • IP
variable Gemeinkosten	100.000,00	87.000,00	–3.000,00	90.000,00	–4.569,00	94.569,00
Beschäftigung Stunden	1.000	870				

Plankosten, preisbereinigte Istkosten (IM • PP) und Ist-Kosten (IM • IP) sind gegeben. Die Plankosten der Ist-Beschäftigung (PM • PP) ergeben sich aus der Multiplikation der Ist-Beschäftigung mit dem Plan-Verrechnungssatz. Die Preisabweichung berechnet sich als Differenz aus preisbereinigten Istkosten und Istkosten. Die Verbrauchsabweichung ergibt sich als Differenz aus den Plankosten der Ist-Beschäftigung und den preisbereinigten Ist-Kosten. Preisabweichung und Verbrauchsabweichung ergeben in Summe –7.569,00 und entsprechen der in d) ermittelten Verrechnungssatzabweichung.

15.4 Fallbeispiel zur Abweichungsanalyse

Nachfolgend soll, wie bereits angekündigt, die dargestellte Vorgehensweise anhand eines Fallbeispiels vertieft werden.

Beispiel 55[275]

Ein Cateringunternehmen plante, für die Handballweltmeisterschaft im Juli einen Imbissstand für Nudelgerichte zu eröffnen. Es sollten zwei Nudelgerichte angeboten werden, die besonders rasch zubereitet werden können. Sollte sich der Imbissstand als Erfolg herausstellen, wollte die Unternehmensführung ähnliche Stände bei künftigen Großereignissen eröffnen. Um den Erfolg des Imbissstands möglichst genau ermitteln zu können, wurde dieser im internen Rechnungswesen des Unternehmens als eigenes Profit Center eingerichtet.
Der Imbissstand dient außerdem als Pilotprojekt für die Entwicklung einer detaillierten Abweichungsanalyse auf Periodenerfolgs-, Kostenträger- und Kostenstellenebene. Die Analyse der Kostenabweichungen soll sich dabei im Sinne einer Grenzplankostenrechnung auf die variablen (Einzel- und Gemein-)Kosten konzentrieren.
Vom Controlling wurden folgende Plan- und Ist-Daten erhoben:

		Gericht A	Gericht B
Absatzmenge (in Stück)	Plan	400,00	1.000,00
	Ist	300,00	1.200,00
Absatzpreis je Gericht	Plan	5,50	6,70
	Ist	4,90	6,80
Nudelmenge je Gericht (in dag)	Plan	10,00	14,00
	Ist	11,00	12,00
Preis je dag Nudeln	Plan	0,20	
	Ist	0,22	
Zubereitungszeit (Min. / Stück)	Plan	5,00	4,00
	Ist	6,00	3,00

Vom Controlling wurden folgende Plan- und Ist-Daten erhoben:

Variable Gemeinkosten des Profit Center	Plan	2.500,00
	Ist	2.100,00
Fixe Gemeinkosten des Profit Center	Plan	2.500,00
	Ist	2.580,00

Aufgabenstellung:

a) Ermitteln Sie die Gesamtabweichung und spalten Sie diese in die absatzbedingte Abweichung und die sonstige Abweichung auf! Spalten Sie die absatzbedingte Abweichung in eine Absatzmengenabweichung (= Volumeneffekt)

[275] Vgl. Bogensberger et al (2006) S. 275 ff.

und eine Produktmixabweichung (= Produktmixeffekt) auf! Spalten Sie die sonstige Abweichung in die Deckungsbeitragsabweichung sowie die Fixkostenabweichung weiter auf!

b) Ermitteln Sie auf Kostenträgerebene die Deckungsbeitragsabweichungen, die Erlösabweichungen (= Absatzpreisabweichungen) und die Stückkostenabweichungen!

c) Spalten Sie auf Kostenträgerebene die Abweichungen bei den variablen Gemeinkosten weiter in Verrechnungssatzabweichungen und Bezugsgrößenabweichungen auf!

d) Ermitteln Sie auf Kostenstellenebene (bzw. Profit-Center-Ebene) die Intensitätsabweichung des Profit Center und stellen Sie den Bezug zu den Bezugsgrößenabweichungen her!

e) Ermitteln Sie auf Kostenstellenebene die Preisabweichungen und die Verbrauchsabweichungen bei den variablen Gemeinkosten und stellen Sie den Bezug zu den Verrechnungssatzabweichungen her. Zusatzangabe: Anfang Juli wurde eine Lohnerhöhung von 6% wirksam; im Plan (geplante variable Lohnkosten von 1.980) ging man noch von einer Lohnerhöhung von nur 2% aus. Die variablen Ist-Lohnkosten betrugen 1.960. Bei den sonstigen Kosten kam es zu keinen Abweichungen vom geplanten Mengengerüst.

f) Interpretieren Sie die auf Periodenerfolgsebene ermittelten Abweichungen!

g) Fertigen Sie eine Grafik an, in der Sie die Zusammenhänge der verschiedenen Abweichungen übersichtlich darstellen!

Lösung:

a)

In einem ersten Schritt ist die **Plan-Periodenerfolgsrechnung** aufzustellen. Der geplante Periodenerfolg beläuft sich auf 300.

	Plan-Werte bei Plan-Absatzmenge		
	A	B	Summe
Erlöse	2.200,00	6.700,00	8.900,00
- Einzelkosten	800,00	2.800,00	3.600,00
- variable Gemeinkosten	833,33	1.666,67	2.500,00
= Deckungsbeitrag	566,67	2.233,33	2.800,00
- Fixkosten			2.500,00
= Periodenerfolg			300,00

Erläuterungen für Produkt A:

Plan-Erlöse A = Plan-Absatzmenge A • Plan-Absatzpreis A = 400 • 5,50 = 2.200

Plan-Einzelkosten A = Plan-Absatzmenge A • Plan-Menge Fertigungsmaterial pro Stück A • Plan-Preis Fertigungsmaterial = 400 • 10 • 0,2 = 800

variable Plan-Gemeinkosten A = Planbeschäftigung A • variabler Plan-Verrechnungssatz
variabler Plan-Verrechnungssatz = variable Plan-Gemeinkosten / Plan-Beschäftigung
Plan-Beschäftigung = Plan-Beschäftigung A + Plan-Beschäftigung B
Plan-Beschäftigung A = Plan-Absatzmenge A • Plan-Fertigungszeit pro Stück A =
Plan-Beschäftigung A = 400 • 5 = 2.000 Min.
Plan-Beschäftigung B = Plan-Absatzmenge B • Plan-Fertigungszeit pro Stück B =
Plan-Beschäftigung B = 1.000 • 4 = 4.000 Min.
Plan-Beschäftigung = 2.000 + 4.000 = 6.000 Min.
variabler Plan-Verrechnungssatz = 2.500 / 6.000 = 0,42 pro Minute
variable Plan-Gemeinkosten A = 2.000 • 0,42 = 833,33

Nach dem gleichen Schema kann auf Basis der entsprechenden Ist-Werte die **Ist-Periodenerfolgsrechnung** erstellt werden. Der Ist-Periodenerfolg beläuft sich auf 1.056.

	Ist-Werte bei Ist-Absatzmenge		
	A	B	Summe
Erlöse	1.470,00	8.160,00	9.630,00
– Einzelkosten	726,00	3.168,00	3.894,00
– variable Gemeinkosten	700,00	1.400,00	2.100,00
= Deckungsbeitrag	44,00	3.592,00	3.636,00
– Fixkosten			2.580,00
= Periodenerfolg			1.056,00

Die **Gesamtabweichung** auf Periodenerfolgsebene in Höhe von 756 wird durch Gegenüberstellung der Plan-Periodenerfolgsrechnung und der Ist-Periodenerfolgsrechnung ermittelt.

	Plan-Werte bei Plan-Absatzmenge	Ist-Werte bei Ist-Absatzmenge	Gesamtabweichung
Erlöse	8.900,00	9.630,00	730,00
– Einzelkosten	3.600,00	3.894,00	–294,00
– variable Gemeinkosten	2.500,00	2.100,00	400,00
= Deckungsbeitrag	2.800,00	3.636,00	836,00
– Fixkosten	2.500,00	2.580,00	–80,00
= Periodenerfolg	300,00	1.056,00	756,00

Durch Umrechnung aller mengenabhängigen Plan-Werte von der Plan-Absatzmenge auf die Ist-Absatzmenge kann die Gesamtabweichung in eine **absatzbedingte Abweichung** in Höhe von 305 sowie eine **sonstige Abweichung** in Höhe von 451 aufgespaltet werden.

	Plan-Werte bei Ist-Absatzmenge		
	A	B	Summe
Erlöse	1.650,00	8.040,00	9.690,00
– Einzelkosten	600,00	3.360,00	3.960,00
– variable Gemeinkosten	625,00	2.000,00	2.625,00
= Deckungsbeitrag	425,00	2.680,00	3.105,00
– Fixkosten			2.500,00
= Periodenerfolg			605,00

Erläuterungen für Produkt A:
Plan-Erlöse bei Ist-Absatzmenge A = Plan-Absatzpreis A • Ist-Absatzmenge A = 5,50 • 300 = 1.650

	Plan-Werte bei Plan-Absatzmenge	Plan-Werte bei Ist-Absatzmenge	Absatzbedingte Abweichung
Erlöse	8.900,00	9.690,00	790,00
– Einzelkosten	3.600,00	3.960,00	–360,00
– variable Gemeinkosten	2.500,00	2.625,00	–125,00
= Deckungsbeitrag	2.800,00	3.105,00	305,00
– Fixkosten	2.500,00	2.500,00	
= Periodenerfolg	300,00	605,00	305,00

	Plan-Werte bei Ist-Absatzmenge	Ist-Werte bei Ist-Absatzmenge	Sonstige Abweichung
Erlöse	9.690,00	9.630,00	–60,00
– Einzelkosten	3.960,00	3.894,00	66,00
– variable Gemeinkosten	2.625,00	2.100,00	525,00
= Deckungsbeitrag	3.105,00	3.636,00	531,00
– Fixkosten	2.500,00	2.580,00	–80,00
= Periodenerfolg	605,00	1.056,00	451,00

Die absatzbedingte Abweichung kann in eine Absatzmengenabweichung in Höhe von 200 und eine Produktmixabweichung in Höhe von 105 aufgespaltet werden.

Die **Absatzmengenabweichung** wird durch Multiplikation der Absatzmengendifferenz mit dem durchschnittlichen Plan-Deckungsbeitrag pro Stück ermittelt.

Erläuterungen:

Absatzmengenabweichung = Absatzmengendifferenz • Ø Plan-Deckungsbeitrag pro Stück

Absatzmengendifferenz = Summe Ist-Absatzmenge – Summe Plan-Absatzmenge

Summe Ist-Absatzmenge = Ist-Absatzmenge A + Ist-Absatzmenge B = 300 + 1.200 = 1.500 Stück

Summe Plan-Absatzmenge = Plan-Absatzmenge A + Plan-Absatzmenge B = 400 + 1.000 = 1.400 Stück

Absatzmengendifferenz = 1.500 – 1.400 = 100 Stück

Ø Plan-Deckungsbeitrag pro Stück = Summe Plan-Deckungsbeiträge / Summe Plan-Absatzmenge = 2.800 / 1.400 = 2

Absatzmengenabweichung = 100 • 2 = 200

Die **Produktmixabweichung** wird durch Multiplikation der gesamten Ist-Absatzmenge mit der Differenz der durchschnittlichen Plan-Deckungsbeiträge pro Stück bei geplantem bzw. tatsächlich realisiertem Produkt-Mix ermittelt.

Erläuterungen:

Produktmixabweichung = Summe Ist-Absatzmenge • Differenz Ø Plan-Deckungsbeitrag pro Stück

Differenz Ø Plan-Deckungsbeitrag pro Stück = Ø Plan-Deckungsbeitrag pro Stück bei Ist-Mix – Ø Plan-Deckungsbeitrag pro Stück

Ø Plan-Deckungsbeitrag pro Stück bei Ist-Mix = (Plan-Deckungsbeitrag pro Stück A • Ist-Absatzmenge A + Plan-Deckungsbeitrag B • Ist-Absatzmenge B) / Summe Ist-Absatzmenge = (425 + 2.680) / 1.500 = 2,07

Differenz Ø Plan-Deckungsbeitrag pro Stück = 2,07 – 2,00 = 0,07

Produktmixabweichung = 1.500 • 0,07 = 105

Die **sonstige Abweichung** in Höhe von 451 kann in eine **Deckungsbeitragsabweichung** von 531 und eine **Fixkostenabweichung** von –80 aufgeteilt werden.

b)

Der **Deckungsbeitrag pro Stück** ergibt sich durch Abzug der Einzelkosten und der variablen Gemeinkosten pro Stück von den Absatzpreisen.

	Plan		Ist	
	A	B	A	B
Deckungsbeitrag pro Stück	1,42	2,23	0,15	2,99

Erläuterungen für Produkt A:

Plan-Deckungsbeitrag pro Stück A = Plan-Absatzpreis A – variable Plan-Stückkosten A

Plan-Deckungsbeitrag pro Stück A = Plan-Absatzpreis A – Plan-Einzelkosten pro Stück A – variable Plan-Gemeinkosten pro Stück A

Plan-Einzelkosten pro Stück A = Plan-Menge Fertigungsmaterial pro Stück A • Plan-Preis Fertigungsmaterial = 10 • 0,2 = 2

variable Plan-Gemeinkosten pro Stück A = Plan-Fertigungszeit pro Stück A • variabler Plan-Verrechnungssatz = 5 • 0,42 = 2,08
Plan-Deckungsbeitrag pro Stück A = 5,50 – 2 – 2,08 = 1,42

Die **Deckungsbeitragsabweichungen pro Stück** ergeben sich durch Gegenüberstellung der Ist-Deckungsbeiträge pro Stück mit den Plan-Deckungsbeiträgen pro Stück. Multipliziert man die Deckungsbeitragsabweichungen pro Stück mit den entsprechenden Ist-Mengen, erhält man die Deckungsbeitragsabweichungen auf Ergebnisebene.

	pro Stück	Ist-Menge
Deckungsbeitragsabweichung A	−1,27	−381,00
Deckungsbeitragsabweichung B	0,76	912,00
Summe Deckungsbeitragsabweichungen		531,00

Die Deckungsbeitragsabweichungen pro Stück lassen sich in **Erlösabweichungen** und **variable Stückkostenabweichungen** aufspalten.

	pro Stück	Ist-Menge
Erlösabweichung A	−0,60	−180,00
Erlösabweichung B	0,10	120,00
Summe Erlösabweichungen		−60,00

	pro Stück	Ist-Menge
Variable Stückkostenabweichung A	−0,67	−201,00
Variable Stückkostenabweichung B	0,66	792,00
Summe variable Stückkostenabweichungen		591,00

Die **variablen Stückkostenabweichungen** könnten weiter in **Einzelkostenabweichungen pro Stück** und **Abweichungen bei den variablen Gemeinkosten pro Stück** aufgegliedert werden. Die Einzelkostenabweichungen pro Stück ließen sich sodann in **Preisabweichungen bei den Einzelkosten** und **Verbrauchsabweichungen bei den Einzelkosten** weiter aufspalten. Auf entsprechende Darstellungen wird in diesem Fallbeispiel jedoch verzichtet.

c)
Die variablen Gemeinkosten pro Stück ergeben sich als Produkt aus beanspruchten Bezugsgrößeneinheiten (hier: Fertigungszeit pro Stück) und dem Verrechnungssatz. Abweichungen bei den variablen Gemeinkosten können somit in Form von **Verrechnungssatzabweichungen** und in Form von **Bezugsgrößenabweichungen** auftreten. Erstere haben den Charakter von Preisabweichungen und Letztere den Charakter von Verbrauchsabweichungen.

	pro Stück	Ist-Menge
Verrechnungssatzabweichung A	0,17	50,00
Verrechnungssatzabweichung B	0,08	100,00
Summe Verrechnungssatzabweichungen		150,00

Erläuterungen für Produkt A:
Verrechnungssatzabweichung A = (variabler Plan-Verrechnungssatz – variabler Ist-Verrechnungssatz) • Ist-Fertigungszeit pro Stück A = (0,42 – 0,39) • 6 = 0,17.

	pro Stück	Ist-Menge
Bezugsgrößenabweichung A	−0,42	−125,00
Bezugsgrößenabweichung B	0,42	500,00
Summe Bezugsgrößenabweichungen		375,00

Erläuterungen für Produkt A:
Bezugsgrößenabweichung A = variabler Plan-Verrechnungssatz • (Plan-Fertigungszeit pro Stück A – Ist-Fertigungszeit pro Stück A) = 0,42 • (5 – 6) = –0,42

d)
Eine **Intensitätsabweichung** entsteht, wenn bei Ist-Beschäftigung weniger (oder mehr) als geplant geleistet wurde. Eine negative Intensitätsabweichung signalisiert eine hinter dem Plan zurückbleibende Arbeitsintensität und zeigt demzufolge die Notwendigkeit von Maßnahmen zur Produktivitätssteigerung an. Ermittelt wird die Intensitätsabweichung durch Subtraktion der Plan-Kosten bei Ist-Beschäftigung von den Plan-Kosten bei **Soll-Beschäftigung**; die Soll-Beschäftigung gibt dabei an, mit welchem Zeitaufwand die Ist-Stückzahl hätte erzeugt werden können, wenn die geplante Bearbeitungszeit pro Stück (Plan-Intensität) eingehalten worden wäre.

Erläuterungen:
Intensitätsabweichung A = (Soll-Beschäftigung A – Ist-Beschäftigung A) • variabler Plan-Verrechnungssatz
Soll-Beschäftigung A = Ist-Absatzmenge A • Plan-Fertigungszeit pro Stück A = 300 • 5 = 1.500
Soll-Beschäftigung B = Ist-Absatzmenge B • Plan-Fertigungszeit pro Stück B = 1.200 • 4 = 4.800
Intensitätsabweichung A = (1.500 – 1.800) • 0,42 = –125
Intensitätsabweichung B = (4.800 – 3.600) • 0,42 = 500
Intensitätsabweichung = Intensitätsabweichung A + Intensitätsabweichung B = –125 + 500 = 375

Die Intensitätsabweichung in Höhe von 375 entspricht der Summe der auf die Ist-Mengen hochgerechneten Bezugsgrößenabweichungen.

e)
Die Intensitätsabweichung wird nur einmal pro Kostenstelle ermittelt. Die **Verbrauchs- und Preisabweichungen bei den variablen Gemeinkosten** werden hingegen für jede Kostenart einer Kostenstelle gesondert ermittelt.

		PM • PP	(PM – IM) • PP	IM • PP	(PP – IP) • IM	IM • IP
variable Gemeinkosten	var. Plankosten der PB	var. Plankosten der IB	Verbrauchsabweichung	preisbereinigte var. Istkosten	Preisabweichung	var. Istkosten
var. Lohnkosten	1.980,00	1.782,00	–104,04	1.886,04	–73,96	1.960,00
Sonstige var. Kosten	520,00	468,00	0,00	468,00	328,00	140,00
Summe	**2.500,00**	**2.250,00**	**–104,04**	**2.354,04**	**254,04**	**2.100,00**

Erläuterungen:
Plan-Kosten der Ist-Beschäftigung = Plan-Kosten der Plan-Beschäftigung • Beschäftigungsgrad
Beschäftigungsgrad = Ist-Beschäftigung / Plan-Beschäftigung = 5.400 / 6.000 = 90%
Variable Plan-Lohnkosten der Ist-Beschäftigung = 1.980 • 0,90 = 1.782
Preisbereinigte variable Ist-Lohnkosten = variable Ist-Lohnkosten • 1,02 / 1,06 = 1.886,04.

Die Summe aus Verbrauchs- und Preisabweichungen beträgt 150 (= Summe Verbrauchsabweichungen in Höhe von –104,04 + Summe Preisabweichungen in Höhe von 254,04) und entspricht der Summe der auf die Ist-Mengen hochgerechneten Verrechnungssatzabweichungen.
Auch die einzelnen Komponenten (z.B. Abweichungen bei den Abschreibungen, den Gehältern) der Fixkostenabweichung von insgesamt –80 könnten bei entsprechenden Angaben in Preis- und Verbrauchsabweichungen aufgespaltet werden.

f)
Insgesamt fiel der Periodenerfolg des Imbissstands um 756 besser aus als geplant (= Periodenergebnisabweichung). Diese Ergebnisverbesserung ist im Ausmaß von 305 auf höhere Absatzzahlen zurückzuführen (= absatzbedingte Abweichung); die bloße Erhöhung der Gesamtabsatzmenge bei gleichem Produkt-Mix hätte den Periodenerfolg um 200 erhöht (= Absatzmengenabweichung); aus der gegenüber dem Plan eingetretenen Verschiebung der Produktanteile hin zum deckungsbeitragsstärkeren Produkt B resultierte ein zusätzlicher Ergebnisbeitrag von 105 (= Produktmixabweichung). Die restliche Ergebnisverbesserung um 451 (= sonstige Abweichung) setzt sich aus einer um 531 höheren Deckungsbeitragssumme (= Deckungsbeitragsabweichung) sowie aus um 80 höheren Fixkosten (= Fixkostenabweichung) zusammen. Eine detailliertere Analyse der Deckungsbeitrags-

abweichung zeigt, dass sich Produkt A sowohl hinsichtlich des Absatzpreises (Erlösabweichung in Höhe von –180) als auch hinsichtlich der variablen Stückkosten (variable Stückkostenabweichung in Höhe von –201) ungünstig entwickelt hat; für Produkt B trifft genau das Gegenteil zu (Erlösabweichung von 120 und variable Stückkostenabweichung von 792).

Die geringeren variablen Gemeinkosten resultieren im Ausmaß von 375,00 aus einer gegenüber dem Plan rascheren Produktbearbeitung (= Intensitätsabweichung); bei Produkt A gab es zwar eine ungünstige Entwicklung (Intensitätsabweichung bei Produkt A in Höhe von –125), diese konnte von Produkt B jedoch überkompensiert werden (Intensitätsabweichung bei Produkt B in Höhe von 500); hier gilt es genauer zu analysieren, warum bei Produkt A mehr und bei Produkt B weniger Zeit als geplant benötigt wurde. Die restliche Einsparung bei den variablen Gemeinkosten in Höhe von 150 (= 525 – 375) kann im Ausmaß von 328 auf eine günstige Faktorpreisentwicklung bei den sonstigen variablen Gemeinkosten zurückgeführt werden; eine ungünstige Entwicklung im Mengengerüst der variablen Lohnkosten in Höhe von –104,04 konnte die auch insgesamt noch positive Preisabweichung bei den variablen Gemeinkosten in Höhe von 254,04 nur teilweise wieder zunichte machen.

g) Vgl. Abbildung 76.

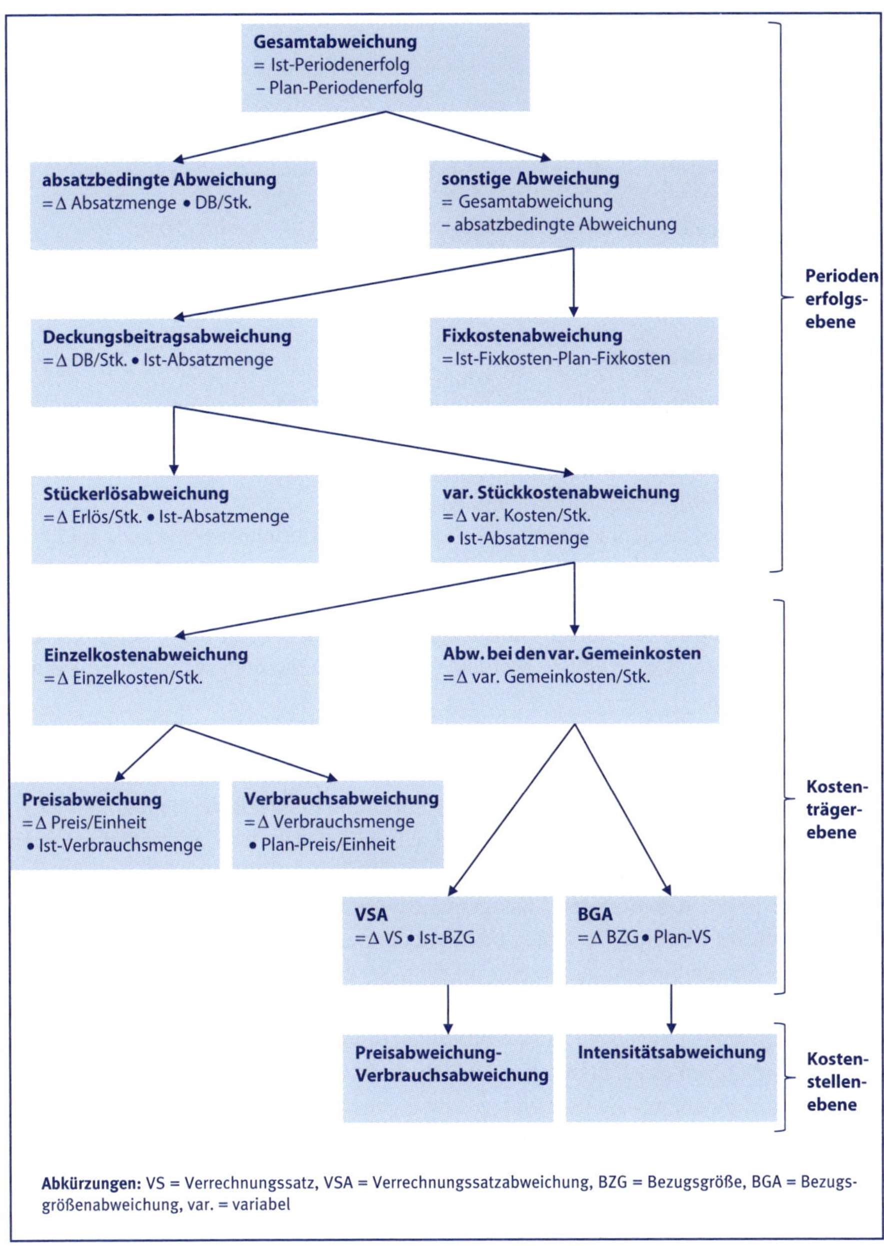

Abkürzungen: VS = Verrechnungssatz, VSA = Verrechnungssatzabweichung, BZG = Bezugsgröße, BGA = Bezugsgrößenabweichung, var. = variabel

Abbildung 76: Integrierte Abweichungsanalyse

16 Reporting

Lernziele

Nach Durcharbeiten von Kapitel 16 sollten Sie u.a. in der Lage sein:

- Anforderungen an ein betriebliches Berichtswesen zu beschreiben
- Vorschaurechnungen zu erläutern

16.1 Berichtswesen

Die geplanten Soll-, die realisierten Ist- und die voraussichtlich erreichbaren Vorschauwerte werden einander in Berichten gegenübergestellt. Das **Berichtswesen** versorgt die Entscheidungsverantwortlichen mit den für eine erfolgreiche Unternehmensführung erforderlichen Informationen.

Deshalb ist bei der Konzipierung des betrieblichen Berichtswesens zu klären, wer wem welche Informationen wann in welcher Form und zu welchem Zweck zur Verfügung stellt. Die Berichte sollten jedenfalls auf die Bedürfnisse ihrer Empfänger/innen abgestimmt sein. Sie weisen daher in Abhängigkeit von der Stufe der Unternehmenshierarchie, für die sie erstellt werden, einen unterschiedlichen Inhalt und **Detaillierungsgrad** auf:

- Auf unteren Hierarchieebenen wird eher in nicht-monetären, mengenmäßigen Größen mit unmittelbarem, konkretem Bezug zu den Aktivitäten auf dieser Ebene berichtet. Berichtsinhalte könnten in der Fertigung beispielsweise Qualitäts- (z.B. geplante bzw. tatsächlich realisierte Ausschussquoten) oder Zeitkennzahlen (z.B. geplante bzw. tatsächlich realisierte Durchlaufzeiten) sein.
- Auf der Ebene des mittleren Managements wird vor allem in finanziellen Größen berichtet. Im Mittelpunkt stehen kostenstellenbezogene Kostenberichte, in denen Soll-Ist-Abweichungen aufgezeigt werden. So bilden beispielsweise die bei den Einzel- und Gemeinkosten ermittelten Abweichungen die Grundlage für **Kostendurchsprachen** zwischen dem Controlling und den Kostenstellenverantwortlichen. Sie dienen dazu, erkannte und analysierte Unwirtschaftlichkeiten durch geeignete Maßnahmen zu korrigieren sowie generell das Kosten- und Verantwortungsbewusstsein der Mitarbeiter/innen zu stärken. Intensivere Kostendurchsprachen werden sich vor allem auf jene Kostenarten konzentrieren, bei denen die Abweichungen bestimmte absolute oder relative Grenzen überschritten haben.[276] In einem Profit Center, welches sowohl Kosten als auch Erlöse zu verantworten hat, wird zudem über Absatz-, Umsatz- und Deckungsbeitragszahlen berichtet. Auf

[276] Zur besseren Wahrnehmung von relevanten Abweichungen werden grafische Darstellungen wie etwa **Ampelgrafiken** eingesetzt. Planerfüllung führt zu einer grünen Kennzeichnung, bei einer Abweichung bis zu einem festgelegten Wert wird eine gelbe Signalfarbe verwendet, bei einem noch höheren Abweichungswert eine rote Farbe.

höheren Stufen des mittleren Managements werden die Zahlen dabei zunehmend verdichtet, um die Komplexität zu reduzieren und eine Übersichtlichkeit des Berichtswerks zu erhalten.
- Da das obere Management die Kommunikation mit der Außenwelt (insbesondere Anteilseigner) wahrnimmt, werden auf dieser Ebene zumeist die Zahlen des Jahresabschlusses sowie darauf basierende wertorientierte Kennzahlen in den Vordergrund gestellt („big picture").

Nach dem Anlass für die Berichtserstellung können Standardberichte (z.B. monatliche Kostenstellenberichte), Abweichungsberichte und Bedarfsberichte unterschieden werden. Die Vorteile von **Standardberichten** liegen in ihren Standardisierungs- und Automatisierungsmöglichkeiten, allerdings können individuelle Informationswünsche der einzelnen Berichtsempfänger/innen kaum berücksichtigt werden. Das wesentliche Merkmal von **Abweichungsberichten** ist, dass Berichtserstellung und Berichtsumfang vom Überschreiten bestimmter Schwellenwerte abhängig sind. **Bedarfsberichte** (Ad-hoc-Analysen) sind an keinen Erstellungsrhythmus gebunden, sondern werden durch ein aktuelles Informationsbedürfnis des Managements initiiert.

Verantwortlich für die Generierung aussagefähiger Berichtszahlen ist auf den unteren und mittleren Hierarchiestufen das dezentrale Controlling. Auf der Top-Management-Ebene ist das zentrale Controlling für die Berichtserstellung zuständig.

Für eine möglichst benutzerfreundliche Gestaltung und Aufbereitung der Informationen bedient sich das Controlling verschiedener Techniken, die sich sinnvoll ergänzen:[277]

- **Tabellen**: Große Datenmengen können in Tabellen sehr übersichtlich dargestellt werden. Die Übersichtlichkeit und Lesbarkeit von Tabellen kann durch Hervorhebungen (fett, farbiger Hintergrund) sowie durch Weglassen von Nachkommastellen wesentlich verbessert werden.
- **Kennzahlen**: Kennzahlen verdichten Informationen und geben so einen raschen Überblick über wichtige Sachverhalte und Entwicklungen.
- **Grafiken**: Nach Möglichkeit sollten die zentralen Botschaften mit grafischen Darstellungen untermauert werden. Dabei ist auf einen geeigneten Grafiktyp (z.B. Säulendiagramm, Tortendiagramm) sowie eine passende Skalierung, Farbenwahl etc. zu achten.
- **Kommentare**: Der Kommentar sollte keine reine verbale Wiederholung von Zahlen sein, sondern zusätzliche Informationen liefern.

Vom zentralen Controlling müssen auch die **Berichtszeitpunkte** festgelegt werden. Beispielsweise kann bestimmt werden, dass der Unternehmensführung die **Monatsberichte** mit den zugehörigen Abweichungsanalysen stets bis zum 10. des Folgemonats vorliegen müssen. Als Zieltermin für die Fertigstellung der **Quartalsberichte**, welche vorrangig der Information des Aufsichtsrats sowie der Eigentümer/innen und Analyst/inn/en dienen und im Vergleich zu den Monatsberichten einen ausführliche-

[277] Vgl. Eisl et al (2015) S. 186 f.

ren Kommentar zur Geschäftsentwicklung, dafür aber weniger ins Detail gehende Zahlenwerte enthalten, könnte z.B. der 20. des Folgemonats normiert werden.[278]

Empirische Ergebnisse

In einer vom Controller-Institut im Rahmen des Controlling-Panels 2013 durchgeführten Studie bei österreichischen Unternehmen konnte festgestellt werden, dass im monatlichen **Berichtswesen** der Fokus auf Absatz-, Umsatz- und Rentabilitätsentwicklung liegt:[279]

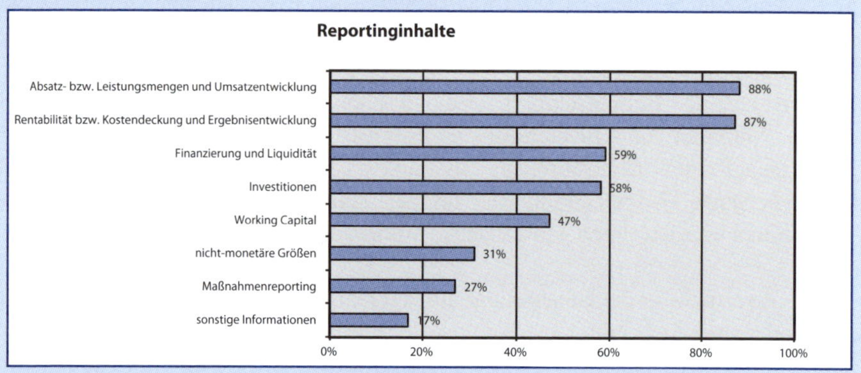

Über nicht-monetäre Größen oder über die Umsetzung geplanter Maßnahmen wird demnach vergleichsweise selten regelmäßig berichtet. Selbst die Auswahl der finanziellen Berichtsinhalte wird in der Studie als überraschend unausgewogen bezeichnet.[280]

☞ Berichtswesen

Eine der wichtigsten Aufgaben des Controllings besteht darin, die einzelnen Managementebenen mit den Informationen zu versorgen, die sie für ihre Steuerungsaufgaben benötigen. Zu diesem Zweck ist vom Controlling ein internes Berichtswesen aufzubauen und zu pflegen. Eine wichtige Aufgabe bei der Festlegung der Berichtsinhalte ist die hierarchiegerechte Verdichtung der übermittelten Informationen. Je höher der/die Berichtsempfänger/in in der Unternehmenshierarchie steht, desto stärker sollten die Informationen verdichtet werden (Vermeidung von „Zahlenfriedhöfen“).

[278] Der vierte Quartalsbericht eines Geschäftsjahres ist vielfach gleichzeitig der Jahresabschluss. Da die Arbeiten bei der Erstellung umfangreicher sind als bei der Erstellung des Quartalsberichts, liegt dieser oft erst zu einem späteren Zeitpunkt vor; vgl. Eisl et al (2015) S. 41 f.

[279] Vgl. Waniczek (2013) S. 47.

[280] Vgl. Waniczek (2013) S. 46 f.

16.2 Vorschaurechnung (Forecast)

Zentraler Bestandteil des Berichtswesens sind **Vorschaurechnungen**. Sie zeigen eine Einschätzung bzw. Erwartung ausgewählter, kritischer finanzieller (z.B. Umsatz, EBIT) und nicht-finanzieller Kennzahlen (z.B. Auftragseingang) für einen festgelegten Zeitraum in der Zukunft. In der Praxis haben sich zwei Formen der Vorschaurechnung herausgebildet, die durchaus parallel zum Einsatz kommen können:[281]

Year End Forecasts beziehen sich immer auf das Ende des Geschäftsjahres. Sie sollen bereits unterjährig zeigen, ob das geplante Jahresergebnis erreicht wird oder nicht. Bei Year End Forecasts nimmt der Vorschauhorizont im Laufe des Geschäftsjahres kontinuierlich ab (vgl. Abbildung 77).

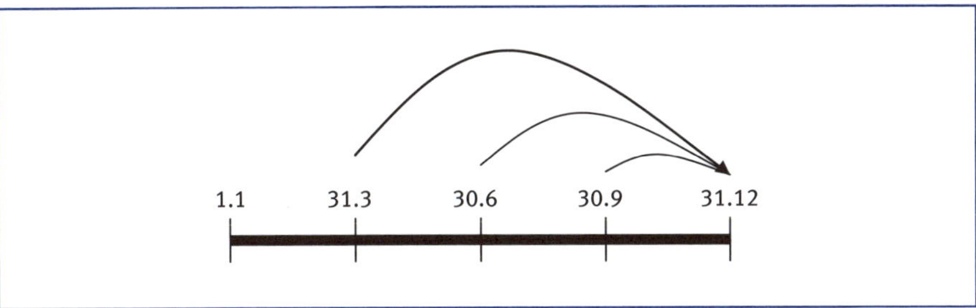

Abbildung 77: Year End Forecast[282]

Demgegenüber wird bei der rollierenden Vorschaurechnung (**Rolling Forecast**) stets die gleiche Anzahl von Monaten bzw. Quartalen (zumeist vier oder sechs) betrachtet (vgl. Abbildung 78).

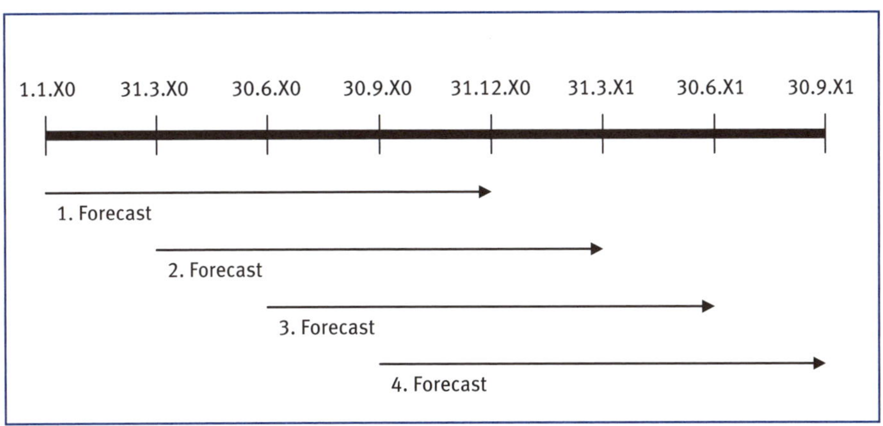

Abbildung 78: Rolling Forecasts[283]

[281] Vgl. Eisl et al (2015) S. 182 f.
[282] Vgl. Eisl et al (2015) S. 182.
[283] Vgl. Eisl et al (2015) S. 183.

Vorschaurechnungen liefern frühzeitig Informationen über die monetären Auswirkungen von bereits eingetretenen oder bereits absehbaren Entwicklungen. Die Vorschaurechnung kann das Budget jedoch nicht ersetzen: Die Planwerte des Budgets konstituieren das Ziel, der Forecast hingegen die aktuelle Erwartung. Eine Reduktion bei den Auftragseingängen oder erforderliche Preisreduktionen finden sofort ihren Niederschlag in der Vorschaurechnung, sodass das Management frühzeitig gewarnt ist und damit rasch Gegensteuerungsmaßnahmen ergreifen kann. Der Unternehmenserfolg und die Bonuszahlungen hängen dann davon ab, ob mit den Gegenmaßnahmen das ursprüngliche, unveränderte Planziel erreicht wird. Der Forecast selbst hat jedoch nicht die Verbindlichkeit der Planung und hebt auch die Verbindlichkeit der Planung nicht auf.[284]

Empirische Ergebnisse

Eine vom Controller-Institut im Rahmen des Controlling-Panels 2013 durchgeführte Studie bei österreichischen Unternehmen ergab, dass 96% der Unternehmen regelmäßig **Forecasts** (Vorschaurechnungen) erstellen. Dieser hohe Verbreitungsgrad wird jedoch durch die Wahl der Erstellungsmethode relativiert, denn 38% der Unternehmen, die eine Erwartungsrechnung erstellen, führen diese in Form von aufwandsschonenden, mathematischen Operationen durch, indem entweder Ist und Restplan addiert oder Abweichungen extrapoliert werden:[285]

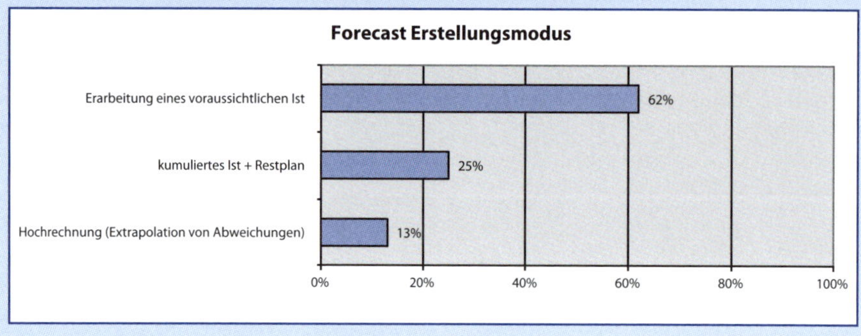

☞ Forecast

Unter einem Forecast versteht man eine Managementeinschätzung ausgewählter, kritischer finanzieller und nicht-finanzieller Kennzahlen für einen festgelegten Zeitraum in die Zukunft. In der Praxis haben sich zwei Formen des Forecasts etabliert: der Year End Forecast sowie der Rolling Forecast. Bei Ersterem ist der Horizont fest bezogen auf das Ende des Geschäftsjahres. Dadurch nimmt der Forecast-Horizont im Laufe des Geschäftsjahres ab. Demgegenüber wird beim rollierenden Forecast stets die gleiche Anzahl von Quartalen betrachtet.

[284] Vgl. Eisl et al (2015) S. 183.
[285] Vgl. Waniczek (2013) S. 31.

17 Investitionsplanung und -kontrolle

Lernziele

Nach Durcharbeiten von Kapitel 17 sollten Sie u.a. in der Lage sein:

- den Planungsprozess einer Investition zu beschreiben
- die Verteilung von Finanzmitteln für Investitionen auf Investment Center zu erläutern
- den Kapitalwert als Kriterium zur Entscheidung über eine Investition anzuwenden
- Wirkungsweisen der Investitionskontrolle zu diskutieren

17.1 Investitionsplanung

Investitionen sind zur Umsetzung der Ergebnisse der strategischen Planung erforderlich und damit für die Wettbewerbsfähigkeit von Unternehmen von zentraler Bedeutung. Mit Investitionen werden die Weichen für die Positionierung des Unternehmens im Markt- und Wettbewerbsumfeld gestellt und Erfolgspotenziale geschaffen. Mit den Erfolgspotenzialen ist eine Vorentscheidung über die zukünftige Kosten- und Erlöslage des Unternehmens getroffen. Fehlinvestitionen können eine nachhaltige Verschlechterung der Gewinnsituation nach sich ziehen und zu Kapitalvernichtung von erheblichem Ausmaß führen. Daher kommt bei der Planung von Investitionsvorhaben (und ebenso bei der Investitionskontrolle) dem Controlling eine sehr wichtige Rolle als Berater und kritischem Sparringpartner des Managements zu.

Als Investition wird im **güterwirtschaftlichen** Sinn die Umwandlung finanzieller Mittel in Anlage- und Umlaufvermögen bezeichnet. Im finanzwirtschaftlichen Sinn gilt eine Investition als Zahlungsreihe, die mit einer (negativen) Auszahlung beginnt und sich mit (positiven) Einzahlungsüberschüssen fortsetzt. In Abbildung 79 sind die in Abhängigkeit verschiedener Gliederungskriterien unterscheidbaren **Investitionsarten** dargestellt.

<table>
<tr><th>Gliederungs-kriterium</th><th colspan="6">Ausprägungen</th></tr>
<tr><td>Beschaffungs-objekt</td><td colspan="2">Finanzinvestition</td><td colspan="2">Sachinvestition</td><td colspan="2">Immaterielle Investition</td></tr>
<tr><td>Investitions-umfang</td><td colspan="3">Großinvestitionen</td><td colspan="3">Kleininvestitionen</td></tr>
<tr><td>Investitions-zweck</td><td>Ersatz-investition</td><td>Erweiterungs-investition</td><td>Neu-investition</td><td colspan="2">Rationalisie-rungsinvestition</td><td>Diversifikations-investition</td></tr>
</table>

Abbildung 79: Investitionsarten

Für den **Planungsprozess** einer Investition empfiehlt sich ein Vorgehen in folgenden Schritten:

1. Vergegenwärtigung der mit der Investition verfolgten Zielsetzung;
2. Identifikation von möglichen Investitionsalternativen zur Zielerreichung;
3. Durchführung von Investitionsrechenverfahren zwecks Vergleich und Bewertung der Alternativen;
4. Entscheidung für jene Investitionsalternative, die den höchsten Zielbeitrag verspricht.

Mit zunehmender Unternehmensgröße delegiert die Unternehmensleitung Kompetenzen und damit auch Verantwortung an einzelne Bereiche (Center). Diese sog. **Centerorganisation** findet sich daher in vielen (mittel-)großen Unternehmen. In Abhängigkeit davon, welche Größen ein/e budgetverantwortliche/r Bereichsleiter/in beeinflussen kann, können folgende Centerformen unterschieden werden (vgl. Abbildung 80):

Verantwortungsbereiche	verantwortlich für die/den
Cost Center	Kosten
Revenue Center	(Umsatz-)Erlöse
Profit Center	Erfolg (ohne Investitionsverantwortung)
Investment Center	Erfolg (mit Investitionsverantwortung)

Abbildung 80: Centerformen[286]

Die kleinste Einheit ist in der Regel das **Cost Center**, das weitgehend der Kostenstelle entspricht. Cost Center sind Unternehmensbereiche ohne Marktzugang. **Revenue Centers** werden im Vertriebsbereich geschaffen, um Verantwortlichkeiten für Absatzmengen und Erlöse festzulegen. Voraussetzung für ein **Profit Center** ist, dass der betreffende Bereich sowohl Kosten als auch Umsätze zu verantworten hat. Der/die Leiter/in eines **Investment Centers** wiederum verantwortet nicht nur den Erfolg, sondern entscheidet zusätzlich über Investitionen in seinem/ihrem Bereich.

[286] Vgl. Brühl (2012) S. 250.

Im Falle einer Investment-Center-Organisation müssen die für Investitionen insgesamt vorgesehenen Finanzmittel auf die verschiedenen Investment Center aufgeteilt werden **(Capital Budgeting)**. Dabei kann unter Berücksichtigung strategischer Überlegungen z.B. wie folgt vorgegangen werden:

1. Zunächst wird das Unternehmen bzw. der Konzern anhand geeigneter Kriterien (z.B. Produktgruppen, Regionen) in einzelne operative **Geschäftseinheiten** (Investment Centers) unterteilt. Bei einer **Holdingorganisation** werden das oftmals rechtlich ausgegliederte operative Tochtergesellschaften sein.
2. In einem zweiten Schritt werden risikoangepasste Mindest- bzw. Zielrenditen (ZR) für alle Investment Centers bzw. Tochtergesellschaften ermittelt. Sie werden auch als **Hurdle Rates** bezeichnet. Durch die Aufgliederung der Zielrenditen in weitere Kennzahlen z.B. nach dem sog. **Du Pont-Schema** können diese bis zu den einzelnen Vermögenspositionen und bis zu den einzelnen Leistungserstellungs- und -verwertungsprozessen der operativen Geschäftseinheiten heruntergebrochen werden (vgl. Abbildung 81).

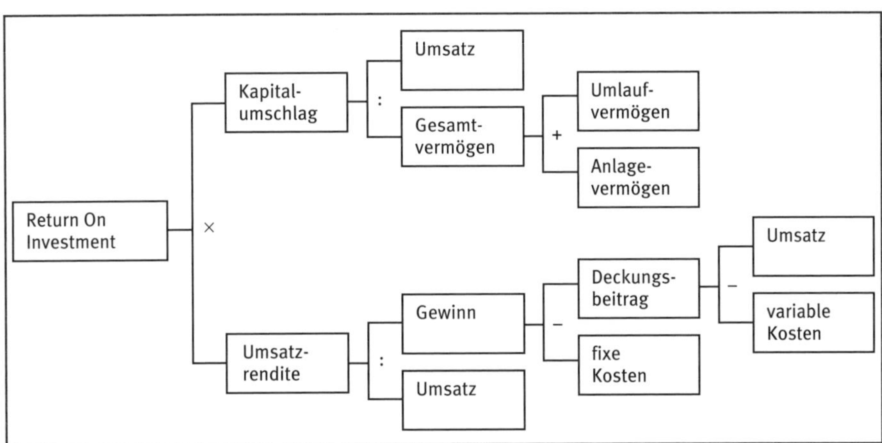

Abbildung 81: Du Pont-Schema

3. Daraufhin wird für jede Geschäftseinheit die in der Vergangenheit erzielte Vermögensrendite (ROI) als Quotient aus dem Gewinn einer operativen Geschäftseinheit und dem in dieser Geschäftseinheit eingesetzten Vermögen ermittelt. Die von den Geschäftseinheiten erzielten Renditen werden dann im Rahmen eines Soll-Ist-Vergleichs der jeweiligen Hurdle Rate gegenübergestellt. Die Differenz zwischen realisierter Rendite und Hurdle Rate **(Spread)** multipliziert mit dem eingesetzten Vermögen stellt den Wertbeitrag oder **Economic Value Added** (EVA) der entsprechenden Geschäftseinheit dar (siehe dazu im Detail Kap. 18.2.2).
4. Die Zuteilung der für Investitionszwecke reservierten Finanzmittel durch die Unternehmenszentrale sollte sich nun an der folgenden Einteilung der Geschäftseinheiten orientieren (vgl. Abbildung 82):

- Geschäftseinheiten mit hoher strategischer Bedeutung (Erfolgspotenzial generierbar) und positivem Spread erhöhen als **Kerngeschäfte** den Unternehmensgesamtwert und sollten daher grundsätzlich entsprechend den verfügbaren Finanzmitteln ausgebaut werden.
- Geschäftseinheiten mit geringer strategischer Bedeutung (kein Erfolgspotenzial generierbar), die ihre Hurdle Rate nachhaltig nicht erreichen, vernichten Unternehmenswert und sind folglich abzustoßen **(Desinvestitionsgeschäfte)**.
- **Restrukturierungsgeschäfte** sind strategisch bedeutsame Geschäftseinheiten, deren operative Effizienz jedoch noch nicht das erforderliche Niveau erreicht hat (ROI<Zielrendite). Sie sind deshalb derart zu restrukturieren, dass sie in die Lage versetzt werden, zukünftig positive Wertbeiträge zu erwirtschaften.
- Schließlich gibt es Geschäftseinheiten, die ihre operative Zielsetzung erfüllen (ROI>Zielrendite), strategisch aber nicht in das Konzept des Unternehmens passen **(Best-Ownership-Geschäfte)**. Sie könnten zu wirklichen Erfolgspotenzialen und damit zu noch höheren als den gegenwärtigen operativen Erfolgen geführt werden, wenn sie unter die Kontrolle jenes Eigentümers gestellt würden, der das beste Umfeld für ihre Entwicklung bereitstellt. Für sie werden deshalb Kooperationspartner oder Käufer gesucht.

strategische Bedeutung	ROI<ZR	ROI>ZR
hoch	Restrukturierungsgeschäfte	Kerngeschäfte
niedrig	Desinvestitionsgeschäfte	Best-Ownership-Geschäfte
	Wertbeitrag	

Abbildung 82: Strategie-Wertbeitrags-Matrix

Seitens der Zentrale ist im Rahmen einer begleitenden **strategischen Finanzmittelplanung** der Bedarf an Finanzmitteln für weitere Investitionen mit der Mittelfreisetzung aus Desinvestitionen und erwarteten Cashflows zu koordinieren.

Der Investitionsplan ist häufig eine der bedeutendsten Positionen eines Budgets. In nahezu allen Unternehmen existieren daher **Investitionsrichtlinien**, die den Ablauf der Investitionsplanung im Detail regeln und beteiligte Personen, verwendete Verfahren sowie andere Gegebenheiten festlegen.[287] Grundlage der Investitionsentschei-

[287] Vgl. Weber et al (2006) S. 17.

dung ist bei Projekten, deren Investitionsvolumen bestimmte Schwellenwerte überschreitet, ein **Investitionsantrag**, der von der Unternehmensleitung bzw. einem für diesen Zweck eingerichteten Investitionsausschuss zu genehmigen ist. Ein Investitionsantrag besteht häufig aus vier zentralen Elementen:[288]

- Erläuterung des Investitionsprojekts unter Angabe maßgeblicher Ziele und Beweggründe;
- Investitionsrechnung inklusive Sensitivitäts- und Szenarioanalysen;
- Ausweis der getroffenen Prämissen;
- Kommentierung durch das Investitionscontrolling und gegebenenfalls durch andere Stabsabteilungen wie etwa technische Bereiche oder Rechtsabteilungen.

17.2 Investitionsentscheidung

Für alle von einer Geschäftseinheit in Betracht gezogenen Investitionsobjekte ist zu prüfen, ob und in welcher Weise sie die Erreichung der Unternehmensziele unterstützen. In erwerbswirtschaftlichen Unternehmen wird in der Regel die Steigerung der für Konsumzwecke der Eigenkapitalgeber **(Shareholder)** verfügbaren finanziellen Mittel im Vordergrund stehen, was die zur Anwendung kommenden Investitionsrechenverfahren berücksichtigen sollten. In der Folge wird kurz gezeigt, dass unter Berücksichtigung dieser Zielsetzung die **Kapitalwertmethode** ein sinnvolles Instrument zur Investitionsentscheidung darstellt. Auf den Zusammenhang zwischen Kapitalwert der Einzahlungsüberschüsse und Barwert der Gewinne bzw. Residualgewinne wurde bereits in Kap. 4.6 eingegangen.

Der **Kapitalwert** (KW) ist die Summe der mit dem Zinssatz für alternative Kapitalveranlagungen (Kalkulationszinssatz) auf den Zeitpunkt t_0 abgezinsten Einzahlungsüberschüsse (CF_t) eines Investitionsprojektes abzüglich der Anschaffungsauszahlung. Da die Anschaffungszahlung (A_0) zum Zeitpunkt t_0 (= Beginn des ersten Jahres) anfällt, muss diese bei der Kapitalwertermittlung nicht mehr diskontiert werden.

$$KW = -A_0 + \sum_{t=1}^{n} \frac{CF_t}{(1+i)^t}$$

Der Kapitalwert eignet sich in besonderem Maß für die Überprüfung der Vorteilhaftigkeit eines Investitionsobjektes, da er die aus der Durchführung der Investition erwachsende Vermögensmehrung im Zeitpunkt t_0 ausdrückt. Es gilt folgende Entscheidungsregel: Ein Investitionsprojekt soll genau dann durchgeführt werden, wenn der Kapitalwert positiv ist. Von mehreren miteinander konkurrierenden Projekten wird jenes mit dem größten positiven Kapitalwert gewählt.

Die Ermittlung des Kapitalwerts soll anhand eines einfachen **Beispiels** demonstriert werden:

[288] Vgl. Weber et al (2006) S. 22.

Beispiel 56

Ein kleiner Industriebetrieb plant die Einführung eines neuen Produkts, für dessen Herstellung folgende Maschine benötigt wird:

- Anschaffungsauszahlung: 100.000
- Geplante Nutzungsdauer: 3 Jahre
- Liquidationserlös am Ende der Nutzungsdauer: 20.000

Die Marketingabteilung hält es für realistisch, dass von dem neuen Produkt jährlich 10.000 Stück zu einem Nettoverkaufspreis von 14 pro Stück abgesetzt werden können. Jedoch gibt sie zu bedenken, dass es bei Einführung des neuen Produkts wahrscheinlich zu Umsatzeinbußen bei bereits vorhandenen, ähnlichen Produkten der Unternehmung in Höhe von jährlich 20.000 kommen würde.
Die Controlling-Abteilung ermittelt variable auszahlungswirksame Stückkosten für Roh-, Hilfs- und Betriebstoffe und Löhne in Höhe von 6. Die Fertigungsabteilung rechnet mit folgenden fixen Auszahlungen für die Instandhaltung der Maschine:

Jahr	1	2	3
Instandhaltungskosten	10.000	22.000	33.000

Der Kalkulationszinssatz wird mit 10% veranschlagt.

Aufgabenstellung:

Ermitteln Sie den Kapitalwert des Investitionsobjektes und interpretieren Sie das Ergebnis!

Lösung:

Zunächst werden die jährlichen Einzahlungsüberschüsse wie folgt ermittelt:

Jahr	1	2	3
Umsatzerlöse	140.000	140.000	140.000
+ Liquidationserlös			20.000
− Umsatzeinbußen	20.000	20.000	20.000
− variable Auszahlungen	60.000	60.000	60.000
− fixe Auszahlungen	10.000	22.000	33.000
= Einzahlungsüberschuss	50.000	38.000	47.000

Als Kapitalwert erhält man dann:

$$KW = -100.000 + \frac{50.000}{1{,}1^1} + \frac{38.000}{1{,}1^2} + \frac{47.000}{1{,}1^3} = 12.171{,}30$$

Da der Kapitalwert positiv ist, sollte das Investitionsprojekt realisiert werden.
Die Interpretation des Kapitalwerts als das durch die Realisierung der Investition zusätzlich geschaffene Vermögen lässt sich wie folgt herleiten: Wenn einer Investorin heute 100.000 zur Verfügung stehen, kann sie damit entweder das Investitionsprojekt realisieren und damit obige Einzahlungsüberschüsse erzeugen. Unter

der Voraussetzung, dass die Investorin sämtliche Einzahlungsüberschüsse auf einem mit 10% verzinsten Konto veranlagt, beträgt der Kontostand am Ende des 3. Jahres dann genau 149.300 (= 50.000 • $1{,}1^2$ + 38.000 • $1{,}1^1$ + 47.000). Wenn die Investorin das Investitionsprojekt hingegen nicht realisiert und stattdessen ihr Anfangskapital von 100.000 auf einem ebenfalls mit 10% verzinslichen Konto für sich arbeiten ließe, würde dieses Konto nach 3 Jahren einen Saldo von 133.100 (= 100.000 • $1{,}1^3$) aufweisen. Bei Durchführung der Investition hat man im Zeitpunkt t_3 somit ein um 16.200 (= 149.300 – 133.100) höheres Vermögen angespart. Diskontiert man diesen bei Durchführung der Investition im Zeitpunkt t_3 erzielbaren Vermögensvorteil von 16.200 auf den Zeitpunkt t_0, so erhält man wiederum den Kapitalwert der Investition in Höhe von 12.171,30.

Weitere in der Praxis häufig verwendete Entscheidungskriterien sind der **Interne Zinsfuß**, die **Annuitätenmethode** sowie die **dynamische Amortisationsrechnung** (Payback-Methode). Bei der Methode des Internen Zinsfußes wird derjenige Zinssatz bestimmt, bei dem sich ein Kapitalwert von null ergibt. Seine Höhe stellt also ein Maß für die Verzinsung dar, die das Projekt erwirtschaftet. Das Ergebnis der Annuitätenmethode besteht aus (auf Basis des Kapitalwerts ermittelten) gleich hohen Zahlungen über den gesamten Planungszeitraum, die als „ausschüttbarer" Periodenüberschuss interpretiert werden können. Die Ermittlung der Payback-Periode dient zur Bestimmung des Zeitraumes, der zur Amortisation des eingesetzten Kapitals inklusive einer Verzinsung in Höhe des Kalkulationszinsfußes benötigt wird. All diese Methoden (sog. dynamische Investitionsrechenverfahren) zeichnet aus, dass sie die Zeitstruktur der Ein- und Auszahlungen berücksichtigen, indem sie die zu unterschiedlichen Zeitpunkten anfallenden Zahlungen mit Hilfe der **Zinseszinsrechnung** auf einen gemeinsamen Vergleichszeitpunkt abzinsen (diskontieren) oder aufzinsen. Darauf verzichten die sog. statischen Methoden (Kostenvergleich, Gewinnvergleich, Renditevergleich).

Neben diesen traditionellen Verfahren gewinnen auch wertorientierte **Residualgewinnbetrachtungen** (z.B. Economic Value Added, siehe Kap. 18) sowie **Realoptionen** im Rahmen der Investitionsbewertung an Bedeutung. Realoptionen übertragen Erkenntnisse aus den Finanzoptionstheorien auf Investitionen in materielle (und gegebenenfalls immaterielle) Vermögensgegenstände. Zukünftigen Handlungsoptionen, die mit bestimmten Investitionen verbunden sind, wird auf dieser Basis ein Wert zugewiesen.[289]

[289] Vgl. Weber et al (2006) S. 21.

Empirische Ergebnisse

Im Rahmen einer von Schuschnig 2010 bei österreichischen Unternehmen durchgeführten Studie konnte festgestellt werden, dass nur 71% der befragten Unternehmen eine **Investitionsrechnung** durchführen. Es zeigte sich, dass die Investitionsrechnung umso eher eingesetzt wird, je größer das Unternehmen ist. In Bezug auf die eingesetzten Investitionsrechenverfahren ergibt sich folgendes Bild:[290]

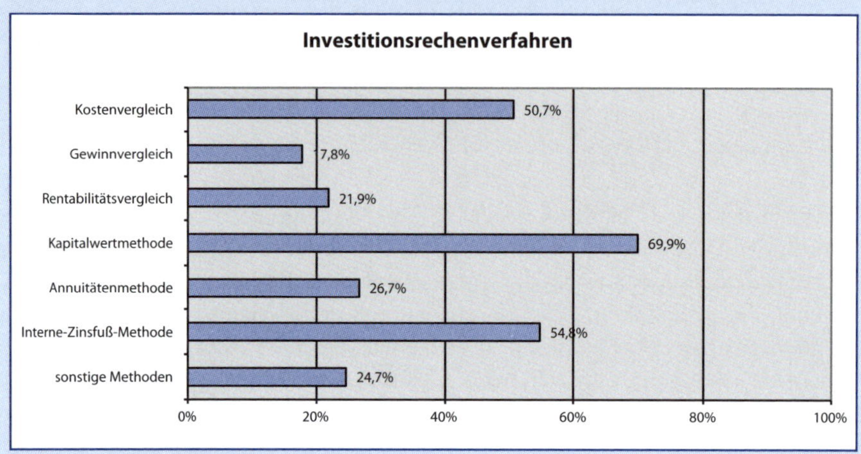

Demnach wird den dynamischen Verfahren der Vorzug gegeben, wobei die Kapitalwertmethode am häufigsten angewendet wird.

17.3 Investitionskontrolle

Auf die Investitionsplanung folgen die Umsetzung der beschlossenen Investitionen und die Investitionskontrolle. Aufgabe der **Investitionskontrolle** ist die Generierung und Aufbereitung der Ist-Werte eines Investitionsprojekts und der Vergleich dieser Ist-Werte mit den im Investitionsantrag festgehaltenen Plan-Werten.

Termin- und/oder ereignisgesteuerte Investitionskontrollen werden sowohl in der Literatur als auch in der Praxis bis dato nur oberflächlich thematisiert. Gerade die Investitionskontrolle stellt jedoch eine wichtige Phase im Investitionsprozess dar, die besonders die folgenden Effekte bewirken kann:[291]

- Bereits die Ankündigung einer Kontrolle kann sich ex ante rationalitätssichernd auf die Investitionsentscheidung auswirken.
- Fehlentwicklungen können im Rahmen der Investitionskontrolle erkannt und durch rechtzeitiges Gegensteuern behoben werden.
- Aus den Ergebnissen des Kontrollprozesses lässt sich für die Zukunft lernen.

290 Vgl. Schuschnig (2010) S. W117 ff. Es waren Mehrfachnennungen möglich.
291 Vgl. Weber et al (2006) S. 10.

18 Wertorientierte Unternehmenssteuerung

Lernziele

Nach Durcharbeiten von Kapitel 18 sollten Sie u.a. in der Lage sein:

- Ziele der wertorientierten Unternehmenssteuerung zu erläutern
- Instrumente der wertorientierten Unternehmenssteuerung anzuwenden
- Grundsätze und Grenzen der wertorientierten Entlohnung zu diskutieren

18.1 Zielsetzung

Zieht man das Rechenwerk von Bilanz und GuV heran, stellt der **Jahresüberschuss** eine zentrale Erfolgsgröße dar. Ein Unternehmen gilt dann als erfolgreich, wenn die Erträge die Aufwendungen einer Periode übersteigen. Eigenkapitalkosten im Sinne der **Renditeansprüche der Eigentümer/innen** können im externen Rechnungswesen nicht erfasst werden. Daher ist auch nicht sichergestellt, dass mit dem Gewinn eine risikoadäquate Verzinsung jener Mittel erwirtschaftet wurde, die von den Eigenkapitalgebern zur Verfügung gestellt wurden.

Genau darauf zielt die **wertorientierte Erfolgsmessung** ab: Als erfolgreich gilt ein Unternehmen im Sinne des Shareholder-Value-Ansatzes erst dann, wenn es die Renditeansprüche seiner Eigenkapitalgeber genauso erfüllt hat wie die Ansprüche der übrigen Stakeholder (Fremdkapitalgeber, Mitarbeiter/innen, Lieferanten etc.). Dass Eigenkapitalkosten im Rechenwerk des Jahresabschlusses nicht berücksichtigt werden, kann somit dazu führen, dass ein Unternehmen trotz „schwarzer Zahlen" in Bilanz und GuV aus Sicht der Anteilseigner Wert vernichtet (vgl. Abbildung 83).[292]

Mit der Berücksichtigung der Eigenkapitalkosten wird in der wertorientierten Erfolgsmessung zugleich das unterschiedliche **Risiko** erfasst, dem unterschiedliche Unternehmen aufgrund ihrer spezifischen Geschäftstätigkeit ausgesetzt sind. Diese unterschiedlichen Risiken gehen durch entsprechende Risikoaufschläge in die Eigenkapitalkosten ein. Unterschiedliche Risiken der Fremdkapitalgeber hingegen spiegeln sich bereits über die Höhe des Fremdkapitalzinses sowohl im Jahresüberschuss als auch in wertorientierten Erfolgsmaßstäben wider.

[292] Diese Überlegungen sollten grundsätzlich nicht als revolutionär bewertet werden, denn wie in Kap. 4.6 gezeigt wurde, arbeitet auch die traditionelle Kostenrechnung mit **kalkulatorischen Zinsen** auf das Eigenkapital. Insofern hatten mit Sicherheit schon viele Unternehmen im deutschsprachigen Raum durch die Ermittlung des kalkulatorischen Periodenerfolgs eine wertorientierte Kennzahl ermittelt, ohne dass es ihnen bewusst war. Vgl. Wolfsgruber (2005) S. 170.

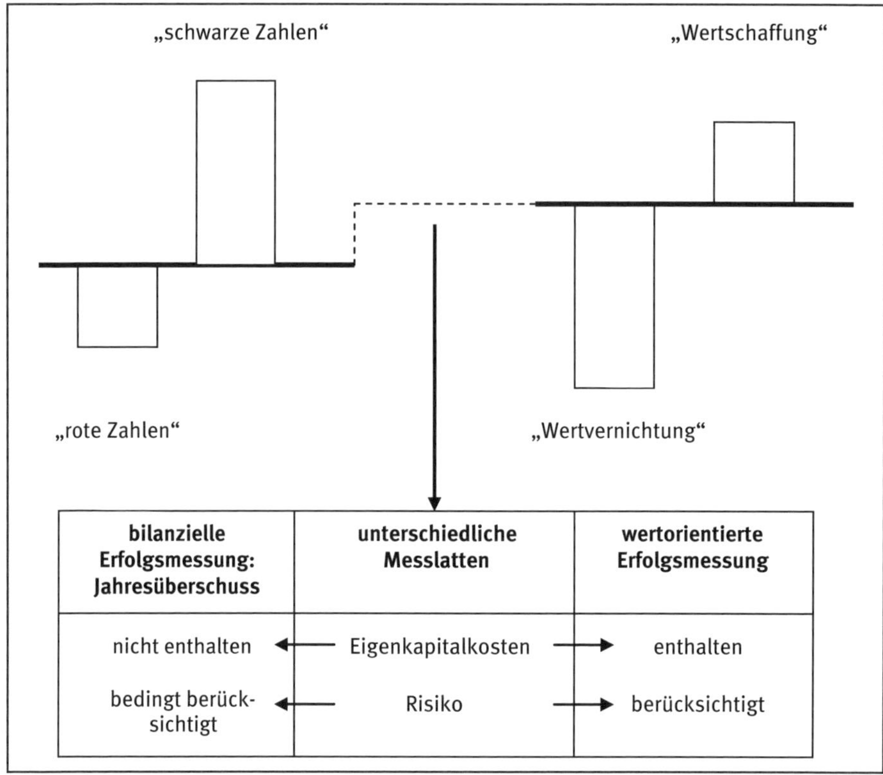

Abbildung 83: Bilanzielle versus wertorientierte Erfolgsmessung[293]

Eine für Steuerungszwecke verwendete Erfolgsrechnung sollte so konzipiert sein, dass die Aktivitäten der Entscheidungsverantwortlichen im Hinblick auf die Erfüllung der gesetzten Ziele beurteilt werden können. In der wissenschaftlichen Diskussion hat sich die **Unternehmenswertsteigerung** als primäre Zielsetzung für Unternehmen herausgebildet. Eine Steuerungsrechnung sollte daher beispielsweise geeignet sein, innerhalb eines Unternehmens den Beitrag dezentraler Einheiten zur Steigerung des Unternehmenswerts **(Shareholder Value)** zu messen.

Der grundsätzliche Zusammenhang zwischen der Periodenerfolgsrechnung und der Investitionsrechnung, welche die Basis für die zahlungsstromorientierte Berechnung von Unternehmenswerten darstellt, ist im deutschsprachigen Raum erstmals von Lücke thematisiert worden (**Lücke-Theorem**, siehe ausführlicher Kap.4.6). Er zeigte, dass sich der Kapitalwert einer Investition sowohl durch die Diskontierung ihrer Zahlungsreihe als auch durch die Diskontierung von (modifizierten) Periodenerfolgen errechnen lässt. Der modifizierte Periodenerfolg ergibt sich dabei als Differenz aus Erträgen und Aufwendungen der Periode, vermindert um kalkulatorische Zinsen auf die Kapitalbindung zu Beginn der jeweiligen Periode. Diese modifizierten Pe-

293 Vgl. Kajüter (2011b) S. 454.

riodenerfolge werden als **Residualgewinne** bezeichnet. Zwingende Voraussetzung für die Gültigkeit des Ergebnisses von LÜCKE ist, dass die (undiskontierte) Summe der Zahlungsüberschüsse mit der (undiskontierten) Summe der Periodengewinne über den Planungszeitraum übereinstimmt **(Kongruenzprinzip)**.

Für die Kosten- und Leistungsrechnung liefert dies zunächst ein weiteres Argument, dass sie, abgesehen von kalkulatorischen Zinsen, streng pagatorisch orientiert bleiben sollte. Weiters impliziert das Kongruenzprinzip, dass keine erfolgsneutralen Verrechnungen mit dem Eigenkapital vorgenommen werden dürfen.

Dabei zeigt sich, dass die IFRS das Kongruenzprinzip weitaus weniger beachten als es das deutsche bzw. österreichische Bilanzrecht tut. Beispielsweise werden Wertänderungen aus den Anpassungen von Fair Values (beizulegenden Zeitwerten) vielfach (z.B. im Rahmen der Neubewertung gemäß IAS 16 oder IAS 38, oder bei bestimmten Eigenkapital-Finanzinstrumenten nach IFRS 9) gar nicht erfolgswirksam verbucht und stattdessen erfolgsneutral mit dem Eigenkapital verrechnet. Einerseits werden damit rein bewertungsbedingte Ergebniseinflüsse aus der Gewinn- und Verlustrechnung ausgeklammert und es wird insofern dem aus der Kostenrechnung bekannten **Normalisierungsziel** Rechnung getragen.[294] Andererseits besteht gerade im Rahmen einer wertorientierten Ergebnisrechnung die Gefahr, dass die Aussagekraft der aus einer IFRS-basierten Rechnungslegung hergeleiteten Kennzahlen für Zwecke der laufenden internen Erfolgskontrolle eingeschränkt wird, weil zwar die Kapitalkosten auf der Basis von Marktwerten angesetzt werden, die Periodenerfolge diese Marktwertänderungen aber nicht bzw. nur zeitverzögert berücksichtigen. Dadurch werden insbesondere **wertorientierte Kennzahlen verzerrt** und sind damit nur noch eingeschränkt zur Bereichssteuerung einsetzbar. Daher ist festzuhalten, dass die Übernahme der IFRS-Daten in eine für wertorientierte Steuerungszwecke verwendete Erfolgsrechnung zwar besser geeignet erscheint als auf Basis nationaler durch das Vorsichtsprinzip geprägten Daten, jedoch auch eine IFRS-Datenbasis nicht ohne Anpassungen verwendet werden kann.

Um die an der nachhaltigen Unternehmenswertsteigerung orientierten Unternehmensziele (z.B. Überschreiten einer Mindestverzinsung) zu erreichen, sollen mehrjährige Planungsrechnungen die zu erwartenden Auswirkungen strategischer Entscheidungen auf den Marktwert des Eigenkapitals **(Shareholder Value)** aufzeigen.

[294] Dem **Normalisierungsziel** wird auch durch verschiedene Bewertungsvorschriften entsprochen, welche eine im Vergleich zum UGB stärkere Glättung des Ergebnisausweises bewirken. Zu nennen sind hier beispielsweise die leistungsproportionale Umsatz- und Gewinnrealisierung nach dem Fertigstellungsgrad bei bestimmten periodenübergreifenden Leistungsverpflichtungen (IFRS 15) sowie die Aktivierung und Abschreibung von klar abgrenzbaren Entwicklungskosten (IAS 38).

18.2 Methoden

18.2.1 Discounted-Cashflow-Methoden (DCF)

Der Marktwert des Eigenkapitals lässt sich zunächst im Rahmen von **Discounted-Cashflow-Methoden** grundsätzlich durch Prognose und Diskontierung zukünftiger Einzahlungsüberschüsse (Cashflows) ermitteln. Bezüglich der grundlegenden Ausgestaltungsmöglichkeiten von Discounted-Cashflow-Methoden kann zwischen dem Entity- und dem Equity-Approach unterschieden werden.

Bei dem in der Praxis üblichen **Entity-Approach** werden die sowohl den Eigen- als auch den Fremdkapitalgebern zur Verfügung stehenden Cashflows (Free Cashflows) mit einem gewogenen Eigen- und Fremdkapitalkostensatz **(Weighted Average Cost of Capital, WACC)**[295] diskontiert. Von dem auf diese Weise ermittelten Marktwert des gesamten verzinslichen Kapitals wird abschließend das Fremdkapital zu Marktwerten abgezogen, um den Marktwert des Eigenkapitals (Sharehoder Value) zu ermitteln. Beim **Equity-Approach** wird der Marktwert des Eigenkapitals hingegen direkt durch Diskontierung der den Eigenkapitalgebern zustehenden Cashflows (Flows to Equity) mit deren Renditeforderung ermittelt.

Bei laufender unternehmensinterner Durchführung dieser Rechnung wird ersichtlich, ob es dem Management gelingt, den Wert des Unternehmens im Zeitablauf zu steigern. Im Rahmen der Strategiebewertung können Unternehmenswerte unterschiedlicher Alternativen berechnet und verglichen werden, um die optimale Strategieauswahl zu unterstützen.

18.2.2 Economic Value Added (EVA)

Eine weitere Form der wertorientierten Unternehmenssteuerung ist das Modell des **Economic Value Added (EVA)**. Mit Hilfe dieses Residualgewinnkonzepts soll einerseits eine Aussage darüber getroffen werden können, ob es in einer künftigen Periode voraussichtlich gelingen wird, Unternehmenswert zu schaffen oder nicht. Andererseits soll wiederum ein Vergleich mit früheren Perioden zeigen, wie sich das Unternehmen im Zeitablauf entwickelt.

Der EVA errechnet sich, indem vom operativen Ergebnis vor Zinsen und nach Steuern (NOPLAT) die Kapitalkosten abgezogen werden (vgl. Abbildung 84). Die Kapitalkosten ergeben sich aus der Multiplikation des im Unternehmen bzw. Geschäftsbereich investierten Kapitals mit einem gewichteten Durchschnitt aus Eigen- und Fremdkapitalkosten **(Weighted Average Cost of Capital, WACC)**.

---

[295] Zur Berechnung der Eigenkapitalkosten (k) bietet sich das **Capital Asset Pricing Model (CAPM)** an. Dieses Gleichgewichtsmodell postuliert Eigenkapitalkosten in Höhe einer risikolosen Verzinsung (i) zuzüglich einer Risikoprämie, die sich ihrerseits aus dem Marktpreis für die Übernahme von Risiko, ausgedrückt als Differenz zwischen Marktrendite und risikoloser Verzinsung, multipliziert mit der unternehmensspezifischen Risikohöhe Beta (β) ergibt. Den **Beta-Faktor** berechnet man aus dem Quotienten der Kovarianz zwischen den historischen Aktienrenditen des Unternehmens und den im gleichen Zeitraum erzielten Renditen des Marktportfolios und der Renditevarianz des Marktportfolios.

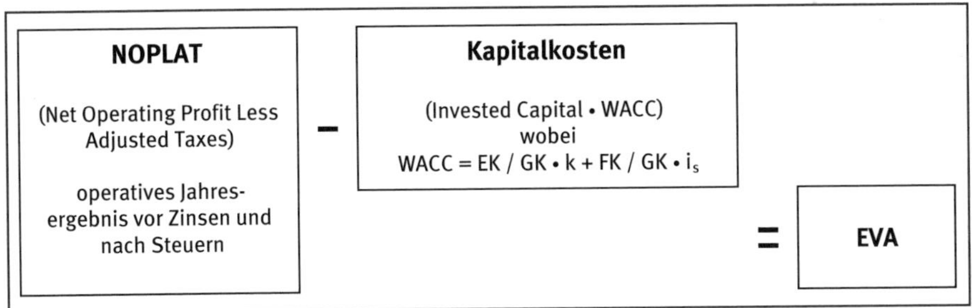

Abbildung 84: Economic Value Added (EVA)[296]

Wird zum Barwert der EVAs der zukünftigen Perioden (= Market Value Added, MVA) der Buchwert des verzinslichen Gesamtkapitals im Zeitpunkt t_0 hinzuaddiert, so erhält man den heutigen Marktwert des Gesamtkapitals. Zieht man von diesem den Marktwert des Fremdkapitals im Zeitpunkt t_0 ab, gelangt man zum **Marktwert des Eigenkapitals** im Zeitpunkt t_0 (Entity-Approach).

Alternativ kann auch ein Residualgewinn aus Sicht der Eigenkapitalgeber ermittelt werden, indem vom Gewinn einer Periode kalkulatorische Eigenkapitalkosten abgezogen werden. Addiert man zum Barwert so ermittelter **Residualgewinne** den aktuellen Buchwert des Eigenkapitals, gelangt man auf direktem Weg zum Marktwert des Eigenkapitals im Zeitpunkt t_0 (Equity-Approach).

Zu jeder Wertbeitragszahl gibt es eine korrespondierende Rentabilitätskennzahl. Daher können die beiden Kennzahlentypen stets ineinander überführt werden. Die mit dem EVA korrespondierende Rentabilitätskennzahl ist der **Return on Capital Employed (ROCE).**[297]

Der ROCE ist wie folgt definiert:[298]

$$ROCE_t = \frac{NOPLAT_t}{\text{Investiertes Kapital}_{t-1}}$$

Da der EVA wie folgt ermittelt wird:

$EVA_t = NOPLAT_t - WACC_s \cdot \text{Investiertes Kapital}_{t-1}$,

ergibt sich durch Umformung folgende Relation zwischen EVA und ROCE:

$EVA_t = (ROCE_t - WACC_s) \cdot \text{Investiertes Kapital}_{t-1}$

Im Falle einer Wertschaffung liegt der ROCE über den gewogenen Kapitalkosten ($WACC_s$), im Falle einer Wertvernichtung darunter.

Durch die Aufspaltung des EVA entsteht ein hierarchisches System von miteinander verknüpften Werttreibern **(Werttreiberbaum)**. Anhand eines solchen Werttreiberbaums lassen sich die Zusammenhänge zwischen dem EVA und den verschiede-

296 Vgl. Kajüter (2011b) S. 461.

297 Vgl. Arbeitskreis „Finanzierungsrechnung" der Schmalenbachgesellschaft für Betriebswirtschaft e.V. (2005) S. 37.

298 Zum investierten Kapital zählt neben dem Eigenkapital das verzinsliche Fremdkapital (Anleihen, Bankkredite etc.).

nen Handlungsfeldern (Werttreibern) des Managements (Marketing, Kostenmanagement, Vermögensmanagement, Finanzmanagement) aufzeigen (vgl. Abbildung 85).

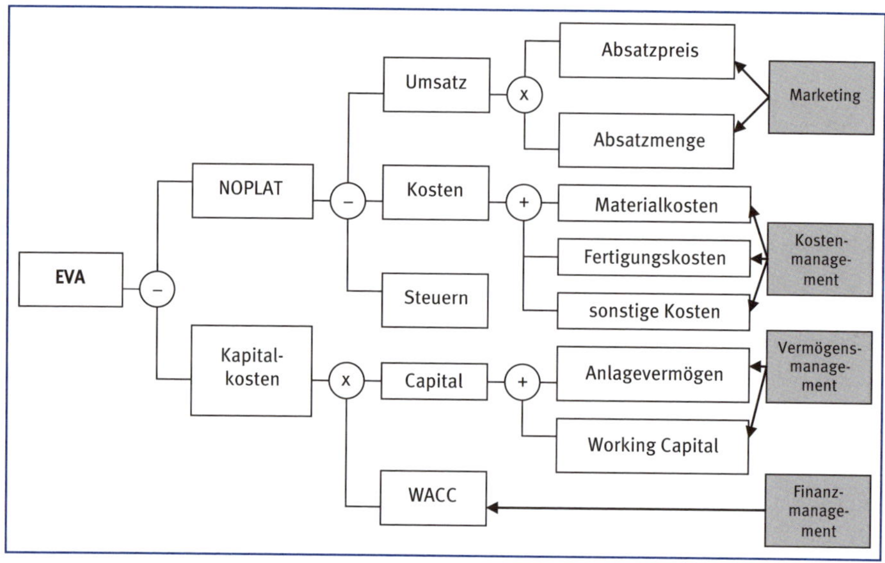

Abbildung 85: Werttreiberbaum

Für die Anwendung von EVA oder einem anderen Residualgewinnkonzept ist es sinnvoll, im Rahmen einer wertorientierten **Kontrollrechnung** die geplanten mit den in der Folge tatsächlich realisierten EVAs zu vergleichen und bei wesentlichen Abweichungen diese einer detaillierten Ursachen- bzw. Werttreiberanalyse zu unterziehen.

☞ Economic Value Added

Der Economic Value Added (EVA) ist eine von der amerikanischen Beratungsgesellschaft Stern Stewart & Co entwickelte Wertbeitragskennzahl. Der EVA errechnet sich, indem vom operativen Ergebnis vor Zinsen und nach Steuern (NOPLAT) die Kapitalkosten abgezogen werden. Ein positiver EVA deutet darauf hin, dass in der Periode Wert geschaffen wurde, ein negativer EVA zeigt eine Wertvernichtung an. Der Barwert der geplanten EVAs wird Market Value Added (MVA) genannt.

Das nachfolgende Beispiel soll der Verdeutlichung des DCF- und EVA-Konzepts (jeweils Equity-Approach) dienen.

Beispiel 54[299]

Für ein Unternehmen liegt folgende Bilanz zum 31.12.20X0 vor:

Aktiva	31.12.20X0	Passiva	31.12.20X0
Sachanlagen	2.000	Eigenkapital	2.800
Roh-, Hilfs- und Betriebsstoffe	1.150	Verbindlichkeiten LuL	700
Forderungen LuL	350		
Summe	3.500	Summe	3.500

Auf Basis einer strategischen Maßnahmenplanung wurden folgende Annahmen für die nächsten drei Jahre (Detailplanungszeitraum) getroffen:

Werttreiber	20X0	20X1	20X2	20X3
Erträge				
Umsatz absolut	6.000			
Umsatzwachstum		5%	5%	0%
Aufwandsstruktur				
Materialaufwand (in % vom Umsatz)		55%	55%	55%
Personalaufwand (in % vom Umsatz)		31%	32%	33%
Investitionen in Sachanlagevermögen				
Bruttoinvestitionen		800	200	320
Einz. aus Anlagenabgängen (= Restbuchwert)		20	20	20
planmäßige Abschreibungen		300	300	300
Working Capital				
Roh-, Hilfs- und Betriebsstoffe (in % vom Umsatz)		20%	20%	20%
Forderungen LuL (in % vom Umsatz)		5%	5%	5%
Verbindlichkeiten LuL (in % vom Umsatz)		10%	10%	10%

Die Eigentümer verzichten auch in Zukunft auf die Aufnahme von Finanzkrediten. Die Zahlungsüberschüsse für die Eigenkapitalgeber (Flow to Equity) sollen in jedem Planjahr zur Gänze ausgeschüttet werden. Einen allfälligen Außenfinanzierungsbedarf können die Eigentümer problemlos über Einlagen finanzieren.
Sämtliche Werte der Jahre 20X4 ff. entsprechen jenen des Jahres 20X3.
Der als konstant angenommene Eigenkapitalkostensatz beträgt 10%.
Auf eine Berücksichtigung von Steuern wird vereinfachend verzichtet.

[299] Vgl. Henselmann/Kniest (2015) S. 124 ff.

Aufgabenstellung:

a) Erstellen Sie für die Zeitpunkte 20X1, 20X2 und 20X3 die Plan-Erfolgsrechnungen, Plan-Bilanzen und Plan-Kapitalflussrechnungen und leiten Sie daraus die Zahlungsströme gegenüber den Eigenkapitalgebern (Flow to Equity) ab. Ermitteln Sie anschließend den Unternehmenswert zum 31.12.20X0 mittels Equity-Approach (= DCF).

b) Berechnen Sie für alle Planjahre die geplanten (Eigenkapital-)Residualgewinne. Ermitteln Sie anschließend den Unternehmenswert zum 31.12.20X0 durch Diskontierung dieser Residualgewinne (= EVA).

Lösung:

a)

Die nachfolgenden Planungsrechnungen (Plan-GuV, Plan-Bilanz, Plan-Kapitalflussrechnung) zeigen die sich aus den obigen Angaben ergebende Entwicklung auf:

Plan-GuV	20X0	20X1	20X2	20X3
Umsatzerlöse	6.000,00	6.300,00	6.615,00	6.615,00
– Materialaufwand		3.465,00	3.638,25	3.638,25
– Personalaufwand		1.953,00	2.116,80	2.182,95
– planmäßige Abschreibungen		300,00	300,00	300,00
= Jahresüberschuss		582,00	559,95	493,80

Plan-Bilanz	20X0	20X1	20X2	20X3
Sachanlagevermögen				
Restbuchwert 1.1.		2.000,00	2.480,00	2.360,00
Bruttoinvestitionen		800,00	200,00	320,00
– Anlagenabgänge zum Restbuchwert		20,00	20,00	20,00
Nettoinvestitionen		780,00	180,00	300,00
– planmäßige Abschreibung		300,00	300,00	300,00
Restbuchwert 31.12.	2.000,00	2.480,00	2.360,00	2.360,00
Umlaufvermögen				
Roh-, Hilfs- und Betriebsstoffe	1.150,00	1.260,00	1.323,00	1.323,00
Forderungen LuL	350,00	315,00	330,75	330,75
Summe Aktiva	3.500,00	4.055,00	4.013,75	4.013,75
Eigenkapital				
Stand 1.1.		2.800,00	3.425,00	3.352,25
+ Jahresüberschuss		582,00	559,95	493,80
+/– Einlage/Ausschüttung		43,00	–632,70	–493,80
Stand 31.12.	2.800,00	3.425,00	3.352,25	3.352,25
Fremdkapital				
Verbindlichkeiten LuL	700,00	630,00	661,50	661,50
Summe Passiva	3.500,00	4.055,00	4.013,75	4.013,75

Plan-Kapitalflussrechnung	20X1	20X2	20X3
Jahresüberschuss	582,00	559,95	493,80
+ planmäßige Abschreibung	300,00	300,00	300,00
+/– Veränderung Roh-, Hilfs- und Betriebstoffe	–110,00	–63,00	0,00
+/– Veränderung Forderungen LuL	35,00	–15,75	0,00
+/– Veränderung Verbindlichkeiten LuL	–70,00	31,50	0,00
= Cashflow 1	737,00	812,70	793,80
– Bruttoinvestitionen	–800,00	–200,00	–320,00
+ Einzhg. aus Anlagenabgängen	20,00	20,00	20,00
= Cashflow 2	–780,00	–180,00	–300,00
Flow to Equity (Cashflow 1 + Cashflow 2)	–43,00	632,70	493,80

Diskontiert man die Zahlungsüberschüsse für die Eigenkapitalgeber (Flow to Equity) mit dem Eigenkapitalkostensatz von 10% unter Berücksichtigung einer ewigen Rente in Höhe von 493,80 ab 1.1.20X4, so erhält man den Marktwert des Eigenkapitals (Shareholder Value) in Höhe von 4.564,79.

b)

Die geplanten Eigenkapital-Residualgewinne werden wie folgt ermittelt:

Residualgewinnermittlung	20X1	20X2	20X3
Jahresüberschuss	582,00	559,95	493,80
– Eigenkapitalkosten	280,00	342,50	335,23
= EK-Residualgewinn	302,00	217,45	158,57

Der Marktwert des Eigenkapitals lässt sich nun, wiederum unter Annahme einer ewigen Rente in Höhe von 158,57 ab 1.1.20X4, auch wie folgt ermitteln:

Barwert der Residualgewinne	1.764,79
+ Buchwert des Eigenkapitals	2.800,00
= Marktwert des Eigenkapitals	4.564,79

Empirische Ergebnisse

Einer von Günther/Gonschorek 2011 bei deutschen mittelständischen Unternehmen durchgeführten Studie zufolge sind **wertorientierte Kennzahlen** nicht nur in Großunternehmen verbreitet. So etwa berechnen bereits 30% der befragten Unternehmen einen Return on Capital Employed:[300]

18.2.3 Fallbeispiel zu DCF und EVA

[300] Vgl. Günther/Gonschorek (2011) S. 23.

Verbreitungsgrad wertorientierter Kennzahlen

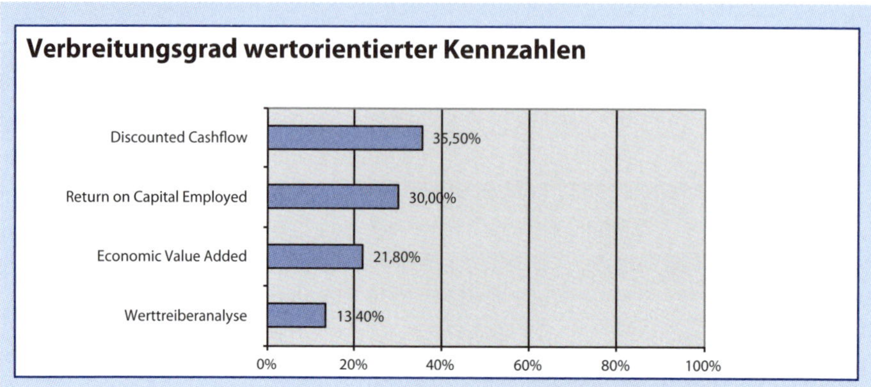

Das nun folgende Fallbeispiel dient zur Vertiefung der bereits dargestellten Zusammenhänge.

Beispiel 58[301]

Ein mittelständisches Unternehmen weist im Zeitpunkt t_0 folgende Bilanz auf:

Anlagevermögen	900,00
Umlaufvermögen	
Forderungen LuL	0,00
liquide Mittel	63,84
SUMME	963,84
Eigenkapital	
Gezeichnetes Kapital	20,00
Gewinnrücklage	43,84
Fremdkapital	
Bankkredite	900,00
Verbindlichkeiten LuL	0,00
SUMME	963,84

Die Plan-GuV werden sich gemäß Mittelfristplanung wie folgt entwickeln:

Periode	1	2	3	4 ff.
Umsatz	1.000	1.250	750	600
– Materialaufwand	200	300	150	100
– Personalaufwand	300	350	200	150
– Abschreibung	300	400	200	300
= EBIT	200	200	200	50

301 Vgl. Arbeitskreis „Wertorientierte Führung in mittelständischen Unternehmen" der Schmalenbachgesellschaft für Betriebswirtschaft e.V. (2004) S. 241 ff.

Die Gewinnrücklagen sind in jedem Jahr so anzupassen, dass der Bilanzgewinn in jedem Jahr mit dem den Eigentümern zurechenbaren Einzahlungsüberschüssen (Flow to Equity) übereinstimmt.
Die Forderungen bzw. Verbindlichkeiten aus Lieferungen und Leistungen werden sich laut Mittelfristplanung voraussichtlich wie folgt entwickeln:

Periode	1	2	3	4 ff.
Forderungen LuL	250,00	312,50	0,00	0,00
Verbindlichkeiten LuL	60,00	90,00	0,00	0,00

Weiters wurde folgender Plan-Anlagespiegel aufgestellt, der bis zur Periode 7 fortgeschrieben wurde, da erst dann ein stationärer Zustand bei den Aktiva zu historischen Anschaffungs- und Herstellkosten eintritt.

Periode	AK/HK zu Perioden-beginn	Zugänge	Abgänge	AfA kumuliert	BW zu Perioden-ende	BW der Vorperiode	AfA der laufenden Periode
1	900	0	0	300	600	900	300
2	900	0	0	700	200	600	400
3	900	600	900	0	600	200	200
4	600	300	0	300	600	600	300
5	900	300	0	600	600	600	300
6	1.200	300	600	300	600	600	300
7	9.000	300	300	300	600	600	300

Das gezeichnete Kapital soll künftig nicht verändert werden.
Die Bilanz- und GuV-Positionen der Periode 4 werden als repräsentativ für alle darauf folgenden Perioden angenommen.
Der Fremdkapitalzinssatz wird mit 5% angenommen, die Eigenkapitalkosten betragen bei einer als konstant angenommenen Eigenkapitalquote von einem Drittel 10%. Der verzinsliche Fremdkapitalbestand (= Bankkredite) ist in jedem Zeitpunkt so anzupassen, dass er mit einer Eigenkapitalquote von einem Drittel kompatibel ist. Trotz dieser laufenden Anpassung wird vereinfachend davon ausgegangen, dass der Buchwert der Bankkredite in jedem Zeitpunkt dessen Marktwert entspricht. Die Fremdkapitalzinsen werden durch Anwendung des Fremdkapitalzinssatzes auf die zu Beginn der Periode ausgewiesenen Bankkredite ermittelt.
Der Körperschaftsteuersatz beträgt 20%. Persönliche Steuern auf Ebene der Anteilseigner sollen im Beispiel aus Vereinfachungsgründen vernachlässigt werden. Es wird angenommen, dass alle Zahlungen stets am Ende einer Periode anfallen.

Aufgabenstellung:

a) Ermitteln Sie den Marktwert des Eigenkapitals (= Shareholder Value) mittels Diskontierung von Free Cashflows mit einem gewichteten Kapitalkostensatz!

b) Ermitteln Sie den Marktwert des Eigenkapitals mittels Diskontierung von Flows to Equity mit dem Eigenkapitalkostensatz!

c) Ermitteln Sie den Marktwert des Eigenkapitals mittels Diskontierung von den Eigen- bzw. den Gesamtkapitalgebern zurechenbaren Residualgewinnen!

d) Welche Vor- und Nachteile weisen absolute Wertbeiträge (z.B. EVA) gegenüber relativen Kennzahlen (z.B. ROCE) auf?

Lösung:

a)

Die Free Cashflows entsprechen der Summe der in einer Periode an die Eigen- und Fremdkapitalgeber insgesamt fließenden Zahlungen (exklusive Tax Shield) und können wie folgt ermittelt werden:

	Periode	1	2	3	4 ff.
	EBIT	200,00	200,00	200,00	50,00
–	Steuern	–40,00	–40,00	–40,00	–10,00
+	Abschreibung	300,00	400,00	200,00	300,00
+/–	Forderungen LuL	–250,00	–62,50	312,50	0,00
+/–	Verbindlichkeiten LuL	60,00	30,00	–90,00	0,00
–	Investitionen	0,00	0,00	–600,00	–300,00
=	Free Cashflow	270,00	527,50	–17,50	40,00

Die Diskontierung der Free Cashflows erfolgt mit einem gewichteten durchschnittlichen Kapitalkostensatz, der sich aus den Renditeforderungen der Eigen- und Fremdkapitalgeber ergibt. Diesen gewichteten Kapitalkostensatz inklusive Tax Shield ($WACC_S$) ermittelt man wie folgt:

$WACC_S = 1/3 \cdot 10\% + 2/3 \cdot 5\% \cdot (1 - 20\%) = 6\%$

Anschließend ermittelt man den Marktwert des Gesamtkapitals (GK_{MW}) durch Diskontierung wie folgt:

$$GK_{MW} = \frac{270{,}00}{1{,}06^1} + \frac{527{,}50}{1{,}06^2} - \frac{17{,}50}{1{,}06^3} + \frac{40{,}00}{1{,}06^4} + \frac{40{,}00}{0{,}06 \cdot 1{,}06^4} = 1.269{,}24$$

Den Marktwert des Eigenkapitals in Höhe von 423,08 erhält man durch Multiplikation des Marktwert des Gesamtkapitals von 1.269,24 mit der Eigenkapitalquote von einem Drittel.

Die Zielkapitalstruktur ist in der Bilanz zum Zeitpunkt t_0 durch folgende erfolgsneutrale Umbuchung herzustellen (= anteilige Rückzahlung):

Bankkredite / Liquide Mittel 53,84

Aufgrund dieser Umbuchung lautet die Position „Bankkredite" im Zeitpunkt t_0 auf 846,16. Dies entspricht exakt zwei Drittel des Gesamtunternehmenswerts von 1.269,24. Die Position „Liquide Mittel" und die Bilanzsumme sinken aufgrund dieser Bilanzverkürzung auf 10 bzw. 910.

Durch Diskontierung der Free Cashflows auf die Zeitpunkte t_1, t_2, t_3 und t_4 sowie anschließender Multiplikation mit der Fremdkapitalquote von 2/3 lassen sich die künftigen Bankkreditstände wie folgt ermitteln:

Periode	0	1	2	3	4 ff.
Bankkredite	846,16	716,93	408,28	444,44	444,44

b)
Die Fortsetzung der Plan-GuV zeigt folgendes Bild:

Periode	1	2	3	4 ff.
EBIT	200,00	200,00	200,00	50,00
– Zinsaufwand (5%)	42,31	35,85	20,41	22,22
= Erg. vor Steuern	157,69	164,15	179,59	27,78
– Steuern (20%)	31,54	32,83	35,92	5,56
= Jahresüberschuss	126,15	131,32	143,67	22,22

Die Plan-Kapitalflussrechnungen der Perioden 1 bis 4 ermittelt man wie folgt:

Periode	1	2	3	4 ff.
Jahresüberschuss	126,15	131,32	143,67	22,22
+ Abschreibung	300,00	400,00	200,00	300,00
+/– Forderungen LuL	–250,00	–62,50	312,50	0,00
+/– Verbindlichkeiten LuL	60,00	30,00	–90,00	0,00
= operativer Cashflow	236,15	498,82	566,17	322,22
– Investitionen	0,00	0,00	–600,00	–300,00
+/– Fremdfinanzierung	–129,23	–308,65	36,16	0,00
= Veränderung liquider Mittel	106,92	190,17	2,33	22,22

Die Gewinnverwendungsrechnung gestaltet sich dann unter der Zielsetzung, dass der Bilanzgewinn in jedem Jahr mit dem den Eigentümern zurechenbaren Einzahlungsüberschüssen (= Flow to Equity bzw. Veränderung liquider Mittel laut Plan-Kapitalflussrechnung) übereinstimmen soll, wie folgt:

Periode	1	2	3	4 ff.
Jahresüberschuss	126,15	131,32	143,67	22,22
+/– Gewinnrücklage	–19,23	58,85	–141,34	0,00
= Bilanzgewinn / Flow to Equity	106,92	190,17	2,33	22,22

Durch Diskontierung der Flows to Equity bzw. der Bilanzgewinne mit dem Eigenkapitalkostensatz von 10% ermittelt man auf direktem Weg einen Marktwert des Eigenkapitals in Höhe von 423,08.

c)
Die Plan-Bilanzen des Unternehmens entwickeln sich wie folgt:

Periode	0	1	2	3	4 ff.
Anlagevermögen	900,00	600,00	200,00	600,00	600,00
Umlaufvermögen					
Forderungen LuL	0,00	250,00	312,50	0,00	0,00
liquide Mittel	10,00	10,00	10,00	10,00	10,00
SUMME	910,00	860,00	522,50	610,00	610,00
Eigenkapital					
gezeichnetes Kapital	20,00	20,00	20,00	20,00	20,00
Gewinnrücklage	43,84	63,07	4,22	145,56	145,56
Fremdkapital					
Kredite	846,16	716,93	408,28	444,44	444,44
Verbindlichkeiten LuL	0,00	60,00	90,00	0,00	0,00
SUMME	910,00	860,00	522,50	610,00	610,00

Die den Eigenkapitalgebern zurechenbaren Residualgewinne ermittelt man wie folgt:

Periode	1	2	3	4 ff.
Jahresüberschuss	126,15	131,32	143,67	22,22
– EK-Zinsen (= 10% von gez. Kapital + Gew.rück.)	6,38	8,31	2,42	16,56
= EK-Residualgewinn	119,77	123,02	141,25	5,67

Diskontiert man diese Residualgewinne mit dem Eigenkapitalkostensatz von 10%, erhält man einen Barwert in Höhe von 359,24. Addiert man zu diesem Barwert den Buchwert des Eigenkapitals im Zeitpunkt t_0 in Höhe von 63,84, so erhält man wiederum auf direktem Weg einen Marktwert des Eigenkapitals in Höhe von 423,08:

$$EK_{MW} = 63{,}84 + \frac{119{,}77}{1{,}1^1} + \frac{123{,}02}{1{,}1^2} + \frac{141{,}25}{1{,}1^3} + \frac{5{,}67}{1{,}1^4} + \frac{5{,}67}{0{,}1 \cdot 1{,}1^4} = 423{,}08$$

Die den Eigen- und Fremdkapitalgebern zurechenbaren Residualgewinne (= Economic Value Added) ermittelt man wie folgt:

Periode	1	2	3	4 ff.
EBIT	200,00	200,00	200,00	50,00
– adaptierte Steuern	40,00	40,00	40,00	10,00
= NOPLAT	160,00	160,00	160,00	40,00
– GK-Zinsen (= 6% von gez. Kapital + Gew.rückl. + Kredite)	54,60	48,00	25,95	36,60
= GK-Residualgewinn (EVA)	105,40	112,00	134,05	3,40

Addiert man zum Barwert der den Eigen- und Fremdkapitalgebern zurechenbaren Residualgewinne (= Market Value Added) von 359,24 den Buchwert des Gesamtkapitals im Zeitpunkt t_0 von 910 und zieht davon schließlich den Wert der Bankkredite im Zeitpunkt t_0 von 846,16 ab, so gelangt man wieder zu einem Marktwert des Eigenkapitals von insgesamt 423,08:

$$EK_{MW} = 910,00 + \frac{105,40}{1,06^1} + \frac{112,00}{1,06^2} + \frac{134,05}{1,06^3} + \frac{3,40}{1,06^4} + \frac{3,40}{0,06 \cdot 1,06^4} - 846,16 = 423,08$$

d)

Absolute Kennzahlen (z.B. EVA) erfassen den Wertbeitrag einer Periode in Geldeinheiten, relative Kennzahlen (z.B. ROCE) messen die Rentabilität des eingesetzten Kapitals in Prozent.

Rentabilitätskennzahlen haben den Vorteil, dass sie unabhängig von der Unternehmens- bzw. Geschäftsbereichsgröße sind. Typischerweise sind das investierte Kapital und die Überschussgröße positiv korreliert: Mehr investiertes Kapital erhöht in der Regel auch den Absolutbetrag der Überschussgröße. Dies kann für Vergleiche verschieden großer Geschäftsbereiche oder Unternehmen problematisch sein. Ein großer, wenig rentabler Bereich kann einen höheren absoluten Wertbeitrag aufweisen als ein hoch rentabler, aber kleiner Bereich. Kapitalallokationen auf Basis von absoluten Wertbeiträgen würden hier möglicherweise Fehlentscheidungen auslösen.[302] Problematisch ist weiters, dass absolute Kennzahlen nicht den gesamten, sondern nur den in der Periode „realisierten" zusätzlichen Wert anzeigen. Durch bestimmte Aktivitäten (z.B. Reduktion von F&E-Aufwendungen) kann nämlich der aktuelle Wertbeitrag zu Lasten zukünftiger Wertbeiträge und damit auch zu Lasten des Unternehmenswerts gesteigert werden.[303]

Rentabilitätskennzahlen können ihrerseits allerdings ebenfalls oft falsche Anreize für die Investitionssteuerung liefern: Angenommen, die Rendite eines Geschäftsbereichs beträgt 15%. Der/die Manager/in kann in ein neues Projekt mit einer Rendite von 12% investieren und dies mit Kapitalkosten von 8% finanzieren. Der Wertbeitrag ist positiv und das Projekt sollte durchgeführt werden. Da die Rendite des neuen Projektes aber unter der der bisherigen Projekte liegt, sinkt die durchschnittliche Rendite des Geschäftsbereichs auf unter 15%, so dass der/die Manager/in keinen Anreiz hat, das Projekt durchzuführen.[304]

Zu jeder Wertbeitragszahl gibt es eine korrespondierende Rentabilitätskennzahl. Daher können die beiden Kennzahlentypen stets ineinander überführt werden. Beispielsweise ist die mit dem EVA korrespondierende Rentabilitätskennzahl der Return on Capital Employed (ROCE).[305]

302 Vgl. Arbeitskreis „Finanzierungsrechnung" der Schmalenbachgesellschaft für Betriebswirtschaft e.V. (2005) S. 25 f.

303 Vgl. Arbeitskreis „Finanzierungsrechnung" der Schmalenbachgesellschaft für Betriebswirtschaft e.V. (2005) S. 34 f.

304 Vgl. Arbeitskreis „Finanzierungsrechnung" der Schmalenbachgesellschaft für Betriebswirtschaft e.V. (2005) S. 25.

305 Vgl. Arbeitskreis „Finanzierungsrechnung" der Schmalenbachgesellschaft für Betriebswirtschaft e.V. (2005) S. 37.

Der ROCE ist wie folgt definiert:

$$ROCE_t = \frac{NOPLAT_t}{\text{Investiertes Kapital}_{t-1}}$$

Der EVA wird bekanntlich wie folgt ermittelt:

$$EVA_t = NOPLAT_t - WACC_s \cdot \text{Investiertes Kapital}_{t-1}$$

Durch Umformung ergibt sich folgende Relation zwischen EVA und ROCE:

$$EVA_t = (ROCE_t - WACC_s) \cdot \text{Investiertes Kapital}_{t-1}$$

Im Falle einer Wertschaffung liegt der ROCE über den gewogenen Kapitalkosten ($WACC_s$), im Falle einer Wertvernichtung darunter.
Für das Beispiel ermittelt man folgende ROCE-Werte:[306]

Periode	1	2	3	4 ff.
ROCE	17,58%	20,00%	36,99%	6,56%

18.3 Wertorientierte Entlohnung

Neben einer Setzung wertorientierter Ziele und geeigneter Planungs- und Kontrollmethoden bedarf es zur wertorientierten Unternehmenssteuerung auch **erfolgsorientierter Entlohnungssysteme**, die den Führungskräften einen Anreiz gewähren sollen, ihre Entscheidungen und ihr Handeln stets am Ziel der Unternehmenswertsteigerung auszurichten.

Eine erfolgsorientierte Vergütung für Manager/innen sollte drei **Komponenten** enthalten, mit denen unterschiedliche Zwecke der Vergütung erfüllt werden sollen (vgl. Abbildung 86):[307]

1. **Fixe Vergütung**: Mit der fixen Vergütung bestreitet die Führungskraft ihren Lebensunterhalt. Ihre Existenz trägt dem Umstand Rechnung, dass Manager/innen nicht das Risiko eingehen wollen, für den Fall von Verlusten des Unternehmens ohne Einkommen dazustehen.
2. **Jährliche variable Vergütung** (Bonus): In jedem Jahr ist das operative Geschäft im Unternehmen zu bewältigen. Die erste variable Komponente soll daher einen Anreiz bieten, solche kurzfristigen Ziele zu erreichen.
3. **Langfristig orientierte Vergütung**: Um dem Problem zu begegnen, dass sich Manager/innen zu sehr den operativen und zu wenig den wertorientierten Zielen widmen, ist es notwendig, auch längerfristige monetäre Anreize zu setzen, um für die nachhaltige Entwicklung des Unternehmens Sorge zu tragen.

306 Im Beispiel ermittelt man das Investierte Kapital durch Addition von Eigenkapital (Gezeichnetes Kapital + Gewinnrücklage) und verzinslichem Fremdkapital (Bankkredite).
307 Vgl. Brühl (2012) S. 458.

Komponenten der Vergütung			
	fixe Vergütung	dient der	Sicherung des Lebensunterhalts
	jährliche variable Vergütung (Bonus)	dient als Anreiz,	die vereinbarten/angekündigten operativen Ziele zu erreichen
	langfristig orientierte Vergütung	dient als Anreiz,	die vereinbarten/angekündigten strategischen Ziele zu erreichen

Abbildung 86: Komponenten einer erfolgsorientierten Vergütung[308]

Aufgrund zahlreicher Manipulationsmöglichkeiten bei der Verwendung traditioneller Erfolgskennzahlen (z.B. Gewinn vor oder nach Steuern, absoluter Umsatz oder Umsatzrendite), welche im Extremfall auch Anreiz zu unseriösen Bilanzierungspraktiken geben können, verwenden einige Unternehmen eine Residualgewinngröße (z.B. den EVA) als Grundlage für eine jährliche variable Vergütung (Bonus). Allerdings ist auch der EVA als Basis für eine jährliche variable Vergütung nicht unproblematisch:

- Zunächst ist darauf hinzuweisen, dass ein Anstieg des EVA in einer Periode nicht zwangsläufig zu einer Erhöhung des Unternehmenswerts führen muss, denn es ist durchaus möglich, dass Maßnahmen des Managements den gegenwärtigen EVA zu Lasten zukünftiger EVAs erhöhen. Der Barwert der EVAs (= Market Value Added, MVA) – und damit auch der Marktwert des Eigenkapitals – kann in diesem Fall sinken. Beispielsweise könnten Manager/innen durch eine gezielte Desinvestitionsstrategie aufgrund des Wegfalls von Abschreibungen und einer Reduktion der Kapitalbasis für eine gewisse Zeit das Ergebnis „schönen", während parallel dazu die langfristige Wettbewerbsfähigkeit verloren ginge.
- Nach EVA beurteilte Manager/innen werden Investitionen mit einem positiven Kapitalwert möglicherweise ablehnen, wenn die aus dem Projekt resultierenden Übergewinne voraussichtlich erst in ferner Zukunft anfallen werden und sie zu diesem Zeitpunkt mit einer gewissen Wahrscheinlichkeit bereits aus dem Unternehmen ausgeschieden sein werden.

[308] Vgl. Brühl (2012) S. 458.

Zur Vermeidung solcher Probleme wird mitunter empfohlen, Prämien, die an die Entwicklung des EVA anknüpfen, nicht sofort auszubezahlen, sondern einem **Prämienkonto** gutzuschreiben und erst dann auszuzahlen, wenn gesichert ist, dass die Verbesserungen nicht durch „Einmaleffekte" erreicht wurden.[309]

Oft wird die langfristig orientierte Vergütung an den Aktienkurs geknüpft. Instrumente, welche die Vergütung auf der Basis von Aktienkursen berechnen, setzen voraus, dass sich die Erreichung der langfristigen Ziele des Unternehmens im Aktienkurs widerspiegelt. Im Aktienkurs drückt sich der Wert des Unternehmens aus, sein Anstieg vermehrt das Vermögen der Eigentümer und dies soll daher bei den Führungskräften ebenfalls zu einem erhöhten Einkommen führen. Dies ist beispielsweise durch die Ausgabe von **Aktienoptionen** (Stock Options) möglich. Mit Aktienoptionen erhalten die begünstigten Manager/innen das Recht, innerhalb eines bestimmten Zeitraums Aktien der Gesellschaft zu einem im Voraus festgelegten Preis zu erwerben. Steigt der Aktienkurs über diesen Preis, kann der/die Begünstigte eine zusätzliche Entlohnung realisieren. Da Aktienoptionen zu langfristigen Wertsteigerungen motivieren sollen, haben sie häufig Laufzeiten von bis zu zehn Jahren und können erst nach Ablauf einer Sperrfrist ausgeübt werden.

Die Gewährung von **Aktienoptionen nach dem absoluten Modell** kann jedoch dazu führen, dass Manager/innen Windfall Profits realisieren, bei denen sie nichts tun müssen. Solche ungerechtfertigten Gewinne können in jeder Boom-Phase entstehen. Dies war beispielsweise in der allgemeinen Euphorie über das Internet der Fall, als Kapitalmarktanleger/innen bereit waren, Vorschusslorbeeren für eine ganze Branche in höhere Aktienkurse umzumünzen. Der fehlende Maßstab bei Aktienoptionen nach dem absoluten Modell macht sich zudem nicht nur in Boom-Phasen bemerkbar, auch in Schwächeperioden des Aktienmarktes kann das Unternehmen seine Manager/innen, selbst wenn das Unternehmen besser als seine Mitbewerber dasteht, nicht belohnen.

Genau dies soll mit dem **relativen Modell der Aktienoptionen** verhindert werden, indem der Aktienkurs mit einem Branchenindex verglichen wird. Ist der Aktienkurs schwächer gestiegen als der Index, erhält der/die Manager/in keine variable Vergütung. Andererseits ist es bei fallenden Kursen möglich, eine variable Vergütung zu erhalten, wenn sich der Index noch schwächer entwickelt als die Aktie des Unternehmens.[310]

Damit eine Erfolgsrechnung die Zwecke der Unternehmenssteuerung möglichst gut erfüllt, muss sie die gegensätzlichen Interessen und Informationsdivergenzen beispielsweise zwischen Konzernzentrale und Divisionen bzw. Eigentümern und Führungskräften berücksichtigen, d.h. sie muss **anreizkompatibel** sein. Dazu muss die Erfolgsrechnung u.a. die folgenden Grundprinzipien erfüllen:

- **Verhaltenssteuerungsprinzip**: Im Mittelpunkt der Gestaltung einer anreizkompatiblen Erfolgsrechnung steht die Beeinflussung des Verhaltens dezentraler Entscheidungsverantwortlicher. Andere Zwecke, wie z.B. die objektive Abbildung

309 Vgl. Wolfsgruber (2005) S. 187.
310 Vgl. Brühl (2012) S. 473 ff.

des Erfolgs dezentraler Einheiten, müssen demgegenüber zurücktreten. Einige Vorschriften des externen Rechnungswesens sind jedoch aus Verhaltenssteuerungssicht ungünstig, wie etwa jene, welche die Aktivierung bestimmter Ausgaben trotz faktischen **Investitionscharakters** verhindern. Beispiele dafür sind Forschungskosten, Restrukturierungskosten oder Marketingkampagnen. Wird das Management an einer Kennzahl beurteilt, die aus dem Periodenergebnis gebildet wird, hat dies zumindest kurzfristig Anreize zur Folge, solche Ausgaben gegenüber dem eigentlich gewünschten Niveau zu reduzieren. Aus Verhaltenssteuerungssicht ebenfalls problematisch sind Regelungen, die eine Produktkalkulation zu Vollkosten vorschreiben, da diese vielfach nicht die entscheidungsrelevanten Kosten darstellen.

- **Prinzip der Manipulationsfreiheit**: Weiters ist es erforderlich, dass die als Bemessungsgrundlage dienende Erfolgsrechnung durch die Divisionen nicht beeinflusst werden kann. Eine Erfolgsrechnung ist daher dann nicht mehr als Instrument zum Auffangen von gegensätzlichen Interessen und Informationsdivergenzen geeignet, wenn die Erfolgsmessung der Divisionen wesentlich auch auf ihrer eigenen Beurteilung der Erfolgssituation aufsetzt. Das trifft weiters dann zu, wenn durch Ermessensspielräume bei der Bewertung von Sachverhalten eine aktive Ergebnisbeeinflussung möglich wird. Auch die IFRS sehen trotz der im Vergleich zum UGB geringeren Anzahl an expliziten Bilanzierungs- und Bewertungswahlrechten an vielen Stellen **Ermessensspielräume** vor, für deren Ausgestaltung auf Informationen der Divisionen zurückgegriffen werden muss. Das ist beispielsweise im Rahmen des Werthaltigkeitstests (Impairment, IAS 36), bei periodenübergreifenden Leistungsverpflichtungen (IFRS 15) oder bei der Aktivierung selbst erstellter immaterieller Vermögensgegenstände (IAS 38) der Fall. Folglich kann die Manipulationsfreiheit einer Erfolgsrechnung auf Basis der IFRS für Zwecke der internen Steuerung nicht ohne weiteres angenommen werden. So ist z.B. denkbar, dass aufgrund der Teilgewinnrealisierung nach Projektfortschritt (IFRS 15) ein/e Manager/in im Vertrieb, der/die Informationen über den Fertigstellungsgrad einer Anlage (und damit den zu realisierenden Teilgewinn) geben muss und gleichzeitig auch auf Basis dieses Teilgewinns beurteilt wird, den Fertigstellungsgrad möglichst hoch bzw. das Erfüllungsrisiko möglichst gering angibt.
- **Prinzip der relativen Erfolgsmessung**: Ein zentrales Problem bei der Gestaltung einer anreizkompatiblen Erfolgsrechnung besteht darin, die von den Divisionen nicht beeinflussbaren Geschäftsrisiken aus der Messgröße herauszufiltern. Gelingt dies nicht, wird dadurch auch die Möglichkeit der Beeinflussung des Verhaltens der Entscheidungsverantwortlichen in den Konzerndivisionen eingeschränkt. Aus diesem Grund ist etwa die in verschiedenen IFRS vorgesehene **Fair-Value-Bewertung** besonders kritisch zu sehen, da auf diese Weise aus Controllingsicht unerwünschte, weil teilweise zufällige, Wertschwankungen in die interne Wirtschaftlichkeitsbetrachtung einfließen, die keinen Bezug zur eigentlichen Managementleistung besitzen. Dies ist z.B. dann der Fall, wenn die Fair Values aus

Marktpreisen abgeleitet werden, deren Veränderung unabhängig vom Erfolg des eigentlichen Geschäftsfeldes ist, in dem das Unternehmen agiert.[311]

Bereits diese kurze Analyse belegt auf konzeptioneller Ebene den grundsätzlichen Bedarf nach einer eigenständigen internen Erfolgsrechnung. Plakativ überspitzt lässt sich dies in folgender Aussage zusammenfassen: *Wer richtig steuern will, muss Erfolge falsch messen!* Die Gestaltung einer anreizkompatiblen eigenständigen Erfolgsrechnung für interne Steuerungszwecke setzt jedoch voraus, dass die Konzernzentrale die relevanten Parameter ihres Steuerungsproblems sehr gut einschätzen kann. So muss die Konzernzentrale beurteilen, welche Entscheidungsprobleme in den dezentralen Einheiten tatsächlich anfallen können, wie aus ihrer Sicht deren optimale Lösung aussieht und welche Lösung die Entscheidungsverantwortlichen stattdessen bevorzugen. Zudem muss die Konzernzentrale durch die Ausgestaltung der Erfolgsrechnung in der Lage sein, dezentrale Entscheidungen in ihrem Sinne anzustoßen. Andererseits ist es einleuchtend, dass es mit wachsendem Umfang und zunehmender Komplexität der Aufgabendelegation der Konzernzentrale zunehmend schwer fällt, die Erfolgsrechnung an die individuellen Parameter der vorhandenen Steuerungsprobleme anzupassen. Ökonomisch formuliert bedeutet dies: Die optimale Problemlösung, also die Gestaltung einer eigenständigen kalkulatorischen Erfolgsrechnung, wird so aufwändig, dass es aus Sicht der Konzernzentrale preiswerter ist, für die interne Erfolgsmessung auf die suboptimale, dafür aber quasi kostenlos zur Verfügung stehende externe Rechnungslegung zurückzugreifen.

18.4 Wertorientierte Berichterstattung

Da (potenzielle) Investoren nur einen begrenzten Einblick in das wertorientierte Denken und Handeln innerhalb von Unternehmen haben, müssen ihnen die intern geschaffenen Potenziale zur Wertsteigerung glaubhaft kommuniziert werden. Das kann durch eine freiwillige, über die Pflichtangaben des Jahresabschlusses hinausgehende Berichterstattung **(Value Reporting)** erfolgen. Im Rahmen einer solchen wertorientierten Berichterstattung wird z.B. über differenzierte Kapitalkostensätze, nicht bilanzierte immaterielle Vermögenswerte (Intellectual Capital) oder Wertbeitragskennzahlen wie etwa den EVA berichtet.[312]

[311] Falls hingegen bewertungsbedingte Ergebniseinflüsse direkt im Eigenkapital erfasst werden, wird zwar der Ergebnisausweis weniger volatil und damit dem Normalisierungsziel Rechnung getragen, andererseits jedoch das Kongruenzprinzip verletzt.

[312] Vgl. Kajüter (2011a) S. 45.

19 Repetitorium zu Teil B

Wichtige Begriffe

Budget	Plan-Bilanz
Budgetierung	Plan-Kapitalflussrechnung
Planungskalender	Zero Base Budgeting
Kostenplanung	Better Budgeting
Umweltanalyse	Beyond Budgeting
Szenarioanalyse	Grenzplankostenrechnung
Fünf-Kräfte-Modell von PORTER	Beschäftigungsabweichung
Unternehmensanalyse	Erlösabweichungsanalyse
Strategieauswahl	Berichtswesen
Strategische Kontrolle	Erwartungsrechnung
Potenzialanalyse	Investitionsplanung und -kontrolle
Strategischer Würfel	Kapitalwert
Marktanteils-Marktwachstums-Portfolio	Du Pont-Schema
Balanced Scorecard	Wertorientierte Unternehmensführung
Plan-GuV	Discounted Cashflow
Economic Value Added	Residualgewinn

Übungsbeispiele

Übungsbeispiel B.1: Budgetierung

Für ein Produktionsunternehmen, die ABC-GmbH, ist auf Basis der nachfolgenden Informationen ein integriertes Unternehmensbudget für das Jahr 20X0 zu erstellen.
Das Unternehmen produziert ausschließlich das Produkt XY. Für die Herstellung von einem Stück werden folgende Überlegungen angestellt:

- Fertigungsmaterial (= Einzelkosten): 10 kg pro Stück
- variable Materialgemeinkosten: 20% (Bezugsgröße: Fertigungsmaterial)
- Fertigungslöhne (= Einzelkosten): 20 pro Stück
- variable Fertigungsgemeinkosten: 80% (Bezugsgröße: Fertigungslöhne)
- Plan-Verkaufspreis: 70

Der Fertigungsmaterialeinkauf im Ausmaß von 90.000 kg wird mit 1,5 pro kg geplant. Aus dem Vorjahr befinden sich noch 30.000 kg des mit ebenfalls 1,5 pro kg bewerteten Fertigungsmaterials auf Lager.

Es sollen im Jahr 20X0 insgesamt 8.750 Stück des Produktes XY hergestellt werden. Der Plan-Absatz wird mit 7.500 Stück angenommen. Zu Beginn des Jahres 20X0 befinden sich keine Halb- und Fertigerzeugnisse im Lager. Ein allfälliger Lagerbestand bei den Halb- und Fertigerzeugnissen ist mit den variablen Herstellkosten zu bewerten.

Die Fixkosten werden wie folgt geplant:

- Abschreibungen: 60.000
- Fremdkapitalzinsen: 5.000
- sonstige betriebliche Aufwendungen: 25.000

Für 20X0 ist eine Sachanlageinvestition in Höhe von 120.000 geplant, wofür ein langfristiger Kredit von 80.000 (zwei Jahre tilgungsfrei) aufgenommen werden soll. Die Abschreibung für diese Sachanlageinvestition ist im oben ausgewiesenen Betrag von 60.000 bereits enthalten.

Ein anderer langfristiger Kredit ist im Jahr 20X0 im Ausmaß von 35.000 zurückzuzahlen.

Bei den Lieferforderungen rechnet man mit einer Abnahme des Forderungsbestands im Ausmaß von 7.000.

Die Lieferverbindlichkeiten sollen um 12.000 gesenkt werden.

Der Körperschaftsteuersatz wird mit 25% angenommen.

Ein etwaiger Liquiditätsbedarf ist durch eine Erhöhung des Bankkontokorrentkredits abzudecken, ein Liquiditätsüberschuss soll zur Herabsetzung des Kontokorrentkredits verwendet werden.

Die vereinfachte Bilanz zum 1.1.20X0 zeigt folgendes Bild:

Aktiva		Passiva	
Anlagevermögen	255.000	Stammkapital	235.000
Fertigungsmaterial	45.000	Rückstellungen	10.000
Forderungen LuL	40.000	Bankkredit	75.000
sonstiges UV	70.000	Kontokorrentkredit	40.000
		Verbindlichkeiten LuL	50.000
Summe	410.000	Summe	410.000

Aufgabenstellung:

a) Erstellen Sie die Plan-GuV nach dem Gesamtkostenverfahren!

b) Erstellen Sie die Plan-Bilanz!

c) Erstellen Sie die Plan-Kapitalflussrechnung nach der indirekten Berechnungsform!

Lösung:

a) Plan-GuV:

	Umsatzerlöse	525.000
+/-	Bestandsveränderungen	+67.500

–	variable Kosten	
	Fertigungsmaterial	131.250
	Materialgemeinkosten	26.250
	Fertigungslöhne	175.000
	Fertigungsgemeinkosten	140.000
=	Periodendeckungsbeitrag	120.000
–	Fixkosten	
	Abschreibung	60.000
	sonstige Aufwendungen	25.000
=	Betriebsergebnis	35.000
+/–	Finanzergebnis	–5.000
=	Ergebnis vor Steuern	30.000
–	Steuern (25%)	7.500
=	**Jahresüberschuss**	**22.500**

b) Plan-Bilanz

Aktiva		Passiva	
Anlagevermögen	315.000	Stammkapital	235.000
Fertigungsmaterial	48.750	Jahresüberschuss	22.500
Forderungen LuL	33.000	Rückstellungen	10.000
sonstiges UV	70.000	Bankkredit	120.000
Halb- und Fertigerzeugnisse	67.500	Kontokorrent	108.750
		Verbindl. LuL	38.000
SUMME	**534.250**	**SUMME**	**534.250**

c) Plan-Kapitalflussrechnung

	Jahresüberschuss	22.500
+	Abschreibung	60.000
–	Zunahme Fertigungsmaterial	–3.750
+	Abnahme Lieferforderungen	7.000
–	Abnahme Lieferverbindlichkeiten	–12.000
–	Zunahme Halb- und Fertigerzeugnisse	–67.500
=	**operativer CF**	**6.250**
=	**CF aus Investitionen**	**–120.000**
+	Aufnahme Bankkredit	80.000
–	Tilgung	–35.000
=	**CF aus Finanzierung**	**45.000**
=	**Δ Kontokorrentkredit**	**–68.750**

Übungsbeispiel B.2: Budgetierung[313]

Die HRL-AG produziert die Produkte A und B. Für die Herstellung von einem Stück werden folgende Überlegungen angestellt:

	A	B
Fertigungsmaterial / Stk.	10 kg	30 kg
Fertigungslöhne / Stk.	20	40
Plan-Verkaufspreis / Stk.	80	260
Plan-Absatz (in Stk.)	180.000	110.000
Plan-Produktion (in Stk.)	170.000	120.000

Der Fertigungsmaterialeinkauf wird mit 3,8 Mio. kg zu je 2,10 je kg geplant. Aus dem Vorjahr befinden sich noch 1,8 Mio. kg zu 2,10 je kg auf Lager.
Die Halb- und Fertigerzeugnisse werden auf Basis des LIFO-Verfahrens wie folgt bewertet:

	A	B
Anfangsbestand	40 / Stk.	103 / Stk.
Endbestand	41 / Stk.	103 / Stk.

Beide Produkte werden auf den gleichen Maschinen hergestellt, beanspruchen diese aber zeitlich unterschiedlich. Auf jeder Maschine können pro Jahr entweder 10.000 Stk. des Produktes A oder 2.000 Stk. des Produktes B hergestellt werden (Kapazität). Zum Planungszeitpunkt sind 60 Maschinen vorhanden, von denen keine noch vollständig abgeschrieben ist. Damit die gesamte Plan-Produktion erzeugt werden kann, sollen neue Maschinen im Jänner 20X1 angeschafft und in Betrieb genommen werden.
Zur Finanzierung der Investitionen wird ein Darlehen in Höhe von 3.200.000 aufgenommen. Für das Planjahr fallen keine Zinsen für dieses Darlehen an.
Die Nutzungsdauer der vorhandenen Maschinen beträgt einheitlich 5 Jahre mit anschließender Verschrottung. Die neu angeschafften Maschinen haben ebenfalls eine Nutzungsdauer von 5 Jahren. Der Anschaffungswert aller Maschinen beträgt 200.000 pro Maschine. Die Abschreibung erfolgt linear. (Eine Abschreibung auf Gebäude ist nicht zu berücksichtigen.)
Bei den sonstigen Aufwendungen ist mit einer Erhöhung von 1,3 Mio. zu rechnen. Bei diesen Aufwendungen handelt es sich um Fixkosten (sonstige Aufwendungen des Vorjahres: 16 Mio.).
Bei den Bankkrediten ist keine Tilgung vorgesehen. Die Zinsen für die Bankkredite betragen 200.000.
Die Anleihen, die zwei Jahre zuvor gekauft wurden und erst in drei Jahren getilgt werden, werden mit 5% auf das Nominale (entspricht dem Bilanzansatz) verzinst. (Eine allfällige Kapitalertragsteuer ist nicht gesondert zu berücksichtigen.)

[313] Vgl. Heimann et al (2013) S. 84 ff.

Die Dotierung der Abfertigungs- und Pensionsrückstellungen beträgt 100.000.

Für Kund/inn/en ist ein durchschnittliches Zahlungsziel von 3 Monaten, bezogen auf den Endbestand, für Materiallieferanen von 2 Monaten, bezogen auf den Endbestand, vorgesehen. Sowohl die Forderungen als auch die Verbindlichkeiten aus Lieferungen und Leistungen unterliegen vereinfachend nicht der Umsatzsteuer.

Aufgrund der Investitionstätigkeiten der Unternehmung erfolgt keine Gewinnausschüttung.

Der Körperschaftsteuersatz wird mit 25% angenommen.

Liquiditätsüberschüsse und -fehlbeträge werden über das Konto Kassa ausgeglichen.

Folgende Abschlussbilanz wird per 31.12.20X0 erwartet (in 1.000):

Bilanz zum 31.12.20X0			
Aktiva		Passiva	
Anlagevermögen		**Eigenkapital**	
Gebäude	1.000	Grundkapital	5.000
Maschinen	7.000	Gewinnrücklagen	6.500
WP des Anlagevermögens	1.000	Bilanzgewinn	500
Umlaufvermögen		unversteuerte Rücklage	1.000
Roh-, Hilfs- und Betriebsstoffe	3.780	**Fremdkapital**	
Halb- und Fertigerzeugnisse	500	Rückstellungen	1.000
Forderungen LuL	4.200	Verbindlichkeiten LuL	1.800
Kassenbestand	320	Verbindlichkeiten Bank	2.000
SUMME	**17.800**	**SUMME**	**17.800**

Aufgabenstellung:

Erstellen Sie

a) die Plan-GuV nach dem Gesamtkostenverfahren,

b) die Plan-Kapitalflussrechnung und

c) die Plan-Bilanz!

Lösung:

a)

Plan-GuV:

	Umsatzerlöse	43.000.000
+/–	Bestandsveränderungen	+630.000
–	variable Kosten	
	Materialaufwand	11.130.000
	Personalaufwand	8.200.000
=	**Deckungsbeitrag**	24.300.000
–	Fixkosten	
	Dotierung Sozialkapitalrückstellung	100.000
	Abschreibung Sachanlagevermögen	3.080.000
	sonstiger betrieblicher Aufwand	17.300.000
=	**Betriebsergebnis**	3.820.000
+	Erträge aus Wertpapieren	50.000
–	Zinsaufwand	200.000
=	**Finanzergebnis**	–150.000
=	Ergebnis vor Steuern	3.670.000
–	Körperschaftsteuer	917.500
=	**Jahresüberschuss**	2.752.500
+	Gewinnvortrag	500.000
=	**Bilanzgewinn**	3.252.500

Erläuterungen:

Bestandsveränderungen

– Abnahme [= (170.000 – 180.000) • 40]	400.000
+ Zunahme [= (120.000 – 110.000) • 103]	1.030.000
= Bestandsveränderungen	630.000

Materialaufwand

Anfangsbestand	1.800.000 kg
+ Zukauf	3.800.000 kg
= Materialvorrat	5.600.000 kg
– Verbrauch A	1.700.000 kg
– Verbrauch B	3.600.000 kg
= Endbestand	300.000 kg
gesamter Materialaufwand [= (1.700.000 + 3.600.000) • 2,1]	11.130.000
Materialendbestand = (300.000 • 2,1)	630.000

Personalaufwand

variabler Personalaufwand	8.200.000
Dotierung Sozialkapitalrückstellung	100.000

Maschinen

benötigte Kapazität A (= 170.000 / 10.000)	17
+ benötigte Kapazität B (= 120.000 / 2.000)	60
= benötigte Maschinen	77
– vorhandene Maschinen	60
= neu benötigte Maschinen	17
Abschreibungen (= 77 • 200.000 / 5)	3.080.000
Investitionen (= 17 • 200.000)	3.400.000

b)

Plan-Kapitalflussrechnung:

Jahresüberschuss	2.752.500
+ Abschreibungen SAV	3.080.000
+ Dotierung Sozialkapitalrückstellung	100.000
= Cashflow aus dem Ergebnis	5.932.500
+ Abbau Fertigungsmaterial	3.150.000
– Zunahme Halb- und Fertigerzeugnisse	630.000
– Aufbau Lieferforderungen	6.550.000
– Abbau Lieferverbindlichkeiten	470.000
= Cashflow aus der Geschäftstätigkeit	1.432.500
– Investitionen	3.400.000
= Cashflow aus der Investitionstätigkeit	–3.400.000
+ Darlehen	3.200.000
= Cashflow aus der Finanzierungstätigkeit	3.200.000
= Veränderung liquide Mittel (Kassa)	**1.232.500**

Erläuterungen:

Lieferforderungen

Endbestand (= Umsatzerlöse / 12 • 3)	10.750.000
– Anfangsbestand	4.200.000
= Aufbau	6.550.000

Lieferverbindlichkeiten

Anfangsbestand	1.800.000
– Endbestand (= Zukäufe / 12 • 2)	1.330.000
= Abbau	470.000

c)
Plan-Bilanz:

Aktiva		Passiva	
Anlagevermögen		**Eigenkapital**	
Gebäude	1.000.000	Grundkapital	5.000.000
Maschinen	7.320.000	Gewinnrücklagen	6.500.000
WP des Anlagevermögens	1.000.000	Bilanzgewinn	3.252.500
Umlaufvermögen		unversteuerte Rücklage	1.000.000
Roh-, Hilfs- und Betriebsstoffe	630.000	**Fremdkapital**	
Halb- und Fertigerzeugnisse	1.130.000	Rückstellungen	1.100.000
Forderungen LuL	10.750.000	Verbindlichkeiten LuL	1.330.000
Kassenbestand	1.552.500	Verbindlichkeiten Bank	5.200.000
SUMME	**23.382.500**	**SUMME**	**23.382.500**

Übungsbeispiel B.3: Grenzplankostenrechnung

Der Plan-Betriebsabrechnungsbogen zu variablen Kosten der Kostenstelle K8 setzt sich für Jänner 20X4 wie folgt zusammen:

Gemeinkostenmaterial	500.000
sonstige Gemeinkosten	300.000
Bezugsgröße (Mh)	100

Die Materialpreise sind gegenüber den Plan-Daten um durchschnittlich 10% gestiegen. Durch eine Verbesserung des Produktionsverfahrens konnte eine Senkung des Materialverbrauchs um 10% erreicht werden.
Bei den sonstigen Gemeinkosten konnte durch hartnäckige Preisverhandlungen ein pauschaler Preisnachlass von 99.750 erzielt werden.
Die im Jänner tatsächlich geleistete Anzahl von Maschinenstunden beträgt 105. Anstelle der geplanten Produktion von 100 Stück konnten jedoch nur 92 hergestellt werden.

Aufgabenstellung:

Berechnen Sie die Preisabweichung (PA), die Verbrauchsabweichung (VA) und die Intensitätsabweichung (IA) der Kostenstelle K8!

Lösung:

Beschäftigungsgrad:
105 / 100 = 105%

Plankosten der Istbeschäftigung:
Gemeinkostenmaterial: 500.000 • 105% = 525.000
Sonstige Gemeinkosten: 300.000 • 105% = 315.000

Gemeinkostenmaterial:

PM • PP = 525.000
IM = 0,9 • PM
IM • PP = 0,9 • PM • PP
IM • PP = 0,9 • 525.000
IM • PP = 472.500
VA = 525.000 – 472.500 = 52.500
IP = PP • 1,1
IM • IP = IM • PP • 1,1
IM • IP = 472.500 • 1,1
IM • IP = 519.750
PA = 472.500 – 519.750 = –47.250

Sonstige Gemeinkosten:

PA = 99.750
VA = 0

Kosten	Plankosten der Planbeschäftigung	Plankosten der Istbeschäftigung (PM • PP)	Verbrauchsabweichung	preisbereinigte Istkosten (IM • PP)	Preisabweichung	Istkosten (IM • IP)
Gemeinkostenmaterial	500.000	525.000	52.500	472.500	-47.250	519.750
sonstige Gemeinkosten	300.000	315.000	0	315.000	99.750	215.250
SUMME	800.000	840.000	52.500	787.500	52.500	735.000

Intensitätsabweichung:
Planintensität = 100 Mh / 100 Stück = 1 Mh / Stück
Soll-Beschäftigung = 92 Stück • 1 Mh / Stück = 92 Mh
Planverrechnungssatz = 800.000 / 100 Mh = 8.000 / Mh
Plankosten der Soll-Beschäftigung = 92 Mh • 8.000 / Mh = 736.000
Plankosten der Istbeschäftigung = 105 Mh • 8.000 / Mh = 840.000
Intensitätsabweichung (IA) = 736.000 – 840.000 = –104.000

Übungsbeispiel B.4: Intensitätsabweichung

In einer kleinen Tischlerei war für Mai die Produktion von 320 Sesseln und 60 Lehnstühlen, für die jeweils 0,5 Stunden (Sesseln) bzw. 1,5 Stunden (Lehnstühle) anfallen, geplant. Die variablen Plankosten wurden mit 100.000 ermittelt. Tatsächlich wurden im Mai in 260 Stunden 400 Sessel und 30 Lehnstühle produziert.
Die variablen Istkosten betrugen 85.000.

Aufgabenstellung:

Ermitteln Sie die Intensitätsabweichung bei den variablen Kosten dieser Kostenstelle!

Lösung:

Sollbeschäftigung Sessel	200	(= 400 • 0,5)
Sollbeschäftigung Lehnstühle	45	(= 30 • 1,5)
Gesamte Sollbeschäftigung	245	
(Sollbeschäftigung – Istbeschäftigung)	–15	(= 245 – 260)
Planbeschäftigung	250	(= 320 • 0,5 + 60 • 1,5)
Plan-Verrechnungssatz	400	(= 100.000 / 250)
Intensitätsabweichung	–6.000	[= 400 • (–15)]

Kontrollfragen

B.1. Welche Funktionen werden mit der Budgetierung verfolgt? Nennen Sie mindestens drei Funktionen!

B.2. Aus welchen drei zentralen Rechenwerken setzt sich ein in traditioneller Weise erstelltes integriertes Unternehmensbudget zusammen?

B.3. Welchen Kritikpunkten sieht sich die traditionelle Budgetierung ausgesetzt? Nennen Sie mindestens drei Kritikpunkte!

B.4. Welche Zwecke verfolgt man mit einer Balanced Scorecard und wie ist diese aufgebaut?

B.5. Mit welchen Methoden kann der Marktwert des Eigenkapitals (Shareholder Value) ermittelt werden?

B.6. Diskutieren Sie Aufgaben und Instrumente des Risikomanagements!

B.7. Was versteht man unter Zero Base Budgeting?

B.8. Grenzen Sie die Konzepte Better Budgeting und Beyond Budgeting voneinander ab!

B.9. Was versteht man unter einem Kapitalwert und wie wird dieser ermittelt?

B.10. Was versteht man unter einer Abweichung 2. Ordnung?

B.11. Was versteht man unter einer Intensitätsabweichung und wie wird diese ermittelt?

B.12. Was versteht man unter einer Beschäftigungsabweichung und wie wird diese ermittelt?

MC-Fragen

MC-Frage B.1: Abweichungsanalyse

R	F	
☐	☒	Die gemischte Abweichung (Abweichung 2. Ordnung) wird in der Regel der Verbrauchsabweichung zugeschlagen.
☒	☐	Die Intensitätsabweichung resultiert aus einer Abweichung der Sollbeschäftigung von der Istbeschäftigung bzw. aus dem Umstand, dass die Planintensität nicht eingehalten wurde (Gründe: geringer Fleiß der Mitarbeiter/innen, Einsatz langsamerer Maschinen etc.).
☒	☐	Unter Leerkosten versteht man die Fixkosten der nicht genutzten Kapazität.
☐	☒	Den Beschäftigungsgrad einer Kostenstelle erhält man, indem man die Planbeschäftigung der Stelle durch deren Istbeschäftigung dividiert.

MC-Frage B.2: Budgetierung

R	F	
☒	☐	Ein integriertes Unternehmensbudget besteht zumindest aus einer Plan-GuV, einer Plan-Kapitalflussrechnung sowie einer Plan-Bilanz.
☒	☐	Eine Balanced Scorecard soll dabei helfen, die Strategie des Unternehmens in konkrete Maßnahmen umzusetzen und das Ausmaß der Zielerreichung zu messen. Die Balanced Scorecard enthält sowohl monetäre als auch nicht-monetäre Kennzahlen.
☐	☒	Als Spitzenkennzahl im Du Pont-Schema fungiert die Umsatzrentabilität.
☒	☐	Der Economic Value Added (EVA) einer Periode errechnet sich, indem vom operativen Ergebnis vor Zinsen und nach Steuern (NOPLAT) die Kapitalkosten abgezogen werden. Letztere ergeben sich aus der Multiplikation des im Unternehmen bzw. Geschäftsbereich investierten Kapitals mit dem gewichteten Kapitalkostensatz (WACC).

Teil C: Kostenmanagement

20 Einordnung

Lernziele

Nach Durcharbeiten von Kapitel 20 sollten Sie u.a. in der Lage sein:

- die Bedeutung von Kostenmanagement in Unternehmen zu erklären
- strukturelle Kostenunterschiede zu beschreiben
- Gestaltungsbereiche des Kostenmanagements zu unterscheiden

Grundsätzlich können nach PORTER zwei Strategien zum Aufbau von **Wettbewerbsvorteilen** unterschieden werden (vgl. Abbildung 87):[314]

- Bei einer **Differenzierungsstrategie** versuchen Unternehmen, ihren Kund/inn/en durch bestimmte Eigenschaften ihres Angebotes eine Leistung zu bieten, die einen höheren Nutzen stiftet als andere Angebote, sodass die Kund/inn/en bereit sind, einen höheren Preis dafür zu bezahlen. Ein Unternehmen ist differenziert, wenn die Kund/inn/en seine Leistungen solcherart als einzigartig ansehen. Quelle der Einzigartigkeit können sehr viele unterschiedliche Faktoren wie z.B. Qualität, Image, Service sein.
- Ein Unternehmen, das die Strategie der **Kosten-/Preisführerschaft** verfolgt, liefert Produkte, die sich zwar materiell kaum von denen der Konkurrenzunternehmen unterscheiden, es bietet diese Produkte seinen Kund/inn/en aber zu günstigeren Preisen als der Wettbewerb an. Der Preisvorteil soll die Kund/inn/en veranlassen, diese Produkte verstärkt nachzufragen. Um die günstige Preisposition im Markt auf Dauer erhalten zu können, muss das Unternehmen zugleich Kostenführer sein, also auch die günstigste Kostenposition in der jeweiligen Branche innehaben.

[314] Vgl. Hungenberg/Wulf (2015) S. 129.

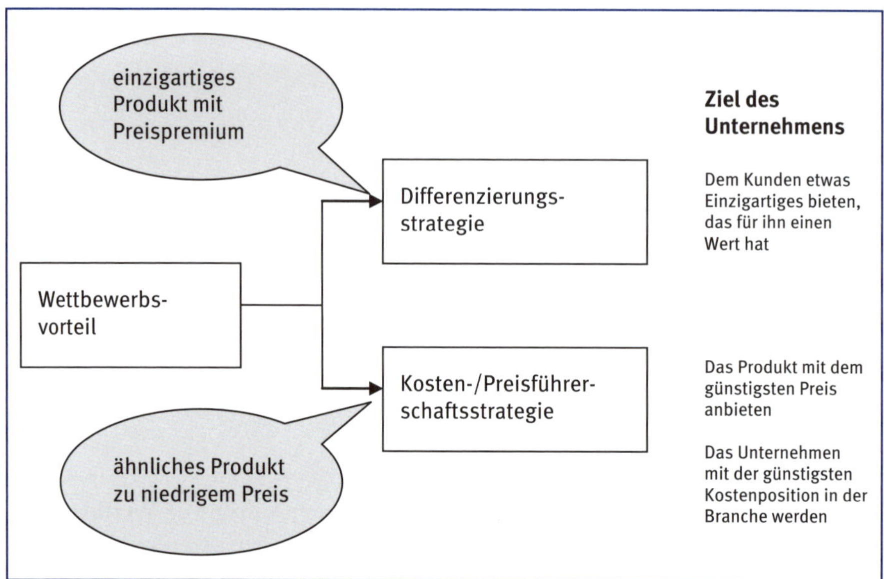

Abbildung 87: Differenzierungs- und Kosten-/Preisführerschaftsstrategie[315]

Voraussetzung für die Verwirklichung einer Kosten-/Preisführerschaft sind somit Kostenvorteile gegenüber den Wettbewerbern. Dafür kommen grundsätzlich **strukturelle Kostenunterschiede** sowie **Effizienzunterschiede** in Frage.

Mögliche Quellen von **strukturellen** Kostenunterschieden sind vor allem Skalen- und Erfahrungseffekte:[316]

- **Skaleneffekte** beschreiben Vorteile, die durch die unterschiedliche Größe von Unternehmen hervorgerufen werden. Sie kommen darin zum Ausdruck, dass die Stückkosten mit zunehmender Produktions- und Absatzmenge sinken. Wenn ein Unternehmen seine Produktions- und Absatzmenge in einer Periode steigert, so ermöglicht ihm dies, seine Kapazitäten besser auszulasten. Dadurch verteilen sich die Fixkosten auf eine größere Stückzahl und es kommt zu einem **Fixkostendegressionseffekt**, das heißt die vollen Kosten pro Stück sinken. Darüber hinaus ist es bei zunehmender Größe auch möglich, spezialisierte und damit in der Regel besonders effiziente Maschinen und Anlagen einzusetzen, was wiederum zu einer weiteren Stückkostensenkung beiträgt. Skaleneffekte lassen sich aber nicht nur im Produktionsbereich erzielen. Vielmehr besitzen große Unternehmen auch in anderen Bereichen vielfältige Möglichkeiten zu einer besseren, kostensenkenden Kapazitätsnutzung. So können beispielsweise auch im Marketingbereich Größenvorteile erzielt werden, wenn etwa eine landesweite Werbekampagne durchgeführt wird. Weiters lassen sich im Beschaffungsbereich Größenvorteile in Form von Mengenrabatten realisieren.

[315] Vgl. Hungenberg/Wulf (2015) S. 129.
[316] Vgl. Hungenberg/Wulf (2015) S. 133 ff.

- Eine zweite wichtige strukturelle Ursache für Kostenunterschiede sind **Erfahrungseffekte**, die auf dem sog. **Erfahrungskurvenkonzept** beruhen. Dieses geht auf die lerntheoretische Erkenntnis zurück, dass Menschen die wiederholte Ausübung einer bestimmten Tätigkeit zunehmend leichter fällt. Derartige Lernvorgänge können auch bei Entwicklungs-, Produktions- und Vermarktungsaktivitäten in Unternehmen auftreten. Mit jeder zusätzlich produzierten und abgesetzten Produktionseinheit erreichen Unternehmen einen Zuwachs an Wissen und Erfahrung, der sich in einer effizienteren Leistungserbringung und folglich in sinkenden Stückkosten niederschlagen kann. Vor diesem Hintergrund postuliert das Konzept der Erfahrungskurve einen Zusammenhang zwischen der kumulierten Produktions- und Absatzmenge eines bestimmten Produkts – diese gilt als Maßgröße der Erfahrung – und den Stückkosten: Es wird angenommen, dass die Stückkosten bei einer Zunahme der kumulierten Produktionsmenge über die Zeit kontinuierlich sinken. Diesen Zusammenhang hat insbesondere die Boston Consulting Group in mehreren Studien untersucht und aus den Ergebnissen ein einfaches **„Gesetz der Erfahrungskurve“** formuliert: Mit jeder Verdoppelung der kumuliert produzierten Menge eines Standardprodukts sinken die (inflationsbereinigten) Stückkosten eines Unternehmens um einen konstanten Prozentsatz von meist 20 bis 30%. Die relative Kostenposition eines Unternehmens hängt somit von seiner kumulierten Ausbringungsmenge im Vergleich zu seinen Wettbewerbern ab. Unternehmen mit hoher kumulierter Menge besitzen Kostenvorteile gegenüber Unternehmen mit geringerer kumulierter Menge. Daraus leitet sich die Schlussfolgerung ab, dass ein Unternehmen, das sich Kostenvorsprünge erarbeiten will, seine Ausbringungsmenge schneller steigern muss als die Konkurrenz – und das heißt, es muss seinen Marktanteil steigern. Damit ergibt sich das Ziel **„Marktanteilserweiterung“** als wesentliche strategische Implikation der Erfahrungskurve.

Strukturelle Kostenvorteile allein sind nur in wenigen Fällen für eine dauerhafte Kostenführerschaft ausreichend. Zudem kann es sein, dass sich die wichtigsten Wettbewerber in einer Branche strukturell – hinsichtlich Größe, Gestalt und Erfahrung – nicht nennenswert unterscheiden. Eine Strategie der Kosten-/Preisführerschaft muss daher in aller Regel von Maßnahmen des **Kostenmanagements** zur Schaffung von **Effizienzunterschieden** begleitet werden, die zu möglichst effizienten Entwicklungs-, Produktions- und Vermarktungsaktivitäten führen sollen. Vorrangiges Ziel dabei ist, Niveau, Verlauf und Struktur der Kosten eines Unternehmens zu steuern (vgl. Abbildung 88):[317]

[317] Vgl. Hungenberg/Wulf (2015) S. 135 f.; Kümpel (2004a) S. 752.

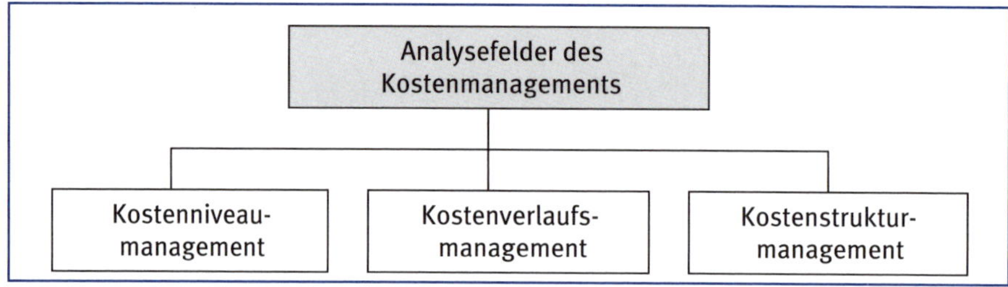

Abbildung 88: Gestaltungsbereiche des Kostenmanagements[318]

- Das Ziel des **Kostenniveaumanagements** ist offensichtlich: Die Kosten sollen in ihrer Höhe verringert werden. Dies kann aus der Perspektive von Organisationseinheiten (Senkung von Budgets) oder aus der Perspektive von Produkten (Senkung von Stückkosten) erfolgen und sich auf alle Kostenarten und die dahinter stehenden Produktionsfaktoren (Arbeit, Kapital, Material, Raum etc.) beziehen. Geeignete Maßnahmen wären beispielsweise die Verkürzung von Durchlaufzeiten durch Prozessoptimierungen, die Ausnutzung von Automatisierungspotenzialen sowie die Wahl kostengünstigerer Standorte.
- Das **Kostenverlaufsmanagement** versucht, die Entwicklung, die Kosten in Abhängigkeit von bestimmten Einflussfaktoren nehmen, zu beeinflussen. Der wichtigste den Kostenverlauf beeinflussende Faktor ist die Beschäftigung (Kapazitätsauslastung) des Unternehmens, weil sie bestimmt, inwieweit Fixkostendegressionseffekte genutzt werden können. Als Analyseinstrument dafür eignet sich der sog. **Reagibilitätsgrad** (R), der wie folgt definiert ist:[319]

  $$R = \frac{\text{prozentuale Kostenänderung}}{\text{prozentuale Beschäftigungsänderung}}$$

  Bei $R = 1$ liegt ein proportionaler, bei $0 < R < 1$ ein degressiver und bei $R > 1$ ein progressiver Kostenverlauf vor. Insbesondere progressive Kostenverläufe (z.B. aufgrund steigender Ausschusskosten oder Kosten von Terminüberschreitungen) müssen vom Kostenmanagement frühzeitig erkannt und durch geeignete Maßnahmen (z.B. Outsourcing, Abbau der Variantenvielfalt) abgebaut werden.
- Das **Kostenstrukturmanagement** schließlich zielt darauf ab, die Zusammensetzung der Kosten zu optimieren. Im Mittelpunkt des Kostenstrukturmanagements steht die Gestaltung der Relation von fixen zu variablen Kosten sowie jener von Einzel- zu Gemeinkosten. Damit soll die Flexibilität des Unternehmens erhöht werden. Ist der Anteil der Fixkosten hoch, sind die Möglichkeiten, frühzeitig auf Veränderungen des Unternehmensumfelds zu reagieren, beschränkt. Um dem entgegenzuwirken wird zunächst die zeitliche Struktur der Fixkosten transparent gemacht. Vermeidbare fixe Kosten werden aufgedeckt und mögliche Zeitpunkte für ihren Abbau ermittelt. Ein Beispiel für die Fixkostenflexibilisierung ist die Substitution von fest angestelltem Personal durch Personal mit Zeitverträgen.

318 Vgl. Kümpel (2004a) S. 752.
319 Vgl. Kümpel (2004a) S. 752.

In der Praxis hat Kostenmanagement vielfach ein negatives Image. Dies liegt daran, dass **Kostensenkungsprogramme** häufig als Reaktion auf eine schlechte Auftrags- und Ergebnislage initiiert werden. Unter Zeitdruck wird dann versucht, das geplante Betriebsergebnis der Periode noch zu erreichen. Typische Beispiele für in solchen Situationen ergriffene Maßnahmen sind pauschale Budgetkürzungen, die Streichung oder Verschiebung von Projekten oder Einstellungsstopps. Aufgrund der kurzfristig notwendigen Einsparungen werden diese Maßnahmen meist top-down angeordnet und stoßen daher auf wenig Akzeptanz bei den Mitarbeiter/inne/n. Häufig gelingt es zwar, auf diese Weise die Kosten innerhalb kurzer Zeit zu senken. Allerdings besteht die Gefahr, dass die langfristige Wettbewerbsfähigkeit des Unternehmens beeinträchtigt wird, da Auswirkungen auf die Leistungsseite (z.B. Qualitätseinbußen) in der Regel vernachlässigt werden. Ein solches **reaktives Kostenmanagement** kuriert somit nur die Symptome (zu hohe Kosten), ohne die eigentlichen Ursachen der Kostenprobleme zu erforschen und zu beseitigen.

Notwendig ist vielmehr ein **proaktives Kostenmanagement**, das systematisch an den Ursachen von Kostennachteilen ansetzt und nicht nur in Krisensituationen, sondern permanent die Kostensituation optimiert. Dafür sind unterschiedliche Instrumente (z.B. Verrechnungspreismanagement, Projektcontrolling, Prozesskostenrechnung, Benchmarking, Target Costing, Produktlebenszyklusrechnung) entwickelt worden, die es dem Management erlauben, aktiv auf Kostenniveau, Kostenverlauf und Kostenstruktur Einfluss zu nehmen. Die wichtigsten Instrumente des proaktiven Kostenmanagements werden in der Folge näher vorgestellt.

Empirische Ergebnisse

Gemäß einer im Rahmen des WHU-Controllerpanels regelmäßig bei deutschen, österreichischen und schweizerischen Unternehmen durchgeführten Studie ist die Anwendung der **Instrumente des Kostenmanagements** in den Jahren 2007 bis 2012 deutlich gestiegen. Besonders bemerkenswert ist die Entwicklung beim Target Costing, das die Prozesskostenrechnung in der Verbreitung in diesem Zeitraum überholt hat:[320]

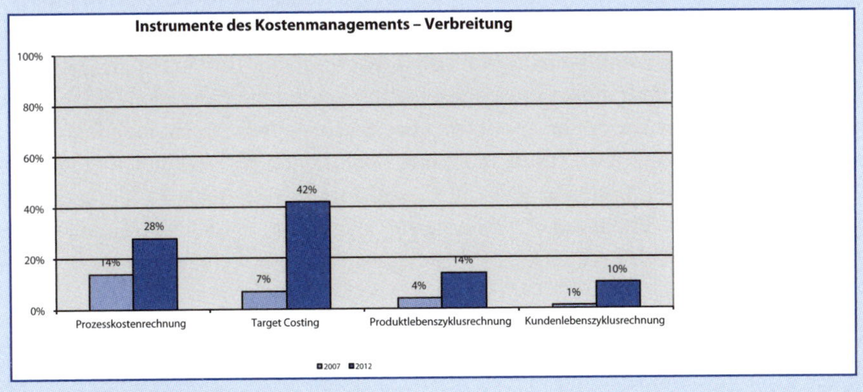

320 Vgl. Weber/Janke (2013) S. 55.

21 Verrechnungspreismanagement

Lernziele

Nach Durcharbeiten von Kapitel 21 sollten Sie u.a. in der Lage sein:

- Funktionen von Verrechnungspreisen zu erläutern
- Methoden zur Festlegung von Verrechnungspreisen zu beschreiben
- unterschiedliche kostenorientierte Verrechnungspreise zu ermitteln
- die Auswirkungen der Anwendung bestimmter Verrechnungspreise auf Bereichs- und Unternehmensergebnisse zu berechnen
- die Vor- und Nachteile der verschiedenen Verrechnungspreissysteme zu diskutieren

21.1 Definition, Funktionen und Methoden

Verrechnungspreise können definiert werden als Werteinsätze für innerbetriebliche Leistungen, die von einem dezentralen Unternehmensbereich erstellt und von einem anderen dezentralen Unternehmensbereich bezogen werden.[321] Es kann sich dabei um unterschiedliche Arten von Leistungen handeln: interne Serviceleistungen wie bereits in Kap. 5 in Verbindung mit der Kostenstellenrechnung angesprochen (etwa Reinigung, IT, Kantine etc.) oder Zwischenprodukte bzw. Vorleistungen (z.B. Halbfertigerzeugnisse, die in einem Bereich produziert und an einen anderen Unternehmensbereich zur Endmontage geliefert werden).

Die beiden wichtigsten **Funktionen** von Verrechnungspreisen sind:[322]

1. die **Erfolgsermittlung** von Unternehmensbereichen sowie
2. die **Koordination** der Einzelpläne der Unternehmensbereiche.

Weiters werden Verrechnungspreise zur Preiskalkulation von Leistungen, die mehrere Bereiche durchlaufen, eingesetzt sowie zur Bewertung von Beständen an Halb- und Fertigerzeugnissen im Rahmen der Bilanzerstellung. Sind die liefernden und empfangenden Unternehmensbereiche in Form von Tochterunternehmen innerhalb eines Konzerns organisiert und sind diese nicht im selben Land tätig, so können grenzüberschreitende Verrechnungspreise auch zur **Gestaltung der Steuerlast** eingesetzt werden. Um jedoch gezielte Steuervermeidung zu verhindern, wurden internationale Regelungen, z.B. von der OECD, zur Festlegung von Verrechnungspreisen eingeführt.[323]

---

321 Vgl. Ewert/Wagenhofer (2014) S. 567.
322 Vgl. ausführlich Ewert/Wagenhofer (2014) S. 568 ff.
323 Vgl. dazu im Überblick z.B. Meckl (2014) S. 170 ff.; Ewert/Wagenhofer (2014) S. 572.

Der Zweck der **Erfolgsermittlung** ist mit der Überlegung verbunden, dass Bereichsverantwortliche besonders motiviert sind, wenn sie nicht nur die Entscheidungen in ihrem Bereich frei treffen, sondern auch den Beitrag ihres Unternehmensbereichs zum Gesamterfolg des Unternehmens erkennen können. Tatsächlich wird der Erfolg eines Bereichs häufig mit dem Anreizsystem für das Bereichsmanagement verknüpft, indem z.B. ein variabler Vergütungsanteil auf Basis des Bereichserfolgs festgelegt wird.

Im Rahmen der **Koordinationsfunktion** sollen Verrechnungspreise dafür sorgen, dass die Einzelpläne der verschiedenen Unternehmensbereiche (z.B. in Bezug auf Produktionsmengen) so aufeinander abgestimmt werden, dass das Gesamtunternehmen seinen Gewinn maximiert.

Mithin kommt Verrechnungspreisen auch eine individuelle **verhaltenssteuernde Wirkung** zu, weil Preise für intern bezogene Leistungen nicht nur das Kostenbewusstsein, sondern auch das Verhalten der abnehmenden Bereiche beeinflussen.

Empfangene Serviceleistungen können aus Sicht des abnehmenden Bereichs als beschäftigungsunabhängig (z.B. die jährliche Generalreinigung des Werkstättenbereichs) oder beschäftigungsabhängig (z.B. Schmiermittelkontrolle und Nachfüllen nach 1.000 Stück) eingestuft werden. Aus Sicht des abnehmenden Bereichs **beschäftigungsunabhängige** Leistungsbezüge werden den Fixkosten zugerechnet. Zwischenprodukte oder Vorleistungen, die direkt der Leistungserstellung im abnehmenden Bereich dienen, werden dagegen als **beschäftigungsabhängig** eingestuft und folglich den variablen Kosten zugerechnet.

Die genannten Funktionen von Verrechnungspreisen können **in Konkurrenz zueinander** stehen, d.h. ein Verrechnungspreis, der eine Funktion sehr gut erfüllt, kann zur Erfüllung einer anderen Funktion ungeeignet bzw. sogar abträglich sein. Somit bleibt die Festlegung eines Verrechnungspreisschemas letztlich eine Managemententscheidung, deren vorteilhafte und nachteilige Konsequenzen genau abgewogen werden sollten.

Das Gesamtunternehmensergebnis wird letztlich durch Addition der Bereichsergebnisse ermittelt. Da Kosten des abnehmenden Bereichs für die intern bezogene Leistung in gleicher Höhe die Erlöse des liefernden Bereichs darstellen, haben Verrechnungspreise keinen Einfluss auf das Gesamtunternehmensergebnis. Aus Sicht der Unternehmensleitung ist die letztliche Höhe des Verrechnungspreises daher, abgesehen von den verhaltensändernden bzw. steuergestaltenden Wirkungen, unerheblich. Diese Einschätzung ändert sich allerdings, wenn durch den festgelegten Verrechnungspreis reale **Entscheidungen der Bereichsverantwortlichen**, z.B. in Bezug auf die Annahme oder Ablehnung eines Kundenauftrags, beeinflusst werden. Dies soll in weiterer Folge anhand von Beispielen illustriert werden.

In Theorie und Praxis werden unterschiedliche **Methoden** zur Verrechnungspreisgestaltung genannt. Sie können ganz grob in vier unterschiedliche Gruppen zusammengefasst werden (vgl. auch Abbildung 89):[324]

[324] Vgl. Ewert/Wagenhofer (2014) S. 574.

- marktorientierte Verrechnungspreise;
- kostenorientierte Verrechnungspreise;
- Verrechnungspreise als Verhandlungsergebnis;
- duale Verrechnungspreise.

Ein gewählter Verrechnungspreis lässt sich in der Praxis nicht immer ganz überschneidungsfrei einer der genannten Gruppen zuordnen: So kann beispielsweise ein Unternehmen, das im Anlagenbau tätig ist, zunächst seine Kosten als Basis für seine Marktpreise verwenden und in weiterer Folge über diesen Angebotspreis verhandeln. Werden Vorleistungen intern erbracht, die dieselben Charakteristika zeigen, lässt sich der Verrechnungspreis keinem der drei Schemata klar zuordnen (markt-, kostenorientiert oder auf Verhandlungen basierend), sondern stellt eine **Mischform** dar.[325]

Die ersten beiden Arten von Verrechnungspreisen werden in der Folge ausführlicher behandelt; auf die anderen beiden Arten wird in diesem Kapitel jeweils nur kurz eingegangen.

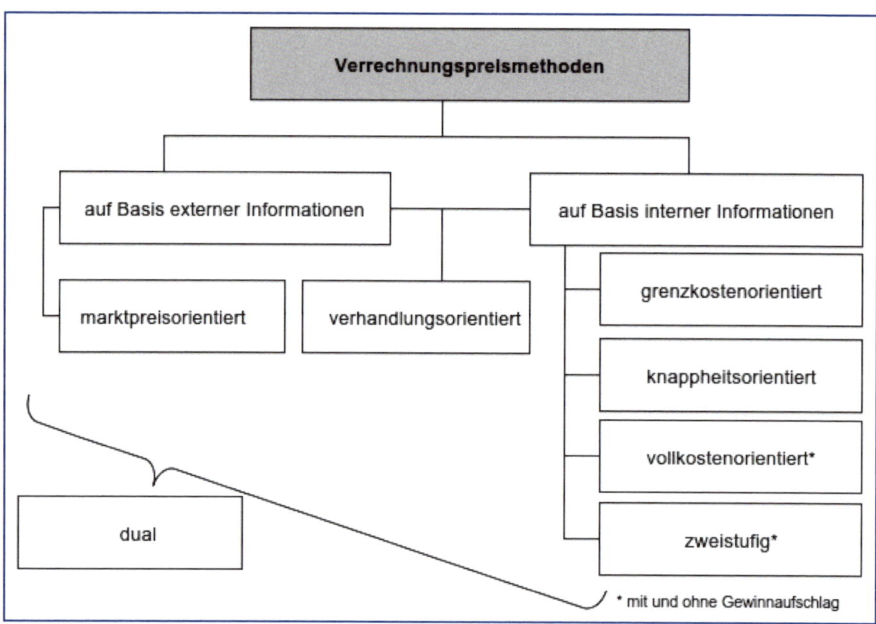

Abbildung 89: Methoden der Verrechnungspreisbildung[326]

[325] Vgl. Ewert/Wagenhofer (2014) S. 574.
[326] Modifiziert nach Brühl (2012) S. 339.

☞ Verrechnungspreise I

Verrechnungspreise werden im Unternehmen eingesetzt, um Leistungen, die zwischen selbständigen Bereichen innerhalb des Unternehmens ausgetauscht werden, zu bewerten. Mit Hilfe von Verrechnungspreisen soll einerseits der Beitrag eines Bereichs zum Gesamterfolg des Unternehmens abgebildet werden können (Erfolgsermittlungsfunktion) und gleichzeitig gewährleistet werden, dass die Einzelpläne der Bereiche so aufeinander abgestimmt werden, dass das Gesamtunternehmen seinen Gewinn maximiert (Koordinationsfunktion). Verrechnungspreise können auf verschiedene Arten gebildet werden, wobei insbesondere Verrechnungspreise auf Basis von Marktpreisen, Verrechnungspreise auf Basis von Kosten sowie Verrechnungspreise auf Basis von Verhandlungen unterschieden werden.

21.2 Marktpreisorientierte Verrechnungspreise

Ausgehend von der Idee der Divisionalisierung (nämlich der Verselbständigung der Unternehmensbereiche) und der daraus resultierenden Möglichkeit für die Bereichsverantwortlichen, dezentral Entscheidungen zu treffen, bietet sich die Auswahl von **Marktpreisen** als Verrechnungspreise an. Der einzelne Bereich (bzw. die einzelne Division) verhält sich in diesem Fall wie ein selbständig am Markt agierendes Unternehmen, welches sein Angebot bzw. seine Nachfrage an den gegebenen Preisen orientiert und als Mengenanpasser agiert. Durch die Verwendung von Marktpreisen als interne Verrechnungspreise wird der Marktmechanismus in das Unternehmen übertragen.

Für die Realisierbarkeit dieser Übertragung muss allerdings ein **vollkommener Markt** vorherrschen, dessen Bestehen an folgende Voraussetzungen geknüpft ist:[327]

- Es existiert ein externer Markt mit einem einheitlichen Marktpreis für die gehandelten Zwischengüter, welche die internen Zwischengüter voll substituieren können.
- Liefernder und abnehmender Bereich haben unbeschränkten Zugang zum Markt.
- Die Marktkapazitäten sind sowohl absatz- als auch beschaffungsseitig unbeschränkt.
- Der Verrechnungspreis berücksichtigt alle rechnerisch erfassbaren Synergievorteile, die bei externer Lieferung bzw. externem Bezug entfallen würden. Darüber hinaus bestehen keine nicht rechnerisch erfassbaren Synergievorteile (wie z.B. verminderte Qualität, Unsicherheit bzgl. Lieferzeitpunkt, Abfluss von Wissen).
- Der Verrechnungspreis passt sich an Marktpreisschwankungen an. Kurzfristig gültige „Kampfpreise" auf externen Märkten sind jedoch für die Verrechnung innerbetrieblicher Leistungen nicht geeignet.

Das nachfolgende Beispiel zeigt, dass Marktpreise unter diesen (idealen) Bedingungen sowohl die Koordinations- als auch die Erfolgsermittlungsfunktion erfüllen.

[327] Vgl. Ewert/Wagenhofer (2014) S. 576 ff.; Coenenberg et al (2012) S. 719.

Beispiel 59[328]

Bereich 1 der XY-AG produziert ein Zwischenprodukt, das von Bereich 2 zu einem Endprodukt weiterverarbeitet und am Markt angeboten wird. Der Marktpreis für das Endprodukt beträgt $p_2 = 200$. Das Zwischenprodukt wird zu einem Preis $p_1 = 120$ am Markt zu beliebigen Mengen gehandelt. In Bereich 1 entstehen variable Kosten von $kv_1 = 90$ pro Stück. Die variablen Kosten der Weiterverarbeitung und des Vertriebs in Bereich 2 betragen $kv_2 = 20$ pro Stück. Bereich 2 erhält eine Kundenanfrage nach einem einmaligen Zusatzauftrag für das Endprodukt zu einem Preis von p = 150 pro Stück. Die Annahme des Zusatzauftrags hat keinen Effekt auf die normale Absatzmenge. Beide Bereiche verfügen noch über freie Kapazitäten.

Aufgabenstellung:

a) Soll Bereich 2 den Auftrag annehmen? Soll Bereich 1 das dafür benötigte Zwischenprodukt zum Verrechnungspreis in Höhe des Marktpreises von 120 liefern? Ermitteln Sie auch die Entscheidung aus Sicht der Unternehmensleitung.
b) Ändert sich die Entscheidung aus Sicht der Unternehmensleitung und der zwei Bereichsleitungen, wenn die variablen Kosten der Weiterverarbeitung in Bereich 2 40 betragen?
c) Wie ändert sich die optimale Lösung von Aufgabenstellung b), wenn die Kapazitäten in beiden Bereichen voll ausgelastet sind?
d) Welche Auswirkungen auf die optimale Lösung von Aufgabenstellung b) hätten Beschränkungen, die Bereich 1 zur internen Lieferung und Bereich 2 zur internen Abnahme des Zwischenprodukts verpflichten würden?

Lösung:

a)

Für beide Bereiche wird auf Basis der vorliegenden Daten der Deckungsbeitrag ihres jeweiligen Produktes berechnet.

Bereich 1	Kostenträgererfolgsrechnung
Verrechnungspreis	120
– variable Kosten	−90
= Deckungsbeitrag	30

Bereich 2	Kostenträgererfolgsrechnung
Verkaufspreis für Zusatzauftrag	150
– variable Kosten	−20
– Verrechnungspreis	−120
= Deckungsbeitrag	10

[328] Vgl. Ewert/Wagenhofer (2014) S. 578 ff.

Aus Sicht der Unternehmensleitung sind lediglich die am Markt erzielbaren Erlöse sowie die tatsächlichen internen Kosten relevant. Der konkret gewählte Verrechnungspreis ist nicht relevant, da letztlich die Bereichserfolge addiert werden und damit die Kosten des einen zu den Erlösen des anderen Bereichs werden.

Gesamtunternehmen	Kostenträgererfolgsrechnung
Verkaufspreis für Zusatzauftrag	150
– variable Kosten von Bereich 1	–90
– variable Kosten von Bereich 2	–20
= Deckungsbeitrag	40

Aus Gesamtunternehmenssicht ist die Annahme des Zusatzauftrags vorteilhaft, da ein positiver Deckungsbeitrag erzielt werden kann. Beide Bereiche erzielen in der vorliegenden Situation ebenfalls einen positiven Deckungsbeitrag, wenn der Zusatzauftrag angenommen wird und werden daher die jeweilige Lieferung befürworten. Der insgesamt erzielte Deckungsbeitrag entspricht der Summe der Deckungsbeiträge der beiden Bereiche (30 + 10 = 40).

b)

Für beide Bereiche wird wiederum auf Basis der vorliegenden Daten der Deckungsbeitrag ihres jeweiligen Produktes berechnet.

Bereich 1	Kostenträgererfolgsrechnung
Verrechnungspreis	120
– variable Kosten	–90
= Deckungsbeitrag	30

Bereich 2	Kostenträgererfolgsrechnung
Verkaufspreis für Zusatzauftrag	150
– variable Kosten	–40
– Verrechnungspreis	–120
= Deckungsbeitrag	–10

Aus Sicht der Unternehmensleitung sind weiterhin die am Markt erzielbaren Erlöse sowie die tatsächlichen internen Kosten relevant. Als Alternative zur Lieferung des Zwischenproduktes an Bereich 2 kann Bereich 1 dieses auch zum Preis von $p_1 = 120$ am Markt verkaufen.

Gesamtunternehmen	bei interner Lieferung	bei Verkauf nur des Zwischenprodukts
Verkaufspreis	150	120
– variable Kosten von Bereich 1	–90	–90
– variable Kosten von Bereich 2	–40	–
= Deckungsbeitrag	20	30

Aufgrund der höheren variablen Kosten ermittelt Bereich 2 einen negativen Deckungsbeitrag. Sofern die Bereichsleitung autonom über die Auftragsannahme entscheiden darf, wird der Zusatzauftrag daher nicht angenommen.
Aus Unternehmenssicht stellt dies tatsächlich auch die optimale Entscheidung dar, denn Bereich 1 kann das für den nun nicht angenommenen Zusatzauftrag erforderliche Zwischenprodukt selbst am Markt um $p_1 = 120$ verkaufen und damit einen Deckungsbeitrag von 30 erzielen. Diese 30 entsprechen gleichzeitig dem gesamten Deckungsbeitrag, weil Bereich 2 keinen zusätzlichen Deckungsbeitrag erwirtschaftet.
Bei Annahme des Zusatzauftrages und interner Lieferung könnte hingegen nur ein Gesamtdeckungsbeitrag von 20 erzielt werden. Es ist somit aus Gesamtsicht nicht optimal, den Zusatzauftrag zum angefragten Preis anzunehmen. Der Marktpreis als Verrechnungspreis erfüllt die Koordinationsfunktion in idealer Weise.

c)
Bei voll ausgelasteten Kapazitäten ergäbe sich folgende Lösung: Bereich 1 müsste bei Annahme des Zusatzauftrages die dafür erforderliche Menge an Zwischenprodukten an Bereich 2 liefern, anstatt sie am Markt zu verkaufen. Der daraus resultierende zusätzliche Deckungsbeitrag wäre gleich null, da der interne Verrechnungspreis dem Marktpreis für Bereich 1 entspricht. Bereich 2 würde aber den Zusatzauftrag immer ablehnen, weil er seinerseits den Marktpreis von $p_2 = 200$ dem reduzierten Preis des Zusatzauftrages von $p = 150$ jedenfalls vorzieht.

d)
Die Einführung von Liefer- und Bezugsbeschränkungen durch die Unternehmensleitung kann in dieser Situation keine Verbesserung herbeiführen, sondern allenfalls das Ergebnis verschlechtern. Beschränkungen wirken nur dann, wenn der Verrechnungspreis nicht in Höhe des Marktpreises festgelegt wird. Angenommen, die Unternehmensleitung legt den Verrechnungspreis mit 100 fest. Bereich 2 würde dann den Zusatzauftrag annehmen und einen Bereichsdeckungsbeitrag von $150 - 40 - 100 = 10$ ermitteln, und Bereich 1 würde liefern, da der Bereichsdeckungsbeitrag $100 - 90 = 10$ beträgt. Diese Entscheidung ist aus Sicht des Gesamtunternehmens jedoch nicht optimal, weil Bereich 1 gehindert wird, am externen Markt einen Deckungsbeitrag von 30 zu erwirtschaften.
Angenommen, Bereich 1 kann keine zusätzliche Menge am Markt für das Zwischenprodukt absetzen. Dann fällt die (auch aus Sicht des Gesamtunternehmens) günstigste Alternative weg, und die Annahme des Zusatzauftrages wird die optimale Lösung. Bereich 2 wird aber weiterhin nicht dazu bereit sein, wenn der Verrechnungspreis gleich dem Marktpreis bleibt. Der Verrechnungspreis dürfte höchstens 110 (= 150 – 40) betragen, und er könnte bis auf 90 (= kv_1) gesenkt werden, sodass Bereich 1 immer noch bereit ist, das Zwischenprodukt an Bereich 2 zu liefern.

Der Hauptvorteil eines die obigen Bedingungen (vollkommener Markt, geringe Synergieeffekte etc.) erfüllenden Marktpreises als Verrechnungspreis ist somit, dass sowohl der Gewinn des Gesamtunternehmens maximiert wird **(Koordinationsfunktion)** als auch die Teilerfolge als vom jeweiligen Bereich erwirtschaftet betrachtet werden können **(Erfolgsermittlungsfunktion)**. Darüber hinaus zeichnet sich ein solcher Marktpreis durch seine Objektivität und die **geringe Manipulierbarkeit** aus. Weiters wird eine internationale Gewinnaufteilung innerhalb eines Konzerns auf Basis von marktorientierten Verrechnungspreisen stets auch **für die Steuerermittlung anerkannt**.

Als weiterer Vorteil kann durch den Vergleich der Kosten bei internem Bezug mit dem Marktpreis die **Effizienz der innerbetrieblichen Leistungserbringung beurteilt** und damit eine Informationsgrundlage für Outsourcing-Entscheidungen geschaffen werden. Dabei sollten jedoch stets alle mit dem internen Leistungsbezug verbundenen (Synergie-)Vorteile, z.B. in Bezug auf zeitgerechte Lieferung oder Datensicherheit, im Rahmen eines Kosten-Nutzen-Vergleichs berücksichtigt werden.

Wenn allerdings die oben genannten idealen Bedingungen nicht gegeben sind, kann die Verwendung von Marktpreisen für die Bewertung von internen Leistungen zu suboptimalen Ergebnissen führen. Das nachfolgende Beispiel soll dies verdeutlichen.

Beispiel 59 – Fortsetzung[329]

Bereich 1 weist variable Produktionskosten von 90 nur dann auf, wenn intern geliefert wird. Bei externer Lieferung entstehen zusätzliche variable Kosten von 16 infolge erweiterter Vertriebsaktivitäten, insgesamt somit 90 + 16 = 106. Die Kosten der Weiterverarbeitung und des Vertriebs betragen in Bereich 2 40 bei internem Bezug und 50 aufgrund zusätzlicher Qualitätstests und höherer Transportkosten bei externem Bezug.

Aufgabenstellung:
Welche Entscheidung treffen die beiden Bereichsverantwortlichen, wenn sie dezentral über die Leistungserbringung entscheiden? Ist die ermittelte Lösung auch aus Sicht der Unternehmensleitung optimal?

Lösung:
Für beide Bereiche werden wiederum die erzielbaren Deckungsbeiträge abhängig von der gewählten Option berechnet und verglichen.
Bereich 1 kann zum Marktpreis von $p_I = 120$ entweder an Bereich 2 oder, zu erhöhten Kosten, an den externen Markt liefern.

Bereich 1	intern	extern
Verrechnungspreis	120	120
– variable Kosten	–90	–106
= Deckungsbeitrag	30	14

[329] Vgl. Ewert/Wagenhofer (2014) S. 580 f.

Bereich 2 kann das für die Erfüllung des Zusatzauftrags erforderliche Zwischenprodukt entweder intern von Bereich 1 oder, verbunden mit erhöhten eigenen Kosten, extern beziehen.

Bereich 2	intern	extern
Verkaufspreis	150	150
– variable Kosten	–40	–50
– Verrechnungspreis	–120	–120
= Deckungsbeitrag	–10	–20

Bereich 2 erzielt bei einem Verrechnungspreis gleich dem Marktpreis und internem Bezug wieder einen Deckungsbeitrag des Zusatzauftrages von –10 und nimmt den Auftrag daher nicht an. Würde Bereich 2 von außen beziehen, verschlechterte sich der negative Deckungsbeitrag um die zusätzlichen Kosten von 10 auf –20.

Aus Sicht der Unternehmensleitung stellen sich die Alternativen nun folgendermaßen dar:

Gesamtunternehmen	bei interner Lieferung	bei Verkauf nur des Zwischenprodukts
Verkaufspreis	150	120
– variable Kosten von Bereich 1	–90	–106
– variable Kosten von Bereich 2	–40	–
= Deckungsbeitrag	20	14

Bereich 1 kann die von Bereich 2 nicht nachgefragte Menge des Zwischenprodukts am Markt verkaufen und erzielt einen positiven Deckungsbeitrag von 120 – 106 = 14. Dies ist bei dezentraler Entscheidung auf Basis eines marktorientierten Verrechnungspreises auch der gesamte Deckungsbeitrag.

Dieser ist aber um 6 geringer als der Deckungsbeitrag von 20, der bei Annahme des Zusatzauftrages für das Gesamtunternehmen entstehen würde. Die Folge ist, dass der Marktpreis bei Bestehen von Synergien nicht mehr zur optimalen Koordination führt, weil Bereich 2 eine aus Sicht des Gesamtunternehmens suboptimale Entscheidung trifft und sich damit das Ergebnis von 20 auf 14 verschlechtert. Der Verrechnungspreis dürfte höchstens 110 (= 150 – 40) betragen, damit Bereich 2 den Zusatzauftrag annimmt. Aus Sicht von Bereich 1 erhöht sich die Preisgrenze um die Opportunitätskosten in Höhe des entgangenen Deckungsbeitrags der externen Lieferung (90 + 14) auf 104. Jeder Verrechnungspreis zwischen 104 und 110 führt zur aus Sicht der Unternehmensleitung gewünschten Entscheidung der Auftragsannahme und internen Lieferung. Innerhalb dieses Bereichs kann der konkrete Verrechnungspreis entweder zentral durch die Unternehmensleitung festgelegt werden oder das Ergebnis von Verhandlungen der betroffenen Bereichsverantwortlichen sein (siehe dazu auch Abschnitt 21.4).

Die Erkenntnis aus diesem Beispiel lässt sich verallgemeinern: Ein Verrechnungspreis, der zu dezentralen, aus Sicht des Gesamtunternehmens optimalen Entscheidungen führt (Koordinationsfunktion), wird häufig nicht dem Marktpreis für die bezogene Leistung entsprechen.[330] Die Differenz zwischen den Ergebnissen bei zentraler und dezentraler Entscheidung ist auf **Synergievorteile** zurückzuführen, deren Nutzung durch eine gesamtbetriebliche Koordination sicherzustellen ist. Beispiele für solche Synergievorteile sind unter anderem:

- Größenvorteile durch Marktmacht;
- niedrigere Absatz- und Vertriebskosten;
- Sicherheit und Qualität der Belieferung;
- Geheimhaltung bei patentierten Produkten.

Zusammenfassend kann festgehalten werden, dass marktorientierte Verrechnungspreise tendenziell umso besser geeignet sind, je vollkommener der Markt für das Zwischenprodukt ist und je geringer die bei interner Leistung erzielbaren Synergieeffekte im Unternehmen sind.

21.3 Kostenorientierte Verrechnungspreise

Neben marktorientierten Verrechnungspreisen spielen in der Unternehmenspraxis auch Verrechnungspreise auf Basis von **Kosten** eine große Rolle. In diese Kategorie fallen unterschiedliche Verrechnungspreistypen, die sich jeweils an unterschiedlichen Kostengrößen orientieren, nämlich an

- Grenzkosten;
- Kosten in Verbindung mit einer Knappheitssituation;
- Vollkosten;
- variablen und fixen Kosten getrennt, in Form eines zweistufigen Verrechnungspreises;
- Vollkosten plus Gewinnaufschlag.

Die Vorteile kostenorientierter Verrechnungspreise sind ihre **leichte Feststellbarkeit** und der geringe Verwaltungsaufwand, da die notwendigen Daten aus dem internen Rechnungswesen abgeleitet werden können. Weiters ist auch eine Zurechnung von nicht realisierten und somit **konsolidierungspflichtigen Zwischengewinnen** auf interne Lieferungen und Leistungen nicht erforderlich, solange keine Gewinnaufschläge verwendet werden. Wie die nachfolgenden Ausführungen noch zeigen werden, weisen kostenorientierte Verrechnungspreise jedoch zahlreiche Nachteile auf, und zwar grundsätzlich unabhängig davon, ob **Kosten mit oder ohne Gewinnaufschlag** verwendet werden.

Für die Behandlung von **Abweichungen** zwischen Plan- und Istkosten des liefernden Bereichs bestehen bei der Festlegung kostenorientierter Verrechnungspreise zwei Möglichkeiten. Wird für die Verrechnungspreisermittlung auf **Standardkosten** (Plankosten) des liefernden Bereichs zurückgegriffen, so trägt dieser Bereich auch das gesamte Risiko von Kostenabweichungen und hat gleichzeitig den Anreiz, die

[330] Vgl. Ewert/Wagenhofer (2014) S. 602.

Wirtschaftlichkeit der Leistungserstellung zu beachten. Ein Verrechnungspreis auf Basis von Standardkosten erleichtert außerdem die Planungsarbeiten für die Bereichsverantwortlichen der abnehmenden Bereiche, da die Verrechnungspreise und damit die Kosten für die benötigten Inputgüter bekannt sind. Umgekehrt gestaltet sich die Situation, wenn die **Istkosten** für die Ermittlung der Verrechnungspreise herangezogen werden. Das Risiko läge dann zur Gänze beim abnehmenden Bereich, der auch keine Planungssicherheit mehr hätte, sondern die eigene Planung auf Basis erwarteter Istkosten vornehmen müsste.[331]

Entscheidet sich die Unternehmensleitung für einen Verrechnungspreis auf Standardkostenbasis, könnte der liefernde Bereich allerdings versuchen, **überhöhte Standardkosten** als Kalkulationsbasis bei der Kostenplanung anzusetzen, um sich solcherart einen „Sicherheitspolster“ zu verschaffen.

Darüber hinaus gilt es zu bedenken, dass jede Verrechnung von Gemeinkosten auf Produkte in gewissem Umfang willkürlich ist. Wenn nun der liefernde Bereich neben dem intern zu liefernden Produkt auch noch andere Produkte erzeugt, eröffnet sich ihm ein Spielraum, innerhalb dessen er die Kosten bewusst verzerren kann. Diese Möglichkeit zur **Manipulation der Verrechnungspreise** ist aufgrund des Informationsvorsprungs der dezentralen Bereiche in der Regel für die Unternehmensleitung nur schwer nachprüfbar. Auch dieser Effekt muss bei der Entscheidung über die Verwendung von Verrechnungspreisen auf Istkosten- oder auf Standardkostenbasis berücksichtigt werden.

21.3.1 Grenzkosten als Verrechnungspreise

Vor allem bei Fehlen eines externen Marktes für das Zwischenprodukt können Grenzkosten, verstanden als **kurzfristig entscheidungsrelevante Kosten**, die aus Sicht der Unternehmensleitung optimale Basis für die Verrechnungspreisfestlegung darstellen. Nachfolgend soll diese Argumentation mithilfe des **Modells von Hirshleifer** illustriert werden.

Beispiel 60[332]

Bereich 1 erstellt ein Zwischenprodukt, das von Bereich 2 zu einem vermarktbaren Endprodukt weiterverarbeitet wird. Annahmegemäß besteht kein Markt für das Zwischenprodukt bzw. gibt es Liefer- und Bezugsbeschränkungen, die es den Bereichen nicht ermöglichen, einen Markt für das Zwischenprodukt zu nutzen. Die Verarbeitungskosten (K) der zwei Bereiche betragen:

$$K_1 = 20 + \frac{x^2}{2}$$

$$K_2 = 2 + x$$

Für den Preis des Endproduktes gilt eine monopolistische Preis-Absatz-Funktion:

$$p(x) = 16 - x$$

[331] Vgl. Ewert/Wagenhofer (2014) S. 583 f.
[332] Vgl. Ewert/Wagenhofer (2014) S. 585 ff.

Aufgabenstellung:

In welcher Höhe muss der Verrechnungspreis R angesetzt werden, damit beide Bereiche dieselbe Menge wählen, die aus Sicht der Unternehmensleitung optimal ist?

Lösung:

Die zentrale Lösung als Vergleichslösung wird durch Maximierung der Gesamtgewinnfunktion (G) ermittelt.

$$G(x) = (16 - x) \cdot x - 20 - \frac{x^2}{2} - 2 - x = -\frac{3x^2}{2} + 15 \cdot x - 22$$

Daraus folgt

$G'(x) = -3 \cdot x + 15$

$G'(x) = 0$

$x^* = 5$

Der maximale Gewinn beträgt $G(x^*=5) = 15{,}5$.

Bei dezentraler Entscheidung liegt es in der Hand der Bereichsverantwortlichen, die jeweilige Outputmenge selbst festzulegen. Beide maximieren ihre Bereichsgewinne unter Berücksichtigung des Verrechnungspreises R für die transferierte Leistung:

$$G_1 = R \cdot x - 20 - \frac{x^2}{2}$$

$G_2 = (16 - x) \cdot x - R \cdot x - 2 - x$

$G'_1 = R - x$

$G'_1 = 0$

$R = x$

$G'_2 = 15 - R - 2 \cdot x$

$G'_2 = 0$

$R = 15 - 2 \cdot x$

Die jeweils optimale Menge hängt somit von der Höhe des Verrechnungspreises R ab. Es gibt genau einen Verrechnungspreis, bei dem beide Bereiche dieselbe Menge liefern bzw. beziehen wollen. Diesen erhält man, indem man die beiden Gleichungen für den Verrechnungspreis $R = x$ und $R = 15 - 2 \cdot x$ miteinander schneidet.

$15 - 2 \cdot x = x$

$x^* = 5$

Diese resultierende Menge ist gleichzeitig auch aus Sicht der Unternehmensleitung optimal. Der entsprechende Verrechnungspreis entspricht den Grenzkosten des liefernden Bereichs im Optimum, nämlich $R = K_1'(x^*) = 5$. Legt die Zentrale den Verrechnungspreis in Höhe der Grenzkosten des liefernden Bereichs fest, so wählen beide Bereichsverantwortlichen also auch dezentral die optimale Menge von $x^* = 5$. Die Bereichsgewinne betragen $G_1 = -7{,}5$ und $G_2 = 23$, der sich daraus ergebende Gesamtunternehmensgewinn beträgt $G = 15{,}5$.

Der Ansatz von Grenzkosten als Verrechnungspreis, wie er sich im Modell von HIRSHLEIFER als optimal gezeigt hat, löst aber das Koordinationsproblem zwischen Unternehmensleitung und den Bereichsverantwortlichen nur scheinbar. Die Unternehmensleitung muss den optimalen Verrechnungspreis zunächst selbst kennen, um ihn dann gegenüber den Bereichen festlegen zu können. Um wiederum den Verrechnungspreis festlegen zu können, muss sie das Optimierungsproblem selbst bereits gelöst haben. Wenn aber erst einmal das Problem gelöst ist, könnte die Unternehmensleitung den Bereichen ebenso gut gleich die optimalen Mengen vorschreiben. Die Entscheidungsautonomie tritt damit in den Hintergrund, denn die Unternehmensleitung muss vor dem eigentlichen dezentralen Optimierungsprozess alle wesentlichen Parameter kennen und ihrerseits festlegen **(Autonomie-Illusion)**. Ein zentrales Planungsmodell widerspricht jedoch der Idee der Entscheidungsdezentralisation und Delegation an die Bereichsverantwortlichen, denn sie sollen in ihren Entscheidungen ja weitgehend frei sein und an ihren Erfolgen dann auch beurteilt werden. Genau diese Entscheidungen werden ihnen aber bei einem zentralen Planungsmodell abgenommen.[333]

Der Verwendung von grenzkostenbasierten Verrechnungspreisen stehen auch gravierende Probleme bei der Erfolgsermittlungsfunktion entgegen. Eine Lieferung zu Grenzkosten führt nämlich beim liefernden Bereich **immer** zu einem **Verlust in Höhe der fixen Kosten**, da die Verrechnungspreise stets nur die variablen Kosten decken. Der abnehmende Bereich weist hingegen einen Gewinn aus, der nur zum Teil durch die eigenen Bereichsleistungen erzielt wurde; der Ergebnisbeitrag des liefernden Bereichs wird nicht sichtbar. Für die Bereichsverantwortlichen im liefernden Bereich kann ein solches Verrechnungspreissystem daher überaus demotivierend wirken.

In der Praxis können weiters folgende Probleme auftreten:[334]

- Bei **nicht konstanten Grenzkosten**, z.B. S-förmiger Verlauf der Kostenkurven, ergeben sich Probleme bei der Ermittlung der Verrechnungspreise. Zur Lösung werden meist lineare Kostenkurven unterstellt, wodurch die Grenzkosten den variablen Kosten entsprechen.
- Der liefernde Bereich könnte den Einsatz eines aus Gesamtunternehmenssicht vorteilhaften **kapitalintensiveren Verfahrens** mit einem höheren Fixkostenanteil, jedoch niedrigeren variablen Kosten ablehnen, da dieses den Bereichsverlust (in Höhe der Fixkosten) noch weiter erhöhen würde.

Im Vergleich zu Marktpreisen und vollkostenorientierten Verrechnungspreisen sind Verrechnungspreise in Höhe der Grenzkosten in der Praxis eher selten anzutreffen.[335]

[333] Vgl. Ewert/Wagenhofer (2014) S. 587 sowie Brühl (2012) S. 341.
[334] Vgl. Coenenberg et al (2012) S. 739.
[335] Vgl. Coenenberg et al (2012) S. 762.

21.3.2 Knappheitsorientierte Verrechnungspreise

Ergänzend zu den Ausführungen in Kap. 21.3.1 soll auch die Verwendung von Grenzkosten als Verrechnungspreise bei Vorliegen von Kapazitätsengpässen diskutiert werden. In diesem Fall muss der Verrechnungspreis neben den Grenzkosten auch die **Opportunitätskosten des Engpasses** miteinschließen, wenn die Koordinationsfunktion erfüllt werden soll. Man spricht in diesem Zusammenhang auch von knappheitsorientierten Verrechnungspreisen. Liegt mehr als ein Engpass vor, so lässt sich das Problem nur noch mit Hilfe der linearen Programmierung lösen. Diese Vorgehensweise wurde im Zusammenhang mit Preisuntergrenzen bereits in Kap. 10.2 im Rahmen der Produktionsprogrammplanung diskutiert.

Beispiel 61[336]

In einem Unternehmen gibt es einen liefernden Bereich 1 und einen abnehmenden Bereich 2. In Bereich 1 werden zwei Zwischenprodukte (A und B) hergestellt, die beide in zwei Endprodukte (X und Y) von Bereich 2 eingehen. Hierfür zeigt die nachfolgende Tabelle, wie viele Einheiten des jeweiligen Zwischenprodukts für die Herstellung einer Einheit des jeweiligen Endprodukts benötigt werden:

		Endprodukt	
		X	Y
Zwischenprodukt	A	1	2
	B	2	1

Vom Zwischenprodukt A können aufgrund eines Engpasses in Bereich 1 in der betrachteten Periode maximal 10.000 Stück hergestellt werden.
Weiters sind im abnehmenden Bereich die Kosten der Weiterverarbeitung pro Stück und für die beiden Endprodukt die Erlöse pro Stück bekannt.

	Endprodukt	
	X	Y
Erlöse	40	42
Kosten für Weiterverarbeitung	8	10

Die variablen Kosten pro Stück (= Grenzkosten) in Bereich 2 betragen für A 5 und für B 6.

Aufgabenstellung:

Ermitteln Sie das optimale Produktionsprogramm unter Verwendung eines knappheitsorientierten Verrechnungspreises.

Lösung:

Die Erlöse und Weiterverarbeitungskosten sind in der folgenden Tabelle aus Gesamtunternehmenssicht aufgelistet:

[336] Vgl. Brühl (2012) S. 348 ff.

	Endprodukt	
	X	Y
Erlöse	40	42
– variable Kosten (für A und B)	–17	–16
– Kosten für Weiterverarbeitung	–8	–10
= Deckungsbeitrag	15	16

Für den Engpass beim Zwischenprodukt A wird ein relativer Deckungsbeitrag ermittelt, der als zusätzliches Element neben den Grenzkosten für die Festlegung des Verrechnungspreises berücksichtigt werden muss. Dieser drückt aus, wie viel Deckungsbeitrag mit einer Einheit des Zwischenprodukts A unter Berücksichtigung der benötigten Menge bei Weiterverarbeitung jeweils erzielt werden kann. Anhand dieses relativen Deckungsbeitrags lässt sich damit beurteilen, welches Endprodukt die vorteilhaftere Verwendung des „knappen" Zwischenprodukts A darstellt.

	Endprodukt	
	X	Y
relativer Deckungsbeitrag	15 / 1 = 15	16 / 2 = 8
	Zwischenprodukt	
	A	B
Grenzkosten	5	6
+ relativer Deckungsbeitrag	15	0
= Verrechnungspreis	20	6

Aus der Sicht des abnehmenden Bereichs 2 ergeben sich die Stückdeckungsbeiträge unter Berücksichtigung des Engpasses wie folgt:

	Endprodukt	
	X	Y
Erlöse	40	42
– variable Kosten für A	–20	–40
– variable Kosten für B	–12	–6
– Kosten für Weiterverarbeitung	–8	–10
= Deckungsbeitrag	0	–14

Bereich 2 wird – wenn überhaupt – ausschließlich ein Interesse an der Produktion von X haben und Y nicht produzieren. Er wird daher 10.000 Stück von X produzieren und dafür von Bereich 1 10.000 Stück A und 20.000 Stück B beziehen. Bei Bereich 2 entsteht kein Deckungsbeitrag, der knappheitsorientierte Verrechnungspreis lenkt den gesamten Deckungsbeitrag zum Engpass, der ja in Bereich 1 liegt. Dort entsteht ein Deckungsbeitrag in Höhe von 150.000; dies entspricht gleichzeitig dem Ergebnis für das gesamte Unternehmen.

Hätte Bereich 2 stattdessen die 10.000 Stück A verwendet, um das aus Sicht des absoluten Deckungsbeitrags (16 > 15) scheinbar bessere Produkt Y zu produzie-

ren, hätten daraus nur 5.000 Stück Y hergestellt werden können. Aus Sicht von Bereich 2 hätte der knappheitsorientierte Verrechnungspreis für A von 20 in Verbindung mit dem grenzkostenorientierten Verrechnungspreis für B von 6 zu gesamten Bezugskosten für die Zwischenprodukte von 230.000 und Weiterverarbeitungskosten von 50.000 geführt. Diesen gesamten Bereichskosten von 280.000 wären Erlöse von lediglich 210.000 für die 5.000 Stück Y gegenübergestanden, woraus sich ein Bereichsverlust von 70.000 ergeben hätte. Bereich 1 hätte für die Bereitstellung von 10.000 A und 5.000 B einen internen „Erlös“ von 230.000 erhalten, was bei eigenen Kosten von 80.000 zu einem Bereichserfolg von 150.000 geführt hätte. Für das gesamte Unternehmen hätte sich bei dieser nicht vorteilhaften Variante somit ein Ergebnis von lediglich 80.000 ergeben.
Erst die Berücksichtigung der Opportunitätskosten und damit der Knappheit bei der Festlegung des Verrechnungspreises führt letztlich zur optimalen Lösung.

Die Knappheitspreise erfüllen zwar grundsätzlich die Koordinationsfunktion, jedoch muss für deren korrekte Festlegung wieder ein **Gesamtmodell** aufgestellt werden, in dem alle Informationen über Restriktionen, Erlöse, variable Kosten und Restriktionsbelastungen enthalten sind. Das widerspricht erneut dem Gedanken der Dezentralisierung und Entscheidungsdelegation, denn eine zentrale Lösung soll ja gerade durch das Instrument der Verrechnungspreise vermieden werden.

Der größte Nachteil knappheitsorientierter Verrechnungspreise ist hingegen, dass der Gewinn immer dem Bereich zugeordnet wird, in dem die Restriktionen wirksam werden. Treten sowohl im liefernden als auch im abnehmenden Bereich Engpässe auf, so wird beiden ein Teil des Gewinns zugerechnet. Das Ziel einer leistungsbedingten Gewinnallokation wird auf diese Weise verfehlt, die **Erfolgsermittlungsfunktion daher nicht erfüllt**.[337]

Aus der Zuordnung der Gewinne nach der Knappheitssituation der beteiligten Bereiche können darüber hinaus Anreize zur künstlichen **Verknappung von Kapazitäten** entstehen, was aus der Sicht des Gesamtunternehmens zu suboptimalen Ergebnissen führen würde.[338]

21.3.3 Vollkosten als Verrechnungspreise

Vollkostenorientierte Verrechnungspreise sollen, im Unterschied zu grenzkostenorientierten Verrechnungspreisen, dem liefernden Bereich die Überwälzung der gesamten Kosten ermöglichen. Dadurch soll der sonst sichere Verlust in Höhe der Fixkosten vermieden werden. Gleichzeitig macht der liefernde Bereich aber auch keinen Gewinn, denn der gesamte Gewinn aus der internen Leistung wird den abnehmenden Bereichen zugeordnet. Die **willkürliche Aufteilung des Gesamtgewinns** bleibt also als Kritikpunkt bestehen. Verrechnungspreise auf Vollkostenbasis sind in der **Praxis** dennoch weit verbreitet, was oft mit deren besserer Eignung für **langfristige Liefer-**

337 Vgl. Coenenberg et al (2012) S. 747.
338 Vgl. Coenenberg et al (2012) S. 751.

beziehungen und für die Steigerung des **Kostenbewusstseins** bei den abnehmenden Bereichen argumentiert wird. Aus Sicht der Verhaltenssteuerung kann eine Verrechnung zu höheren Vollkosten zu einem bewussteren, im Sinne von sparsameren, Umgang mit den internen Leistungen führen.[339]

Wenn die Mengengröße, die der Ermittlung der geplanten Fixkostenanteile zugrunde liegt, von den abnehmenden Bereichen nicht in derselben Höhe auch tatsächlich nachgefragt wird, tritt bei Verrechnungspreisen auf Basis von Vollkosten beim liefernden Bereich das Problem von **Beschäftigungsabweichungen** bzw. Leerkosten auf. In einer flexiblen Plankostenrechnung auf Vollkostenbasis (siehe dazu bereits Kap. 15.1.2) werden bei einer gegenüber dem Plan geringeren Auslastung Teile der Fixkosten nicht auf die Produkte verrechnet (= Unterdeckung) und verbleiben daher beim liefernden Bereich. Dieser trägt folglich auch das Beschäftigungsrisiko, was allerdings nur sinnvoll ist, wenn er auch externe Abnehmer hat. Ansonsten würde er das Absatzrisiko der abnehmenden Bereiche tragen, ohne die Möglichkeit zu haben, extern für mehr Beschäftigung und eine bessere Auslastung seiner Kapazitäten sorgen zu können. Im Fall einer Überauslastung würden umgekehrt sogar mehr als die tatsächlichen Fixkosten verrechnet werden (= Überdeckung), wodurch der liefernde Bereich sogar ein positives Ergebnis, allerdings zu Lasten der abnehmenden Bereiche, erzielen würde.

Der entscheidende Ablehnungsgrund für die Verrechnungspreisermittlung auf Basis von Vollkosten ist allerdings die Tatsache, dass bei gegebenen Ressourcen, d.h. kurzfristig, Fixkosten nicht entscheidungsrelevant sind. Werden sie dennoch in die Verrechnungspreisermittlung einbezogen, kann es zu **Fehlentscheidungen** bei der Ressourcennutzung kommen, was anhand des folgenden Beispiels gezeigt werden soll.

Beispiel 62[340]

Ein Produkt durchläuft zwei selbständige Fertigungsbereiche (Bereich 1 und Bereich 2). Folgende Informationen sind vorhanden:

	variable Stückkosten von Bereich 1	10
+	anteilige fixe Kosten von Bereich 1	15
=	Vollkostenverrechnungspreis für Lieferung von Bereich 1 an Bereich 2	25
+	variable Weiterverarbeitungskosten von Bereich 2	6
+	anteilige fixe Kosten von Bereich 2	9
=	gesamte Kosten pro Stück	40

Aufgabenstellung:

Wie soll sich Bereich 2 entscheiden, wenn ein Zusatzauftrag mit einem Preis von 30 vorliegt?

339 Vgl. Ewert/Wagenhofer (2014) S. 590 f.

340 Vgl. Ewert/Wagenhofer (2014) S. 594.

Lösung:

Ein Zusatzauftrag mit einem angebotenen Preis von 30 würde von Bereich 2 abgelehnt werden, da der Preis unter den „variablen" Kosten von 31 (= 25 + 6) liegt. Dies ist allerdings eine Fehlentscheidung, denn aus Sicht des Gesamtunternehmens brächte dieser Zusatzauftrag einen positiven Deckungsbeitrag von 14 (= 30 – 10 – 6). Der Grund dafür ist, dass die im Verrechnungspreis enthaltenen Fixkosten des liefernden Bereichs in Höhe von 15 für den abnehmenden Bereich zu vollständig variablen Kosten werden: Wenn eine Einheit weniger nachgefragt wird, reduzieren sich die Bezugskosten für den abnehmenden Bereich genau um den Verrechnungspreis.

Auf das Problem der **Zurechnung von Gemeinkosten** auf mehrere Produkte wurde bereits weiter oben im Zusammenhang mit der Datengrundlage (Ist- oder Standardkosten) hingewiesen. Diese erfolgt bis zu einem gewissen Grad willkürlich, sodass letztlich auch die Höhe der Vollkosten der internen Leistungen willkürlich ist.

21.3.4 Zweistufige Verrechnungspreise

Um eine kurzfristig optimale Entscheidungsgrundlage ohne Verzerrung durch Fixkosten zu erhalten, gleichzeitig den Verlust in Höhe der Fixkosten beim liefernden Bereich zu mindern oder gänzlich zu vermeiden und drittens dennoch von den Vorteilen einer (anteiligen) Fixkostenverrechnung zu profitieren, kann ein **kombiniertes Verrechnungspreisschema** angewendet werden. Dieses sollte folgendermaßen gestaltet werden:[341]

1. Die einzelne intern bezogene Leistung wird zu **variablen** Kosten abgerechnet. Dies gewährleistet, dass die Steuerungsinformation der Grenzkosten z.B. für die Entscheidung über die Annahmen eines Zusatzauftrags erhalten bleibt.
2. Der abnehmende Bereich wird periodisch (z.B. monatlich oder jährlich) mit einem Pauschalbetrag für die Abdeckung der **Fixkosten** des liefernden Geschäftsbereichs belastet. Bei der Festlegung dieses Pauschalbetrags muss Folgendes berücksichtigt werden:
   - Es soll sich um einen **nichtmengenabhängigen**, pauschalen Belastungsbetrag handeln, damit nicht der liefernde Bereich das Risiko der Absatzentscheidungen des abnehmenden Bereichs trägt.
   - Das dem Pauschalbetrag zugrunde liegende Mengengerüst sollte jenem Anteil an der Kapazität des liefernden Bereichs entsprechen, der für die Belieferung des abnehmenden Bereichs aufrechterhalten werden muss. Der Pauschalbetrag sollte daher auf einer zum Investitionszeitpunkt durchzuführenden **Kapazitätsabsprache** zwischen dem liefernden und den empfangenden Bereichen beruhen.

[341] Vgl. Coenenberg et al (2012) S. 744.

Eine solche Vorgehensweise hat jedoch den Nachteil, dass bei Unterbeschäftigung des abnehmenden Bereichs dem liefernden Bereich die anteiligen Fixkosten dennoch vergütet werden und somit dessen Anreiz verringert wird, sich um **externe Aufträge** zu bemühen, um eine bessere Auslastung zumindest im eigenen Bereich zu erzielen.[342]

Weiters ergibt sich die Frage, wie **kurzfristige Abweichungen** von der geplanten Inanspruchnahme behandelt werden sollen. Diese Problemlage wird im folgenden Beispiel verdeutlicht.

Beispiel 63[343]

Zwei abnehmende Bereiche (2a und 2b) reservieren die Kapazität des liefernden Bereichs 1 zur Gänze, wobei Bereich 2a 30% und Bereich 2b 70% beanspruchen. Die Fixkosten des liefernden Bereichs von 100.000 werden dem entsprechend mit 30.000 bzw. 70.000 an die beiden abnehmenden Bereiche weiterverrechnet. Gegen Ende der Planungsperiode hat Bereich 2a noch 10% an Kapazität verfügbar und wird sie voraussichtlich nicht benötigen, während Bereich 2b die reservierte Kapazität bereits zur Gänze ausgeschöpft hat. Nun erhält Bereich 2b einen Zusatzauftrag, der 5% der Kapazität benötigt. Bereich 2b hat keine eigene Kapazität im liefernden Bereich mehr zur Verfügung, während insgesamt noch freie Kapazität verfügbar ist.

Aufgabenstellung:

Wie soll vorgegangen werden?

Lösung:

Da die Kapazität voraussichtlich nicht anderweitig verwendet wird, sollte sie aus Ex-post-Sicht an Bereich 2b kostenlos weitergegeben werden. Die Entscheidung über die Höhe der Fixkosten ist bereits in der Vergangenheit gefallen und die Kapazitätskosten sind daher **sunk costs** und sollten die zukünftige Entscheidung über den Zusatzauftrag nicht beeinflussen. Müsste Bereich 2b die benötigte Kapazität von Bereich 2a um z.B. 5.000 abkaufen, würden diese 5.000 plötzlich entscheidungsrelevant. Dies könnte dazu führen, dass der Zusatzauftrag abgelehnt wird, auch wenn er aus Sicht des Gesamtunternehmens vorteilhaft ist.

Kann ein abnehmender Bereich allerdings im Nachhinein bei Bedarf kostenlos zusätzliche Kapazität bekommen, ergibt sich für die Bereichsverantwortlichen ein Anreiz, in der Planungsphase tendenziell zu wenig Kapazitätsbedarf zu melden, um damit den Pauschalbetrag für die Bereitstellung der Kapazität gering zu halten. Überschreitet dann die Nachfrage die reservierte Kapazität, erhält der abnehmende Bereich die zusätzliche Kapazität – soweit noch vorhanden – kostenlos. Wenn allerdings in der Kapazitätsplanungsphase alle abnehmenden Bereiche gegenüber dem liefern-

[342] Vgl. Coenenberg et al (2012) S. 745.
[343] Vgl. Ewert/Wagenhofer (2014) S. 595.

den und Kapazität bereitstellenden Bereich tendenziell zu wenig Bedarf anmelden, wird dieser entsprechend weniger Kapazität vorsehen. Daraus könnte aus Sicht der Unternehmensleitung eine **zu niedrige Gesamtkapazität** resultieren und vorteilhafte Aufträge müssten abgelehnt werden.[344]

21.3.5 Vollkosten plus Gewinnaufschlag

Deckt der Verrechnungspreis nicht nur die Vollkosten des liefernden Bereichs, sondern umfasst er darüber hinaus noch einen Gewinnbeitrag, wird im Sinne der **Erfolgsermittlungsfunktion** auch dem liefernden Bereich ein Anteil am Erfolg zugeordnet. Die Verteilung des Gesamterfolgs, der aufgrund von Synergien entstanden ist (wie bereits im Zusammenhang mit marktpreisorientierten Verrechnungspreisen beschrieben), bleibt allerdings willkürlich.[345] Für die Festlegung des „angemessenen" Gewinnaufschlags kommen mehrere Möglichkeiten in Frage:[346]

- prozentueller Aufschlag auf die Vollkosten;
- Vollkosten plus Verzinsung des eingesetzten Kapitals (soweit die Verzinsung nicht ohnehin schon in den Fixkosten berücksichtigt wurde);
- Verhandlungsergebnis zwischen den beteiligten Bereichen.

Das bereits genannte Problem der **Verzerrung** der kurzfristigen Datengrundlage für den abnehmenden Bereich bei Verwendung einer Vollkostenbasis bleibt nicht nur bestehen, sondern wird durch den Gewinnanteil noch verschärft, da der entscheidungsrelevante Deckungsbeitrag des abnehmenden Bereichs weiter reduziert wird, ohne dass diese Komponenten kurzfristig entscheidungsrelevant wären.

Analog zur Erweiterung eines vollkostenorientierten Verrechnungspreisschemas kann auch der **Pauschalbetrag eines zweistufigen Verrechnungspreisschemas** so festgelegt werden, dass zusätzlich noch ein pauschaler Gewinnbeitrag an den liefernden Bereich entrichtet werden muss.[347] Obwohl die Gefahr von kurzfristigen Fehlentscheidungen bei Anwendung eines zweistufigen Verrechnungspreisschemas wegfällt, bleibt die Kritik der willkürlichen Aufteilung des Gewinns bestehen.

Darüber hinaus kann jegliches Verrechnungspreisschema, welches zu einer Aufteilung des gemeinsam erwirtschafteten Gewinns führt, auch **Fehlanreize** auslösen. Sollte beispielsweise einer der beteiligten Bereiche effizienzsteigernde Maßnahmen setzen oder das Verkaufspersonal schulen, beeinflusst dies die Gewinnsituation des gesamten Unternehmens. Der Erfolg wird mit den anderen beteiligten Bereichen geteilt, die damit verbundenen Kosten trägt der die Maßnahmen setzende Bereich allerdings allein.[348]

Im Zusammenhang mit **grenzüberschreitenden Verrechnungspreisen** im Konzern wird die Verwendung branchenüblicher Gewinnaufschläge auf die Selbstkosten des liefernden Tochterunternehmens ermöglicht. Auch die umgekehrte Vorgehens-

[344] Vgl. Ewert/Wagenhofer (2014) S. 617.
[345] Vgl. Ewert/Wagenhofer (2014) S. 595 f.
[346] Vgl. Ewert/Wagenhofer (2014) S. 596.
[347] Vgl. Coenenberg et al (2012) S. 745.
[348] Vgl. Ewert/Wagenhofer (2014) S. 596.

weise ist zulässig, d.h. der Absatzpreis des abnehmenden Tochterunternehmens abzüglich einer angemessenen Handelsspanne wird als Verrechnungspreis angesetzt. Bei der Festsetzung des angemessenen Gewinnauf- bzw. -abschlages gilt bei grenzüberschreitender Leistung der sog. Drittvergleichsgrundsatz **(„Dealing at arm's length"**, gem. Artikel 9 der OECD Model Tax Convention).[349]

21.4 Verrechnungspreise als Verhandlungsergebnis

Als weitere Möglichkeit neben den bislang dargestellten Verrechnungspreistypen kann die Unternehmensleitung auch entscheiden, dass Verrechnungspreise im Unternehmen durch **Verhandlungen** festzulegen sind.

Verhandlungen führen zu einem Verrechnungspreis, der in einem **Intervall** zwischen dem Mindestpreis (= Preisuntergrenze), den der liefernde Bereich zu akzeptieren bereit ist, und dem Höchstpreis (= Preisobergrenze), den der abnehmende Bereich zu zahlen bereit ist, liegt. Die Breite dieses Intervalls wird dabei einerseits durch die Synergien und durch die Alternativen beeinflusst, die den Bereichen z.B. durch Verkauf an den oder Bezug vom externen Markt zur Verfügung stehen.[350]

Den beteiligten Bereichen wird damit die größtmögliche Freiheit gegeben, über die internen Liefermengen und die Höhe der Verrechnungspreise im Zuge eines Verhandlungsprozesses selbst zu entscheiden. Als **Vorteil** erhofft sich die Unternehmensleitung, dass die Bereiche, die über bessere Informationen verfügen, zu einer insgesamt besseren Lösung gelangen, als dies bei zentraler Verrechnungspreisvorgabe der Fall wäre. **Voraussetzung** für ein „freies" Verhandeln ist, dass keine internen Liefer- und Bezugsbeschränkungen bestehen, d.h. dass sich die Bereiche auch weigern können, interne Leistungen zu erbringen bzw. nachzufragen. Ohne diesen Freiraum könnte kein Bereich wirklich mit Konsequenzen drohen, und das Ergebnis wäre eine willkürliche Aufteilung des gemeinsam erwirtschafteten Gewinnes.[351]

Der Einsatz von verhandlungsorientierten Verrechnungspreisen leidet in der Praxis allerdings daran, dass diese auch eine Reihe von **Nachteilen** aufweisen. Verhandlungen sind **zeitintensiv** und können **Konflikte** auslösen, welche die Einrichtung einer Schlichtungsstelle nach sich ziehen können. Die Ergebnisverteilung hängt stark vom individuellen **Verhandlungsgeschick** der Bereichsverantwortlichen ab, wodurch die Erfüllung der Erfolgsermittlungsfunktion von der Leistungserstellung losgelöst wird. Aufgrund des unsicheren Verhandlungsausgangs ist auch nicht sichergestellt, dass der schließlich ausgehandelte Preis zu aus Sicht des Gesamtunternehmens optimalen Bereichsentscheidungen führt. Bei suboptimalen Entscheidungen wäre dann auch die Koordinationsfunktion nicht erfüllt.[352]

---

349 Vgl. Meckl (2014) S. 172; Coenenberg et al (2012) S. 754 ff.
350 Vgl. Ewert/Wagenhofer (2014) S. 605.
351 Vgl. Ewert/Wagenhofer (2014) S. 605.
352 Vgl. Brühl (2012) S. 354; Ewert/Wagenhofer (2014) S. 606 f.

21.5 Duale Verrechnungspreise

Wie gezeigt, gibt es kaum einen Verrechnungspreis, der alle Funktionen gleichzeitig optimal erfüllt. Manche Unternehmen behelfen sich daher mit einer **dualen Preisbildung** und bewerten jede Transaktion zwischen zwei Bereichen mit zwei verschiedenen Verrechnungspreisen. Die Unternehmensleitung übernimmt dann den Ausgleich zwischen den beiden Bereichen.

Beispielsweise kann der liefernde Bereich von der Unternehmensleitung den Marktpreis der internen Leistung erhalten, während der abnehmende Bereich für die intern transferierten Produkte an die Unternehmensleitung bloß die variablen Kosten bezahlt. Die dabei entstehende negative **Differenz auf Ebene der Unternehmensleitung** ergibt sich aufgrund der unterschiedlichen Verrechnungspreisfestsetzung und stellt einen Ausgleichsverlust dar. Die Folge ist, dass der „tatsächliche" Gesamtgewinn niedriger ist als die Summe der „fiktiven" Bereichsgewinne und somit eine Reihung der Bereiche nach ihrem Beitrag zum Gesamtgewinn nicht mehr sinnvoll möglich ist. Zumindest die Erfolgsermittlungsfunktion wird von dualen Verrechnungspreisen somit jedenfalls nicht erfüllt.[353]

In der Praxis finden duale Verrechnungspreise vor allem deshalb wenig Akzeptanz, da bei zwei unterschiedlichen Verrechnungspreisen für ein und dieselbe Leistung immer die Frage auftauchen wird, welcher denn nun der **„richtige"** der beiden Preise sei und die Antwort auf diese Frage aus Bereichssicht jeweils unterschiedlich ausfallen wird.[354] Weiters ist ein **aufwändiges Rechnungswesen** erforderlich, welches die zu hoch ausgewiesenen Bereichserfolge bei der Zusammenfassung zum Unternehmenserfolg eliminiert.

Aufgrund des dualen Verrechnungspreissystems und des ausgleichenden Eingriffs der Unternehmensleitung steigen die Bereichserfolge, was schließlich **Verhaltensweisen beeinflussen** kann. So etwa könnten Bereichsverantwortliche ihre Anstrengung bei der Suche nach günstigen externen Alternativen zur internen Leistungserbringung zurückschrauben. Voraussetzung dafür ist, dass sich die Bereiche absprechen und gemeinsam eine Einigung über die Aufteilung der durch das geänderte Verhalten erzielten Übergewinne erzielen können. Das kann dazu führen, dass aus Sicht der Unternehmensleitung vorteilhaftere externe Angebote zu Lasten interner Leistungen abgelehnt werden.[355]

---

[353] Vgl. Ewert/Wagenhofer (2014) S. 602 f.
[354] Vgl. Ewert/Wagenhofer (2014) S. 603.
[355] Vgl. Ewert/Wagenhofer (2014) S. 604 ff.

☞ Verrechnungspreise II

Verrechnungspreise können auf verschiedene Arten gebildet werden, wobei insbesondere Verrechnungspreise auf Basis von Marktpreisen, Verrechnungspreise auf Basis von Kosten sowie Verrechnungspreise auf Basis von Verhandlungen unterschieden werden. Marktorientierte Verrechnungspreise sind tendenziell umso besser geeignet, je vollkommener der Markt für das Zwischenprodukt ist und je geringer die bei interner Leistung erzielbaren Synergieeffekte im Unternehmen ausfallen. Während Verrechnungspreise auf Grenzkostenbasis die Koordinationsfunktion bei kurzfristigen Entscheidungen unter bestimmten Umständen sehr gut erfüllen, führen Verrechnungspreise auf Vollkostenbasis bei kurzfristigen Entscheidungen typischerweise zu Fehlentscheidungen. Zur Beurteilung der Erfolgsbeiträge dezentraler Einheiten sind kostenorientierte Verrechnungspreise generell nicht geeignet. Verrechnungspreise auf Basis von Verhandlungen beinhalten die größtmögliche Autonomie der Bereichsmanager/innen, allerdings können die (zeitaufwändigen) Verhandlungen zu Konflikten im Unternehmen führen. Insgesamt zeigt sich, dass der optimale Verrechnungspreis nicht existiert. Vielmehr müssen die Verrechnungspreisalternativen je nach Situation bezüglich ihrer Merkmale untereinander abgewogen werden.

21.6 Fallbeispiel zu Verrechnungspreisen

Nachfolgend soll anhand eines durchgängigen Beispiels ein **zusammenfassender Vergleich** der wichtigsten diskutierten marktpreis- und kostenorientierten Verfahren erfolgen.

Beispiel 64[356]

Ein Unternehmen ist für die innerbetriebliche Leistungsverrechnung in vier Haupt- und eine Hilfskostenstelle (Instandhaltung) gegliedert. Die primären variablen und fixen Gemeinkosten wurden auf die fünf Kostenstellen wie folgt verteilt:

	Einkauf		Fertigung 1		Fertigung 2		Verw./Vertrieb		Instandhaltung	
	var.	fix	var.	fix	var.	fix	var.	fix	var.	fix
primäre Gemeinkosten	6.000	4.000	37.000	65.000	108.000	100.000	33.000	87.050	20.000	50.000
Bezugsgröße (Kapazität)	100.000 Materialeinzelkosten		1.500 Stunden Fertigungszeit		2.500 Stunden Fertigungszeit		50 Aufträge		500 Instandhaltungsstunden	

Die Plan-Zuschlags- und -Verrechnungssätze werden auf Basis der Kapazität der Kostenstellen ermittelt (Kapazitätsplanung auf Basis von Standardkosten). Die Fertigungsmaterialkosten werden direkt beim Auftrag erfasst. Die von der Hilfs-

[356] Vgl. Heimann/Janschek (2008) S. 282 ff.

kostenstelle Instandhaltung benötigten Materialien werden von dieser selbst beschafft und als Teil der variablen Gemeinkosten erfasst.
Die Hilfskostenstelle Instandhaltung erbringt nur Leistungen für die Kostenstellen Fertigung 1 und Fertigung 2. Fertigung 1 benötigt 200 Stunden, Fertigung 2 insgesamt 300 Stunden Instandhaltung. In Fertigung 2 werden 80 Stunden als beschäftigungsunabhängig eingestuft, der Rest ist in beiden Fertigungsstellen beschäftigungsabhängig.
Bislang wurden schon 46 Aufträge mit Nettoerlösen von insgesamt 612.000 eingeplant. Dafür sind Fertigungsmaterialeinzelkosten von 94.000 sowie 1.300 Stunden in Fertigung 1 und 2.380 Stunden in Fertigung 2 geplant.
Dem Unternehmen liegt weiters eine Anfrage über einen Zusatzauftrag vor, der einen Nettoerlös von 5.900 erbringt und 1.700 Materialeinzelkosten sowie 30 Stunden in Fertigung 1 und 40 Stunden in Fertigung 2 verursachen würde.

Aufgabenstellung:

a1) Führen Sie die innerbetriebliche Leistungsverrechnung **zu Grenzkosten** durch.

a2) Ermitteln Sie die geplanten Zuschlags- und Verrechnungssätze (zu variablen Kosten und zu Vollkosten).

a3) Kalkulieren Sie den Zusatzauftrag auf Basis der **variablen Zuschlags- und Verrechnungssätze**, entscheiden Sie über dessen Annahme und ermitteln Sie, abhängig von Ihrer Entscheidung, den resultierenden Periodenerfolg. Führen Sie dazu auch die Abrechnung der Hilfskostenstelle durch.

a4) Kalkulieren Sie den Zusatzauftrag auf Basis der **vollen Zuschlags- und Verrechnungssätze**, entscheiden Sie über dessen Annahme und ermitteln Sie, abhängig von Ihrer Entscheidung, den resultierenden Periodenerfolg. Führen Sie dazu auch die Abrechnung der Hilfskostenstelle durch.

Lösung:

a1)

Der grenzkostenorientierte Verrechnungspreis auf Basis der geplanten variablen Kosten von 20.000 und der geplanten Leistung von 500 Instandhaltungsstunden beträgt 40 pro Instandhaltungsstunde (= 20.000 / 500).
Fertigung 1 werden für die geplanten 200 Stunden daher 8.000 an Kosten zugeordnet und als beschäftigungsabhängig, d.h. variabel, eingestuft.
In Fertigung 2 werden die Kosten für 80 Stunden als beschäftigungsunabhängig eingestuft, der Rest (220 Stunden) wird als beschäftigungsabhängig eingestuft. Es werden daher 8.800 den variablen und 3.200 den Fixkosten der empfangenden Kostenstelle zugeordnet.
Die Hilfskostenstelle selbst wird durch die Leistungsverrechnung zu Grenzkosten in Höhe von 20.000 (= variable Kosten) entlastet. Die Fixkosten von 50.000 verbleiben in der liefernden Kostenstelle.
Die Umlage der Kosten ist im nachfolgenden Betriebsabrechnungsbogen abgebildet.

a2)

Auf Basis der Bezugsgrößen werden für die vier Hauptkostenstellen die Zuschlags- und Verrechnungssätze ermittelt. Für die Kostenstelle Einkauf ergibt sich beispielsweise ein variabler Zuschlagssatz von 6% (= 6.000 / 100.000 Materialeinzelkosten).

Auf Vollkostenbasis wird die Summe aus variablen und fixen Gemeinkosten verwendet; in der Kostenstelle Einkauf ergibt sich ein vollkostenorientierter Zuschlagssatz von 10% (= (6.000 + 4.000) / 100.000).

	Einkauf		Fertigung 1		Fertigung 2		Verw./Vertrieb		Instandhaltung	
	var.	fix	var.	fix	var.	fix	var.	fix	var.	fix
primäre Gemeinkosten	6.000	4.000	37.000	65.000	108.000	100.000	33.000	87.050	20.000	50.000
Umlage Instandhaltung auf **Grenzkostenbasis**			8.000		8.800	3.200			-20.000	
Summe Gemeinkosten	6.000	4.000	45.000	65.000	116.800	103.200	33.000	87.050	-	50.000
variable Verrechnungs-/Zuschlagssätze	6%		30 je Std.		46,72 je Std.		660 je Auftrag			
Verrechnungs-/Zuschlagssätze auf **Vollkostenbasis**	10%		73,33 je Std.		88 je Std.		2.401 je Auftrag			

a3)

Als Grundlage für die (kurzfristige) Entscheidung über den Zusatzauftrag dient die Kostenträgererfolgsrechnung auf Basis der variablen Zuschlags- und Verrechnungssätze.

	Materialeinzelkosten	1.700
+	variable Materialgemeinkosten (6%)	+102
+	variable Gemeinkosten in Fertigung 1 (30 • 30)	+900
+	variable Gemeinkosten in Fertigung 2 (40 • 46,72)	+1.869
=	**Herstellkosten**	**4.571**
+	variable Verwaltungs- und Vertriebsgemeinkosten	+660
=	**variable Selbstkosten**	**5.231**

	Erlös Zusatzauftrag	5.900
–	variable Selbstkosten	–5.231
=	**Deckungsbeitrag**	**669**

Der Deckungsbeitrag für den Zusatzauftrag ist positiv. Dieser sollte daher angenommen werden, da noch ausreichend Kapazität vorhanden ist. Die variablen Selbstkosten stellen die Preisuntergrenze dar.

Eine vorläufige Periodenerfolgsrechnung der Hauptkostenstellen, unter der Annahme dass der Zusatzauftrag angenommen wird, zeigt folgendes Ergebnis.

	Erlöse (612.000 + 5.900)	617.900
–	Materialeinzelkosten (94.000 + 1.700)	–95.700
–	variable Materialgemeinkosten (6%)	–5.742
–	variable Gemeinkosten Fertigung 1 (1.330 • 30)	–39.900
–	variable Gemeinkosten Fertigung 2 (2.420 • 46,72)	–113.062
–	variable Verwaltungs- und Vertriebsgemeinkosten (47 Aufträge)	–31.020
=	**Deckungsbeitrag**	**332.476**
–	Fixkosten der Hauptkostenstellen	–259.250
=	**Periodenerfolg Hauptkostenstellen**	**73.226**

Für die vorläufige Abrechnung der Hilfskostenstelle muss eine Anpassung an die tatsächlich nachgefragte und damit intern erbrachte Leistung erfolgen. Auf Basis der Istauslastung der empfangenden Kostenstellen Fertigung 1 und 2 müssen dabei die als beschäftigungsabhängig eingestuften Instandhaltungsstunden angepasst werden.

In der Kostenstelle Fertigung 1 beträgt die tatsächliche Istleistung bislang 1.300 Stunden plus 30 Stunden bei Annahme des Zusatzauftrags, insgesamt daher 1.330 Stunden. Auf Basis der geplanten Kapazität von 1.500 Stunden beträgt die Istauslastung 88,67% (= 1.330 / 1.500). Aufgrund der Unterauslastung wird auch der Bedarf an beschäftigungsabhängigen Instandhaltungsstunden unter dem Planwert liegen, d.h. anstelle von 200 Instandhaltungsstunden werden bislang einschließlich Zusatzauftrag erst 177,33 Stunden (200 • 88,67%) nachgefragt. Auch in Fertigung 2 müssen die als beschäftigungsabhängig eingestuften Stunden angepasst werden, nicht jedoch die anderen Stunden, da sie nicht von der Auslastung abhängig sind.

Fertigung 1: Planstunden	200,00	beschäftigungsabhängig
Fertigung 1: Istauslastung in %	88,67%	
Fertigung 1: tatsächlich nachgefragt	177,33	Stunden
Fertigung 2: Planstunden	220,00	beschäftigungsabhängig
Fertigung 2: Planstunden	80,00	beschäftigungsunabhängig
Fertigung 2: Istauslastung in %	96,80%	
Fertigung 2: tatsächlich nachgefragt	292,96	Stunden
Insgesamt nachgefragt	470,29	Stunden

Auf Basis der bislang einschließlich Zusatzauftrag nachgefragten 470,29 Stunden und unter der Annahme, dass die tatsächlichen variablen Kosten mit 40 je Instandhaltungsstunde unverändert sind, kann nun das Ergebnis der Hilfskostenstelle bei Anwendung eines grenzkostenorientierten Verrechnungspreisschemas ermittelt werden. Als „Erlös" erhält die Hilfskostenstelle den Verrechnungspreis von 40 pro geleisteter Instandhaltungsstunde. Wie die theoretischen Ausführungen gezeigt haben, entsteht in der liefernden Kostenstelle ein Verlust in Höhe der Fixkosten, da durch den grenzkostenorientierten Verrechnungspreis lediglich die variablen Kosten gedeckt werden.

	Verrechnete Leistung (470,29 • 40)	18.812
–	variable Kosten (470,29 • 40)	–18.812
=	**Deckungsbeitrag**	–
–	Fixkosten	–50.000
=	**Ergebnis Hilfskostenstelle**	**–50.000**

Aus Gesamtunternehmenssicht lassen sich die Ergebnisse wie folgt zusammenfassen:

	Periodenerfolg Hauptkostenstellen	73.226
+	Ergebnis Hilfskostenstelle	–50.000
=	**Periodenerfolg des Unternehmens**	**23.226**

a4)

Werden für die (kurzfristige) Entscheidung über den Zusatzauftrag die Zuschlags- und Verrechnungssätze auf Vollkostenbasis herangezogen, erhöhen sich dessen Selbstkosten.

	Materialeinzelkosten	1.700
+	volle Materialgemeinkosten (10%)	170
+	volle Gemeinkosten Fertigung 1 (30 • 73,33)	2.200
+	volle Gemeinkosten Fertigung 2 (40 • 88)	3.520
=	**volle Herstellkosten**	**7.590**
+	volle Verwaltungs- und Vertriebsgemeinkosten	2.401
=	**volle Selbstkosten**	**9.991**

	Erlös Zusatzauftrag	5.900
–	volle Selbstkosten	–9.991
=	**„Deckungsbeitrag"/Auftragsverlust**	**–4.091**

Der nun negative „Deckungsbeitrag" (bzw. eigentlich Auftragsverlust) führt dazu, dass der Zusatzauftrag abgelehnt wird.
Die vorläufige Periodenerfolgsrechnung der Hauptkostenstellen ohne Zusatzauftrag zeigt daher folgendes Ergebnis.

	Erlöse	612.000
–	Materialeinzelkosten	–94.000
–	volle Materialgemeinkosten (10%)	–9.400
–	volle Gemeinkosten Fertigung 1 (1.300 • 73,33)	–95.329
–	volle Gemeinkosten Fertigung 2 (2.380 • 88)	–209.440
–	volle Verwaltungs- und Vertriebsgemeinkosten (46 Aufträge)	–110.446
=	**Periodenerfolg Hauptkostenstellen**	**93.385**

Dieses Ergebnis ist jedoch nur scheinbar besser als zuvor, da die aufgrund der noch freien Kapazität vorhandene Unterdeckung bei den Fixkosten noch nicht berücksichtigt wurde.

In der Kostenstelle Einkauf wurde bislang Material im Wert von 94.000 bearbeitet. Auf Basis der geplanten Kapazität von 100.000 beträgt die Istauslastung somit 94%. Bei Kalkulation zu Vollkosten wird der auf 100% fehlende Fixkostenanteil zunächst nicht ausgewiesen. Dieser entspricht in der Kostenstelle Einkauf 240 (= 4.000 • (1 – 94%)) und muss für die Ermittlung des Periodenerfolgs zusätzlich berücksichtigt werden.

Einkauf: Istauslastung 94,00%	
Einkauf: Unterdeckung Fixkosten	240
Fertigung 1: Istauslastung 86,67%	
Fertigung 1: Unterdeckung Fixkosten	8.667
Fertigung 2: Istauslastung 95,20%	
Fertigung 2: Unterdeckung Fixkosten	4.954
Verwaltung/Vertrieb: Istauslastung 92,00%	
Verwaltung/Vertrieb: Unterdeckung Fixkosten	6.964
Summe Unterdeckung Hauptkostenstellen	20.825

Da bei Auftragskalkulation auf Vollkostenbasis der Zusatzauftrag abgelehnt wird, ändern sich die nachgefragten Instandhaltungsstunden im Vergleich zu Lösung a3). Fertigung 1 und Fertigung 2 fragen nun weniger Instandhaltungsstunden nach, da ihre eigene Auslastung geringer ist.

Fertigung 1: Planstunden	200,00	beschäftigungsabhängig
Fertigung 1: Istauslastung in %	86,67%	
Fertigung 1: tatsächlich nachgefragt	173,33	Stunden
Fertigung 2: Planstunden	220,00	beschäftigungsabhängig
Fertigung 2: Planstunden	80,00	beschäftigungsunabhängig
Fertigung 2: Istauslastung in %	95,20%	
Fertigung 2: tatsächlich nachgefragte Std.	289,44	Stunden
Insgesamt nachgefragt	462,77	Stunden

Auf Basis von 462,77 Stunden und unter der Annahme, dass die tatsächlichen variablen Kosten mit 40 je Instandhaltungsstunde unverändert sind, kann nun erneut das Ergebnis der Hilfskostenstelle bei Anwendung eines grenzkostenorientierten Verrechnungspreisschemas ermittelt werden. **Achtung:** Lediglich die Berechnung der Verrechnungs- und Zuschlagssätze in den Hauptkostenstellen erfolgt in Aufgabenstellung a4) zu Vollkosten. Die innerbetriebliche Leistung der Hilfskostenstelle wurde hingegen wie zuvor grenzkostenorientiert abgerechnet, d.h. der „Erlös" der liefernden Kostenstelle beträgt 40 pro Stunde. Wie die theoretischen Ausführungen gezeigt haben, entsteht in der liefernden Kostenstelle daher erneut ein Verlust in Höhe der Fixkosten.

	Verrechnete Leistung (462,77 • 40)	18.511
–	variable Kosten (462,77 • 40)	–18.511
=	**Deckungsbeitrag**	–
–	Fixkosten	–50.000
=	**Ergebnis Hilfskostenstelle**	**–50.000**

Aus Gesamtunternehmenssicht lassen sich die Ergebnisse und notwendigen Korrekturen wie folgt zusammenfassen:

	Periodenerfolg Hauptkostenstellen	93.385
+	Unterdeckung Hauptkostenstellen	–20.825
+	Ergebnis Hilfskostenstelle	–50 000
=	**Periodenerfolg des Unternehmens**	**22.560**

Die Differenz zum Ergebnis unter a3) von 666 (23.226 – 22.560) entsteht lediglich aus der Nichtannahme des Zusatzauftrags und dem damit entgangenen Deckungsbeitrag von 669 (zusätzliche Rundungsdifferenz). Sofern die Kalkulation der Selbstkosten mittels Zuschlags- und Verrechnungssätzen auf Vollkostenbasis erfolgt, zeigt die Kostenträgererfolgsrechnung für den Zusatzauftrag einen Auftragsverlust. Die Kosten des Zusatzauftrags werden durch Fixkostenanteile zu hoch ausgewiesen und der aus Sicht der Unternehmensleitung grundsätzlich vorteilhafte Zusatzauftrag wird bei Kalkulation zu Vollkosten abgelehnt.

Beispiel 64 – Fortsetzung[357]

Aufgabenstellung:

b1) Führen Sie die innerbetriebliche Leistungsverrechnung **zu Vollkosten** durch.

b2) Ermitteln Sie die geplanten Zuschlags- und Verrechnungssätze (zu variablen und zu Vollkosten).

b3) Kalkulieren Sie den Zusatzauftrag auf Basis der **variablen Zuschlags- und Verrechnungssätze**, entscheiden Sie über dessen Annahme und ermitteln Sie, abhängig von Ihrer Entscheidung, den resultierenden Periodenerfolg. Führen Sie auch die Abrechnung der Hilfskostenstelle durch.

b4) Kalkulieren Sie den Zusatzauftrag auf Basis der **vollen Zuschlags- und Verrechnungssätze**, entscheiden Sie über dessen Annahme und ermitteln Sie, abhängig von Ihrer Entscheidung, den resultierenden Periodenerfolg. Führen Sie auch die Abrechnung der Hilfskostenstelle durch.

Lösung:

b1)

Der vollkostenorientierte Verrechnungspreis auf Basis der geplanten Vollkosten von 70.000 und der geplanten Leistung von 500 Instandhaltungsstunden beträgt 140 pro Instandhaltungsstunde (= 70.000 / 500).

Fertigung 1 werden für die geplanten 200 Stunden daher 28.000 an Kosten zugeordnet und als beschäftigungsabhängig, d.h. variabel, eingestuft.

In Fertigung 2 werden die Kosten für 80 Stunden als beschäftigungsunabhängig eingestuft, der Rest (220 Stunden) wird als beschäftigungsabhängig eingestuft. Es

[357] Vgl. Heimann/Janschek (2008) S. 287 ff.

werden daher 30.800 den variablen und 11.200 den Fixkosten der empfangenden Kostenstelle zugeordnet.
Die Hilfskostenstelle selbst wird durch die Leistungsverrechnung zu Vollkosten in Höhe von 70.000 (= variable und fixe Kosten) entlastet.
Die Umlage der Kosten ist im nachfolgenden Betriebsabrechnungsbogen abgebildet.

b2)
Auf Basis der Bezugsgrößen werden für die vier Hauptkostenstellen die Zuschlags- und Verrechnungssätze ermittelt. Für die Kostenstelle Fertigung 1 ergibt sich beispielsweise ein variabler Verrechnungssatz von 43,33 pro Stunde (= 65.000 / 1.500 Stunden).
Auf Vollkostenbasis wird die Summe aus variablen und fixen Gemeinkosten verwendet; in der Kostenstelle Fertigung 1 ergibt sich ein vollkostenorientierter Verrechnungssatz von 86,67 pro Stunde (= (65.000 + 65.000) / 1.500 Stunden).

	Einkauf		Fertigung 1		Fertigung 2		Verw./Vertrieb		Instandhaltung	
	var.	fix	var.	fix	var.	fix	var.	fix	var.	fix
primäre Gemeinkosten	6.000	4.000	37.000	65.000	108.000	100.000	33.000	87.050	20.000	50.000
Umlage Instandhaltung auf **Vollkostenbasis**			28.000		30.800	11.200			-20.000	-50.000
Summe Gemeinkosten	6.000	4.000	65.000	65.000	138.800	111.200	33.000	87.050	–	–
variable Verrechnungs-/Zuschlagssätze	6%		43,33 je Std.		55,52 je Std.		660 je Auftrag			
Verrechnungs-/Zuschlagssätze auf **Vollkostenbasis**	10%		86,67 je Std.		100 je Std.		2.401 je Auftrag			

b3)
Als Grundlage für die (kurzfristige) Entscheidung über den Zusatzauftrag dient die Kostenträgererfolgsrechnung auf Basis der „variablen" Zuschlags- und Verrechnungssätze. Zu beachten ist dabei, dass aufgrund der zuvor erfolgten innerbetrieblichen Leistungsverrechnung zu Vollkosten die Informationen in den Kostenstellen Fertigung 1 und Fertigung 2 durch Fixkostenanteile verzerrt sind.

	Materialeinzelkosten	1.700
+	variable Materialgemeinkosten (6%)	+ 102
+	„variable" Gemeinkosten in Fertigung 1 (30 • 43,33)	+1.300
+	„variable" Gemeinkosten in Fertigung 2 (40 • 55,52)	+ 2.221
=	**Herstellkosten**	5.323
+	variable Verwaltungs- und Vertriebsgemeinkosten	+ 660
=	**„variable" Selbstkosten**	5.983

	Erlös Zusatzauftrag	5.900
–	„variable“ Selbstkosten	–5.983
=	**Deckungsbeitrag**	–83

Der Deckungsbeitrag für den Zusatzauftrag ist negativ. Dieser sollte daher nicht angenommen werden.
Eine vorläufige Periodenerfolgsrechnung der Hauptkostenstellen ohne Zusatzauftrag zeigt folgendes Ergebnis.

	Erlöse	612.000
–	Materialeinzelkosten	–94.000
–	variable Materialgemeinkosten (6%)	–5.640
–	„variable“ Gemeinkosten Fertigung 1 (1.300 • 43,33)	–56.329
–	„variable“ Gemeinkosten Fertigung 2 (2.380 • 55,52)	–132.138
–	variable Verwaltungs- und Vertriebsgemeinkosten (46 Aufträge)	–30.360
=	**„Deckungsbeitrag“**	293.533
–	Fixkosten der Hauptkostenstellen	–267.250
=	**Periodenerfolg Hauptkostenstellen**	26.283

Für die vorläufige Abrechnung der Hilfskostenstelle muss eine Anpassung an die tatsächlich nachgefragte und damit intern erbrachte Leistung erfolgen. Auf Basis der Istauslastung der empfangenden Kostenstellen Fertigung 1 und 2 müssen dabei die als beschäftigungsabhängig eingestuften Instandhaltungsstunden angepasst werden.
In der Kostenstelle Fertigung 1 beträgt die tatsächliche Istleistung bislang (ohne Zusatzauftrag) 1.300 Stunden. Auf Basis der geplanten Kapazität von 1.500 Stunden beträgt die Istauslastung 86,67% (= 1.300 / 1.500). Aufgrund der Unterauslastung wird auch der Bedarf an beschäftigungsabhängigen Instandhaltungsstunden unter dem Planwert liegen, d.h. anstelle von 200 Instandhaltungsstunden werden bislang erst 173,33 Stunden (200 • 86,67%) nachgefragt.

Fertigung 1: Planstunden	200,00	beschäftigungsabhängig
Fertigung 1: Istauslastung in %	86,67%	
Fertigung 1: tatsächlich nachgefragt	173,33	Stunden
Fertigung 2: Planstunden	220,00	beschäftigungsabhängig
Fertigung 2: Planstunden	80,00	beschäftigungsunabhängig
Fertigung 2: Istauslastung in %	95,20%	
Fertigung 2: tatsächlich nachgefragt	289,44	Stunden
Insgesamt nachgefragt	462,77	Stunden

Auf Basis der bislang nachgefragten 462,77 Stunden und unter der Annahme, dass die tatsächlichen variablen Kosten mit 40 je Instandhaltungsstunde unverändert sind, kann nun das Ergebnis der Hilfskostenstelle bei Anwendung eines vollkostenorientierten Verrechnungspreisschemas ermittelt werden. Als „Erlös“ erhält die Hilfskostenstelle den Verrechnungspreis von 140 pro geleisteter Instandhaltungsstunde. Aufgrund der bestehenden Unterauslastung in den abnehmenden Kostenstellen konnten allerdings noch nicht alle Kosten wie geplant weiterverrechnet werden, wodurch sich für die Hilfskostenstelle ein Verlust ergibt.

	Verrechnete Leistung (462,77 • 140)	64.788
–	variable Kosten (462,77 • 40)	–18.511
=	**Deckungsbeitrag**	**46.277**
–	Fixkosten	–50.000
=	**Ergebnis Hilfskostenstelle**	**–3.723**

Dieser Verlust entspricht dem Fixkostenanteil, der aufgrund der Unterauslastung in der Hilfskostenstelle nicht an die abnehmenden Kostenstellen weiterverrechnet werden konnte. Die Istauslastung in der Hilfskostenstelle beträgt 462,77 / 500 = 92,55%, ein Fixkostenanteil von 50.000 • (1 – 92,55%) = 3.723 konnte noch nicht verrechnet werden und verbleibt daher in der Hilfskostenstelle.
Aus Gesamtunternehmenssicht lassen sich die Ergebnisse wie folgt zusammenfassen:

	Periodenerfolg Hauptkostenstellen	26.283
+	Ergebnis Hilfskostenstelle	–3.723
=	**Periodenerfolg des Unternehmens**	**22.560**

b4)
Werden für die (kurzfristige) Entscheidung über den Zusatzauftrag die Zuschlags- und Verrechnungssätze auf Vollkostenbasis herangezogen, erhöhen sich dessen Selbstkosten.

	Materialeinzelkosten	1.700
+	volle Materialgemeinkosten (10%)	+170
+	volle Gemeinkosten Fertigung 1 (30 • 86,67)	+2.600
+	volle Gemeinkosten Fertigung 2 (40 • 100)	+4.000
=	**volle Herstellkosten**	**8.470**
+	volle Verwaltungs- und Vertriebsgemeinkosten	+2.401
=	**volle Selbstkosten**	**10.871**

	Erlös Zusatzauftrag	5.900
–	volle Selbstkosten	–10.871
=	**„Deckungsbeitrag"/Auftragsverlust**	**–4.971**

Der negative „Deckungsbeitrag" (bzw. eigentlich Auftragsverlust) führt dazu, dass der Zusatzauftrag abgelehnt wird.
Die vorläufige Periodenerfolgsrechnung der Hauptkostenstellen ohne Zusatzauftrag zeigt folgendes Ergebnis.

	Erlöse	612.000
–	Materialeinzelkosten	–94.000
–	volle Materialgemeinkosten (10%)	–9.400
–	volle Gemeinkosten Fertigung 1 (1.300 • 86,67)	–112.671

–	volle Gemeinkosten Fertigung 2 (2.380 • 100)	–238.000
–	volle Verwaltungs- und Vertriebsgemeinkosten (46 Aufträge)	–110.446
=	**Periodenerfolg Hauptkostenstellen**	**47.483**

Dieses Ergebnis ist jedoch nur scheinbar besser als zuvor, da die aufgrund der noch freien Kapazität vorhandene Unterdeckung bei den Fixkosten noch nicht berücksichtigt wurde.
Beispielsweise wurden in der Kostenstelle Fertigung 2 bislang 2.380 Stunden Aufträgen zugeordnet. Auf Basis der geplanten Kapazität von 2.500 beträgt die Istauslastung folglich 95,2%. Bei Kalkulation zu Vollkosten wird der auf 100% fehlende Fixkostenanteil zunächst nicht ausgewiesen. Diese Unterdeckung von 5.338 (= 111.200 * (1–95,2%)) muss bei der Ermittlung des Periodenerfolgs zusätzlich berücksichtigt werden.

Einkauf: Istauslastung 94,00%	
Einkauf: Unterdeckung Fixkosten	240
Fertigung 1: Istauslastung 86,67%	
Fertigung 1: Unterdeckung Fixkosten	8.667
Fertigung 2: Istauslastung 95,20%	
Fertigung 2: Unterdeckung Fixkosten	5.338
Verwaltung/Vertrieb: Istauslastung 92,00%	
Verwaltung/Vertrieb: Unterdeckung Fixkosten	6.964
Summe Unterdeckung Hauptkostenstellen	21.209

Aufgrund der Ablehnung des Zusatzauftrags und der bestehenden eigenen Unterauslastung fragen Fertigung 1 und Fertigung 2 weniger Instandhaltungsstunden nach. Dies muss bei der Abrechnung der Hilfskostenstelle berücksichtigt werden.

Fertigung 1: Planstunden	200,00	beschäftigungsabhängig
Fertigung 1: Istauslastung in %	86,67%	
Fertigung 1: tatsächlich nachgefragt	173,33	Stunden
Fertigung 2: Planstunden	220,00	beschäftigungsabhängig
Fertigung 2: Planstunden	80,00	beschäftigungsunabhängig
Fertigung 2: Istauslastung in %	95,20%	
Fertigung 2: tatsächlich nachgefragte Std.	289,44	Stunden
Insgesamt nachgefragt	462,77	Stunden

	Verrechnete Leistung (462,77 • 140)	64.788
–	variable Kosten (462,77 • 40)	–18.511
=	**Deckungsbeitrag**	**46.277**
–	Fixkosten	–50.000
=	**Ergebnis Hilfskostenstelle**	**–3.723**

Aus Gesamtunternehmenssicht lassen sich die Ergebnisse und notwendigen Korrekturen wie folgt zusammenfassen:

Periodenerfolg Hauptkostenstellen	47.483
+ Unterdeckung Hauptkostenstellen	–21.209
+ Ergebnis Hilfskostenstelle	–3.723
= Periodenerfolg des Unternehmens	**22.551**

Die Differenz zum Ergebnis unter b3) ist lediglich auf Rundungsdifferenzen zurückzuführen. Die innerbetriebliche Leistungsverrechnung zu Vollkosten führt dazu, dass die Kostenträgererfolgsrechnung für den Zusatzauftrag bereits bei Verwendung von variablen Zuschlags- und Verrechnungssätzen ein negatives Ergebnis zeigt und der aus Sicht der Unternehmensleitung grundsätzlich vorteilhafte Zusatzauftrag daher abgelehnt wird. Das Ergebnis des Zusatzauftrags verschlechtert sich noch, wenn für die Kalkulation Zuschlags- und Verrechnungssätze auf Vollkostenbasis verwendet werden.
Im Vergleich zur innerbetrieblichen Leistungsverrechnung zu Grenzkosten (siehe Beispiel 64 a)) führt ein Verrechnungspreis zu Vollkosten daher zu Fehlentscheidungen.

Beispiel 64 – Fortsetzung[358]

Aufgabenstellung:

c1) Führen Sie die innerbetriebliche Leistungsverrechnung **getrennt nach fixen und variablen Kosten** durch. Für die Aufteilung der Fixkosten der Hilfskostenstelle wurde ein Verhältnis von 1:3 für Fertigung 1 und 2 ausverhandelt.

c2) Ermitteln Sie die geplanten Zuschlags- und Verrechnungssätze (zu variablen und zu Vollkosten).

c3) Kalkulieren Sie den Zusatzauftrag auf Basis der **variablen Zuschlags- und Verrechnungssätze**, entscheiden Sie über dessen Annahme und ermitteln Sie, abhängig von Ihrer Entscheidung, den resultierenden Periodenerfolg. Führen Sie auch die Abrechnung der Hilfskostenstelle durch.

Lösung:

c1)

Bei getrennter Verrechnung werden die laufenden Leistungen zu variablen Kosten abgerechnet. Zusätzlich wird den abnehmenden Kostenstellen aber auch ein Pauschalbetrag für die Beanspruchung der Kapazität der liefernden Kostenstelle verrechnet.
Auf Basis der geplanten variablen Kosten von 20.000 und der geplanten Leistung von 500 Instandhaltungsstunden beträgt der laufende Verrechnungspreis 40 pro Instandhaltungsstunde (= 20.000 / 500). Die Aufteilung der Fixkosten von 50.000 soll im Verhältnis 1:3 auf Fertigung 1 und Fertigung 2 vorgenommen werden.

[358] Vgl. Heimann/Janschek (2008) S. 292 ff.

Fertigung 1 werden für die geplanten 200 Stunden daher 8.000 an Kosten zugeordnet und als beschäftigungsabhängig, d.h. variabel, eingestuft. Zusätzlich werden Fertigung 1 25% der Fixkosten zugeschlüsselt, d.h. 12.500, und als fix eingestuft. In Fertigung 2 werden die Kosten für 80 Stunden als beschäftigungsunabhängig eingestuft, der Rest (220 Stunden) wird als beschäftigungsabhängig eingestuft. Es werden daher 8.800 den variablen und 3.200 den Fixkosten der empfangenden Kostenstelle zugeordnet. Darüber hinaus werden Fertigung 2 die restlichen 75%, d.h. 37.500, der Fixkosten zugerechnet und in der empfangenden Kostenstelle als fix eingestuft.

Die Hilfskostenstelle selbst wird durch das zweistufige Verrechnungspreisschema vollständig entlastet, da sie alle Kosten weiterverrechnen kann.

Die Umlage der Kosten ist im nachfolgenden Betriebsabrechnungsbogen abgebildet.

c2)

Auf Basis der Bezugsgrößen werden für die vier Hauptkostenstellen die Zuschlags- und Verrechnungssätze ermittelt. Für die Kostenstelle Fertigung 1 ergibt sich beispielsweise ein variabler Verrechnungssatz von 30 pro Stunde (= 45.000 / 1.500 Stunden).

Auf Vollkostenbasis wird die Summe aus variablen und fixen Gemeinkosten verwendet; in der Kostenstelle Fertigung 1 ergibt sich ein vollkostenorientierter Verrechnungssatz von 81,67 pro Stunde (= (45.000 + 77.500) / 1.500 Stunden).

	Einkauf		Fertigung 1		Fertigung 2		Verw./Vertrieb		Instandhaltung	
	var.	fix	var.	fix	var.	fix	var.	fix	var.	fix
primäre Gemeinkosten	6.000	4.000	37.000	65.000	108.000	100.000	33.000	87.050	20.000	50.000
Umlage Instandhaltung getrennnt nach **fixen und variablen Kosten**			8.000	12.500	8.800	40.700			-20.000	-50.000
Summe Gemeinkosten	6.000	4.000	45.000	77.500	116.800	140.700	33.000	87.050	-	-
variable Verrechnungs-/Zuschlagssätze	6%		30 je Std.		46,72 je Std.		660 je Auftrag			
Verrechnungs-/Zuschlagssätze auf **Vollkostenbasis**	10%		81,67 je Std.		103 je Std.		2.401 je Auftrag			

c3)

Als Grundlage für die (kurzfristige) Entscheidung über den Zusatzauftrag dient die Kostenträgererfolgsrechnung auf Basis der variablen Zuschlags- und Verrechnungssätze.

	Materialeinzelkosten	1.700
+	variable Materialgemeinkosten (6%)	+102
+	variable Gemeinkosten in Fertigung 1 (30 • 30)	+900
+	variable Gemeinkosten in Fertigung 2 (40 • 46,72)	+1.869
=	**Herstellkosten**	**4.571**
+	variable Verwaltungs- und Vertriebsgemeinkosten	+660
=	**variable Selbstkosten**	**5.231**

	Erlös Zusatzauftrag	5.900
–	variable Selbstkosten	–5.231
=	**Deckungsbeitrag**	**669**

Der Deckungsbeitrag für den Zusatzauftrag ist positiv. Dieser sollte daher angenommen werden, da noch ausreichend Kapazität vorhanden ist. Die variablen Selbstkosten stellen die Preisuntergrenze dar.
Eine vorläufige Periodenerfolgsrechnung der Hauptkostenstellen, unter der Annahme dass der Zusatzauftrag angenommen wird, zeigt folgendes Ergebnis.

	Erlöse (612.000 + 5.900)	617.900
–	Materialeinzelkosten (94.000 + 1.700)	–95.700
–	variable Materialgemeinkosten (6%)	–5.742
–	variable Gemeinkosten Fertigung 1 (1.330 • 30)	–39.900
–	variable Gemeinkosten Fertigung 2 (2.420 • 46,72)	–113.062
–	variable Verwaltungs- und Vertriebsgemeinkosten (47 Aufträge)	–31.020
=	**Deckungsbeitrag**	**332.476**
–	Fixkosten der Hauptkostenstellen	–309.250
=	**Periodenerfolg Hauptkostenstellen**	**23.226**

Für die vorläufige Abrechnung der Hilfskostenstelle muss eine Anpassung an die tatsächlich nachgefragte und damit intern erbrachte Leistung erfolgen. Auf Basis der Istauslastung der empfangenden Kostenstellen Fertigung 1 und 2 müssen dabei die als beschäftigungsabhängig eingestuften Instandhaltungsstunden angepasst werden.
In der Kostenstelle Fertigung 1 beträgt die tatsächliche Istleistung bislang 1.300 Stunden plus 30 Stunden bei Annahme des Zusatzauftrags, insgesamt daher 1.330 Stunden. Auf Basis der geplanten Kapazität von 1.500 Stunden beträgt die Istauslastung 88,67% (= 1.330 / 1.500). Aufgrund der Unterauslastung wird auch der Bedarf an beschäftigungsabhängigen Instandhaltungsstunden unter dem Planwert liegen, d.h. anstelle von 200 Instandhaltungsstunden werden bislang erst 177,33 Stunden (= 200 • 88,67%) nachgefragt.

Fertigung 1: Planstunden	200	beschäftigungsabhängig
Fertigung 1: Istauslastung in %	88,67%	
Fertigung 1: tatsächlich nachgefragt	177,33	Stunden
Fertigung 2: Planstunden	220	beschäftigungsabhängig

Fertigung 2: Planstunden	80	beschäftigungsunabhängig
Fertigung 2: Istauslastung in %	96,80%	
Fertigung 2: tatsächlich nachgefragt	292,96	Stunden
Insgesamt nachgefragt	470,29	Stunden

Auf Basis der bislang nachgefragten 470,29 Stunden und unter der Annahme, dass die tatsächlichen variablen Kosten mit 40 je Instandhaltungsstunde unverändert sind, kann nun das Ergebnis der Hilfskostenstelle bei Anwendung eines zweistufigen Verrechnungspreisschemas ermittelt werden. Als „Erlös" erhält die Hilfskostenstelle neben dem laufenden Verrechnungspreis von 40 pro geleisteter Instandhaltungsstunde auch noch einen Betrag zur Abdeckung der Fixkosten (12.500 von Fertigung 1 und 37.500 von Fertigung 2).

	Verrechnete Leistung (470,29 • 40 + 50.000)	68.812
–	variable Kosten (470,29 • 40)	–18.812
=	**Deckungsbeitrag**	**50.000**
–	Fixkosten	–50.000
=	**Ergebnis Hilfskostenstelle**	**0**

Aus Gesamtunternehmenssicht lassen sich die Ergebnisse wie folgt zusammenfassen:

	Periodenerfolg Hauptkostenstellen	23.226
+	Ergebnis Hilfskostenstelle	–
=	**Periodenerfolg des Unternehmens**	**23.226**

Mithilfe des zweistufigen Verrechnungspreises kann die liefernde Kostenstelle stets ihre gesamten Kosten weiterverrechnen und die kurzfristige Entscheidungsgrundlage für den Zusatzauftrag wird nicht durch Fixkostenanteile verzerrt.

Hinweis: Auf eine Berechnung auf Basis von Zuschlags- und Verrechnungssätzen zu Vollkosten wird an dieser Stelle verzichtet. Dem Zusatzauftrag würden in diesem Fall wiederum zu hohe Selbstkosten (10.841) zugeordnet werden, weshalb er abgelehnt würde. Unter Berücksichtigung der Unterdeckungen in den Hauptkostenstellen (24.291, höher da Fertigung 1 und 2 nun auch die Fixkosten der Hilfskostenstelle tragen) und der Istauslastung für die Hilfskostenstelle (Ergebnis bleibt null bei Anwendung des zweistufigen Verrechnungspreisschemas!) ergibt sich ein Periodenerfolg des Unternehmens von 22.552. Dies entspricht wiederum dem Ergebnis ohne Deckungsbeitrag des Zusatzauftrags (siehe zur detaillierten Beschreibung der Vorgehensweise auch Beispiel 64 a4) und b4)).

Beispiel 64 – Fortsetzung[359]

Aufgabenstellung:

d1) Führen Sie die innerbetriebliche Leistungsverrechnung **zum Marktpreis** von 110 je Instandhaltungsstunde durch.

d2) Ermitteln Sie die geplanten Zuschlags- und Verrechnungssätze (zu variablen und zu Vollkosten)

d3) Kalkulieren Sie den Zusatzauftrag auf Basis der **variablen Zuschlags- und Verrechnungssätze**, entscheiden Sie über dessen Annahme und ermitteln Sie, abhängig von Ihrer Entscheidung, den resultierenden Periodenerfolg. Führen Sie auch die Abrechnung der Hilfskostenstelle durch.

Lösung:

d1)

Die Verrechnung der innerbetrieblichen Leistung zum Marktpreis von 110 führt dazu, dass der liefernden Kostenstelle nicht nur die variablen Kosten von 40 pro Instandhaltungsstunde (= 20.000 / 500), sondern darüber hinaus auch pro geleisteter Stunde ein Anteil von 70 (= 110 – 40) zur Abdeckung der Fixkosten gezahlt wird. Da der Marktpreis unter den Vollkosten der Kostenstelle von 140 (= 70.000 / 500) liegt, kommt es jedoch nicht zu einer vollständigen Überwälzung der Kosten. Auf Basis der geplanten Kapazität kann die Hilfskostenstelle 500 • 110 = 55.000 verrechnen und deckt damit die variablen Kosten von 20.000 und einen Anteil von 35.000 der Fixkosten. 15.000 an Fixkosten verbleiben bei einem Marktpreis von 110 in der leistenden Kostenstelle (50.000 – 35.000).

Fertigung 1 werden für die geplanten 200 Stunden bei einem Verrechnungspreis von 110 daher 22.000 an Kosten zugeordnet und als beschäftigungsabhängig, d.h. variabel, eingestuft.

In Fertigung 2 werden die Kosten für 80 Stunden als beschäftigungsunabhängig eingestuft, der Rest (220 Stunden) wird als beschäftigungsabhängig eingestuft. Es werden daher 24.200 den variablen und 8.800 den Fixkosten der empfangenden Kostenstelle zugeordnet.

Die Umlage der Kosten ist im nachfolgenden Betriebsabrechnungsbogen abgebildet.

d2)

Auf Basis der Bezugsgrößen werden für die vier Hauptkostenstellen die Zuschlags- und Verrechnungssätze ermittelt. Für die Kostenstelle Fertigung 1 ergibt sich beispielsweise ein variabler Verrechnungssatz von 39,33 pro Stunde (= 59.000 / 1.500 Stunden).

Auf Vollkostenbasis wird die Summe aus variablen und fixen Gemeinkosten verwendet; in der Kostenstelle Fertigung 1 ergibt sich ein vollkostenorientierter Verrechnungssatz von 82,67 pro Stunde (= (59.000 + 65.000) / 1.500 Stunden).

[359] Vgl. Heimann/Janschek (2008) S. 297 f.

	Einkauf		Fertigung 1		Fertigung 2		Verw./Vertrieb		Instandhaltung	
	var.	fix	var.	fix	var.	fix	var.	fix	var.	fix
primäre Gemeinkosten	6.000	4.000	37.000	65.000	108.000	100.000	33.000	87.050	20.000	50.000
Umlage Instandhaltung auf **Marktpreis**basis			22.000		24.200	8.800			-20.000	-35.000
Summe Gemeinkosten	6.000	4.000	59.000	65.000	132.200	108.800	33.000	87.050	-	15.000
variable Verrechnungs-/Zuschlagssätze	6%		39,33 je Std.		52,88 je Std.		660 je Auftrag			
Verrechnungs-/Zuschlagssätze auf **Vollkostenbasis**	10%		82,67 je Std.		96,40 je Std.		2.401 je Auftrag			

d3)

Als Grundlage für die (kurzfristige) Entscheidung über den Zusatzauftrag dient die Kostenträgererfolgsrechnung auf Basis der variablen Zuschlags- und Verrechnungssätze. Zu beachten ist dabei, dass aufgrund der zuvor erfolgten innerbetrieblichen Leistungsverrechnung zum Marktpreis von 110 die Informationen in den Kostenstellen Fertigung 1 und Fertigung 2 durch Fixkostenanteile verzerrt sind.

	Materialeinzelkosten	1.700
+	variable Materialgemeinkosten (6%)	102
+	„variable" Gemeinkosten in Fertigung 1 (30 • 39,33)	1.180
+	„variable" Gemeinkosten in Fertigung 2 (40 • 52,88)	2.115
=	**Herstellkosten**	**5.097**
+	variable Verwaltungs- und Vertriebsgemeinkosten	660
=	**„variable" Selbstkosten**	**5.757**

	Erlös Zusatzauftrag	5.900
–	„variable" Selbstkosten	–5.757
=	**Deckungsbeitrag**	**143**

Der Deckungsbeitrag für den Zusatzauftrag ist positiv. Dieser sollte daher angenommen werden, da noch ausreichend Kapazität vorhanden ist.

Eine vorläufige Periodenerfolgsrechnung der Hauptkostenstellen, unter der Annahme dass der Zusatzauftrag angenommen wird, zeigt folgendes Ergebnis.

	Erlöse (612.000 + 5.900)	617.900
–	Materialeinzelkosten (94.000 + 1.700)	–95.700
–	variable Materialgemeinkosten (6%)	–5.742
–	„variable" Gemeinkosten Fertigung 1 (1.330 • 39,33)	–52.309
–	„variable" Gemeinkosten Fertigung 2 (2.420 • 52,88)	–127.970

–	variable Verwaltungs- und Vertriebsgemeinkosten (47 Aufträge)	–31.020
=	**„Deckungsbeitrag“**	**305.159**
–	Fixkosten der Hauptkostenstellen	–264.850
=	**Periodenerfolg Hauptkostenstellen**	**40.309**

Für die vorläufige Abrechnung der Hilfskostenstelle muss eine Anpassung an die tatsächlich nachgefragte und damit intern erbrachte Leistung erfolgen. Auf Basis der Istauslastung der empfangenden Kostenstellen Fertigung 1 und 2 müssen dabei die als beschäftigungsabhängig eingestuften Instandhaltungsstunden angepasst werden.

In der Kostenstelle Fertigung 1 beträgt die tatsächliche Istleistung bislang 1.300 Stunden plus 30 Stunden bei Annahme des Zusatzauftrags, insgesamt daher 1.330 Stunden. Auf Basis der geplanten Kapazität von 1.500 Stunden beträgt die Istauslastung 88,67% (= 1.330 / 1.500). Aufgrund der Unterauslastung wird auch der Bedarf an beschäftigungsabhängigen Instandhaltungsstunden unter dem Planwert liegen, d.h. anstelle von 200 Instandhaltungsstunden werden bislang erst 177,33 Stunden (= 200 • 88,67%) nachgefragt.

Fertigung 1: Planstunden	200,00	beschäftigungsabhängig
Fertigung 1: Istauslastung in %	88,67%	
Fertigung 1: tatsächlich nachgefragt	177,33	Stunden
Fertigung 2: Planstunden	220,00	beschäftigungsabhängig
Fertigung 2: Planstunden	80,00	beschäftigungsunabhängig
Fertigung 2: Istauslastung in %	96,80%	
Fertigung 2: tatsächlich nachgefragt	292,96	Stunden
Insgesamt nachgefragt	470,29	Stunden

Zusätzlich müssen die nicht durch den Verrechnungspreis abgedeckten Fixkosten berücksichtigt werden.

Auf Basis der bislang nachgefragten 470,29 Stunden und unter der Annahme, dass die tatsächlichen variablen Kosten mit 40 je Instandhaltungsstunde unverändert sind, kann nun das Ergebnis der Hilfskostenstelle bei Anwendung eines marktpreisorientierten Verrechnungspreisschemas ermittelt werden. Als „Erlös“ erhält die Hilfskostenstelle den Marktpreis von 110 pro geleisteter Instandhaltungsstunde.

	Verrechnete Leistung (470,29 • 110)	51.732
–	variable Kosten (470,29 • 40)	–18.812
=	**Deckungsbeitrag**	**32.920**
–	Fixkosten	–50.000
=	**Ergebnis Hilfskostenstelle**	**–17.080**

Dieser Verlust setzt sich einerseits aus dem nicht verrechneten Fixkostenanteil von 15.000 sowie andererseits aus dem, aufgrund der Unterauslastung in der Hilfskostenstelle nicht an die abnehmenden Kostenstellen weiterverrechneten Anteil der Fixkosten zusammen. Die Istauslastung in der Hilfskostenstelle beträgt 470,29 /

500 = 94,06%, ein Fixkostenanteil von 35.000 • (1 – 94,06%) = 2.079 konnte noch nicht verrechnet werden und verbleibt daher, zusammen mit den 15.000 nicht durch den marktpreisorientierten Verrechnungspreis abgedeckten Fixkosten, in der Hilfskostenstelle.

Aus Gesamtunternehmenssicht lassen sich die Ergebnisse wie folgt zusammenfassen:

	Periodenerfolg Hauptkostenstellen	40.309
+	Ergebnis Hilfskostenstelle	–17.080
=	**Periodenerfolg des Unternehmens**	**23.229**

Hinweis: Auf eine Berechnung auf Basis von Zuschlags- und Verrechnungssätzen zu Vollkosten wird an dieser Stelle verzichtet. Dem Zusatzauftrag würden in diesem Fall wiederum zu hohe Selbstkosten (10.607) zugeordnet werden, weshalb er abgelehnt würde. Unter Berücksichtigung der Unterdeckungen in den Hauptkostenstellen (21.093) und der Istauslastung für die Hilfskostenstelle (–17.606) ergibt sich ein Periodenerfolg des Unternehmens von 22.552. Dies entspricht wiederum dem Ergebnis ohne Deckungsbeitrag des Zusatzauftrags (siehe zur detaillierten Beschreibung der Vorgehensweise auch Beispiel 64 a4) und b4)).

22 Projektcontrolling

Lernziele

Nach Durcharbeiten von Kapitel 22 sollten Sie u.a. in der Lage sein:

- die Aufgaben des Projektcontrollings im Rahmen interner Kontrollzwecke zu beschreiben
- die Bedeutung des Projektcontrollings für die Ermittlung von Teilgewinnen zu erläutern
- stichtagsbezogene Abweichungen zu ermitteln und zu interpretieren

22.1 Hintergrund

Die Deutsche Gesellschaft für Projektmanagement bezeichnet Projekte als die symbolische Organisationsform des 21. Jahrhunderts und identifiziert einen Trend zur **„Projektifizierung"** nicht nur in Industrieunternehmen, sondern auch im Dienstleistungssektor und darüber hinaus auch in nicht gewinnorientierten Organisationen.[360] Eine projektorientierte Organisation erfordert eine entsprechende Controllingstruktur, welche sich der Besonderheiten der Projektstruktur und der damit verbundenen Aufgaben annimmt.

Ein **Projekt** lässt sich allgemein anhand folgender Merkmale charakterisieren:[361] Neuartigkeit der Aufgabenstellung, spezifische Zielvorgabe, zeitliche, organisatorische und budgetäre Begrenzung sowie meist höhere Komplexität und Dynamik im Vergleich zum „Unternehmensalltag". Weitere Abgrenzungsmerkmale zu Routineaufgaben sind die mittlere bis hohe strategische Bedeutung und der mittlere bis hohe Umfang von Projekten.[362]

Projekte lassen sich auch danach unterscheiden, ob die Auftraggeber unternehmensintern (z.B. die Geschäftsführung) oder unternehmensextern (z.B. ein anderes Unternehmen oder eine Privatperson) sind und ob es sich um einmalige oder wiederkehrende Projekte handelt. Abhängig vom Umfang der **am Projekt beteiligten Stellen** können abteilungsinterne, abteilungsübergreifende und auch organisationsübergreifende Projekte unterschieden werden.[363] Viele Projekte, wie beispielsweise die Einführung einer neuen ERP-Software, fokussieren ausschließlich oder überwiegend auf Kosten(-verursachung und/oder -vermeidung). Anderen Projekten, wie etwa im Zusammenhang mit einer Kundenauftragsfertigung, können neben Kosten- auch Erlöskomponenten zugeordnet werden.

[360] Vgl. Vorwort von Yvonne Schoper in GPM (2015) S. 2.
[361] Vgl. Patzak/Rattay (2014) S. 20.
[362] Vgl. Gareis (2006) S. 62 f.
[363] Vgl. Patzak/Rattay (2014) S. 21 f.

In der Regel nehmen der Dokumentationsaufwand und der Grad an Standardisierung mit dem Projektumfang zu, um den mit dem Projekt verbundenen höheren (internen und externen) Ressourceneinsatz besser planen und kontrollieren zu können. Abbildung 90 zeigt eine Untergliederungsmöglichkeit nach Projektumfang am Beispiel einer österreichischen Großbank.

	Kleinprojekt	Projekt	Programm
strategische Bedeutung	Kapitalwert mindestens 5.000 Euro	Kapitalwert mindestens 50.000 Euro	Kapitalwert mindestens 250.000 Euro
Dauer	mindestens 2 Monate	mindestens 3 Monate	mindestens 12 Monate
beteiligte Organisationen	mindestens 3 Bereiche (und externe Partner)	mindestens 5 Bereiche (und externe Partner)	mindestens 7 Bereiche (und externe Partner)
interne Ressourcen	mindestens 100 interne Personentage	mindestens 200 interne Personentage	mindestens 500 interne Personentage
externe Kosten	mindestens 100.000 Euro	mindestens 500.000 Euro	mindestens 1 Mio. Euro

Abbildung 90: Abgrenzung nach Projektumfang[364]

Von Projekten wird die Erfüllung einer bestimmten **Leistung** (Definition sowohl hinsichtlich Quantität und Qualität) innerhalb eines bestimmten **Zeitrahmens** unter Vorgabe eines bestimmten **Budgets** erwartet. Dieser Zusammenhang wird auch als „Magisches Dreieck“ bezeichnet.[365] Eine integrierte Projektsteuerung erfasst diese drei Parameter und auch die Zusammenhänge zwischen ihnen.[366]

Projektmanagementaufgaben, die sich aus den bereits in Kap. 1.2.1 vorgestellten allgemeinen Managementaufgaben ableiten lassen, umfassen primär die Schritte Planung, Steuerung und Kontrolle. **Projektcontrollingaufgaben** ergeben sich für jeden dieser Schritte und begleiten daher ein Projekt von der Projektplanung über den Projektstart und die konkrete Abwicklung bis hin zum Projektende und zur abschließenden Dokumentation.[367] Koordination als Kernaufgabe des Controllings ist in diesem Zusammenhang sowohl innerhalb des einzelnen Projekts als auch zwischen verschiedenen Projekten, aber auch zwischen Projekten und der Linienorganisation erforderlich. Hierzu zählen beispielsweise Projektmarketingaktivitäten, die das Projekt bekannt machen und Akzeptanz für die Vorgehensweise sowie letztlich für die Ergebnisse des Projekts schaffen sollen.[368] Abbildung 91 stellt mögliche Aufgaben des Projektcontrollings anhand eines Beispiels dar.

---

[364] Beispiel entnommen aus Gareis (2006) S. 63.
[365] Vgl. z.B. Gareis (2006) S. 75; Conenberg et al (2012) S. 494.
[366] Vgl. Patzak/Rattay (2014) S. 412.
[367] Vgl. dazu ausführlich z.B. Patzak/Rattay (2014) S. 408 ff.
[368] Vgl. dazu ausführlich z.B. Patzak/Rattay (2014) S. 205 ff.

Projektcontrolling für Musikveranstaltungen im Tourneegeschäft

Die nachfolgende Grafik gibt einen Überblick über idealtypische Prozessschritte und Projektcontrollingphasen am Beispiel des Tourneegeschäfts von Musikveranstaltungen.

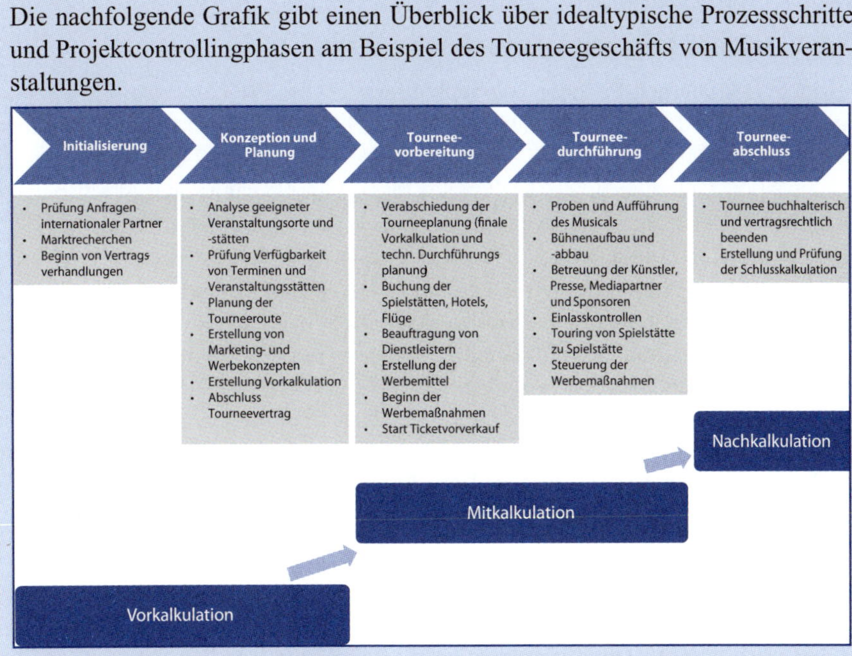

In diesem Beispiel liegt der Fokus für das Controlling auf den Deckungsbeiträgen sowohl der einzelnen Veranstaltungen als auch der gesamten Tournee. Als zentrales Element wird auch die Bedeutung der mitlaufenden Kontrolle unterstrichen: „Um sich als Tourneeveranstalter im schnelllebigen Live-Entertainment-Markt nachhaltig zu behaupten, ist ein **effektives operatives Projektcontrolling erforderlich**, um geringe Kapazitätsauslastungen, ausbleibende Umsätze und steigende Kosten **zeitnah zu identifizieren**."[369]

Abbildung 91: Projektcontrolling (Beispiel)[370]

[369] Duvvuri (2015) S. 59.

[370] Vgl. Duvvuri (2015) S. 54 ff.

22.2 Zwecke

22.2.1 Teil des internen Informationssystems

Aus Sicht des internen Rechnungswesens informiert das Projektcontrolling als **Planungstool** über Budgetbedarfe und Personaleinsatz. Damit können etwa Auslastungsprobleme rechtzeitig erkannt und behandelt werden. Zentral im Rahmen der Projektplanung ist die Untergliederung des Projekts in einzelne Vorgänge oder Arbeitspakete, da diese kleineren Einheiten in weiterer Folge auch einfacher zu kontrollieren sind.[371]

Im Rahmen der mitlaufenden bzw. **begleitenden Kontrolle** können bereits frühzeitig Kostenabweichungen sowie zeitliche Abweichungen erkannt und entsprechende Gegenmaßnahmen eingeleitet werden. Diese begleitende Kontrolle kann zu bestimmten vorab festgelegten Stichtagen, bei Erreichen bestimmter Zwischenergebnisse (im Zusammenhang mit Projekten auch oft als Meilensteine bezeichnet) oder aber anlassbezogen erfolgen, etwa wenn Abweichungen bereits sichtbar sind oder vermutet werden.[372]

Die zentralen **Projektcontrollingaufgaben** im Rahmen der mitlaufenden Kontrolle lassen sich folgendermaßen zusammenfassen:[373]

- Erfassung der Ist-Daten zu vordefinierten Zeitpunkten
- Erstellung von Soll-Ist-Vergleichen hinsichtlich der Faktoren Leistung, Zeit und Kosten
- Analyse von Abweichungsursachen
- Erstellung von Vorschlägen für korrektive Gegenmaßnahmen
- Erstellung von Fortschrittsberichten und allgemein die Projektdokumentation

Eine Kontrolle nach Projektabschluss ermöglicht, aus Planungs- und/oder Realisationsfehlern für zukünftige Projekte zu lernen.

22.2.2 Bewertungsgrundlage für das externe Rechnungswesen

Dass das interne Rechnungswesen Lieferant von Bewertungsgrundlagen für das **externe Rechnungswesen** sein kann, z.B. für die Bewertung von Halb- und Fertigerzeugnissen, wurde bereits in Kap. 6.8 erläutert. Für nach IFRS bilanzierende Unternehmen können darüber hinaus auch Daten aus dem Projektcontrolling als **Bewertungsgrundlage** für die Bilanzierung erforderlich sein.

Daten dieser Art müssen bereitgestellt werden, wenn die Leistungsverpflichtung gegenüber einem (definierten) Kunden über einen Zeitraum erfüllt wird[374] und dieser Zeitraum mehr als eine externe Berichtsperiode umfasst, d.h. das Projekt zum jeweiligen Bilanzstichtag noch nicht vollständig abgeschlossen ist. Mithilfe des Projekt-

[371] Vgl. Patzak/Rattay (2014) S. 414.

[372] Vgl. Patzak/Rattay (2014) S. 413.

[373] Vgl. Patzak/Rattay (2014) S. 411 f.

[374] Im IFRS-Regelungswerk wird dies als „Performance obligations satisfied over time“ bezeichnet. Siehe dazu und vor allem auch zu den Voraussetzungen für die Anwendung im Detail IFRS 15.35 ff. in Verbindung mit IFRS 15.B9 ff. und 15.B14 ff.

controllings wird der Projektfortschritt dokumentiert, der die Grundlage für die Umsatzrealisierung und somit für die **Teilgewinnrealisierung** in den einzelnen Berichtsperioden ist.[375]

Abbildung 92 zeigt einen typischen Verlauf einer kundenspezifischen Leistungserfüllung über einen Zeitraum von drei Jahren.[376] Dabei werden die Periodenkosten kumuliert und zu den geschätzten Gesamtkosten in Relation gesetzt, um den Projektfortschritt, d.h. den **Fertigstellungsgrad**, zu ermitteln. 30% der Kosten sind dem ersten Jahr zugeordnet, daher werden auch 30% der Erlöse in diesem Jahr erfasst. Aus der Gegenüberstellung von Periodenkosten und -erlösen ergibt sich damit ein realisierter Teilgewinn im ersten Jahr von 450, bzw. 30% des erwarteten Gesamtgewinns von 1.500. Dies setzt sich in Jahr 2 fort; es wurden weitere 60% realisiert, daher werden 60% bzw. 900 als Teilgewinn des zweiten Jahres erfasst. Im letzten Jahr wird das Projekt fertiggestellt und die verbleibenden 10% werden als Teilgewinn realisiert.

Führt ein projektorientiert abgewickelter Kundenauftrag, im Unterschied zum hier dargestellten Projektverlauf, voraussichtlich zu einem **Verlust**, ändert sich die Bilanzierung und es müssen – in Anwendung des auch in den IFRS enthaltenen Vorsichtsprinzips – drohende Verluste bereits im Jahr ihrer Aufdeckung bilanziert werden.[377]

375 IFRS 15 ist für Geschäftsjahre, die am oder nach dem 1.1.2018 begonnen haben, anzuwenden und ersetzt die bisherigen Regelungen zur Umsatzrealisierung und zur Bilanzierung von Fertigungsaufträgen in IAS 18 und IAS 11.

376 Vereinfachtes Beispiel auf Basis von Grünberger (2015) S. 151 ff.

377 Vgl. Grünberger (2015) S. 150.

	Jahr 1 (= Projektbeginn)	Jahr 2	Jahr 3 (= Projektende)
vereinbarter Gesamterlös	10.000	10.000	10.000
geschätzte Gesamtkosten	8.500	8.500	8.500
geschätzter Gesamtgewinn	1.500	1.500	1.500
Kosten der Periode	2.550	5.100	850
kumulierte Periodenkosten	2.550	7.650	8.500
Fertigstellungsgrad (kumulierte Periodenkosten / geschätzte Gesamtkosten)	2.550 / 8.500 = 0,3 = 30%	7.650 / 8.500 = 0,9 = 90%	8.500 / 8.500 = 1 = 100%
kumulierter Umsatz (Fertigstellungsgrad • Gesamterlös)	30% • 10.000 = 3.000	90% • 10.000 = 9.000	100% • 10.000 = 10.000
Umsatz der Periode (kumulierter Umsatz der laufenden Periode – kumulierter Umsatz der Vorperiode)	3.000	6.000	1.000
Periodengewinn (Periodenumsatz – Periodenkosten)	450	900	150

Abbildung 92: Teilgewinnrealisierung gemäß IFRS 15

Um diese Daten, die auch für die interne Steuerung von Projekten maßgeblich sind, bestmöglich bestimmen zu können, ist ein Projektcontrolling erforderlich, das zunächst für interne Zwecke den Projektfortschritt überwacht und in einem zweiten Schritt die entsprechende Information für externe Zwecke zur Verfügung stellt. Welche **Methoden** in IFRS 15 zur Messung des Projektfortschritts (Fertigstellungsgrads) vorgeschlagen werden, wird in der Folge dargestellt.

Der Fertigstellungsgrad kann z.B. auf Basis einer quantitativen Größe aus dem Verhältnis der Ist-Menge zur Gesamtmenge errechnet werden. Die Vorgabe hinsichtlich Qualität wird dabei nicht explizit berücksichtigt, sondern über die **Mengenproportionalität** als „miterfüllt" betrachtet.[378] Weniger aussagekräftig, aber einfacher ist die Ermittlung des Fertigstellungsgrads nach der **Zeitproportionalität**. Dazu wird die bisher benötigte Zeit zur geplanten Gesamtdauer des Vorgangs bzw. des gesamten Projekts in Beziehung gesetzt.[379]

Weiters ist möglich, den Fertigstellungsgrad eines Arbeitsvorgangs mit 0% darzustellen, wenn mit dem Vorgang noch nicht begonnen wurde, mit 100%, sofern der Vorgang vollständig abgeschlossen wurde und alle angefangenen, aber noch nicht abgeschlossenen Vorgänge mit 50% anzusetzen. Diese auch als **0/50/100%-Methode**

[378] Vgl. Patzak/Rattay (2014) S. 416 f.; Coenenberg et al (2012) S. 507 f.

[379] Vgl. Coenenberg et at (2012) S. 509.

bezeichnete Vorgehensweise ist ebenso unpräzise im Ergebnis wie einfach in der Datenerfassung. Sie kann für kurze und nicht kosten- bzw. nicht risikointensive Vorgänge geeignet sein.[380]

Auch anhand der Erreichung von Meilensteinen können Fertigstellungsgrade gemessen werden. Die **Meilensteine** werden in der Projektplanungsphase als konkrete Zwischenergebnisse innerhalb eines Vorgangs definiert und mit Fertigstellungsgradschätzungen verknüpft. Die Aufteilung der 100% Gesamtleistung auf die einzelnen Meilensteine sollte zusammen mit den Arbeitspaketverantwortlichen erfolgen.[381] Bei Erreichen der Meilensteine lässt sich dann der (kumulierte) Fertigstellungsgrad anhand der geplanten Prozentsätze ermitteln.

Schließlich stellt auch die **Schätzung der noch zu erbringenden Leistung** innerhalb des Vorgangs eine Möglichkeit für die Ermittlung des Fertigstellungsgrads dar.[382]

Nach IFRS wird für die Messung des Leistungsfortschritts zwischen input- und outputorientierten Methoden unterschieden. Eine Orientierung an der bis zum Stichtag fertiggestellten Leistung im Verhältnis zur Gesamtleistung oder an erreichten Meilensteinen wird in IFRS 15 als Beispiel für eine **outputorientierte** Messung genannt. Für eine **inputorientierte** Vorgehensweise werden zumeist die bereits angefallenen Kosten zu den geplanten Gesamtkosten ins Verhältnis gesetzt. Mit der Wahl dieser auch als „Cost-to-cost-Methode" bezeichneten Vorgehensweise geht eine weitere externe Anforderung an das interne Rechnungswesen des bilanzierenden Unternehmens einher, da hierfür auch die Kostenrechnung selbst bestimmten Qualitätsansprüchen genügen muss. In IFRS 15 wird die Anwendung jener Methode gefordert, die den wirtschaftlichen Sachverhalt zum Berichtszeitpunkt am besten abbildet.[383]

22.3 Projektabweichungsanalyse

22.3.1 Balkendiagramm

Das nach dem Unternehmensberater Henry L. Gantt auch als Gantt-Diagramm bezeichnete **Balkendiagramm** (vgl. Abbildung 93) ermöglicht eine grafische Darstellung der einzelnen Vorgänge sowie des Zeitbedarfs.[384] Zwischen den einzelnen Vorgängen können unterschiedliche Beziehungen dargestellt werden. Im Gantt-Diagramm ist abbildbar, ob Vorgänge (zwingend oder möglichst) sequentiell oder auch parallel bearbeitet werden müssen bzw. können.

---

380 Vgl. Patzak/Rattay (2014) S. 417.

381 Vgl. Patzak/Rattay (2014) S. 417. Coenenberg et al (2012) S. 507 bezeichnen diese Methode als „Statusschritt-Technik".

382 Vgl. Patzak/Rattay (2014) S. 417 f.

383 Vgl. dazu ausführlich z.B. Grünberger (2015) S. 136 ff.

384 Vgl. Coenenberg et al (2012) S. 495.

Paket	Tage (t =)	1	2	3	4	5	6	7	8	9	10	11	12	Summe
A	Plan	9,6	9,6											19,2
	Soll	6,4	6,4	6,4										19,2
	Ist/Vorschau													28,8
B	Plan			9,6	9,6									19,2
	Soll				6,4	6,4	6,4							19,2
	Ist/Vorschau													36,0
C	Plan			9,6	9,6	9,6								28,8
	Soll				7,2	7,2	7,2	7,2						28,8
	Ist/Vorschau													48,0
D	Plan					9,6	9,6	9,6						28,8
	Soll							9,6	9,6	9,6				28,8
	Ist/Vorschau													28,8
E	Plan								9,6	9,6				19,2
	Soll								9,6	9,6				19,2
	Ist/Vorschau													19,2
F	Plan										9,6	9,6		19,2
	Soll										9,6	9,6		19,2
	Ist/Vorschau													19,2
						←Stichtag t = 5								

Abbildung 93: Balkendiagramm

Auf Basis der Planung der veranschlagten Zeit (in Tagen, Wochen oder Monaten), in Abbildung 93 grau dargestellt, werden zusammen mit der Ressourcennutzung (Personenanzahl, Arbeitsstunden pro Zeiteinheit) die **geplanten Kosten** ermittelt. Dabei müssen Unterschiede in den Kosten je Ressource berücksichtigt werden (z.B. auf Basis unterschiedlicher Stundensätze oder zugekaufter Kontingente).

Als Basis für die Ermittlung der veranschlagten Ressourcen für das Projekt insgesamt sowie für die einzelnen Vorgänge dienen Schätzungen der Projektleitung und der einzelnen Vorgangsverantwortlichen. Hier spielt auch die Erfahrung der am Projekt Beteiligten eine wesentliche Rolle.

Nach Projektstart kann aus dem Gantt-Diagramm die bis zum **Betrachtungszeitpunkt** tatsächlich in Anspruch genommene Zeit (Ist) direkt abgelesen und auf deren Basis die Hochrechnung (Vorschau) zum Projektende entsprechend ergänzt werden (in Abbildung 93 schwarz dargestellt). Zusammen mit den verbundenen Ressourcen lassen sich daraus dann die Istkosten berechnen.

Bei der Ermittlung der Ist-Daten ist auf inhaltliche und formale Richtigkeit zu achten. Des Weiteren sollten die Daten aktuell und vollständig vorliegen und für das Projektmanagement relevant sein. Ebenso ist die **Rückverfolgbarkeit** bei der Datenerhebung wichtig, um so auch für die gegebenenfalls folgende Ursachen- und Konsequenzenanalyse geeignete Ansprechpersonen für Rückfragen identifizieren zu können.[385]

[385] Vgl. Patzak/Rattay (2014) S. 414 f.

22.3.2 Rechnerische Analyse der Abweichungen

Durch den Vergleich der Plan- und Ist-Situation zu einem bestimmten Stichtag lässt sich im Rahmen der mitlaufenden Kontrolle eine **Gesamtabweichung** ermitteln. Diese ist für sich genommen noch nicht aussagekräftig, da sich gegenläufige Effekte aufheben können und so die Information verzerrt dargestellt würde (siehe zu diesem Phänomen bereits Kap. 15). Durch die Ermittlung fiktiver „Sollgrößen" lässt sich die Aussagekraft der Abweichungsanalyse erhöhen. Die Sollgröße berücksichtigt den, gegenüber dem Plan gegebenenfalls abweichenden, Projektfortschritt zum jeweiligen Betrachtungszeitraum, beruht jedoch immer noch auf den geplanten Kosten je Vorgang. Mithilfe dieses Vergleichswerts lassen sich in weiterer Folge Aussagen über die leistungsseitige Abweichung („Leistungsabweichung") und über Abweichungen auf Kostenseite („Kostenabweichung") ableiten. Daneben lassen sich auch noch zeitliche Abweichungen („Terminabweichung"), gemessen in Zeiteinheiten, erheben.

Die Berechnung der **Plan-** und **Istkosten** folgt dem Schema:

Plankosten = Plan-Fertigstellungsgrad zum Stichtag • (Zeiteinheiten • Personen • Arbeitsstunden pro Zeiteinheit • Stundensatz)

Istkosten = Ist-Fertigstellungsgrad zum Stichtag • (Zeiteinheiten • Personen • Arbeitsstunden pro Zeiteinheit • Stundensatz)

Die **Gesamtabweichung** lässt sich durch den Vergleich der Plan- und Istkosten berechnen.[386]

Gesamtabweichung = Plankosten – Istkosten

Um die Aussagekraft zu steigern, müssen **Sollkosten** berechnet werden:

Sollkosten = **Ist**-Fertigstellungsgrad zum Stichtag • **Plan**kosten des Vorgangs

Die **Sollkosten**, auch als Earned Value oder Fertigstellungswert bezeichnet[387], geben Auskunft darüber, welche Kosten anfallen hätten sollen, wenn sich nur die zeitliche Komponente geändert hätte, es jedoch zu keinen Änderungen an den geplanten Kosten je Vorgang gekommen wäre. Nach Projektabschluss und damit über den gesamten Projektzeitraum hinweg betrachtet, entsprechen die Sollkosten den Plankosten, da nach Projektabschluss sowohl der Plan- als auch der Ist-Fertigstellungsgrad 100% betragen. Die Sollkosten dienen daher ausschließlich der mitlaufenden Kontrolle.

Die **Kostenabweichung** gibt Auskunft über Kostenüberschreitungen (negatives Vorzeichen) oder Kostenunterschreitungen (positives Vorzeichen), die im Rahmen des Projekts bis zum Stichtag eingetreten sind. Die Kostenabweichung spiegelt Realisationsfehler wider und ist ein Maßstab für die Wirtschaftlichkeit der bisherigen Leistungserbringung.[388] Sie wird folgendermaßen berechnet:

Kostenabweichung = Sollkosten – Istkosten

---

386 Die vorliegenden Daten sollten dabei zur Erhöhung der Aussagekraft der Abweichungsanalyse um exogen bedingte Abweichungen, wie z.B. Lohnerhöhungen aufgrund von Kollektivvertragsanpassungen, die nicht im Einflussbereich der Projektverantwortlichen liegen, bereinigt werden; vgl. Coenenberg et al (2012) S. 505.

387 Vgl. Patzak/Rattay (2014) S. 433.

388 Vgl. Coenenberg et al (2012) S. 505.

Die **Leistungsabweichung** erfasst Änderungen, die sich aufgrund einer Über- oder Unterschreitung des geplanten Fertigstellungsgrads zum Stichtag innerhalb des Projekts ergeben. Ein positives Vorzeichen zeigt hier Leistungsunterschreitungen, d.h. aufgrund des im Vergleich zum Plan geringeren Ist-Fertigstellungsgrades liegen die Sollkosten unter den Plankosten. Ein negatives Vorzeichen zeigt demgegenüber Leistungsüberschreitungen. Die Leistungsabweichung zeigt somit, ob im Vergleich zum Plan schneller oder langsamer gearbeitet wurde, kann aber auch ein Hinweis auf Planungsfehler sein.[389] Für die Berechnung gilt Folgendes:

Leistungsabweichung = Plankosten – Sollkosten

Letztlich muss sich folgender Zusammenhang zeigen:

Gesamtabweichung = Leistungsabweichung + Kostenabweichung

Ergänzend dazu kann auch eine **Terminabweichung** erhoben werden, die zeitliche Über- oder Unterschreitungen widerspiegelt. Sie wird üblicherweise nicht in Kosten umgerechnet, sondern in Zeiteinheiten (Tage, Wochen, Monate etc.) angegeben. Verglichen wird dabei der tatsächliche Zeitbedarf mit dem geplanten Zeitbedarf auf Basis des Ist-Fertigstellungsgrades zum Stichtag. Es lassen sich Aussagen darüber ableiten, ob für die bislang bereits erbrachte Leistung mehr oder weniger Zeit vorgesehen war. Mithilfe dieser ergänzenden Information über entstandene Terminverzögerungen kann z.B. eine nur scheinbar „positive" Leistungsabweichung relativiert werden.

Mit dieser Form der **integrierten Projektabweichungsanalyse**[390] lassen sich zum Stichtag folgende Informationen ermitteln und strukturiert vergleichen:

- die tatsächlichen Kosten der bislang realisierten Leistung (Istkosten),
- die geplanten Kosten der bislang realisierten Leistung (Sollkosten) und
- die geplanten Kosten der geplanten Leistung (Plankosten).

Für die Messung der Qualität der erbrachten Leistung müssen zusätzlich vorab Qualitätskriterien definiert und z.B. im Rahmen von Feedbackgesprächen beurteilt werden.[391]

Beispiel 65

Bei einem Projekt, das die drei aufeinanderfolgenden Vorgänge A, B und C umfasst, ist der Stichtag t = 3 erreicht worden. Nun soll der aktuelle Projektstatus beurteilt werden. Das nachfolgende Gantt-Diagramm zeigt auf Basis der im Controlling bereits eingelangten Daten den bisherigen Verlauf sowie die Einschätzung über den Verlauf bis Projektende:

[389] Vgl. Coenenberg et al (2012) S. 505.

[390] Bei Coenenberg et al (2012), S. 503 ff., wird diese Methode als Integrierte Kosten- und Leistungsanalyse bzw. auch als Earned-Value-Analyse bezeichnet; vgl. ebenso Patzak/Rattay (2014) S. 432 f.

[391] Vgl. Patzak/Rattay (2014) S. 418.

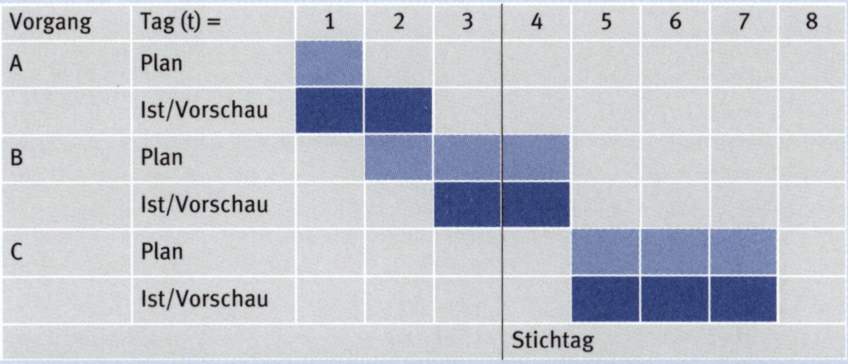

Vorgang	Tag (t) =	1	2	3	4	5	6	7	8
A	Plan	■							
	Ist/Vorschau	■	■						
B	Plan		■	■	■				
	Ist/Vorschau			■	■				
C	Plan					■	■	■	
	Ist/Vorschau					■	■	■	
					Stichtag				

Es war geplant, dass jeder Vorgang von zwei Personen unter Zugrundelegung eines 8 Stunden-Arbeitstags pro Person durchgeführt werden soll. Als Stundensatz wurden 100 geplant. Für Vorgang A wurde ein Projekttag, für Vorgang B und C je drei Projekttage eingeplant.
Nachdem der Abschluss von Vorgang A zwei Tage gedauert hat, wurde bzw. wird am Vorgang B mit drei Personen (weiterhin 8 Stunden Arbeitstag) gearbeitet, um die Verzögerung wieder aufzuholen. Beim Vorgang C wird zum Stichtag t = 3 davon ausgegangen, dass der ursprüngliche Plan mit zwei Personen (8 Stunden Arbeitstag) eingehalten werden kann.
Beim Stundensatz kam es bislang zu keiner Abweichung, dieser wird weiterhin mit 100 angesetzt.

Aufgabenstellung:

a) Berechnen Sie die geplanten Gesamtkosten des Projekts.
b) Bestimmen Sie Plan-, Soll- und Istkosten zum Stichtag t = 3, berechnen Sie die Gesamtabweichung sowie die Kosten-, Leistungs- und Terminabweichung und interpretieren Sie das Ergebnis kurz verbal.
c) Erstellen Sie auf Basis der zum Stichtag t = 3 vorliegenden Daten eine Hochrechnung der Gesamtkosten zum Ende des Projekts.

Lösung:

a)

Die geplanten **Gesamtkosten** des Projekts werden wie folgt berechnet:

Anzahl der Tage: 1 (Vorgang A) + 3 (Vorgang B) + 3 (Vorgang C) = 7 Arbeitstage

Gesamtkosten = 7 Arbeitstage • 2 Personen • 8 Arbeitsstunden • 100 Stundensatz = 11.200

b)

Zum Stichtag t = 3 wurde Vorgang A abgeschlossen und Vorgang B bereits begonnen. Es kam bei beiden Vorgängen zu Abweichungen.
Vorgang A ist zum Stichtag bereits zur Gänze abgeschlossen, d.h. 100% Plan- und Ist-Fertigstellungsgrad. Es wurde allerdings länger als geplant für die Fertigstellung dieses Vorgangs gearbeitet.

Für Vorgang B wurden drei Tage geplant, zum Stichtag t = 3 hätte bereits zwei Tage lang an diesem Vorgang gearbeitet werden sollen. Da keine detaillierten Informationen zur Messung des Fertigstellungsgrades vorliegen, wird der Plan-Fertigstellungsgrad zeitproportional ermittelt, d.h. die Planleistung beträgt 2 von gesamt 3 Arbeitstagen = 2/3 = 67%. Tatsächlich haben die Arbeiten an Vorgang B mit einem Tag Verzögerung gestartet. Als Ausgleich für die Verzögerung wird nun eine zusätzliche Person eingesetzt. Der Ist-Fertigstellungsgrad ist daher zeitproportional erst 1/2 = 50%.

Die nachfolgende Tabelle fasst die Informationen zur Berechnung der Plan-, Soll- und Istkosten zusammen.

Vorg.	Plankosten	Sollkosten	Istkosten
A	100% • (1 Tag • 2 Personen • 8 Stunden • 100 Euro) = 1.600	100% • 1.600 = 1.600	100% • (2 Tage • 2 Personen • 8 Stunden • 100 Euro) = 3.200
B	67% • (3 Tage • 2 Personen • 8 Stunden • 100 Euro) = 67% • 4.800 = 3.200	50% • 4.800 = 2.400	50% • (2 Tage • 3 Personen • 8 Stunden • 100 Euro) = 50% • 4.800 = 2.400

Zum Stichtag t = 3 ergeben sich folgende Plan-, Soll- und Istkosten für **Vorgang A**:

Plankosten = 1.600
Sollkosten = 1.600
Istkosten = 3.200

Die Gesamtabweichung für Vorgang A zum Zeitpunkt t = 3 beträgt:

Plankosten – Istkosten = 1.600 – 3.200 = –1.600

Durch den Vergleich mit den Sollkosten kann die Gesamtabweichung weiter aufgespalten werden:

Leistungsabweichung = Plankosten – Sollkosten = 1.600 – 1.600 = 0
Kostenabweichung = Sollkosten – Istkosten = 1.600 – 3.200 = –1.600
Gesamtabweichung = Leistungsabweichung + Kostenabweichung = 0 + (–1.600) = –1.600

Die negative Abweichung bei Vorgang A ist auf eine Kostenüberschreitung zurückzuführen. Damit in Zusammenhang stehend zeigt sich auch eine Terminabweichung, da für Vorgang A einen Tag länger als geplant gearbeitet wurde.

Zum Stichtag t = 3 ergeben sich folgende Plan-, Soll- und Istkosten für **Vorgang B**:

Plankosten = 3.200
Sollkosten = 2.400
Istkosten = 2.400

Die Gesamtabweichung für Vorgang B zum Zeitpunkt t = 3 beträgt:

Plankosten – Istkosten = 3.200 – 2.400 = +800

Durch den Vergleich mit den Sollkosten kann die Gesamtabweichung weiter aufgespalten werden.

Leistungsabweichung = Plankosten – Sollkosten = 3.200 – 2.400 = +800
Kostenabweichung = Sollkosten – Istkosten = 2.400 – 2.400 = 0
Gesamtabweichung = Leistungsabweichung + Kostenabweichung = 800 + 0 = +800

Die positive Abweichung bei Vorgang B ist auf eine Leistungsunterschreitung zurückzuführen. Daneben zeichnet sich auch bereits eine Terminabweichung ab, da für Vorgang B einen Tag kürzer als geplant gearbeitet werden soll. Durch die eingeleitete Gegenmaßnahme der Personalaufstockung (drei anstelle von zwei Personen) bei gleichzeitiger Bearbeitungszeitverkürzung (zwei anstelle von drei Tagen) sollte es insgesamt zu keiner Kostenabweichung kommen (Plankosten = Istkosten = 4.800). Ob diese Einschätzung zutreffen wird, kann erst zu einem späteren Analysezeitpunkt beurteilt werden.
Zusammenfassung der einzelnen Abweichungen:

Leistungsabweichung (Vorgang A + B) = 0 + 800 = +800
Kostenabweichung (Vorgang A + B) = –1.600 + 0 = –1.600
Gesamtabweichung (Vorgang A + B) = Leistungsabweichung + Kostenabweichung = 800 + (–1600) = –800

Die „positive" Leistungsabweichung ergibt sich, da Vorgang B noch nicht so weit fortgeschritten ist, wie ursprünglich geplant. Deshalb hätten zum Stichtag t = 3, sofern sich sonst nichts geändert hat, erst weniger Kosten als geplant anfallen „sollen".
Die Kostenabweichung zeigt, dass dies nicht der Fall ist. Da mehr Zeit (ein zusätzlicher Tag bei Vorgang A) aufgewendet wurde, kam es zu erhöhten Kosten im Vergleich zum Plan. Für die bislang fertiggestellten Projektarbeiten sind also höhere Kosten angefallen.
In der Gesamtabweichung heben sich diese beiden Effekte zum Teil auf.

c)
Die hochgerechneten Gesamtkosten des Projekts werden auf Basis der zum Stichtag t = 3 bekannten Informationen sowie der geplanten korrektiven Maßnahmen wie folgt ermittelt:

Vorgang A	= 2 Tage • 2 Personen • 8 Stunden • 100 Euro =	3.200
Vorgang B	= 2 Tage • 3 Personen • 8 Stunden • 100 Euro =	4.800
Vorgang C	= 3 Tage • 2 Personen • 8 Stunden • 100 Euro =	4.800
Hochgerechnete Gesamtkosten	=	12.800

Mit diesen hochgerechneten Gesamtkosten lässt sich die vorläufige Gesamtabweichung berechnen.

Plan-Gesamtkosten – hochgerechnete Gesamtkosten = 11.200 –12.800 = –1.600

Diese Abweichung ist auf die erhöhten Kosten für Vorgang A zurückzuführen. Durch die gegensteuernden Maßnahmen (Personalaufstockung bei gleichzeitiger Zeitreduktion) wird weiterhin von einem plangemäßen Projektende nach Tag 7 ausgegangen.

22.3.3 Grafische Analyse der Abweichungen

Die zu einem Stichtag ermittelten **Plan-, Soll- und Istkosten** lassen sich auch grafisch darstellen. Diese Grafik kann noch um eine Hochrechnung (**Projekt-Forecast**[392]) bis Projektende ergänzt werden, um so die erwartete zukünftige Kostenentwicklung und die voraussichtliche Projektdauer veranschaulichen zu können.

Abbildung 94 illustriert eine zu einem bestimmten Zeitpunkt im laufenden Projekt aufgedeckte **Lücke** und kann so den Anstoß für Gegenmaßnahmen liefern. Die einzelnen Linien stellen dabei die kumulierten Plan-, Soll- und Istkosten über den Projektzeitraum (X-Achse) dar. Zu Projektende entsprechen definitionsgemäß die Sollkosten den Plankosten (der Ist-Fertigstellungsgrad beträgt zum Projektende 100%) und alle verbleibenden Abweichungen stellen Kostenabweichungen und gegebenenfalls Terminabweichungen dar.

Wird im Zuge einer mitlaufenden Kontrolle bereits erkennbar, dass Anpassungen erforderlich sind, so sollten diese für eine **Hochrechnung** der zu erwartenden Istkosten bis Projektende auch berücksichtigt werden. Die Hochrechnung basiert dabei auf den zum Analysestichtag bereits bekannt gewordenen Ist-Daten sowie auf getroffenen Einschätzungen und vorzunehmenden Anpassungen (z.B. Verlängerung der Projektdauer, Erhöhung der Personenanzahl für einzelne Vorgänge, Fremdvergabe bestimmter Arbeitsschritte). Eine bereits zu erwartende Abweichung zwischen ursprünglich geplantem Projektende und zum Stichtag geschätztem Projektende wird damit deutlich.

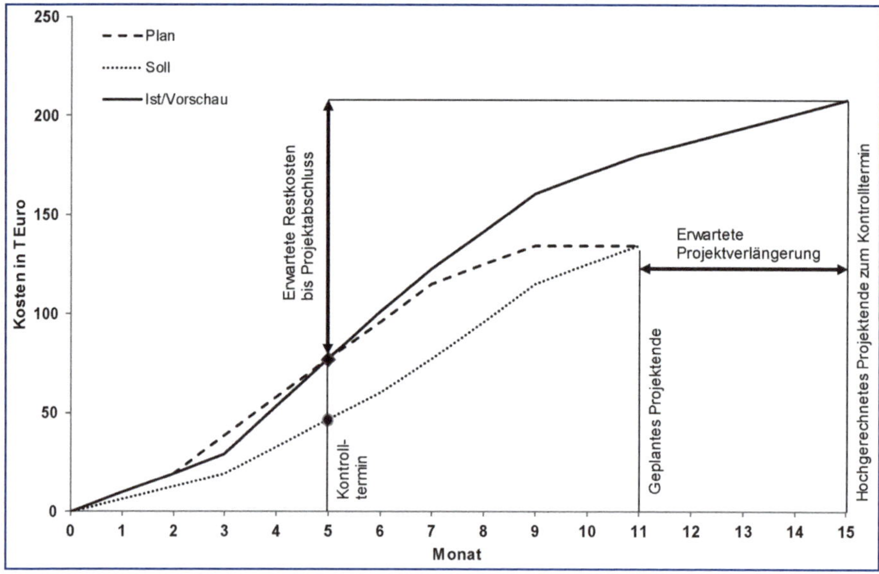

Abbildung 94: Grafische Abweichungsanalyse

[392] Vgl. Coenenberg et al (2012) S. 516 f.

22.3.4 Konsequenzen und korrektive Maßnahmen

Als Ergebnis der mitlaufenden Kontrolle können mithilfe der Abweichungsanalyse innerhalb des Projekts mögliche **Konsequenzen** für andere Vorgänge aufgezeigt und entsprechende Anpassungen eingeleitet werden. Auf der Basis bereits eingetretener Abweichungen werden Auswirkungen auf nachfolgende Vorgänge bis zum Projektabschluss hochgerechnet, um so Informationen für einzuleitende korrektive Maßnahmen zu gewinnen.[393]

Ist die bislang **erbrachte Leistung** hinsichtlich Art oder Qualität noch **nicht ausreichend**, könnten Personalkapazitäten aufgestockt werden, z.B. durch Kontingentausweitungen, Überstunden, Fremdvergabe bestimmter Aufgaben oder auch durch Entlastung der am Projekt Beteiligten von „Alltagsaufgaben" außerhalb des Projekts.

Kam es zu **Zeitüberschreitungen**, kann neben den oben bereits genannten Maßnahmen der Personalkapazitätsausweitung auch geprüft werden, ob Folgevorgänge parallel bearbeitet oder ob auch einzelne, weniger wichtige Vorgänge zu Lasten der erfolgskritischen Vorgänge im Umfang reduziert oder zur Gänze gestrichen werden können.

Sind **Kostenüberschreitungen** aufgetreten, kann geprüft werden, ob Kosteneinsparungen durch die Fremdvergabe bestimmter Aufgaben realisierbar wären oder ob z.B. Einsparungen an der Qualität oder am Leistungsumfang vorgenommen werden können.

Zu bedenken ist dabei jedoch, dass gerade Kapazitätsausweitungen auch oft mit zusätzlichen Kosten verbunden sind, weshalb für jede Gegenmaßnahme selbst eine Kosten-Nutzen-Überlegung angestellt werden sollte.

393 Vgl. Patzak/Rattay (2014) S. 437 f.

23 Prozesskostenrechnung

Lernziele

Nach Durcharbeiten von Kapitel 23 sollten Sie u.a. in der Lage sein:

- die Vorgehensweise bei der Einführung einer Prozesskostenrechnung zu beschreiben
- Kostenträgerrechnungen auf Basis der Prozesskostenrechnung durchzuführen
- Vor- und Nachteile der Prozesskostenrechnung zu diskutieren

23.1 Hintergrund

Der Umfang der **indirekten Leistungen** hat in den letzten Jahren im Verhältnis zur eigentlichen Produktionsleistung stetig zugenommen. Unter indirekten Leistungen werden solche Tätigkeiten verstanden, die nicht unmittelbar in die zum Absatz bestimmten Produkte eingehen, also planende, vorbereitende, steuernde, überwachende und koordinierende Tätigkeiten. Diese Entwicklung führte zu einem sowohl relativen als auch absoluten Anstieg der fixen Kosten bzw. der Gemeinkosten. Eine pauschale Verrechnung der Gemeinkosten auf die Produkte über wertabhängige Zuschlagsätze (z.B. Verrechnung der Materialgemeinkosten als prozentualer Zuschlag auf die Materialeinzelkosten) ist unter solchen Umständen nicht mehr sachgerecht. Aus diesem Grund werden im Rahmen der **Prozesskostenrechnung** die Gemeinkosten der indirekten Leistungsbereiche (z.B. Materialwirtschaft, Logistik, Vertrieb, F&E) mithilfe aussagefähigerer Leistungsgrößen analysiert und gesteuert sowie den Kostenträgern letztlich verursachungsgerechter zugeordnet.

Die Prozesskostenrechnung konzentriert sich damit auf die Analyse und Bewertung **abteilungsübergreifender** Prozesse sowie auf die Verrechnung der Gemeinkosten der indirekten Leistungsbereiche (vgl. Abbildung 95). Da sämtliche Kosten verrechnet werden, handelt es sich bei der Prozesskostenrechnung um eine Vollkostenrechnung, die als Ist- oder Plankostenrechnung eingerichtet werden kann. Ihre wichtigsten Ziele sind die Erhöhung der Kostentransparenz in den indirekten Leistungsbereichen, die Effizienzsteigerung der Prozessabläufe und die Verbesserung der Kalkulationsergebnisse.[394]

[394] Vgl. Kümpel (2004c) S. 1022.

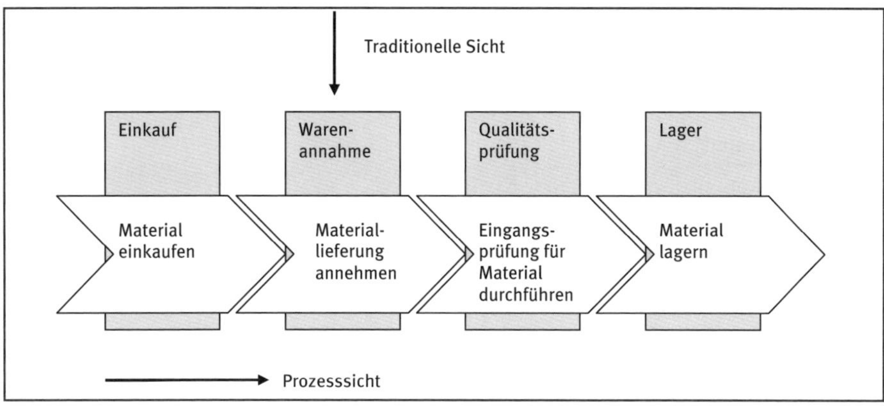

Abbildung 95: Prozessgedanke[395]

Die Prozesskostenrechnung konzentriert sich weiters auf repetitive Tätigkeiten, die gleichzeitig einen geringen Entscheidungsspielraum aufweisen. Das Hauptaugenmerk liegt damit auf **standardisierbaren Aktivitäten**, für die ein quantitativer Leistungsmaßstab gefunden werden kann (z.B. logistische Transaktionen, Qualitätskontrolle). Für Kostenstellen, die von dispositiven, innovativen und planenden Tätigkeiten mit entsprechend großen Entscheidungsspielräumen geprägt sind (z.B. Grundlagenforschung, Marketingabteilung, Rechtsabteilung), lassen sich keine „Standardprozesse" finden, die sich ständig wiederholen würden und messbare Kostentreiber aufweisen könnten. In solchen Betriebsbereichen ist die Prozesskostenrechnung daher nicht geeignet (vgl. Abbildung 96).[396]

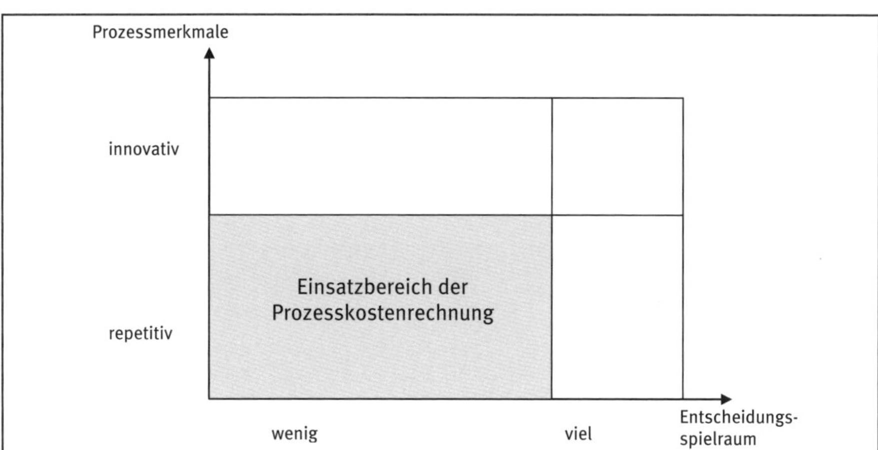

Abbildung 96: Einsatzbereich der Prozesskostenrechnung[397]

[395] Vgl. Jossé (2011) S. 170.
[396] Vgl. Kümpel (2004c) S. 1022; Joos (2014) S. 354.
[397] Vgl. Joos (2014) S. 355.

23.2 Vorgehensweise

Bei der Einführung einer Prozesskostenrechnung müssen folgende **Schritte** durchlaufen werden:[398]

1) Tätigkeitsanalyse und Aufstellung einer Prozesshierarchie
2) Bestimmung prozessbezogener Kostentreiber
3) Kostenzuordnung zu Teilprozessen
4) Berechnung von Teilprozesskostensätzen
5) Verdichtung von Teilprozess- zu Hauptprozesskosten
6) Kostenträgerrechnung mit Prozesskosten

Tätigkeitsanalyse

Die in den indirekten Leistungsbereichen durchgeführten Aktivitäten und Prozesse bilden eine Hierarchie von Handlungsebenen. Diese **Prozesshierarchie** ist prinzipiell dreistufig aufgebaut. Auf der untersten Stufe dieser Hierarchie stehen **Aktivitäten** (Tätigkeiten). Eine Aktivität ist die kleinste, aus kostenrechnerischer Sicht nicht mehr sinnvoll unterteilbare Handlungseinheit. Aktivitäten vollziehen sich immer innerhalb einer Kostenstelle. Auf der nächsthöheren Ebene werden Aktivitäten innerhalb einer Kostenstelle zu **Teilprozessen** zusammengefasst. Ein Teilprozess (TP) besteht aus sachlich zusammenhängenden Aktivitäten, für die sich eine gemeinsame Bezugsgröße feststellen lässt. In der Kostenstelle „Rechnungsprüfung und Lieferantenbuchhaltung" können z.B. die Aktivitäten Rechnungserfassung, Preisprüfung, Mengenprüfung sowie Klärung von Differenzen zum Teilprozess „Lieferantenrechnungen bearbeiten" zusammengefasst werden. Schließlich werden im Rahmen der Prozesskostenrechnung mehrere sachlich zusammenhängende Teilprozesse kostenstellenübergreifend zu **Hauptprozessen** verdichtet (vgl. Abbildung 97). So sind beispielsweise am Hauptprozess „Material beschaffen" nicht nur die Kostenstelle „Einkauf", sondern u.a. auch die Kostenstelle „Wareneingang" oder die Kostenstelle „Qualitätssicherung" beteiligt.

[398] Vgl. Joos (2014) S. 352; Kümpel (2004c) S. 1022.

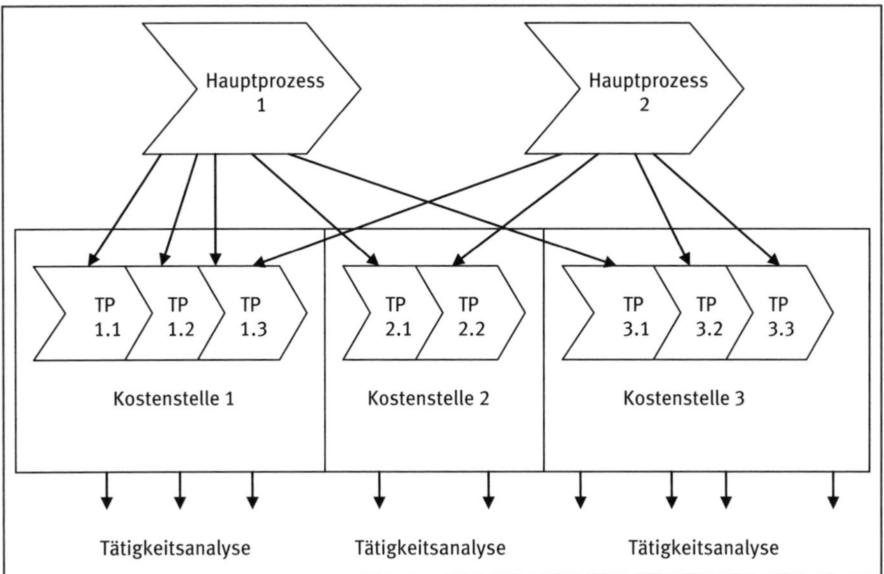

Abbildung 97: Prozesshierarchie[399]

Ausgangspunkt der Prozesskostenrechnung ist jedenfalls eine sehr detaillierte Analyse der Tätigkeiten in den Kostenstellen der indirekten Leistungsbereiche des Unternehmens. Dies erfordert die Auswertung von vorhandenen Unterlagen (Ablaufpläne, Stellenbeschreibungen, Organigramme etc.) sowie die Durchführung von Interviews mit den zuständigen Kostenstellenleiter/inne/n und deren Mitarbeiter/inne/n.[400]

Bestimmung prozessbezogener Kostentreiber

Die in einer Kostenstelle ablaufenden Teilprozesse werden in einem weiteren Arbeitsschritt in **leistungsmengeninduzierte Prozesse** (lmi-Prozesse) und **leistungsmengenneutrale Prozesse** (lmn-Prozesse) eingeteilt. Lmi-Prozesse sind in ihrem Umfang quantifizierbar und werden vom Leistungsvolumen einer Kostenstelle bestimmt. Der Teilprozess „Lieferantenrechnungen bearbeiten“ hängt z.B. direkt vom Leistungsvolumen der Kostenstelle „Lieferantenbuchhaltung“ ab, das wiederum anhand der Anzahl der erfassten Rechnungen (Kostentreiber, siehe unten) gemessen werden kann. Lmn-Prozesse sind dagegen vom Leistungsvolumen einer Kostenstelle unabhängig. Ein typisches Beispiel für einen lmn-Prozess ist der Prozess „Abteilung leiten“.[401]

Für jeden lmi-Prozess werden die dazugehörigen Maßgrößen, die sog. **Kostentreiber** (cost driver) festgelegt. Beispiele für Kostentreiber können sein: die Zahl der Materialbestellungen, die Zahl der Ein- und Auslagerungsvorgänge, die Zahl von Kundenaufträgen etc. Prozessmengen sind dann die zahlenmäßigen Ausprägungen

399 Vgl. Jossé (2011) S. 171.
400 Vgl. Kümpel (2004c) S. 1023; Joos (2014) S. 354.
401 Vgl. Joos (2014) S. 355.

der Kostentreiber, also z.B. 5.678 Materialbestellungen oder 432.876 Einlagerungsvorgänge.[402]

Kostenzuordnung zu Teilprozessen

Stehen die in einer Kostenstelle ablaufenden Teilprozesse fest, werden diesen die Kosten dieser Kostenstelle verursachungsgerecht zugeordnet. In der Praxis werden die geplanten bzw. tatsächlichen Kosten entsprechend der Inanspruchnahme der Personalkapazität durch die Teilprozesse, gemessen in Personenjahren, aufgeteilt.

Beispiel 66[403]

Bei einem Elektronikhersteller wurden in der Kostenstelle Qualitätssicherung die Teilprozesse Abmessungsprüfung, mechanische Prüfung und elektrische Prüfung sowie Leitung der Abteilung identifiziert. Insgesamt werden in der Kostenstelle 170.000 Abmessungsprüfungen, 50.000 mechanische Prüfungen sowie 59.500 elektrische Prüfungen durchgeführt.
Zeitaufzeichnungen im Rahmen einer Tätigkeitsanalyse haben gezeigt, dass durchschnittlich 20,83% (Anteil 5/24) der Gesamtarbeitszeit für Abmessungsprüfungen, 41,67% (10/24) für mechanische Prüfungen sowie 29,17% (7/24) für elektrische Prüfungen aufgewendet werden. 8,33% (2/24) der Gesamtarbeitszeit in der Kostenstelle fallen für die Leitung der Abteilung an.
In der Kostenstelle sind eine Abteilungsleiterin, 2 Teilzeitbeschäftigte mit 75% und 3 Teilzeitbeschäftigte mit 50% der tariflichen Arbeitszeit sowie 7 Vollzeitbeschäftigte tätig. Im Jahresdurchschnitt werden in der Abteilung von den Mitarbeiter/inne/n (ohne Abteilungsleiterin) 10% Überstunden erbracht. Die Gesamtkosten der Kostenstelle betragen 1.020.000.

Aufgabenstellung:

a) Ordnen Sie die Gesamtkosten der Kostenstelle den Teilprozessen zu!

Lösung:

Ermittlung der Gesamtpersonenjahre:
1 + 2 • 0,75 + 3 • 0,5 + 7,0 + (1,5 + 1,5 + 7,0) • 0,1 = 12 Personenjahre
Kosten pro Personenjahr:
1.020.000 / 12 = 85.000 pro Personenjahr (PJ)

Teilprozess	PJ	Kosten
Abmessungsprüfung	2,50	212.500
mechanische Prüfung	5,00	425.000
elektrische Prüfung	3,50	297.500
Abteilungsleitung	1,00	85.000
Gesamt	**12,00**	**1.020.000**

[402] Vgl. Joos (2014)S. 355 f.
[403] Vgl. Joos (2014) S. 357 f.

Die indirekte Zuordnung der Gesamtkosten anhand der Schlüsselgröße „Personenjahre“ ist vertretbar, wenn – wie im indirekten Leistungsbereich üblich – der Anteil der Kosten, die durch den Personaleinsatz bestimmt werden, sehr hoch ist.

Berechnung von Teilprozesskostensätzen

Nach der Ermittlung von Teilprozesskosten und Teilprozessmengen können **Teilprozesskostensätze** berechnet werden. Für jeden Teilprozess können zwei Arten von Prozesskostensätzen ermittelt werden, einer für die lmi-Prozesskosten und einer für die gesamten Teilprozesskosten einschließlich lmn-Kosten, wobei die lmn-Kosten einer Kostenstelle den lmi-Kosten in der Regel proportional zugeschlüsselt werden.

Ein Teilprozesskostensatz informiert darüber, was die einmalige Durchführung des betreffenden Teilprozesses im Durchschnitt kostet.

Beispiel 66 – Fortsetzung[404]

Aufgabenstellung:

b) Ermitteln Sie die Teilprozesskostensätze (TPKS, lmi und gesamt) für die drei Prüfungsarten in der Kostenstelle Qualitätssicherung.

Lösung:

Teilprozess	Kosten	Typ	lmi-Kosten	Umlage lmn	TP-Kosten
Abmessungsprüfung	212.500	lmi	212.500	19.318,18	231.818,18
mechanische Prüfung	425.000	lmi	425.000	38.636,36	463.636,36
elektrische Prüfung	297.500	lmi	297.500	27.045,45	324.545,45
Abteilungsleitung	85.000	lmn		-85.000,00	
Gesamt	1.020.000		935.000		1.020.000,00

Die Teilprozesskostensätze werden mittels Division der Kosten durch die Anzahl der Teilprozessmengen ermittelt (z.B. TPKS lmi pro Abmessungsprüfung = 212.500 / 170.000 = 1,25).

Teilprozess	TP-Menge (Anzahl an Prüfungen)	TPKS lmi	TPKS ges.
Abmessungsprüfung	170.000	1,25	1,36
mechanische Prüfung	50.000	8,50	9,27
elektrische Prüfung	59.500	5,00	5,45

Verdichtung von Teilprozess- zu Hauptprozesskosten

In einem letzten Schritt werden die kostenstellenbezogenen Teilprozesskostensätze zu kostenstellenübergreifenden **Hauptprozesskostensätzen** aggregiert. Voraussetzung für die Zusammenfassung von Teil- zu Hauptprozessen ist, dass die einzelnen

[404] Vgl. Joos (2014) S. 358.

Teilprozesse eines Hauptprozesses von identischen oder miteinander korrelierten Kostentreibern abhängen.[405]

Beispiel 66 – Fortsetzung[406]

Die in der folgenden Tabelle enthaltenen Teilprozesse sollen unter dem Kostentreiber „Anzahl der Bestellungen" zum Hauptprozess „Beschaffung" zusammengefasst werden. Dazu wird angenommen, dass die Anzahl der Bestellungen in etwa der Anzahl der Anlieferungen entspricht. Die Qualitätssicherung prüft alle Lieferungen auf korrekte Abmessungen. Cirka 20% der Lieferungen werden darüber hinaus einer mechanischen Prüfung unterzogen.

Aufgabenstellung:

c) Ermitteln Sie für den Hauptprozess „Beschaffung" den Prozesskostensatz.

Kostenstelle	Teilprozess	Kostentreiber	Teil-prozess-kostensatz
Einkauf	Teile einkaufen	Anzahl der Bestellungen	3,52
Qualitätssicherung	Abmessungsprüfung	Anzahl der Prüfungen	1,36
	Mechanische Prüfung	Anzahl der Prüfungen	9,27
Lager	Einlagerung	Anzahl der Anlieferungen	4,20

Der Kostensatz des Hauptprozesses „Beschaffung" ergibt sich dann als:
$3{,}52 + 1{,}36 + 9{,}27 \cdot 0{,}2 + 4{,}20 = 10{,}93$ je Beschaffungsvorgang.

Kostenträgerrechnung mit Prozesskosten

Die solcherart ermittelten **Hauptprozesskostensätze** werden im Rahmen der Kostenträgerrechnung auf **Kostenträger** (Erzeugnisse, Aufträge) verrechnet. Die übrigen Kosten (Einzelkosten, Gemeinkosten des Produktionsbereichs, Gemeinkosten innovativer und kreativer Prozesse) werden den Kostenträgern mit den gleichen Verfahren zugeordnet wie in der traditionellen Kostenrechnung (z.B. mit Hilfe wert- oder mengenbasierter Verrechnungssätze).[407]

Wenn bekannt ist, welche Prozesse eine Einheit eines Kostenträger in jeweils welchem Ausmaß in Anspruch nimmt, können Prozesskosten direkt zugerechnet werden. Beansprucht etwa ein Erzeugnis den Prozess Beschaffung mit einem Prozesskostensatz von 20 insgesamt 5 Mal, so werden diesem Erzeugnis **Prozesskosten** von $5 \cdot 20 = 100$ zugerechnet.

[405] Vgl. Joos (2014) S. 359.

[406] Vgl. Joos (2014) S. 359 f.

[407] Vgl. Joos (2014) S. 361; eine solchermaßen bloß partielle Anwendung der Prozesskostenrechnung trägt auch dem häufig angeführten Kritikpunkt Rechnung, wonach ein betriebsdurchgängiger Einsatz dieses Instruments einen enormen Aufwand für die Einführung und laufende Wartung verursachen würde; vgl. Wolfsgruber (2015) S. 150.

In den meisten Fällen lassen sich Kostentreiberausprägungen und Prozesskosten jedoch nicht direkt einer Erzeugniseinheit zuordnen, sondern z.B. nur allen Einheiten dieses Erzeugnisses, einem Fertigungslos oder einem Bestellvorgang. In diesen Fällen erfolgt die **Zuordnung** der Prozesskosten auf **indirektem** Wege.

Beispiel 66 – Fortsetzung[408]

Das Unternehmen fertigt ein Endprodukt, welches aus den Bauteilen A, B und C besteht, die in unterschiedlichen Mengen eingebaut werden. Für ein Endprodukt werden 1 Stück A, 2 Stück B und 1 Stück C benötigt. Bezüglich der Standardbestellmengen gilt Folgendes: Von Bauteil A werden immer 5 Einheiten bestellt, Bauteil B wird in Chargen von 20 Einheiten bestellt und bei Bauteil C werden 10 Einheiten pro Bestellung beschafft.

Aufgabenstellung:

d) Ermitteln Sie unter Berücksichtigung der Standardbestellmengen und der Zahl der in ein Endprodukt eingehenden Teile die Beschaffungskosten für eine Einheit des Endprodukts.

Lösung:

Bauteil	Standard-bestellmenge	Beschaffungs-kosten je Teil	Zahl der Teile je Erzeugnis	Beschaffungs-kosten je Teil gesamt
A	5	2,19	1	2,19
B	20	0,55	2	1,09
C	10	1,09	1	1,09
Endprodukt gesamt				4,38

23.3 Kritische Würdigung

Der **Vorteil** der prozessorientierten Produktkalkulation besteht darin, dass sie für strategische Maßnahmen zur Kostenbeeinflussung genutzt werden kann. Maßgeblich sind drei Effekte:[409]

- Eine Kernaufgabe der Prozesskostenrechnung besteht in der präziseren Produktkalkulation, wobei das Augenmerk nur auf längerfristigen Entscheidungen liegen kann. Durch eine verursachungsgerechte Zurechnung der Gemeinkosten aus den indirekten Leistungsbereichen wird im Vergleich zur herkömmlichen Zuschlagskalkulation eine aussagekräftigere Kalkulation der Kostenträger ermöglicht. Die Kosten der indirekten Leistungsbereiche werden demnach nicht mehr pauschal über Zuschlagssätze auf die Kostenträger verrechnet, sondern gemäß der Inanspruchnahme einzelner Prozesse. Durch diese Vorgehensweise wird eine di-

408 Vgl. Joos (2014) S. 362 f.
409 Vgl. Joos (2014) S. 366 ff.; Wolfsgruber (2015) S. 135 ff.

rekte Verbindung zwischen Produkterstellung und Beanspruchung der betrieblichen Ressourcen sichergestellt. In diesem Zusammenhang wird von einem **Allokationseffekt** (verursachungsgerechte Kalkulation) gesprochen.

- Neben dem Allokationseffekt wird durch die Prozesskostenrechnung auch ein **Komplexitätseffekt** transparent. Dieser resultiert aus der Tatsache, dass Produkte, die aus einer Vielzahl von Einzelteilen bestehen oder spezielle Behandlungen benötigen, auch die Leistungskapazitäten der indirekten Bereiche (z.B. durch vermehrte Produktbestellungen, Lagerbewegungen, Anlegen und Pflegen von Konstruktions- und Fertigungsdaten, Speziallagerung) stärker in Anspruch nehmen (vgl. Abbildung 98). Dieses Beispiel soll auch illustrieren, dass es lediglich um die unterschiedliche Verteilung der letztlich gleichen Gemeinkosten geht.

Demonstrationsbeispiel zum Komplexitätseffekt

Ein Pharmaunternehmen produziert u.a. zwei Tablettensorten, die exakt die gleichen Materialkosten verursachen (1,50 für 100 Stück). Während Medikament A völlig problemlos gelagert werden kann, ist die zweite Tablettensorte extrem wärmeempfindlich und muss daher sofort nach der Herstellung in speziellen Kühlbehältern in der Lagerstätte aufbewahrt werden. Eine Prozessanalyse ergibt, dass die Lagerkosten für das einfache Medikament 0,10 pro 100 Stück ausmachen, für das wärmeempfindliche Medikament fallen hingegen 0,70 an. Bei einer Kalkulation auf Basis von pauschalen Sätzen würde jedoch ein Zuschlagsatz von 25% zur Anwendung kommen. Die folgende Tabelle zeigt die betragsmäßige Auswirkung bei einem Umstieg von einer pauschalen Zuschlagskalkulation auf eine Prozesskostenkalkulation:

	Material-einzelkosten	Materialgemeinkosten		Gemeinkosten-differenz
		Zuschlagsatz (25%)	Prozess-kostensatz	
Medikament A	1,50	0,375	0,10	−0,275
Medikament B	1,50	0,375	0,70	0,325

Die Gemeinkostendifferenz beruht in diesem Fall auf dem Komplexitätseffekt. Korrekterweise wird bei der Prozesskostenrechnung das aufwändig zu lagernde Medikament B mit wesentlich höheren Lagerkostenanteilen belastet als Medikament A.

Abbildung 98: Komplexitätseffekt[410]

- Schließlich wird durch die Kalkulation mittels Prozesskostenrechnung ein **Degressionseffekt** erzielt. Wenn beispielsweise Rüstkosten oder andere auftragsspezifische Tätigkeiten eines indirekten Leistungsbereichs nicht pauschal über prozentuelle Zuschlagssätze, sondern gemäß dem Ausmaß der Inanspruchnahme der jeweiligen Prozesse durch bestimmte Aufträge verrechnet werden, geht klar hervor, dass sich diese Kosten bei großen Aufträgen wesentlich geringer als bei kleinen Aufträgen auf die Stückkosten auswirken (vgl. Abbildung 99).

410 Vgl. Wolfsgruber (2015) S. 137.

Demonstrationsbeispiel zum Degressionseffekt

Im Beschaffungsbereich eines Unternehmens ist ein Großteil der Materialgemeinkosten von bestimmten Aktivitäten (z.B. Anzahl der Dispositionsaufträge, Bestellungen im Einkauf, Wareneingänge und Transportvorgänge, Prüfungen der Wareneingänge, Rechnungsprüfungen, Buchungen, Zahlungen sowie Ein- und Auslagerungsvorgänge) abhängig und nicht vom Wert einer Bestellung. Die Division sämtlicher Kosten aus dem Beschaffungsbereich durch die Anzahl der Bestellabwicklungen ergibt einen Prozesskostensatz von 15. Bei einer Gegenüberstellung von sämtlichen Gemeinkosten und den Materialeinzelkosten errechnet sich ein Materialgemeinkostenzuschlag von 25%. Der Vergleich der traditionellen Zuschlagskalkulation mit der Prozesskostenkalkulation zeigt bei Bestellmengen von 1, 10, 100 und 1.000 Stück und einem Warenwert von 4 je Stück folgende Unterschiede:

Zuschlagskalkulation:

Stück je Bestellung	gesamte Material-einzelkosten	gesamte Material-gemeinkosten	Materialkosten je Stück
1	4	1	5,0
10	40	10	5,0
100	400	100	5,0
1.000	4.000	1.000	5,0

Prozesskostenkalkulation:

Stück je Bestellung	gesamte Material-einzelkosten	gesamte Material-gemeinkosten	Materialkosten je Stück
1	4	15	19,00
10	40	15	5,50
100	400	15	4,15
1.000	4.000	15	4,00

Abbildung 99: Degressionseffekt[411]

Ein **Nachteil** der Kalkulation mit Prozesskostensätzen ist, dass ein Großteil der Prozesskosten der indirekten Leistungsbereiche in aller Regel **Fixkosten** darstellt, gleichgültig, ob nur leistungsmengeninduzierte Kosten oder Gesamtkosten betrachtet werden. Aus dieser Tatsache lässt sich ableiten, dass bei steigender Plan-Prozessmenge nur ein geringerer Anteil an Fixkosten im Prozesskostensatz enthalten ist. Die Prozesskostensätze sind somit mit den gleichen konzeptionellen Schwächen versehen wie die Verrechnungssätze einer Plankostenrechnung auf Vollkostenbasis. Damit der korrekte Wert je Prozessdurchführung verrechnet wird, müsste es demnach gelingen, die Ist-Prozessmenge im Rahmen der Planung exakt abzuschätzen.[412]

Abschließend bleibt zu erwähnen, dass die Prozesskostenrechnung **kein eigenständiges Kostenrechnungssystem** darstellt, sondern vielmehr die Systeme der traditionellen Kostenrechnung bestenfalls sinnvoll ergänzt. Da die Prozesskostenrech-

[411] Vgl. Wolfsgruber (2015) S. 137 f.
[412] Vgl. Wolfsgruber (2015) S. 133 f.

nung eine Vollkostenrechnung ist und folglich als Grundlage **für kurzfristige Entscheidungen ungeeignet** ist, muss insbesondere eine geeignete Teilkostenrechnung weiterhin zum Einsatz kommen.[413] In mittel- bis langfristiger Perspektive gibt eine verursachungsgerechte Zurechnung der in den indirekten Leistungsbereichen (z.B. Materiallogistik, Vertrieb, F&E) anfallenden fixen Gemeinkosten jedoch wichtige zusätzliche Hinweise darauf, an welcher Stelle Verbesserungsmaßnahmen ergriffen werden müssen. Dabei steht nicht nur die Optimierung bestehender Prozesse und Abläufe im Vordergrund, vielmehr soll die Prozesskostenrechnung einen Anstoß für ein grundlegendes Überdenken bestehender Unternehmensabläufe geben.[414]

Empirische Ergebnisse

In einer von Horsch bei deutschen Industrieunternehmen durchgeführten Studie wurde untersucht, welche Ziele mit der Verwendung der **Prozesskostenrechnung** angestrebt werden. Auf einer Skala von 5 (sehr wichtig) bis 1 (nicht wichtig) erwiesen sich die Stärkung des Kostenbewusstseins und die Verbesserung der Kostentransparenz und -kontrolle als besonders relevant. Aber auch die Verbesserung der Prozessqualität, die Verbesserung der Budgetierung und die Verbesserung der Kalkulation sind von überdurchschnittlichem Interesse:[415]

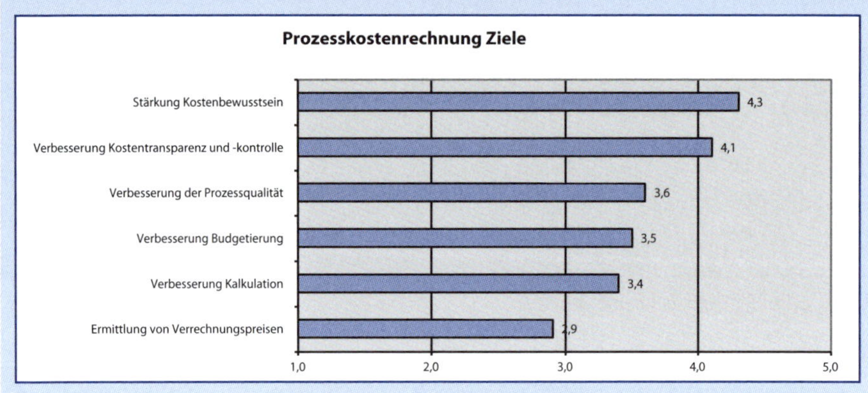

413 Vgl. Kümpel (2004c) S. 1025.
414 Vgl. auch Wolfsgruber (2015) S. 147.
415 Vgl. Horsch (2015) S. 115 f.

☞ Prozesskostenrechnung

Die Prozesskostenrechnung wurde in den 1980er Jahren entwickelt, um eine bessere Verrechnung der Gemeinkosten indirekter Leistungsbereiche wie Instandhaltung und Qualitätssicherung zu ermöglichen. Die Kostenverrechnung orientiert sich dabei nicht mehr an pauschalen Zuschlägen, sondern vielmehr an (kostenstellenübergreifenden) Prozessen, die für die Erstellung und Vermarktung eines Produkts bzw. einer Dienstleistung notwendig sind. Für diese Prozesse werden Kostensätze ermittelt, die bei einmaliger Inanspruchnahme eines Prozesses anfallen. Mit diesen Prozesskostensätzen werden dann die Kosten der indirekten Bereiche je nach Inanspruchnahme durch die Produkte bzw. Dienstleistungen erfasst und verrechnet. Durch die Einbeziehung der fixen Kosten eignet sich die Prozesskostenrechnung nicht als Entscheidungsgrundlage für kurzfristige Entscheidungen und muss daher um ein geeignetes Teilkostenrechnungssystem ergänzt werden. Mittel- bis langfristig zeigt eine Prozesskostenrechnung bei einer Produktneuentwicklung oder einer strategischen Marketingausrichtung allerdings deutlich auf, welche Mehrkosten zusätzliche Varianten eines Produkts im Gemeinkostenbereich verursachen bzw. welches Einsparungspotenzial durch die Verwendung von Standardteilen realisiert werden kann.

24 Benchmarking

Lernziele

Nach Durcharbeiten von Kapitel 24 sollten Sie u.a. in der Lage sein:

- das Konzept des Benchmarkings zu erklären
- unterschiedliche Arten des Benchmarkings zu beschreiben
- die Phasen eines Benchmarking-Projekts zu erläutern

Beim **Benchmarking** geht es nicht nur um den Vergleich der eigenen Leistung mit der eines anderen Unternehmens, sondern vor allem darum, exzellente Praktiken zu entdecken und diese im eigenen Unternehmen umzusetzen. Auf diese Weise sollen nachhaltige Verbesserungen der Wettbewerbsposition erreicht werden. Im Rahmen des Kostenmanagements dient Benchmarking somit zur Anregung von kostensenkenden Maßnahmen. Gleichzeitig zeigt Benchmarking aber auch Wege auf, durch welche Praktiken Verbesserungen in der Kostenposition erreicht werden können.

Benchmarking wird heute in vielen unterschiedlichen Formen praktiziert. So können Produkte, Dienstleistungen, Prozesse und Methoden betrieblicher Funktionen (z.B. Controlling) gleichermaßen Gegenstand einer Benchmarking-Analyse sein. Inhaltlich kann zwischen Kosten-, Qualitäts-, Zeit- und Kundenzufriedenheits-Benchmarks unterschieden werden. Darüber hinaus ergeben sich verschiedene Möglichkeiten im Hinblick auf die Vergleichspartner:

- **Internes Benchmarking** liegt vor, wenn mehrere Tochterunternehmen, Filialen, Werke, Geschäftsbereiche etc. innerhalb eines Unternehmens oder Konzerns miteinander verglichen werden.
- **Wettbewerbsorientiertes Benchmarking** findet zwischen direkten Konkurrenten statt.
- **Best-Practice-Benchmarking** zielt dagegen auf das Messen am „Klassenbesten", unabhängig davon, in welcher Branche das Unternehmen tätig ist.

In Abbildung 100 sind Beispiele sowie Vor- und Nachteile der verschiedenen Benchmarking-Arten zusammengefasst:

Benchmarking-Art	Beispiel	Vorteile	Nachteile
internes Benchmarking	eine Bank benchmarkt verschiedene Filialen	– Daten leicht zugänglich – Ergebnisse leicht übertragbar	– begrenzter Blickwinkel
wettbewerbsorientiertes Benchmarking	VW benchmarkt sich mit Opel	– leichte Vergleichbarkeit der Ergebnisse – hohe Akzeptanz	– Daten schwer zugänglich – Gefahr der Imitation der Konkurrenz
Best-Practice-Benchmarking	Motorola benchmarkt sein Rechnungswesen mit American Express	– großes Potenzial zur Entdeckung innovativer Praktiken	– zeitaufwändige Analyse – schwierigere Umsetzung der Ergebnisse

Abbildung 100: Vor- und Nachteile verschiedener Benchmarking-Arten

Benchmarking-Projekte lassen sich in fünf **Phasen** gliedern, die in der Praxis jedoch iterativ mit einer Vielzahl von Rückkopplungen ablaufen:

- **Konzeption des Benchmarking-Projekts**: Zu Beginn sind das zu analysierende Objekt (z.B. ein Prozess) auszuwählen, die Projektziele und der Zeitrahmen festzulegen sowie ein Projektteam zu bilden.
- **Durchführung einer Voruntersuchung**: Bevor Daten bei einem Benchmarking-Partner erhoben werden, ist zunächst der eigene Untersuchungsbereich detailliert zu analysieren. Nur so können die richtigen Fragen formuliert und Informationen – auch aus Sekundärquellen wie Fachzeitschriften – zielgerecht gesucht werden.
- **Auswahl des Benchmarking-Partners**: Im Gegensatz zu Vergleichspartnern innerhalb des eigenen Unternehmens oder der Branche sind Best-Practice-Partner schwieriger zu finden. Unterstützend können hierbei Unternehmensberatungen oder Interessenvertretungen wirken.
- **Erhebung und Analyse der Benchmarking-Daten**: Durch Fragebögen, persönliche Gespräche oder Besichtigungen vor Ort werden Primärinformationen erhoben, mit den Daten des eigenen Unternehmens verglichen und die Ursachen für die Leistungsunterschiede ergründet. Erst die Kenntnis und Analyse der Best Practices zeigt mögliche Wege für Verbesserungen auf.
- **Umsetzung der Ergebnisse**: Aus den Ergebnissen des Benchmarking-Projekts sind schließlich konkrete Ziele und Maßnahmen für das eigene Unternehmen abzuleiten. Dabei ist ein erhebliches Maß an Kreativität erforderlich, um die als Best Practice identifizierten Verfahren an die eigenen Rahmenbedingungen anzupassen.

Sofern diese Phasen erfolgreich durchlaufen werden, kann Benchmarking einen wertvollen Beitrag leisten, um Verbesserungen im eigenen Unternehmen anzustoßen, die zu Kostensenkungen und/oder Qualitätssteigerungen führen. Allerdings reicht die einmalige Durchführung eines Benchmarking-Projekts nicht aus, um dauerhaft Spitzenleistungen zu sichern. Der ständige Wandel von Methoden, Prozessen und Technologien erfordert vielmehr ein regelmäßiges Benchmarking.

☞ Benchmarking

Benchmarking zielt darauf ab, Unterschiede zwischen dem eigenen Unternehmen und anderen Unternehmen offenzulegen, die Ursachen für die Unterschiede zu analysieren und Möglichkeiten zur Verbesserung aufzuzeigen. Nach der Zielsetzung des Benchmarking kann z.B. ein Benchmarking von Qualität (Quality Benchmarking) und Kosten (Cost Benchmarking) unterschieden werden. Als Vergleichspartner können andere Konzernunternehmen, Konkurrenzunternehmen oder auch Unternehmen aus anderen Branchen herangezogen werden. Da „Spitzenleistungen" auf dynamischen Märkten schnell zum „Standard" werden oder sogar noch weiter absinken, ist eine laufende „Auffrischung" der Benchmarking-Ergebnisse notwendig.

25 Target Costing

Lernziele

Nach Durcharbeiten von Kapitel 25 sollten Sie u.a. in der Lage sein:

- die Vorgehensweise bei der Durchführung des Target Costing zu beschreiben
- Zielkosten zu berechnen
- zum Konzept des Target Costing kritisch Stellung zu nehmen

25.1 Hintergrund

Target Costing (Zielkostenrechnung) ist eine japanische Erfindung und hat in den 1980er Jahren den Weg nach Europa gefunden. Ausgehend von der Beobachtung, dass der überwiegende Teil der späteren Kosten eines Produkts bereits vor der Produktion der ersten Einheit festliegt und damit anschließend nicht mehr beeinflussbar ist, wurde erkannt, dass eine Einflussnahme auf die Kosten im Wesentlichen in der Entwicklungsphase eines Produkts erfolgen muss (vgl. Abbildung 101).[416]

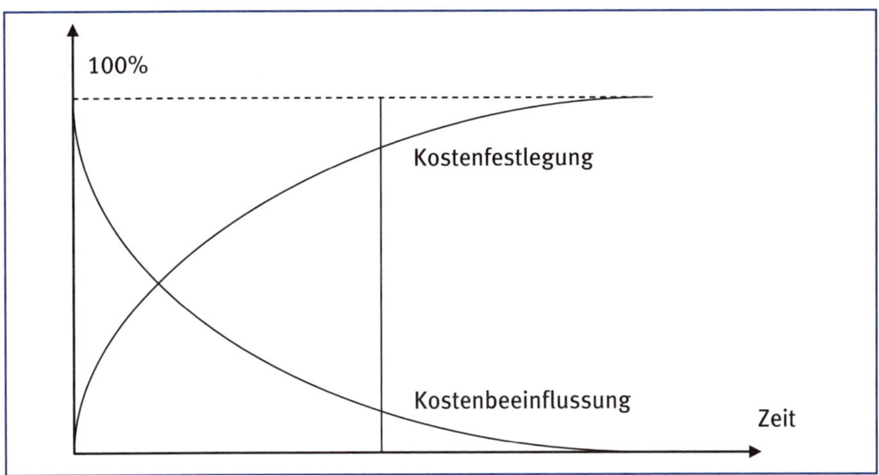

Abbildung 101: Kostenbeeinflussung und Kostenfestlegung im Zeitablauf[417]

Die Fragestellung darf also nicht lauten: „Was wird ein Produkt kosten, wenn es hergestellt ist?“, sondern vielmehr: „Was darf ein Produkt, das hergestellt werden soll, aus Kundensicht maximal kosten?“ Man spricht in diesem Zusammenhang auch von einer **retrograden Kalkulation**. Das Target-Costing-Konzept berücksichtigt also, dass ein Unternehmen bei der Produktentwicklung kunden- und marktorientiert vor-

[416] Vgl. Däumler/Grabe (2015) S. 214.
[417] Vgl. Brühl (2012) S. 197.

gehen, d.h. in der Lage sein muss, die Kundenanforderungen unter Realisierung möglichst niedriger Kosten zu erfüllen.[418]

Das Target Costing ist durch folgende **Elemente** gekennzeichnet:[419]

- Target Costing ist nicht ein einzelnes Instrument, sondern umfasst ein Bündel von Methoden und Instrumenten zur Zielkostenbestimmung, -spaltung und -erreichung.
- Target Costing zielt auf eine Gestaltung der Kosten in den frühen Phasen der Entwicklung eines neuen Produkts, im Gegensatz zur verspäteten Kostenverwaltung in der Produktionsvorbereitung und Produktion.
- Die Kostenstrukturen werden nicht auf Basis der internen Machbarkeit oder mittels Verhandlungen auf der Basis der Standardkosten beeinflusst, sondern auf der Grundlage der Markt- und Kundenwünsche gestaltet. Die Kosten einer Produktkomponente sollten dabei idealerweise dem durch diese Komponente gestifteten Kundennutzen entsprechen.
- Target Costing ist ein teamorientierter Ansatz des Kostenmanagements. Da die Erreichung der Zielkosten in aller Regel sehr anspruchsvoll ist, kann sie nur durch eine Zusammenarbeit aller an der Produktentstehung beteiligten Abteilungen, von der Konstruktion und Entwicklung über die Arbeitsvorbereitung und Produktion bis zum Marketing, erreicht werden.

Empirische Ergebnisse

Im Rahmen einer von Knauer/Möslang 2013 bei deutschen Unternehmen mit mehr als 250 Mitarbeiter/inne/n und mehr als 38,5 Mio. Euro Umsatz durchgeführten Studie wurde der Zusammenhang zwischen Nutzung von **Target Costing** und **Wettbewerbsstrategie** untersucht. Auf einer siebenstufigen Skala setzen Unternehmen, die eine Differenzierungsstrategie bzw. Kosten-/Preisführerschaftsstrategie verfolgen, Target Costing mit einer Intensität von 3,71 bzw. 3,70 deutlich stärker ein als andere Unternehmen:[420]

418 Vgl. Däumler/Grabe (2015) S. 214.
419 Vgl. Däumler/Grabe (2015) S. 214 f.
420 Vgl. Knauer/Möslang (2015) S. 160 ff.

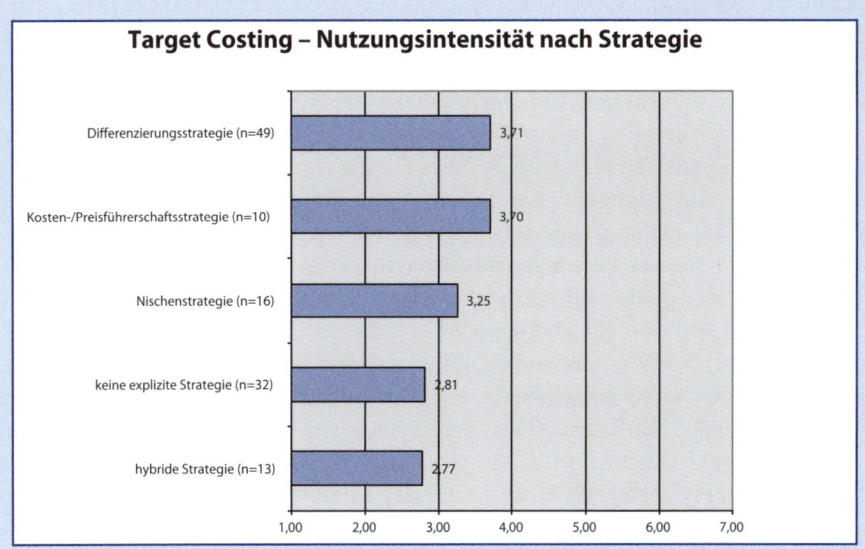

Dieses Ergebnis wird darauf zurückgeführt, dass Target Costing sich stärker als andere Instrumente an Marktdaten orientiert: Bei einer Differenzierungsstrategie muss sichergestellt werden, dass die differenzierungsbedingten Erlöse die differenzierungsbedingten Kosten übersteigen. Daher ist hier die Orientierung an Marktdaten entscheidend für den Erfolg der Strategie. Bei einer Kosten-/Preisführerschaftsstrategie muss ein Gesamtkostenniveau erreicht werden, das niedriger als jenes der Wettbewerber ist.[421]

25.2 Vorgehensweise

Beim Target Costing wird bereits in einem sehr frühen Stadium der Produktentwicklung überprüft, welche Funktionen für potenzielle Kund/inn/en besonders wichtig sind und was diese kosten dürfen. Den Ausgangspunkt des Zielkostenmanagements bildet die Ermittlung der erlaubten Produktkosten (= allowable costs). Zunächst werden anhand fundierter Marktforschungsaktivitäten die von den Kund/inn/en gewünschten Produkteigenschaften ermittelt. Die vom Markt bestimmten Produktfunktionen haben dabei als Sachziel denselben Rang wie das Kostenziel. Damit soll verhindert werden, dass zwar das Kostenziel durch eine Verminderung relevanter Produktfunktionen erreicht wird, jedoch im Endeffekt ein Produkt entsteht, das den Kundenanforderungen nicht mehr entspricht.[422]

[421] Vgl. Knauer/Möslang (2015) S. 162.

[422] Die Abschätzung des Kundennutzens und die dazugehörige Preisbereitschaft der potenziellen Abnehmer stellt für Marketingspezialist/inn/en eine große Herausforderung dar, die sehr häufig mit Hilfe der **Conjoint-Analyse** bewältigt wird. Bei der Durchführung von Conjoint-Analysen werden den „Probanden" unterschiedliche Produktkonzepte vorgelegt, welche bezüglich bestimmter Produktattribute differieren. Das Besondere an dieser Markt-

Der für die gewünschten Produkteigenschaften erzielbare Preis **(target price)** stellt die vom Markt bestimmte Obergrenze dar. Nach Abzug einer unter gesamtunternehmerischen Gesichtspunkten festgelegten Gewinnspanne **(target margin)** sowie von anteiligen Verwaltungs- und Vertriebsgemeinkosten ergeben sich die vom Markt erlaubten (Herstell-)Kosten **(allowable costs)**. Diesen werden die Standardkosten **(drifting costs)** gegenübergestellt. Bei den Standardkosten handelt es sich um jene Herstellkosten, die aufgrund der im Unternehmen aktuell vorhandenen Produktionsbedingungen (Technologie und Verfahren) für das vom Markt geforderte Produkt entstehen würden. Während die Standardkosten von Produkten, die aufgrund eines geringen Innovationsgrades auf den vorhandenen Anlagen gefertigt werden könnten, relativ einfach zu ermitteln sind, erweist sich die Prognose der Standardkosten für hochinnovative Produkte, deren endgültiges Design und deren Produktionsprozess noch offen sind, als überaus schwierig. Aus der Gegenüberstellung der vom Markt erlaubten Kosten und der Standardkosten ergibt sich eine Spanne, die als Zielkostenlücke **(target gap)** bezeichnet wird. Aus dieser Zielkostenlücke werden schließlich die Zielkosten **(target costs)** abgeleitet. Dabei ist zu beachten, dass sowohl zu hoch als auch zu niedrig angesetzte Vorgaben demotivierend wirken. Weiters gilt: Je höher die Wettbewerbsintensität im Markt ist, desto näher sind die Zielkosten bei den vom Markt erlaubten Kosten anzusiedeln (vgl. Abbildung 102). Da langfristig über die Produkterlöse die gesamten betrieblichen Kosten gedeckt werden müssen, wird die Fixierung der Zielkosten auf **Vollkostenbasis** erfolgen.[423]

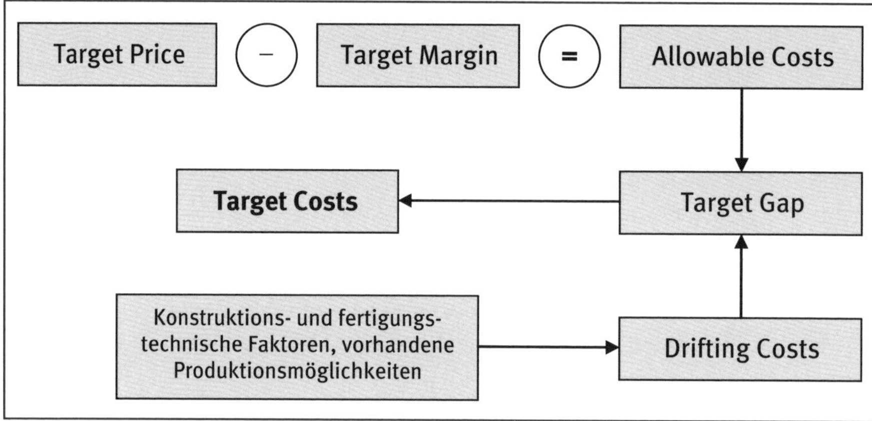

Abbildung 102: Target Costing

forschungsmethode ist, dass die Merkmalsausprägungen nicht isoliert überprüft werden, sondern immer in Kombination mit weiteren Ausprägungen. Die Aufgabe der Probanden besteht darin, die verschiedenen Produktkonzepte gemäß ihrer Präferenz oder Kaufwahrscheinlichkeit der Reihe nach anzuordnen. Unter Zuhilfenahme von mathematisch-statistischen Verfahren werden aus dieser Reihung die von der Testperson empfundenen Teilnutzenwerte aller Merkmalsausprägungen berechnet; vgl. Wolfsgruber (2015) S. 179 f.

423 Vgl. Däumler/Grabe (2015) S. 215.

Von einer wie soeben beschriebenen transparenten Zielkostenfindung erwartet man sich nicht zuletzt auch eine motivierende Wirkung auf Entwicklungs- und Konstruktionsabteilungen. Eine solche Wirkung kann nach Ansicht mancher Autor/inn/en noch weiter verstärkt werden, wenn die Zielerreichung mit speziellen Leistungsprämien gekoppelt wird. Allerdings muss eine Leistungsbeurteilung, welche bereits unmittelbar an ein Produktentwicklungsergebnis anknüpft, mit großer Skepsis hinterfragt werden. Am Ende des Entwicklungsprozesses kann maximal beurteilt werden, ob es gelungen ist, ein Produkt auf einem bestimmten Kostenniveau zu realisieren. Eine Beurteilung, inwieweit die Kundenwünsche tatsächlich getroffen wurden, kann erst während der Marktphase des Produktes deutlich werden.[424]

Nachdem die Zielkosten für das Gesamtprodukt festgelegt wurden, muss in einem nächsten Schritt versucht werden, die Zielkosten auf Baugruppen- oder Komponentenebene herunterzubrechen **(Zielkostenspaltung)**.

Die dargestellte Vorgehensweise kann in folgenden **Schritten** konkretisiert werden:[425]

1) Festlegung und Gewichtung der Eigenschaften und Funktionen des Produkts
2) Bestimmung des Preises und der Absatzmenge des Produkts
3) Ermittlung der allowable costs und ihre Verteilung auf die Produktkomponenten
4) Kostenschätzung der Produktkomponenten (= Bestimmung der drifting costs)
5) Gegenüberstellung von allowable costs und drifting costs
6) Erstellung eines Zielkostenkontrolldiagramms
7) Festlegung der Zielkosten der Produktkomponenten (target costs)
8) Realisierung der Zielkosten

Die einzelnen Schritte sollen anhand eines **Beispiels** erläutert werden.

Beispiel 67[426]

Die Textil AG hat durch Marktbeobachtungen festgestellt, dass die Konkurrenz mit einer Wanderjacke sehr erfolgreich im Markt operiert. Daher beschließt sie, ebenfalls ein solches Modell zu entwickeln. Die Textil AG kann sich dabei auf eine langjährige Erfahrung in der Produktion von Sportjacken stützen.

1. Schritt: Festlegung und Gewichtung der Eigenschaften und Funktionen des Produkts

Durch Kundenbefragungen eines Marktforschungsinstituts wird ermittelt, dass die zu entwickelnde Wanderjacke leicht, regensicher und modisch sein muss, wenn sie erfolgreich vermarktet werden soll.

Das Institut gewichtet aufgrund der Befragung der Kund/inn/en die Produktfunktionen folgendermaßen:

[424] Vgl. Wolfsgruber (2005) S. 186 f.

[425] Vgl. Däumler/Grabe (2015) S. 218 und Coenenberg et al (2012) S. 558 ff.

[426] Vgl. Däumler/Grabe (2015) S. 218 ff.

Gewicht	40%
Regensicherheit	35%
modisches Aussehen	25%
SUMME	100%

2. Schritt: Bestimmung des Preises und der Absatzmenge des Produkts

Aufgrund von Erfahrungen aus dem Verkauf von Sportjacken, durch Marktbeobachtungen, Befragungen potenzieller Kund/inn/en etc. kann das Unternehmen eine Preis-Absatz-Funktion für die geplante Wanderjacke bestimmen. Die Untersuchung ergibt, dass bei einem Preis von 100 mit einer Absatzmenge von 10.000 Jacken pro Periode gerechnet werden kann. Zielvorgabe des Unternehmens ist eine Umsatzrendite von 20%.

3. Schritt: Ermittlung der allowable costs und ihre Verteilung auf die Produktkomponenten

Die allowable costs enthalten alle Herstellkosten (Material- und Fertigungskosten), die während der Produktlebensdauer entstehen dürfen, damit ein angestrebter Zielgewinn sowie eine Abdeckung anteiliger Verwaltungs- und Vertriebskosten erreicht werden.

Die allowable costs pro Jacke im weiteren Sinne errechnen sich aus dem unter Konkurrenzbedingungen ermittelten optimalen Marktpreis abzüglich der gewünschten Umsatzrendite von 20%:

Preis	100
– Umsatzrendite	20
= allowable costs	80

Die allowable costs je Produktfunktion errechnen sich aus der Funktionsgewichtung multipliziert mit den allowable costs:

Gewicht	40%	32
Regensicherheit	35%	28
modisches Aussehen	25%	20
allowable costs	100%	80

4. Schritt: Kostenschätzung der Produktkomponenten (= Bestimmung der drifting costs)

Die Kostenrechnung des Unternehmens ermittelt nun die Kosten für die Wanderjacke auf der Grundlage der vorhandenen Technologie. Diese Kosten werden als Standardkosten oder auch als **drifting costs** bezeichnet. Sofern ein ähnliches Vorgängermodell existiert, können die drifting costs des neuen Produkts aus den Kosten des Vorgängermodells abgeleitet werden. Anschließend werden die Anteile der Komponenten an den Gesamtkosten des Produkts bestimmt.

Aus der Kalkulation ähnlicher bisher gefertigter Sportjacken werden die Kosten für die Wanderjacke mit 90 ermittelt. Die Aufteilung auf die Komponenten ergibt:

Komponente	drifting costs	Kostenanteile
Stoff	63,00	70%
Innenfutter	15,30	17%
Verschluss	11,70	13%
Summe	90,00	100%

5. Schritt: Gegenüberstellung von allowable costs und drifting costs

Den drifting costs pro Komponente sollen nun die entsprechenden allowable costs, die noch zu bestimmen sind, gegenübergestellt werden. Diese lassen sich mit der sog. **Funktionsmethode** ermitteln. Bei dieser Methode werden die Zielkosten entsprechend der Wertschätzung der Kund/inn/en auf die einzelnen Produktkomponenten verteilt. Dazu wird zunächst in einer **Komponenten-Funktions-Matrix** aufgezeigt, zu welchem Anteil die jeweilige Produktkomponente zur Erfüllung der gewünschten Produktfunktion beiträgt. Die prozentuale Aufteilung kann durch ein Team vorgenommen werden, das sich aus Mitarbeiter/inne/n verschiedener Funktionsbereiche zusammensetzt.

Die Schätzung des Beitrags der einzelnen Produktkomponenten der Wanderjacke zur Erfüllung der gewünschten Kundenfunktionen ergibt sich aus nachfolgender Tabelle:

Komponente	Gewicht	Regen-sicherheit	modisches Aussehen
Stoff	60%	75%	70%
Innenfutter	30%	20%	10%
Verschluss	10%	5%	20%
SUMME	100%	100%	100%

Aus der Matrix ist z.B. ersichtlich, dass der Stoff zu 75%, das Innenfutter zu 20% und der Verschluss zu 5% zur gewünschten Funktion der Regensicherheit der Wanderjacke beitragen.

Nun können die Bedeutungen (Nutzenanteile) der Komponenten bestimmt werden, die den Schlüssel zur Verteilung der allowable costs auf die Produktkomponenten darstellen. Es ist davon auszugehen, dass die allowable costs entsprechend der Bedeutung einzelner Funktionen aus Kundensicht, zu denen die verschiedenen Komponenten unterschiedlich stark beitragen (= Nutzenanteile der Komponenten), verteilt werden sollen. Daher werden Komponenten mit hohem Nutzenanteil, d.h. die einen hohen Beitrag zu Funktionen leisten, welche für die Kund/inn/en von großer Bedeutung sind, entsprechend hohe Kosten zugestanden; für Komponenten mit einem geringen Nutzenanteil werden entsprechend nur geringe Kosten vorgesehen.

Zur Ermittlung der Nutzenanteile werden die Anteile, mit denen eine Komponente zur Erfüllung der verschiedenen Funktionen gemäß Komponenten-Funktions-Matrix beiträgt, mit den Gewichten der jeweiligen Funktionen multipliziert und anschließend aufaddiert.

Für die Wanderjacke ergeben sich folgende Nutzenanteile:

	Gewicht	Regen-sicherheit	modisches Aussehen	Nutzenanteil der Komponente
Nutzenanteil der Funktion	40,00%	35,00%	25,00%	100,00%
Stoff	24,00%	26,25%	17,50%	67,75%
Innenfutter	12,00%	7,00%	2,50%	21,50%
Verschluss	4,00%	1,75%	5,00%	10,75%

Der Stoff erfüllt z.B. zu 60% den Kundenwunsch nach einem geringen Gewicht, zu 75% nach Regensicherheit und zu 70% den Wunsch nach modischem Aussehen. Die erste Funktion hat eine Bedeutung von 40%, die zweite von 35% und die dritte von 25%. Daher hat der Stoff für die Kund/inn/en eine Bedeutung von 67,75% (= 0,6 • 0,4 + 0,75 • 0,35 + 0,7 • 0,25).

Nun lassen sich die allowable costs auf die Komponenten verteilen. Die allowable costs je Komponente der Wanderjacke ergeben sich aus der Multiplikation des Nutzenanteils der Komponente mit den gesamten allowable costs:

Komponente	Nutzenanteil	allowable costs
Stoff	67,75%	54,20
Innenfutter	21,50%	17,20
Verschluss	10,75%	8,60
SUMME	100,00%	80,00

Das Innenfutter für die Wanderjacke sollte also z.B. nicht mehr als 17,20 kosten. Damit zeigt die Gegenüberstellung von drifting costs und allowable costs je Komponente folgendes Ergebnis:

Komponente	drifting costs	Kosten-anteil in %	allowable costs	Nutzen-anteil in %	Kostenüber-/ -unterschreitung (absolut)
Stoff	63,00	70,00%	54,20	67,75%	8,80
Innenfutter	15,30	17,00%	17,20	21,50%	−1,90
Verschluss	11,70	13,00%	8,60	10,75%	3,10
SUMME	90,00	100,00%	80,00	100,00%	10,00

Die drifting costs sind je Stück um 10 höher als die allowable costs. Hinsichtlich einzelner Komponenten ergeben sich sowohl Kostenüber- als auch -unterschreitungen.

Bei einer Kostenüberschreitung (Stoff und Verschluss) ist der Ressourceneinsatz für die Komponente im Verhältnis zum Kundennutzen zu hoch. Hier muss das Unternehmen nach Kostensenkungsmöglichkeiten suchen. Diese lassen sich entweder im Bereich des Produktkonzepts oder im Bereich der Prozesstechnologie finden. So kann versucht werden, die produktabhängigen Kosten durch Änderungen in der Konstruktion, durch die Verwendung anderer Materialien oder durch einen Lieferantenwechsel auf das notwendige niedrigere Niveau zu senken. Prozessab-

hängige Kosten können u.a. bei Transport-, Rüst- und Wartungsvorgängen reduziert werden.
Bei einer Kostenunterschreitung, wie im Beispiel beim Innenfutter, schätzen die Kund/inn/en die Komponente höher ein, als dies ihrem Kostenanteil entspricht. In diesem Fall kann das Unternehmen entweder mehr Ressourcen einsetzen, um eine Funktionsverbesserung der Komponente zu erreichen und mit dieser zu werben. Alternativ kann auf eine Funktionsverbesserung verzichtet werden und der Kostenvorteil bei dieser Komponente wird genutzt, um nicht abbaubare Kostennachteile bei anderen Komponenten auszugleichen.

6. Schritt: Erstellung eines Zielkostenkontrolldiagramms

Idealerweise sollte der Kostenanteil einer Komponente ihrem Nutzenanteil entsprechen. Inwieweit diese Forderung erfüllt ist, wird durch den Zielkostenindex angezeigt. Dabei wird der Nutzenanteil einer Komponente (in %) ins Verhältnis zum Kostenanteil dieser Komponente (in %) gesetzt.

$$\text{Zielkostenindex} = \frac{\text{Nutzenanteil der Komponente (in \%)}}{\text{Anteil der Komponente an den drifting costs (in \%)}}$$

Ist der Zielkostenindex größer als 1, ergibt sich für die Komponente eine Kostenunterschreitung; ist er kleiner als 1, sind bei dieser Komponente die Kosten überschritten worden.
Für die Wanderjacke ergibt sich folgendes Bild:

Komponente	Nutzenanteil in %	Kostenanteil in %	Zielkosten-index
Stoff	67,75%	70,00%	0,97
Innenfutter	21,50%	17,00%	1,26
Verschluss	10,75%	13,00%	0,83
SUMME	100,00%	100,00%	

Da der Zielkostenindex beim Innenfutter den Wert 1 überschreitet, ist der Kundennutzen dieser Komponente größer als der Kostenanteil dieser Komponente an den Gesamtkosten des Produkts. Daher kann der Kundennutzen durch weitere Produktverbesserungen gesteigert werden. Beim Stoff und Verschluss ist der Zielkostenindex kleiner als 1; somit sind die Kosten dieser beiden Komponenten in Relation zum Kundennutzen zu hoch. Das Unternehmen muss versuchen, bei diesen Komponenten Einsparungen vorzunehmen, ohne die Marktchancen des Produkts zu gefährden.
Der rechnerisch dargestellte Zusammenhang zwischen den Nutzen- und den Kostenanteilen der Komponenten lässt sich grafisch durch ein **Zielkostenkontrolldiagramm** nachvollziehen (vgl. Abbildung 103).

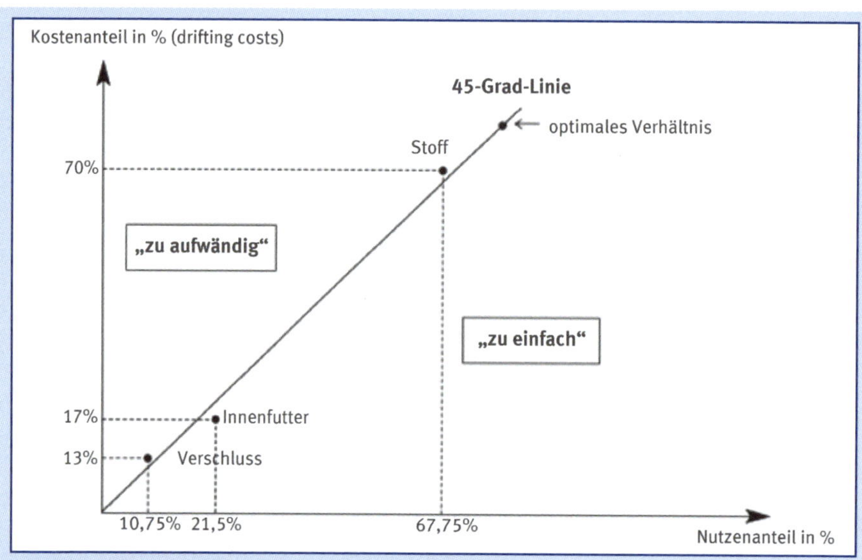

Abbildung 103: Zielkostenkontrolldiagramm[427]

Die 45-Grad-Linie zeigt das optimale Verhältnis von Nutzen- und Kostenanteil einer Komponente, das in der Praxis aber nur in Ausnahmefällen erreicht werden wird. Im Normalfall befinden sich die Komponenten oberhalb oder unterhalb der 45-Grad-Linie. Komponenten, die oberhalb der Linie liegen, sind zu aufwändig, jene, die unterhalb liegen, hingegen im Verhältnis zur Nutzenstiftung zu einfach.[428]

Die sich ergebenden Abweichungen können aus der Sicht des Unternehmens tolerierbar sein, wenn sie geringfügig sind, oder nicht tolerierbar sein, wenn sie ein bestimmtes Maß übersteigen. Die tolerierbaren Abweichungen lassen sich grafisch durch die **Zielkostenzone** kenntlich machen. Dabei nimmt der Toleranzbereich mit zunehmender Bedeutung bzw. zunehmendem Kostenanteil der Komponente stetig ab (vgl. Abbildung 104). Für Produktteile, die innerhalb dieser Zielkostenzone liegen, besteht grundsätzlich kein Handlungsbedarf bezüglich Kostensenkung oder Nutzenerhöhung. Für Teile unterhalb der Zielkostenzone muss es gelingen, den Kundennutzen zu erhöhen, für Teile oberhalb der Zielkostenzone muss schließlich nach Möglichkeiten gesucht werden, die Kosten zu senken.[429]

[427] Vgl. Däumler/Grabe (2015) S. 222.
[428] Vgl. Wolfsgruber (2015) S. 182.
[429] Vgl. Wolfsgruber (2015) S. 182.

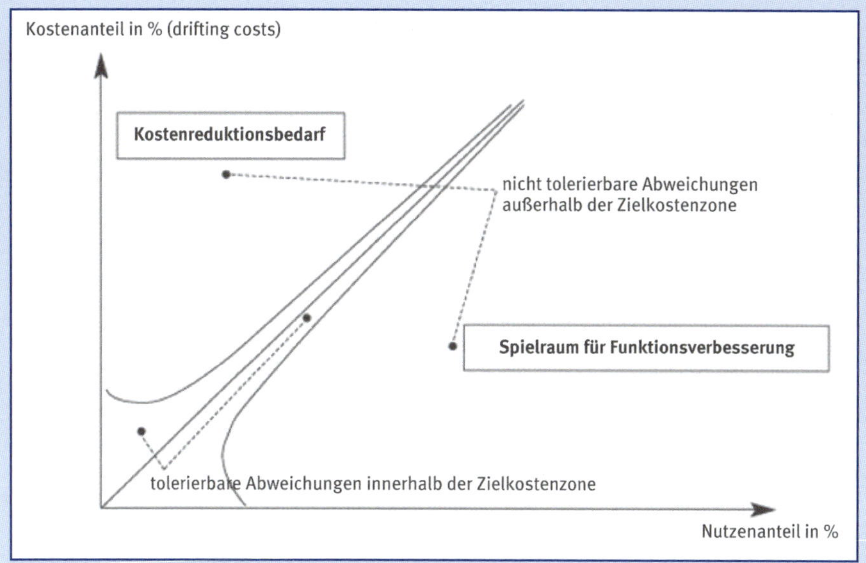

Abbildung 104: Zielkostenkontrolldiagramm mit Zielzone[430]

Technisch gesehen erfolgt die Definition der Zielkostenzone durch den individuell bestimmbaren Parameter q: Je größer dieser Wert ist, desto höhere Kostenabweichungen werden toleriert und umgekehrt. Deshalb sollte bei Produkten mit hohem Kostendruck, etwa bei Smartphones, ein kleines q gewählt werden. Häufig wird dieser Wert in der Praxis mit 10 bis 15% veranschlagt. Die obere (y_2) und untere Kostengrenze (y_1) der Zielkostenzone werden durch den Nutzenanteil x und den Toleranzparameter q wie folgt bestimmt:

$$y_1 = \sqrt{(x^2 - q^2)} \quad \text{mit } x \geq q$$

$$y_2 = \sqrt{(x^2 + q^2)}$$

7. Schritt: Festlegung der Zielkosten (target costs)

Die target costs sind erreicht, wenn es dem Unternehmen gelingt, alle Komponenten, die sich außerhalb der Zielkostenzone befinden, durch Kostensenkungsmaßnahmen oder Funktionsverbesserungen in die Zielkostenzone zu bringen.

Dazu müssen jedoch für die einzelnen Komponenten nicht nur die relativen Kostenanteile, sondern auch die absoluten Kostenwerte berücksichtigt werden. Sollten nämlich im Zielkostenkontrolldiagramm alle Komponenten auf der 45-Grad-Linie liegen, so würde zwar bei allen Komponenten der relative Anteil an den drifting costs ihrem relativen Nutzenanteil entsprechen, dennoch könnten die absoluten drifting costs die absoluten allowable costs überschreiten. Also muss sich die Analyse immer auch mit den absoluten Abweichungen zwischen drifting costs und al-

430 Vgl. Däumler/Grabe (2015) S. 223.

lowable costs befassen. Dies lässt sich erkennen, wenn die drifting costs je Komponente zu den gesamten allowable costs pro Stück ins Verhältnis gesetzt werden. Für die Wanderjacke ergibt sich insgesamt eine Abweichung der drifting costs von den allowable costs in Höhe von +12,5% bzw. 10,00 (vgl. Tabelle im 5. Schritt). Maßnahmen zur Kostenreduktion oder Funktionsverbesserung sind somit nicht nur wegen der Abweichungen zwischen den relativen Komponentenkosten- und -nutzenanteilen vorzunehmen, sondern sind auch aufgrund der absoluten Abweichungen der allowable costs pro Stück von den drifting costs pro Stück notwendig.[431]

Wie bereits erwähnt, werden die im Rahmen von Zielvereinbarungsgesprächen mit den an der Produktentwicklung beteiligten Abteilungen bzw. Personen festgesetzten Zielkosten (target costs) häufig zwischen den erlaubten Kosten (allowable costs) und den Standardkosten (drifting costs) liegen, um die Realisierbarkeit der Kostenreduktionsmaßnahmen zu sichern. Bei ihrer Festlegung sind motivationstheoretische Erkenntnisse zu berücksichtigen. Einerseits soll in der Erreichung der Zielkosten eine Herausforderung stecken, um das Kreativitätspotenzial der Mitarbeiter/innen zu mobilisieren, andererseits darf das Ziel nicht als unerreichbar erscheinen, um nicht demotivierend zu wirken. Allerdings kann die Erreichung der Zielkosten in mehreren Schritten geplant werden. Bei hartem Wettbewerb und Verfolgung der Strategie der Kosten-/Preisführerschaft müssen die Zielkosten jedoch mit den erlaubten Kosten weitestgehend übereinstimmen und sollten möglichst bald erreicht werden.

8. Schritt: Realisierung der Zielkosten

Für den Fall, dass die prognostizierten Kosten höher sind als die vom Markt erlaubten Zielkosten, müssen in der Konstruktion Produktänderungen vorgenommen werden, die bei möglichst geringen Verlusten an Produktnutzen und Verkaufserlösen große Kostensenkungspotenziale ermöglichen. Dazu müssen in erster Linie Produktkonfigurationen, die Funktionalität einzelner Produktkomponenten, die Ausstattung der Erzeugnisse, das Eigen-Fremd-Verhältnis, Fertigungsverfahren, Produktionsabläufe, genutzte Technologien und der Materialeinsatz überdacht werden. Zur Unterstützung bei der Suche nach Kostensenkungspotenzialen können unterschiedliche Instrumente eingesetzt werden, wie z.B. Benchmarking, Outsourcing, Prozesskostenrechnung.[432]

Schließlich muss laufend überprüft werden, ob die Kostenziele erreicht werden. Da die Zielkosten Plankostencharakter haben, können sie in der Folge den Istkosten gegenübergestellt und Abweichungen ermittelt werden. Durch eine solche Abweichungsanalyse lässt sich erkennen, inwieweit die Kostenziele erreicht worden sind. Sofern das Unternehmen auch über eine Produktlebenszyklusrechnung verfügt, scheint es aber sinnvoll, den weiteren Produkterfolg über dieses Instrument zu planen und zu kontrollieren.

[431] Vgl. Kümpel (2004b) S. 1366.
[432] Vgl. Kümpel (2004b) S. 1366.

25.3 Kritische Würdigung

Die Anwendung des Target-Costing-Konzepts ist für Unternehmen, die einem starken Wettbewerb ausgesetzt sind, mit einigen **Vorteilen** verbunden:[433]

- Das Zielkostenmanagement ist ein Instrument, das entscheidend dazu beitragen kann, die von den Kund/inn/en geäußerten Produktwünsche im eigenen Unternehmen konsequent und mit möglichst geringen Kosten umzusetzen. Durch die frühzeitige Einbeziehung der Kundenvorstellungen in die Produktentwicklung wird die Marktakzeptanz gesteigert und das Risiko des Scheiterns gesenkt. Herkömmliche Kostenbetrachtungen setzen erst nach der Produktentwicklung an. Ein Großteil der Kostenbestimmungsfaktoren ist zu diesem Zeitpunkt allerdings schon festgelegt. Target Costing betrifft dagegen alle Abschnitte des Produktlebenszyklus und gewährleistet ein produktlebensbegleitendes Kostenmanagement.
- Durch die Anwendung des Target Costing arbeitet die Forschungs- und Entwicklungsabteilung zielgerichtet, da sie den Kundenwünschen entsprechend vorgeht und keine unnötigen Entwicklungskosten entstehen. Marktänderungen werden durch die Systematik des Target-Costing-Prozesses frühzeitig erkannt. Als strategischer Vorteil für das Unternehmen ergibt sich dadurch ein ständiger Anreiz zur Innovation und damit zu einem aktiven Wettbewerbsverhalten.

Diesen positiven Effekten stehen jedoch einige offensichtliche **Nachteile** des Target Costing gegenüber:[434]

- Wird die Zielkostenrechnung als Hilfsmittel zur Planung und Kontrolle bewerteter Faktorverbräuche herangezogen, muss man sich stets des grundsätzlichen Problems bewusst sein, dass es sich beim Zielkostenmanagement um eine Vollkostenrechnung handelt. Somit entstehen Schwierigkeiten durch die erforderliche Fixkostenproportionalisierung.
- Wenn die vom Markt vorgegebenen zulässigen Kosten mit den im Unternehmen vorliegenden prognostizierten Kosten übereinstimmen, gelten die Zielkosten als erreicht. Um dieses Ziel zu erreichen, sind im Unternehmen i.d.R. Kostenreduktionen erforderlich. Für das betreffende Produkt sind die jeweils vorliegenden Standardkosten Ausgangspunkt für die Bestimmung der prognostizierten Kosten. Schwierigkeiten können sich bei der Ableitung von Produktstandardkosten ergeben, wenn im Unternehmen in der Zukunft neuartige Prozesstechnologien zur Herstellung der Produkte eingesetzt werden. Eine Schätzung der Kosten für die Herstellung des Produktes ist in diesem Fall durch eine entsprechend hohe Unsicherheit gekennzeichnet.
- Target Costing ist ein durchgängiges und weit reichendes Steuerungskonzept und deshalb hinsichtlich der Implementierung nicht einfach in laufende Unternehmensabläufe einzubinden.

433 Vgl. Däumler/Grabe (2015) S. 224.
434 Vgl. Däumler/Grabe (2015) S. 224 f.

Ungeachtet dieser Schwierigkeiten kann man davon ausgehen, dass das **Target Costing** insbesondere aufgrund seiner markt- und kundenorientierten Ausrichtung weiter an Bedeutung gewinnen wird.[435]

Empirische Ergebnisse

Im Rahmen einer von Becker et al 2014 bei deutschen Unternehmen durchgeführten Studie wurde die **Intensität** der Nutzung von **Target Costing** untersucht. Im Vergleich zu 85% der mittelgroßen und großen Unternehmen wenden kleine Unternehmen mit 36% Target Costing deutlich seltener an. Jedoch gibt es bei den mittleren und größeren Unternehmen einen beträchtlichen Graubereich von 51% mittlerer, geringer und sehr geringer Anwendung:[436]

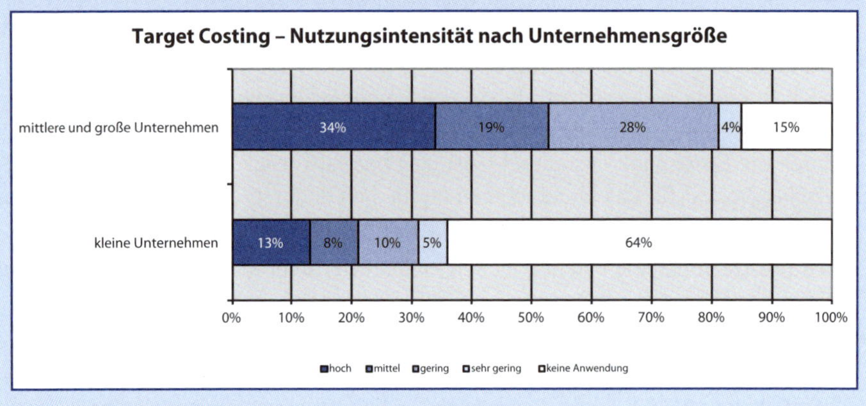

☞ Target Costing

Beim Target Costing handelt es sich um ein marktorientiertes Konzept zur Kostenplanung und -beeinflussung, das bereits bei der Produktentwicklung ansetzt. Sein Ziel ist es, die Stückkosten eines Produkts aus der Sicht des Markts zu planen (Was darf ein Produkt kosten?) und nicht aus der Sicht des eigenen Unternehmens (Was wird ein Produkt kosten?). Aus der Differenz von vermuteter Zahlungsbereitschaft der Kund/inn/en (Zielverkaufspreis) und Zielgewinn werden zunächst die Zielkosten ermittelt. Hierauf aufbauend werden die verschiedenen Produktfunktionen für die Erfüllung der Kundenanforderungen ermittelt. Diese Funktionen werden dann mit den verschiedenen Produktkomponenten in Beziehung gebracht. Die Zielkosten sollen dann so auf die einzelnen Produktkomponenten verteilt werden, dass der Kostenanfall je Produktkomponente möglichst genau der Bedeutung einer Komponente aus Kundensicht entspricht. Wesentliche Merkmale des Target Costing sind somit ein Kostenmanagement in frühen Phasen des Produktlebenszyklus und eine umfassende Marktorientierung.

---

435 Vgl. Däumler/Grabe (2015) S. 225.

436 Vgl. Becker et al (2016) S. 55.

26 Produktlebenszyklusrechnung

Lernziele

Nach Durcharbeiten von Kapitel 26 sollten Sie u.a. in der Lage sein:

- die Vorgehensweise bei der Durchführung der Produktlebenszyklusrechnung zu beschreiben
- den Wertbeitrag eines Produkts über den gesamten Lebenszyklus zu berechnen
- zum Konzept der Produktlebenszyklusrechnung kritisch Stellung zu nehmen

26.1 Hintergrund

Die **Produktlebenszyklusrechnung** (Life Cycle Costing) ist eine mehrperiodige Projektrechnung, welche die gesamten Zahlungsströme, die während der Lebenszeit eines Produkts entstehen, betrachtet. Auf diese Weise soll ermittelt werden, ob sich die Umsetzung einer Produktidee lohnen wird und wie hoch der Erfolgsbeitrag des neuen Produkts – bezogen auf seine gesamte Lebenszeit – voraussichtlich ausfallen wird. Trotz der Bezeichnung „Costing" steht hinter diesem Konzept eine Investitionsrechnung, bei der Zahlungsströme (Cashflows) auf einen Betrachtungszeitpunkt diskontiert werden. Diese Cashflows müssen demnach nach dem Muster einer indirekten Cashflow-Ermittlung aus den bestehenden Kostenrechnungsdaten abgeleitet werden. Übersteigt der durch Diskontierung dieser Cashflows ermittelte Barwert die Investitionssumme, so ergibt sich als Differenz ein positiver Kapitalwert und die Umsetzung der Produktidee erscheint vorteilhaft.[437]

Die Produktlebenszyklusrechnung berücksichtigt, dass ein Produkt nicht nur während der Produktion Kosten verursacht, sondern auch davor und danach. Gerade die Kosten, die außerhalb der – immer kürzer werdenden[438] – Vermarktungsphase anfallen, werden durch die herkömmliche Kostenrechnung nicht adäquat erfasst. So kann sich herausstellen, dass sich ein Produkt zwar kostengünstig produzieren lässt, jedoch hohe **Vorlaufkosten**[439] und/oder hohe **Folgekosten** verursacht. Dies kann zu einer sehr negativen Gesamtrechnung führen, ohne dass es in der herkömmlichen periodenbezogenen (auf ein Jahr beschränkten) Kostenrechnung bemerkt wird.[440]

[437] Vgl. Wolfsgruber (2015) S. 155 ff.

[438] Empirische Untersuchungen haben gezeigt, dass sich branchenübergreifend die durchschnittlichen **Marktzyklen** in den letzten 20 Jahren nahezu halbiert haben; vgl. Wolfsgruber (2015) S. 151.

[439] In der Automobilindustrie machen **Vorlaufauszahlungen** für Produkt- und Verfahrensentwicklung, Konstruktion, Fertigungsanlagen und dazugehörige Steuerungssoftware, Werkzeugbau, organisatorische Maßnahmen im Produktionsbereich sowie Markterschließungsaktivitäten bis zu 25% der gesamten Herstellkosten eines Produktprojekts aus; vgl. Wolfsgruber (2015) S. 152.

[440] Vgl. Sturm (2005) S. 450. Die traditionelle Kostenrechnung bringt es mit sich, dass beispielsweise **Entwicklungskosten** für ein bestimmtes Produkt in den Gemeinkostenblock

Im Gegensatz zur kurzfristigen Plankostenrechnung errechnet man bei der mehrperiodigen Produktlebenszyklusrechnung nicht Ergebnisse auf Cent genau, sondern auf Basis von Tausender- oder Zehntausenderschritten. Mit Hilfe der Produktlebenszyklusrechnung soll grundsätzlich analysiert werden, welche Produkte in welchem Umfang dazu beitragen, **Unternehmenswert** (Shareholder Value) zu generieren. Da für Analysen solcher Art weit in die Zukunft reichende Schätzungen notwendig sind, die immer mit einer Reihe von Unsicherheitsfaktoren behaftet sind, wäre es ohnehin nur eine Scheingenauigkeit, für derartige Analysen exakte Ergebnisse zu ermitteln. Außerdem sollten bei der Einführung einer Produktlebenszyklusrechnung im ersten Schritt nur Produkte mit einem wesentlichen Anteil am Gesamtumsatz analysiert werden, um so ein vernünftiges Kosten-Nutzen-Verhältnis zu erreichen.[441]

Im Rahmen der Produktlebenszyklusrechnung wird zwischen Entstehungs-, Markt- und Nachsorgephase unterschieden. Die **Entstehungsphase** umfasst die Entwicklung des Produktes bis zur Markteinführung, also die Entwicklung des Prototyps, der Testprodukte etc. bis zum Start der Serienproduktion. In der **Marktphase** wird das Produkt verkauft. Die **Nachsorgephase** beginnt unmittelbar nach Verkauf der ersten Produkteinheit, da dann bereits Garantie- und Reparaturleistungen anfallen. Sie schließt die eventuell notwendige Entsorgung der verkauften Produkte wie auch die Verschrottung der nicht mehr benötigten Produktionsanlagen ein (vgl. Abbildung 105).[442]

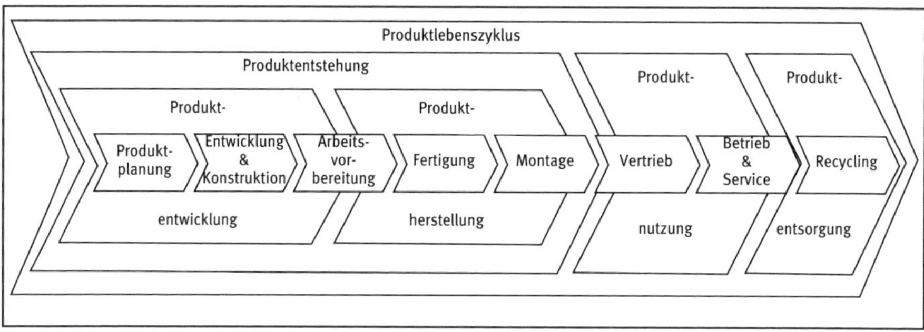

Abbildung 105: Produktlebenszyklus

Die Lebenszyklusrechnung dient außerdem der **Steuerung der Trade-offs** zwischen den Kosten der einzelnen Lebensphasen, da innerhalb gewisser Grenzen Substitutionsbeziehungen bestehen: Eine Intensivierung der Forschungs- und Entwicklungstätigkeit kann zu einer Reduktion der Produktions- und/oder Betriebskosten während der Marktphase sowie der Folgekosten in der Nachsorgephase führen. Untersuchungen haben ergeben, dass eine Kostenerhöhung um einen Euro bei der Produktpla-

fließen und im Anschluss über Gemeinkostenzuschlagssätze pauschal auf alle anderen (aktuellen) Produkte weiterverrechnet werden. Dadurch werden Entwicklungskosten auf Produkte weiterverrechnet, die für diese Kosten nicht verantwortlich sind, worunter der Aussagewert von Produktkalkulationen leidet; vgl. Wolfsgruber (2015) S. 152.

441 Vgl. Wolfsgruber (2015) S. 154 f.

442 Vgl. Sturm (2005) S. 450.

nung, Produktentwicklung und Konstruktion acht bis zehn Euro an Produktions- und Vertriebskosten ersparen kann. In den meisten Fällen verringern auch qualitativ bessere und üblicherweise kostenintensivere Gestaltungen eines Bauteils dessen Schadensanfälligkeit. Bei der Produktion beachtete Recyclingaspekte senken die späteren Kosten bei Rücknahmeverpflichtungen. Die Produktlebenszyklusrechnung ermöglicht somit, die Cashflow-Wirksamkeit von verschiedenen produktbezogenen Szenarien bereits in einem frühen Entwicklungsstadium transparent zu machen.[443]

Die Produktlebenszyklusrechnung wird idealerweise **fortlaufend** während des gesamten Produktlebenszyklus durchgeführt, um die Deckung der prognostizierten Produktauszahlungen durch die prognostizierten Produkteinzahlungen zu überprüfen. Beispielsweise wird durch einen jährlichen Vergleich von ursprünglichen Planwerten und aktuellen Ist- bzw. Forecast-Daten eine laufende Kontrolle ermöglicht, wie sich einzelne Produktprojekte entwickeln. Erscheint die Erreichung eines positiven Kapitalwerts aufgrund unvorhergesehener Entwicklungen gefährdet, so stehen dem Unternehmen zwei Möglichkeiten offen: Entweder wird das bereits begonnene Produktprojekt abgebrochen oder es werden geeignete Kostensenkungs- und/oder Erlössteigerungsmaßnahmen ergriffen.[444]

26.2 Vorgehensweise

In der Praxis wird die Produktlebenszyklusrechnung in einzelnen **Teilschritten** durchgeführt:[445]

1) Abgrenzung des Problems
2) Identifikation der zu bewertenden Alternativen
3) Festlegung der benötigten Informationen, um die Lebenszyklusanalyse durchführen zu können
4) Datenerfassung, um die Alternativen zu bewerten
5) Ableitung von Zeitpunkt und Höhe der künftigen Ein- und Auszahlungen
6) Festlegung des relevanten Diskontierungszinssatzes
7) Kapitalwertermittlung
8) Erörterung möglicher Kostensenkungs- und/oder Erlössteigerungsmaßnahmen und Durchführung entsprechender Simulationsrechnungen
9) Berücksichtigung nicht-monetärer Konsequenzen (z.B. Umweltkriterien)
10) Verabschiedung eines optimalen produktbezogenen Maßnahmenpaketes über den gesamten Lebenszyklus hinweg
11) Laufende Kontrolle und gegebenenfalls Einleitung von Gegenmaßnahmen (z.B. vorzeitiger Abbruch)

443 Vgl. Sturm (2005) S. 451.
444 Vgl. Sturm (2005) S. 451.
445 Vgl. Sturm (2005) S. 450 f.

Die Lebenszyklusrechnung muss bereits bei der **Auswahl der Produktalternativen** als Entscheidungsgrundlage zur Verfügung stehen. Da produktspezifische Auszahlungen zu einem Zeitpunkt prognostiziert werden müssen, zu dem die Komponenten und erforderlichen Prozesse noch nicht feststehen, kann man sich z.B. der Ähnlichkeitskalkulation bedienen. Bei der Ähnlichkeitskalkulation wird bei der Kostenschätzung auf konstruktive und funktionale Ähnlichkeiten schon vorhandener Produkte zurückgegriffen.[446]

Während der Entstehungsphase eines Produkts fallen Vorlaufkosten, in der Marktphase Produktionskosten und in der Nachsorgephase Folgekosten an. Unter **Vorlaufkosten** werden alle Kosten zusammengefasst, die vor der Markteinführung entstehen. Es handelt sich dabei nicht nur um die Forschungs- und Entwicklungskosten für das Produkt bzw. die Prozesse, also Personal- und Materialkosten, sondern auch um Kosten für Anlagen oder Werkzeuge. Außerdem zählen dazu die Kosten für die Produktionsvorbereitung bis hin zum Abschluss der Pilotserie, ferner die Kosten für Marktforschung, Markterschließung, den Aufbau von Vertriebswegen, die Schulung des Verkaufs- und Servicepersonals sowie die Kosten für eventuell notwendige Zulassungsgenehmigungen, z.B. bei Arzneimitteln. Wichtig ist eine kurze Entwicklungsdauer. Längere Entwicklungszeiten verursachen zusätzliche Kosten durch längere Ressourcenbindung, Verlust von Know-how durch Fluktuation und Motivationsabnahme, Änderungen der Marktanforderungen und Technologiesprünge. Die **Produktionskosten** umfassen die Herstellkosten des Produkts, also Materialeinzel- und -gemeinkosten, Fertigungslöhne und Fertigungsgemeinkosten sowie laufende Vertriebs- und Verwaltungskosten. Zu den **Folgekosten** zählen sowohl Wartungs-, Reparatur- und Garantiekosten als auch Schadenersatzleistungen und eventuelle Entsorgungskosten. Der überwiegende Teil der **Erlöse** wird durch den Verkauf in der Marktphase erzielt. Sie können aber auch in den anderen Phasen auftreten: Subventionen und Vergütungen für Schulungen während der Vorlaufphase, Erlöse für Wartungs-, Reparatur- und Serviceleistungen in der Nachsorgephase.[447]

Werden die Vorlauf- und Folgekosten periodenübergreifend auf die Produkte, die sie verursachen, verrechnet, erhält man wichtige Informationen für die **langfristige Preispolitik** bzw. für phasenübergreifende Erlösgestaltungen. So hat ein Softwareproduzent hohe Entwicklungs-, aber niedrige Produktionskosten. Würden die hohen Vorlaufkosten bei der Preiskalkulation nicht berücksichtigt, sondern nur die Produktionskosten zu Grunde gelegt, wäre der Preis über den gesamten, in der Regel sehr kurzen Lebenszyklus der Software zu niedrig kalkuliert. Ein ähnliches Problem entsteht, wenn die Produktionskosten niedrig, hingegen die Wartungskosten in der Nachsorgephase sehr hoch sind.[448]

Sollen auch Vorlauf- und Folgekosten den betreffenden Produkten zugewiesen werden, ergeben sich zwangsläufig **Zurechnungs- und Aufteilungsprobleme**, falls diese Kosten gemeinsam für verschiedene Produkte anfallen, etwa Forschungs- und Entwicklungskosten, wenn man bei einem Produkt auf die Forschungs- und Entwick-

[446] Vgl. Sturm (2005) S. 451.
[447] Vgl. Sturm (2005) S. 451 f.
[448] Vgl. Sturm (2005) S. 452.

lungsergebnisse eines anderen Produkts zurückgreift. Bei der Verteilung der Forschungs- und Entwicklungskosten müssen somit sinnvolle Gewichtungsfaktoren (z.B. langfristige Absatzmengen) bestimmt werden.[449] Zusätzlich bereitet die Zurechnung der vorhandenen Infrastruktur, welche von neuen Produkten mitbenutzt wird, Probleme. Generell muss bezüglich des Umfangs der zugerechneten Kosten ein Kompromiss gefunden werden. Wenn man den einzelnen Produktprojekten nur die unmittelbar durch sie verursachten Beträge (v.a. Zahlungen für Material und Fertigungslöhne) zurechnet, würde man relativ hohe Barwerte ermitteln, umgekehrt würde aber auch ein großer jährlicher Kosten- bzw. Zahlungsblock übrig bleiben, welcher von den jährlichen produktspezifischen Einzahlungen abgedeckt werden muss. Dies birgt die Gefahr, dass negative Veränderungen der (relativ hohen) produktspezifischen Cashflows bzw. Barwerte zu wenig ernst genommen werden. Positiv bei einer engen Auslegung der Zurechnung muss hingegen gesehen werden, dass bei produktpolitischen Entscheidungen wie z.B. der Elimination von Produkten sehr klar gesehen werden kann, welche Zahlungen hinzukommen oder wegfallen. Unter der Prämisse, dass bei der Produktlebenszyklusrechnung eher längerfristige Überlegungen im Mittelpunkt des Interesses stehen und für kurzfristige Entscheidungen andere Instrumente (z.B. stufenweise Deckungsbeitragsrechnung) als Hilfsmittel vorhanden sind, erscheint eine relativ breite Auslegung der einem Produktprojekt zuzurechnenden Auszahlungen durchaus gerechtfertigt.[450]

Sobald die bei Umsetzung einer Produktidee künftig anfallenden Erlöse und Kosten erfasst sind, kann die Lebenszyklusrechnung durchgeführt werden. Um dem unterschiedlichen zeitlichen Anfall der Kosten und Erlöse gerecht zu werden, müssen diese in entsprechende Ein- und Auszahlungen umgewandelt sowie ein Kalkulationszinsfuß eingeführt werden. Mit diesem Zinsfuß können die Ein- und Auszahlungen auf den Zeitpunkt t_0 abgezinst werden und der **Kapitalwert** kann ermittelt werden. Der Zeitraum, innerhalb dessen die kumulierten diskontierten Einzahlungen die kumulierten diskontierten Auszahlungen zum ersten Mal decken, wird als break-even-time **(dynamische Amortisationsdauer)** bezeichnet.[451]

Beispiel 68[452]

Ein Unternehmen will ein neues medizinisches Diagnostikgerät auf den Markt bringen. Die Planung sieht vor, es in einer Kleinserie von 1.000 Stück aufzulegen. Das Produkt ist für größere Arztpraxen und kleinere Krankenhäuser konzipiert. Der Zahlungsreihe liegt ein Planungshorizont von zehn Jahren zu Grunde. Die Ein- und Auszahlungen sowie die periodischen und kumulierten Einzahlungsüberschüsse ergeben sich aus der folgenden Tabelle (in Mio.):

449 Vgl. Sturm (2005) S. 452.
450 Vgl. Wolfsgruber (2015) S. 155 f.
451 Vgl. Sturm (2005) S. 452 f.
452 Vgl. Sturm (2005) S. 452 f.

Jahr	20X0	20X1	20X2	20X3	20X4	20X5	20X6	20X7	20X8	20X9
Einzahlungen										
Verkauf				94	99	87	77	89		
Wartung				45	50	57	68	75	64	45
Auszahlungen										
Entwicklung	11	14	18	14	28	18	5			
Investitionen		12	18	19	22					
Herstellung				38	40	35	30	31		
Vertrieb				20	12	27	15	8		
Wartung				14	17	25	18	15	12	8
Entsorgung									11	11
Verwaltung	15	15	15	23	23	23	23	23	18	18
$E_t - A_t$ nominal	**-26**	**-41**	**-51**	**11**	**7**	**16**	**54**	**87**	**23**	**8**
$E_t - A_t$ kumuliert	**-26**	**-67**	**-118**	**-107**	**-100**	**-84**	**-30**	**57**	**80**	**88**

Für einen Kalkulationszinsfuß von 12% ergeben sich für den Planungszeitraum von zehn Jahren die in der folgenden Tabelle aufgeführten diskontierten Einzahlungs- bzw. Auszahlungsüberschüsse (Barwerte) sowie die kumulierten Barwerte (in Mio.):

Jahr	20X0	20X1	20X2	20X3	20X4	20X5	20X6	20X7	20X8	20X9
Barwert	-26,00	-36,61	-40,66	7,83	4,45	9,08	27,36	39,35	9,29	2,88
Barwert kum.	-26,00	-62,61	-103,26	-95,43	-90,99	-81,91	-54,55	-15,19	-5,91	-3,02

Der Kapitalwert des Produkts ergibt sich aus der Summe der diskontierten Einzahlungs- und Auszahlungsüberschüsse der einzelnen Jahre bzw. unmittelbar aus den kumulierten diskontierten Einzahlungs- bzw. Auszahlungsüberschüssen. Er beträgt –3,02 Mio. Ein negativer Kapitalwert bedeutet, dass das Produkt über seinen Lebenszyklus hinweg (zunächst) nicht die gewünschte Mindestverzinsung von 12% erreicht.

Um zu überprüfen, ob Rentabilitätsverbesserungen des Produkts möglich sind, kann man **Simulationsrechnungen** anstellen. Wie wirkt sich etwa eine Erhöhung der Entwicklungskosten aus, die später zu Kosteneinsparungen in mehrfacher Höhe führen kann? Können progressiv steigende Fehlerkosten durch Qualitätsmanagement, das eine frühe Fehlererkennung ermöglicht, reduziert oder vermieden werden?[453]

26.3 Kritische Würdigung

Die Produktlebenszyklusrechnung wird bei der Planung und Kontrolle von Entwicklung, Produktion und Verkauf eines Produkts angewandt. Sie liefert relevante und

[453] Vgl. Sturm (2005) S. 456.

dynamische Informationen zum Kostenmanagement. Die Informationen werden zu einem Zeitpunkt ermittelt, analysiert und in den Entscheidungsprozess einbezogen, zu dem die Beeinflussung des Produkts bzw. Systems am kostengünstigsten ist, also so früh wie möglich. Im Unterschied zur Investitionsrechnung werden Ein- und Auszahlungen nicht nur als passiver Faktor erfasst, sondern über den Lebenszyklus hinweg aktiv gestaltet. Damit wird deutlich, dass mit Hilfe des Life Cycle Costing sowohl **strategische** Entscheidungen (z.B. Entwicklung neuer Produkte) wie auch **operative** Maßnahmen (z.B. Einleitung von Rationalisierungsmaßnahmen, um den geplanten Amortisationszeitpunkt einhalten zu können), unterstützt werden können. Die in das Life Cycle Costing eingehenden zukunftsgerichteten Daten sind jedoch stets unsicher. Ihr Aussagegehalt steht und fällt mit der „richtigen" Prognose des Produktlebenszyklus und den in diesem Zeitraum voraussichtlich anfallenden Cashflows. Mit Hilfe einer **Sensitivitätsanalyse** (best case, worst case, realistic case) lassen sich unsichere Ergebnisse aber einigermaßen in den Griff bekommen.

27 Repetitorium zu Teil C

Wichtige Begriffe

Kostenmanagement	Target Costing
Fixkostendegressionseffekt	Zielkostenkontrolldiagramm
Erfahrungskurvenkonzept	Prozesskostenrechnung
Benchmarking	Kostentreiber
Verrechnungspreise	Life Cycle Costing
Projektcontrolling	

Übungsbeispiele

Übungsbeispiel C.1: Target Costing

Die Woody AG beabsichtigt die Herstellung einer neuen Kaffeemaschine, die aus den Komponenten Gehäuse, (Thermos-)Kanne, Filtersystem, Wassertank und Heizsystem besteht.

Der Zielverkaufspreis der Kaffeemaschine beträgt 60. Es wird eine Umsatzrendite von 20% angestrebt.

Potenzielle Kund/inn/en wurden befragt, welche Funktionen die Kaffeemaschine erfüllen muss und für wie wichtig sie diese Funktionen halten. Das Ergebnis dieser Befragung lautet wie folgt:

Zuverlässigkeit	40%
Design	30%
Bedienung	20%
Farbe	10%

Die Schätzung des Anteils an der Funktionserfüllung durch die verschiedenen Komponenten erfolgte durch ein Expertenteam im Unternehmen und brachte folgendes Ergebnis:

	Gehäuse	Kanne	Filtersystem	Wassertank	Heizsystem
Zuverlässigkeit	20%	30%	10%	10%	30%
Design	50%	40%	0%	10%	0%
Bedienung	0%	40%	40%	20%	0%
Farbe	40%	50%	0%	10%	0%

Eine Vorkalkulation der Kaffeemaschine auf der Grundlage vorhandener Verfahren, gegebener Technologiestandards und angebotener bzw. geschätzter Einkaufspreise hat Gesamtkosten in Höhe von 56 ergeben, die sich wie folgt auf die einzelnen Komponenten verteilen:

Komponente	Kosten
Gehäuse	19,00
Kanne	11,20
Filtersystem	5,80
Wassertank	9,60
Heizsystem	10,40
Gesamtkosten	56,00

Aufgabenstellung:

a) Berechnen Sie zuerst die allowable costs der einzelnen Komponenten!

b) Ermitteln Sie für jede Komponente ihren Zielkostenindex!

c) Führen Sie eine komponentenweise Analyse der Abweichungen zwischen allowable costs und drifting costs durch und interpretieren Sie Ihre Ergebnisse! Welche Konsequenzen schlagen Sie vor?

Lösung:

a)

Ermittlung der allowable costs:

Zielverkaufspreis	60
– Umsatzrendite (= 20% von 60)	12
= allowable costs	48

Funktionskostenmatrix:

		Gehäuse		Kanne		Filtersystem		Wassertank		Heizsystem	
Zuverlässigkeit	40%	20%	8%	30%	12%	10%	4%	10%	4%	30%	12%
Design	30%	50%	15%	40%	12%	0%	0%	10%	3%	0%	0%
Bedienung	20%	0%	0%	40%	8%	40%	8%	20%	4%	0%	0%
Farbe	10%	40%	4%	50%	5%	0%	0%	10%	1%	0%	0%
	100%		27%		37%		12%		12%		12%

Aus obiger Abbildung ist beispielsweise ersichtlich, dass die Komponente „Gehäuse“ zu 27% zur Erfüllung aller Kaufmerkmale beiträgt.

Ausgehend von der Grundannahme, dass der Ressourceneinsatz für eine Komponente genau dem Nutzenbeitrag zum gesamten Produktnutzen entsprechen soll, ergeben sich folgende allowable costs pro Komponente:

Komponente	allowable costs
Gehäuse	12,96
Kanne	17,76
Filtersystem	5,76
Wassertank	5,76
Heizsystem	5,76
Gesamtkosten	48,00

b)

Komponente	Nutzenanteil (%)	Kostenanteil (%)	Zielkostenindex
Gehäuse	27%	33,93%	0,80
Kanne	37%	20,00%	1,85
Filtersystem	12%	10,36%	1,16
Wassertank	12%	17,14%	0,70
Heizsystem	12%	18,57%	0,65

c)

Die Zielkostenindizes zeigen an, dass die Komponenten Gehäuse, Wassertank und Heizsystem „zu aufwändig“ und damit zu teuer bzw. die Komponenten Kanne und Filtersystem „zu einfach“ und damit zu preiswert sind. Durch die Bestimmung einer Zielkostenzone können in der Folge die akzeptablen von den nicht akzeptablen relativen Kostenabweichungen abgespalten werden. Wird der Parameter q zur Bestimmung der Zielkostenzone z.B. mit 15% festgelegt, weist nur das Filtersystem eine tolerierbare Kostenabweichung auf. Alle anderen Komponenten liegen dann in einem Zielkostenkontrolldiagramm außerhalb der Zielkostenzone.

Die Analyse der Abweichungen zwischen allowable costs und drifting costs hat sich aber nicht nur auf die relativen, sondern auch auf absolute Kostenabweichungen zu beziehen. Die Gegenüberstellung von drifting costs und allowable costs je Komponente zeigt folgendes Ergebnis:

Komponente	drifting costs	Anteil drifting costs an allowable costs	Nutzenanteil	Abweichung (%)	absolute Abweichung
Gehäuse	19,00	39,58%	27%	12,58%	6,04
Kanne	11,20	23,33%	37%	−13,67%	−6,56
Filtersystem	5,80	12,08%	12%	0,08%	0,04
Wassertank	9,60	20,00%	12%	8,00%	3,84
Heizsystem	10,40	21,67%	12%	9,67%	4,64
SUMME	56,00	116,67%	0%	16,67%	8

Insgesamt liegt eine Abweichung der drifting costs von den allowable costs in Höhe von 16,67% bzw. 8 vor.

Steht die Höhe der relativen und absoluten Kostenlücken fest, müssen Produktentwicklungs- und Konstruktionsabteilungen im Unternehmen Mittel und Wege finden, um die drifting costs so weit zu senken, dass sie nicht höher liegen als die allowable costs bzw. target costs. Welche Maßnahmen zur Zielerreichung ergriffen werden, lässt sich nicht generell sagen. Denkbare Maßnahmen wären z.B. Verwendung von Gleichteilen anstelle von Spezialteilen, Fremdbezug von Komponenten statt deren Eigenfertigung, Vereinfachung oder Entfall von Arbeitsgängen (z.B. Eliminierung von Prüfvorgängen).

Übungsbeispiel C.2: Prozesskostenrechnung[454]

Die Cybertech GmbH führt eine Studie zur Einführung einer Prozesskostenrechnung in der Kostenstelle Fertigungssteuerung durch. Für die insgesamt sieben festgestellten Teilprozesse sind in der folgenden Tabelle alle wichtigen Angaben enthalten:

Teilprozess	Kostentreiber	Prozess-menge	Personen-jahre
Vormontage disponieren	Zahl Vormontageaufträge	8.000	8
Material abrufen	Zahl Materialpositionen	50.000	2
Vormontage überwachen	Zahl Vormontagepositionen	120.000	12
Endmontage disponieren	Zahl Endmontageaufträge	5.000	6
Teile abrufen	Zahl Teilepositionen	32.000	8
Endmontage überwachen	Zahl Endmontagepositionen	96.000	12
Abteilung leiten			2 (inkl. Sekr.)

Die Kosten der Kostenstelle ergeben sich aus folgender Übersicht:

Kostenart	Betrag
Arbeitsentgelte	6.000.000
Personalnebenkosten	4.800.000
kalk. AfA und Zinsen	1.200.000
sonstige Kosten	480.000
Gesamtkosten	12.480.000

Aufgabenstellung:

Ermitteln Sie die Prozesskostensätze für die leistungsmengeninduzierten Prozesse der Abteilung! Die Prozesskostensätze sollen die gesamten Kosten der Kostenstelle beinhalten.

[454] Vgl. Joos (2014) S. 389.

Lösung:

Kosten pro Personenjahr	249.600 (= 12.480.000 / 50)
Umlagesatz lmn	4,17% (= 2 / 48)

Teilprozess	Personen-jahre	Prozesskosten (ohne lmi)	Umlage lmn	Prozess-kosten
Vormontage disponieren	8	1.996.800	83.200	2.080.000
Material abrufen	2	499.200	20.800	520.000
Vormontage überwachen	12	2.995.200	124.800	3.120.000
Endmontage disponieren	6	1.497.600	62.400	1.560.000
Teile abrufen	8	1.996.800	83.200	2.080.000
Endmontage überwachen	12	2.995.200	124.800	3.120.000
Zwischensumme lmi	48	11.980.800		
Abteilung leiten	2	499.200		
Summe lmi und lmn	50	12.480.000		12.480.000

Daraus resultieren folgende (Teil-)Prozesskostensätze:

Teilprozess	Prozess-menge	Prozess-kostensatz	
Vormontage disponieren	8.000	260,00	je Vormontageauftrag
Material abrufen	50.000	10,40	je Materialposition
Vormontage überwachen	120.000	26,00	je Vormontageposition
Endmontage disponieren	5.000	312,00	je Endmontageauftrag
Teile abrufen	32.000	65,00	je Teileposition
Endmontage überwachen	96.000	32,50	je Endmontageposition

Übungsbeispiel C.3: Projektcontrolling[455]

Ein Projekt umfasst insgesamt sechs Arbeitspakete (A bis F) und einen Planzeitraum von 11 Tagen. Zum Zeitpunkt t = 5 ist, entgegen dem Plan, erst Arbeitspaket A zur Gänze abgeschlossen, an B und C wird noch gearbeitet, mit D wurde noch nicht begonnen, da dafür der Abschluss des vorgelagerten Arbeitspakets B erforderlich ist. Auf Basis der im Controlling bereits eingelangten Daten fasst das nachfolgende Gantt-Diagramm den bisherigen Verlauf sowie die Einschätzung über den Verlauf bis Projektende zusammen. Die Zahlen spiegeln dabei die geplanten bzw. bislang tatsächlich angefallenen oder eingeschätzten Kosten wider. Die (gleichmäßig über die Istdauer verteilten) Sollkosten wurden dabei für die Darstellung ergänzt.

[455] Vgl. Joos (2014) S. 389.

Paket	Tage (t =)	1	2	3	4	5	6	7	8	9	10	11	12	Summe
A	Plan	9,6	9,6											19,2
	Soll	6,4	6,4	6,4										19,2
	Ist/Vorschau													28,8
B	Plan			9,6	9,6									19,2
	Soll				6,4	6,4	6,4							19,2
	Ist/Vorschau													36,0
C	Plan			9,6	9,6	9,6								28,8
	Soll				7,2	7,2	7,2	7,2						28,8
	Ist/Vorschau													48,0
D	Plan					9,6	9,6	9,6						28,8
	Soll							9,6	9,6	9,6				28,8
	Ist/Vorschau													28,8
E	Plan								9,6	9,6				19,2
	Soll								9,6	9,6				19,2
	Ist/Vorschau													19,2
F	Plan										9,6	9,6		19,2
	Soll										9,6	9,6		19,2
	Ist/Vorschau													19,2

←Stichtag t = 5

Geplant war, dass an jedem Arbeitspaket zwei Personen (8 Stunden Arbeitstag) arbeiten. Der Plan-Stundensatz beträgt 600 pro Stunde.

Nachdem die Arbeit an Arbeitspaket A drei Tage statt wie geplant zwei Tage dauerte, wurde bzw. wird an den Paketen B und C mit 10 Stunden pro Tag und Person gearbeitet. Bei den Paketen D, E, F wird davon ausgegangen, dass die geplante Dauer mit 8 Stunden pro Arbeitstag pro Person eingehalten werden kann. Der Stundensatz beträgt auch im Ist 600 pro Stunde.

Aufgabenstellung:

a) Bestimmen Sie Plan-, Soll- und Istkosten zum Kontrollzeitpunkt t = 5 und berechnen Sie die Termin-, Kosten- und Gesamtabweichung. Interpretieren Sie stichwortartig das Ergebnis.

b) Erstellen Sie auf Basis der zum Kontrollzeitpunkt t = 5 vorliegenden Daten eine Hochrechnung der Gesamtkosten zum Ende des Projekts und berechnen Sie die Termin-, Kosten- und Gesamtabweichung. Interpretieren Sie stichwortartig das Ergebnis.

Lösung:

a)

Zum Zeitpunkt t = 5 wurde Arbeitspaket A abgeschlossen, an den Paketen B und C wird noch gearbeitet, mit D wurde noch nicht begonnen. Es kam bei allen vier Arbeitspaketen zu Abweichungen. Da keine detaillierten Informationen zur Messung des Fertigstellungsgrades vorliegen, wird der Fertigstellungsgrad jeweils zeitproportional auf Basis der Arbeitstage ermittelt.

Arbeitspaket A ist zum Kontrollzeitpunkt bereits zur Gänze abgeschlossen, d.h. 100% Plan- und Ist-Fertigstellungsgrad. Es wurde allerdings länger als geplant für die Fertigstellung dieses Arbeitspakets gearbeitet.

Für Arbeitspaket B wurden zwei Tage geplant, zum Zeitpunkt t = 5 hätte das Arbeitspaket bereits abgeschlossen sein sollen (100% Plan-Fertigstellungsgrad). Tat-

sächlich wurden bislang zwei Tage an Paket B gearbeitet, insgesamt sind nun drei Tage und eine Ausweitung der Tagesarbeitsstunden vorgesehen. Der Ist-Fertigstellungsgrad ist daher zeitproportional erst 2/3 = 67%.
Für Arbeitspaket C wurden drei Tage geplant, zum Zeitpunkt t = 5 hätte auch dieses Arbeitspaket bereits abgeschlossen sein sollen (100% Plan-Fertigstellungsgrad). Tatsächlich wurden bislang zwei Tage an Paket C gearbeitet, insgesamt sind nun vier Tage und eine Ausweitung der Tagesarbeitsstunden vorgesehen. Der Ist-Fertigstellungsgrad ist daher zeitproportional erst 2/4 = 50%.
Weiters war geplant, dass zum Zeitpunkt t = 5 auch bereits mit Paket D hätte begonnen werden sollen (geplanter Fertigstellungsgrad 1/3 = 33%). Tatsächlich wurde noch nicht mit D begonnen, da dafür zuvor der Abschluss des Arbeitspakets B erforderlich ist. Neben der Zeitverzögerung werden zum Kontrollzeitpunkt keine weiteren Abweichungen erwartet.
Die nachfolgende Tabelle fasst die Informationen zur Berechnung der Plan-, Soll- und Istkosten zusammen.

Paket	Plankosten	Sollkosten	Istkosten
A	100% • (2 Tage • 2 Personen • 8 Stunden • 600 Euro) = 19.200	100% • 19.200 = 19.200	100% • (3 Tage • 2 Personen • 8 Stunden • 600 Euro) = 28.800
B	100% • (2 Tage • 2 Personen • 8 Stunden • 600 Euro) = 19.200	67% • 19.200 = 12.800	67% • (3 Tage • 2 Personen • 10 Stunden • 600 Euro) = 67% • 36.000 = 24.000
C	100% • (3 Tage • 2 Personen • 8 Stunden • 600 Euro) = 28.800	50% • 28.800 = 14.400	50% • (4 Tage • 2 Personen • 10 Stunden • 600 Euro) = 50% • 48.000 = 24.000
D	33% • (3 Tage • 2 Personen • 8 Stunden • 600 Euro) = 33% • 28.800 = 9.600	0% • 28.800 = 0	0% • (3 Tage • 2 Personen • 8 Stunden • 600) = 0

Zum Zeitpunkt t = 5 ergeben sich folgende Plan-, Soll- und Istkosten für **Arbeitspaket A**:

Plankosten = 19.200
Sollkosten = 19.200
Istkosten = 28.800

Die Gesamtabweichung für Paket A zum Zeitpunkt t = 5 beträgt:

Plankosten – Istkosten = 19.200 – 28.800 = –9.600

Durch den Vergleich mit den Sollkosten kann die Gesamtabweichung weiter aufgespalten werden.

Leistungsabweichung = Plankosten – Sollkosten = 19.200 – 19.200 = 0
Kostenabweichung = Sollkosten – Istkosten = 19.200 – 28.800 = –9.600
Gesamtabweichung = Leistungsabweichung + Kostenabweichung
= 0 + (–9.600) = –9.600

Die negative Abweichung bei Arbeitspaket A ist auf eine **Kostenüberschreitung** zurückzuführen. Daneben zeigt sich auch eine Terminabweichung, da für Paket A einen Tag länger als geplant gearbeitet wurde.

Zum Zeitpunkt t = 5 ergeben sich folgende Plan-, Soll- und Istkosten für **Arbeitspaket B**:

Plankosten = 19.200
Sollkosten = 12.800
Istkosten = 24.000

Die Gesamtabweichung für Arbeitspaket B zum Zeitpunkt t = 5 beträgt:

Plankosten – Istkosten = 19.200 – 24.000 = –4.800

Durch den Vergleich mit den Sollkosten kann die Gesamtabweichung weiter aufgespalten werden.

Leistungsabweichung = Plankosten – Sollkosten = 19.200 – 12.800 = +6.400
Kostenabweichung = Sollkosten – Istkosten = 12.800 – 24.000 = –11.200
Gesamtabweichung = Leistungsabweichung + Kostenabweichung
= 6.400 + (–11.200) = –4.800

Die negative Abweichung bei Arbeitspaket B setzt sich aus einer Leistungsunterschreitung und einer noch höheren Kostenüberschreitung zusammen. Daneben zeichnet sich auch bereits eine Terminabweichung ab, da für Paket B einen Tag länger als geplant gearbeitet werden soll. Durch die eingeleitete Gegenmaßnahme (zehn anstelle von acht Tagesarbeitsstunden) bei gleichzeitiger Bearbeitungszeitverlängerung (drei anstelle von zwei Tagen) ist insgesamt mit einer Kostenabweichung zu rechnen.

Zum Zeitpunkt t = 5 ergeben sich folgende Plan-, Soll- und Istkosten für **Arbeitspaket C**:

Plankosten = 28.800
Sollkosten = 14.400
Istkosten = 24.000

Die Gesamtabweichung für Arbeitspaket C zum Zeitpunkt t = 5 beträgt:

Plankosten – Istkosten = 28.800 – 24.000 = +4.800

Durch den Vergleich mit den Sollkosten kann die Gesamtabweichung weiter aufgespalten werden.

Leistungsabweichung = Plankosten – Sollkosten = 28.800 – 14.400 = +14.400
Kostenabweichung = Sollkosten – Istkosten = 14.400 – 24.000 = –9.600
Gesamtabweichung = Leistungsabweichung + Kostenabweichung
= 14.400 + (–9.600) = +4.800

Die positive Abweichung bei Arbeitspaket C setzt sich aus einer Leistungsunterschreitung und einer geringeren Kostenüberschreitung zusammen. Daneben zeichnet sich auch bereits eine Terminabweichung ab, da für Paket C einen Tag länger als geplant gearbeitet werden soll. Durch die eingeleitete Gegenmaßnahme (zehn anstelle von acht Tagesarbeitsstunden) bei gleichzeitiger Bearbeitungszeitverlängerung (vier anstelle von drei Tagen) ist insgesamt mit einer Kostenabweichung zu rechnen.

Zum Zeitpunkt t = 5 ergeben sich schließlich noch folgende Plan-, Soll- und Istkosten für **Arbeitspaket D**:

Plankosten = 9.600
Sollkosten = 0
Istkosten = 0

Die Gesamtabweichung für Arbeitspaket D zum Zeitpunkt t = 5 beträgt:

Plankosten – Istkosten = 9.600 – 0 = +9.600

Durch den Vergleich mit den Sollkosten zeigt sich, dass die Gesamtabweichung zur Gänze aus der Leistungsabweichung besteht.

Leistungsabweichung = Plankosten – Sollkosten = 9.600 – 0 = +9.600
Kostenabweichung = Sollkosten – Istkosten = 0 – 0 = 0
Gesamtabweichung = Leistungsabweichung + Kostenabweichung
= 9.600 + 0 = +9.600

Die positive Abweichung bei Arbeitspaket D ist auf eine Leistungsunterschreitung zurückzuführen. Bislang ist für Paket D keine Änderung an den geplanten Personenarbeitstagen vorgesehen, es hat sich lediglich der Beginnzeitpunkt verschoben.

Zusammenfassung der einzelnen Abweichungen:

Leistungsabweichung = 0 + 6.400 + 14.400 + 9.600 = +30.400
Kostenabweichung = –9.600 + (–11.200) + (–9.600) + 0 = –30.400
Gesamtabweichung = Leistungsabweichung + Kostenabweichung
= 30.400 + (–30.400) = 0

Die „positive“ Leistungsabweichung ergibt sich, da die Arbeit an den Arbeitspaketen B, C und D noch nicht so weit fortgeschritten ist, wie ursprünglich geplant. Deshalb hätten zum Zeitpunkt t = 5, sofern sich sonst nichts geändert hat, erst weniger Kosten als geplant anfallen „sollen“.

Die Kostenabweichung zeigt, dass dies nicht der Fall ist. Da mehr Zeit (zusätzliche Tage bei den Paketen A, B und C, mehr Tagesarbeitsstunden bei B und C) aufgewendet wurde, kam es zu erhöhten Kosten im Vergleich zum Plan. Für die bislang erst fertiggestellten Projektarbeiten sind also höhere Kosten angefallen.

Diese beiden Einzelabweichungen heben sich bei Zusammenfassung zur Gesamtabweichung zum Zeitpunkt t = 5 vollständig auf, weshalb eine alleinige Analyse der Gesamtabweichung noch keinen Erkenntnisgewinn bringt.

b)

Die hochgerechneten Gesamtkosten des Projekts werden auf Basis der bis Kontrollzeitpunkt t = 5 bekannten Informationen sowie der geplanten korrektiven Maßnahmen wie folgt ermittelt:

Arbeitspaket A = 3 Tage • 2 Personen • 8 Stunden • 600 Euro = 28.800
Arbeitspaket B = 3 Tage • 2 Personen • 10 Stunden • 600 Euro = 36.000
Arbeitspaket C = 4 Tage • 2 Personen • 10 Stunden • 600 Euro = 48.000
Arbeitspaket D = 3 Tage • 2 Personen • 8 Stunden • 600 Euro = 28.800
Arbeitspaket E = 2 Tage • 2 Personen • 8 Stunden • 600 Euro = 19.200
Arbeitspaket F = 2 Tage • 2 Personen • 8 Stunden • 600 Euro = 19.200

Hochgerechnete Gesamtkosten = 180.000

Dem stehen Plan-Gesamtkosten von insgesamt für alle sechs Arbeitspakete geplanten 14 Arbeitstagen von 14 • 2 • 8 • 600 = 134.400 gegenüber.

Im Vergleich zu den hochgerechneten Gesamtkosten lässt sich die vorläufige Gesamtabweichung berechnen.

Plan-Gesamtkosten – hochgerechnete Gesamtkosten = –45.600

Diese Abweichung ist auf die erhöhten Kosten für die Arbeitspakete A, B und C zurückzuführen. Durch die gegensteuernden Maßnahmen (Tagesarbeitsstundenaufstockung bei gleichzeitiger Verlängerung der Arbeitsdauer) wird weiterhin von einem plangemäßen Projektende nach Tag 11 ausgegangen.

Kontrollfragen

C.1. Was versteht man unter Benchmarking? Wer kann als Vergleichspartner für ein Benchmarking-Projekt herangezogen werden?

C.2. Auf welcher Basis können Verrechnungspreise in Unternehmen festgelegt werden? Diskutieren Sie Vor- und Nachteile der verschiedenen Verrechnungspreismodelle!

C.3. Was sind die wesentlichen Merkmale des Target Costing?

C.4. Geben Sie einen Überblick über die bei Einführung einer Prozesskostenrechnungen zu durchlaufenden Schritte!

C.5. Wodurch unterscheidet sich eine Lebenszykluskostenrechnung von einer traditionellen Kosten- und Erlösrechnung?

MC-Fragen

MC-Frage C.1: Target Costing

R	F	
☐	☒	Hauptmerkmal des Target Costing ist seine konsequente Kostenorientierung, die Fragestellung lautet nicht: „Was darf ein Produkt kosten?“, sondern: „Was wird ein Produkt kosten?“
☒	☐	Die allowable costs ergeben sich, wenn vom Zielverkaufspreis der anteilige Zielgewinn abgezogen wird. Die drifting costs werden auf der Grundlage heutiger Potenziale, Fertigungstechnologien und Prozessstrukturen ermittelt. Innerhalb der Bandbreite der (niedrigeren) allowable costs zu den höheren drifting costs werden die target costs (Zielkosten) festgelegt.
☒	☐	Nach der Funktionsmethode sollen die Zielkosten in der Weise auf die Produktkomponenten aufgeteilt werden, dass sich die Komponentenkosten zu den Produktkosten so verhalten wie der Nutzenbeitrag der Komponenten zum gesamten Produktnutzen.
☐	☒	Unterhalb der Zielkostenzone im Zielkostenkontrolldiagramm werden Komponenten positioniert, deren Kosten gemessen an ihrem Nutzenbeitrag zu hoch sind.

MC-Frage C.2: Prozesskostenrechnung

R	F	
☐	☒	Für leistungsmengeninduzierte Teilprozesse können wegen fehlender Prozessmengen keine Prozesskostensätze ermittelt werden.
☒	☐	Eine Voraussetzung für die Zusammenfassung von Teil- zu Hauptprozessen ist, dass die einzelnen Teilprozesse eines Hauptprozesses von gleichen oder miteinander korrelierenden Kostentreibern (cost driver) abhängen.
☐	☒	Im Rahmen der Prozesskostenrechnung erfolgt die Ermittlung und Verrechnung von Einzelkosten (insb. Fertigungsmaterialkosten und Fertigungslohnkosten) mit Hilfe von Kostenstellen übergreifenden Prozesskostensätzen.
☒	☐	Komplexen Produktvarianten werden in der Prozesskostenrechnung höhere Kosten des indirekten Leistungsbereichs zugeordnet als in der traditionellen Kostenrechnung.

MC-Frage C.3: Verrechnungspreise

R	F	
☒	☐	Verrechnungspreise auf Basis von Verhandlungen können zu (zeitaufwändigen) Konflikten im Unternehmen führen.
☒	☐	Marktorientierte Verrechnungspreise sind tendenziell umso besser geeignet, je geringer die bei interner Leistung erzielbaren Synergieeffekte im Unternehmen ausfallen.
☒	☐	Verrechnungspreise auf Vollkostenbasis können bei kurzfristigen Entscheidungen zu Fehlentscheidungen führen.
☐	☒	Grundsätzlich sollten kostenorientierte Verrechnungspreissysteme auf Istkosten basieren, da in den Plankosten sämtliche Unwirtschaftlichkeiten enthalten sind und dann die liefernde Division keinen Anreiz hat, die Kostenwirtschaftlichkeit einzuhalten.

MC-Frage C.4: Projektcontrolling

R	F	
☐	☒	Projektcontrolling ist Teil eines modernen Projektmanagements. Es dient Zwecken der internen Kontrolle, erfüllt aber keine Zwecke des externen Rechnungswesens.
☒	☐	Eine stichtagsbezogene Abweichungsanalyse für laufende Projekte vergleicht Plankosten, Istkosten und Sollkosten. Die Differenz aus Sollkosten und Istkosten stellt eine Kostenabweichung dar. Die Differenz aus Plankosten und Sollkosten wird als Leistungsabweichung bezeichnet.
☒	☐	Eine positive Leistungsabweichung weist auf eine Leistungsunterschreitung hin, d.h. aufgrund des im Vergleich zum Plan geringeren Ist-Fertigstellungsgrades liegen die Sollkosten unter den Plankosten. Eine negative Leistungsabweichung zeigt demgegenüber eine Leistungsüberschreitung an.
☐	☒	Eine stichtagsbezogene Gesamtabweichung setzt sich aus einer Kostenabweichung und einer Terminabweichung zusammen.

28 Wiederholungsbeispiele

Beispiel 1 (Mathematische Kostenauflösung)

Aus der Vollkostenrechnung liegen für eine Sparte folgende Daten vor:

Monat	Produktions- und Absatzmenge	Stückverlust
Januar	1.300	50
Februar	1.800	15

Während im Januar und Februar der Nettoerlös je Stück gleich hoch war, wird für den Monat März eine Steigerung des Nettoerlöses um 15% auf 437 erwartet. Die Absatzmenge soll im März 1.400 Stück betragen.

Aufgabenstellung:

Berechnen Sie den zu erwartenden Periodenerfolg des Monats März!

Lösung:

Zunächst werden aus den obigen Angaben wie folgt die Gesamtkostenwerte ermittelt:

Monat	Menge	Stückverlust	Gesamtverlust	Nettostückerlös	Gesamterlös	Gesamtkosten
Jänner	1.300	50	65.000	380	494.000	559.000
Februar	1.800	15	27.000	380	684.000	711.000

Anschließend werden die variablen Stückkosten mittels Division der Gesamtkostendifferenz durch die Beschäftigungsdifferenz ermittelt.

$$kv = \frac{711.000 - 559.000}{1.800 - 1.300}$$

kv = 304/Stk.

Die Fixkosten (FK) werden ermittelt, indem man von den Gesamtkosten des Monats Februar die im Februar insgesamt angefallenen variablen Kosten abzieht:

$FK = 711.000 - 304 \cdot 1.800 = 163.800$

Abschließend kann nun der Periodenerfolg im März ermittelt werden:

Erlös März (= 1.400 • 437)	611.800
– variable Kosten (= 1.400 • 304)	425.600
= Deckungsbeitrag	186.200
– Fixkosten	163.800
= Periodenerfolg	22.400

Beispiel 2 (Statistische Kostenauflösung)

Die Abrechnung der Stromkosten der Kostenstelle Schweißerei der vergangenen sechs Monate des Jahres 20X6 zeigt folgendes Bild:

Monat	kWh	Stromkosten
April	3.130	12.455
Mai	2.690	10.915
Juni	2.940	11.790
Juli	3.150	12.525
August	3.320	13.120
September	2.770	11.195

Die Prognose des Marketings für das nächste Monat (Oktober) zeigt, dass voraussichtlich 3.500 Stück produziert und abgesetzt werden können, wobei für das Schweißen eines Stücks 0,75 kWh veranschlagt werden.

Aufgabenstellung:

Führen Sie mittels statistischer Kostenauflösung eine Planung der (fixen und variablen) Stromkosten für Oktober 20X6 durch!

Lösung:

Monat	Gesamtkosten	Abweichung	Beschäftigung	Abweichung	Varianz	Kovarianz
April	12.455	455	3.130	130	16.900	59.150
Mai	10.915	−1.085	2.690	−310	96.100	336.350
Juni	11.790	−210	2.940	−60	3.600	12.600
Juli	12.525	525	3.150	150	22.500	78.750
August	13.120	1.120	3.320	320	102.400	358.400
September	11.195	−805	2.770	−230	52.900	185.150
Summe	72.000	0	18.000	0	294.400	1.030.400
MW	12.000	0	3.000	0	49.066,67	171.733,33

variable Kosten	3,50	(= 171.733,33 / 49.066,67)
Fixkosten	1.500,00	(= 12.000 – 3,5 • 3.000)
Kostenplanung	10.687,50	(= 1.500 + 3.500 • 0,75 • 3,5)

Beispiel 3 (Kalkulation und Periodenerfolgsrechnung)[456]

Ein Produzent von Elektronikprodukten stellt drei verschiedene Arten von DVD-Playern her.

Aus der Verkaufs- und Produktionsstatistik des Monats Mai sowie aus der Artikelbeschreibung liegen folgende Daten vor:

	RDY 650	RDX 750	RDX 950
Absatz (Stück)	18.200	42.600	25.800
Produktion (Stück)	18.200	43.000	25.800
Verkaufspreis/Stück	52,50	64,00	68,00
Fertigungsmaterial/Stück	11,00	12,50	12,50
Fertigungslohn/Stück	9,00	10,00	11,00

Ferner sind dem vorläufigen Betriebsabrechnungsbogen für den Monat Mai folgende Informationen zu entnehmen:

Kostenstelle	Material	Fertigung	Verw./Vertr.
Personalgemeinkosten	61.000	618.500	179.500
Fremdleistungskosten	21.500	166.000	281.500
sonstige Kosten	129.540	795.180	467.080
gesamte Gemeinkosten	212.040	1.579.680	928.080
Zuschlagsbasis	Fertigungsmaterial	Fertigungslöhne	Herstellkosten des Umsatzes

Aufgabenstellung:

a) Ermitteln Sie die Zuschlagssätze der Material- und der Fertigungsstelle!

b) Ermitteln Sie die Herstell- und Selbstkosten der drei DVD-Player!

c) Ermitteln Sie den Periodenerfolg für den Monat Mai nach dem Gesamtkostenverfahren!

Lösung:

a)

Betriebsabrechnungsbogen:

	Gesamt	Material	Fertigung	Verw./Vertr.
Personalgemeinkosten	859.000	61.000	618.500	179.500
+ Fremdleistungskosten	469.000	21.500	166.000	281.500
+ sonstige Kosten	1.391.800	129.540	795.180	467.080
= gesamte Gemeinkosten	2.719.800	212.040	1.579.680	928.080
/ Zuschlagsbasis		1.060.200	877.600	3.712.320
= Zuschlagssatz		20%	180%	25%

456 Vgl. Mayr (2015) S. 181 ff.

b)
Kalkulation:

	RDY 650	RDX 750	RDX 950
Materialeinzelkosten	11,00	12,50	12,50
+ Materialgemeinkosten	2,20	2,50	2,50
+ Fertigungslöhne	9,00	10,00	11,00
+ Fertigungsgemeinkosten	16,20	18,00	19,80
= Herstellkosten	38,40	43,00	45,80
+ Vw&Vt-Gemeinkosten	9,60	10,75	11,45
= Selbstkosten	48,00	53,75	57,25

c)
Periodenerfolgsrechnung (Gesamtkostenverfahren):

Umsatz	5.436.300
+ Bestandsmehrung Erzeugnisse	17.200
= Gesamtleistung	5.453.500
Materialeinzelkosten	1.060.200
+ Fertigungslöhne	877.600
+ Personalgemeinkosten	859.000
+ Fremdleistungskosten	469.000
+ sonstige Kosten	1.391.800
= Gesamtkosten	4.657.600
= Periodenerfolg (= 5.453.500 – 4.657.600)	795.900

Beispiel 4 (Kostenstellenrechnung und Kalkulation)

Der BAB eines Gewerbebetriebs weist folgende Kostenstellensummen aus:

Kostenstelle	Material	Fertigung 1	Fertigung 2	Vw&Vt	Fuhrpark
Fertigungsmaterial	(1.000.000)				
Fertigungslöhne		(3.000.000)			
Gemeinkostensumme	165.000	3.555.000	2.473.500	656.000	436.500

In der Kostenstelle Material wird das Fertigungsmaterial (= Einzelkosten) als Bezugsgröße verwendet.
In der Kostenstelle Fertigung 1 werden die Fertigungslöhne (= Einzelkosten) als Bezugsgröße verwendet.
In der Fertigungsstelle 2 werden insgesamt 3.000 Stunden (h) geleistet und als Bezugsgröße verwendet.

In der Kostenstelle Vw&Vt werden die Herstellkosten (= Fertigungsmaterial + Materialgemeinkosten + Fertigungslöhne 1 + Fertigungsgemeinkosten 1 + Fertigungsgemeinkosten 2) als Bezugsgröße verwendet.
Von der Gesamtleistung der Hilfskostenstelle Fuhrpark in Höhe von 58 h gehen 30 h an die Materialstelle, 10 h an die Fertigung 1, 4 h an die Fertigung 2 und 6 h an Vw&Vt. Die restlichen 8 h stellen Eigenverbrauch dar.

Aufgabenstellung:

a) Ermitteln Sie die Zuschlags- und Verrechnungssätze der Hauptkostenstellen!
b) Ermitteln Sie die Selbstkosten eines Auftrags mit folgenden Angaben: Fertigungsmaterial: 30.000; Fertigungslöhne in Fertigung 1: 2.000; benötigte h in Fertigung 2: 2.

Lösung:

a)

	Mat	F1	F2	Vw&Vt	FP
primäre Gemeinkosten	165.000	3.555.000	2.473.500	656.000	436.500
+/- Umlage Fuhrpark	261.900	87.300	34.920	52.380	-436.500
= ∑ Gemeinkosten	426.900	3.642.300	2.508.420	708.380	0
/ Bezugsgröße	1.000.000	3.000.000	3.000	10.577.620	0
= ZS/VS	42,69%	121,41%	836,14	6,70%	

b)

Fertigungsmaterial	30.000,00
+ Materialgemeinkosten	12.807,00
+ Fertigungslöhne in F1	2.000,00
+ Fertigungsgemeinkosten in F1	2.428,20
+ Fertigungsgemeinkosten in F2	1.672,28
= Herstellkosten	48.907,48
+ Verwaltungs- und Vertriebskosten	3.275,32
= Selbstkosten	52.182,80

Beispiel 5 (Innerbetriebliche Leistungsverrechnung)[457]

In einem Unternehmen existieren folgende Haupt- und Hilfskostenstellen:

	Hauptkostenstellen						
	Einkauf	Rahmenbau	Lackierei	Räderbau	Montage	Vertrieb	Verwaltung
primäre Gemeinkosten	264.000	205.200	161.700	93.900	152.000	108.100	250.000

[457] Vgl. Mayr (2015) S. 105 ff.

	Hilfskostenstellen		
	Gebäude	Arbeitsvorbereitung	Instandhaltung
primäre Gemeinkosten	278.200	124.600	175.700

Betreffend die Umlage der von den Hilfskostenstellen erbrachten innerbetrieblichen Leistungen liegen folgende Informationen vor:

	Gebäude	Arbeitsvorbereitung	Instandhaltung
Bezugsgröße	m^2	Stunden	Stunden
an andere Kostenstellen abgegebene Bezugsgrößenmengen	2.400	3.050	4.476

		empfangende Kostenstellen									
		Gebäude	Arbeitsvorbereitung	Instandhaltung	Einkauf	Rahmenbau	Lackiererei	Räderbau	Montage	Vertrieb	Verwaltung
leistende Kostenstellen	Gebäude (m^2)		80	140	300	680	300	160	480	60	200
	Instandhaltung (h)	346				1.270	1.400	640	820		
	Arbeitsvorbereitung (h)					1.080	270	580	1.120		

Aufgabenstellung:
Führen Sie eine exakte Umlage der Hilfskostenstellen auf die Hauptkostenstellen durch (innerbetriebliche Leistungsverrechnung)!

Lösung:

$GEB = 278.200 + 346 / 4.476 \cdot IN$

$IN = 175.700 + GEB \cdot 140 / 2.400$

$GEB = 293.103{,}49$

$VS_{GEB} = 122{,}13$

$IN = 192.797{,}70$

$VS_{IN} = 43{,}07$

$VS_{AV} = 44{,}06$

Hilfskostenstelle	Gebäude	Arbeitsvorbereitung	Instandhaltung
primäre Gemeinkosten	278.200,00	124.600,00	175.700,00
Umlage Gebäude	−293.103,49	9.770,12	17.097,70
Umlage Instandhaltung	14.903,49	0,00	−192.797,70
Umlage Arbeitsvorbereitung	0,00	−134.370,12	0,00
Gemeinkosten	0,00	0,00	0,00

Hauptkostenstelle	Einkauf	Rahmenbau	Lackierei	Räderbau	Montage	Vertrieb	Verwaltung
primäre Gemeinkosten	264.000,00	205.200,00	161.700,00	93.900,00	152.000,00	108.100,00	250.000,00
Umlage Gebäude	36.637,94	83.045,99	36.637,94	19.540,23	58.620,70	7.327,59	24.425,29
Umlage Instandhaltung	0,00	54.703,55	60.303,12	27.567,14	35.320,40	0,00	0,00
Umlage Arbeitsvorbereitung	0,00	47.580,24	11.895,06	25.552,35	49.342,47	0,00	0,00
Gemeinkosten	300.637,94	390.529,78	270.536,12	166.559,73	295.283,57	115.427,59	274.425,29

Beispiel 6 (Simultanansatz)[458]

Die Technodat GmbH stellt Messinstrumente für die Nahrungsmittelindustrie her. Im Rahmen der monatlichen Kostenstellenrechnung wird ein Betriebsabrechnungsbogen (BAB) erstellt. Die erste Phase mit der Verteilung der primären Gemeinkosten auf die Kostenstellen ist bereits abgeschlossen und hat folgende Informationen geliefert:

Kostenstelle	Energieerzeugung	IT-Benutzerdienst	Servicewerkstatt	Materialstelle	Vormontage	Endmontage	Verwaltung u. Vertrieb
primäre Gemeinkosten	46.400	30.000	22.900	89.400	224.500	215.200	93.500

Die Gemeinkosten der drei Hilfskostenstellen werden nach folgenden Schlüsseln verteilt:

- Energieerzeugung nach der Stromabnahme in kWh;
- IT-Benutzerdienst nach der Zahl der installierten PC;
- Servicewerkstatt nach der Zahl der beanspruchten Reparaturstunden.

Betreffend die Inanspruchnahme der Leistungen der drei Hilfskostenstellen durch andere Kostenstellen liegen folgende Informationen vor:

Kostenstelle / bezogene Leistung	Energieerzeugung	IT-Benutzerdienst	Servicewerkstatt	Materialstelle	Vormontage	Endmontage	Verwaltung u. Vertrieb
Reparaturstunden	32	0	0	70	122	90	16
Stromabnahme (kwH)	0	0	47.000	80.000	160.000	150.000	53.000
PC	1	0	2	9	10	12	16

[458] Vgl. Joos (2014) S. 376.

Aufgabenstellung:
Führen Sie die innerbetriebliche Leistungsverrechnung durch und ermitteln Sie die Summe aus primären und sekundären Gemeinkosten aller Hauptkostenstellen!

Lösung:

Kostenstelle	Energie-erzeugung	IT-Benutzerdienst	Service-werkstatt	Material-stelle	Vormon-tage	End-montage	Verwaltung u. Vertrieb
primäre Gemeinkosten	46.400,00	30.000,00	22.900,00	89.400,00	224.500,00	215.200,00	93.500,00
+/- Umlage IT	600,00	-30.000,00	1.200,00	5.400,00	6.000,00	7.200,00	9.600,00
= Zwischen-summe	47.000,00	0,00	24.100,00	94.800,00	230.500,00	222.400,00	103.100,00
+/- Umlage E	-49.800,17	0,00	4.776,75	8.130,64	16.261,28	15.244,95	5.386,55
+/- Umlage S	2.800,17	0,00	-28.876,75	6.125,37	10.675,65	7.875,48	1.400,08
= SUMME	0,00	0,00	0,00	109.056,01	257.436,93	245.520,43	109.886,63

$E = 47.000 + S \cdot (32 / 330)$
$S = 24.100 + E \cdot (47.000 / 490.000)$
$E = 49.800,17$
$S = 28.876,75$
$VS_{IT} = 600$
$VS_E = 0,1016$
$VS_S = 87,5053$

Beispiel 7 (Stufenweise Deckungsbeitragsrechnung)[459]

Ein Betrieb erzeugt die Produkte A und B, welche die Produktgruppe I bilden und die Produkte C und D, die zur Produktgruppe II zusammengefasst sind.
Es liegen für die Planperiode folgende Informationen vor:

	Produktgruppe I		Produktgruppe II	
	Produkt A	Produkt B	Produkt C	Produkt D
Nettoerlös / Stück	700	800	600	500
variable Kosten / Stück	400	600	200	300
produzierte und abgesetzte Menge (in Stück)	1.000	2.000	3.000	1.000

Für das Produkt A fallen produktfixe Kosten in Höhe von 200.000 an, die durch ein spezielles Fertigungsverfahren entstehen.
Produkt C erhält eine dekorative Verpackung, wodurch Fixkosten in Höhe von 150.000 anfallen.
Beim Produkt D fallen aufgrund von Qualitätssicherungsmaßnahmen Fixkosten von 250.000 an.
Die Produkte A und B werden mit einem eigenen Fuhrpark ausgeliefert, wodurch Fixkosten in Höhe von 150.000 entstehen.

459 Vgl. Mayr (2015) S. 237 f.

Die Produkte C und D werden extra beworben, was Fixkosten in Höhe von 400.000 verursacht.

Die Unternehmensfixkosten betragen 350.000

Aufgabenstellung:

Ermitteln Sie den Periodenerfolg mit einer mehrstufigen Deckungsbeitragsrechnung und interpretieren Sie Ihr Ergebnis!

Lösung:

	Produktgruppe I		Produktgruppe II	
	Produkt A	Produkt B	Produkt C	Produkt D
Nettoerlös / Stück	700	800	600	500
– variable Kosten / Stück	400	600	200	300
= Deckungsbeitrag / Stück	300	200	400	200
• produzierte und abgesetzte Menge (in Stück)	1.000	2.000	3.000	1.000
= Deckungsbeitrag I	300.000	400.000	1.200.000	200.000
– produktfixe Kosten	200.000		150.000	250.000
= Deckungsbeitrag II	100.000	400.000	1.050.000	–50.000
= SUMME Deckungsbeitrag II	500.000		1.000.000	
– produktgruppenfixe Kosten	150.000		400.000	
= Deckungsbeitrag III	350.000		600.000	
= SUMME Deckungsbeitrag III	950.000			
– unternehmensfixe Kosten	350.000			
= Periodenerfolg	600.000			

Beispiel 8 (Periodenerfolgsrechnung)

Auf einem Bio-Bauernhof werden Torten für den wöchentlichen Markt hergestellt. Für die zu planenden Monate November und Dezember stehen nachfolgende Informationen zur Verfügung:

Aufgrund der ersten Bestellungen und der Erfahrungswerte der letzten Jahre wird mit einem Absatz von 150 Stk. im November und 190 Stk. im Dezember gerechnet. Die Verwaltung wird konstant 400 pro Monat verursachen.

Für die Herstellung werden im November variable Herstellkosten von 12 pro Stk. veranschlagt. Da im Dezember der Eier-Lieferant gewechselt wird, werden die variablen Herstellkosten um 1 pro Stk. reduziert werden können. Die fixen Herstellkosten betragen im November 750. Aufgrund einer Küchen-Neuanschaffung werden sich die fixen Herstellkosten im Dezember auf 900 erhöhen.

Es wird mit einer Produktion von 180 Stk. im November und 170 Stk. im Dezember gerechnet.

Da die Torten aufwändig verpackt werden, wird im November mit variablen Vertriebskosten von 4 pro Stk. kalkuliert. Im Dezember wird jedes Jahr spezielles Weihnachtspapier für die Verpackung herangezogen, daher muss gegenüber November mit 25% höheren variablen Vertriebskosten gerechnet werden. Die fixen Vertriebskosten belaufen sich auf 200 pro Monat.

Im Vertrieb hält man sich streng an das FIFO-Verfahren, weiters gab es Ende Oktober keine Torten auf Lager.

Der Preis wird im November mit 30 pro Stk. geplant; da im Dezember mit höherer Konkurrenz zu rechnen ist, geht man von einem Preis von 25 pro Stk. aus.

Aufgabenstellung:

a) Ermitteln Sie den Periodenerfolg nach dem Gesamt- und dem Umsatzkostenverfahren auf Basis der Vollkostenrechnung!

b) Ermitteln Sie den Periodendeckungsbeitrag und -erfolg nach dem Gesamt- und dem Umsatzkostenverfahren auf Basis der Teilkostenrechnung!

c) Begründen Sie etwaige Unterschiede des Periodenergebnisses zwischen dem Gesamt- und dem Umsatzkostenverfahren bzw. zwischen der Voll- und der Teilkostenrechnung!

Lösung:

a)

Gesamtkostenverfahren auf Vollkostenbasis:

	Nov.	Dez.
Erlöse	4.500 (= 150 • 30)	4.750 (= 190 • 25)
+/– Bestandsveränd.	485 [= 30 • • (12 + 750 / 180)]	–322 [= –30 • (12 + 750 / 180) + + 10 • (11 + 900 / 170)]
– HK der prod. Menge	2.910 [= 180 • • (12 + 750 / 180)]	2.770 [= 170 • (11 + 900 / 170)]
– Vertriebskosten	800 (= 200 + 4 • 150)	1.150 (= 200 + 4 • 1,25 • 190)
– Verwaltungskosten	400	400
= Periodenerfolg	875	108

Umsatzkostenverfahren auf Vollkostenbasis:

	Nov.	Dez.
Erlöse	4.500	4.750
– HK der abg. Menge	2.425 [= 150 • (12 + + 750 / 180)]	3.092 [= 30 • (12 + 750 / 180) + + 160 • (11 + 900 / 170)]
– Vertriebskosten	800	1.150
– Verwaltungskosten	400	400
= Periodenerfolg	875	108

b)

Gesamtkostenverfahren auf Teilkostenbasis:

	Nov.	Dez.
Erlöse	4.500	4.750
+/– Bestandsveränderungen	360 (= 30 • 12)	–250 (= –30 • 12 + 10 •11)
– var. HK der prod. Menge	2.160 (= 180 • 12)	1.870 (= 170 • 11)
– var. Vertriebskosten	600 (= 4 • 150)	950 (= 4 • 1,25 • 190)
= Periodendeckungsbeitrag	2.100	1.680
– fixe Herstellkosten	750	900
– fixe Vertriebskosten	200	200
– Verwaltungskosten	400	400
= Periodenerfolg	750	180

Umsatzkostenverfahren auf Teilkostenbasis:

	Nov.	Dez.
Erlöse	4.500	4.750
– var. HK der abg. Menge	1.800 (= 12 • 150)	2.120 (= 12 • 30 + 11 • 160)
– var. Vertriebskosten	600	950
= Periodendeckungsbeitrag	2.100	1.680
– fixe Herstellkosten	750	900
– fixe Vertriebskosten	200	200
– Verwaltungskosten	400	400
= Periodenerfolg	750	180

c) Vollkosten- und Teilkostenrechnung im Vergleich

Die mit Vollkosten bewerteten Bestandserhöhungen umfassen auch anteilige Fixkosten. Deshalb ist der Periodenerfolg bei einer Vollkostenrechnung im Falle von Bestandserhöhungen höher als in einer Teilkostenrechnung. Umgekehrt werden in einer Vollkostenrechnung im Falle von Bestandsminderungen auch anteilige Fixkosten aus Vorperioden abgezogen, weshalb der Periodenerfolg dann niedriger ist als in einer Teilkostenrechnung.

Beispiel 9 (Break-Even-Analyse)[460]

Eine Einzelhandelskette hat die Chance, ein neues Geschäft im Stadtzentrum zu eröffnen. Für den Geschäftsbetrieb wären vier Verkäufer/innen erforderlich. Die fixen Personalkosten pro Verkäufer/in betragen 20.000 pro Jahr. Weiters wird mit einer Verkaufsprovision von 2% des Umsatzes kalkuliert. Die Waren werden mit einem Aufschlag von 100% verkauft. Die fixen Kosten für Geschäftsmiete, Werbung, Versicherung, Zinsen etc. belaufen sich auf 160.000 pro Jahr.

Aufgabenstellung:

a) Ermitteln Sie den jährlichen Break-Even-Umsatz für das neue Geschäftslokal.
b) Welcher Umsatz wäre notwendig, um eine Umsatzrendite (Periodenerfolg • • 100 / Umsatz) von 4% zu erreichen?
c) Welcher Periodenerfolg würde erzielt, wenn pro Jahr Waren mit einem Einkaufswert von 300.000 eingekauft und mit einem durchschnittlichen Aufschlag von 120% verkauft würden? Provisionsregelung und Fixkosten bleiben unverändert.

Lösung:

a) gesamte Fixkosten = 240.000
$240.000 = E_{BE} - (0{,}5 \cdot E_{BE} + 0{,}02 \cdot E_{BE})$
$240.000 = 0{,}48 \cdot E_{BE}$
$E_{BE} = 500.000$

b) $G / E = 0{,}04$
$0{,}04 \cdot E = E - 240.000 - 0{,}5 \cdot E - 0{,}02 \cdot E$
$240.000 = 0{,}44 \cdot E$
$E = 545.454{,}55$

c) $G = 300.000 \cdot (1 + 1{,}2) - 240.000 - 300.000 - 0{,}02 \cdot 300.000 \cdot (1 + 1{,}2)$
$G = 106.800$

Beispiel 10 (Break-Even-Analyse)[461]

Die Nicke GmbH produziert Sportschuhe in China. Je Paar Schuhe fallen umgerechnet 11 an variablen Materialkosten und 4 an variablen Fertigungskosten an. Im vergangenen Monat wurden 6.000 Paare Schuhe hergestellt und verkauft. Die Fixkosten belaufen sich auf 150.000 pro Monat. In diesen Fixkosten sind nicht zahlungswirksame Kosten (kalkulatorische Abschreibungen, kalkulatorische Eigenkapitalzinsen etc.) in Höhe von 30.000 enthalten. Der Verkaufspreis pro Paar liegt bei 55.

Aufgabenstellung:

a) Ermitteln Sie den Break-Even-Punkt des Unternehmens!
b) Ermitteln Sie den Sicherheitskoeffizienten für den vergangenen Monat!
c) Berechnen Sie den Liquiditätspunkt des Unternehmens!

---

460 Vgl. Mayr (2015) S. 243.
461 Vgl. Joos (2014) S. 380.

Lösung:

a) Break-Even-Punkt = 150.000 / (55 – 11 – 4) = 3.750
b) Sicherheitskoeffizient = (6.000 – 3.750) / 6.000 = 37,5 %
c) Liquiditätspunkt = (150.000 – 30.000) / (55 – 11 – 4) = 3.000

Beispiel 11 (Programmplanung)[462]

Ein Unternehmen hat fünf Produktarten für das Produktions- und Absatzprogramm vorgesehen. Verkaufspreise und variable Stückkosten werden für die Planungsperiode als konstant angenommen.
Die Produktion wird durch eine Engpassstelle begrenzt. Es gelten folgende Daten für die Planung:

Produktart	Absatzhöchstmenge (Stück / Monat)	Verkaufspreis / Stück	var. Selbstkosten / Stück	Engpassbelastung (Min. / Stück)
1	10.000	35,00	20,00	5
2	15.000	30,00	20,00	2
3	20.000	27,60	15,00	3
4	12.000	20,50	10,00	3
5	10.000	16,00	8,00	4

Die Engpasskapazität (Fertigung) beläuft sich auf 156.000 Minuten.

Aufgabenstellung:

a) Ermitteln Sie das gewinnoptimale Produktions- und Absatzprogramm und den damit erzielbaren Deckungsbeitrag!
b) Wo liegt die Preisuntergrenze eines Zusatzauftrags, für den folgende Daten gelten:
Var. Selbstkosten: 8 / Stück
Engpassbelastung: 1,5 Minuten / Stück
Stückzahl: 2.000 Stück

Lösung:

a)

Produktart	Verkaufspreis / Stück	var. Selbstkosten / Stück	DB / Stück	Engpassbelastung (Min. / Stück)	rel. DB	Rang
1	35,00	20,00	15,00	5	3,00	4
2	30,00	20,00	10,00	2	5,00	1
3	27,60	15,00	12,60	3	4,20	2
4	20,50	10,00	10,50	3	3,50	3
5	16,00	8,00	8,00	4	2,00	5

462 Vgl. Mayr (2015) S. 249 f.

Produkt-art	Stück	Engpass-belastung (Min. / Stück)	Engpass-belastung (Min.)	Restkapazität	DB / Stück	ges. DB
2	15.000	2	30.000	126.000	10,00	150.000
3	20.000	3	60.000	66.000	12,60	252.000
4	12.000	3	36.000	30.000	10,50	126.000
1	6.000	5	30.000	0	15,00	90.000
5	0	4	0	0	8,00	0
					SUMME	618.000

b)

variable Kosten	16.000
+ Opportunitätskosten	9.000
= PUG des Auftrages	25.000
/ Stückzahl	2.000
= PUG / Stück	12,50

Beispiel 12 (Programmplanung)[463]

Ein Betrieb stellt drei verschiedene Produkte her: A1, A2 und A3. Diese Produkte müssen im Zuge des Fertigungsprozesses über eine Spezialmaschine laufen, die Monatsfixkosten von 200.000 verursacht und eine monatliche Fertigungszeit von 200 Stunden ermöglicht. Folgende zusätzliche Informationen stehen Ihnen zur Verfügung:

Produkt	Preis	var. Kosten / Stk.	Minuten / Stück
A1	400	200	20
A2	350	250	5
A3	450	285	15

Für das Produkt A1 besteht eine vertraglich gebundene Lieferungszusage von 120 Stück pro Monat. Die monatlich maximal absetzbaren Mengen betragen für A1 1.500 Stück, für A2 1.800 Stück und für A3 3.500 Stück.

Aufgabenstellung:

a) Ermitteln Sie das gewinnoptimale Programm und den dabei erzielbaren Deckungsbeitrag!

b) Wie hoch dürfte Ihrer Meinung nach eine fällige Konventionalstrafe maximal sein, wenn Sie die Lieferzusage für das Produkt A1 kündigen, unter der Bedingung, dass die freiwerdenden Kapazitäten anderweitig genutzt werden können (die maximal absetzbaren Mengen bleiben bestehen)?

463 Vgl. Mayr (2015) S. 238 f.

Lösung:

a)

Mindestmenge von A1:	120	Stück
Kapazitätsangebot:	12.000	Minuten
Kapazitätsnachfrage:	91.500	Minuten

Produkt	Preis	var. Kosten / Stk.	DB / Stk.	DB / Min.	Rang
A1	400	200	200	10	3
A2	350	250	100	20	1
A3	450	285	165	11	2

Produkt	Stück	Min.	Restkapazität	DB
			12.000	
A1 (Mind.)	120	2.400	9.600	24.000
A2	1.800	9.000	600	180.000
A3	40	600	0	6.600
				210.600 Gesamt-DB

b)

DB-Steigerung	26.400
– DB-Verminderung	24.000
= max. Konventionalstrafe	2.400

Beispiel 13 (Programmplanung)

In einem Betrieb werden fünf verschiedene Typen von Plastikbehältern auf derselben Fertigungsanlage hergestellt. Die Produktions-, Erlös- und Kostendaten für die abgelaufene Periode sind in der folgenden Tabelle zusammengestellt:

	A	B	C	D	E
Verkaufspreis / Stk.	8	10	5	4	12
var. Kosten / Stk.	6	7	2	2	8
Maschinenbelegung / Stk. (Min.)	2	3	2	1	3
Produktions- und Absatzmenge (Stk.)	12.000	9.000	22.000	25.000	10.000

An Fixkosten sind in der Periode insgesamt 150.000 entstanden.

Aufgabenstellung:

a) Ermitteln Sie den Periodenerfolg der abgelaufenen Periode in Form einer einstufigen Deckungsbeitragsrechnung!

b) Im Betrieb soll die Produktion in der kommenden Periode vorübergehend ausgeweitet werden, da nach allen Produkten kurzfristig eine größere Nachfrage besteht. Bei jedem Produkt sollen jedoch mindestens die Produktions- und Absatzmengen der abgelaufenen Periode (siehe oben) weiter hergestellt und verkauft werden. Die Produktionskapazität der Fertigungsanlage ist begrenzt und beträgt 180.000 Minuten je Periode. Eine Kapazitätserweiterungsinvestition ist nicht geplant.

Welche Produkte sollen in der kommenden Periode in welcher Menge hergestellt und abgesetzt werden, wenn der Markt die folgenden Maximalmengen aufnehmen kann:

	A	B	C	D	E
maximale Absatzmenge (Stk.)	15.000	15.000	30.000	35.000	20.000

Ermitteln Sie den Periodenerfolg der kommenden Periode!

Lösung:

a)

Einstufige Deckungsbeitragsrechnung:

	A	B	C	D	E
Verkaufspreis	8	10	5	4	12
– variable Kosten / Stk.	6	7	2	2	8
= Deckungsbeitrag / Stk.	2	3	3	2	4
• Menge	12.000	9.000	22.000	25.000	10.000
= Periodendeckungsbeiträge	24.000	27.000	66.000	50.000	40.000
∑ Periodendeckungsbeitrag			207.000		
– Fixkosten			150.000		
= Periodenergebnis			57.000		

b)

Rangfolgenermittlung:

	A	B	C	D	E
DB / Stk	2,00	3,00	3,00	2,00	4,00
Min. / Stk	2,00	3,00	2,00	1,00	3,00
relativer Deckungsbeitrag	1,00	1,00	1,50	2,00	1,33
Rang	4	4	2	1	3

Programmplanung:

Produkt	zusätzliche Absatzmenge	Minuten	Restkapazität
			30.000
D	10.000,00	10.000	20.000
C	8.000,00	16.000	4.000
E	1.333,00	4.000	0

Periodenerfolg:

Produkt	A	B	C	D	E
Absatzmenge alt (Stk.)	12.000,00	9.000,00	22.000,00	25.000,00	10.000,00
zusätzliche Absatzmenge (Stk.)			8.000,00	10.000,00	1.333,00
Produktions- und Absatzmenge	12.000,00	9.000,00	30.000,00	35.000,00	11.333,00
Deckungsbeiträge	24.000,00	27.000,00	90.000,00	70.000,00	45.332,00

Periodendeckungsbeitrag	256.332,00
– Fixkosten	150.000,00
= Periodenergebnis	106.332,00

Beispiel 14 (Verfahrensvergleich)

Ein Produkt XY kann auf drei verschiedenen Maschinen gefertigt werden. Auf jeder der drei Maschinen können in einem Monat jeweils 10.000 Stück des Produktes XY gefertigt werden.

Maschine A verursacht im Falle einer Fertigung von Produkt XY sprungfixe Kosten in Höhe von 80.000 pro Monat und variable Stückkosten von 7.

Maschine B verursacht im Falle einer Fertigung von Produkt XY sprungfixe Kosten von 20.000 pro Monat und variable Stückkosten von 20.

Maschine C verursacht im Falle einer Fertigung von Produkt XY sprungfixe Kosten von 50.000 pro Monat. Bei einer Ausbringung bis 4.500 Stück fallen variable Stückkosten von 5 an, jedes weitere Stück verursacht bereits variable Kosten von 20.

Aufgabenstellung:

Geben Sie in übersichtlicher Weise an, für welche monatlichen Produktionsintervalle (1 bis 10.000 Stück) welche der drei Maschinen die jeweils günstigste ist, wenn aus produktionstechnischen Gründen nur auf jeweils einer der drei Maschinen produziert werden soll!

Lösung:

Maschine A: $K = 80.000 + 7 \cdot x$ [1 bis 10.000]
Maschine B: $K = 20.000 + 20 \cdot x$ [1 bis 10.000]
Maschine C: $K = 50.000 + 5 \cdot x$ [1 bis 4.500]
$K = 20 \cdot x - 17.500$ [4.500 bis 10.000]

Stück	A	B	C
1	80.007,00	**20.020,00**	50.005,00
4.500	111.500,00	110.000,00	**72.500,00**
10.000	**150.000,00**	220.000,00	182.500,00

1) $20.000 + 20 \cdot x = 50.000 + 5 \cdot x$
$x = 2.000$

2) $80.000 + 7 \cdot x = 20 \cdot x - 17.500$
$x = 7.500$

1 bis 2.000	B
2.000 bis 7.500	C
7.500 bis 10.000	A

Beispiel 15 (Stufenweise Grenzkostenrechnung)

Sie sind Controller/in eines Industriebetriebs, der emailierte Warmwasserboiler und verzinkte Abfallbehälter herstellt. Beide Produktgruppen werden in den Größen Large und Small produziert. Aufgrund mangelnder Nachfrage nach Abfallbehältern wird überlegt, Teile der Produktion temporär für das nächste Quartal stillzulegen. Folgende Quartalsdaten erhalten Sie aus dem Rechnungswesen:

	Boiler Small	Boiler Large	Abfallbehälter Small	Abfallbehälter Large
Nettostückpreis	1.000	2.000	600	1.500
variable Kosten / Stück	400	800	400	800
Geplante Absatzmenge	10.000	8.000	2.000	700
produktfixe Kosten	2.000.000	4.000.000	400.000	1.000.000
gruppenfixe Kosten	4.600.000		2.500.000	
unternehmensfixe Kosten	1.000.000			

Es wird geschätzt, dass im Falle einer Produktionseinstellung 50% der Fixkosten sofort, 30% nach einem halben Quartal und der Rest erst nach einem Quartal abgebaut werden können.
Die Kosten für den Kapazitätsabbau und -wiederaufbau werden wie folgt geschätzt:

	Boiler Small	Boiler Large	Abfallbehälter Small	Abfallbehälter Large
produktfixe Kosten				
sofort	0	10.000	5.000	0
1/2 Quartal	125.000	200.000	50.000	75.000
1 Quartal	300.000	400.000	25.000	30.000
gruppenfixe Kosten				
sofort	100.000		800.000	
1/2 Quartal	400.000		400.000	
1 Quartal	400.000		40.000	
unternehmensfixe Kosten				
sofort	200.000			
1/2 Quartal	1.000.000			
1 Quartal	300.000			

Aufgabenstellung:

a) Berechnen Sie bei Produktionsfortführung den Periodenerfolg mittels einer stufenweisen Deckungsbeitragsrechnung!

b) Entscheiden Sie auf der Basis einer stufenweisen Grenzkostenrechnung, ob Produkte bzw. Produktgruppen im nächsten Quartal temporär stillgelegt werden sollen. Welcher Periodenerfolg ist zu erwarten?

c) Es herrscht gerade Wahlkampf und der Bürgermeister der Gemeinde befürchtet bei Stilllegung einen erheblichen Stimmenverlust. Aus diesem Grund fragt er Sie, ob durch eine einmalige nicht zurückzahlbare Subvention von einer temporären Betriebsschließung abgesehen werden könnte. Wie hoch muss der Subventionsbetrag mindestens sein, damit Sie das nächste Quartal weiterhin produzieren?

Lösung:

a)

	Boiler Small	Boiler Large	Abfallbehälter Small	Abfallbehälter Large
Nettoerlöse	10.000.000	16.000.000	1.200.000	1.050.000
– variable Kosten	4.000.000	6.400.000	800.000	560.000
= DB I	6.000.000	9.600.000	400.000	490.000
– produktfixe Kosten	2.000.000	4.000.000	400.000	1.000.000
= DB II	4.000.000	5.600.000	0	–510.000
∑ DB II	9.600.000		–510.000	
– gruppenfixe Kosten	4.600.000		2.500.000	
= DB III	5.000.000		–3.010.000	
∑ DB II	1.990.000			
– unternehmensfixe Kosten	1.000.000			
= Periodenerfolg	990.000			

b)

	Boiler Small	Boiler Large	Abfallbehälter Small	Abfallbehälter Large
DB I	6.000.000	9.600.000	400.000	490.000
– NKAW Produkte	1.175.000	2.390.000	205.000	575.000
= EDB I	4.825.000	7.210.000	195.000	**–85.000**
∑ EDB I	12.035.000		195.000	
– NKAW Produktgruppen	2.490.000		450.000	
= EDB II	9.545.000		**–255.000**	
∑ EDB II	9.545.000			
– NKAW Unternehmen	300.000			
= EDB III	9.245.000			

Periodenerfolg alt	990.000
– verlorene Deckungsbeiträge (AS und AL)	890.000
+ netto eingesparte Fixkosten	
Produktebene	780.000
Produktgruppenebene	450.000
= Periodenerfolg neu	1.330.000

c)
Die Stilllegung führt zu einer Ergebnisverbesserung von 340.000 (= 1.330.000 – 990.000 bzw. 85.000 + 255.000). Daher müsste die Subvention zumindest in eben dieser Höhe gewährt werden.

Beispiel 16 (Budgetierung)[464]

Ein Einzelunternehmen weist für das Geschäftsjahr 20X8 folgende Planungswerte auf:

Erlöse/Einzahlungen:

Umsatz	120.000.000
Reduktion der Lieferforderungen	2.000.000

Aufwendungen/Auszahlungen:

Materialverbrauch	58.000.000
Materialeinkauf	60.000.000
Personalaufwand	26.000.000
Abschreibungen	5.000.000
sonstiger Aufwand	20.000.000
Fremdkapitalzinsen	1.000.000
Investitionen	7.000.000
Darlehensrückzahlung	2.000.000
keine Privatentnahmen	
keine Veränderung bei den Lieferverbindlichkeiten	
keine Veränderungen bei den sonstigen Verbindlichkeiten	

Die hochgerechnete Schlussbilanz des Jahres 20X7 zeigt folgendes Bild:

Aktiva		Passiva	
Anlagevermögen	26.000.000	Eigenkapital	28.000.000
Materialvorräte	20.000.000	Bankverbindlichkeiten	20.000.000
Lieferforderungen	12.000.000	Lieferverbindlichkeiten	9.000.000
liquide Mittel	2.000.000	sonstige Verbindlichkeiten	3.000.000
SUMME	60.000.000	SUMME	60.000.000

464 Vgl. Eisl et al (2015) S. 50 f.

Steuern sind im Zuge der Budgetierung nicht zu berücksichtigen.
Der Cashflow aus der Geschäftstätigkeit ist im Rahmen der Plan-Kapitalflussrechnung indirekt zu ermitteln. Die Fremdkapitalzinsen sind dem Cashflow aus der Geschäftstätigkeit anzulasten.

Aufgabenstellung:

Erstellen Sie die Plan-GuV, eine Plan-Bilanz sowie eine Plan-Kapitalflussrechnung für das Jahr 20X8!

Lösung:

Plan-GuV:

Umsatz	120.000.000
– Materialverbrauch	58.000.000
– Personalaufwand	26.000.000
– Abschreibungen	5.000.000
– sonstiger Aufwand	20.000.000
– Fremdkapitalzinsen	1.000.000
= Jahresüberschuss	10.000.000

Plan-Kapitalflussrechnung:

Jahresüberschuss	10.000.000
+ Abschreibungen	5.000.000
+ Abnahme Lieferforderungen	2.000.000
– Zunahme Materialvorräte	–2.000.000
= Cashflow aus der Geschäftstätigkeit	15.000.000
– Cashflow aus der Finanzierungstätigkeit	–2.000.000
– Cashflow aus der Investitionstätigkeit	–7.000.000
= Veränderung liquide Mittel	6.000.000

Plan-Bilanz:

Aktiva		Passiva	
Anlagevermögen	28.000.000	Eigenkapital	38.000.000
Materialvorräte	22.000.000	Bankverbindlichkeiten	18.000.000
Lieferforderungen	10.000.000	Lieferverbindlichkeiten	9.000.000
liquide Mittel	8.000.000	sonstige Verbindlichkeiten	3.000.000
SUMME	68.000.000	SUMME	68.000.000

Beispiel 17 (Plan-Kapitalflussrechnung)

Für das Geschäftsjahr 20X8 liegen folgende Zahlenwerte (in 1.000) eines kleinen Unternehmens vor:

- Jahresüberschuss: 130
- Abschreibungen: 240
- Abnahme Vorräte: 250
- Zunahme Forderungen: 90
- Abnahme von kurzfristigen Rückstellungen: 120
- Zunahme von Lieferverbindlichkeiten: 160
- Dividendenausschüttung an die Anteilseigner: 40
- Kauf von Maschinen: 250
- Tilgung eines Bankkredits: 300

Aufgabenstellung:

Erstellen Sie für obige Angaben eine Plan-Kapitalflussrechnung nach dem Aktivitätsformat auf Basis des Fonds „Liquide Mittel"!

Lösung:

Jahresüberschuss	+130	
Abschreibung	+240	
Abnahme Vorräte	+250	
Zunahme Forderungen	–90	
Abnahme kurzfristige Rückst.	–120	
Zunahme der Lieferverb.	+160	
operativer CF	+570	+570
Kauf von Maschinen	–250	
Investitions-CF	–250	–250
Tilgung Bankkredit	–300	
Zahlung Dividende	–40	
Finanzierungs-CF	–340	–340
Veränderung „Liquide Mittel"		–20

Beispiel 18 (Grenzplankostenrechnung)

Die Fertigungskostenstelle einer Unternehmung wies für Jänner 20X7 u.a. die folgenden variablen Plan- und Istkosten aus:

Kostenart	variable Plankosten	variable Istkosten
leistungsabhängige Abschreibungen	180.000	96.000
sonstige variable Gemeinkosten	490.000	395.200

Beide Kostenarten sind stückabhängig. Im Ist konnten 75% der geplanten Stückzahl bearbeitet werden.

Es liegen folgende Zusatzinformationen vor:

- Der Wiederbeschaffungswert der Anlagen sank um durchschnittlich 20%.
- Das Preisgerüst der sonstigen Gemeinkosten stieg im Durchschnitt um 4%.

Aufgabenstellung:

Ermitteln Sie die Preis- und Verbrauchsabweichungen der beiden angeführten Kostenarten!

Lösung:

Beschäftigungsgrad = 75%

	PM • PP	VA	IM • PP	PA	IM • IP
Abschreibungen	135.000	15.000	120.000	24.000	96.000
sonstige Gemeinkosten	367.500	−12.500	380.000	−15.200	395.200

Beispiel 19 (Grenzplankostenrechnung)

Ein Betrieb erzeugt die Produkte A und B. Die variablen Gemeinkosten der Fertigungsstelle F1 für den Monat Jänner sind wie folgt geplant:

Fertigungslöhne	100.000
lohnabhängige Kosten	50.000
Stromkosten	35.000
sonstige Kosten	40.000

Anstatt der geplanten 500 Mh wurden tatsächlich 520 Mh geleistet.

Bei der Ist-Kostenerfassung in der Fertigungsstelle F1 wird festgestellt, dass ab Beginn des Monats Jänner Abweichungen von den Planwerten aufgrund folgender Sachverhalte eingetreten sind:

- Bei den Löhnen kam es zu einer unerwarteten Erhöhung des Kollektivvertragstarifs um 5%. Die Ist-Löhne für den Monat Jänner betrugen 111.300.
- Der Satz der lohnabhängigen Kosten erhöhte sich gegenüber dem Plan um 10 Prozentpunkte.
- Durch Optimierung der Maschinenstundenbelegung konnte der Ist-Verbrauch an Strom gegenüber dem Plan um 5% gesenkt werden. Die tatsächlichen variablen Stromkosten betrugen für Jänner 34.573.
- Bei den sonstigen Kosten erhöhte sich der Verbrauch um 6.170. Weiters gab es eine nicht geplante Preiserhöhung um 10%.

Für die Produkte A und B ergibt eine Gegenüberstellung der Plan- mit den Ist-Werten folgendes Bild:

Produkt	geplante Produktionsmenge (in Stk.)	tatsächliche Produktionsmenge (in Stk.)	Planintensität (Mh / Stk.)
A	300	385	0,6
B	400	340	0,8

Aufgabenstellung:

a) Ermitteln Sie kostenartenweise die Preis- und Verbrauchsabweichungen der Fertigungsstelle 1 zu variablen Kosten!

b) Berechnen Sie die Intensitätsabweichung zu variablen Kosten der Fertigungsstelle 1 für Jänner!

Lösung:

a)

	BPK	PM • PP	VA	IM • PP	PA	IM • IP
Fertigungslöhne	100.000	104.000	−2.000	106.000	−5.300	111.300
lohnabhängige Kosten	50.000	52.000	−3.650	55.650	−11.130	66.780
Stromkosten	35.000	36.400	1.820	34.580	7	34.573
sonstige Kosten	40.000	41.600	−6.170	47.770	−4.777	52.547
SUMME	225.000	234.000	−10.000	244.000	−21.200	265.200

Fertigungslöhne:

IP = PP • 1,05

PP = IP / 1,05

IM • IP = 111.300

IM • PP = IM • IP / 1,05 = 111.300 / 1,05 = 106.000

lohnabhängige Kosten:

IM • PP = 111.300 • 0,5 = 55.650

IM • IP = 111.300 • 0,6 = 66.780

Stromkosten:

PM • PP = 36.400

IM = PM • 0,95

IM • PP = PM • 0,95 • PP = 36.400 • 0,95 = 34.580

sonstige Kosten:

IM • PP = 47.770

IP = PP • 1,1

IM • IP = IM • PP • 1,1 = 47.770 • 1,1 = 52.547

b)

Planverrechnungssatz	450	(= 225.000 / 500)
Sollbeschäftigung A	231	(= 385 • 0,6)
Sollbeschäftigung B	272	(= 340 • 0,8)
gesamte Sollbeschäftigung	503	(= 231 + 272)
Intensitätsabweichung	−7.650	[= (503 − 520) • 450]

29 Glossar

Abschreibungen: Abschreibungen erfassen Wertminderungen des Anlage- und Umlaufvermögens. Bilanziell wird das abnutzbare Anlagevermögen in der Regel linear von den historischen Anschaffungs- bzw. Herstellungskosten abgeschrieben. Kalkulatorisch stehen mit der (arithmetisch oder geometrisch) degressiven Abschreibung sowie mit der leistungsabhängigen Abschreibung weitere Verfahren zur Verfügung, welche allerdings steuerrechtlich in der Regel nicht anerkannt werden. Weiters wird in der Kostenrechnung zumeist von kürzeren Nutzungsdauern ausgegangen und zwecks Vermeidung von Scheingewinnen mitunter vom Wiederbeschaffungswert abgeschrieben. Außerplanmäßige Abschreibungen werden in der Kostenrechnung als Wagniskosten berücksichtigt.

Abweichung höherer Ordnung (gemischte Abweichung): Abweichungen entstehen, wenn sich die Kosteneinflussgrößen nicht planmäßig entwickeln. Sind zwei Einflussgrößen (z.B. Preis, Menge) multiplikativ miteinander verknüpft und verändern sie sich, dann entsteht eine Abweichung höherer Ordnung, die auf der kombinierten Wirkung beider Einflussgrößen beruht.

Abweichungsanalyse: Zweck der Abweichungsanalyse ist es, Ursachen zu ermitteln, die dazu geführt haben, dass Planwerte und Istwerte voneinander abweichen.

Abzugskapital: Unter dem Abzugskapital versteht man zinslos zur Verfügung gestelltes Fremdkapital (z.B. Kundenanzahlungen), welches vom betriebsnotwendigen Vermögen abgezogen wird, um das betriebsnotwendige Kapital zur Berechnung der kalkulatorischen Zinsen zu erhalten.

Anderserlöse: Bei den Anderserlösen handelt es sich um Erlöse, denen buchhalterische Erträge in anderer Höhe gegenüberstehen (z.B. Bewertung von Bestandserhöhungen mit von den Herstellungskosten abweichenden Herstellkosten).

Anderskosten: Bei den Anderskosten handelt es sich um Kosten, denen Aufwendungen in anderer Höhe gegenüberstehen (z.B. kalkulatorische Abschreibungen).

Äquivalenzzahlenkalkulation: Bei der Äquivalenzzahlenkalkulation handelt es sich um eine einfache Form der Kostenträgerrechnung, bei der die Kosten ähnlicher Produkte mit Hilfe von Verhältniszahlen (Äquivalenzzahlen) ermittelt werden.

Balanced Scorecard (BSC): Die von Kaplan / Norton entwickelte Balanced Scorecard (BSC) ist ein strategisches Managementsystem und ein Steuerungskonzept. Primär wird sie als ein für die Strategieumsetzung geeignetes Instrument angesehen. Ihr Einsatz soll vor allem den strategischen Führungsprozess im Unternehmen unterstützen. Die BSC umfasst vier miteinander verknüpfte Perspektiven: die Finanz-, die interne Geschäftsprozess-, die Kunden- sowie die Lern- und Entwicklungsperspektive. Innerhalb dieser Perspektiven soll die Vision und Strategie auf allen Unternehmensebenen durch Ziele, Kennzahlen, Vorgaben und Maßnahmen kommuniziert, operationalisiert und umgesetzt werden. Damit wird die Verknüpfung der vier Perspektiven miteinander als auch mit der Vision und der Strategie sichergestellt.

Befundrechnung: Die Befundrechnung ist eine Methode zur Ermittlung des mengenmäßigen Materialverbrauchs. Zum Anfangsbestand werden die zugehenden Mengen addiert und der durch die Inventur ermittelte Endbestand subtrahiert. Die Differenz wird als Materialverbrauch der Periode angesehen.

Benchmarking: Beim Benchmarking werden Produkte und Dienstleistungen, Prozesse und wirtschaftliche Methoden über mehrere Branchen, Unternehmen und Unternehmensbereiche hinweg verglichen, um Unterschiede zum eigenen Unternehmen offenzulegen, die Gründe dieser Unterschiede aufzuzeigen und wettbewerbsorientierte Zielvorgaben zu ermitteln. Durch dieses „Über-den-Tellerrand-Blicken" werden Handlungsweisen erschlossen, die dem Unternehmen bislang noch nicht bekannt waren und in die eigenen Unternehmensprozesse überführt. Es lassen sich drei Formen unterscheiden: 1) Internes Benchmarking: In diesem Fall werden verschiedene Funktionsbereiche, Abteilungen und Sparten eines Unternehmens durch den Rückgriff auf unternehmensinterne Daten verglichen. Durch die Beschränkung auf das eigene Unternehmen ist die Sichtweise allerdings stark eingeschränkt. 2) Wettbewerbsorientiertes/horizontales Benchmarking: Hier orientiert man sich am erfolgreichsten Konkurrenten, wobei es vor allem um dessen Produkte und Geschäftsprozesse geht. Allerdings ist es oft schwierig, die relevanten Informationen zu beschaffen. 3) Funktionales/vertikales Benchmarking: Hier findet ein bereichs- und branchenübergreifender Unternehmensvergleich, vor allem einzelner Teil- und Funktionsbereiche, statt. Auch hier ist die Informationsbeschaffung schwierig, außerdem kann sich die Überführung der „Best Practice" in das eigene Unternehmen als problematisch erweisen.

Berichtswesen (Reporting): Das Berichtswesen stellt die wichtigste Kommunikationsbrücke zwischen Management und Controlling dar. Die wesentlichste Anforderung an das Berichtswesen ist die Entscheidungsunterstützung des Managements. Um dies zu gewährleisten, muss das Reporting 1) die Erfolgstreiber des Unternehmens abbilden, 2) am „objektiven" Informationsbedarf orientiert sein, 3) die Anforderungen der Controlling-Kunden berücksichtigen und 4) eine Ergebnis-, Abweichungs- und Maßnahmendiskussion unterstützen. In der Praxis resultieren Probleme vor allem aus einer zu starken Angebotsorientierung des Controllings („Welche Zahlen können wir liefern") anstelle einer Bedarfsorientierung („Welche Zahlen werden benötigt") sowie einer Arbeitsüberlastung des Controllings mit nicht wertschöpfenden Tätigkeiten wie Datensammlung, -prüfung und -aufbereitung. Als Folge daraus wird die angestrebte Beratungsfunktion für das Management mitunter zu schwach wahrgenommen.

Beschäftigung: Die Beschäftigung zeigt an, wie viel eine Kostenstelle leistet, sie wird durch die Bezugsgröße (z.B. Maschinenstunden, produzierte Stück) gemessen.

Beschäftigungsgrad: Der Beschäftigungsgrad drückt die Beziehung zwischen Istbeschäftigung und Voll- bzw. Planbeschäftigung in einem Prozentsatz aus. Er misst damit die tatsächliche Ausnutzung der vorhandenen bzw. verplanten Kapazität.

Betriebsüberleitung: Die Überleitung des Aufwands in Kosten erfolgt mittels eines Betriebsüberleitungsbogens (BÜB). In diesem wird nach zeitlicher und sachlicher Abgrenzung der neutrale Aufwand ausgeschieden und der verbleibende Zweckaufwand um die kalkulatorischen Kosten ergänzt, um so die gesamten Kosten der betrachteten Periode zu ermitteln. Da die amerikanische Kostenrechnung auf einem pagatorischen Kostenverständnis beruht und nicht zwischen Aufwand und Kosten unterscheidet, ist der Begriff der Betriebsüberleitung im Englischen weitestgehend unbekannt.

Blockumlageverfahren: Beim Blockumlageverfahren handelt es sich um ein nicht exaktes Verfahren der innerbetrieblichen Leistungsverrechnung, das gegenseitige Leistungsbeziehungen nicht berücksichtigt.

Break-Even-Menge: Die Break-Even-Menge kennzeichnet jene Produktions- und Absatzmenge, ab der ein Gewinn erzielt wird. Im Einproduktfall wird die Break-Even-Menge mittels Division der Fixkosten durch den Deckungsbeitrag pro Stück ermittelt.

Budget: Ein Budget wird primär zur Erfolgsplanung verwendet, um einer organisatorischen Einheit für einen bestimmten Zeitabschnitt mit einer vorher festgelegten Verbindlichkeit Ziele in Form von Kosten, Erlösen oder Erfolgen vorzugeben.

Budgetierung: Die Budgetierung kann als ein Prozess verstanden werden, der sämtliche Aktivitäten bei der Erstellung, Genehmigung, Durchsetzung und Anpassung des Budgets umfasst. Es wird in operative und strategische (wertorientierte) Budgetierung unterschieden: Die operative Budgetierung umfasst die vollständige mengen- und wertmäßige Zusammenfassung der erwarteten und/oder gewollten Entwicklung der Unternehmung in der zukünftigen Planungsperiode (in der Regel ein Jahr). Die strategische Budgetierung dagegen umfasst sämtliche Pläne zur Existenzsicherung, wobei in der Regel auf wertorientierte Controllinginstrumente (z.B. Economic Value Added, Cash Value Added, Cashflow Return On Investment) zurückgegriffen wird. Die geplanten (wertorientierten) Ziele beziehen sich auf einen Zeitraum von 1 bis 10 Jahren. Im Falle eines Top-down-Ansatzes werden die Budgets von der Geschäftsleitung nach unten weitergegeben. Werden die Budgets zuerst von den unteren Hierarchieebenen entwickelt und dann nach oben weitergegeben, spricht man von einem Bottom-up-Ansatz. Beim Gegenstromverfahren werden von der Geschäftsleitung grobe Rahmenvorgaben in einer ersten Runde nach unten kommuniziert und dann in einer zweiten Runde von unten nach oben weiterbearbeitet.

Controlling: Das Controlling ist die Aufgabe, die Unternehmensführung bei der Planung, Steuerung und Kontrolle durch eine koordinierende Informationsversorgung bestmöglich zu unterstützen.

Divisionskalkulation: Bei der Divisionskalkulation handelt es sich um ein einfaches Verfahren zur Ermittlung der Selbstkosten pro Stück. Bei diesem Verfahren werden die gesamten Kosten einer Periode ohne Unterteilung in Einzel- und Gemeinkosten durch die Anzahl der erzeugten Produkte dividiert. Bei der Ausprägung als mehrstufige Divisionskalkulation werden die Kosten nach Unternehmensbereichen getrennt.

Drifting Costs: Drifting Costs sind die Standardkosten bei der Zielkostenrechnung, also jene Plankosten, die unter Beibehaltung der momentanen Technologie- und Verfahrensstandards erreicht werden können.

Du Pont-Kennzahlensystem: Das Du Pont-Kennzahlensystem bildet in der Praxis häufig das Grundgerüst für ein umfassendes Controlling-System. Es ist als Rechensystem konzipiert und hat die Gestalt einer Kennzahlen-Pyramide. Als Spitzenkennzahl verwendet das Du Pont-System den Return on Investment (ROI), im deutschsprachigen Raum auch als (Gesamt-)Kapitalrentabilität bezeichnet. Durch eine Erweiterung der ROI-Formel mit dem Umsatz im Zähler und im Nenner werden die eigenständigen Kennzahlen Umsatzrentabilität sowie Kapitalumschlag gebildet, die dann weiter aufgegliedert werden.

Earnings before Interest and Taxes (EBIT): Das EBIT (Earnings before Interest and Taxes) ist das Ergebnis der betrieblichen Tätigkeit. Es gibt Aufschluss über die Ertragskraft aus der operativen Unternehmenstätigkeit, unabhängig von der zu Grunde liegenden Finanzierung und außerordentlichen Einflüssen.

Economic Value Added (EVA): Der EVA gibt den Betrag an, den ein Unternehmen über die gewichteten Kosten für das Eigen- und das verzinsliche Fremdkapital hinaus erwirtschaftet hat. Der EVA ist also ein Übergewinnkonzept, das den Gewinn nach Eigen- und Fremdkapitalkosten ausweist.

Einzelkosten: Bei Fehlen zusätzlicher Angaben versteht man unter Einzelkosten für gewöhnlich Kostenträgereinzelkosten. Diese sind Kosten, welche den Kostenträgern (z.B. Kundenaufträge) direkt zurechenbar sind, weil sie für jeden Kostenträger separat erfasst werden. Beispiele für Einzelkosten sind Bleche im Automobilbau (Fertigungsmaterial) oder die meisten Akkordlöhne im Fertigungsbereich (Fertigungslöhne).

Engpässe: Unter Engpässen versteht man knappe Produktionsfaktoren, die den Handlungsspielraum einer Unternehmung einengen. Beispiele sind voll ausgelastete Maschinen- oder Humankapazitäten oder knappe Rohstoffe.

Erfahrungskurve: Beim Erfahrungskurvenkonzept handelt es sich um ein empirisch fundiertes Modell, das besagt, dass die realen Stückkosten eines Produkts mit der Verdoppelung der im Zeitablauf kumulierten Produktionsmenge um ca. 20 bis 30% fallen. Dieses Modell zeigt jedoch lediglich Kostensenkungspotenziale auf, die nur dann wirksam werden, wenn alle Rationalisierungs- und Innovationsmöglichkeiten ausgeschöpft werden.

Erfolgspotenziale: Erfolgspotenziale sind alle geschäftsspezifischen und erfolgsrelevanten Voraussetzungen, die spätestens dann vorliegen müssen, wenn die Erfolge (Gewinne) zu realisieren sind. Die heutigen Erfolgspotenziale sind also für den Erfolg von morgen verantwortlich. Die wesentlichen Determinanten des Erfolgspotenzials eines Unternehmens sind aktuelle und geplante Strategien, Wettbewerbspositionen und Unternehmensstrukturen sowie die damit verbundenen Investitionsvorhaben.

Erlöse (Leistungen): Erlöse (Leistungen) sind die bewertete sachzielbezogene Güter- und Dienstleistungsentstehung einer Periode. Leistungen können aus Umsatzerlösen, Bestandserhöhungen und aktivierten Eigenleistungen bestehen. Zweckerlösen stehen in der Finanzbuchhaltung Erträge in gleicher Höhe gegenüber. Zusatzerlöse sind Erlöse, denen keine Erträge in der Finanzbuchhaltung gegenüberstehen. Bei den Anderserlösen handelt es sich schließlich um Erlöse, denen buchhalterische Erträge in anderer Höhe gegenüberstehen.

Erlöskontrolle: Neben den Kosten müssen auch die Erlöse überwacht und auf Abweichungen untersucht werden. Die Differenz zwischen Ist- und Plan-Erlösen ist auf Absatzmengen- und/oder Absatzpreisabweichungen zurückzuführen.

Externes Rechnungswesen: Unter dem externen Rechnungswesen versteht man jenen Teil des Rechnungswesens, der vornehmlich nach außen gerichtet ist, also Dritte informiert. Es besteht aus der Finanzbuchhaltung und dem Erstellen des Jahresabschlusses (Bilanzierung). Diese müssen den unternehmens- und steuerrechtlichen Vorschriften genügen.

Fertigungskosten: Die Fertigungskosten setzen sich aus den Fertigungslöhnen, den Fertigungsgemeinkosten sowie den Sondereinzelkosten der Fertigung zusammen.

Flexible Plankostenrechnung auf Vollkostenbasis: Im Rahmen einer flexiblen Plankostenrechnung auf Vollkostenbasis werden zwar die Verrechnungssätze für die Entlastung der Kostenstellen und zur Ermittlung von Produktkalkulationen zu Vollkosten angesetzt, für die Festlegung von Kostenzielen wird jedoch eine Trennung in fixe und variable Kosten vorgenommen. Im Rahmen der Sollkostenermittlung werden demnach die Fixkosten auf Planniveau belassen und nur die variablen Kosten gemäß der gegenüber dem Plan veränderten Beschäftigung angepasst. Indem die Fixkosten auf Planniveau belassen und nur die variablen Kosten angepasst werden, ist diese Vorgehensweise ein methodisch korrekter Leistungsmaßstab zur Beurteilung der Wirtschaftlichkeit von (Fertigungs-)Kostenstellen. Nach wie vor ungeeignet sind die Daten der flexiblen Plankostenrechnung auf Vollkostenbasis hingegen für kurzfristige Entscheidungen (z.B. Programmplanung), da bei den Verrechnungssätzen eine Trennung von fixen und variablen (= kurzfristig entscheidungsrelevanten) Kosten unterbleibt.

Forecast: Unter einem Forecast versteht man eine Managementeinschätzung ausgewählter, kritischer finanzieller und nicht-finanzieller Kennzahlen für einen festgelegten Zeitraum in die Zukunft. In der Praxis haben sich zwei Formen des Forecast etabliert: der Year End Forecast sowie der rollierende Forecast. Bei Ersterem ist der Horizont fest bezogen auf das Ende des Geschäftsjahres. Dadurch nimmt der Forcast-Horizont im Laufe des Geschäftsjahres ab. Demgegenüber wird beim rollierenden Forecast stets die gleiche Anzahl von Quartalen betrachtet. Forcasting überbrückt die Lücke zwischen den im Vorjahr erstellten Budgetwerten und den aktuellen Istwerten. Neueste Entwicklungen werden wahrgenommen und ermöglichen kurzfristiges Handeln. Mit dem Forecast werden die Budgetwerte jedoch nicht ersetzt. Die Budgetwerte konstituieren das Ziel, der Forecast hingegen die aktualisierte Erwartung.

Gesamtkostenverfahren: Das Gesamtkostenverfahren ist eine Variante zur Erstellung der Periodenerfolgsrechnung, bei der den Erträgen sämtliche Kosten gegenübergestellt werden, und zwar unabhängig davon, ob die Kosten für Güter entstehen, die in derselben Periode abgesetzt werden. Zur Periodenabgrenzung sind deshalb Korrekturposten in Form von Bestandsveränderungen zu berücksichtigen.

Grenzplankostenrechnung: Bei der Grenzplankostenrechnung oder flexiblen Plankostenrechnung auf Teilkostenbasis werden für die Ermittlung der Verrechnungssätze und damit auch zur Durchführung von Produktkalkulationen nur die geplanten variablen Kosten in Betracht gezogen. Dadurch wird vor allem im Bereich der Entscheidungsunterstützung eine maßgebliche Verbesserung gegenüber einer flexiblen Plankostenrechnung auf Vollkostenbasis erzielt, weil gezielte Deckungsbeitragsanalysen zur Vorbereitung kurzfristiger Entscheidungen ermöglicht werden.

Grunderlöse: Grunderlöse sind Erlöse, denen Erträge in gleicher Höhe (= Zweckerträge) gegenüberstehen.

Grundkosten: Grundkosten sind Kosten, denen ein Aufwand in gleicher Höhe (= Zweckaufwand) gegenübersteht.

Hauptkostenstelle: Hauptkostenstellen sind Kostenstellen, die ihre Leistungen unmittelbar für die Erstellung und den Absatz der zum Verkauf bestimmten Produkte abgeben. Ihre Kosten werden in Form von Zuschlags- und Verrechnungssätzen (Kalkulationssätzen) auf die Kosten verrechnet. Beispiele für Hauptkostenstellen sind Material-, Fertigungs- sowie Verwaltungs- und Vertriebskostenstellen.

Hauptprozesse: Im Rahmen der Prozesskostenrechnung werden die leistungsmengeninduzierten Prozesse der Kostenstellen des Untersuchungsbereichs zu wenigen Hauptprozessen zusammengefasst, um die kostenstellenübergreifenden Vorgänge abzubilden, die das Gemeinkostenvolumen in hohem Maße determinieren.

Herstellkosten: Die Herstellkosten eines Kostenträgers setzen sich aus den Materialkosten und den Fertigungskosten zusammen. Herstellkosten können sowohl auf Basis der vollen Kosten (volle Herstellkosten) oder auf Basis der variablen Kosten (variable Herstellkosten) berechnet werden.

Hilfskostenstelle: Hilfskostenstellen sind Kostenstellen, die innerbetriebliche Leistungen für andere Hilfs- und Hauptkostenstellen im selben Unternehmen erbringen. Sie tragen damit nur mittelbar zur Herstellung der Produkte für den Absatzmarkt bei und zählen daher zu den indirekten Bereichen. Ihre Kosten werden nicht direkt auf die Kostenträger, sondern zuerst auf andere Kostenstellen weiterverrechnet. Beispiele sind Reparatur- und Energiekostenstellen oder Werkskantinen.

Hilfslöhne: Hilfslöhne sind als Lohnkosten Teil der Personalkosten und fallen im Fertigungsbereich für solche Arbeiten an, die nicht an den hergestellten und später abzusetzenden Produkten (Kostenträgern) erbracht werden (Gegenbegriff: Fertigungslöhne). Hilfslöhne fallen daher, anders als die Bezeichnung vermuten ließe, auch für höher qualifizierte Tätigkeiten an (z.B. Rüst- und Überwachungsaufgaben). Bei den Hilfslöhnen handelt es sich um Gemeinkosten, die in den Kostenplänen der Kostenstellen (Betriebsabrechnungsbögen) geplant und kontrolliert werden.

Innerbetriebliche Leistungen: Innerbetriebliche Leistungen sind Leistungen, die nicht für den Absatz, sondern zum Wiedereinsatz im eigenen Unternehmen erbracht, d.h. an andere Kostenstellen geliefert werden (z.B. eigene Reparaturleistungen, selbst erzeugte Energie). Die Inanspruchnahme dieser Leistungen von anderen Kostenstellen führt zu sekundären Kosten und wird im Rahmen der innerbetrieblichen Leistungsverrechnung erfasst.

International Financial Reporting Standards (IFRS): Die International Financial Reporting Standards (IFRS) werden vom International Accounting Standards Board (IASB) mit Sitz in London herausgegeben. Es hat zum Ziel, ein einheitliches Rechenwerk gleichwertiger, verständlicher, durchsetzbarer und weltweit anerkannter Rechnungslegungsstandards zu entwickeln. Die IFRS sind nach dem Zeitpunkt ihrer erstmaligen Verabschiedung durchnummeriert, die Zahl hat daher keine inhaltliche Bedeutung. Die Standards selbst lesen sich zum Teil wie Gesetzestexte zuzüglich Erläuterungen und Anwendungsbeispielen. Die Grundidee ist es, die Standards flexibel zu halten. Wenn sich ein wichtiges Rechnungslegungsproblem aufdrängt, wird in einem mehrstufigen Prozess und unter Einbeziehung der interessierten Öffentlichkeit ein neuer Standard erarbeitet bzw. ein bestehender Standard überarbeitet. Die IFRS haben konzeptionell viele Gemeinsamkeiten mit den US-amerikanischen US-GAAP (Generally Accepted Accounting Principles), vor allem in ihrer primär an den Informationsinteressen der Eigenkapitalgeber orientierten Grundausrichtung.

Internes Rechnungswesen: Dem internen Rechnungswesen werden alle Teile des Rechnungswesens zugerechnet, die in erster Linie internen Zwecken dienen, wie insbesondere die Kosten- und Erlösrechnung oder die Investitionsrechnung. Für das interne Rechnungswesen gibt es im Gegensatz zum externen Rechnungswesen (Buchhaltung und Bilanzierung, Unternehmensbesteuerung) keine gesetzlichen Vorschriften.

Investitionsrechnung: Als Teil des internen Rechnungswesens dient die Investitionsrechnung der Beurteilung der wirtschaftlichen Vorteilhaftigkeit einer Investition. Man unterscheidet statische (z.B. Kostenvergleichsrechnung, Gewinnvergleichsrechnung, Rentabilitätsvergleichsrechnung) und dynamische Investitionsrechenverfahren (z.B. Kapitalwertmethode, Methode des internen Zinssatzes, Annuitätenmethode).

Kalkulatorische (Eigen-)Miete: Die kalkulatorische Miete erfasst den Wert der Nutzung jener Vermögensgegenstände für betriebliche Zwecke, die von den Eigentümer/inne/n in Einzelunternehmen und Personengesellschaften unentgeltlich zur Verfügung gestellt wurden. Es handelt sich dabei um Opportunitätskosten, die im externen Rechnungswesen nicht berücksichtigt werden dürfen.

Kalkulatorische Wagnisse: Bei den kalkulatorischen Wagnissen handelt es sich um eine Kostenart, die für spezielle Einzelwagnisse (betriebsbedingte Risiken) angesetzt wird, die nicht versicherbar oder nicht versichert sind. Sie stellen eine Art „Selbstversicherung" dar (z.B. Lagerverluste durch Schwund, Kosten für fehlgeschlagene F&E, Forderungsausfälle). Die Planung erfolgt mit Hilfe sog. Wagnissätze, die in der Regel auf Basis von in der Vergangenheit tatsächlich eingetretenen Schadensfällen ermittelt werden.

Kalkulatorische Zinsen: Bei den kalkulatorischen Zinsen handelt es sich um eine Kostenart, welche die Kosten der Überlassung von Kapital für betriebsnotwenige Zwecke widerspiegelt. Kalkulatorische Zinsen werden auf das gesamte betriebsnotwendige Kapital berechnet und stellen das kostenmäßige Äquivalent der Kapitalbindung dar. Zinsen auf das Eigenkapital dürfen als Opportunitätskosten im externen Rechnungswesen nicht berücksichtigt werden, stellen also keinen Aufwand dar.

Kalkulatorischer Unternehmerlohn: Beim kalkulatorischen Unternehmerlohn handelt es sich um eine Kostenart, die den Wert der Arbeitsleistung des/der Eigentümers/Eigentümerin einer Einzelunternehmung bzw. der geschäftsführenden Gesellschafter/innen einer Personengesellschaft abbilden soll. Dieser Wert darf im externen Rechnungswesen nicht berücksichtigt werden, stellt also keinen Aufwand dar.

Kapitalwert: Das Kapitalwertkalkül zählt zu den dynamischen Investitionsrechenverfahren. Der Kapitalwert wird berechnet, indem zu den (negativen) Investitionsauszahlungen die abgezinsten Einzahlungsüberschüsse des Projekts addiert werden. Wenn der Kapitalwert positiv ist, ist die betreffende Investition vorteilhaft.

Kontrolle: Der Soll-Ist-Vergleich und die Ermittlung von Abweichungen sind die Aufgaben der Kontrolle. Zur Durchführung müssen deshalb die Soll- und Ist-Werte des zu kontrollierenden Sachverhalts bekannt sein und Regeln für die Bewertung der Abweichungen vorliegen. Die Kontrolle soll ermöglichen, Fehler in der Planung bzw. in der Durchführung zu erkennen und Möglichkeiten zur Beseitigung vorzugeben. Damit ist Planung ohne Kontrolle sinnlos und Kontrolle ohne Planung unmöglich.

Kosten: Kosten sind bewerteter, durch die betriebliche Leistungserstellung bedingter Güter- und Dienstleistungsverzehr.

Kostenartenrechnung: Als Kostenartenrechnung wird die differenzierte Erfassung und Bewertung des mengenmäßigen Verbrauchs an Produktionsfaktoren einer Periode bezeichnet. Diese hat vollständig, eindeutig und überschneidungsfrei nach Kostenarten (z.B. Rohstoffkosten, Lohnkosten, kalkulatorische Abschreibungen) zu erfolgen. Alle Kostenarten werden in einem unternehmensspezifischen Kostenartenplan aufgeführt.

Kostenauflösung: Die Kostenauflösung ist das Aufspalten der Gesamtkosten eines Betriebs bzw. einer Kostenstelle in fixe (leistungsunabhängige) und variable (leistungsabhängige) Kosten. Die Kostenauflösung ist damit die Grundlage von Teilkostenrechnungssystemen. Die buchtechnische Kostenauflösung differenziert auf Basis von Erfahrung und Beobachtungen in eindeutig fixe und eindeutig variable (proportionale) Kosten. Verbleibende Mischkosten werden der einen oder anderen Kostenkategorie ganz oder anteilig zugeordnet. Die mathematische Kostenauflösung leitet die Kostenfunktion aus zwei Kosten-Mengen-Kombinationen ab. Bei der statistischen Kostenauflösung, die auf der Methode der kleinsten Quadrate basiert, wird die Kostenfunktion hingegen aus mehreren Kosten-Mengen-Kombinationen abgeleitet. Analytische Verfahren der Kostenauflösung bestimmen zunächst die Höhe der Fixkosten als jene Kosten, die zur Aufrechterhaltung der Betriebsbereitschaft notwendig sind (bei einer Ausbringungsmenge von null). Die Differenz zu den tatsächlichen bzw. geplanten (Gesamt-)Kosten wird dann als variabel angesehen.

Kosten-/Preisführerschaft: Mit der Strategie der Kosten-/Preisführerschaft soll eine überlegene Kostenposition erreicht werden, aus der eine überdurchschnittliche Ertragsposition resultiert. Diese Strategie setzt eine Optimierung der gesamten Kostenstruktur voraus, um möglichst geringe Stückkosten zu erreichen.

Kostenmanagement: Kostenmanagement umfasst die Gesamtheit aller Steuerungsmaßnahmen, die der frühzeitigen und antizipativen Beeinflussung von Kostenstrukturen und Kostenverläufen sowie der Senkung des Kostenniveaus dienen.

Kostenremanenz: Kostenremanenz bezeichnet die zeitlich verzögerte Anpassung der Kosten bei Veränderung der Beschäftigung. Speziell bei einem Beschäftigungsrückgang bleiben manche Kosten zumindest vorübergehend bestehen (z.B. wegen Kündigungsfristen oder kurzfristig nicht freisetzbarem Anlagevermögen), sodass die Stückkosten relativ höher ausfallen.

Kostenstelle: Eine Kostenstelle ist ein Ort von Leistungsentstehung und Güterverzehr. Sie dient ferner der Kostenkontrolle. Die Kostenstellen werden in einem Kostenstellenplan festgeschrieben. Bei seiner Aufstellung sollen folgende Prinzipien beachtet werden: Jede Kostenstelle muss ein selbständiger Verantwortungsbereich sein. Für jede Kostenstelle müssen sich geeignete Maßgrößen für den Kostenanfall (Bezugsgröße) finden lassen, und die Kostenbelege müssen sich den Kostenstellen eindeutig, genau und einfach zurechnen lassen. Man unterscheidet Haupt- und Hilfskostenstellen.

Kostenstellenrechnung: Die Kostenstellenrechnung ist das zweite Element im System der Kosten- und Erlösrechnung. Sie bildet das Bindeglied zwischen der Kostenarten- und der Kostenträgerrechnung. In ihr werden alle den Kostenträgern nicht direkt zurechenbaren Gemeinkosten erfasst und den verursachenden Kostenstellen zugerechnet. Mittels Division der Gemeinkosten einer (Haupt-)Kostenstelle durch die Anzahl der Bezugsgrößeneinheiten (z.B. Maschinenstunden, Stück) wird ein Verrechnungssatz ermittelt, welcher für die indirekte Weiterverrechnung der Gemeinkosten auf die Kostenträger benötigt wird.

Kostenträger: Als Kostenträger werden die Produkte, Dienstleistungen oder Aufträge bezeichnet, die zu einem Güterverzehr bzw. zu einer Güterinanspruchnahme geführt haben und denen die dabei entstandenen Kosten konsequenterweise weiterverrechnet werden sollen.

Kostenträgererfolgsrechnung: In der Kostenträgererfolgsrechnung werden durch einen Vergleich der Kostenträgererlöse mit den Kostenträgerkosten die Erfolge einzelner Kostenträger (z.B. Kundenaufträge) bestimmt. Die Kostenträgererfolgsrechnung kann auf Basis voller Kosten durchgeführt werden, indem die gesamten Kosten eines Kostenträgers von den Erlösen abgezogen werden, oder aber als Deckungsbeitragsrechnung ausgestaltet sein, indem den Erlösen nur die variablen Kosten eines Kostenträgers gegenübergestellt werden.

Kostenträgerrechnung (Kalkulation): Im Rahmen der Kostenträgerrechnung (Kalkulation) werden die (vollen bzw. variablen) Herstell- und Selbstkosten pro Produkt bzw. Auftrag ermittelt, wobei in Abhängigkeit von der Art der zu kalkulierenden Produkte verschiedene Verfahren der Kostenträgerrechnung (z.B. Divisionskalkulation, Zuschlagskalkulation, Äquivalenzzahlenkalkulation) zur Verfügung stehen.

Kostentreiber: Innerhalb der Prozesskostenrechnung ist ein Kostentreiber eine Maßgröße, die das Kostenvolumen in den betroffenen Kostenstellen treibt.

Lebenszykluskostenrechnung (Life Cycle Costing): Bei der Lebenszykluskostenrechnung handelt es sich um den Versuch, auf Grundlage des Modells des Produktlebenszyklus die gesamten Kosten eines Produkts über dessen gesamte Lebensdauer abzubilden. Neben der Herstell-, Verwaltungs- und Vertriebskosten werden auch Vor- und Nachlaufkosten berücksichtigt, die z.B. durch Forschung und Entwicklung (F&E) bzw. Recycling und Entsorgung anfallen.

Leerkosten: Leerkosten sind die nicht genutzten Fixkosten einer Kostenstelle. Das Gegenteil von Leerkosten sind die Nutzkosten.

Materialgemeinkosten: Bei den Materialgemeinkosten handelt es sich um jene Gemeinkosten, die in denjenigen Kostenstellen anfallen, die für die Bereitstellung, Prüfung, Lagerung und den innerbetrieblichen Transport der für die Produktion benötigten Roh-, Hilfs- und Betriebsstoffe zuständig sind.

Mittelfristplanung (Mehrjahresplan): Die Mittelfristplanung geht über den Zeitrahmen des Jahresbudgets hinaus und zeigt die mittelfristige Entwicklung des Unternehmens. Charakteristisch für die Mehrjahresplanung sind ein im Vergleich zum Jahresbudget wesentlich geringerer Planungsumfang und Detaillierungsgrad.

Nettoerlös: Unter dem Nettoerlös versteht man die Differenz zwischen dem Bruttoerlös und den Erlösschmälerungen (z.B. Rabatt, Skonto) eines Kostenträgers (z.B. Kundenauftrag).

Nettokostenabbauwert: Die Differenz zwischen den im Falle einer temporären Stilllegung abbaubaren Fixkosten und der Summe aus Abbau- und Wiederaufbaukosten wird als Nettokostenabbauwert bezeichnet.

Neutraler Aufwand: Unter dem neutralen Aufwand versteht man jenen Teil des Aufwands, dem keine Kosten oder Kosten in anderer Höhe gegenüberstehen. Neutrale Aufwendungen umfassen betriebsfremde Aufwendungen, denen niemals Kosten gegenüberstehen, periodenfremde Aufwendungen, die von Aktivitäten anderer Periode ausgehen und deshalb in der betrachteten Periode nicht als Kosten erfasst werden, außergewöhnliche Aufwendungen, bei denen zwar ein Zusammenhang zum Betriebszweck besteht, der Anfall aber zeitlich oder betragsmäßig unvorhersehbar ist (häufig in Form kalkulatorischer Wagnisse in der Kostenrechnung erfasst) sowie bewertungsbedingt neutrale Aufwendungen, die aufgrund unternehmens- und steuerrechtlicher Vorschriften von den Wertansätzen der Kostenrechnung abweichen (z.B. Abschreibungen).

Neutraler Ertrag: Der neutrale Ertrag ist jener Teil des Ertrages, dem keine Erlöse oder Erlöse in anderer Höhe gegenüberstehen. Es lassen sich analog zum neutralen Aufwand ein betriebsfremder, ein außerordentlicher, ein periodenfremder und ein bewertungsbedingt neutraler Ertrag unterscheiden.

Normalkosten: Normalkosten sind vergangenheitsbezogene Durchschnittskosten auf Basis von Istkosten mehrerer Perioden. Sie bereinigen die Kostenhöhe um marktbedingte Schwankungen und vereinfachen damit die Betriebsabrechnung.

Nutzkosten: Unter den Nutzkosten versteht man jenen Teil der fixen Kosten, der auf die genutzte Kapazität entfällt (= fixe Kosten minus Leerkosten).

Opportunitätskosten: Opportunitätsüberlegungen betreffen allgemein die Auswirkungen einer Entscheidung gegen eine Alternative. Opportunitätskosten sind z.B. der entgehende Deckungsbeitrag eines nicht gefertigten Kundenauftrages aufgrund knapper betrieblicher Ressourcen.

Predictive Forecasting: Unter Predictive Forecasting versteht man moderne Instrumente zur Unternehmenssteuerung, mit denen auf der Grundlage großer Datenmengen (Big Data) sowie unter Anwendung komplexer stochastischer Modelle und maschinellem Lernen eine schnellere und gleichzeitig auch exaktere Abschätzung der zu erwartenden Zielerreichung erfolgen soll als durch traditionell erstellte Vorhersagen.

Preisobergrenze: Im Rahmen der Kostenrechnung wird unter der Preisobergrenze der Preis verstanden, zu dem ein Produktionsfaktor (z.B. Rohstoff) maximal beschafft werden darf, wenn bei gegebenen Produktions- und Absatzbedingungen sowie einem festen Verkaufspreis keine Ergebnisverschlechterung eintreten soll.

Preisuntergrenze: Im Rahmen der Kostenrechnung wird unter der Preisuntergrenze jener Mindestverkaufspreis verstanden, bei dessen Unterschreiten der betreffende Auftrag nicht mehr ins Produktions- und Absatzprogramm aufgenommen werden sollte.

Primäre Kosten: Unter den primären Kosten versteht man jene Kosten, die direkt auf den Verzehr oder die Inanspruchnahme von unternehmensextern bezogenen Produktionsfaktoren zurückzuführen sind.

Produktionsfaktoren: Unter den Produktionsfaktoren versteht man sämtliche zur Produktion eingesetzte Güter und Dienstleistungen. Es lassen sich Potenzialfaktoren und Repetierfaktoren unterscheiden. Erstere stellen ihr Leistungsvermögen längerfristig zur Verfügung. Letztere sind Verbrauchsgüter, die bei ihrem Einsatz im Produktionsprozess sofort vollständig verbraucht werden. Die Inanspruchnahme von Potenzialfaktoren und der Verbrauch von Repetierfaktoren führen über die Bewertung zu Kosten.

Projektcontrolling: Projekte werden mitunter als die symbolische Organisationsform des 21. Jahrhunderts identifiziert. Begleitend zu allen Schritten eines modernen Projektmanagements ergeben sich Controllingaufgaben. Das trifft für interne Kontrollzwecke ebenso zu, wie für Zielsetzungen des externen Rechnungswesens (z.B.Teilgewinnrealisierung nach IFRS). Eine stichtagsbezogene Abweichungsanalyse für laufende Projekte vergleicht Plankosten, Istkosten und Sollkosten (= Ist-Fertigstellungsgrad zum Stichtag • Plankosten). Die Differenz aus Sollkosten und Istkosten stellt eine Kostenabweichung dar und gibt Auskunft über die Wirtschaftlichkeit der bisherigen Leistungserbringung. Die Differenz aus Plankosten und Sollkosten wird als Leistungsabweichung bezeichnet, die sich aufgrund einer Über- oder Unterschreitung des geplanten Fertigstellungsgrads zum Stichtag ergibt; sie zeigt, ob im Vergleich zum Plan schneller oder langsamer gearbeitet wurde. Ergänzend dazu kann eine Terminabweichung erhoben werden, die zeitliche Über- oder Unterschreitungen widerspiegelt.

Prozesskostenrechnung: Die Prozesskostenrechnung plant, verrechnet und kontrolliert Kosten auf Basis von Aktivitäten bzw. (Teil- und Haupt-)Prozessen. Hierbei liegt der Grundgedanke zugrunde, dass Kosten für die Durchführung von Prozessen anfallen. Bezugsgrößen (Kostentreiber) sind hier die Anzahl der Prozessdurchführungen. Die Vorteile der Prozesskostenrechnung liegen in einer verbesserten Kontrolle der Gemeinkosten in den indirekten Bereichen sowie einer verbesserten Kalkulation durch prozessorientierte Zurechnung von Gemeinkosten. Komplexe Produkte werden durch diese verursachungsgerechtere Zuordnung der durch sie hervorgerufenen Kosten verhältnismäßig teurer als einfache Produkte. Die Prozesskostenrechnung ist in der Regel kein eigenständiges System, sondern als Erweiterung in das System der Grenzplankostenrechnung integriert. Da jedoch in die Prozesskostenrechnung regelmäßig auch fixe Kosten einbezogen werden, sollte sie nicht für die Vorbereitung von kurzfristigen Entscheidungen verwendet werden. Sie unterstützt vielmehr mittel- bis langfristige, strategische Entscheidungen über die Gestaltung von Produkten und Produktprogrammen (z.B. Reduktion der Teile- und Variantenvielfalt). Vor allem aber ermöglicht die Prozesskostenrechnung eine monetäre Bewertung von Prozessen. Dadurch kann sie Kostenschwerpunkte aufzeigen und Impulse für eine kostenstellenübergreifende Prozessoptimierung (Elimination nicht wertschöpfender Prozesse, Veränderung der Ablaufstruktur von Prozessen, Outsourcing von Prozessen etc.) geben.

Reagibilitätsgrad: Der Reagibilitätsgrad der Kosten ist Ausdruck dafür, in welchem Ausmaß sich Kosten bei unterschiedlichen Beschäftigungsgraden ändern. Er wird berechnet als Quotient aus Kostenänderung (in Prozent) zu Beschäftigungsänderung (in Prozent). Der Reagibilitätsgrad proportionaler Kosten ist 1, der von fixen Kosten ist 0. Für degressive Kosten liegt er zwischen 0 und 1, für regressive Kosten unter 0 und für progressive Kosten über 1.

Relativer Deckungsbeitrag: Der relative Deckungsbeitrag bezeichnet den Deckungsbeitrag je Engpasseinheit. Er findet in Entscheidungssituationen Anwendung, bei denen es darum geht, unter Berücksichtigung eines oder mehrerer Engpassfaktoren zwischen unterschiedlichen Alternativen zu wählen (z.B. Programmplanung bei einem Engpass). Der relative Deckungsbeitrag errechnet sich durch Division des absoluten Deckungsbeitrags pro Stück durch die in Anspruch genommenen Engpasseinheiten.

Restwertmethode: Die Restwertmethode ist ein Verfahren der Kuppelproduktkalkulation, und zwar wenn eines der Produkte als Hauptprodukt und die anderen als Nebenprodukte anzusehen sind. Die Erlöse der Nebenprodukte werden um Weiterverarbeitungskosten vermindert und anschließend von den Gesamtkosten subtrahiert. Dieser Restbetrag stellt die Kosten des Hauptprodukts dar.

Rückrechnung: Die Rückrechnung ist eine Methode, um den Materialverbrauch einer Periode zu ermitteln. Ausgehend von Stücklisten wird der Materialbedarf pro Stück ermittelt und anschließend mit der Ausbringungsmenge multipliziert. Auf diese Weise ergibt sich ein Sollverbrauch, der von Zeit zu Zeit mit dem Ist-Verbrauch verglichen werden muss.

Sekundäre (Gemein-)Kosten: Sekundäre (Gemein-)Kosten sind Kosten, die durch den Verbrauch innerbetrieblicher Leistungen (z.B. innerbetrieblicher Transport, Eigenreparaturen) entstehen.

Selbstkosten: Die (vollen bzw. variablen) Selbstkosten sind die Summe aus den (vollen bzw. variablen) Herstellkosten, den (vollen bzw. variablen) Verwaltungskosten, den (vollen bzw. variablen) Vertriebsgemeinkosten sowie den Sondereinzelkosten des Vertriebs. Die (vollen oder variablen) Selbstkosten eines Auftrages werden im Rahmen der Kostenträgerrechnung ermittelt.

Shareholder Value: Der Shareholder Value entspricht dem Marktwert des Eigenkapitals. Der Shareholder-Value-Ansatz verlangt eine stärkere Berücksichtigung der Interessen der Eigentümer eines Unternehmens. Unternehmen werden danach beurteilt, inwieweit es ihnen gelingt, den Wert dieses Unternehmens für die Anteilseigner zu steigern bzw. die Ausschüttung an die Anteilseigner langfristig zu maximieren.

Simultanansatz (Gleichungsverfahren): Beim Simultanansatz handelt es sich um ein exaktes Verfahren für die innerbetriebliche Leistungsverrechnung. Gegenseitige innerbetriebliche Leistungen werden dabei durch ein lineares Gleichungssystem erfasst und so simultan berücksichtigt.

Skontrationsmethode: Die Skontrationsmethode (Fortschreibungsmethode) ist ein Verfahren zur Erfassung des (mengenmäßigen) Materialverbrauchs. Aus den Materialentnahmescheinen kann für jeden Lagerabgang festgestellt werden, für welche Kostenstelle bzw. für welchen Kostenträger das Material entnommen wurde. Durch die Dokumentation der Lagerabgänge erfolgt die Fortschreibung des Lagerbestands.

Sondereinzelkosten: Sondereinzelkosten sind Einzelkosten eines Auftrags, nicht eines einzelnen Produkts. Man unterscheidet Sondereinzelkosten der Fertigung (z.B. Kosten von Spezialwerkzeugen, Modellen, Entwürfen) und des Vertriebs (z.B. Kosten einer besonderen Verpackung).

Sprungfixe Kosten: Sprungfixe Kosten stellen einen Spezialfall der fixen Kosten dar. Sie sind nur innerhalb bestimmter Beschäftigungsintervalle fix. Wird die Grenze überschritten, steigen die Kosten sprunghaft an. Beispiel: Durch eine steigende Beschäftigung wird die Kapazität einer Maschine vollständig ausgelastet. Es muss eine zweite Maschine beschafft werden, wodurch die fixen Kosten (Abschreibungen, Zinskosten) sprunghaft ansteigen.

Starre Plankostenrechnung: Im Rahmen einer starren Plankostenrechnung erfolgt die Planung der verschiedenen Kostenarten nur für einen einzigen Beschäftigungsgrad (Planbeschäftigung). Mangels Trennung zwischen variablen und fixen Kosten handelt es sich bei dem ermittelten Verrechnungssatz (= geplante Kosten / Planbeschäftigung) um einen Vollkostensatz. Dieser Vollkostensatz dient in der laufenden Periode als Kalkulationsgrundlage für die Kostenträgerrechnung. Da in den so ermittelten Kostenträgerkosten auch anteilige Fixkosten enthalten sind, liefert die starre Plankostenrechnung keine geeignete Grundlage zur Vorbereitung kurzfristiger Entscheidungen. Für Zwecke der Abweichungsanalyse können die Istkosten entweder mit den ursprünglichen Plankosten oder mit den verrechneten Plankosten verglichen werden, wobei jedoch beide Methoden mangels Kostenauflösung nicht in der Lage sind, aussagekräftige Abweichungsursachen aufzudecken.

Strategisches Controlling: Im Gegensatz zum operativen Controlling, das vor allem die Steuerung der Wirtschaftlichkeit innerhalb gegebener Strukturen zum Gegenstand hat, befasst sich das strategische Controlling vor allem mit der Schaffung und Steuerung profitabler Unternehmensstrukturen. Zur Beurteilung von Erfolgspotenzialen ist es erforderlich, neben der internen Unternehmenssituation auch die gegenwärtige und zukünftige Umweltsituation heranzuziehen und gegenüberzustellen. Die aus der Umwelt resultierenden Chancen und Risiken sind mit den Stärken und Schwächen des Unternehmens in Einklang zu bringen (SWOT-Analyse).

Stufenleiterverfahren (Treppenverfahren): Beim Stufenleiterverfahren handelt es sich um ein nicht exaktes Verfahren der innerbetrieblichen Leistungsverrechnung. Hierbei ist die Anordnung der Kostenstellen im Betriebsabrechnungsbogen von Bedeutung, da nur Leistungsbeziehungen von vor- an nachgelagerte Kostenstellen berücksichtigt werden. So entsteht im Betriebsabrechnungsbogen optisch eine stufen- bzw. treppenförmige Struktur.

Stufenweise Deckungsbeitragsrechnung: Eine spezielle Ausgestaltung der Periodenerfolgsrechnung nach dem Umsatzkostenverfahren besteht in der stufenweisen Deckungsbeitragsrechnung. Auch bei dieser werden den Erlösen zunächst die variablen Selbstkosten der abgesetzten Leistung gegenübergestellt, anschließend werden die fixen Kosten vom so ermittelten Deckungsbeitrag subtrahiert. Allerdings wird die Rechnung zur besseren Übersicht und Informationsgewinnung in mehrere Bereiche und Stufen unterteilt, um Daten über den Erfolgsbeitrag einzelner Produkte, Produktgruppen und Unternehmensbereiche zu gewinnen.

Stufenweise Grenzkostenrechnung: Die stufenweise Grenzkostenrechnung stellt eine Weiterentwicklung der stufenweisen Deckungsbeitragsrechnung dar. Sie liefert geeignete Unterlagen für die Entscheidung zwischen Fortführung der Produktion und Stilllegung derselben (bei anschließender Wiederherstellung der ursprünglichen Produktionskapazität) innerhalb eines bestimmten Planungszeitraums.

Target Costing (Zielkostenrechnung): Die Besonderheit der Zielkostenrechnung ist ihre extreme Marktorientierung. Es steht nicht mehr die Frage im Vordergrund, was ein Produkt kosten wird, sondern was es kosten darf. Vom Marktpreis abzüglich einer gewünschten Gewinnspanne werden die zulässigen Kosten für die einzelnen Produktkomponenten entsprechend den

Kundenpräferenzen abgeleitet. Es sollen vor allem Fehler bei der Produktentwicklung vermieden werden, die dazu führen, dass Produkte – etwa wegen nicht erwünschter oder zu teurer Funktionen – hohe Kosten verursachen und dann zu nicht konkurrenzfähigen Preisen auf den Markt kommen.

Teilprozesse: Zentraler Bestandteil der Prozesskostenrechnung ist die Analyse und Strukturierung aller in den einbezogenen Unternehmensbereichen durchgeführten Tätigkeiten, die zu Teilprozessen zusammengefasst werden. Es handelt sich bei ihnen meist um physische Aktivitäten wie die Ausführung eines Auftrags. Es können aber auch wertbezogene Vorgänge wie Abschreibungen oder die Verzinsung von Lagerbeständen als Teilprozesse angesehen werden. Prozesse, bei denen die Prozessmenge bzw. -häufigkeit in einer Periode von der Kostenstellenleistung abhängig ist, werden als „leistungsmengeninduzierte" Prozesse bezeichnet. Teilprozesse, für die dies nicht gilt, wie z.B. das Leiten einer Abteilung, stellen „leistungsmengenneutrale" Prozesse dar.

Umsatzkostenverfahren: Das Umsatzkostenverfahren ist eine Form der Periodenerfolgsrechnung, bei der den erzielten Erträgen (v.a. Umsatzerlöse) die nach Funktionen gegliederten Kosten der abgesetzten Menge gegenübergestellt werden. Da sich somit Erträge und Kosten auf dieselben abgesetzten Mengen beziehen, werden keine Korrekturposten in Form von Bestandsveränderungen benötigt.

Value Reporting: Value Reporting soll dazu beitragen, Differenzen zwischen der Börsenkapitalisierung eines Unternehmens und seinem Unternehmenswert aus Sicht des Managements zu erklären. Das Value Reporting trägt zu einer Verbesserung der Kapitalmarkteffizienz bei, da es die Informationsasymmetrie zwischen Management und Investoren verringert. Die Investoren sollen durch das Value Reporting in die Lage versetzt werden, Investitionsentscheidungen anhand fundierter Unternehmensinformationen zu treffen.

Variable Kosten: Variable Kosten ändern sich, wenn sich die Beschäftigung der Kostenstelle (z.B. Maschinenstunden, produzierte Stück) ändert. Die variablen Kosten können sich proportional, progressiv, degressiv oder regressiv zur Veränderung der Beschäftigung verhalten. In der Kostenrechnung werden die variablen Kosten zumeist als proportional angesehen (lineare Kostenkurve).

Verrechnungspreise: Innerbetriebliche Verrechnungspreise werden gebildet, um Lieferungen und Leistungen zwischen Organisationseinheiten im Unternehmensverbund zu bewerten. Neben den abrechnungsbedingten Aufgaben sollen Verrechnungspreise im Wesentlichen zwei Funktionen erfüllen: 1) Koordinationsfunktion: Verrechnungspreise sollen sicherstellen, dass die autonomen Entscheidungen einzelner Organisationseinheiten (z.B. Geschäftsbereiche oder Abteilungen) dem Interesse des Gesamtunternehmens entsprechen und zur Maximierung des gesamten Unternehmensgewinns beitragen. 2) Erfolgsermittlungsfunktion: Verrechnungspreise sollen gewährleisten, das Gewinne an ihrem tatsächlichen Entstehungsort ausgewiesen werden. Hierdurch kann die Gewinnverantwortung von Führungskräften sowie die Motivation für die Erreichung der Bereichsziele gestärkt werden. Es lassen sich folgende Arten von Verrechnungspreisen unterscheiden: Marktpreise, marktorientierte Verhandlungspreise, kostenorientierte Preise sowie Knappheitspreise.

Vollkostenrechnung: Bei der Vollkostenrechnung handelt es sich um einen Sammelbegriff für alle Verfahren, bei denen sämtliche (variable und fixe) Kosten auf die Kostenträger verrechnet werden.

Zero Base Budgeting: Das ZBB ist ein Verfahren zur Kostensenkung und/oder Reallokation der Ressourcen im Gemeinkostenbereich eines Unternehmens von weniger wichtigen auf wichtigere Aufgaben. ZBB bedeutet Null-Basis-Planung und Null-Basis-Analyse, d.h., ausgehend von der Basis „Null“ sollen sämtliche Gemeinkostenbereiche auf ihre Notwendigkeit und auf die Wirtschaftlichkeit der Leistungserstellung hin analysiert werden. Dieses Verfahren geht von dem Grundgedanken aus, dass sämtliche Aktivitäten im Gemeinkostenbereich eines Unternehmens „auf der grünen Wiese“ neu geplant werden können. Ausgangspunkt ist die Basis „Null“, also die Vorstellung, man könnte, ausgehend von den Unternehmenszielen, das Budget vollkommen neu planen.

Zusatzerlöse: Zusatzerlöse sind Erlöse, denen keine Erträge gegenüberstehen (z.B. Wert selbstgeschaffener und -genutzter Patente, die in der Kostenrechnung aktiviert werden).

Zusatzkosten: Zusatzkosten sind Kosten, denen kein Aufwand gegenübersteht (z.B. kalkulatorischer Unternehmerlohn).

Zuschlagskalkulation: Bei der Zuschlagskalkulation handelt es sich um ein Kalkulationsverfahren, welches auf einer Trennung der Gesamtkosten in Einzel- und Gemeinkosten basiert. Die Gemeinkosten werden dabei mit Hilfe der in der Kostenstellenrechnung ermittelten Zuschlags- und Verrechnungssätze auf die Kostenträger (z.B. Kundenaufträge) weiter verrechnet.

Zweckaufwand: Der Zweckaufwand ist jener Aufwand, dem Kosten (= Grundkosten) in gleicher Höhe gegenüberstehen.

Zweckertrag: Die Zweckerträge sind jene Erträge, denen Erlöse (= Grunderlöse) in gleicher Höhe gegenüberstehen.

30 Literatur

Arbeitskreis „Wertorientierte Führung in mittelständischen Unternehmen“ der Schmalenbachgesellschaft für Betriebswirtschaft e.V. (2004): Möglichkeiten zur Ermittlung periodischer Erfolgsgrößen in Kompatibilität zum Unternehmenswert, in: Finanzbetrieb, 6/4, S. 241–253

Arbeitskreis „Finanzierungsrechnung“ der Schmalenbachgesellschaft für Betriebswirtschaft e.V. (2005): Wertorientierte Unternehmenssteuerung in Theorie und Praxis, in: zfbf, Sonderheft 53/05, Düsseldorf

Baum, H. / Coenenberg, A. / Günther, T. (2013): Strategisches Controlling, 5. Aufl., Stuttgart

Becker, W. / Ulrich, P. / Botzkowski, T. (2015): Einfluss der Unternehmensgröße auf den Implementierungsstand von Kostenrechnungssystemen in deutschen Unternehmen, in: ZfKE Zeitschrift für KMU und Entrepreneurship, 63/3–4, S. 255–280

Becker, W. / Ulrich, P. / Güler, A. (2016): Umsetzungsstand des Target Costing – Ergebnisse einer empirischen Erhebung, in: Controlling, 28/2, S. 136–143

Bertl, R. / Deutsch-Goldoni, E. / Hirschler, K. (2015): Buchhaltungs- und Bilanzierungshandbuch, 9. Aufl., Wien

Bogensberger, S. / Messner, S. / Zihr, G. / Zihr, M. (2006): Kostenrechnung. Eine praxis- und beispielorientierte Einführung, 2. Aufl., Sollenau

Bogensberger, S. / Messner, S. / Zihr, G. / Zihr, M. (2014): Kostenrechnung. Eine praxis- und beispielorientierte Einführung, 7. Aufl., Sollenau

Brandstätter, C. / Fellner (2014): Die Anwendung der Kostenrechnung in Klein-, Mittel- und Großunternehmen. Eine empirische Erhebung, in: Controller Magazin, 39/1, S. 36–39

Braun, B. (2000): Innerbetriebliche Leistungsverrechnung mit Excel, in: WISU, 29/5, S. 683–689

Brühl, R. (2012): Controlling. Grundlagen des Erfolgscontrollings, 3. Aufl., München

Coenenberg, A. / Fischer, T. / Günther, T. (2012): Kostenrechnung und Kostenanalyse, 8. Aufl., Stuttgart

Coenenberg, A. (2003): Kostenrechnung und Kostenanalyse. Aufgaben und Lösungen, 3. Aufl., Stuttgart

Controllerverein (2013): Controller-Leitbild, bezogen unter: https://www.icv-controlling.com/de/verein/leitbild.html, Zugriff am 31.3.2016

Däumler, K. / Grabe, J. (2015): Kostenrechnung 3. Plankostenrechnung und Kostenmanagement, 9. Aufl., Herne

Djanani, C. / Schöb, O. (1997): Grundlagen der Kosten- und Erlösrechnung, Stuttgart u.a.

Duvvuri, S. (2015): Projektcontrolling für Musikveranstaltungen im Tourneegeschäft, in: Controller Magazin 40/4, S. 54–59

Eisl, C. / Hofer, P. / Losbichler, H. (2015): Band IV: Controlling, in: Eisl, C. / Losbichler, H. (Hrsg.): Grundlagen der finanziellen Unternehmensführung, 3. Aufl., Wien

Ellinger, T. / Beuermann, G. / Leisten, R. (2001): Operations Research. Eine Einführung, 5. Aufl., Berlin u.a.

Engelen, C. / Pelger, C. (2014): Determinanten der Integration von externer und interner Unternehmensrechnung – Eine empirische Analyse anhand der Segmentberichterstattung nach IFRS 8, in: zfbf 66 (3), S. 178–211

Ewert, R. / Wagenhofer, A. (2014): Interne Unternehmensrechnung, 8. Aufl., Berlin/Heidelberg

Fischbach, S. (2001): Grundlagen der Kostenrechnung, Landsberg/Lech

Fischbach, S. (2013): Grundlagen der Kostenrechnung, 6. Aufl., München

Franz, K. / Kajüter, P. (2011): Controlling, in: Busse von Colbe, W. / Coenenberg, A. / Kajüter, P. / Linnhoff, U. / Pellens, B. (Hrsg.): Betriebswirtschaft für Führungskräfte, 4. Aufl., Stuttgart, S. 471–493

Frick, W. (2003): Bilanzierung nach dem Rechnungslegungsgesetz, 7. Aufl., Frankfurt/Wien

Frick, W. (2007): Bilanzierung nach dem Rechnungslegungsgesetz, 8. Aufl., Heidelberg

Gareis, R. (2006): Happy Projects!, 3. Aufl., Wien

Gleich, R. / Kopp, J. / Leyk, J. (2003): Ansätze zur Neugestaltung der Unternehmensplanung, in: Finanzbetrieb, 5/7–8, S. 461–464

GPM (2015): Makroökonomische Vermessung der Projekttätigkeit in Deutschland, Studie der GPM Deutsche Gesellschaft für Projektmanagement e.V. in Kooperation mit der EBS Universität für Wirtschaft und Recht, online verfügbar unter: http://www.gpm-ipma.de/fileadmin/user_upload/Know-How/studien/GPM_Studie_Vermessung_der_Projektt%C3%A4tigkeit.pdf, abgerufen am 3.3.2016

Grünberger, D. (2015): IFRS 2016. Ein systematischer Praxisleitfaden, 13. Aufl., Wien

Günther, T. / Gonschorek, T. (2011): Einsatz und Wirkung von Target Costing in deutschen Unternehmen, in: Controlling, 23/1, S. 18–27

Heimann, J. / Janschek, O. (2008): Verrechnungspreise, in: Bogensberger, S. et al: Kostenrechnung II und Controlling, K2C, Wien

Heimann, J. / Janschek, O. / Meyer, R. / Seiwald, J. (2013): Accounting and Management Control II. Teil Interne Unternehmensrechnung, 7. Aufl., Wien

Henselmann, K. / Kniest, W. (2015): Unternehmensbewertung: Praxisfälle mit Lösungen, 5. Aufl., Herne

Hirsch, M. / Janschek, O. (2008): Kontrolle, in: Bogensberger, S. et al: Kostenrechnung II und Controlling, K2C, Wien

Horsch, J. (2015). Kostenrechnung. Klassische und neue Methoden in der Unternehmenspraxis, 2. Aufl., Wiesbaden

Hungenberg, H. / Wulf, T. (2015): Grundlagen der Unternehmensführung, 5. Aufl., Berlin/Heidelberg

Joos, T. (2014): Controlling, Kostenrechnung und Kostenmanagement, 5. Aufl., Wiesbaden

Jossé, G. (2011): Basiswissen Kostenrechnung, 6. Aufl., München

Kajüter, P. (2011a): Wertorientierte Unternehmensführung, in: Busse von Colbe, W. / Coenenberg, A. / Kajüter, P. / Linnhoff, U. / Pellens, B. (Hrsg.): Betriebswirtschaft für Führungskräfte, 4. Aufl., Stuttgart, S. 29–47

Kajüter, P. (2011b): Wertorientierte Performancemessung, in: Busse von Colbe, W. / Coenenberg, A. / Kajüter, P. / Linnhoff, U. / Pellens, B. (Hrsg.): Betriebswirtschaft für Führungskräfte, 4. Aufl., Stuttgart, S. 452–470

Knauer, T. / Möslang, K. (2015): Wertorientierte Unternehmensführung im deutschen Mittelstand, in: Controlling, 27/3, S. 160–165

Kümpel, T. (2004a): Kostenmanagement, in: WISU, 33/6, S. 751–754

Kümpel, T. (2004b): Target Costing, in: WISU, 33/1, S. 1363–1366

Kümpel, T. (2004c): Prozesskostenrechnung, in: WISU, 33/8–9, S. 1022–1025

Kußmaul, H. (2011): Kostenrechnung, in: Busse von Colbe, W. / Coenenberg, A. / Kajüter, P. / Linnhoff, U. / Pellens, B. (Hrsg.): Betriebswirtschaft für Führungskräfte, 4. Aufl., Stuttgart, S. 257–291

Losbichler, H. (2015): Band III: Cashflow, Investition und Finanzierung, in: Eisl, C. / Losbichler, H. (Hrsg.): Grundlagen der finanziellen Unternehmensführung, 3. Aufl., Wien

Mayr, A. (2015): Band II: Kosten- und Leistungsrechnung, in: Eisl, C. / Losbichler, H. (Hrsg.): Grundlagen der finanziellen Unternehmensführung, 3. Aufl., Wien

Meckl R. (2014): Internationales Management, 3. Aufl., München

Mikus, B. (2001): Die Budgetierung als Führungsinstrument, in: Burchert, H. / Hering, T. / Keuper, F. (Hrsg.): Controlling. Aufgaben und Lösungen, München, S. 175–187

Patzak, G. / Rattay, G. (2014): Projektmanagement. Projekte, Projektportfolios, Programme und projektorientierte Unternehmen, 6. Aufl., Wien

Röhrenbacher, H. (2002): Intensivkurs Kosten- und Leistungsrechnung, 5. Aufl., Wien

Ruhnke, K. / Simons, D. (2012): Rechnungslegung nach IFRS und HGB, 3. Aufl., Stuttgart

Sailer, U. (2021): Digitalisierung des Controllings durch Business Analytics, in: Detscher, S. (Hrsg.): Digitales Management und Marketing, Wiesbaden, S. 567–592

Schmidt, A. (1998): Kostenrechnung, 2. Aufl., Stuttgart

Schmidt, A. (2014): Kostenrechnung, 7. Aufl., Stuttgart

Schirmeister, R. (2000): Break-Even-Analyse, in: Fischer, T. M. (Hrsg.): Kostencontrolling. Neue Methoden und Inhalte, Stuttgart, S. 207–233

Schuschnig, T. (2010): Praktische Bedeutung der Investitionsrechnung, in: SWK, 85/29, S. W117–W121

Seicht, G. (2001): Moderne Kosten- und Leistungsrechnung, 11. Aufl., Wien

Sturm, R. (2005): Life Cycle Costing, in: WISU, 34/4, S. 460–456

Swoboda, P. (1997): Kostenrechnung und Preispolitik, 19. Aufl., Wien

Troßmann, E. / Baumeister, A. (2015): Internes Rechnungswesen: Kostenrechnung als Standardinstrument im Controlling, München

Waniczek, M. (2013): Controlling-Panel 2013. Ergebnisse, Entwicklungen und Praxistipps, Wien

Waniczek, M. (2014): Controlling-Prozesse auf dem Prüfstand – Ergebnisse des Controlling-Panels 2014 [Präsentationsunterlage], Wien

Wagenhofer, A. (2015): Bilanzierung und Bilanzanalyse. Eine Einführung, 12. Aufl., Wien

Weber, J. (2007): Aktuelle Controllingpraxis in Deutschland. Ergebnisse des WHU-Controllerpanels 2007, Vallendar

Weber, J. / Janke, R. (2013): Controlling in Zahlen. Wie hat es sich entwickelt, wie geht es weiter?, Reihe Advanced Controlling, Band 85, Weinheim

Weber, J. / Meyer, M. / Birl, H. / Knollmann, R. / Schlüter, H. / Sieber, G (2006): Investitionscontrolling in deutschen Großunternehmen. Ergebnisse einer Benchmarking-Studie, Reihe Advanced Controlling, Band 52, Weinheim

Wenz, E. (1992): Kosten- und Leistungsrechnung mit einer Einführung in die Kostentheorie, Herne/Berlin

Wied-Nebbeling, S. / Schott, H. (1998): Grundlagen der Mikroökonomik, Berlin/Heidelberg

Wolfsgruber, H. (2005): Interne Unternehmensrechnung in der österreichischen Industrie, Wien

Wolfsgruber, H. (2015): Kostenrechnung und Kostenmanagement, Wien

Wolfsgruber, I. (2010): Kostenrechnung in international tätigen österreichischen Konzernen der Industrie, Wien

Zunk, B. / Grbenic, S. / Bauer, U. (2015): Kostenrechnung: Einführung – Methodik – Anwendungsfälle, 2. Aufl., Wien

Notizen:

31 Index

A

Abbaudauer 209
Abbaukosten 209
Absatzobergrenze 172
Absatzplan 292
Absatzsegmenterfolgsrechnung 158
Abschreibungsmethode 81
absolute Einsparung 191
Abweichungsanalyse 252, 303,304
Akkordlohn 720
Aktienoptionen 372
Aktivierungsgebot 134
Aktivierungswahlrecht 134
Aktivität 450
allgemeines Unternehmenswagnis 92
Allokationseffekt 456
allowable costs 466
Amortisationsrechnung 353
Ampelgrafik 342
Anderserlös 71
Anderskosten 69
Annuitätenmethode 353
Anschaffungskosten 77
Anschaffungswertprinzip 80
Anspannungsgrad 247
Äquivalenzzahlen 125
Äquivalenzzahlenkalkulation 125, 131
Aufwendungen 66
Ausschüttungsbemessung 22
Außenstandsdauer 285
Autonomie-Illusion 404

B

Balanced Scorecard 276
Befundrechnung 76
Benchmarking 460
Berichtswesen 253, 342
Beschäftigung 44
Beschäftigungsabweichung 311

Beschäftigungsplanung....................................255
Bestellmenge....................................207
bestellmengenfixe Kosten....................................207
Best-Ownership-Geschäft....................................350
Best-Practice Benchmarking....................................460
Beta-Faktor....................................358
Betriebsabrechnungsbogen....................................102
Betriebsstoffe....................................75
Betriebsüberleitung....................................53, 66
Bewilligungsfunktion....................................245
Bezugsgröße....................................104
Bilanz....................................22
Blockkostenrechnung....................................155
Blockumlageverfahren....................................109
Bonus....................................370
Bottom-up-Planung....................................245
Break-Even-Analyse....................................165
Break-Even-Punkt....................................166, 178
break-even-time....................................481
Budget....................................241
budget slacks....................................298
budget wasting....................................298
Budgetfunktionen....................................244
Budgetierung....................................241
Budgetierungsprozess....................................248
Budgetkonsolidierung....................................246
Budgetkontrolle....................................252
Budgetsystem....................................281

C

Capital Asset Pricing Model....................................358
Capital Budgeting....................................349
Cashflow....................................283
Centerformen....................................348
Centerorganisation....................................348
Controlling....................................27
cost driver....................................451
Cost-Center....................................348

D

Deckungsbeitrag....................................143
Deckungsbeitragsrechnung....................................154
Deckungsbeitragsspanne....................................166
Degressionseffekt....................................456

Desinvestitionsgeschäft....................................350
dezentrales Controlling.......................................34
differenzierende Zuschlagskalkulation 128
Differenzierungsstrategie 265,387
Discounted Cashflow-Methode..........................358
Divisionskalkulation 123
drifting costs..466
Du Pont-Schema..349
duale Verrechnungspreise..................................413
Durchschnittspreis...77

E

Economic Value Added 358
Eigenkapitalrentabilität 241
Eigenkapitalzinsen 87
Einheitssorte...125
einstufige Divisionskalkulation..........................123
Einzelabschluss 22
Einzelfertigung...126, 128
Einzelkosten 37, 53
Einzelkostenabweichungen 327
Einzelkostenmaterial 119
Einzelwagnis 92
Engpassmethode..256
Entity-Approach..358
Entlohnungssysteme..370
Entstehungsphase 478
Entwicklungskosten 477
Equity-Approach 358
Erfahrungskurveneffekt.............................268, 389
Erfolgsfaktoren..263
Erfolgspotenziale..29, 242
Erfolgsziel 241, 250
Ergebnistreiber 279
Erlösabweichung 314
Erwartungsrechnung 252
externes Rechnungswesen...................................22

F

Fair-Value-Bewertung 373
Fertigstellungsgrad..439
Fertigungseinzelkosten......................................254
Fertigungskostenbudget 294
Fertigungslöhne...72

Fertigungszeitenbudget 294
Festwertmethode 75
Fifo 77
Finanzbuchhaltung 22
Finanzplan 23
Finanzrechnung 23
fixe Kosten 38, 45
Fixkostenanalyse 310
Fixkostendegression 388
flexible Plankostenrechnung 303
Folgekosten 477, 480
Forecast 252, 345
Fortführung 210
Fortschreibung...247
Fortschreibungsmethode 75
Fremdkapitalzinsen 87
Fünf-Kräfte-Modell 261

G

Gantt-Diagramm 439
Gegenstromverfahren 245
Gemeinkosten.......................................37, 53, 455
Gemeinkostenmaterial.......................................119
Gesamtbudget..281
Geschäftseinheiten 349
Gewinn- und Verlustrechnung............................22
Gewinnschwelle 165
Gläubigerschutz...22
Grenzkosten...402
Grenzkostenrechnung..208
Grenzplankostenrechnung..........................304, 307
Grunderlös...71
Grundkosten 69

H

Harmonisierung 97
Harmonisierungsrichtung 163
Hauptkostenstellen 107
Hauptprodukt...130
Hauptprozess 450
Herstellkosten..129
Herstellungskosten 132
Hifo 77
Hilfskostenstellen 107

Hilfslöhne 72
Hilfsstoffe 75
Holdingorganisation 349
Hurdle Rate 349

I

IFRS 97
imparitätisches Realisationsprinzip 22
innerbetriebliche Leistungsverrechnung 107
Integrationsfunktion 245
integrierte Planungsrechnung 251
integriertes Unternehmensbudget 281
Intensitätsabweichung 306
Interne Zinsfuß-Methode 353
internes Benchmarking 460
Inventurmethode 76
Investitionsbudget 295
Investitionskontrolle 354
Investitionsplanung 347
Investitionsrechenverfahren 351
Investitionsrechnung 23
Investitionsrichtlinien 350
Investment Center 348
Istbeschäftigung 306
Istkostenrechnung 57

J

Jahresbudget 241

K

Kalkulation 123
Kalkulationsschema 128
Kalkulationsverfahren 123
kalkulatorische Abschreibung 80, 98
kalkulatorische Miete 95
kalkulatorische Wagnisse 92
kalkulatorische Zinsen 87, 99
kalkulatorischer Unternehmerlohn 74, 86
Kapazitätsengpass 179
Kapazitätsplanung 256
Kapitalkostensatz 250
Kapitalwert 351
Kapitalwertmethode 351

Kerngeschäft 350
knappheitsorientierte Verrechnungspreise...........405
Knetphase 250
Komplexitätseffekt 456
Komponenten-Funktions-Matrix........................469
Kongruenzprinzip.......................................90, 357
Kontrolle 28
Kontrollfunktion...244
Konzernabschluss...99
Koordinationsfunktion 245
Korrelationskoeffizient...49
korrigierter Mengeneffekt 315
korrigierter Preiseffekt 315
Kosten 36
Kostenabweichung 441
Kostenartenplan..64
Kostenartenrechnung.....................................53, 64
Kostenauflösung....................................45, 51, 256
Kostenbeeinflussung 63
Kostendurchsprache 342
Kostenführerschaft 265, 387
Kostenkontrolle 342
Kostenmanagement 387
Kostenniveaumanagement 390
kostenorientierte Verrechnungspreise 401
Kostenplanung...253
Kostenpräkurrenz 45
Kostenrechnung..23
Kostenrechnungssysteme 57
Kostenremanenz...44
Kostenstelle 102
Kostenstellenplan 103
Kostenstellenrechnung 53, 102
Kostenstrukturmanagement...............................390
Kostenträgererfolg.....................................140, 143
Kostenträgererfolgsrechnung 54, 140
Kostenträgerrechnung 54, 122
Kostenverlaufsmanagement 390
Kuppelprodukt...130
Kuppelproduktion 130
Kuppelproduktkalkulation..................................130
kurzfristige Preisuntergrenze.............................187

L

Lagerkosten 207
langfristige Fertigungsaufträge 134
langfristige Preispolitik 480
langfristige Preisuntergrenze................................187
Leerkosten 209,310
Leistungsabweichung 442
Leistungsbudget 282
leistungsmengeninduzierte Prozesse 451
leistungsmengenneutrale Prozesse 451
Life Cycle Costing 477
Lifo 77
lineare Programmierung 182
Liquidationserlös 80
Liquidität 23
Liquiditätspunkt 168

M

Make or Buy 191
Management Approach 163
Manipulationsfreiheit 373
Marktanteils-Marktwachstumsportfolio 267
Marktattraktivitäts-Wettbewerbsportfolio 270
Marktphase 478
Marktpreisorientierte Verrechnungspreise 395
Marktzyklus 477
Maschinenstundensatz..128
Massenfertigung 123
Massenproduktion 124
Maßgeblichkeit...101
Materialeinzelkosten 254
Materialgemeinkosten 75
Materialkosten 75
Materialkostenbudget 293
Materialverbrauchsmengen 75
Matrixminimum-Verfahren 201
mehrdimensionale Absatzsegmenterfolgs-
rechnung 158
Mehrjahresplanung.......................................241,279
Mehrproduktfall 171
Mehrstufige Divisionskalkulation 124
Mehr-Weniger-Rechnung 23
Mengenabweichung 314
Mengeneffekt 315

Mindestabsatz..165
Mindestgewinn..166
Motivationsfunktion..245
Musteranfertigungen..253

N

Nachkalkulation..122
Nachsorgephase..478
Nebenprodukt..130
Nettokostenabbauwert..209
Neuplanung..248
neutrale Aufwendungen..69
neutrale Erträge..70
Normalisierungsziel..357
Normstrategien..267, 269
Nutzkosten..310
Nutzungsdauer..80

O

operatives Controlling..30 f
Opportunitätskosten..86
optimale Bestellmenge..207
Outsourcing..193

P

pagatorischer Kostenbegriff..133
Payback-Methode..353
Periodenerfolgsrechnung..54, 141, 146
Periodenergebnis..141, 143
Personalnebenkosten..72
PIMS-Studie..270
Plan-Bilanz..281, 285, 297
Plan-GuV..281, 282, 296
Plan-Ist-Vergleich..252
Plankalkulation..295
Plan-Kapitalflussrechnung..281, 283, 297
Plan-Kennzahlen..281
Plankostenrechnung..57
Plankostenrechnungssysteme..303
Planperiode..241
Planung..28
Planungskalender..247
Portfolio..267

Portfoliotechnik ... 267
Potenzialanalyse ... 263
Prämissen ... 250
Predictive Forecasting ... 253
Preis-Absatz-Funktion ... 315
Preisabsatzkurve ... 315
Preisabweichung ... 305, 314
Preiseffekt ... 315
Preisführerschaft ... 387
Preis-Mengeneffekt ... 315
Preisobergrenze ... 193
Preisuntergrenze ... 187, 189
primäre Gemeinkosten ... 107
Probeläufe ... 253
Produktentwicklung ... 463
Produktionsfunktion ... 40
Produktionsplan ... 292
Produktkalkulation ... 455
Produktlebenszyklus ... 268, 463
Produktlebenszyklusrechnung ... 477
Produktmixeffekt ... 317
Profit Center ... 348
Prognosefunktion ... 244
Programmplanung ... 179
Projektabweichungsanalyse ... 441
Projektcontrolling ... 433
Prozesshierarchie ... 450
Prozesskalkulation ... 455
Prozesskostenrechnung ... 448

Q

Quartalsbericht ... 342

R

Reagibilitätsgrad ... 390
Realoption ... 353
Rechnungswesen ... 21
Regressionsgerade ... 48
relative Einsparung ... 191
relative Erfolgsmessung ... 373
relativer Deckungsbeitrag ... 180
Reporting ... 253
Residualgewinn ... 353, 357
Ressortdenken ... 298

Ressourcen 263
Restwertmethode..130
retrograde Kalkulation 463
Revenue Center 348
Risiko 273, 355
Risikoaggregation 274
Risikoanalyse 273
Risikoberichterstattung 275
Risikobewertung 273
Risikocontrolling...273
Risikoidentifikation...273
Risikoinventur...273
Risikokontrolle..275
Risikomanagementsystem................................273
Risikosteuerung...275
Risikostrategie...273
Risk Map 274
Rohstoffe 75
rollierende Planung 241
Rolling Forecast 252,345
Rückrechnung 76
Rüstkosten...456

S

Schätzungen 253
Scheingewinn 80
Segmentberichterstattung.................................162
sekundäre Gemeinkosten 107
Selbstkosten...140
Serienfertigung...126, 128
Shareholder Value 266, 357
Sicherheitskoeffizient..167
Simplexmethode..182
Simultanansatz...113
Simultanplanung 281
Skaleneffekte...388
Skontrationsmethode...75
Soll-Ist-Abweichungen 303
Sollkosten..305
Sondereinzelkosten 128
Sortenfertigung..125
sprungfixe Kosten 38
starre Plankostenrechnung 303
Stelleneinzelkosten..103

Stellengemeinkosten 103
Stepping-Stone-Methode 201
Steuerbemessung 22
Steuerung 27
stille Reserven 22
Stilllegung 209
Stock Options 372
Strategie 279, 387
Strategieentwicklung 264
strategische Finanzmittelplanung 350
strategische Planung 242
strategischer Würfel 264
strategisches Controlling 30, 258
Stückdeckungsbeitrag 143
Stückgewinn 141
Stufenleiterverfahren 110
stufenweise Deckungsbeitrags-
rechnung 154
stufenweise Grenzkostenrechnung 208
Sukzessivplanung 281
summarische Zuschlagskalkulation 126
Synergievorteile 399, 401
Szenario-Technik 260

T

Target Costing 463
target costs 466
target gap 466
target margin 466
target price 466
Teilbudget 281
Teilgewinnrealisierung 437
Teilkostenrechnung 57, 140, 143
Teilprozess 450
temporäre Stilllegung 209
Terminabweichung 442
Top-down-Planung 245
Transportproblem 200
Transportwege 200
true and fair view 25

U

Überleitungsrechnung 146
UGB 97

Umsatzbudget..293
Umsatzkostenverfahren.....................................149
Umweltanalyse...259
Unterbeschäftigung..133
Unternehmensanalyse.......................................263
Unternehmensführung.......................................27
Unternehmenswagnis...92
Ursache-Wirkungsbeziehung............................277

V

Value at Risk..274
value reporting..374
variable Kosten...38, 45
Variantenrechnung..172
Verbrauchsabweichung.....................................306
Verbrauchsfolgeverfahren..................................77
Verbrauchsstudien...257
Verfahrensvergleich..196
Verfahrenswahl...195
Vergangenheitswerte..253
Vergütung...370
Verhandlungspreise...412
Verrechnungspreise.................................392, 395
Verrechnungspreismethoden.............................394
Verrechnungssatz..105
Verteilungsmethode...131
Vertriebskostenbudget.......................................295
Verwaltungskostenbudget.................................294
Vision..279
Vollkosten...407
Vollkosten plus Gewinnaufschlag.....................411
Vollkostenrechnung...................................57, 140
Volumeneffekt...317
Vorkalkulation...122
Vorlaufkosten...477,480
Vorschaurechnung.....................................252, 344
Vorsichtsprinzip..134

W

Weighted Average Cost of Capital.....................358
Weiterbetrieb...209
wertorientierte Erfolgsmessung.........................355
wertorientierte Unternehmensführung...............355
Werttreiberbaum..359

wettbewerbsorientiertes Benchmarking 460
Wettbewerbsumwelt 261
Wettbewerbsvorteile 242, 387
Wiederaufbaukosten 209
Wiederbeschaffungswert 77, 80
Wirkungskette 278

Y

Year End Forecast 252, 345

Z

Zahlenfriedhof 298
Zeitlohn 72
zentrales Controlling 33
Zentralisationsgrad 245
Zero Base Budgeting 299
Zielkostenkontrolldiagramm 472
Zielkostenrealisierung 474
Zielkostenrechnung 463
Zielkostenspaltung 467
Zielkostenzone 472
Zinsen 87
Zirkularitätseffekt 101
Zusatzerlöse 70
Zusatzkosten 69
Zuschlagskalkulation 126, 455
Zuschlagssatz 98
Zweckaufwand 69
Zweckertrag 71
Zwischengewinn 401
Zwischenkalkulation 122